ANATOMIE

COMPARÉE

DU CERVEAU,

DANS LES QUATRE CLASSES

DES ANIMAUX VERTÉBRÉS,

APPLIQUÉE

À LA PHYSIOLOGIE ET À LA PATHOLOGIE DU SYSTÈME
NERVEUX;

PAR E. R. A. SERRES,

Chevalier de l'Ordre royal de la Légion-d'Honneur, Médecin ordinaire de l'Hôpital de la Pitié, Professeur agrégé de la Faculté de Médecine de Paris, Chef des Travaux anatomiques de l'Amphithéâtre des Hôpitaux, Professeur d'Anatomie et de Physiologie du même Établissement, Membre de l'Académie royale de Médecine de Paris, de la Société Philomatique, de la Société de Médecine de Stockholm, etc.

> Démocrite, Anatomes disséquaient déjà le cerveau il y a prés de vingt-mille ans : Rufus, Vinq d'Azyr et vingt anatomistes viennent l'ont disséqué de nos jours ; mais... chose admirable! il n'en est aucun qui n'ait ouvert laissé des découvertes à faire à ses successeurs.
>
> CUVIER.

TOME PREMIER.

A PARIS,

CHEZ GABON ET COMPAGNIE, LIBRAIRES,

RUE DE L'ÉCOLE-DE-MÉDECINE;
ET A MONTPELLIER, CHEZ LES MÊMES LIBRAIRES.

1824.

ANATOMIE

COMPARÉE

DU CERVEAU,

DANS LES QUATRE CLASSES

DES ANIMAUX VERTÉBRÉS.

TOME I.

ANATOMIE

COMPARÉE

DU CERVEAU,

DANS LES QUATRE CLASSES

DES ANIMAUX VERTÉBRÉS,

APPLIQUÉE

A LA PHYSIOLOGIE ET A LA PATHOLOGIE DU SYSTÈME
NERVEUX;

PAR E. R. A. SERRES,

Chevalier de l'Ordre royal de la Légion-d'Honneur, Médecin ordinaire
de l'Hôpital de la Pitié, Professeur agrégé de la Faculté de
Médecine de Paris, Chef des Travaux anatomiques de l'Amphithéâtre des Hôpitaux, Professeur d'Anatomie et de Physiologie du
même établissement, Membre de l'Académic royale de Médecine
de Paris, de la Société Philomatique, de la Société de Médecine
de Stockholm, etc.

> Démocrite, Anaxagoras disséquaient déjà le cerveau il y a près
> de trois mille ans; Haller. Vicq-d'Azyr et vingt anatomistes
> vivans l'ont disséqué de nos jours; mais, chose admirable!
> il n'en est aucun qui n'ait encore laissé des découvertes
> à faire à ses successeurs.
> Cuvier.

OUVRAGE QUI A REMPORTÉ LE GRAND PRIX A L'INSTITUT ROYAL DE FRANCE.

TOME PREMIER.

Avec un Atlas de seize Planches grand in-4°., représentant trois cents sujets, dessinées et
lithographiées par Fertel, sous les yeux de l'auteur, et accompagnées d'une Explication.

A PARIS,

CHEZ GABON ET COMPAGNIE, LIBRAIRES,

RUE DE L'ÉCOLE-DE-MÉDECINE;

ET A MONTPELLIER, CHEZ LES MÊMES LIBRAIRES.

1824.

IMPRIMERIE DE GUEFFIER,

Rue Guénégaud, n⁰ 31.

À mon Père,

JACQUES CHRISTOPHE SERRES,

Médecin de l'Hospice de la ville de Clairac.

À la mémoire de mon Frère

ANTOINE SERRES,

Mes premiers maîtres dans l'étude
des sciences anatomiques.

E. R. A. Serres.

PRÉFACE.

Cet ouvrage, sur l'Anatomie comparée du Cerveau, dans les quatre classes des animaux vertébrés, a été composé à l'occasion du prix proposé en 1818 par l'Académie royale des Sciences. Jusqu'à ce jour, personne n'a songé à réunir en corps de doctrine les connaissances acquises sur l'anatomie, la physiologie et la pathologie du système nerveux. Je vais essayer de parcourir ce vaste sujet, sur lequel nos idées sont encore loin d'être arrêtées.

Dès mon entrée dans la carrière médicale, je puisai dans les leçons de M. le baron Cuvier, au Jardin du Roi, et de M. le professeur Duméril à la Faculté de Médecine, le goût de l'anatomie comparative; plus tard, mes liaisons intimes avec M. le professeur Geoffroy-Saint-Hilaire me facilitèrent les moyens de me livrer à l'étude de cette belle science, si peu cultivée en France par les médecins.

Nommé en 1812 chef des travaux anatomiques à l'amphithéâtre des hôpitaux, et chargé de professer dans cet établissement l'anatomie et la physiologie, je m'efforçai d'appliquer à la science de l'homme les notions acquises sur l'anatomie comparée. Le succès qu'obtinrent en peu d'années ces leçons, fut dû en grande partie à cette direction.

L'anatomie et la physiologie du système nerveux furent toujours le sujet favori de mes études, à cause de ma position dans les hôpitaux et de mes principaux travaux en médecine. Dès 1810 et 1811, j'avais commencé à l'Hôtel-Dieu mes recherches sur les maladies organiques de l'encéphale. En 1813, je fus placé, par des circonstances qui sans doute ne se renouvelleront jamais, sur le plus grand théâtre de ces maladies.

Chacun sait qu'à cette époque les hôpitaux civils de Paris furent convertis en partie en hôpitaux militaires. Le Conseil-général qui les dirige, et qui s'est toujours montré le père des pauvres, désirant concilier leurs intérêts avec les besoins pressans de l'État, arrêta que le vaste hôpital de la Pitié, dont j'étais un des médecins, serait spécialement consacré aux maladies du système nerveux, pour en faciliter le placement définitif dans ses hospices. Pendant sept ans que notre hôpital a conservé cette destination, deux mille de ces maladies environ ont été soumises à mon examen.

Tous les ans, je consacrai dans mes cours une partie des leçons à l'anatomie, à la physiologie et à la pathologie du système nerveux. Après avoir exposé chez l'homme les changemens qui survenaient dans les diverses fonctions de l'encéphale, selon que telle ou telle partie avait été désorganisée par les maladies, je cherchais à les produire artificiellement sur les animaux composant les quatre classes des animaux vertébrés. J'éclairais ainsi les recherches pathologiques par la physiologie, et la physiologie par la pathologie.

Je fus souvent arrêté dans cette partie de mes travaux, par l'indétermination des parties dont cet organe se compose dans les trois classes inférieures. Je conçus des

doutes sur la valeur des rapports qui
avaient dirigé les anatomistes dans cette
partie de la science; il me sembla qu'on
pouvait faire mieux, d'après les résultats
mêmes fournis par la pathologie et la physiologie expérimentale.

Sur ces entrefaites, l'Académie royale
des Sciences mit au concours ce sujet. Pré-
paré par mes études antécédentes, aux recherches multipliées que devait nécessiter
la solution de cette grande question, je
n'hésitai pas un instant à y consacrer toutes
mes veilles, secondé d'ailleurs comme je
l'étais par les deux prosecteurs habiles de
l'amphithéâtre des hôpitaux, MM. Caillard
aîné et Manec.

Les anatomistes n'ont pas oublié avec quel
rare bonheur M. le professeur Geoffroy-
Saint-Hilaire, et ensuite M. le baron Cuvier,
étaient parvenus à expliquer les os composant la tête des animaux des trois classes
inférieures, par leur comparaison avec la
tête des embryons des mammifères. Frappé
de cette idée et de ses résultats, je crus
apercevoir dans l'encéphale des classes inférieures l'état permanent des formes fugi-

tives du même organe chez les embryons des mammifères. Je conçus dès-lors la possibilité de faire pour cet organe ce que ces zootomistes illustres avaient tenté avec tant de succès pour les os qui composent la tête. Ce fut là mon point de départ.

La classe des oiseaux ayant toujours fait dévier les anatomistes de la ligne des analogies, je m'appliquai d'abord, en profitant d'une des belles idées de MM. Gall et Spurzheim, à ramener leur encéphale à celui des mammifères, qui était le terme de mes rapports. Je passai ensuite à celui des reptiles, qui était plus simple, et je terminai, enfin, par les poissons, dont l'encéphale était un véritable dédale.

Un peintre habile, M. Fertel, eut la patience de me suivre dans toutes ces recherches, et de peindre sous mes yeux les douze cents figures qui composent le grand atlas que j'envoyai au concours. En outre, je trouvai dans la bienveillance de M. le baron Cuvier, de M. le professeur Geoffroy-Saint-Hilaire et de M. Frédéric Cuvier, des ressources sans lesquelles j'aurais en vain tenté de traiter ce vaste sujet.

Telles sont les circonstances favorables au milieu desquelles a été composé cet ouvrage. Les résultats principaux en sont déjà connus du public, par le rapport étendu qu'en fit en 1821 M. le baron Cuvier. On se rappelle la sensation que fit ce rapport parmi les anatomistes. On était accoutumé depuis long-temps à voir paraître sur le système nerveux des conjectures plus ou moins ingénieuses, des hypothèses plus ou moins vraisemblables, pour expliquer ses diverses modifications dans le règne animal : un ouvrage qui ne renfermait que des faits, et qui paraissait satisfaire aux besoins de la science, parut nouveau sous plus d'un rapport.

Dans le cours des années 1822 et 1823 divers anatomistes français et étrangers ont publié sur le même sujet des recherches, provoquées, comme l'observe M. le baron Cuvier, par le prix que l'Académie des Sciences proposa pour 1821 (1), et qui fut décerné à mon travail.

Parmi ces anatomistes, les uns ont con-

_____

(1) *Analyse des travaux de l'Académie royale des Sciences*, pendant l'année 1823, pag. 64. Cette remarque n'est point

firmé mes vues en totalité ou en partie ;
les autres les ont rejetées sur certains
points plus ou moins importans ; il est
résulté de là une dissidence d'opinions très
utile sous quelques rapports, mais qui
tendrait, si elle était fondée, à reporter
la science au point où elle en était à l'é-
poque où l'Institut mit la question au
concours.

Les uns, en effet, persistent à ne voir
dans les lobes optiques des oiseaux, que
la couche optique des mammifères ; un
autre suppose que cette couche s'est divisée en deux parties ; il pense que la moitié
postérieure développée a donné naissance
aux vastes lobes postérieurs des oiseaux,
tandis que la moitié antérieure est restée à
sa place. Un troisième avance que les hémisphères cérébraux manquent dans cette

applicable au premier travail du célèbre Tiedemann, intitulé
Anatomie et formation du cerveau de l'embryon de l'homme,
publié en 1816, et que j'ai connu en 1821. La seconde partie,
que cet illustre anatomiste paraît avoir composée en même
temps que l'ouvrage qu'il envoya à l'Institut à l'occasion du
concours (même analyse, page 64), a été mise, en 1823, par
son savant traducteur, M. le docteur Jourdan, au niveau
des connaissances actuelles.

classe, et que ce que l'on a pris pour eux, n'est autre chose que le lobule olfactif. Ces opinions isolées et partielles sont appuyées, par leurs auteurs, sur des suppositions très-ingénieuses ; mais il suffit de les réunir pour en saisir l'invraisemblance.

Les reptiles qui, à cause de la simplicité de leur encéphale, n'avaient guère figuré dans les indéterminations du système nerveux, sont devenus pour le cervelet un sujet de doute et de conjectures nouvelles ; on a privé toute cette classe de cervelet avec aussi peu de raison, selon nous, que l'on a retranché aux oiseaux leurs hémisphères cérébraux.

Enfin, les poissons, dont le cerveau offre des combinaisons si diverses, sont rentrés dans le vague d'où j'espérais que mes travaux les avaient fait sortir. On a de nouveau méconnu leurs lobes optiques ; quelques anatomistes persistent à voir en eux les hémisphères cérébraux des classes supérieures ; d'autres, adoptant ma détermination à leur sujet, leur refusent tantôt le cervelet, tantôt les lobules olfactifs, tantôt les hémisphères cérébraux.

Ces diverses opinions, fondées sur des recherches profondes, et qui ont donné naissance à des aperçus très-ingénieux, ten-
draient, je le répète, à ramener la science
au point où elle en était avant la publication
du rapport de M. le baron Cuvier. Pour
faire cesser cette confusion, il devient donc
plus nécessaire que jamais de fonder l'anatomie comparative du cerveau sur des
principes généraux qui, applicables à toutes
les classes, expliquent les différentes modifications de cet organe dans chacune d'elles,
et permettent de saisir les rapports de ses
différentes parties.

Ces principes, puisés dans l'anatomie
transcendante, sont les mêmes que ceux
que j'ai soumis à l'examen de l'Académie
royale des Sciences, dans mon ouvrage sur
les lois de l'ostéogénie (1). Ces principes
sont en quelque sorte devenus classiques

---

(1) Cet ouvrage a remporté, en 1820, le prix de
physiologie expérimentale de l'Académie royale des
Sciences, avec le beau travail que vient de publier M. le
docteur Edwards, sur l'influence des agens physiques sur la
vie.

par les applications qui en ont été faites à l'anatomie comparée des vertébrés, par M. le baron Cuvier, M. le professeur Geoffroy-Saint-Hilaire et M. Dutrochet; à celle des invertébrés, par M. le professeur Latreille et M. le docteur Audouin; et enfin à la médecine opératoire des enfans, par M. le professeur Lisfranc, l'un des plus célèbres chirurgiens des hôpitaux de Paris.

Dans les sciences qui ont pour base l'observation, les faits se multipliant à l'infini, l'esprit a besoin de les coordonner, de les rattacher les uns aux autres pour saisir leur ensemble et leur dépendance mutuelle; lorsqu'un rapport général et constant a été observé entre plusieurs faits du même ordre, ce rapport devient ce qu'on nomme *principe* ou *loi*.

Un fait est expliqué dans ces sciences, quand on a ramené sa manifestation au rapport général dont il dépend, de la même manière que dans les sciences physiques un phénomène est ramené à l'élasticité, à la gravité, à l'affinité, etc. Le rapport des principes, comme cause, avec les phénomènes comme effets, est un axiôme presque fastidieux à répéter aujourd'hui en physique, en chimie, en astronomie, etc. Dans les sciences anatomiques cette doctrine est toute nouvelle; les faits primordiaux manquaient à la science pour l'établir, et ne pouvaient même lui être acquis dans l'ordre des idées qui dirigeaient les observateurs. Il était donc nécessaire, avant de pouvoir établir des principes, de trouver les faits qui leur servent de base, et de montrer leur généralité dans les divers systèmes organiques des animaux. Ceux qui connaissent les difficultés que présente l'anatomie des jeunes embryons, jugeront des obstacles qu'il m'a fallu vaincre pour m'élever au-delà du point où s'étaient arrêtés tous les anatomistes.

Depuis que cet ouvrage a été présenté à l'Académie des Sciences, MM. Eugène Caillard et Isidore Geoffroy-Saint-Hilaire, jeunes anatomistes, qui promettent à la science les plus grandes espérances, m'ont puissamment aidé à vérifier de nouveau

les faits principaux qui lui servent de
base.

———

*Rapport fait à l'Académie royale des Sciences en
mars 1821, par M. le baron Cuvier, secrétaire
perpétuel.*

« L'ACADÉMIE avait proposé, pour sujet du prix
à décerner cette année, l'anatomie comparative
du cerveau dans les quatre classes d'animaux
vertébrés. Ce prix vient d'être remporté par
M. Serres, médecin de l'hôpital de la Pitié ; et le
travail important et volumineux qu'il a présenté
au concours, accompagné d'une multitude de
dessins, a tellement satisfait à ce que les anatomistes pouvaient désirer, que nous croyons
devoir leur présenter ici, pour hâter leur jouis-
sance, une analyse étendue, que nous emprun-
tons en grande partie à l'auteur.

» Depuis trois siècles environ on s'est beaucoup occupé de l'anatomie du cerveau ; on a senti
toute l'utilité dont pouvait être pour ce sujet
l'anatomie comparative : mais une partie de ces
efforts ont été infructueux, à cause peut-être du
point de départ.

» Les anatomistes cherchèrent d'abord les *ressemblances* dans l'encéphale des animaux comparé à celui de l'homme, qui leur était particulièrement connu ; ces ressemblances furent
saisies chez les mammifères, parce qu'aux pro-

portions près, cet organe est la répétition de lui-
même dans les différentes familles dont cette classe
se compose.

» On y trouva tout comme chez l'homme; on
y dénomma tout comme chez lui : on arriva ainsi
à l'anatomie des oiseaux avec des idées toutes
formées ; mais, dès les premiers pas, on se trouva
arrêté dans la détermination des parties dont se
compose leur encéphale. Les lobes cérébraux et
le cervelet furent bien reconnus ; mais on mé-
connut les tubercules quadrijumeaux à cause de
leur changement de forme et de position; on mé-
connut également la couche optique, et on crut
à une composition différente de leur encéphale.

» La chaîne des ressemblances parut dès-lors
rompue; et lorsqu'on en vint aux poissons, il
sembla impossible de la renouer, par une circonstance que nous allons faire connaître.

» Les anatomistes s'étaient habitués, on ne sait
trop pourquoi, à disséquer le cerveau humain
par sa partie supérieure, et celui des mammifères
d'avant en arrière ; cette méthode eut peu d'inconvéniens chez eux ; elle en eut également de
faibles chez les oiseaux, parce qu'il était difficile
de méconnaître les lobes cérébraux et le cervelet.

» Il n'en fut pas de même chez les poissons :
leur encéphale se compose d'une série de bulbes
alignés d'avant en arrière, tantôt au nombre de
deux, de quatre et quelquefois de six : à quelle
paire devait-on assigner le nom de lobes céré-

braux? était-ce aux antérieurs, aux moyens ou aux postérieurs? Les anatomistes n'ayant aucune base pour établir l'une ou l'autre de ces déterminations, elles furent tour à tour adoptées et rejetées.

» On conçoit qu'avant de chercher à établir les rapports des différens élémens de l'encéphale, il était indispensable de faire cesser cette confusion, de déterminer leur analogie et d'établir cette détermination sur des bases qui fussent les mêmes pour toutes les classes.

» Cette recherche fait l'objet de la première partie du travail de M. Serres, dans lequel il décrit séparément le cerveau pour chaque classe en particulier, en considérant cet organe depuis les embryons devenus accessibles à nos sens, jusqu'à l'état parfait, et à l'âge adulte des animaux.

» L'analogie de chaque portion de l'encéphale étant déterminée, il a consacré la dernière partie de son ouvrage à l'étude de leurs rapports comparatifs dans les quatre classes des vertébrés : les propositions générales qui suivent sont l'expression de ces rapports.

» La moelle épinière se forme avant le cerveau dans toutes les classes.

» Elle consiste d'abord, chez les jeunes embryons, en deux cordons non-réunis en arrière, et qui forment une gouttière; bientôt ces deux cordons se touchent et se confondent à leur partie postérieure; l'intérieur de la moelle épinière est alors creux; il y a un long canal qu'on peut désigner sous le nom de ventricule ou du canal de la moelle épinière : ce canal se remplit quelquefois d'un liquide, ce qui constitue *l'hydropisie de la moelle épinière*, maladie assez commune chez les embryons des mammifères.

» Ce canal s'oblitère au cinquième mois de l'embryon humain, au sixième de l'embryon du veau et du cheval, au vingt-cinquième jour de l'embryon du lapin, au trentième jour du chat et du chien ; on le retrouve sur le têtard de la grenouille et du crapaud accoucheur jusqu'à l'apparition des membres antérieurs et postérieurs.

» Cette oblitération a lieu dans tous ces embryons par la déposition de couches successives de matière grise, sécrétée par la *pie-mère* qui s'introduit dans ce canal.

» La moelle épinière est d'un calibre égal dans toute son étendue, chez les jeunes embryons de toutes les classes : elle est sans renflement, antérieur ni postérieur, comme celle des reptiles privés des membres (vipères, couleuvres, anguis fragilis), et de la plupart des poissons.

» Avec cette absence des renflemens de la moelle épinière coïncide chez tous les embryons, l'absence des extrémités antérieures et postérieures ; les embryons de tous les mammifères, des oiseaux et de l'homme, ressemblent sous ce rapport au têtard de la grenouille, et des batraciens en général.

» Avec l'apparition des membres coïncide, chez tous les embryons, l'apparition des renflemens

antérieurs et postérieurs de la moelle épinière :
cet effet est surtout remarquable chez le têtard
des batraciens à l'époque de sa métamorphose;
les embryons de l'homme, des mammifères, des
oiseaux et des reptiles éprouvent une métamorphose entièrement analogue à celle du têtard.

» Les animaux qui n'ont qu'une paire de membres n'ont qu'un seul renflement de la moelle épinière; les cétacés sont particulièrement dans ce
cas : le renflement varie par sa position selon la
place qu'occupe sur le tronc la paire de membres :
le genre *bipes* a son renflement situé à la partie
postérieure de la moelle épinière. Le genre *bimane*
l'a au contraire à la partie antérieure.

» Dans les monstruosités que présentent si fréquemment les embryons des mammifères, des
oiseaux et de l'homme, il se présente souvent des
bipes et des *bimanes*, qui, comme les cétacés et
les reptiles que nous venons de citer, n'ont qu'un
seul renflement situé toujours vis-à-vis de la paire
de membres qui reste.

» La moelle épinière des poissons est légèrement
renflée vis-à-vis du point qui correspond à leurs
nageoires. Ainsi les *jugulaires* ont ce renflement
derrière la tête, à la région cervicale de la moelle
épinière, les *pectoraux* vers la région moyenne ou
dorsale, et les *abdominaux* vers la partie abdominale de la moelle épinière.

» Les *trigles*, remarquables par les rayons détachés de leurs pectorales, le sont aussi par une

série de renflemens proportionnés, pour le nombre et le volume, au volume et au nombre de ces mêmes rayons auxquels ils correspondent.

» Les poissons électriques ont un renflement considérable correspondant au nerf qui se distribue dans l'appareil électrique (raye, silure électrique).

» La classe des oiseaux offre des différences très-remarquables dans la proportion de ces deux renflemens.

» Les oiseaux qui vivent sur la terre, comme nos oiseaux domestiques, et ceux qui grimpent le long des arbres, ont le renflement postérieur beaucoup plus volumineux que l'antérieur. L'autruche est surtout remarquable sous ce rapport.

» Les oiseaux qui s'élèvent dans les airs, et y planent souvent des journées entières, offrent une disposition inverse; c'est le renflement antérieur qui prédomine sur le postérieur.

» M. Gall a avancé que la moelle épinière était renflée à l'origine de chaque nerf; M. Serres ne croit pas que cette opinion soit confirmée par l'examen de la moelle épinière des vertébrés, à quelque âge de la vie, intra ou extra-utérine, qu'on la considère.

» M. Gall cherchait dans ces renflemens supposés l'analogue de la double série de ganglions qui remplacent la moelle épinière dans les animaux articulés.

» Cette analogie se trouve, comme d'autres auteurs l'ont déjà avancé, non dans la moelle épinière, mais dans les ganglions intervertébraux.

» Ces ganglions, qui ont peu occupé les anatomistes, sont proportionnés dans toutes les classes au volume des nerfs qui les traversent : ils sont beaucoup plus forts vis-à-vis des nerfs qui se rendent aux membres, que dans aucune autre partie.

» La moelle épinière est étendue jusqu'à l'extrémité du coccyx, chez l'embryon humain, jusqu'au troisième mois. A cette époque, elle s'élève jusqu'au niveau du corps de la seconde vertèbre lombaire, où elle se fixe à la naissance.

» L'embryon humain a un prolongement caudal signalé par tous les anatomistes, qui persiste jusqu'au troisième mois de la vie utérine ; à cette époque, ce prolongement disparaît, et sa disparition coïncide avec l'ascension de la moelle épinière dans le canal vertébral, et l'absorption d'une partie des vertèbres coccygiennes.

» Si l'ascension de la moelle épinière s'arrête, le fœtus humain vient au monde avec une queue, ainsi qu'on en rapporte un grand nombre de cas : le coccyx se compose alors de sept vertèbres.

» Il y a donc un rapport entre l'ascension de la moelle épinière dans son canal, et le prolongement caudal du fœtus humain et des mammifères.

» Plus la moelle épinière s'élève dans le canal vertébral, plus le prolongement caudal diminue, comme dans le cochon, le sanglier, le lapin ; au contraire; plus la moelle épinière se prolonge et descend dans son étui, plus la queue augmente de dimension, comme dans le chéval, le bœuf, l'écureuil.

» L'embryon des *chauve-souris* sans queue ressemble, sous ce rapport, à celui de l'homme; il a d'abord une queue qu'il perd rapidement, parce que chez ces mammifères l'ascension de la moelle épinière est très-rapide, et qu'elle s'élève très-haut.

» C'est surtout chez le têtard des batraciens que ce changement est remarquable; aussi long-temps que la moelle épinière se prolonge dans le canal coccygien, le têtard conserve sa queue. A l'époque où le têtard va se métamorphoser, la moelle épinière remonte dans son canal, la queue disparaît, et les membres se prononcent de plus en plus.

» Si la moelle épinière s'arrête dans cette ascension, le batracien conserve sa queue comme le fœtus humain.

» Le fœtus humain, celui des chauve-souris et des autres mammifères, se métamorphosent donc comme le têtard des batraciens.

» Chez les reptiles qui n'ont pas de membres (les vipères, les couleuvres), la moelle épinière ressemble à celle du têtard avant sa métamorphose.

» Chez tous les poissons, la moelle épinière présente le même caractère; elle offre souvent à sa terminaison un très-petit renflement.

» Parmi les mammifères, les cétacés ressemblent sous ce rapport aux poissons.

» Les embryons humains monstrueux qui n'ont pas les membres inférieurs, se rapprochent, sous ce rapport, dès cétacés et des poissons.

» L'entrecroisement des faisceaux pyramidaux est visible chez l'embryon humain dès la 8e semaine.

» Chez les mammifères l'entrecroisement devient de moins en moins apparent en descendant des quadrumanes aux rongeurs.

» Chez les oiseaux on ne remarque qu'un ou deux faisceaux tout au plus dont l'entrecroisement soit distinct.

» Chez les reptiles il n'y a point d'entrecroisement.

» Chez les poissons l'entrecroisement n'existe pas.

» Le volume de la moelle épinière et celui de l'encéphale sont, en général, en raison inverse l'un de l'autre chez les vertébrés.

» L'embryon humain ressemble, sous ce rapport, aux classes inférieures ; plus il est jeune, plus la moelle épinière est forte, plus l'encéphale est petit.

» Dans certaines circonstances la moelle épinière et l'encéphale conservent un rapport direct de volume ; ainsi, plus la moelle épinière est effilée, étroite, plus l'encéphale est étroit et effilé, ce qu'on voit surtout dans les serpens. La moelle épinière diminuant de longueur et augmentant de volume, le cerveau s'accroît dans des proportions égales : c'est ce qui arrive dans les lézards, les tortues.

» Chez les oiseaux, plus le col est allongé,

plus la moelle épinière est étroite, plus le cerveau est effilé.

» Ce rapport direct de volume entre la moelle épinière et le cerveau, ne porte pas sur tout l'encéphale; il a lieu uniquement avec les tubercules quadrijumeaux.

» La moelle épinière et les tubercules quadrijumeaux sont rigoureusement développés en raison directe l'un de l'autre; de telle sorte que le volume ou la *force* de la moelle épinière étant donné dans une classe ou dans les familles de la même classe, on peut déterminer rigoureusement le volume et la force des tubercules quadrijumeaux.

» L'embryon humain est dans le même cas; plus il est jeune, plus la moelle épinière est forte, plus les tubercules quadrijumeaux sont développés.

» Les tubercules quadrijumeaux sont les premières parties formées dans l'encéphale; leur formation précède toujours celle du cervelet, chez l'embryon des oiseaux, des reptiles, des mammifères et de l'homme.

» Chez les oiseaux, les tubercules quadrijumeaux ne sont qu'au nombre de deux; et ils occupent, comme on le sait, la base de l'encéphale, ce qui les a long-temps fait méconnaître.

» Ils ne parviennent à cet état qu'après une métamorphose très-remarquable. Dans les premiers jours de l'incubation, ils sont, comme dans les autres classes, situés sur la face supérieure de l'encéphale, formant d'abord deux lobules, un de chaque côté; au dixième jour de l'incubation, un sillon transversal divise ce lobule, et à cette époque il y a véritablement quatre tubercules situés entre le cervelet et les lobes cérébraux.

» Au douzième jour commence le mouvement très-singulier, par lequel ils se portent de la face supérieure vers la face inférieure de l'encéphale.

» Pendant ce mouvement, le cervelet et les lobes cérébraux, séparés d'abord par ces tubercules, se rapprochent successivement, et finissent par s'adosser l'un contre l'autre, comme on l'observe sur tous les oiseaux adultes.

» Chez les reptiles, les tubercules quadrijumeaux ne sont qu'au nombre de deux dans l'état adulte ; mais au quinzième jour du têtard de la grenouille, ils sont divisés comme ceux de l'oiseau au dixième jour.

» Dans cette classe les tubercules ne changent pas de place ; ils restent toujours situés à la face supérieure de l'encéphale, entre le cervelet et les lobes cérébraux, et leur forme est toujours ovalaire.

» Chez les poissons, le volume considérable que prennent les tubercules quadrijumeaux, les a fait considérer, jusqu'à ce jour, comme les hémisphères cérébraux de l'encéphale.

» Ce qui a contribué à accréditer cette erreur, c'est qu'ils sont creusés d'un large ventricule, présentant un renflement considérable analogue pour sa forme et sa structure au corps *strié* de l'encéphale des mammifères.

» Ces tubercules sont toujours binaires chez les

poissons, et leur forme se rapproche de celle d'un sphéroïde légèrement aplati en dedans.

» Chez les mammifères et l'homme, les tubercules quadrijumeaux ne sont qu'au nombre de deux pendant les deux tiers environ de la vie utérine; ils sont alors ovalaires et creux intérieurement comme chez les oiseaux, les reptiles et les poissons.

» Au dernier tiers de la gestation, un sillon transversal divise chaque tubercule, et alors seulement ils sont au nombre de quatre.

» La diversité que présentent ces tubercules dans les différentes familles des mammifères, dépend de la position qu'occupe ce sillon transversal.

» Chez l'homme, il occupe ordinairement la partie moyenne; les tubercules antérieurs sont égaux à-peu-près aux postérieurs.

» Chez les carnassiers, le sillon se porte en avant, ce qui fait prédominer les tubercules postérieurs.

» Chez les ruminans et les rongeurs, le sillon se porte en arrière, et alors ce sont les tubercules antérieurs qui prédominent sur les postérieurs.

» Dans certains encéphales de l'embryon humain et des mammifères, les tubercules restent *jumeaux*, ce qui rapproche ces encéphales de celui des poissons et des reptiles.

» Observons que, primitivement, les tubercules quadrijumeaux de l'homme et des mammifères sont creux comme chez les oiseaux, les reptiles et les poissons. Remarquons aussi que l'oblitération de leur cavité s'opère comme l'oblitération de la moelle épinière, c'est-à-dire par la déposition de couches de matière grise, sécrétée par la *pie-mère* qui s'introduit dans leur intérieur.

» Les tubercules quadrijumeaux sont développés, dans toutes les classes et les familles de la même classe, en raison directe du volume des nerfs optiques et des yeux.

» Les poissons ont les tubercules quadrijumeaux les plus volumineux, les nerfs optiques et les yeux les plus prononcés.

» Après les poissons viennent, en général, les reptiles, pour le volume des yeux, des nerfs optiques et des tubercules quadrijumeaux.

» Les oiseaux sont également remarquables par le développement de leurs yeux ; ils le sont aussi par le volume de leurs nerfs optiques et des tubercules quadrijumeaux.

» Chez les mammifères, les yeux, les nerfs optiques et les tubercules quadrijumeaux, vont toujours en décroissant des rongeurs aux ruminans, des ruminans aux carnassiers, aux quadrumanes et à l'homme, qui occupe, sous ce rapport, le bas de l'échelle animale.

» Comme les tubercules quadrijumeaux servent de base à la détermination des autres parties de l'encéphale, nous avons dû accumuler toutes les preuves qui s'y rapportent.

» Les poissons ayant des tubercules quadrijumeaux les plus volumineux, ont aussi les interpariétaux les plus prononcés.

» Après les poissons viennent les reptiles, puis les

oiseaux ; enfin, parmi les mammifères, les rongeurs ont les interpariétaux les plus grands : viennent ensuite les ruminans, les carnassiers, les quadrumanes et l'homme, sur lequel on ne les rencontre qu'accidentellement.

» Il pourra paraître singulier que le cervelet ne se forme qu'après les tubercules quadrijumeaux ; mais ce fait ne présente d'exception dans aucune classe.

» Pour avoir des notions exactes sur le cervelet des classes supérieures, il faut d'abord les emprunter aux poissons.

» Chez les poissons, cet organe est formé de deux parties très-distinctes :

» D'un lobule médian, prenant ses racines dans le ventricule des tubercules quadrijumeaux ;

» Des feuillets latéraux provenant du corps restiforme.

» Ces deux parties sont isolées, disjointes dans toute la classe des poissons, ce qui les avait fait méconnaître.

» La grande différence que présente le cervelet des classes supérieures, dépend de la réunion de ces deux élémens, dont l'un conserve le nom de *processus vermiculaire supérieur du cervelet*, et provient, comme chez les poissons, des tubercules quadrijumeaux (Processus cerebelli ad testes) ; tandis que l'autre, provenant des corps restiformes, constitue les hémisphères du même organe.

» Quoique réunis, ces deux élémens conservent une entière indépendance l'un de l'autre.

» Le processus vermiculaire supérieur du cervelet (le lobe médian) et les hémisphères du même organe sont développés dans toutes les classes, en raison inverse l'un de l'autre.

» Dans les familles composant la classe des mammifères, le même rapport se remarque rigoureusement : ainsi les rongeurs, les ruminans, les carnassiers, les quadrumanes et l'homme, ont ce processus et les hémisphères du cervelet développés en raison inverse l'un de l'autre.

» Dans toutes les classes (les reptiles exceptés), le lobe médian du cervelet (processus vermiculaire supérieur) est développé en raison directe du volume des tubercules quadrijumeaux.

» Dans toutes les classes, les hémisphères du cervelet sont développés en raison inverse de ces mêmes tubercules.

» Dans les familles composant la classe des mammifères, ce double rapport est rigoureusement le même : ainsi les rongeurs, qui ont des tubercules quadrijumeaux les plus volumineux, ont le lobe médian du cervelet le plus prononcé, et les hémisphères du même organe les plus faibles.

» L'homme, au contraire, qui occupe le haut de l'échelle, pour le volume des hémisphères du cervelet, a le plus petit lobe médian et les plus petits tubercules quadrijumeaux.

» Le cervelet se développe dans toutes les classes par deux feuillets latéraux non réunis sur la ligne médiane.

» La moelle épinière est développée dans toutes

les classes, en raison directe du volume du lobe médian du cervelet.

» La moelle épinière est développée dans toutes les classes, en raison inverse des hémisphères du même organe.

» Ces faits généraux sont surtout importans pour apprécier les rapports de la protubérance annulaire.

» La protubérance annulaire est développée en raison directe des hémisphères du cervelet.

» La protubérance annulaire est développée en raison inverse du lobe médian du même organe. (Processus vermiculaire supérieur.)

» La protubérance annulaire est développée en raison inverse des tubercules quadrijumeaux et de la moelle épinière.

» La couche optique n'existe pas chez les poissons ; ce qu'on avait pris pour elle est un renflement propre aux tubercules quadrijumeaux.

» Chez les reptiles, les oiseaux, les mammifères et l'homme, le volume de la couche optique est en raison directe du volume des lobes cérébraux.

» Dans ces trois classes, la couche optique est développée en raison inverse des tubercules quadrijumeaux.

» Chez l'embryon humain, ce rapport est le même; les tubercules quadrijumeaux décroissent à mesure que la couche optique augmente. Chez les embryons des autres mammifères, chez le fœtus des oiseaux et le têtard des batraciens , ce mouvement inverse s'observe également.

» Ainsi, la couche optique est développée dans les trois classes où elle existe , en raison directe des lobes et en raison inverse des tubercules quadrijumeaux.

» La glande pinéale existe dans les quatre classes des vertébrés.

» Elle a deux ordres de pédoncules , les uns provenant de la couche optique, les autres des tubercules quadrijumeaux.

» Les corps striés n'existent pas chez les poissons , les reptiles et les oiseaux.

» Chez les mammifères , leur développement est proportionné à celui des hémisphères cérébraux.

» Les hémisphères cérébraux sont développés en raison directe du volume de la couche optique et des corps striés.

» Chez les poissons , ils forment un simple bulbe arrondi , situé au-devant des tubercules quadrijumeaux , et dans lequel s'épanouissent les pédoncules cérébraux.

» Chez les poissons , les reptiles et les oiseaux, les lobes cérébraux constituent une masse solide , sans ventricule intérieurement.

» La cavité ventriculaire des lobes cérébraux distingue exclusivement les mammifères et l'homme.

» Un rapport inverse très-curieux s'observe, à cet égard , entre les trois classes inférieures et les mammifères, relativement aux tubercules quadrijumeaux et aux lobes cérébraux.

» Dans les trois classes inférieures, les tubercules quadrijumeaux sont creux et conservent un ventricule intérieur ; les lobes cérébraux sont solides et sans ventricule.

» Dans les mammifères et l'homme, au contraire, les tubercules quadrijumeaux sont solides, forment une masse compacte, et les lobes cérébraux se creusent d'un large ventricule.

» Dans les trois classes inférieures, les lobes cérébraux sont sans circonvolutions, ce qui se lie avec leur masse compacte intérieure.

» Dans les mammifères, au contraire, avec la cavité des lobes apparaissent les circonvolutions cérébrales.

» La corne d'Ammon n'existe ni chez les poissons, ni chez les reptiles, ni chez les oiseaux.

» Elle existe chez tous les mammifères; elle est plus développée chez les rongeurs que chez les ruminans, chez ces derniers que chez les carnassiers, les quadrumanes et l'homme, où elle est, toutes choses d'ailleurs égales, moins prononcée.

» M. Serres n'a rencontré le petit pied d'Hippocampe dans aucune famille des mammifères.

» Chez l'homme, il manque quelquefois aussi.

» La voûte à trois piliers manque chez les poissons et les reptiles.

» Elle manque aussi chez la plupart des oiseaux; mais on en rencontre les premiers vestiges sur quelques-uns , tels que les perroquets et les aigles.

» La voûte à trois piliers suit, chez les mammifères, le rapport de développement de la corne
d'Ammon.

» Elle est plus forte chez les rongeurs que chez
les ruminans ; chez ceux-ci que chez les carnassiers , les quadrumanes et l'homme.

» Il n'y a aucun vestige du corps calleux dans
les trois classes inférieures.

» Le corps calleux , ainsi que le pont de varole,
sont des parties caractéristiques de l'encéphale
des mammifères.

» Le corps calleux est développé en raison directe du volume des corps striés et des hémisphères cérébraux ; il augmente progressivement
des rongeurs aux quadrumanes et à l'homme.

» Le corps calleux est développé en raison directe du développement de la protubérance annulaire.

» Les hémisphères cérébraux   considérés dans
leur ensemble , sont développés en raison directe
des hémisphères du cervelet, et en raison inverse
de son processus vermiculaire supérieur.

» Les hémisphères cérébraux sont développés
en raison inverse de la moelle épinière et des
tubercules quadrijumeaux.

» Les nerfs ne naissent pas du cerveau pour se
rendre aux organes, comme on l'a pensé jusqu'à
ce jour; mais ils se rendent au contraire des organes au cerveau et à la moelle épinière , pour se

mettre en communication avec ces centres nerveux.

» M. Gall a dit que la matière grise se formait avant la matière blanche ; cette opinion n'est pas d'accord avec les faits, en ce qui concerne la moelle épinière.

» M. Cuvier a le premier constaté que dans le genre *astérie*, le système nerveux est composé de matière blanche, sans matière grise.

» Pendant l'incubation du poulet, on observe que les premiers rudimens de la moelle épinière sont également composés de matière blanche ; la matière grise n'apparaît que plus tard.

» Chez l'embryon humain et celui des mammifères, on observe constamment aussi que la matière blanche précède la matière grise dans sa formation, toujours en ce qui concerne la moelle épinière.

» Mais, dans l'encéphale proprement dit, l'ordre de l'apparition de ces deux substances est inverse.

» Ainsi la couche optique et le corps strié ne sont, chez les jeunes embryons, que des renflemens composés de matière grise ; la matière blanche ne s'y forme que plus tard.

» Sur le fœtus humain, avant la naissance, le *corps strié* ne mérite pas ce nom, parce que ces stries de matière blanche qui lui ont valu ce nom, ne sont pas encore formées.

» Les stries de matière blanche, qu'on aperçoit sur le quatrième ventricule de l'homme, n'apparaissent également que du douzième au quinzième mois après la naissance.

DISCOURS

PRÉLIMINAIRE.

L'ACADÉMIE des Sciences a proposé pour sujet de son grand prix, l'Anatomie comparée du Cerveau dans les quatre classes des animaux vertébrés. Cette question, intéressante par sa nature, devient, par les circonstances, plus intéressante encore. Depuis quelque temps l'étude du système nerveux est devenue le goût dominant, et pour ainsi dire la passion générale des anatomistes et des physiologistes. Dans le mouvement rapide où sont entraînés les esprits dans cette direction, les uns se hâtent de généraliser des données spéciales, les autres se traînent lentement sur des vérités de détail, sans saisir ni leur liaison, ni leur ensemble. Tous sentent la nécessité d'éclairer la psychologie humaine par la psychologie comparative.

La science attend de ces nobles efforts

I.

soins qu'il n'a cessé d'apporter à son grand amphithéâtre d'anatomie des hôpitaux.

Cet établissement, dont l'origine date du seizième siècle, fut transféré, en 1811, de l'Hôtel-Dieu dans les vastes bâtimens situés derrière la Pitié, par M. le marquis de Marbois, à qui les pauvres et l'humanité doivent les embellissemens qui ont fait de l'Hôtel-Dieu l'un des plus beaux hôpitaux de l'Europe; et par M. le docteur Duchanoy, le vénérable Nestor de la médecine des hôpitaux.

Depuis 1814, il a été successivement administré par M. le duc de Larochefoucault-Liancourt, au nom duquel se rattachent en France les bienfaits de la vaccine, les améliorations des hôpitaux, des prisons et de tous les établissemens qui servent de refuge à l'humanité souffrante; et par M. le duc de Larochefoucault-Dudeauville, à qui l'hôpital de la Pitié doit une nouvelle création, et dont la vénérable mère fonda l'hospice de Larochefoucault. Cet amphithéâtre est un nouveau bienfait que les sciences et l'humanité doivent à cette famille, aussi illustre par ses sentimens de bienfaisance que par le rang éminent qu'elle occupe en France.

En voyant ce bel établissement, en considérant la rapidité avec laquelle il a atteint le degré de perfection dont il est susceptible, il est peut-être inutile de dire que M. Benjamin Desportes en est depuis dix ans l'administrateur spécial. L'Hôtel-Dieu, les hospices de la vieillesse, hommes et femmes, attestent ses rares talens administratifs; mais nulle part, peut-être, il n'a trouvé plus de difficultés à surmonter que dans l'amphithéâtre général d'anatomie.

Puissent ces hommes bienfaisans, protecteurs éclairés des sciences, trouver dans cet hommage un faible dédommagement de leurs pénibles et utiles travaux! puissent-ils y voir le témoignage de la reconnaissance des nombreux élèves des hôpitaux, qui puisent annuellement leur instruction anatomique dans cet établissement!

DISCOURS

PRÉLIMINAIRE.

L'Académie des Sciences a proposé pour sujet de son grand prix, l'Anatomie comparée du Cerveau dans les quatre classes des animaux vertébrés. Cette question, intéressante par sa nature, devient, par les circonstances, plus intéressante encore. Depuis quelque temps l'étude du système nerveux est devenue le goût dominant, et pour ainsi dire la passion générale des anatomistes et des physiologistes. Dans le mouvement rapide où sont entraînés les esprits dans cette direction, les uns se hâtent de généraliser des données spéciales, les autres se traînent lentement sur des vérités de détail, sans saisir ni leur liaison, ni leur ensemble. Tous sentent la nécessité d'éclairer la psychologie humaine par la psychologie comparative.

La science attend de ces nobles efforts

I.   a

les plus grands résultats. Mais pour marcher d'un pas assuré dans une carrière si épineuse, il est nécessaire de donner à nos recherches une direction uniforme et de poser d'une manière rigoureuse les termes du grand problème qui occupe les esprits.

Les anatomistes et les médecins disséquaient le cerveau il y a déjà trois mille ans. Depuis trois siècles surtout, cet organe a fait le sujet constant de leurs recherches. Mais, chose étonnante! quoiqu'on ait senti toute l'utilité dont pouvait être pour ce sujet l'anatomie comparative, les bases de cette partie de la science ne sont pas encore posées; les élémens de l'encéphale ne sont point déterminés, même chez les animaux vertébrés.

On ignore de quelles parties cet organe se compose chez les poissons, chez les reptiles et chez les oiseaux; on n'est pas plus avancé sur leurs véritables connexions et sur leurs rapports : disons-le même, on n'a sur ce dernier objet que des idées erronées, parce qu'on comparait toujours les unes aux autres des parties hétérogènes.

Il est facile de concevoir que toutes les notions acquises dans cette direction devaient nécessairement être vicieuses, et que pour arriver à des résultats moins incertains, il fallait d'abord déterminer la valeur des termes qu'on doit comparer, puisque leurs rapports constituent l'essence de l'anatomie comparative.

Il manquait donc à la science une bonne détermination des élémens de l'encéphale dans les quatre classes des animaux vertébrés. Pourquoi manquait-elle? Telle est la question que nous devons d'abord examiner.

Chacun sait que les préjugés du paganisme interdisant aux philosophes la dissection du cadavre humain, l'anatomie primitive de l'homme fut toute déduite de celle des animaux; de là les erreurs que Vésale reproche si amèrement à Galien. Dans le seizième siècle la science prit une direction tout-à-fait opposée; on disséqua l'homme et on rapporta tout à lui. L'anatomie des animaux fut déduite à son tour de celle de l'homme.

En conséquence les anatomistes cherchèrent d'abord les ressemblances dans
l'encéphale des animaux, comparé à celui
de l'homme, qui leur était particulièrement
connu. Ces ressemblances furent saisies
chez les mammifères, parce qu'aux proportions près, cet organe est la répétition
de lui-même dans les différentes familles
dont cette classe se compose.

On y trouva tout comme chez l'homme,
on y dénomma tout comme chez lui.

On arriva ainsi à l'encéphale des oiseaux
avec une méthode que l'on croyait assurée;
mais dès les premiers pas on se trouva arrêté dans la détermination des parties dont
se compose cet organe dans cette classe.

Le cervelet en arrière et les lobes cérébraux en avant furent bien reconnus; mais
on rencontra à la partie moyenne une paire
de nouveaux lobes qui n'avaient aucun
analogue ni chez l'homme, ni chez les
mammifères : ces lobes furent méconnus.
Cette erreur en entraîna d'autres dans les
parties qui les environnent. Toute la région moyenne de l'encéphale de cette classe
parut nouvelle; et comme les termes de

rapport manquaient dans la science, le champ des conjectures fut ouvert aux anatomistes.

La chaîne des ressemblances parut dès-lors rompue ; et lorsqu'on en vint aux poissons, il sembla impossible de la renouer, à cause de plusieurs circonstances que nous allons faire connaître.

Les anatomistes, négligeant les préceptes de Varoli et de Bartholin, s'étaient habitués, d'après des considérations physiologiques, à disséquer le cerveau humain par sa partie supérieure, et celui des mammifères d'avant en arrière. Cette méthode eut peu d'inconvéniens chez eux ; elle en eut également de faibles chez les oiseaux, parce qu'il était difficile de méconnaître les lobes cérébraux et le cervelet.

D'une autre part, la considération des formes, qui avait si heureusement dirigé les anatomistes chez les mammifères, qui leur avait encore servi à reconnaître le cervelet et les hémisphères cérébraux des oiseaux, les abandonna entièrement chez les poissons.

Au premier aperçu, rien ne rappelle

dans cette classe ni l'encéphale des mamm-
mifères, ni celui des oiseaux; cet organe
se compose, chez les poissons, d'une double
série de bulbes alignés d'avant en arrière,
tantôt au nombre de deux, le plus souvent
au nombre de quatre, et assez fréquemment encore au nombre de six.

A quelle paire devait-on donner le nom
d'hémisphères cérébraux? était-ce aux antérieurs, aux moyens ou aux postérieurs?
A quelle partie des classes supérieures devait-on rapporter les autres lobes? Sur
quelles bases pouvait-on établir les analogies et les différences? La science manquant des données nécessaires à ce sujet,
chacun détermina ces lobes à sa manière,
selon les idées qui le dirigeaient. Les mêmes
lobes reçurent des noms différens, et furent tour-à-tour assimilés à des parties
tout-à-fait hétérogènes.

Le cervelet lui-même, qu'il est si difficile de méconnaître dans les autres classes,
était encore, chez les poissons, un sujet d'incertitude. Tantôt cet organe est unique et
impair comme dans les classes supérieures,
c'est particulièrement le cas des poissons

osseux; tantôt, comme chez presque tous les cartilagineux, c'est un organe pair, composé de feuillets symétriques et roulés sur eux-mêmes le long des parois du quatrième ventricule.

Chez un très-grand nombre, un corps particulier se détache des lobes postérieurs, et vient encore compliquer cet organe. Ce corps, qui ressemble tantôt à la luette du voile du palais de l'homme, et d'autres fois au cartilage épiglotique, se place en forme de couvercle sur le quatrième ventricule : le plus souvent il est simple ; d'autres fois, comme chez certaines raies, il est double ; et alors la moitié postérieure se dirige vers le quatrième ventricule, et l'autre moitié antérieure vient recouvrir les lobes postérieurs. Comment, au milieu de toutes ces transformations, reconnaître le cervelet ?

La base de l'encéphale des poissons n'est guère moins variable que sa face supérieure. Ce que cette base offre surtout de remarquable, ce sont deux tubercules arrondis qui, par leur situation et leur forme, ont quelque ressemblance avec les éminences mamillaires de l'homme. Aussi n'a-t-on pas manqué de leur assigner cette analogie.

Chose remarquable ! disait-on ; les éminences mamillaires, qui sont le caractère le plus élevé de l'organisation, se retrouvent chez les poissons, qui paraissent si descendus dans l'échelle animale ! Ces éminences, qui n'existent que chez l'homme, qui ont déjà disparu chez les singes, chez tous les mammifères et chez tous les oiseaux, sont tout-à-coup reproduites chez les poissons. Preuve évidente que leur encéphale appartient à un degré très-élevé de l'animalité.

En conséquence, on assimilait leurs lobes postérieurs aux hémisphères cérébraux. On trouvait dans ces lobes la couche optique, le corps strié, la corne d'ammon, la voûte, et jusques au corps calleux. Considérant alors qu'une partie de ces organes ont disparu chez les oiseaux et les reptiles, on ne manquait pas de faire ressortir la prééminence des poissons sur ces deux classes.

Je le demande, pouvait-on entreprendre l'anatomie comparative de l'encéphale avec des déterminations qui choquaient tous les rapports anatomiques et zoologiques des animaux vertébrés?

La confusion résultant de tous ces faux rapports et de toutes ces dissemblances fut encore accrue par l'extrême variation de l'encéphale des poissons.

Chez les mammifères, toutes les parties de l'encéphale sont, à peu de chose près, la répétition les unes des autres. Les familles apportent bien quelques changemens dans leurs proportions et dans leurs rapports ; mais avec un peu d'attention il est facile de les ramener au type classique, dont ils ne sont qu'une légère modification.

Chez les oiseaux, cet organe est plus fixe encore que chez les mammifères ; toutes les familles de cette classe sont remarquables par la composition identique de leur cerveau. Des plus petits oiseaux aux plus grands, c'est la répétition des mêmes élémens, conservant toujours et leurs mêmes formes et leurs mêmes connexions.

Les reptiles offrent déjà quelques différences, différences appréciables surtout par la comparaison de l'encéphale des ophidiens à celui des batraciens et des chéloniens. Mais ces dissemblances, toujours peu importantes, n'altèrent jamais les caractères fondamentaux de l'organe, dont on ne peut méconnaître la composition dans toute cette classe.

Il n'en est pas de même chez les poissons. Les élémens de leur cerveau sont dans une oscillation continuelle.

En premier lieu, l'encéphale des poissons cartilagineux n'est pas le même que celui des poissons osseux ; les formes générales sont tellement changées d'une série à l'autre, que les parties principales, telles que le cervelet et les lobes cérébraux, deviennent tout-à-fait méconnaissables.

En second lieu, cet organe ne varie pas seulement de famille à famille ; mais il présente les différences les plus grandes d'un genre à l'autre, d'une espèce à l'espèce la plus voisine ; les individus seuls de la même espèce sont identiques pour la composition de leur encéphale. C'est surtout parmi les poissons osseux que s'observent les grands changemens, car déjà les poissons cartilagineux se rapprochent, sous ce rapport, du caractère de fixité qui distingue les classes supérieures.

On conçoit qu'avant de chercher à établir les rapports des différens élémens de l'encéphale, chez les animaux vertébrés, il était nécessaire de faire cesser cette confusion, de chercher à reconnaître dans toutes les classes l'identité des parties dont se compose cet organe, et d'établir cette détermination sur des bases qui fussent les mêmes pour toutes. Toute l'anatomie comparative de l'encéphale repose sur la certitude de cette détermination.

Mais, dans l'état présent de la science, comment atteindre ce résultat? comment ramener un organe aussi compliqué que l'encéphale des mammifères, à un organe aussi simple que celui des poissons? comment reconnaître cette identité au milieu de la variété de formes, de rapports et de proportions, que présentent tous ces élémens? Seconde question non moins importante que la première, et dont la solution ne pouvait être donnée, ainsi qu'on va le voir, en suivant les routes anciennement tracées.

A la renaissance des lettres, les anatomistes ne s'occupèrent d'abord que des
formes extérieures et de la connexion des
organes; plus tard, ils remarquèrent les
variétés de quelques systèmes organiques
chez les embryons : ils conçurent dès-lors
la possibilité de s'élever à leur formation et
de dévoiler le mécanisme de l'organogénie. Leur esprit n'étant pas préoccupé de
système, ils suivaient la nature dans ses
mystérieuses opérations, et ils la voyaient
bien, parce qu'ils n'étaient occupés que de
la voir. Le nombre et la nouveauté des
phénomènes qu'ils observaient, satisfaisant
leur curiosité inquiète, ils n'employaient
pas encore l'activité de leur imagination à
combiner des hypothèses qui pussent les
expliquer tous.

Cette précieuse simplicité se perdit bientôt. Des novateurs hardis trouvèrent trop
lente la marche de l'observation; la philosophie délaissa la grande question de la formation des êtres organisés, qu'elle jugea impossible de découvrir, dit Bonnet, pour
imaginer une hypothèse qui en tînt lieu;
cette hypothèse fut celle de la préexistence

des germes et de leur éternel emboîte-
ment.

Deux opinions formaient la base de ce
système : dans la première, on supposait
que tous les germes, qui sont nés ou qui
doivent naître, étaient contenus dans le
premier; dans la seconde, on avançait que,
malgré leur inconcevable petitesse, les germes étaient la miniature des animaux parfaits; qu'ils avaient et le même nombre
d'organes, et leurs mêmes rapports, et leurs
mêmes connexions.

La science de l'organogénie se trouva
arrêtée, par ces hypothèses, dans toutes
ses directions. Il n'y eut plus de formation possible; on voyait le papillon
dans sa larve, la grenouille dans les premières ébauches de son têtard, l'oiseau
tout entier dans son œuf, et toute l'organisation des mammifères dans le premier
mucus qui les sépare du néant. Les
monstres parurent un instant se soustraire
à cette explication commune; mais en fait
de système, une supposition de plus ou
de moins ne coûte guère, et l'on imagina
bientôt les germes monstrueux, dont l'exis-

tence éternelle s'était éternellement conser-
vée dans les ovaires des femelles. Chaque
être organisé avait, dans ce système, son
type particulier de développement. L'esprit humain se trouvait dès-lors à une
distance immense de l'idée que tous les
êtres se forment d'après des lois communes.

Cependant tous les zootomistes n'admi-
rent pas ces opinions. Cet éternel em-
boîtement des germes effraya d'une part
les imaginations les plus ardentes ; de
l'autre, en cherchant à prouver que toutes
les parties du germe n'éprouvent qu'un
développement progressif, on s'aperçut
que des parties nouvelles s'ajoutaient aux
anciennes. On vit que les formes primitives des organes, loin d'être immuables, comme on le pensait, subissaient,
au contraire, des transformations continuelles.

On reprit, sans s'en douter, les travaux
d'Harvey et de Malpighi, qu'avait fait
abandonner un instant la découverte des
vers spermatiques d'Hartsæcker, découverte amplifiée par Leuvenhoeck, qui distingua leurs goûts, leurs habitudes, leurs

mœurs, et jusqu'à leur sexe, si je ne me trompe.

L'esprit humain, lassé de l'erreur, se repose enfin du mouvement rapide qui l'avait si longtemps entraîné vers elle. Il fuit dans les sciences les hypothèses ingénieuses, qui presque toujours ne sont fondées que sur de fausses applications. Il veut remonter des faits aux principes, et éprouver les principes par les faits.

Appliquée à la zoogénie, cette méthode a déjà remplacé la gigantesque idée de la préexistence des germes, par l'idée plus simple, mais non moins majestueuse, de leur formation successive. On s'occupe à rassembler les faits, à suivre la marche de la nature, à épier ses mouvemens secrets, et de là naîtra sans doute une théorie plus lumineuse de la formation des êtres organisés, des lois générales qui les régissent, et des rapports naturels qu'ils ont entre eux.

Les *embryons* ne sont donc pas, ainsi qu'on l'avait imaginé, la miniature des animaux adultes. Avant d'arrêter leurs formes permanentes, leurs organes traversent une multitude de formes fugitives, et de plus en plus simples, à mesure qu'on se rapproche davantage de leur point de départ. Ce que ces formes embryonaires ont de très-remarquable dans les classes supérieures, c'est qu'elles répètent souvent les formes permanentes des classes inférieures. Les classes inférieures sont expliquées de cette manière par l'embryogénie des classes supérieures, et les embryons des classes supérieures répètent successivement les formes permanentes des classes inférieures.

Si cette proposition est vraie pour l'encéphale, on voit de suite quels seront les termes de nos rapports. Nous mettrons en parallèle les formes permanentes des classes inférieures avec les formes primitives des embryons. Nous arrêterons les organes au point où ils se ressemblent et se correspondent; nous les suivrons ensuite dans leurs diverses métamorphoses pour saisir les causes de leur complication et pour donner l'explication de leurs différences.

Intéressante par la nouveauté et la variété de ses résultats, l'étude de l'organogénie me paraît réclamer impérieusement toute l'attention des zootomistes. Livré

depuis douze années à ce genre de recherches, je vais présenter, dans ce Discours
Préliminaire, l'ensemble des principaux
faits auxquels je suis arrivé. Je montrerai
comment se développent les principaux
systèmes organiques; je ferai voir les rapports généraux de formation qui les lient
les uns aux autres. Après avoir jeté un
coup-d'œil rapide sur les lois générales de
l'organisation, j'en ferai l'application au
système nerveux, objet spécial de cet ouvrage; je montrerai que le développement
de cet important système est soumis aux
mêmes principes, découle des mêmes lois
que les autres systèmes de l'organisation ;
je ferai voir enfin que les formes transitoires de l'encéphale des embryons, et les
formes permanentes de cet organe chez les
animaux vertébrés, sont la répétition les
unes des autres; qu'elles dérivent des mêmes
causes et qu'elles sont rigoureusement soumises aux mêmes rapports.

Mais avant d'esquisser ce tableau, j'é-
prouve le besoin de remettre sous les yeux
du lecteur les principes philosophiques
qui m'ont dirigé, et les applications prin-

cipales qui en ont été faites dans les sciences
anatomiques.

Suivez l'esprit humain et la nature dans
l'ordre physique et moral : partout vous
verrez l'homme qui divise dans sa pensée,
et la nature qui réunit dans son action.
Plus les sciences se perfectionnent, plus
elles se concentrent, plus elles se rapprochent de la nature.

Les hommes de génie qui, dit-on, de-
vinent la nature, ne font que lui surprendre
ses secrets. Ils se distinguent des observateurs ordinaires par le talent de saisir les
principes généraux, et par le talent plus
singulier encore, d'enchaîner les idées entre
elles par la force des analogies.

C'est véritablement l'art de penser en
grand qui les caractérise ; c'est ce coup-d'œil
observateur qui découvre à tout moment,
dans les objets, des propriétés, des analogies, des différences inaperçues : c'est
par le talent remarquable, non de raisonner
avec plus de méthode, mais de trouver les
principes mêmes sur lesquels on raisonne ;
non de compasser des idées, mais d'en créer

de nouvelles et de les agrandir sans cesse par une réflexion féconde.

Ce brillant caractère nous frappe dans les écrits des hommes qui, comme Descartes, Bacon, Galilée, Newton, Haller, Buffon, Lavoisier, etc., ont changé la face des sciences, n'ont pensé d'après personne, et ont fait penser d'après eux le genre humain ; on sent dans leurs écrits l'ascendant d'un esprit supérieur qui domine le sujet qu'il traite ; qui vous place d'abord sur une région élevée d'où vous contemplez ces vérités premières auxquelles sont attachées, comme des rameaux à leur tige, mille vérités particulières.

Aussitôt toutes nos observations s'éclairent mutuellement, toutes nos idées se rassemblent en un faisceau de lumière ; il se forme de toutes nos expériences un seul et unique fait, et de toutes nos vérités une seule et grande vérité, qui devient comme le fil de tous les labyrinthes.

Nous le voyons ; c'est un petit nombre de principes généraux et féconds, qui, dans les sciences physiques, semblent nous avoir donné la clef de l'univers, et qui, par une mécanique simple, explique l'ordre de l'architecture divine.

Pourquoi n'en serait-il pas de même dans les sciences anatomiques et physiologiques ? La plus belle partie de la création serait-elle abandonnée sans règles, livrée au caprice et au hasard ? Qu'est-ce qui maintiendrait dans leurs limites respectives les végétaux et les animaux, les classes, les familles, les genres et les espèces ? Comment se conserveraient sans altération ces formes et ces rapports, dont l'harmonie remplit d'admiration l'esprit de l'observateur, des polypes à l'homme ?

Qu'est-ce qui empêcherait les formes d'une classe d'envahir les formes d'une autre, et de faire du règne animal un assemblage d'êtres informes, dont les organes incohérens choqueraient l'esprit et la raison ?

L'univers organisé ne présenterait donc bientôt que confusion et désordre, si des lois fixes et immuables ne présidaient à la formation des êtres, et ne maintenaient chacun d'eux dans les limites qui lui sont assignées ?

Mais quels sont ces rapports généraux ? quelles sont ces lois ? Tel est, a dit notre illustre Cuvier, le but élevé vers lequel doivent tendre désormais les efforts de tous ceux qui cultivent les sciences naturelles.

De grands effets ont déjà répondu en France à cette inspiration du génie.

Embrassant les rapports des vertèbres et de leurs muscles, M. le professeur Duméril émet l'idée singulière que le crâne des animaux n'est qu'une grande vertèbre, et le cerveau, que la moelle épinière renflée. La rumeur générale qui s'éleva contre une opinion si inattendue, fit connaître à ce célèbre zootomiste qu'il avait devancé son siècle. Quelques lustres se sont à peine écoulés, et déjà cette idée, devenue classique, a changé la face de la science, et a fait naître une partie toute nouvelle, celle des *homologies*.

A l'aspect des formes variées que nous offrent les êtres organisés, à l'aspect des modifications sans nombre que nous présentent leurs organes, l'esprit s'arrête, écrasé, pour ainsi dire, sous le poids de tant de détails. Mais après trente années de méditation , M. le professeur Geoffroy-Saint-Hilaire proclame *l'unité de composition organique* , et le vaste tableau du règne animal se déroule successivement devant lui.

Des résultats plus surprenans encore sont le fruit de la loi d'harmonie des parties. La terre renferme dans son sein les restes d'un monde primitif, submergé par le déluge. A la voix de M. Cuvier, tous ces ossemens épars se rassemblent, tous ces fragmens mutilés se réunissent, et nous voyons une science nouvelle, et nous voyons un monde nouveau, sortir, pour ainsi dire, des entrailles de la terre !

Emule de ces zootomistes illustres, j'ai essayé de marcher sur leurs traces, en généralisant les faits d'organogénie que j'avais observés, et en les enchaînant les uns aux autres par leurs rapports les plus généraux ; je vais exposer ces rapports et les lois que j'en ai déduites.

En suivant la marche de l'esprit humain dans les sciences, on trouve qu'il s'est presque toujours imposé lui-même les bar-

rières qu'il n'a pu surmonter. Le désir
bien naturel sans doute, de tout connaître,
nous porte à devancer les faits, à mettre
nos suppositions à la place de ce qui est,
et de partir ensuite de ces suppositions
comme si elles étaient démontrées.

Harvey porte, dans la zoogénie, cet esprit investigateur qui lui dévoila le mécanisme admirable de la circulation. Il observe les premiers rudimens du cœur du
poulet; il imagine aussitôt que ce point
qu'il voit palpiter est la racine de tout l'être;
il croit lui voir projeter ses rameaux dans
tous les organes, et il annonce que l'animal se forme du centre à la circonférence.

Malpighi, qui paya de sa vie les recherches microscopiques qui l'ont immortalisé,
s'élève dans la formation de l'embryon un
peu plus haut qu'Harvey; il observe une
fibrille qui devance la formation du cœur.
Cette fibrille centrale, qu'il nomme *quille*,
lui paraît être la moelle épinière, qu'il regarde comme l'origine de toutes les parties,
selon lui, toutes nerveuses. Boerhaave,
grand admirateur de Malpighi, prête à cette
idée le prestige de son nom et le charme

de son style ; et peu après les Haller, les Albinus, ses plus illustres disciples, font admettre comme loi générale le développement central des animaux.

Chose étrange ! On avait interprété la nature en sens inverse ! On lui avait supposé une marche directement opposée à celle qu'elle suit ; doit-on s'étonner ensuite si ses lois ont été méconnues ; si, rebutés de leurs efforts infructueux, les zootomistes ont désespéré de les découvrir !

Toute la zoogénie repose en effet sur la loi fondamentale du développement excentrique des animaux.

Toutes les lois de formation des organes dérivent de cette loi primitive.

Considérez le développement des membranes qui précèdent l'apparition du germe, vous les verrez toutes se former de la circonférence au centre.

Considérez tous les grands appareils organiques, vous leur verrez suivre constamment la même direction.

De cette marche excentrique, découlent les lois de l'organisation ; tout organe sera primitivement double ; ses parties, d'abord isolées, marcheront à la rencontre l'une de l'autre, et se réuniront sur le centre de l'animal, pour former ces organes que l'on a nommés impairs ou uniques, parce qu'on les considérait tout formés.

Tous les organes uniques et symétriques seront sur la ligne médiane, plus ils seront rapprochés du centre de l'animal, plus les traces de leur formation seront effacées; plus ils s'en éloigneront, plus nous leur trouverons les indices de leur formation primitive.

J'ai appelé *loi de symétrie*, le principe du double développement des organes.

J'ai nommé *loi de conjugaison*, le principe de leur réunion. De ces deux lois dérive toute la morphologie des organes. Je vais en faire l'application aux principaux systèmes organiques, en commençant par le système osseux.

Quand on considère la surface des os dans la grande série des animaux vertébrés, on la trouve hérissée d'éminences, creusée de gouttières, de trous ou de cavités, qui tantôt ne font qu'effleurer leur superficie, d'autres fois les perforent de part en part, et souvent les traversent dans leur profondeur, en forme d'aqueducs ou de canaux ciselés en quelque sorte dans leur propre substance.

Comment se forment ces diverses parties? Comment se développent ces cavités, ces trous et ces canaux? Tel est le but que je me suis proposé d'atteindre dans les lois de l'ostéogénie.

Le premier phénomène qui frappe le physiologiste assistant à la formation du système osseux, est la marche excentrique de l'ossification de toutes ses pièces.

Dans le tronc, ce sont les côtes qui se forment les premières, puis viennent les masses latérales des vertèbres, et en troisième lieu, leur corps.

Dans le bassin, le développement osseux commence par l'ilion; puis vient l'ischion, et enfin le pubis.

Dans le crâne, dont l'ossification est si compliquée, la marche de l'ossification procède invariablement de la même manière. Ce sont les parties excentriques qui les premières se forment, puis l'ossification marche de la circonférence au centre sur toutes les pièces qui le composent.

Ainsi, l'apophyse zygomatique du temporal est la première ossifiée, puis viennent les os de l'oreille moyenne, puis enfin le rocher. Sur le sphénoïde, on voit d'abord les grandes et les petites aîles formées, et en dernier lieu, le corps; sur l'ethmoïde, les masses latérales paraissent long-temps avant la lame centrale. Les maxillaires supérieurs et inférieurs suivent constamment la même marche.

De cette marche excentrique de l'ossification dérive nécessairement le double développement de toutes les pièces uniques du squelette qui occupent le centre.

Ainsi, il y a deux demi-rachis osseux, un droit, l'autre gauche. Il y a primitivement deux sacrum. Le corps du basilaire, du sphénoïde, la lame éthmoïdale, le vomer, sont nécessairement formés par la réunion de deux pièces primitives. L'os hyoïde, la mâchoire inférieure, le sternum, qui, le plus souvent, sont des pièces uniques, sont doubles, sans aucune exception, chez les embryons de tous les vertébrés.

L'ensemble de tous ces faits compose la loi de symétrie, appliquée au système osseux.

La formation des cavités articulaires, celle des trous, celle des canaux osseux, sont le résultat de la loi de conjugaison, ou de l'engrenure des pièces primitives dont les os sont composés. Considérez toutes les cavités articulaires, depuis la cavité cotyloïde, les cavités glénoïdales, qui sont si profondes, jusqu'à la cavité de l'atlas qui reçoit l'odontoïde et qui effleure à peine le corps de la vertèbre, jusqu'à la cavité de l'enclume qui est plus superficielle encore, partout, sans exception, vous verrez deux pièces se réunir et s'engrener pour concourir à leur formation.

Que sont les trous? des cavités perforées. Les pièces élémentaires, en se réunissant, laissent entr'elles un vide que traversent des artères, des veines ou des nerfs. Ce mécanisme est connu depuis long-temps pour les trous de conjugaison de la colonne vertébrale; il ne s'agissait que de le généraliser, de montrer que tous les trous du sacrum et du bassin, que tous les trous de la base du crâne, que toutes les ouvertures des cavités orbitaires, des os maxillaires et du rocher, sont formées, comme celles de la colonne vertébrale, par la juxta-position de deux pièces. Ce principe ne trouve aucune exception chez les animaux vertébrés.

Que sont les canaux ou les aqueducs qui sillonnent la profondeur de certains os? des trous prolongés pour protéger les parties qu'ils enveloppent. Leur formation dérive de la même loi; le mécanisme de leur développement est le même que celui des trous. Depuis le canal carotidien, depuis les canaux palatins et ptérigoïdiens, jusqu'au canal sous-orbitaire, jusqu'au canal dentaire inférieur, ce principe trouve une application rigoureuse et constante.

Les aqueducs du rocher, les canaux demi-circulaires, dont la structure est si complexe, dont la situation est si profonde, dont la marche est si compliquée, ne sont, comme le canal carotidien, que des canaux de conjugaison.

Les faits nombreux qui établissent la généralité de ces lois, ont été soumis au jugement de l'Académie royale des Sciences. M. le baron Cuvier, M. le professeur Geoffroy-Saint-Hilaire, et M. Oken, en Allemagne, les ont sanctionnées par une multitude de faits nouveaux qui m'étaient inconnus. M. Dutrochet en a vérifié l'exactitude chez les reptiles. Le plus célèbre de nos entomologistes, M. Latreille, a vu que les parties solides des crustacés étaient rigoureusement assujéties aux mêmes principes. Enfin, M. Audouin ne leur a pas trouvé une seule exception dans toute la charpente qui compose le squelette des insectes.

Voilà donc le plus compliqué de tous les systèmes organiques expliqué par des lois simples et générales, déduites de l'observation des faits.

Tous les autres systèmes seront-ils assujétis à la même marche? leur développement sera-t-il excentrique comme celui du système osseux? leurs ouvertures seront-elles pratiquées de la même manière que celles des os? leurs canaux ·seront-ils des canaux de conjugaison? Ces lois expérimentales seront-elles applicables à toute l'organogénie? Telle est, si je ne m'abuse, l'une des plus hautes questions de la philosophie naturelle.

Douze années employées sans relâche à cette étude m'ont à peine suffi pour en rassembler les matériaux, et pour enchaîner tous les faits que j'ai observés, à des lois primordiales, qui en sont des formules abrégées.

C'est en effet une chose bien digne de remarque que la marche constante et uniforme que suit la nature dans la création des animaux ! Tous les systèmes, sans exception, sont assujétis aux mêmes lois de formation. Tous se développent de la circonférence au centre ; toutes leurs parties marchent de dehors en dedans à la rencontre les unes des autres, pour former les organes uniques qui occupent leur centre, et composer les ouvertures ou les canaux que nous leur observons.

Le canal intestinal est un canal de conjugaison, résultant de la double engrenure, antérieure et postérieure, des deux lames qui les constituent primitivement. Il en est de même de l'aorte, il en est de même de la trachée artère, du larynx, de l'œsophage, et des organes génitaux-urinaires.

La formation du système musculaire dérive toute entière de l'application de ces lois expérimentales.

Ainsi, à la tête, les muscles temporaux, les masséters, les ptérygoïdiens, sont les premiers apparens ; puis viennent les orbiculaires des paupières, les zygomatiques, les buccinateurs ; puis les canins, et les muscles du nez.

Ainsi, à la poitrine, viennent d'abord les muscles intercostaux ; ensuite les muscles des gouttières vertébrales, et les muscles du sternum.

Ainsi, à l'abdomen, on trouve, en premier lieu, les obliques sur les côtés ; et en dernier lieu, les droits abdominaux, et les pyramidaux, qui occupent la ligne médiane.

L'abdomen présente, chez les jeunes embryons, une vaste ouverture ; les intestins sont hors de sa cavité ; à mesure que les muscles se portent de la circonférence vers le centre, ils encaissent ces organes ; l'hiatus de la ligne blanche diminue progressivement ; enfin, à la naissance, il ne reste plus que l'ouverture de l'ombilic, ouverture formée, comme on le voit, de la même manière que celle du système osseux.

Tous les muscles orbiculaires sont des muscles de conjugaison ; tous sont primitivement doubles, depuis l'orbiculaire des lèvres jusqu'aux sphincters du rectum.

Le diaphragme est un muscle double ; chez les embryons, il se forme de la circonférence au centre ; en se réunissant, ses deux parties forment d'abord le trou de conjugaison que traverse la veine cave inférieure, et ensuite les ouvertures qui donnent passage à l'aorte et à l'œsophage ; ouvertures que tous les anatomistes savent être formées par le double croisement de ses piliers postérieurs.

En procédant ainsi des muscles les plus simples aux plus composés, nous arrivons à la formation du cœur, qui est au système musculaire ce que le crâne est au système osseux ; ce que l'encéphale est au système nerveux, et qui n'a guère moins que le crâne et l'encéphale exercé la sagacité des anatomistes.

I.

reste plus que l'ouverture de l'ombilic, ouverture formée, comme on le voit, de la même manière que celle du système osseux.

Tous les muscles orbiculaires sont des muscles de conjugaison ; tous sont primitivement doubles, depuis l'orbiculaire des lèvres jusqu'aux sphincters du rectum.

Le diaphragme est un muscle double ; chez les embryons, il se forme de la circonférence au centre ; en se réunissant, ses deux parties forment d'abord le trou de conjugaison que traverse la veine cave inférieure, et ensuite les ouvertures qui donnent passage à l'aorte et à l'œsophage ; ouvertures que tous les anatomistes savent être formées par le double croisement de ses piliers postérieurs.

En procédant ainsi des muscles les plus simples aux plus composés, nous arrivons à la formation du cœur, qui est au système musculaire ce que le crâne est au système osseux ; ce que l'encéphale est au système nerveux, et qui n'a, guère moins que le crâne et l'encéphale exercé la sagacité des anatomistes.

I.

ventricules ; plus tard encore , une double
cloison transversale vient isoler les oreillettes des ventricules ; et en dernier lieu
enfin , les deux oreillettes qui étaient confondues , sont séparées l'une de l'autre par
une lame membraneuse qui a deux origines, l'une supérieure, l'autre inférieure ;
en se joignant sur leur partie moyenne,
ces deux parties laissent entre elles une ouverture : c'est le trou de botal, résultant de
la conjugaison des deux parties qui forment la cloison des oreillettes. Ce trou,
d'abord très-large, se rétrécit graduellement à mesure que le fœtus approche du
terme de la naissance , et que les lames de
la cloison s'étendent ; il s'oblitère enfin,
après la naissance, lorsque le sang, qui
cesse de le traverser, permet à la cloison de
terminer son développement.

Ainsi les mêmes lois président à la formation de tous les systèmes organiques.
Quelque simple que soit un organe, quelque compliqué qu'il vous paraisse, suivez-
en chez les embryons les diverses métamorphoses, vous le trouverez invariablement assujéti à la même marche, suivant

c*

le même ordre dans son développement régulier, et vous présentant dans son développement irrégulier les mêmes déformations.

Le présent ouvrage étant une continuelle application de ces lois expérimentales, tout le système nerveux se formant d'après ces mêmes principes, toutes les analogies primitives de ses élémens reconnaissant pour cause l'uniformité de leur développement, toutes leurs dissemblances secondaires s'établissant sur la même base, tous leurs rapports, enfin, découlant des mêmes principes et des mêmes lois, j'ai dû établir la généralité de ces lois et de ces principes, afin de montrer, d'une part, que la formation de ce système est une conséquence de l'unité de formation de tous les systèmes organiques; et de l'autre, pour rattacher tous les faits nouveaux que contient cet ouvrage à tous ceux que j'ai déjà fait connaître sur l'organogénie.

De cette manière, le lecteur pourra me suivre dans le labyrinthe des faits où je vais le conduire; il pourra saisir leur liaison et leur ensemble, les embrasser tous d'un même coup d'œil, ou descendre avec moi dans les détails de chacun d'eux ; il les verra s'éclairer les uns par les autres ; il jugera leur détermination et leurs rapports, et, si je me trompe, je lui aurai fourni d'avance les moyens de redresser mes jugemens, car les faits sont et restent toujours les mêmes.

Cela posé, descendons à l'explication du système nerveux.

Malpighi ayant dit que la moelle épinière était la racine de tout l'animal, cette opinion eut, sur le système nerveux, le même effet que celle d'Harvey sur le système sanguin, et que celles de Haller et d'Albinus sur le système osseux, dont ils faisaient partir le développement du corps central des vertèbres : on observait la nature en sens inverse, il n'était guère possible d'éviter l'erreur en suivant cette direction. Un nouvel ordre de faits était donc nécessaire pour réintégrer la nature dans ses droits, et donner à la science une direction qui permît d'interpréter sa véritable marche. Ces faits sont les suivans :

Si vous étudiez les jeunes embryons des animaux, vous trouvez que les nerfs latéraux du tronc, que les nerfs latéraux de la tête et du bassin, sont les premiers formés; qu'ils existent indépendamment de la moelle épinière, indépendamment de l'encéphale : ces nerfs ont acquis tout leur développement lorsque l'axe cérébro-spinal est encore liquide, lorsqu'il n'a pas même revêtu ses formes primitives. Vous trouvez les nerfs sans communication avec l'encéphale, sans communication avec la moelle épinière. Donc le système nerveux se développe de la circonférence au centre, et non du centre à la circonférence, comme on l'avait supposé.

De ce principe fondamental découle toute la névrogénie, sur laquelle l'Académie des Sciences avait appelé l'attention des concurrens.

Tous les nerfs se formant de la circonférence au centre, leur origine se trouve nécessairement dans les organes auxquels on suppose ordinairement qu'ils se distribuent, et leur terminaison ou leur insertion se fait sur l'axe cérébro-spinal, duquel on les a fait provenir jusqu'à ce jour.

Le développement de cette proposition renferme l'explication du système nerveux des animaux articulés, qui n'ont ni moelle épinière, ni encéphale, dans le sens des animaux vertébrés.

Elle rend raison de la loi d'action du système nerveux de M. le baron Cuvier ; de la loi de transposition de l'action des sens d'un nerf sur un autre, due à M. le professeur Duméril ; elle explique enfin les rapports des nerfs entre eux.

De la formation des nerfs, la nature passe à celle de la moelle épinière. Cet axe nerveux suivra-t-il le même développement que les nerfs? se formera-t-il de dehors en dedans, ou de dedans en dehors?

Ouvrez les jeunes embryons ; vous trouverez constamment que primitivement la moelle épinière est composée de deux petits cordons, l'un droit, l'autre gauche, entièrement isolés l'un de l'autre. Plus tard, vous observerez ces deux cordons se réunissant en avant sur la ligne médiane par une engrenure analogue à celle du système osseux. Les deux cordons forment alors une longue gouttière, ouverte en arrière dans toute son étendue. Plus tard encore, vous verrez ces deux cordons s'engrener en arrière comme ils l'ont fait en avant, et vous verrez cette longue gouttière se convertir en un long canal occupant le centre de cet axe.

Or, le mécanisme de la formation de ce canal est le même que celui de la formation de autres canaux de l'organisation. Il s'est formé comme le canal intestinal, comme le canal aortique, comme le canal de la trachée artère, comme tous les canaux osseux. C'est un véritable canal de conjugaison, résultant de la loi de ce nom et de la loi de symétrie.

Mais chez beaucoup d'animaux cet axe doit devenir solide. Quel sera le mécanisme de cette nouvelle transformation? Suivez toujours la nature le scalpel à la main; vous observerez des couches excentriques se former successivement dans l'intérieur de ce canal, et se déposer de dehors en dedans jusqu'à ce qu'enfin le canal soit entièrement oblitéré.

Passez dans le crâne, vous trouverez les

pédoncules cérébraux doubles et disjoints comme les cordons primitifs de la moelle épinière, vous les verrez se réunir en avant par une engrenure en tout semblable à celle de cette dernière partie. Nous observerons alors une large gouttière circonscrite par les parois de ces deux cordons.

Suivez le redressement de ces cordons, vous les verrez marcher de dehors en dedans, se porter à la rencontre l'un de l'autre, se réunir et se confondre, en donnant naissance aux parties diverses dont l'encéphale primitif se compose dans toutes les classes. Vous remarquerez premièrement le redressement de la partie des cordons des pédoncules qui correspondent aux tubercules quadrijumeaux; ces cordons se réuniront sur la ligne médiane par une suture semblable à celle de la moelle épinière, et donneront naissance à deux vésicules ovalaires, l'une droite, l'autre gauche. Ces vésicules seront ovales dans toutes les classes; elles auront chez toutes la même forme, la même position et les mêmes rapports.

Vous remarquerez en second lieu la

marche excentrique des lames de la moelle allongée, vous les verrez se porter transversalement sur le plancher du quatrième ventricule; les lames, d'abord écartées, se rapprocheront l'une de l'autre, se toucheront, se confondront par une espèce de suture croisée, et vous aurez le cervelet primitif des mammifères, des oiseaux, des reptiles, et de certains poissons.

En troisième lieu, vous observerez les pédoncules se conjuguer entre eux par des commissures transverses; il y aura d'abord une demi-commissure de chaque côté : chacune d'elles marchera à la rencontre de sa congénère, en se dirigeant de dehors en dedans; par cette marche elle rencontrera celle du côté opposé, se joindra à elle, et formera de cette manière un faisceau unique, traversant d'un pédoncule à l'autre.

Vous remarquerez enfin le redressement des lames des hémisphères cérébraux et des lobules olfactifs, quand ils existent, donnant primitivement naissance à des lobes arrondis, placés symétriquement les uns à côté des autres, et offrant dans toutes les classes la même forme et la même disposition.

Si par la pensée nous arrêtons dans cet état primitif l'encéphale de toutes les classes, nous le trouverons formé des mêmes élémens ; cet organe sera la répétition de lui-même, dans quelque espèce, dans quelque genre, dans quelque famille que l'on le considère. Nous trouverons constamment l'axe cérébro-spinal formé dans toutes les classes par les quatre élémens fondamentaux qui suivent. La moelle épinière, deux bulbes arrondis qui correspondent aux tubercules quadrijumeaux, deux bulbes en avant d'eux, qui sont les premiers rudimens des hémisphères cérébraux, et deux lames transversales en arrière, qui sont les premiers vestiges du cervelet. Si une cause quelconque arrête dans son développement une ou plusieurs parties, l'encéphale d'une classe pourra venir au monde avec les formes de la classe qui lui est inférieure. Un reptile pourra naître avec le cerveau du poisson ; un oiseau avec le cerveau d'un reptile ; un mammifère avec les formes encéphaliques dévolues aux reptiles ou aux oiseaux. Les monstres justifient tous les jours cette dernière assertion.

Le système nerveux se développe donc de la circonférence au centre ; de ce principe découle la solution de la grande question qui occupe les esprits, sur la prééminence des deux substances qui composent le système nerveux.

Chacun sait que le système nerveux est formé de matière grise et de matière blanche. Personne n'ignore que les faisceaux de la matière blanche rayonnent en divers sens au travers des couches plus ou moins épaisses de la matière grise.

Les physiologistes et les médecins ont tiré de cette structure un grand parti pour leurs explications.

Depuis Platon, les philosophes et les physiologistes, qui ont écrit avec quelque supériorité sur les fonctions du système nerveux, ont tous considéré ce système comme les organes par l'intermède duquel s'exécutent les sensations et les volitions de l'âme.

Depuis Pythagore, surtout, on s'est beaucoup occupé de rechercher quel *milieu* singulier unissait l'âme et le corps. Après avoir abandonné les idées du feu, qu'Hippocrate, Diogène-Laerce et Lucrèce avaient imaginées, après avoir rejeté les harmonies d'Aristoxène et de Lactance, et délaissé, malgré leur admirable obscurité, les entéléchies d'Aristote, l'esprit humain conçut enfin l'idée des esprits animaux.

Cette funeste invention exerça sur la physiologie et la pathologie la même influence que l'hypothèse du développement central des animaux, sur l'anatomie transcendante; elle enraya pendant des siècles la marche de ces sciences, et frappa même de stérilité les brillantes découvertes que les efforts du génie dérobaient de loin en loin à la nature. Je ne suivrai pas les physiologistes dans tous les sentiers où les a égarés cette erreur; je ne considérerai cette hypothèse fameuse, que dans ses rapports immédiats avec l'anatomie du système nerveux, et les fonctions récemment attribuées à la matière grise.

Qu'était-ce que les esprits animaux? Une abstraction placée entre l'âme et le système nerveux pour expliquer leur har-

monie. Bientôt on donna un corps à cette
abstraction ; on assimila les esprits animaux
aux fluides les plus subtils ; au feu, au
son, à l'air, à la lumière ; on les doua
d'une vitesse bien supérieure à celle de ce
dernier fluide ; on les logea dans l'encéphale, tantôt dans le quatrième ventricule,
tantôt dans le demi-centre ovale des hémisphères, et d'autres fois, enfin, dans le
corps calleux, dans la protubérance annulaire et dans le troisième ventricule.

Comme on croyait à l'existence des esprits animaux aussi fermement qu'à celle
de la bile et du sang, on s'occupa sérieu-
sement de leur assigner une source dans
l'encéphale. Willis employa à cet usage la
substance grise des ganglions de la moelle
épinière et du cerveau ; Vieussens, le plus
ferme défenseur de ces esprits, dut à cette
erreur les belles découvertes qu'il fit sur la
matière grise des couches optiques, des
corps géniculés, du corps rhomboïdal et
du corps olivaire.

On prétendit encore que ces esprits venant du sang, ils devaient être soumis à la
loi générale de la circulation. A cet effet,

Willis et Vieussens imaginèrent que les faisceaux de la matière blanche étaient creux pour leur donner passage ; on supposa qu'il existait dans les nerfs une cavité semblable à celle des artères et des veines; cavité que les sens ne montrent pas, et qu'on ne voit pas même au microscope. Ce n'est pas que Leuwenhoeck ne prétende l'avoir vue; mais on sait aujourd'hui le cas que l'on doit faire en anatomie des observations de ce célèbre physicien. Enfin, comme on objecta qu'un fluide aussi subtil que les esprits animaux, s'échapperait facilement par les extrémités des filets nerveux, Vieussens découvrit sur le champ des vaisseaux névro-lymphatiques, que personne n'a vus depuis, quoique Diemerbroek ait imaginé de placer des valvules dans leur intérieur. Il est difficile de dire où se seraient arrêtés les anatomistes, si, par ses immortelles découvertes sur l'irritabilité, Haller n'avait fait rentrer ces esprits dans le néant.

En rappelant les idées de Willis et de Vieussens, j'ai presque fait l'histoire des opinions nouvelles de MM. Gall et Spurzheim sur la matière grise et blanche du

système nerveux. En retranchant les esprits
animaux du système des anciens anatomistes, on voit que dans leurs idées, la
matière grise sert de racine à la matière
blanche, et que ces deux substances se
trouvent dans un rapport proportionnel.
C'est ce fait important, quoiqu'il ne soit
pas général, que les anatomistes allemands
expriment, en disant que la matière grise
est la matrice, ou l'organe de nutrition de
la matière blanche ; hypothèse plus sédui-
sante peut-être, mais non moins erronée
que celle des esprits animaux.

Personne ne doutait, il y a un demi-
siècle, de l'existence de ces esprits ; personne n'y croit plus de nos jours ; il serait
donc inutile de nous attacher à réfuter cette
hypothèse. Il n'en est pas de même de celle
de MM. Gall et Spurzheim : elle est tellement enlacée dans les faits, qu'elle fait presque corps avec eux; et on ne peut prévoir où
elle nous aurait déjà conduit, si, par son mémorable rapport à l'Académie des Sciences,
M. Cuvier n'en avait paralysé les effets.

Dans cette hypothèse, la matière grise
du système nerveux doit nécessairement

précéder la matière blanche, soit pour lui servir de matrice, soit pour lui servir de matière de nutrition; réduite à ses termes les plus simples, toute la question consiste donc à savoir quelle est, de ces deux matières, celle qui se forme la première. Ainsi énoncé, le problème devient tout anatomique.

Nous ferons remarquer à cette occasion que, de même que l'hypothèse de Willis, celle de Gall est fondée sur le développement central du système nerveux. Elle suppose que la moelle épinière et l'encéphale se forment du centre à la circonférence. Or la matière grise occupant le centre de l'axe cérébro-spinal, elle est censée préexister à la matière blanche, qui en occupe la périphérie; aux nerfs, qui s'y implantent; aux ganglions intervertébraux, qui sont plus excentriques encore; enfin, aux radiations nerveuses, qui de ces ganglions rayonnent dans toutes les parties de l'animal. Cette opinion est donc conséquente aux idées qu'on avait imaginées sur le développement de ce système.

Mais si sa formation est excentrique, et

I. d

si, dans leur apparition, toutes ces parties suivent un ordre inverse, si les nerfs se forment d'abord dans les organes, si plus tard les ganglions intervertébraux se développent avant l'existence de la moelle épinière, si cet axe lui-même se développe de la circonférence au centre, on voit que cette hypothèse est entièrement opposée aux faits.

On voit que les ganglions intervertébraux ne sont point la matrice des nerfs qui en rayonnent en dehors, puisque ces nerfs existent avant eux.

On voit que la moelle épinière n'est point et ne saurait être la matrice des cordons qui vont s'y implanter, puisque ces cordons sont primitivement sans communication avec elle, et que souvent même ils existent sans elle.

On voit, enfin, que la matière grise de cet axe spinal ne saurait être l'organe de nutrition de la matière blanche, puisque la matière blanche se forme constamment la première; puisque chez certains animaux, comme dans le genre astérie, le système nerveux est exclusivement formé par la matière blanche, et que chez d'autres, comme chez certains poissons, à peine trouve-t-on quelques vestiges de la matière grise dans le centre de la moelle épinière.

La proposition inverse de celle de MM. Gall et Spurzheim serait donc la seule vraie; il faudrait dire que les nerfs sont la matrice des ganglions, et la matière blanche l'organe de nutrition de la grise, si, dans l'état présent de la science, on ne devait proscrire sévèrement un langage vide de sens.

Poursuivant ses idées dans l'encéphale, Gall dit que le renflement grisâtre des frères Wenzel est la matrice des nerfs acoustique et facial. Ce qui suppose toujours que ce renflement préexiste à ces nerfs. Or non-seulement ces nerfs se forment hors du crâne et sont d'abord sans communication avec l'encéphale; mais lors même qu'ils sont arrivés sur la moelle allongée, la matière grise du ténia des frères Wenzel n'existe pas. Ce renflement ne se développe que plusieurs mois après que les nerfs sont implantés. Il est inutile de faire remarquer qu'un organe qui n'existe pas, ne saurait être la cause de la formation d'un au-

d*

tre qui le précède constamment dans son développement.

Pareillement les fibres blanches du trapèze de la moelle allongée, les faisceaux médullaires du pont de Varole se développent avant la matière grise de la protubérance annulaire ; on ne peut donc regarder la dernière de ces substances comme la matrice de la première.

La matière grise des corps géniculés est dans le même cas que celle du renflement des frères Wenzel , sa formation est de beaucoup postérieure à celle des faisceaux blancs du nerf optique : conséquemment le développement de ce nerf est indépendant des corps géniculés et de leur matière grise.

Enfin , comment la glande pinéale serait-elle la matrice ou l'organe nutritif des faisceaux blancs qui constituent ses pédoncules, puisque ces pédoncules sont constamment formés avant la glande ?

Hâtons-nous de présenter les inconvéniens de cette erreur et les conséquences qui résultent de l'indépendance de la formation de la matière blanche de l'encéphale.

Tous les médecins savent que les caver-
nes apoplectiques se creusent le plus fréquemment dans le demi-centre ovale des
hémisphères cérébraux. Peu d'entre eux
ignorent qu'avant mes travaux on regardait
comme incurables toutes les paralysies qui
en dépendent.

Dans les idées anciennes le centre ovale
étant dépourvu de matière grise, la circulation des esprits animaux était interrompue par les scissures ou les déchirures que
développaient les attaques d'apoplexie.

Dans les idées nouvelles, la matière
blanche qui compose ces parties étant dé-
truite en totalité ou en partie, elle ne pouvait plus se réparer, puisqu'elle était dépourvue de la matière grise, son organe
nutritif supposé; les paralysies devaient
donc être incurables d'après ces hypothèses,
lorsque leur siége résidait dans la matière
blanche du demi-centre ovale.

J'ai depuis long-temps détruit cette
erreur, et j'ai prouvé, d'après un grand
nombre de faits, que la guérison de ces paralysies s'opérait par la reproduction de la
matière blanche, qui, indépendante de la

matière grise, réunissait par une véritable
cicatrice les lèvres de la solution de continuité que produisent les apoplexies: Généralisant ensuite cette vérité importante , j'ai
montré, d'après l'observation, que toutes
les solutions de continuité du système nerveux et toutes les paralysies qui en dépendent , guérissaient par le même mécanisme. La formation de la matière blanche
est donc indépendante de la matière grise.

Voilà donc l'encéphale de toutes les
classes ramené à une identité de composition, qui ne permet pas de méconnaître
l'homogénéité de ses élémens : mais par
les progrès de son développement, cette
identité s'efface ; des dissemblances s'établissent dans toutes les parties, ou seulement dans quelques-unes.

Plus on s'élève vers les animaux supérieurs , plus ces dissemblances sont nombreuses, plus elles sont fortement prononcées ; plus on descend vers les animaux inférieurs, plus elles s'affaiblissent , plus elles
diminuent, plus l'encéphale conserve sa
première physionomie. De là découle un
phénomène singulier ; c'est que pour cer-

taines de ses parties, l'encéphale des classes inférieures conserve d'une manière permanente les formes primitives des embryons des classes supérieures.

Le système nerveux se développe donc de la même manière que tous les autres systèmes organiques ; il est assujéti à la même marche, aux mêmes principes et aux mêmes lois. De ces principes dérivent ses formes primitives ; sur celles-ci s'établissent les dissemblances que cet organe présente dans chaque classe. Mais comment s'établissent ces dissemblances? comment se perd cette homogénéité primitive des élémens de l'encéphale? comment chacun d'eux parvient-il aux formes permanentes qui le distinguent dans chaque classe? C'est, après la détermination des parties dont cet organe se compose, le point le plus important de son anatomie comparative.

Car ces élémens changeant de forme et de position, chacun subissant dans chaque classe des transformations nouvelles, l'ensemble de l'encéphale en est modifié au

point de n'être plus reconnaissable d'une
classe à l'autre ; ce qui fait que jusqu'à ce
jour il n'a pas été reconnu, puisqu'on voit
qu'il ne pouvait guère l'être, en le considérant dans son état permanent, et lorsque
toutes ses métamorphoses sont terminées.

On prévoit d'avance ce que nous avons
dû faire pour ne point nous en laisser imposer par ces mutations continuelles. On
voit dès-lors qu'il fallait suivre pas à pas
chacune de ces métamorphoses dans toutes les classes, apprécier l'influence que les
évolutions d'un élément exerçaient sur
tous les autres, traverser ainsi les formes
fugitives de l'encéphale, pour arriver à l'explication de ses formes permanentes. C'est
là le but que je me suis proposé dans l'encéphalogénie des embryons, comparée à
l'encéphalotomie des animaux vertébrés.
Un court aperçu va nous en faire connaître
les résultats les plus saillans.

Soient les tubercules quadrijumeaux et
leurs analogues, les lobes optiques des trois
classes inférieures. Chez tous les embryons
ces organes sont lobulaires, doubles et
creux ; ils occupent dans toutes les classes

la face supérieure de l'encéphale, ayant en
arrière le cervelet, et en avant les hémisphères cérébraux. Si vous suivez dans
toutes les classes leurs diverses évolutions,
vous les voyez, chez les reptiles et les poissons, conserver la même forme, la même
position et les mêmes rapports. Il n'en est
pas de même chez les oiseaux et les mammifères.

Chez les oiseaux, ils restent, ainsi que
chez les reptiles, sur la face supérieure de
l'encéphale, jusqu'au milieu de l'incubation. A cette époque, vous les voyez abandonner cette position, se déjeter peu à
peu sur le flanc des pédoncules, et occuper
enfin la base et les côtés de l'encéphale, où
on les rencontre chez tous les oiseaux parfaits. Ils ont néanmoins conservé, comme
chez les reptiles et les poissons, leur cavité
intérieure.

Chez les mammifères seuls, cette cavité
s'oblitère, ces organes deviennent solides
comme la moelle épinière : cette solidifi-
cation s'opère, comme dans cette dernière
partie, par la déposition de couches toujours excentriques. Primitivement ces corps

sont lobulaires , doubles et creux , comme
dans les trois classes inférieures. Ils conservent cette forme jusqu'aux deux tiers
environ de la gestation des animaux qui
composent cette classe; à cette époque, qui
correspond au moment où leur cavité va
s'oblitérer, on voit apparaître sur leur superficie un sillon transversal, qui divise en
deux chaque tubercule ; les deux lobes jumeaux sont convertis par ce sillon en quatre
tubercules quadrijumeaux, dénomination
par laquelle on désigne ces corps dans toute
cette classe.

Si , chez les oiseaux , les lobes optiques
s'arrêtent dans leur marche , ils conservent
la même place que nous leur observons
chez les reptiles et les poissons.

Si , chez les mammifères , le sillon transversal ne se manifeste pas , ces tubercules
restent ovalaires, jumeaux et creux, comme
dans les trois classes inférieures.

Des dissemblances secondaires naissent ,
chez les oiseaux, de ce déplacement de leurs
lobes optiques. Chez les reptiles, les poissons et les mammifères , ces corps restent
à leur place primitive, la lame transversale

qui les réunit par en haut, n'éprouve aucune modification. Il n'en est pas de même
chez les oiseaux ; à mesure que les lobes
s'écartent l'un de l'autre, leur superficie
se déplisse, la lame médiane qui les réunit,
s'étend; de telle sorte, que, chez les oiseaux
adultes, on trouve à la place qu'ils occupaient d'abord, et qu'ils conservent dans
les autres classes, une large commissure,
rayonnée, composée de stries alternatives
de matière blanche et de matière grise.

Voilà les modifications extérieures qu'é-
prouvent ces corps dans les quatre classes.
Quelque grandes qu'elles soient, quelque
différence que présentent les quatre tubercules solides des mammifères, comparés aux
deux lobes creux des reptiles et des poissons;
quelque transposition qu'aient éprouvée
ces parties chez les oiseaux, on voit que
c'est toujours le même organe, déguisé seulement par ses diverses métamorphoses ;
que l'on me permette cette expression.

Considérons le cervelet. Aussitôt que
les deux lames transversales qui le forment
se sont engrenées et se sont réunies avec
les lames qui constituent la valvule de Vieus-

sens, cet organe est formé dans toutes
les classes par une petite languette mince,
formant une petite voûte au-dessus du
quatrième ventricule. Si le cervelet s'arrête
à cette époque de son développement, il
conserve, chez les animaux, cette forme
simple et élémentaire. C'est le cas de tous
les reptiles, c'est le cas du plus grand
nombre des poissons osséux. Mais supposez
qu'avant la réunion des lames transversales
la moelle allongée s'élargisse outre mesure,
et que ces lames ne s'accroissent pas dans
la même proportion; qu'arrivera-t-il? On
voit de suite que l'engrenure de ces
lames n'aura point lieu sur la ligne médiane, elles se rouleront sur elles-mêmes
sans se réunir. La lame médullaire de
Vieussens restera flottante sur le quatrième ventricule, qu'elle couvrira en partie. C'est le cas de tous les poissons cartilagineux, le requin excepté.

Les poissons et les reptiles conservent
donc les formes embryonaires du cervelet.
Ce sont sous ce rapport des embryons permanens des classes supérieures.

Chez celles-ci le cervelet acquiert des dimensions considérables ; sa superficie se sillonne de rainures transversales plus ou moins nombreuses, plus ou moins profondes ; en même temps il fait sur les côtés et sur le haut de l'encéphale une saillie plus ou moins marquée.

Mais ces dissemblances classiques ne changent en rien sa détermination. C'est toujours le même organe resté, dans les deux classes inférieures, au minimum de son développement, porté à son maximum dans les deux classes supérieures.

Faisons aux hémisphères cérébraux l'application de cette méthode. Certainement si on voulait, de prime abord, ramener les hémisphères cérébraux des singes aux lobes cérébraux des poissons, on échouerait dans cette entreprise. On verrait, d'une part, des organes très-simples, de l'autre des organes très-compliqués, n'ayant aucun rapport extérieur ni dans leur forme, ni dans leur configuration, ni dans leur structure. Tous ces caractères qui servent aux anatomistes pour reconnaître l'homogénéité des organes, manquant, on serait porté à croire que ces parties sont tout-à-fait dissemblables, et n'ont entre elles aucune analogie.

Mais remontez très-haut dans la vie utérine des mammifères ; vous apercevrez d'abord les hémisphères cérébraux roulés comme chez les poissons, en deux vésicules isolées l'une de l'autre ; plus tard vous leur verrez affecter la configuration des hémisphères cérébraux des reptiles ; plus tard encore ils vous présenteront les formes de ceux des oiseaux ; enfin ils n'acquerront qu'à l'époque de la naissance, et quelquefois plus tard, les formes permanentes que présente l'adulte chez les mammifères.

Les hémisphères cérébraux ne parviennent donc à l'état où nous les observons, chez les animaux supérieurs, que par une série successive de métamorphoses qui les transforment. Si, par la pensée, nous réduisons à quatre périodes l'ensemble de toutes ces évolutions, nous verrons, de la première, naître les lobes cérébraux des poissons, et leur homogénéité dans toutes les classes ; la seconde nous donnera les hémisphères des reptiles ; la troisième produira celle des oiseaux, et la quatrième enfin donnera naissance aux hémisphères si complexes des mammifères.

Si vous pouviez développer les diverses parties de l'encéphale des classes inférieures, vous feriez successivement d'un poisson un reptile, d'un reptile un oiseau, d'un oiseau un mammifère.

Si vous atrophiez au contraire cet organe chez les mammifères, vous le réduirez successivement aux conditions du cerveau des trois classes inférieures.

La nature nous présente fréquemment, dans les monstres, cette dernière anomalie.

Jamais elle ne produit la première. Circonstance très-intéressante pour la philosophie de la nature.

Dans les déformations variées que peuvent éprouver les êtres organisés, jamais ils ne dépassent les limites de leur classe pour revêtir les formes de la classe supérieure. Jamais un poisson ne s'élevera aux formes encéphaliques d'un reptile ; celui-ci n'atteindra jamais les oiseaux, un oiseau les mammifères. Un monstre pourra se répéter ; il pourra présenter deux têtes, deux queues, six ou huit extrémités, mais toujours il restera étroitement circonscrit dans les limites de sa classe. Cet étonnant phénomène est sans doute lié à l'harmonie générale de la création. Quelle peut en être la cause? nous l'ignorons, et vraisemblablement nous l'ignorerons toujours. C'est un des mystères de la création, dont l'homme mesure la surface, mais dont Dieu seul sonde et connaît la profondeur.

Toutes les différences classiques de l'encéphale sont donc produites par quelques métamorphoses de plus ou de moins; toutes les dissemblances s'établissent sur une base commune ; l'organe fondamental reste toujours le même. En appliquant cette méthode à toutes les parties, vous établirez de cette manière la chaîne des ressemblances des mammifères aux poissons ; et vous verrez se développer, des poissons aux mammifères, la chaîne des dissemblances. Vous pourrez prévoir d'avance ce qui surviendra, si ces évolutions s'arrêtent chez un animal, pendant le cours de ses transformations. Cet animal vous offrira nécessairement les formes encéphaliques de la classe à laquelle il se sera arrêté.

On voit donc, d'après ces principes, que toutes les parties se développant de la circonférence au centre, toutes sont nécessairement soumises au double développement qui sert de base à la loi de symétrie.

Toutes les parties uniques, qui se trouvent dans le centre de l'encéphale, sont primitivement doubles, de même que tous les organes uniques des autres systèmes organiques.

Ainsi il a premièrement deux voûtes, deux corps calleux, une demi-commissure de chaque côté des pédoncules, deux glandes pinéales, deux cervelets, deux protubérances annulaires, comme il y a deux cordons principaux à la moelle épinière et la moelle allongée, deux pédoncules cérébraux, deux couches optiques, deux corps striés, deux lobes optiques, deux hémisphères cérébraux.

En se réunissant d'après la loi de conjugaison, ces parties donneront naissance à toutes les cavités de l'encéphale, à tous les ventricules, aux trous que l'on a si improprement nommés vulve et anus chez les mammifères.

I.

e

La formation de ces cavités et de ces trous est donc sous la dépendance de la même loi que les cavités intestinale, aortique, que les cavités du cœur, et que tous les trous et toutes les cavités du système osseux. C'est sur un plan général et uniforme, c'est par une marche commune que se forment et se développent tous les organes des animaux. Il était, je crois, très-important de rallier à ces principes fondamentaux la formation de l'encéphale dans les quatre classes des animaux vertébrés.

Il ne l'était guère moins, je pense, de considérer cet organe également dans les quatre classes, de son point le plus élevé, et de faire voir comment, de l'encéphale si simple des poissons, dérive un organe aussi complexe que celui des mammifères.

J'ai démontré cette proposition par l'analyse, en remontant des vertébrés les plus simples aux plus élevés ; je vais en prouver la certitude par la synthèse, en descendant des animaux supérieurs aux inférieurs.

Soit un singe, considéré à sa naissance : vous trouvez dans son encéphale toutes les parties qui distinguent les mammifères des autres vertébrés. Remontez dans la vie utérine, vous voyez d'abord disparaître certains lobes des hémisphères cérébraux, les hémisphères du cervelet, le corps calleux, et la protubérance annulaire.

Ce qui reste correspond à l'encéphale des oiseaux.

Examinez un embryon plus jeune : la voûte disparaît, les hémisphères se contractent en arrière, les tubercules quadrijumeaux sont à découvert sur la face supérieure du cerveau ; ce sont alors deux lobes jumeaux, comme chez les reptiles, dont cet encéphale vous reproduit le type.

Enfin, remontez plus haut encore dans la vie utérine, vous trouvez cet encéphale formé par des lobes alignés symétriquement l'un à côté de l'autre ; vous trouvez un cervelet formé de deux parties, l'une droite, l'autre gauche, ou d'une lame mince recouvrant en partie le quatrième ventricule : vous avez enfin l'ensemble de l'encéphale des poissons.

Ainsi en remontant, dans l'échelle animale, des poissons aux singes, vous voyez l'encéphale se compliquer graduellement, comme en descendant des mammifères adultes à leurs différentes époques de formation embryonaire, vous apercevez cet organe se décomposer successivement. Vous arrivez par ces deux voies au même résultat, à l'unité de leur formation et de leur composition.

L'encéphale des animaux vertébrés est donc construit sur un type uniforme et avec les mêmes élémens. En remontant des classes inférieures aux supérieures, on voit cet organe, si simple d'abord, s'élever graduellement, chez les reptiles et les oiseaux, jusqu'à cette organisation admirable que nous lui connaissons chez les mammifères, et à cette structure plus admirable encore, qu'il nous présente chez l'homme.

Mais en parcourant cette grande évolution, tous les élémens ne suivent pas dans toutes les classes un développement proportionnel. Chaque classe se fait remarquer par la prédominance d'une ou de plusieurs parties de l'encéphale. Chaque élément fondamental est tour-à-tour dominateur ou dominé ; et selon le développement ou l'atrophie de telle partie, il en résulte telle

où telle forme dans l'ensemble général de
l'organe.

Ainsi, chez les poissons, le développement prodigieux des lobes optiques paraît
s'effectuer aux dépens des hémisphères cérébraux qui restent atrophiés : il résulte de
là que ces lobes sont la partie fondamentale
de leur encéphale ; ils sont à cet organe,
dans cette classe, ce que sont, chez les mammifères, les hémisphères cérébraux : de là
naît leur complication ; de là naît aussi la
configuration générale de leur encéphale,
sur lequel on voit toujours saillir ces
lobes.

Avec le développement des lobes optiques coïncide celui des lobes olfactifs,
du lobe médian du cervelet détaché chez
beaucoup de poissons, et de la moelle épinière. Il y a harmonie de développement
entre toutes ces parties.

Les hémisphères cérébraux, les hémisphères du cervelet, sont réduits, au contraire, à zéro d'existence.

Ces dernières parties sont en discordance
de développement avec les premières.

Chez les reptiles, une harmonie différente

s'établit. Le cervelet est l'organe le plus affaibli. Il reste toujours à un état si rudimentaire, qu'il ne forme qu'un feuillet très-mince couvrant à peine la moitié du quatrième ventricule.

Les lobes optiques sont encore très-saillans sur la face supérieure de l'encéphale, quoiqu'ils soient beaucoup moins compliqués que chez les poissons.

Ce que ces lobes, et surtout le cervelet, ont perdu, est acquis pour les hémisphères cérébraux.

Il y a déjà, sous le rapport de ces hémisphères, une distance immense des poissons aux reptiles. Ces organes ne sont plus isolés l'un de l'autre comme chez les poissons osseux ; ils sont réunis en arrière et au milieu ; leur configuration rappelle déjà celle des classes supérieures. La couche optique et le corps strié deviennent distincts ; les hémisphères s'élèvent au niveau des lobes optiques, et souvent les dépassent, comme chez les tortues.

Chez les poissons tout est sacrifié aux lobes optiques ; toutes les parties paraissent affaiblies chez les reptiles pour concourir au développement des hémisphères cérébraux. De là naît déjà l'atrophie des lobes olfactifs que l'on remarque dans cette classe.

Chez les poissons, le lobule olfactif s'est développé en raison directe de l'atrophie des hémisphères : chez les reptiles l'inverse a lieu ; les hémisphères produisent à leur tour l'atrophie des lobules olfactifs. C'est dans ce balancement comparatif des élémens de l'encéphale, que se trouve l'explication des formes permanentes de cet organe dans ces deux classes.

Les lobes optiques, qui étaient l'organe dominateur chez les poissons, et qui s'étaient maintenus encore chez les reptiles, sont à leur tour dominés, chez les oiseaux, par le cervelet et les hémisphères cérébraux. Affaissés dans leur partie moyenne, ces lobes disparaissent de la face supérieure de l'encéphale ; le cervelet, prodigieusement accru, vient occuper leur place ; il s'élève, chez les oiseaux, de la même manière que les lobes optiques chez les poissons. Le cervelet est donc à l'encéphale des oiseaux, ce que les lobes optiques sont à l'encéphale des poissons.

Sous le rapport du cervelet, il n'y a aucun rapprochement à établir entre les oiseaux et les reptiles; ces deux classes sont à une distance infinie l'une de l'autre, considérées sous ce point de vue.

Il n'en est pas de même des hémisphères cérébraux. Ajoutez aux hémisphères de la tortue la lame rayonnée et ses pédoncules; renflez un peu leur partie postérieure; faites légèrement saillir leurs couches optiques, et vous aurez les hémisphères cérébraux de tous les oiseaux sans exception. Ces deux classes se touchent presque par leurs hémisphères cérébraux, tandis qu'elles sont si éloignées par leur cervelet.

Quoique dominés chez les oiseaux, les lobes optiques déplacés restent néanmoins visibles sur les côtés et à la base de leur encéphale; chez les mammifères, ils disparaissent complètement de la face extérieure de cet organe, étouffés en quelque sorte par le développement prodigieux des hémisphères cérébraux.

Ainsi, chez les poissons, les lobes optiques dominent en quelque sorte tout l'encéphale; chez les reptiles ils partagent avec les hémisphères cérébraux l'influence qu'ils exercent sur l'ensemble de tout l'organe, tandis que le cervelet est presque réduit à rien. Chez les oiseaux, le cervelet acquiert une prépondérance qu'il n'avait dans l'une ni dans l'autre de ces classes.

Enfin, chez les mammifères supérieurs, les hémisphères cérébraux débordent tellement les tubercules quadrijumeaux, qu'ils commandent à leur tour la disposition générale de tout l'encéphale.

Chez les oiseaux, le cervelet, en se développant, s'est porté d'arrière en avant pour aller recouvrir les lobes optiques et occuper leur place : les hémisphères cérébraux sont à-peu-près restés stationnaires ; chez les mammifères, ce sont, au contraire, les hémisphères qui, par un mouvement inverse, viennent envahir toute la face supérieure de l'encéphale. Plus les hémisphères se développent, plus ils se portent en arrière.

Ainsi, chez les mammifères inférieurs et chez les didelphes, les hémisphères, peu développés en arrière, laissent encore à nu les tubercules quadrijumeaux sur la face supérieure de l'encéphale. Chez certains rongeurs et chez les ruminans, ces tubercules sont complètement cachés ; chez les carnassiers, la progression des hémisphères en arrière continue toujours, les tubercules quadrijumeaux et le bord antérieur du cervelet sont recouverts par les hémisphères ; chez les cétacés, le phoque et les singes, le cervelet paraît s'enfoncer sous les hémisphères cérébraux qui continuent leur développement : enfin, chez l'homme, tout le cervelet est recouvert par eux.

Cet accroissement des hémisphères est produit par le développement d'un lobe particulier, qui vient occuper leur partie moyenne, et que j'ai nommé, à cause de sa position, *lobe sphénoïdal.*

Ce lobe manque chez les poissons, les reptiles et les oiseaux, il manque chez les mammifères inférieurs : sa manifestation commence chez les ruminans ; il augmente ensuite de ces animaux aux carnassiers, au phoque, aux cétacés, au singe et à l'homme.

L'accroissement des hémisphères du cervelet suit celui des hémisphères cérébraux ;

il coïncide constamment avec l'atrophie du lobe médian de cet organe.

En se développant, tous les élémens fondamentaux de l'encéphale se creusent d'un ventricule. Cette cavité semble avoir pour but d'étendre leur superficie.

Ainsi chez l'homme ; les singes, les carnassiers, la moelle épinière est solide ; elle se creuse d'une petite cavité chez les rongeurs ; cette cavité intérieure augmente chez les reptiles et les poissons à mesure que la moelle épinière se développe.

Il en est de même des tubercules quadrijumeaux ; ils sont solides chez les mammifères, et creux dans les trois classes inférieures.

Il en est de même du lobe médian du cervelet ; une cavité interne s'y manifeste chez les oiseaux, où ce lobe est porté à son maximum. Les rudimens de cette cavité paraissent chez les rongeurs, et disparaissent chez les ruminans et les carnassiers.

Il en est de même des hémisphères cérébraux ; ils sont solides chez tous les poissons, comme les tubercules quadrijumeaux et la moelle épinière des mammifères. Ils sont presque solides chez les reptiles, une cavité à peine perceptible s'y développe. Cette cavité augmente chez les oiseaux ; elle se développe beaucoup chez les rongeurs ; et en la suivant des ruminans aux carnassiers, aux singes et à l'homme, on voit se déployer dans l'intérieur des hémisphères les vastes ventricules que l'on y remarque.

Il en est de même du lobule olfactif : ce lobule est solide chez l'homme, les singes, le phoque et les carnassiers, où il est peu développé, de même que chez les oiseaux ; il se creuse, chez les ruminans, les rongeurs, les reptiles et les poissons, en raison de son accroissement.

Ce développement des cavités, à mesure que les élémens de l'encéphale se développent, est donc un caractère général de l'organisation de cet organe. Le rapport du volume des organes donne donc le rapport de capacité de leurs ventricules. Il est constamment le même chez les embryons et chez les animaux parfaits. Ainsi, pour en donner un exemple, le lobule olfactif et les tubercules quadrijumeaux sont creusés d'une cavité interne chez tous les embryons des mammifères supérieurs. Cette cavité diminue et s'oblitère complètement à mesure que ces organes s'affaissent et qu'ils sont dominés par les parties qui les environnent.

A mesure aussi qu'un élément devient dominateur dans une classe, ou éprouve une modification qui lui est spéciale, des parties nouvelles se développent, et deviennent les caractères classiques de leur encéphale.

Ainsi, chez les poissons, la structure des lobes optiques offre une complication qu'on ne retrouve ensuite dans aucune autre classe. On voit dans leur intérieur des parties nouvelles, qui ne se reproduisent ni chez les reptiles ni chez les oiseaux, ni chez les mammifères ; ce sont ces parties que l'on a sans aucun fondement assimilées au corps calleux, à la voûte, à la corne d'Ammon, au corps strié, à la couche optique des mammifères.

Chez les oiseaux, la transposition des lobes optiques donne naissance à la formation d'une commissure rayonnée qu'on ne retrouve plus nulle part ; il se développe en même temps dans leur intérieur des tubercules particuliers, que l'on a si improprement comparés aux tubercules quadrijumeaux des mammifères.

Observons à ce sujet avec quelle incertitude procédaient, et procèdent encore quelques anatomistes dans la détermination de l'encéphale. Les tubercules qui se montrent dans les lobes optiques des poissons, sont comparés aux corps striés et à la couche optique ; ces mêmes parties, chez les oiseaux, sont assimilées aux tubercules quadrijumeaux. Une si mauvaise méthode pouvait-elle produire autre chose que le vague et l'incohérence que l'on remarque dans cette partie de la science ?

Les hémisphères continuent, chez les oiseaux, le développement qu'ils avaient commencé chez les reptiles ; on voit naître entre eux une lame rayonnante pelliculée, qui n'existe ni chez les poissons, ni chez les reptiles, et qui correspond à la voûte chez les mammifères.

Le lobe médian du cervelet étant, chez

les oiseaux, l'organe dominateur, on voit se développer, dans sa profondeur, un second ventricule, qui ne se retrouve ni chez les mammifères, ni chez les reptiles, ni chez les poissons.

Enfin, chez les mammifères, le prodigieux accroissement des hémisphères cérébraux et le développement transversal du cervelet donnent naissance à la formation de parties nouvelles qui manquent dans toutes les autres classes.

Ainsi l'on voit des lobes particuliers compliquer le cervelet et les hémisphères cérébraux. On voit naître dans ces derniers, leur voûte très-complexe, leur corps calleux, qui est à leurs hémisphères ce que la commissure rayonnée est aux lobes optiques des oiseaux. On voit se former la protubérance annulaire, qui est aux hémisphères du cervelet ce que le corps calleux est aux hémisphères cérébraux.

Les formes permanentes de l'encéphale, dans les quatre classes des animaux vertébrés, sont donc produites par le balancement respectif de ses diverses parties, et par l'influence réciproque que ces parties exercent les unes sur les autres.

Chez les poissons, les lobes optiques sont l'élément dominateur.

Les hémisphères cérébraux sont atrophiés.

Le lobule olfactif est très-considérable.

Le cervelet est moyennement développé.

Chez les reptiles, les lobes optiques perdent leur influence.

Le cervelet est presque anéanti. Les hémisphères cérébraux se développent beaucoup comparativement à ce qu'ils sont chez les poissons.

Le lobule olfactif est, à son tour, atrophié.

Chez les oiseaux, le cervelet devient la partie dominante.

Les lobes optiques sont affaiblis.

Les hémisphères cérébraux sont accrus.

Les lobules olfactifs sont presque anéantis.

Chez les mammifères, les hémisphères cérébraux deviennent, à leur tour, les organes dominateurs.

Le cervelet continue son développement transversal.

Les tubercules quadrijumeaux sont réduits à leur minimum d'existence.

Le lobule olfactif éprouve de très-grandes variations.

Très-développé chez ceux où les hémisphères le sont peu, il diminue et disparaît presque complètement, à mesure que l'on s'élève des ruminans aux carnassiers, aux singes et à l'homme.

De ces faits découle la loi du balancement des deux substances qui entrent dans la structure de l'axe cérébro-spinal du système nerveux.

En général plus une partie se développe, plus on voit se multiplier les faisceaux, les radiations et les plexus de la matière blanche.

Plus elle s'atrophie, plus on voit diminuer la matière blanche, tandis que la matière grise augmente.

Si, comme tous les faits portent à le croire, c'est principalement dans la matière blanche que siégent les propriétés du système nerveux, on voit donc que ces propriétés et les fonctions qu'elles concourent à développer seront soumises au même

I.

balancement que les élémens fondamentaux de l'encéphale.

Ainsi, nous verrons les fonctions de la moelle épinière et des tubercules quadrijumeaux qui la répètent dans l'encéphale, s'accroître et se multiplier des mammifères aux oiseaux, aux reptiles et aux poissons.

Nous verrons les fonctions du cervelet, si importantes chez les mammifères et les oiseaux, se réduire chez les poissons et s'anéantir presque complètement chez les reptiles.

Nous trouverons les fonctions des hémisphères cérébraux réduites à rien chez les poissons, et en nous élevant des reptiles aux oiseaux et aux mammifères, nous verrons se déployer successivement les facultés diverses de ces organes.

Nous trouverons enfin que les facultés peuvent être transportées d'un élément qui est dominé, sur l'élément voisin qui devient dominateur.

Ce sont ces rapports généraux que je me suis efforcé de faire ressortir dans mes recherches physiologiques et pathologiques sur le système nerveux ; c'est particulièrement sous ce point de vue que je me suis rencontré avec notre célèbre physiologiste, M. Magendie.

Ainsi l'anatomie, la physiologie et la pathologie du système nerveux, que je nommerai *physiologie naturelle*, par opposition avec la *physiologie expérimentale*, se prêteront un mutuel secours, s'éclaireront réciproquement des faits qui leur sont propres, et bientôt, je l'espère, ne formeront plus qu'une seule et même science.

La grande question de l'analogie primitive et de la dissemblance permanente de l'encéphale dans les quatre classes des animaux vertébrés me paraît résolue par ce qui précède. Reste à déterminer maintenant le principe des rapports des élémens du système nerveux.

Les anatomistes pensèrent d'abord que toutes les parties de ce système étaient développées en raison directe les unes des autres. Le principe du développement central des animaux, l'idée que tous les nerfs puisaient leur origine sur l'axe cérébro-

spinal, les conduisaient nécessairement à
ce résultat.

L'observation vint cependant le rectifier.
Haller, Sœmmering et M. le baron Cuvier
firent un pas immense vers la vérité, en
établissant que l'encéphale, la moelle épinière et les nerfs crâniens ne partageaient
point, chez les mammifères, cette harmonie
de développement. On remarqua, au contraire, que la moelle épinière et le cerveau
suivaient, dans cette classe, une progression inverse.

Considérée en général, cette proposition
est exacte, surtout chez les mammifères.
Dans les animaux qui composent cette
classe, on voit décroître la moelle épinière, à mesure que le cerveau se développe:
dans les trois classes inférieures, on
observe aussi que le cerveau s'atrophie
en raison du développement de la moelle
épinière.

Mais les élémens fondamentaux de l'encéphale étant, chez les animaux vertébrés,
dans une variation continuelle de volume,
toutes les parties dont cet organe se com-

pose étant tour à tour dominées et dominantes, selon la classe où on les observe, on voit dès-lors combien de nouvelles inconnues sont introduites dans le problème par ces nombreuses variations.

Une première donnée à acquérir était donc de rechercher sous quelle influence s'opérait ce balancement respectif des élémens du système nerveux. Ce balancement avait-il quelque chose de commun dans toutes les classes? Suivait-il un ordre régulier? Était-il assujéti à quelques règles? Quel était cet ordre? Quelles étaient ces règles, si elles existaient? Telles sont les notions dont la connaissance formait les données préliminaires des rapports du système nerveux.

Il est bien vrai, comme l'ont établi Sœmmering et M. Cuvier, que la moelle épinière et l'encéphale sont développés en raison inverse l'un de l'autre. Mais tout l'encéphale ne partage point ce rapport.

Certaines parties sont développées en raison directe, d'autres en raison inverse de la moelle épinière. Pour avoir des notions précises, il était donc nécessaire de distinguer ces rapports opposés.

La moelle épinière est répétée dans l'encéphale par les tubercules quadrijumeaux, par le lobe médian du cervelet, par le corps restiforme, par le trapèze de la moelle allongée, par le lobe de l'hippocampe, le lobule olfactif et la voûte chez les mammifères.

De-là résulte l'harmonie de développement que l'on remarque entre toutes ces parties.

La moelle épinière est, au contraire, en discordance de développement avec les olives de la moelle allongée, les hémisphères du cervelet, la protubérance annulaire, le lobe sphénoïdal des hémisphères cérébraux, les corps striés, la couche optique et le corps calleux. De-là découlent leurs rapports inverses.

Les nerfs des sens sont développés en raison directe de la moelle épinière, du lobe médian du cervelet, des tubercules quadrijumeaux, des lobes optiques, du lobe de l'hippocampe et du lobule olfactif.

Ils sont développés, au contraire, en

raison inverse des hémisphères du cervelet, du pont de Varole, du lobe sphénoïdal, et du corps calleux.

M. le baron Cuvier a si bien exprimé dans son analyse ces divers rapports, que je crois inutile de les répéter ici. Je me borne seulement à indiquer leur cause ou leur principe (1).

Mais ce balancement respectif des formes transitoires des embryons, des formes permanentes du système nerveux des animaux vertébrés, était lui-même un problème piquant dont la solution intéressait l'anatomie comparative. On ne pouvait guères parcourir ce vaste tableau de formation et de développement d'un système aussi important, sans vouloir en connaître le ressort. Cette idée m'a beaucoup occupé dans toutes mes recherches sur l'organogénie, et j'avoue que c'est après m'être long-temps épuisé en vaines conjectures, que je m'aperçus enfin que tout le secret résidait dans le système sanguin ; système, par l'intermède duquel s'établit, entre toutes les parties,

---

(1) Voyez à ce sujet le rapport de M. Cuvier.

l'harmonie générale qu'on leur remarque, des poissons aux mammifères.

Il semble, au premier aperçu, que rien n'était si simple à faire que cette découverte. Les anciens ont si souvent répété, depuis Harvey, que le sang est la matière coulante des organes, qu'il paraissait tout naturel d'attribuer leur formation au système qui le renferme. Ce n'est cependant qu'après les plus longues recherches que je m'aperçus de la coïncidence qui existait entre la formation de ce système, et celui des organes qu'il concourt à développer.

J'ai fait, il y a bien des années, l'application de cette idée à la théorie de la dentition ; j'ai montré que l'intéressant phénomène de la double dentition des mammifères avait sa cause dans le balancement alternatif des doubles artères qui pénètrent le double ordre de dents qui se succèdent à des intervalles plus ou moins longs.

Plus tard, j'ai fait remarquer dans les lois de l'ostéogénie, que la formation successive des os *succédait au* développement progressif des artères. Je vais en faire ici l'application au système nerveux.

Si vous examinez les embryons, vous voyez successivement paraître, en premier lieu, les artères de la moelle épinière; en second lieu, celles du cerveau; et en troisième lieu, celles du cervelet. Vous voyez en même temps ces trois parties se développer dans le même ordre.

Un des phénomènes les plus curieux de la formation de l'encéphale, est la marche opposée que suivent le cervelet et les hémisphères cérébraux. L'un se dirige d'arrière en avant, les autres suivent une progression inverse et se portent d'avant en arrière. Aucun autre organe ne m'ayant offert une marche analogue, je fus long-temps à en découvrir la raison, qui néanmoins est très-simple, puisque les carotides internes et les vertébrales ont une direction opposée dans l'intérieur du crâne.

Les carotides internes sous l'influence desquelles se développent les hémisphères cérébraux, se dirigent d'avant en arrière; les vertébrales, qui forment le cervelet, se portent au contraire d'arrière en avant. On

voit donc que le cervelet et le cerveau devaient nécessairement suivre une direction
opposée chez tous les embryons et chez
tous les animaux vertébrés.

En suivant pas à pas les métamorphoses
des embryons, on trouve d'abord dans
l'encéphale les artères des tubercules quadrijumeaux très-développées, tandis que
celles du cervelet et du cerveau sont à peine
dessinées. Avec cette disposition coïncide le
développement considérable de ces tubercules.

Plus tard les carotides internes et les
vertébrales prennent de l'accroissement ;
les artères des tubercules, de dominantes
qu'elles étaient, sont dominées à leur tour.

On remarque en même temps que les
tubercules quadrijumeaux s'affaissent à
mesure que sous l'influence de l'augmentation du calibre de leurs artères, les hémisphères cérébraux et le cervelet augmentent
dans toutes leurs dimensions. En comparant
chez les embryons le développement des
hémisphères cérébraux avec celui de leurs
artères, on voit que la couche optique, le
corps strié, la voûte et le corps calleux,

augmentent graduellement de volume, à mesure que les artères choroïdiennes, striées et cérébrales postérieures, prennent de l'accroissement.

Le même rapport s'observe constamment dans le cervelet. On voit le lobe médian de cet organe se développer, d'abord avec l'artère cérébelleuse antérieure ; puis en second lieu, avec l'artère cérébelleuse postérieure, paraissent les hémisphères du cervelet, dont l'accroissement suit toujours les dimensions de cette artère.

Si nous quittons les embryons, et que nous portions nos regards sur l'ensemble des animaux vertébrés, nous voyons se développer en grand ce que nous venons d'observer en petit dans les métamorphoses des embryons.

Nous trouvons des classes entières chez lesquelles dominent constamment les artères des tubercules quadrijumeaux ; tandis que les artères cérébrales et cérébelleuses restent atrophiées ; ce qui explique l'affaissement du cervelet et des hémisphères cérébraux, à côté du prodigieux développement des lobes optiques , analogues aux tubercules quadrijumeaux.

C'est le cas de tous les poissons et des reptiles ; mais chez les poissons cartilagineux et chez certains osseux , les artères du cervelet l'emportent de beaucoup sur celles du cerveau ; ce qui rend raison de l'atrophie de ce dernier , tandis que le cervelet prend déjà de l'accroissement.

C'est l'opposé chez les reptiles : les artères cérébelleuses existent à peine, tandis que celles du cerveau acquièrent déjà une certaine dimension : de là naît l'atrophie considérable du cervelet, à côté de l'accroissement des hémisphères cérébraux.

Chez les oiseaux , les artères des tubercules quadrijumeaux du cervelet et du cerveau restent en quelque sorte au medium de leur volume : d'où résulte le développement moyen de ces trois organes fondamentaux de l'encéphale dans toute cette classe.

Chez les mammifères cet équilibre est rompu, et nous voyons les organes se développer ou s'affaisser, selon que leurs artères augmentent ou diminuent de calibre.

Ainsi, dans toute cette classe, les artères des tubercules quadrijumeaux sont atrophiées comparativement aux artères cérébrales et cérébelleuses, ce qui est en harmonie avec les rapports que nous offrent les tubercules quadrijumeaux, le cervelet et les hémisphères cérébraux, considérés dans cette classe d'une manière générale.

De plus, à mesure que l'on s'élève des rongeurs et des mammifères inférieurs aux ruminans, aux carnassiers, aux quadrumanes et à l'homme, on voit le calibre des artères des tubercules quadrijumeaux diminuer avec eux.

L'artère cérébelleuse antérieure suit rigoureusement ce même rapport; on voit décroître dans la même proportion le lobe médian du cervelet.

La cérébelleuse postérieure suit, au contraire, une progression inverse, elle augmente successivement des mammifères inférieurs, des rongeurs, des ruminans, aux carnassiers, aux singes et à l'homme; ce qui coïncide avec le développement progressif des hémisphères du cervelet et de leur commissure, le pont de varole.

L'antagonisme qui existe dans cette classe entre l'artère cérébelleuse antérieure et la postérieure , explique donc la discordance de développement qui se remarque entre le lobe médian et les hémisphères du cervelet.

Pareillement , les variations des hémisphères cérébraux de cette classe sont expliquées par le développement de leurs diverses artères.

Des rongeurs aux singes et à l'homme , on voit s'accroître les artères striées , cérébrale postérieure et antérieure , en même temps que les hémisphères se développent.

On voit l'artère calleuse décroître de l'homme aux singes, aux carnassiers, aux ruminans et aux rongeurs , à mesure que le corps calleux diminue : elle disparaît chez les oiseaux avec cette commissure des hémisphères.

Si, comme nous l'avons dit si souvent, un embryon de la classe supérieure s'arrête dans le développement de l'encéphale, il peut parcourir la vie fœtale sans cervelet, sans corps calleux, sans voûte à trois piliers, sans hémisphères cérébraux; il tombe alors dans les conditions organiques des classes inférieures, et il y tombe par l'absence ou l'atrophie de ses artères encéphaliques.

S'il est sans cervelet, il est sans artère vertébrale.

S'il est sans corps calleux, l'artère calleuse n'existe pas.

S'il est sans hémisphères cérébraux, l'artère carotide interne est réduite à zéro d'existence.

De ces faits généraux découle la loi suivante :

Les conditions d'existence des diverses parties de l'encéphale chez les animaux vertébrés, sont rigoureusement assujéties aux conditions d'existence du système sanguin encéphalique.

Considérées dans leur point le plus élevé, les différences de l'encéphale et de la moelle épinière, dans les quatre classes, se réduisent donc à quelques artères de plus ou de moins, et à une différence de volume dans leur calibre.

De là naissent, d'une part, les rapports

des différentes parties du système nerveux,
et de l'autre, le rapport du volume des
masses organiques dans lesquelles ces nerfs
se forment.

Ainsi, le volume des artères de la moelle
épinière est en harmonie avec le volume
des artères intercostales, chez les embryons
et les animaux parfaits, ce qui explique le
rapport constant du calibre de la moelle
épinière avec le volume du tronc de l'a-
nimal et des nerfs qui en proviennent.

Le prolongement caudal des animaux
est assujéti au volume de l'artère sacrée
moyenne, d'où dérivent le prolongement et
le volume de la moelle épinière dans le canal coccygien.

La tête étant comparée au tronc, on
trouve que le volume des artères de la
moelle épinière est en rapport direct avec
celui de la carotide externe et de l'artère
ophthalmique; de-là la cause du rapport
direct de développement entre la moelle
épinière, les nerfs des sens et le volume
de la face.

La carotide interne est en rapport inverse de calibre avec la carotide externe et

les artères de la moelle épinière; de-là la cause du développement inverse du cerveau, de la moelle épinière et des nerfs des sens.

Parmi les artères encéphaliques, celles des tubercules quadrijumeaux du lobe médian du cervelet, du lobule olfactif et des lobes de l'hippocampe, répètent le volume des artères de la moelle épinière et de la maxillaire interne; de-là le rapport direct de développement entre toutes les parties auxquelles ces artères se distribuent.

Au contraire, les artères striées, calleuses, cérébrale postérieure, cérébelleuses postérieures, sont développées en raison inverse de toutes les artères précédentes; de là le rapport inverse entre la moelle épinière, le lobe médian du cervelet, le lobe de l'hippocampe, le lobule olfactif, les tubercules quadrijumeaux, les nerfs des sens, et les corps striés, la couche optique, les hémisphères cérébraux, les hémisphères du cervelet, le corps calleux et la protubérance annulaire. Tous ces faits se lient les uns aux autres; tous ces rapports s'enchaînent et découlent des mêmes principes.

La théorie de la formation des monstres dérive naturellement de cette loi d'harmonie du système sanguin avec les autres systèmes organiques. A quoi se réduisent nos connaissances sur ces êtres anomaux ? Ouvrez les livres qui en ont traité avant MM. les professeurs Geoffroy-St.-Hilaire et Meckel, qu'y trouverez-vous ? Des hypothèses plus bizarres que les animaux qu'elles doivent expliquer, et des mots dont l'association est souvent plus monstrueuse que les êtres auxquels ils s'appliquent.

Mais si les conditions d'existence des organes sont assujéties aux conditions d'existence du système sanguin, qui ne voit que le même principe est applicable au développement régulier des animaux, et à leur développement irrégulier?

Oubliez un instant toutes les suppositions qu'on a émises sur ce sujet, et qui, quelque ingénieuses qu'elles paraissent quelquefois, ne font que prolonger l'enfance de la science. Consultez l'organisation insolite des monstres délaissée jusqu'à ces derniers temps, et la vous verrez toute se déduire des conditions diverses d'existence de leur système sanguin artériel.

Vous trouverez une famille entière de ces êtres, chez laquelle ce système développé en moins restera au-dessous de son état normal. Avec l'atrophie ou l'absence de certaines artères, vous verrez diminuer ou disparaître les organes auxquels elles correspondent.

Les monstres privés du cerveau seront sans artères encéphaliques.

Les acéphales seront sans carotides primitives.

Les monstres sans extrémités antérieures, comme les reptiles *bipèdes*, seront dépourvus d'artères axillaires ; les *bimanes*, d'artères fémorales.

Avec l'absence des artères rénales, utérines, vésicales, vous verrez coïncider l'absence des reins, de l'utérus et de la vessie.

Vous remarquerez, au contraire, une seconde famille, chez laquelle le système sanguin développé en plus, dépassera ses limites ordinaires, et vous observerez de même des organes qui se répéteront, avec la répétition des artères qui les produisent dans leur état normal.

Des artères vertébrales doubles produiront un double cervelet dans le même crâne.

Des carotides primitives, doublées de chaque côté, donneront naissance aux bicéphales; triplées, vous aurez les tri-encéphales.

Une double aorte descendante produira deux troncs, tandis que la tête sera unique si l'aorte ascendante est simple.

Une double axillaire de chaque côté développera quatre membres antérieurs, et des fémorales doubles seront toujours suivies de quatre membres postérieurs.

Enfin une double artère sacrée moyenne vous donnera une double queue.

Tous les monstres, sans exception, seront renfermés dans ces deux ordres d'anomalies du système sanguin. Une cause si simple en apparence produira tous ces effets variés, qui se reproduisent si fréquemment, et qui, jusqu'à ce jour, ont fatigué de leur incertitude l'esprit de tous les anatomistes.

D'après ces principes, quelque singulières, quelque bizarres que nous paraissent les associations organiques des monstres, elles seront toujours assujéties à une règle invariable, celle de la connexion des parties.

Ainsi, vous ne verrez jamais une tête s'é-lever du sacrum d'un animal monstrueux ; jamais vous ne trouverez une queue sur-numéraire implantée sur le crâne ou sur la face d'un animal, ni des membres anté-rieurs ou postérieurs sur-ajoutés à sa tête ou à sa queue.

La tête, la queue, les membres surnumé-raires, correspondent toujours aux mem-bres, à la queue et à la tête normale de l'être monstrueux. En voici la raison.

Les artères carotides, axillaires, fémo-rales ou sacrées, peuvent se doubler et produire la répétition des organes qu'elles forment ; mais jamais vous ne verrez une carotide naître, ni de la sacrée moyenne, ni de l'axillaire, ni de la fémorale ; consé-quemment vous ne rencontrerez jamais une nouvelle tête implantée sur la queue ou sur les membres d'un animal.

Pareillement, vous n'observerez jamais que les carotides donnant naissance aux ar-tères sacrées moyennes, fémorales ou axillaires ; vous ne pourrez donc jamais rencontrer des membres ou une queue surnuméraire, entés sur le crâne ou sur la face d'un animal, quelque monstrueux qu'il soit ou qu'il vous paraisse.

La nature, dans ses productions, est donc assujétie à un ordre constant, et c'est lorsqu'elle nous paraît le plus s'en écarter, que nous la trouvons le plus invariablement assujétie à ses règles. Je ne saurais trop le redire ; l'ordre est toujours dans la nature, le désordre et les incohérences que nous lui supposons n'existent que dans notre manière de l'interpréter.

Ces notions préliminaires paraîtront peut-être un peu longues ; mais elles étaient indispensables pour donner au lecteur la clef des faits dont se compose cet ouvrage. Je me hâte de les terminer par une dernière considération très-importante, quoique singulière, c'est que le cervelet et le cerveau sont les mêmes organes renversés. J'explique cette idée.

Si l'on veut apercevoir les analogies que présentent le cervelet et le cerveau dans les classes supérieures, on ne doit point comparer ces deux organes dans leur position respective, et mettre en parallèle leurs deux faces supérieures et inférieures. Il faut préalablement renverser l'un des deux organes, et comparer la face supérieure de l'un à la face inférieure de l'autre.

Ainsi, après avoir fait cette inversion, si on cherche les rapports des deux organes, on trouve que le lobe médian du cervelet, situé sur sa face supérieure, correspond au lobe de l'hippocampe et au lobule olfactif situé à la base du cerveau.

La conjugaison du lobe médian du cervelet s'effectue sur la face supérieure de l'organe par les faisceaux blanchâtres que l'on a si improprement nommés corps calleux du cervelet. Celle du lobe de l'hippocampe s'opère vers la base du cerveau, par les faisceaux postérieurs qui vont constituer la voûte, ou la partie postérieure de la lame rayonnante des oiseaux.

Les hémisphères du cervelet s'élèvent sur sa base; en se dirigeant en arrière, ils débordent le lobe médian qui, dans les mammifères supérieurs, paraît logé dans l'angle rentrant produit par leur prolongement.

Les hémisphères du cerveau s'élèvent sur sa face supérieure ; et en se portant en arrière, ils débordent le lobe de l'hippocampe, de la même manière que les hémisphères du cervelet débordent le lobe médian.

Les hémisphères du cervelet se développent sous l'influence du corps ciliaire, logé dans l'épaisseur de la base de cet organe.

Les hémisphères du cerveau s'accroissent en raison du développement de la couche optique et du corps strié, qui, comme chacun sait, occupent la face supérieure des pédoncules cérébraux.

Enfin, la protubérance annulaire, qui sert de commissure aux hémisphères du cervelet, occupe la base de cet organe. Le corps calleux, qui est la grande commissure des hémisphères cérébraux, est situé sur sa face supérieure.

C'est dans cette même position qu'il faut considérer ces deux organes, pour apercevoir tous les rapports que nous avons établis entre eux et les autres parties du système nerveux.

Frappé, il y a douze ans, de la nouveauté des faits fournis par l'étude de l'anatomie des embryons, je me livrai à cette étude avec tout le zèle que nécessitaient son importance et ses difficultés. N'ayant d'abord en vue que de m'éclairer et de m'instruire, je cherchai la vérité dans les faits, et non dans les opinions. Plus tard je m'aperçus que les opinions et les faits se contredisaient et n'étaient point en harmonie dans la science. Quelque respect que méritassent les hommes qui ont consacré leurs veilles et souvent leur vie aux progrès de cette science, je ne balançai pas à délaisser les opinions et à me laisser diriger par les faits. De cette manière, j'ai, pour ainsi dire, été conduit par la main à la découverte des principes nouveaux qui servent de base à mes recherches anatomiques.

Je viens de faire l'application de ces principes au système nerveux des animaux vertébrés et invertébrés.

J'ai d'abord considéré les faits en eux-mêmes; je les ai ensuite comparés pour saisir leurs rapports ; j'ai généralisé ces rapports, et j'en ai déduit les lois qui les régissent.

Il m'a semblé que cette méthode était la plus sûre pour répondre à l'appel fait aux anatomistes, et pour faire du système nerveux des animaux vertébrés une chaîne de rapports et de principes généraux, dont l'esprit pût saisir l'ensemble d'un coup-d'œil.

C'est là le but que je me suis proposé ; ce sont les efforts que j'ai faits pour l'atteindre, qui m'ont sans doute mérité les suffrages de l'Académie royale des Sciences, et qui, j'ose l'espérer, recommanderont cet ouvrage à la bienveillance du public.

TABLE

DES MATIÈRES

CONTENUES DANS LE PREMIER VOLUME.

———

DISCOURS PRÉLIMINAIRE.

PREMIÈRE PARTIE.

*Anatomie comparative de l'encéphale dans les em-
bryons des quatre classes des animaux vertébrés.*

CHAPITRE PREMIER.

DEUXIÈME PARTIE.

Névrotomie comparative, appliquée à la détermination et aux rapports de l'encéphale dans les quatre classes des animaux vertébrés, et à la détermination du système nerveux des invertébrés.

CHAPITRE PREMIER.

CHAPITRE II.

CHAPITRE III.

FIN DE LA TABLE.

ANATOMIE

COMPARÉE

DU CERVEAU,

DANS

LES QUATRE CLASSES DES ANIMAUX VERTÉBRÉS.

PREMIÈRE PARTIE.

ANATOMIE COMPARATIVE DE L'ENCÉPHALE, DANS LES EMBRYONS DES QUATRE CLASSES DES ANIMAUX VER-TÉBRÉS.

CHAPITRE PREMIER.

Formation de la moelle épinière, et de l'encéphale, chez les embryons des oiseaux.

Il y a peu de sujets qui aient autant exercé les anatomistes que l'incubation de l'œuf; la formation du poulet offre à l'observateur un spectacle si intéressant et si instructif, qu'à toutes les époques de la science, depuis Hippocrate jusqu'à ce jour, on a cherché à en suivre les diverses métamorphoses. Mais au milieu de l'ensemble imposant des faits produits par ces travaux, on cherche en vain quelques notions suivies sur la formation de la moelle épinière et du cerveau. Le système osseux, le

système sanguin, et, depuis Wolf, le canal intestinal, ont été le sujet constant des recherches des
successeurs d'Harvey, de Stenon, de Malpighi et
de Haller; cet oubli aurait lieu de surprendre, si
on ne trouvait que chaque observateur, étudiant
l'incubation d'après des vues particulières, s'est at-
taché à un seul ordre de faits qu'il a bien vus, mais
en négligeant tous les autres; il semble justifié d'ailleurs par l'extrême difficulté de suivre le développement du poulet aux deuxième et troisième jours
de son incubation (1). On ne pouvait cependant,

---

(1) A cette époque, le poulet, flottant au milieu de l'embry-germe, offre à peine une consistance gélatineuse : le plus
léger mouvement, souvent même le contact de l'air, suffit
pour le déformer et le détruire ; or, pour le détacher du vitellus, l'étendre sur un verre et le placer sous le microscope,
il faut une préparation très-délicate, qui rend nulle l'observation, pour peu que l'embry-germe soit déformé. Je suis
parvenu à éviter une partie de ces inconvéniens en plongeant
l'œuf avec sa coque dans l'alcohol concentré, et l'y laissant
séjourner un ou deux jours ; le mucus gélatineux qui constitue l'embryon, prend une consistance qui facilite les différens mouvemens inséparables d'une expérience aussi difficile : cette concentration paraît ne porter d'autre altération
que sur la coloration du sang qui remplit les vaisseaux du
cercle vasculaire; aussi cette méthode me paraîtrait vicieuse
pour étudier la formation du système sanguin : du reste, elle
fait rétrograder l'incubation.

Il en est encore une autre qui les prévient tous, mais qui
n'est pas sans danger pour l'observateur; elle consiste à
placer l'œuf ouvert, contenu dans sa coquille, sur un bain de
sable légèrement échauffé, et à l'observer à l'œil nu ou avec

sans cette recherche, déterminer les changemens de formes et de proportions que subissent les différentes parties de l'encéphale et de la moelle épinière. C'est pour répondre à cette partie importante de la question proposée par l'Académie, que j'ai entrepris les expériences dont nous allons exposer les résultats.

Quelque attention que j'aie apportée dans cette recherche, je n'ai jamais aperçu les premiers vestiges de la moelle épinière avant la vingtième heure de l'incubation. Stenon dit l'avoir entrevue à la dix-huitième heure. Malpighi et Pander, dont les observations sont très-précoces, assurent en avoir distingué les premiers élémens vers la quinzième. Sur un œuf ouvert vingt-deux heures après avoir été soumis à l'incubation, j'ai aperçu le fœtus bien conformé; sa tête était la partie la plus volumi-

---

une forte loupe : l'observation ne peut être faite qu'à une lumière solaire très-vive; les rayons solaires éclairent l'embry-germe ; en le considérant attentivement, on parvient, après une demi-heure ou une heure de contemplation, à distinguer nettement ce que le microscope dévoile dans le procédé précédent : cette méthode offre sur toutes les autres l'avantage de ne point déformer l'embryon : j'ai même constaté plusieurs fois que l'incubation se continuait pendant l'expérience, surtout si dans les intervalles de repos que nécessite la fatigue de la vue, on a soin de couvrir l'œuf avec une cloche de verre. Je rendrai compte dans un autre travail de mes expériences à ce sujet; j'ai cru cette courte explication des procédés que j'ai mis en usage, nécessaire l'intelligence des faits que nous allons exposer.

neuse, et correspondait à la partie supérieure de
l'amnios ; sa queue descendait le long des follicules du germe, où elle se terminait en pointe (1).
Sur la partie moyenne de la région dorsale, on
distinguait de chaque côté six rudimens des vertèbres, et dans le très-petit intervalle transparent
compris entre ces deux rangées, on voyait un
filament blanc flottant en quelque sorte au milieu
de cet espace (2). Placé sous le microscope, et
observé à une très-vive lumière, ce filament paraît
double. Dans la région dorsale, on voyait une
ligne brune dans la partie moyenne, ligne produite par l'écartement des deux cordons de la
moelle épinière (3). Parvenus au haut de la région
cervicale, ces deux cordons s'écartaient beaucoup
et formaient trois contours qui circonscrivaient le
champ dans lequel se forment plus tard les vésicules cérébrales (4) ; les cordons n'étaient pas encore réunis dans le haut. A la partie inférieure,
les cordons étaient plus écartés que dans la partie
supérieure, et leur terminaison ne tendait pas
encore à s'effectuer (5). Un œuf observé à la vingt-
unième heure, m'offrit les mêmes particularités.
Sur un troisième, de la vingt-troisième heure de
l'incubation, je détachai avec soin l'embry-germe,

(1) Pl. I, fig. 1.
(2) Pl. I, fig. 1, n° 4.
(3) Pl. I, fig. 1, n° 3 et 4.
(4) Pl. I, fig. 1, n° 5, 6 et 8.
(5) Pl. I, fig. 1, n° 1 et 2.

du vitellus, je le plaçai dans une cuvette remplie d'eau très-claire; au bout de quelques minutes, et par l'action seule de l'eau légèrement agitée, je vis le pli primitif et les surfaces vertébrales qui leur sont contiguës se déplisser et s'effacer presque entièrement : en même temps les cordons de la moelle épinière s'éloignèrent l'un de l'autre, de l'intervalle de plus d'une ligne sur la partie moyenne de la région dorsale ; car en haut et en bas leur écartement était très-sensible avant l'expérience. Il m'est arrivé quelquefois d'opérer le même écartement en plaçant l'embry-germe sur le verre dans les observations microscopiques ; à cette époque, la moelle épinière pouvait avoir un cinquième de millimètre de diamètre. L'incubation marche rapidement de la vingt-quatrième à la trentième heure de l'incubation : sur un œuf de cet âge, je remarquai la moelle épinière divisée encore dans toute son étendue (1), mais réunie en haut et en bas (2); les vésicules cérébrales n'étaient pas distinctes : sur quatre œufs de cette époque que je plaçai sous le microscope, l'action de l'alcohol produisit un effet représenté dans la figure deuxième, planche première. Les cordons médullaires, parvenus dans le crâne, formaient quatre contours au lieu de trois que nous avions remarqués dans les heures précédentes (3). L'es-

(1) Pl. II, fig. 37, n° 2, 3, 4 et 5.
(2) Pl. II, fig. 57, n° 1 et 8.
(3) Pl. I, fig. 2, n° 5, 6, 7 et 8.

pace compris entre les cordons était occupé par deux feuillets pelliculeux, qui, se déplissant de la partie latérale de chacun des cordons, marchaient l'un vers l'autre et se touchaient sur la ligne médiane; du reste, toute la partie comprise dans le crâne, représentait une gouttière divisée sur la ligne médiane, ainsi que l'indique la figure. La moelle épinière pouvait avoir un tiers de millim. de diamètre; le cerveau, un demi-millim. de large et un millim. et demi de long. La longueur totale du poulet était de six millim. A la trente-sixième heure, les vésicules cérébrales étaient très-apparentes; souvent j'en ai distingué quatre, d'autres fois je n'en ai vu que trois, et dans ces cas, c'étaient celles comprises entre les numéros cinq et sept qui manquaient constamment; j'ai toujours remarqué que la vésicule sept, était la première qui devenait visible; leur grandeur différait beaucoup; la plus volumineuse était celle du numéro sept; le cerveau étendu sur le verre, avait quatre millim. de large et deux millim. de long. La moelle épinière était réunie dans toute son étendue, excepté à la région sacrée, où elle était ouverte; sa largeur pouvait égaler un demi-millim.

Vers la quarantième heure et à la fin du deuxième jour de l'incubation, la tête grandit beaucoup, ce qui est dû au volume que prennent les vésicules cérébrales; leur nombre est généralement de trois : et en procédant à leur examen de bas en haut, nous pouvons, je le crois, recon-

naître que la première (1) correspond à la moelle
allongée, la seconde aux lobes optiques (2), la
troisième représente les lobes cérébraux antérieurs (3). Sur les œufs de cette époque que j'ai
observés, je n'ai jamais distingué une vésicule
particulière pour le cervelet; l'aspect de ces vésicules n'était pas le même : la vésicule sept, ou
celle correspondant aux lobes optiques, était plom-
bée, et tranchait sur le blanc mat de celles qui
l'environnaient; en dedans elle contenait un liquide d'un blanc grisâtre : c'est cette vésicule qui
m'a semblé apparaître la première, ainsi que nous
l'avons déjà dit. Leur grandeur n'était pas la même;
la vésicule antérieure avait un millim. dans tous les
sens; la vésicule la plus saillante était de deux millim.; enfin la vésicule de la moelle allongée avait
un millim. La moelle épinière était très-ouverte
à la région sacrée. Tel était l'état de l'embryon sur
les œufs observés immédiatement après avoir été
retirés de dessous la mère. Mais sur des œufs soumis dans leur coque à l'action de l'alcohol, j'ai remarqué que les vésicules disparaissaient, et qu'on
trouvait au lieu qu'elles occupaient, un feuillet membraneux plissé d'avant en arrière et de dehors en
dedans. Ce feuillet était ouvert de manière qu'en insufflant au-dessus, on reproduisait imparfaitement

---

(1) Pl. I, fig. 2, n° 5.
(2) Pl. I, fig. 2, n° 7.
(3) Pl. I, fig. 2, n° 8.

les vésicules. Sur deux œufs appartenant à des cou-
vées différentes, j'ai aperçu la disposition suivante : un feuillet (1) pour la vésicule antérieure,
un second feuillet plus grand pour les lobes postérieurs ou optiques(2), et un troisième plus allongé,
mais beaucoup moins large, correspondant à la vésicule de la moelle allongée et du cervelet (3) (4).

Au troisième jour de l'incubation, il n'y a d'autre
changement sensible, que celui provenant de l'augmentation que prennent les vésicules cérébrales.
L'antérieure (5) avait un millim. et demi d'avant
en arrière, et un millim. et demi dans le diamètre transversal. Celle correspondant aux lobes
optiques avait deux millim. d'avant en arrière,
et deux millim. transversalement (6) ; sa hauteur
était considérable, ce qui donnait à la tête la forme
d'un triangle. La vésicule de la moelle allongée
avait deux millim. d'avant en arrière sur un millim. de large (7). La moelle épinière n'était pas

---

(1) Pl. I, fig. 2, n° 8.

(2) Pl. I, fig. 2, n° 7.

(3) Pl. I, fig. 2, n° 5 et 6.

(4) Sur des œufs de dinde et de cygne, on observe, au
deuxième jour de l'incubation, une vésicule nouvelle placée
entre la vésicule sept et huit, et correspondant aux couches
optiques; cette vésicule ne paraît que plus tard chez le
poulet.

(5) Pl. I, fig, 3, n° 8.

(6) Pl. I, fig. 3, n° 7.

(7) Pl. I, fig. 3, n° 6.

encore renflée ; son diamètre transversal avait dans les différentes régions deux tiers de millim. Ces vésicules étaient remplies d'un liquide épais et d'un blanc terne. Jusque-là, les vésicules ont conservé leur forme ; leurs dimensions seules ont varié ; mais au commencement et vers le milieu du quatrième jour, il s'opère une transformation très-remarquable. La tête grandit beaucoup ; elle forme à elle seule le tiers de l'embryon. Les vésicules cérébrales alignées sur une courbe d'arrière en avant, ne présentaient dans leur partie médiane aucune trace de division ; tout-à-coup la division s'opère, les vésicules arrondies paraissent se fendre, et il y a alors chez le poulet deux vésicules en devant, deux vésicules correspondant aux cuisses du cerveau, et deux autres pour les lobes postérieurs. Sur un poulet bien conformé, et du milieu du quatrième jour de l'incubation, les vésicules étaient toutes doublées ; le diamètre transversal de la vésicule de la moelle allongée était d'un millim. et demi (1) ; les vésicules des lobes postérieurs avaient d'avant en arrière, trois millim. de long sur un millim. et demi de large (2). La petite vésicule correspondant aux cuisses du cerveau, cachée en quelque sorte entre les lobes et les tubercules quadri-jumeaux, était divisée aussi ; ses diamètres antéro-postérieurs et transversaux étaient

(1) Pl. I, fig. 4, n° 6.
(2) Pl. I, fig. 4, n° 7.

d'un demi millim. (1). Enfin les lobes extérieurs, très-exactement séparés l'un de l'autre par un sillon médian, avaient d'avant et arrière deux millim. sur un millim. de large à leur partie moyenne (2); la moelle épinière n'avait pas encore un millim. de large; elle ne me parut renflée en aucun point de son étendue. Les lobes postérieurs étaient remplis d'un liquide demi concret, d'un blanc grisâtre; leur extérieur paraissait légèrement fibreux. A la fin du cinquième jour, le cerveau était à peu de chose près dans le même état. Le poulet était grand de douze millim. ; la tête, très-volumineuse, formait plus d'un tiers de volume du fœtus; le renflement de la moelle allongée était de deux millim. d'avant en arrière, et deux millim. chacun dans leur diamètre transversal. Le lobe antérieur avait d'arrière en avant trois millim. sur un millim. et demi de large. La moelle épinière avait trois-quarts de millim. On apercevait une légère dilatation dans les parties correspondant aux renflemens supérieur et inférieur. J'ai quelquefois entrevu les premiers rudimens du cervelet à la fin du cinquième jour; mais comme cette apparition m'a paru plus constante le jour suivant, je vais en parler dans le sixième jour.

A cet âge, la tête a pris encore un nouvel accroissement; elle égalait la moitié du fœtus sur plu-

---

(1) Pl. I, fig. 4, n° 8.
(2) Pl. I, fig. 4, n° 9.

sieurs incubations heureuses. Sa grandeur totale est
de dix-sept millim. entre le cinquième et le sixième
jour ; les lobes postérieurs ou optiques sont tellement saillans, que le renflement qui correspond à
la couche optique, est cacne en grande partie, et
qu'on ne peut l'entrevoir qu'en les écartant (1). C'est
à cette époque seulement que le renflement inférieur devient très-distinct ; le supérieur ne l'é-
tant pas encore, ce renflement avait un millim. de
large (2). La moelle épinière, dans le reste de son
étendue, excepté à son extrémité, avait trois-
quarts de millim. En haut, la moelle épinière se
dilatait en arrière du cervelet, et formait encore
un renflement très-sensible de forme triangulaire
et de deux millim. de large (3). En avant de cette
dilatation, on distinguait une gouttière très-légère
qui correspondait à la partie inférieure du *calamus scriptorius ;* en avant de cette gouttière et de
ce renflement, on remarquait les premiers vestiges du cervelet.

Cet organe consistait en un feuillet de chaque
côté ; il se dégageait en quelque sorte de dessous
les lobes optiques qui le recouvraient, et prenait sa racine sur les parties latérales de la moelle
allongée, en arrière de ces mêmes lobes (4). Le

---

(1) Pl. I, fig. 5, n° 7.
(2) Pl. I, fig 5, n° 2.
(3) Pl. I, fig. 5, n° 4.
(4) Pl. I, fig. 5, n° 5.

cervelet avait d'avant en arrière un millim., et chaque lame dont il était composé était large, transversalement, d'un millim. et demi : ces deux lames ne se rencontraient pas sur la ligne médiane, elles laissaient entre elles un petit intervalle; en insufflant on soulevait isolément chacune de ces lames ; il résultait de cette disposition que le quatrième ventricule était encore ouvert. Venaient ensuite les lobes postérieurs ou optiques, très-volumineux, occupant à eux seuls environ la moitié de la capacité du cerveau (1) ; étendue d'avant en arrière, six millim. ; leur largeur était de trois ; à l'extérieur ils étaient d'un blanc sale, l'intérieur contenait une matière grise, demi-liquide. Les lobes antérieurs avaient d'avant en arrière cinq millim., et leur largeur était de deux millim. ; ils étaient parfaitement divisés, d'une couleur plus blanche que les lobes postérieurs (2). Entre les lobes antérieurs et les postérieurs, on voyait deux légers renflemens correspondant aux cuisses du cerveau ; un demi-millim. d'avant en arrière, et un millim. transversalement (3).

Le poids total de l'embryon détaché de ses enveloppes étant de cinq décigrammes, le poids de l'encéphale était de deux centigr. cinq milligr. Le rapport du poids total du corps, comparé à celui de l'encéphale, était donc : : 1 : 20.

---

(1) Pl. I, fig. 5, n° 6.
(2) Pl. I, fig. 5, n° 8.
(3) Pl. I, fig. 5, n° 7.

Au septième jour, tout le cerveau avait pris de l'accroissement : le plus notable était celui du lobe postérieur, qui s'était élevé en pointe dans la partie médiane, ce qui avait fait changer de forme à la tête; ce lobe avait cinq millim. et demi de long, sur deux de large. Le renflement des cuisses s'était accru; il avait un millim. dans tous les sens. Les lobes postérieurs avaient la même grandeur qu'au sixième jour. Le cervelet était plus large; il avait un millim. et demi d'avant en arrière, et était composé de trois lames distinctes : leur réunion ne s'opérait pas encore sur la ligne médiane; l'intervalle qui séparait ces lames les unes des autres, égalait à peine un quart de millim. Le renflement supérieur de la moelle épinière n'était pas visible; l'encéphale pesait trois centigr. sept milligr.; le corps pesait sept décigr. cinq centigr. : le rapport de l'encéphale au corps était :: 1 : 20 10/37.

Le huitième jour est remarquable par le changement qui s'opère à la superficie des lobes optiques; ils perdent à cette époque leur aspect lisse, et se couvrent de stries en forme d'arcs, ce qui leur donne une apparence fibreuse (1). Rien de remarquable dans le lobe antérieur et les couches optiques : le cervelet est beaucoup plus formé et plus large qu'il ne l'était le jour précédent (2).

(1) Pl. II, fig. 33, n° 7.
(2) Pl. II, fig. 33, n° 6.

Renflement inférieur de la moelle épinière, un millim. un tiers (1). Le renflement supérieur commence à être distinct; son diamètre égale trois quarts de millim. (2): dans le reste de son étendue, la moelle épinière a un demi-millim. de largeur (3). Cervelet, d'avant en arrière, deux millim.; transversalement, deux millim. Lobes postérieurs, étendue d'avant en arrière, cinq millim.; transversalement, quatre millim. et demi. Lobes antérieurs, d'avant en arrière, cinq millim.; transversalement, trois millim. Couches optiques, un millim. dans tous les sens : elles sont blanches, et tranchent sur les autres parties de l'encéphale. Le poids du corps est de un gramme un décigr. cinq centigr.; le poids de l'encéphale égale cinq centigr. : le rapport du poids de l'encéphale à celui du corps est : : 1 : 23.

De nouvelles transformations s'opèrent encore le neuvième jour de l'incubation. Jusqu'à ce jour, nous avons toujours remarqué que le bulbe que nous avons désigné sous le nom de lobes optiques, était lisse à la superficie, et ne formait qu'un seul renflement; d'où il résultait qu'il n'y avait réellement que deux tubercules jumeaux, un de chaque côté, comme de chaque côté, il y avait un lobe antérieur: mais, au neuvième jour, un sillon

---

(1) Pl. II, fig. 33.
(2) Pl. II, fig. 33, n° 4.
(3) Pl. II, fig. 33, n° 3.

apparaît sur la partie postérieure de ce lobe (1) ; ce sillon le divise en deux parties inégales, l'une antérieure (2), plus grande; l'autre postérieure, plus petite (3); ce qui forme deux tubercules de chaque côté, et par conséquent deux lobes postérieurs doubles (tubercules quadrijumeaux).

Le cervelet, placé en arrière, semble se détacher de plus en plus de dessous les lobes : quatre lames entraient dans sa composition; leur jonction était opérée sur la ligne médiane, ce qui fermait par le haut le quatrième ventricule : cette jonction avait lieu de telle manière que les lames se débordaient mutuellement; celle de droite passait à gauche, et supportait la première; la lame gauche passait à droite, et se trouvait supportée à son tour (4). La couche optique ne présentait rien de particulier; ses dimensions étaient légèrement augmentées (5).

Les lobes antérieurs n'offraient également aucun changement bien notable (6).

La moelle épinière était renflée en haut et en bas. Renflement supérieur, un millim. ; renflement inférieur, un millim. et demi; partie médiane, deux tiers de millim. Cervelet, d'avant en arrière,

---

(1) Pl. I, fig. 6, n° 7.

(2) Pl. I, fig. 6, n° 8.

(3) Pl. I, fig. 6, n° 7.

(4) Pl. I, fig. 6, n° 6 et 7.

(5) Pl. I, fig. 6, n° 9.

(6) Pl. I, fig. 6, n° 10.

un millim. et demi; transversalement, dans toute son étendue, quatre millim. Lobes optiques, doublés par un sillon transversal. Postérieurs, avant en arrière, deux millim.; transversalement, trois millim. Antérieurs, avant en arrière, cinq millim.; transversalement, cinq millim. Couches optiques, avant en arrière, un millim.; transversalement, deux millim. Lobes antérieurs, avant en arrière, huit millim.; transversalement, trois millim. et demi. Le *calamus scriptorius* était très-ouvert (1). Le poids de l'encéphale était de un décigr. un centigram.; celui du corps, de un gramm. sept décigr. cinq centigr. : le rapport du poids de l'encéphale à celui du corps était donc :: 1 : 15 10/11.

Le dixième jour est remarquable aussi par un changement qui se manifeste dans la forme générale des diverses parties du cerveau : le lobe antérieur semble se relever en haut, ce qui dégage beaucoup le bec de l'oiseau, qui précédemment paraissait à peine; il est convexe en haut (2), et manifestement concave en bas (3); sa partie postérieure s'est accrue par sa partie extérieure (4), a débordé les couches optiques, et est venue rejoindre la partie antérieure des lobes optiques.

---

(1) Pl. I, fig. 6, n° 6.
(2) Pl. II, fig. 35, n° 9.
(3) Pl. II, fig. 34, n° 9.
(4) Pl. II, fig. 35, n° 8.

Il résulte de là, que les renflemens des couches optiques paraissent enchâssés entre les lobes postérieurs en arrière, et les lobes antérieurs en avant. Ce changement des lobes donne au cerveau un nouvel aspect : on pourrait le comparer à une feuille de trèfle (1).

La partie supérieure de la moëlle épinière était fermée ; le *calamus scriptorius* n'était plus apparent (2) ; le cervelet, plus formé que les jours précédens, était complètement réuni sur la ligne médiane ; il était composé de six lames distinctes ; la plus antérieure de ces lames s'interposait entre la partie supérieure des tubercules quadrijumeaux, qui s'écartaient légèrement pour la loger (3).

Les lobes optiques ne représentaient plus un ovale régulier, comme les jours précédens ; ils offraient en arrière une légère dépression, pour loger la lame cérébelleuse dont nous venons de parler. En avant, cette dépression était beaucoup plus prononcée (4), ce qui mettait à découvert les couches optiques, cachées jusqu'à ce moment sous les lobes optiques ; il résultait de cette disposition, que ces lobes semblaient déjetés sur les côtés, tandis que leur partie médiane diminuant de volume, ne se touchait plus que par une très-petite partie de leur superficie ; leur partie pos-

---

(1) Pl. II, fig. 35, n° 6, 7, 8 et 9.
(2) Pl. II, fig. 35, n° 5.
(3) Pl. II, fig. 35, n° 6.
(4) Pl. II, fig. 35, n° 6 et 7.

térieure ne présentait plus les traces de la division postérieure (1).

Les couches optiques étaient bien distinctes, pour la première fois (2); on voyait entre elles un sillon léger, premier vestige du troisième ventricule. Les lobes antérieurs avaient également changé de forme (3); les jours précédens, leur partie moyenne était à peine renflée; la partie postérieure se renfle maintenant, en venant s'adosser, comme nous l'avons déjà dit, à la partie antérieure des lobes postérieurs : leur intérieur est entièrement rempli d'une substance d'un gris rougeâtre; plongés dans l'eau, ils ne surnagent plus comme les jours précédens. Vu latéralement, le lobe antérieur présente une courbe, dont la partie convexe est en haut, et la partie concave est en bas (4). Ce lobe se termine en pointe à la partie antérieure. Les lobes optiques débordent les lobes antérieurs sur les côtés, ce qui ne se remarquait presque pas les jours précédens (5). Considéré à sa base, on remarque à cette époque la partie inférieure de la concavité des lobes (6), et de leur terminaison; en

---

(1) Pl. II, fig. 35, n° 7, et Pl. I, fig. 7, n° 7.

(2) Pl. I, fig. 7, n° 8.

(3) Pl. II, fig. 35, n° 9.

(4) Pl. II, fig. 34, n° 9.

(5) Pl. II, fig. 35, n° 7, et pl. I, fig. 7, n° 7. Cette dernière figure représente l'encéphale du dindon, du dixième au onzième jour de l'incubation.

(6) Pl. II, fig. 36, n° 8, 11.

arrière, on rencontre la jonction des nerfs optiques (1) ; derrière ceux-ci, est un corps arrondi,
attenant au cerveau par un très-petit pédicule ;
c'est la glande pituitaire, et la tige (2). Sur les côtés de ce corps, on voit le prolongement des lobes
optiques, ou l'origine des nerfs optiques qui se
rendent à la partie inférieure de ces tubercules.
Ceux-ci débordent beaucoup la moëlle allongée,
sont très-déjetés en dehors, et arrondis sur la partie qui correspond à cette face (3). Un sillon assez
profond se remarque entre eux, la partie supérieure
de la moëlle allongée et le corps pituitaire. Sur
la partie médiane, en arrière de ce dernier, et entre les lobes optiques, se trouve la partie supérieure de la moëlle allongée, qui correspond au
pont de varole ; elle est légèrement bombée à cette
époque, et présente deux gouttières bien superficielles, une de chaque côté (4). Entre la partie
postérieure des lobes postérieurs et la partie latérale de la moëlle allongée, on aperçoit le cervelet,
qui déborde par sa partie la plus externe (5).

Moëlle épinière, renflement inférieur, un millim.
trois quarts (6).

---

(1) Pl. II, fig. 36, n° 7.
(2) Pl. II, fig. 36, n° 6 bis.
(3) Pl. II, fig. 36, n° 9.
(4) Pl. II, fig. 36, n° 6.
(5) Pl. II, fig. 34, n° 7.
(6) Pl. II, fig. 34, 35, 36, n° 2.

Renflement supérieur, un millim. (1). Partie moyenne, trois quarts de millim. (2). Cervelet, avant en arrière, deux millim. (3); transversalement, trois millim. (4). Lobes postérieurs, avant en arrière, quatre millim. (5); transversalement, quatre millim. et demi (6). Lobes antérieurs, avant en arrière, six millim. (7); transversalement, trois millim. (8). Le poids total du corps de l'embryon était de deux grammes sept décigr. deux centigr. Le poids de l'encéphale égalait un décigr. un centigr. Le rapport du poids de l'encéphale à celui du corps était donc :: 1 : 24 8/11.

Le onzième jour de l'incubation, l'encéphale ne présente rien de particulier; sa couleur est d'un blanc cendré, comme les jours précédens; le cervelet offre de petits sillons transversaux, que l'on voit très-distinctement, quand on a placé la préparation sous le microscope. Le poids du corps est de deux gramm. neuf décigr.; celui de l'encéphale est de un décigr. sept centigr. Le rapport du poids de l'encéphale à celui du corps est :: 1 : 17 1/17. On voit, d'après ce rapport, comparé à celui du

(1) Pl. II, fig. 34, n° 5.
(2) Pl. II, fig. 34, 35, 36, n° 3.
(3) Pl. II, fig. 35, n° 6.
(4) *Ibidem.*
(5) Pl. II, fig. 35, n° 7.
(6) *Ibidem.*
(7) Pl. II, fig. 34, n° 9.
(8) *Ibidem.*

jour précédent, que le corps ne s'est pas développé dans la même proportion que le cerveau.

Le douzième et le treizième jour, il n'y avait de
remarquable que quelques changemens dans les
proportions et dans la différence de coloration des
parties de l'encéphale. Les jours précédens, les
lobes antérieurs et postérieurs étaient de la même
couleur; au douzième, et surtout au treizième, leur
coloration est bien différente. Les lobes postérieurs
sont beaucoup plus blancs que les antérieurs, qui
ont conservé leur couleur cendrée. Le poids de
l'encéphale, au douzième jour, était d'un décigr.
neuf centigr.; le poids du corps était de quatre
grammes cinq décigr. Le rapport du poids de
l'encéphale à celui du corps était : : 1 : 23 13/19.
Si l'accroissement du cerveau avait, le jour précédent, dépassé celui du corps, on voit que l'inverse avait eu lieu le douzième jour.

Le treizième, le poids de l'encéphale était de deux
déc. deux centigr.; le poids du corps égalait quatre
gramm. neuf décigr. Le rapport du poids de l'encéphale à celui du corps était donc : : 1 : 22 3/11.
Le corps ne s'était pas encore développé dans la
même proportion que le cerveau.

Moelle épinière, renflement inférieur, deux
millim.; renflement supérieur, un millim.; partie
moyenne, trois-quarts de millim. Cervelet, avant
en arrière, deux millim. et demi; transversalement, quatre millim. et demi. Les lobes postérieurs, avant en arrière, deux millim. 3/4; trans-

versalement, cinq millim. Lobes antérieurs, avant en arrière, sept millim ; transversalement, quatre millim.

Le quatorzième jour, l'encéphale en général avait éprouvé de nouvelles métamorphoses. Le cervelet, tendant toujours à s'élever, avait écarté, et en quelque sorte aplati, les lobes postérieurs ; il était venu se placer entre leur partie interne et postérieure, tendant ainsi à se porter vers la partie postérieure des lobes (1) antérieurs ; ceux-ci marchaient en sens inverse du cervelet, se dirigeaient au contraire en arrière, et atrophiaient antérieurement les lobes postérieurs, comme ils l'étaient par le cervelet, postérieurement (2). Il résultait de là, que les lobes optiques, affaissés dans la partie moyenne, occupaient un très-petit espace sur la face supérieure du cerveau ; ils se trouvaient déjetés sur les côtés, où leur saillie était encore très-ré-marquable, et débordait de beaucoup la largeur de la partie postérieure des lobes antérieurs (3). Rien de plus singulier que cette transformation des lobes postérieurs : d'abord très-saillans, en haut de l'encéphale (4), ils se dépriment légèrement sur leur partie moyenne, et se renflent sur leur partie latérale en même-temps que le cervelet, et les lobes antérieurs envahissent la place qu'ils occu-

---

(1) Pl. I, fig. 8, n° 6.
(2) Pl. I, fig. 8, n° 9.
(3) Pl. I, fig. 8, n° 7.
(4) Pl. I, fig. 5, 6 et 7, n° 6, 8 et 7.

paient (1). Moelle épinière, renflement inférieur, deux millim. et demi; supérieur, un millim. un quart; sur la partie moyenne, un millim. Cervelet, avant en arrière, trois millim.; transversalement, cinq millim. et demi. Lobes optiques, avant en arrière, deux millim. et demi; transversalement, six millim. Lobes antérieurs, avant en arrière, huit millim. et demi; transversalement, cinq millim. Le quatorzième jour, la différence de coloration entre les diverses parties de l'encéphale est encore plus remarquable; les sillons de la face supérieure du cervelet deviennent très-visibles à l'œil nu. Le poids total du corps est de six grammes huit décigr., le poids de l'encéphale est de deux décigr. huit centigr. Le rapport du poids de l'encéphale à celui du corps est donc :: 1 : 24 2/7.

Le quinzième jour, le poids total du corps est de sept grammes neuf décigr.; le poids de l'encéphale égale trois décigr. deux centigr. Le rapport du poids de l'encéphale à celui du corps est donc :: 1 : 24 11/16.

Du seizième au dix-huitième jour, la centralisation du cerveau est plus manifeste encore; le cervelet, dont les feuillets sont beaucoup plus multipliés (2), a atteint la partie la plus élevée des lobes postérieurs (3). La pointe n'est plus qu'à un millim. de la partie postérieure des lobes antérieurs;

(1) Pl. II, fig. 38, n° 9.
(2) Pl. II, fig. 38, n° 7.
(3) Pl. II, fig. 39, n° 9.

on distingue déjà les rudimens de ses lobes latéraux. Ce dernier résultat n'est pas tout-à-fait produit par le développement du cervelet; l'accroissement postérieur des lobes antérieurs y contribue
pour beaucoup; car, comme nous l'avons fait remarquer, ces lobes s'étendent en arrière (1), en
même temps que le cervelet s'avance vers eux; ces
deux organes semblent marcher à la rencontre
l'un de l'autre, et en sens inverse. Mais on conçoit
que cet effet ne peut avoir lieu sans l'affaissement
de la partie médiane des lobes postérieurs, qui est
réduite à cette époque à un très-petit volume, formant encore un croissant mince entre le cervelet
et les lobes cérébraux (2). Leur partie latérale
continue à former une saillie, qui déborde de beaucoup celle des lobes antérieurs (3). On pourrait
croire que cette saillie ou ce renflement, qui se
manifeste sur les parties latérales des tubercules
quadrijumeaux, se forme aux dépens de la partie
médiane qui s'aplatit. Pendant que tous ces changemens s'opèrent, le cerveau se contracte, et se rac-
courcit; ce phénomène est l'un des plus intéressans à suivre dans les métamorphoses successives
des différentes parties du cerveau des oiseaux.

  L'intérieur des lobes postérieurs contient une
espèce de liquide gélatineux, grisâtre; les lobes

---

(1) Pl. II, fig. 38, n° 10.
(2) Pl. II, fig. 38, n° 9.
(3) Pl. II, fig. 38, n° 8.

antérieurs sont compacts dans presque toute leur
étendue, excepté dans leur partie moyenne, où il
existe encore une cavité remplie par une substance
demi concrète, et d'un rouge grisâtre.

Les couches optiques sont plus développées; on
aperçoit, en arrière et en avant de leur renflement,
des prolongemens blanchâtres, qui partent d'un
côté, se dirigent vers le côté opposé, et ne se touchent pas encore sur la ligne médiane. Ces prolongemens avaient un tiers de millim. chacun;
entre eux existait une excavation légère, qui correspondait au troisième ventricule ; le quatrième
n'offrait rien de particulier. Considéré par sa base,
le cerveau diffère peu de l'état qu'il nous a présenté
au dixième jour ; nous devons noter cependant,
que la concavité des lobes est plus profonde (1) ;
la jonction des nerfs optiques, plus saillante (2);
le corps grisâtre, situé en arrière des nerfs optiques,
beaucoup plus volumineux, et divisé par un raphé
sur sa ligne médiane (3). Les lobes postérieurs
font aussi une saillie beaucoup plus marquée sur
les côtés du corps grisâtre (4); enfin le cervelet n'est plus visible en arrière des lobes postérieurs (5).

---

(1) Pl. II, fig. 40, n° 8 et 10.
(2) Pl. II, fig. 40, n° 9.
(3) *Ibid.*
(4) Pl. II, fig. 40, n° 7.
(5) Pl. II, fig. 40, n° 6 bis.

Les lobes antérieurs sont très-bien formés, les seizième et dix-huitième jour, et leur élévation est très-différente de celle du cerveau et des lobes postérieurs ; c'est à cette époque que le processus vermiculaire du cervelet devient très-distinct. Le poids total du corps est d'un décagr. neuf décigr. ; celui de l'encéphale est de quatre décigr. quatre centigr. Le rapport du poids de l'encéphale à celui du corps est : : 1 : 24 17/22.

Le dix-septième jour, le corps pèse un décagr. deux gramm. huit décigr. ; le poids de l'encéphale est de cinq décigr. cinq centigr. Le rapport du poids de l'encéphale à celui du corps est à cette époque : : 1 : 23 3/11.

Le dix-huitième jour, le poids du corps est d'un décagr. six grammes un décigr. ; le poids de l'encéphale est de six décigr. Le rapport du poids de l'encéphale à celui du corps, est : : 1 : 26 5/6.

Les dix-neuvième et vingtième jours de l'incubation, le cerveau parcourt ses dernières métamorphoses, et atteint les formes qu'il doit conserver chez les oiseaux. Ce sont toujours les mêmes parties qui en sont le siége, et qui continuent le mouvement de progression déjà commencé.

Le cervelet (1), allongé et arrondi, parcouru par des arcs transversaux qui séparent les uns des autres chacun des feuillets qui le composent, est par-

_____

(1) Pl. II, fig. 41, n° 6.

venu jusqu'à la partie postérieure des lobes antérieurs, et recouvre en totalité la partie médiane
des lobes optiques (1), plus affaissée que les deux
jours précédens; sa largeur à la pointe est aussi
plus considérable. Les lobes antérieurs, plus évasés
en arrière, se sont portés dans cette direction, à
la rencontre du cervelet (2). Ces deux parties sont
maintenant adossées l'une à l'autre, unies entre
elles par une lame de l'arachnoïde, qui de l'une
se porte sur l'autre.

C'est à cette époque seulement, c'est-à-dire, du
dix-neuvième au vingtième jour, que j'ai aperçu,
d'une manière très-distincte, la glande pinéale,
soit que sa ténuité me l'eût dérobée jusqu'à ce
jour, soit que sa formation n'ait lieu que lorsque
les couches optiques ont atteint leur degré de perfection, comme cela arrive à cet âge du poulet.

On aperçoit cette glande, en relevant le cervelet
en arrière, et écartant la partie postérieure des lobes, auxquels un repli arachnoïdéal l'assujétit;
j'ai vu aussi deux petits pédicules descendant de
cette glande sur la partie supérieure des couches
optiques, et leur servant de moyen d'union. Les
couches optiques ont elles-mêmes beaucoup grandi;
leurs commissures se touchent sur la ligne médiane; le troisième ventricule est aussi borné en

---

(1) Pl. II, fig. 41, n° 7.
(2) Pl. II, fig. 41, n° 7 bis.

avant et en arrière. En arrière de la commissure postérieure, on apercevait deux bandes blanchâtres formant le point sur l'aqueduc de Sylvius, et qui paraissaient être les débris des lobes postérieurs qui précédemment occupaient cette place : quoi qu'il en soit, ces bandelettes sont plus larges et plus fortes que je ne les ai rencontrées après la naissance du poulet.

C'est aussi du seizième au dix-huitième que j'ai observé très-distinctement des fibres transversales sur la partie antérieure de la moelle allongée (1); ces fibres étaient en forme d'arc, ne se touchaient pas sur la ligne médiane, elles ressemblaient au pont de varole des mammifères ; mais je les crois plutôt les analogues du corps trapézoïde. Une gouttière médiane séparait les fibres de droite de celles de gauche (2), qui du reste ne s'aperçoivent distinctement que lorsque l'embryon a séjourné quelque temps dans l'alcohol.

Ces fibres transverses avaient deux millim. d'avant en arrière, et trois millim. de leur sortie du cervelet à la gouttière médiane qui le divisait (3). Le haut de la moelle épinière en était séparé par un sillon, comme déjà nous l'avons dit; et un peu en arrière de ce sillon, on voyait l'origine de la sixième paire de nerfs (4).

(1) Pl. II, fig. 40, n° 6 bis.
(2) Pl. II, fig. 40, n° 8 bis.
(3) Pl. II, fig. 40, n° 6 et 8 bis.
(4) Pl. II, fig. 40, n° 5 bis.

Nous devons faire remarquer que l'apparition de ces fibres coïncide avec deux effets très-remarquables : le premier, avec la diminution des lobes postérieurs ; le second, avec l'augmentation du cervelet. Nous avons vu qu'aussi long-temps que les lobes postérieurs ont occupé la région supérieure de l'encéphale, et ont conservé leur prodigieux développement, le cervelet est resté atrophié : au moment où ces lobes ont diminué de volume, le cervelet s'est accru, et sa partie supérieure est devenu visible, de telle sorte que ces deux organes paraissent développés pendant l'incubation, en raison inverse l'un de l'autre.

Le dix-neuvième jour, et quelquefois dès le dix-huitième, les fibres transverses du corps trapézoïde ne sont plus distinctes ; les autres parties du cerveau sont dans le même état. Le dix-neuvième jour, le poids du corps est de un décagr. sept gramm. deux décigr. ; le poids de l'encéphale est de six décigr. six centigr. Le rapport du poids de l'encéphale à celui du corps est donc : : 1 : 26 2/33.

Le vingtième jour, le poids du corps est de deux décagr. huit décigr. ; le poids de l'encéphale est de six décigr. sept centigr. Le rapport du poids de l'encéphale à celui du corps est : : 1 : 31 3/67. On remarque que pendant les derniers jours de l'incubation, le développement du corps augmente beaucoup, tandis que l'accroissement de l'encéphale reste dans un état stationnaire.

Le dernier jour de l'incubation, les formes du cerveau sont tout-à-fait arrêtées : les lobes antérieurs et le cervelet se touchent vers le tiers postérieur de la face supérieure de l'encéphale (1) : les lobes optiques débordent les lobes antérieurs latéralement et en arrière (2); le cervelet est divisé par six ou sept sillons transversaux, qui le festonnent d'avant en arrière; sa forme à cette époque est celle d'un ovoïde assez régulier (3).

Le processus vermiculaire supérieur est distinct des lobes latéraux; considéré à sa base, on remarque la concavité des lobes antérieurs à leur partie médiane; en arrière d'eux la jonction des nerfs optiques, et sur les côtés, des renflemens qui sont la continuation des lobes postérieurs ou optiques; en arrière, un petit bulbe qui est le corps pituitaire; sur les côtés de ce corps, on remarque encore le renflement des lobes postérieurs : ils ne sont plus bornés à la partie des cuisses du cerveau; leur prolongement se continue jusqu'à la jonction des nerfs optiques. On peut déjà observer le commencement de ce processus aux dix-septième et dix-huitième jours; les fibres transverses ne sont plus visibles; le lieu qu'elles occupaient est lisse, la rainure postérieure qui les séparait du haut de la moelle épinière est effacée; les scissures latérales

(1) Pl. II, fig. 41, n° 6 et 7 bis.
(2) Pl. II, fig. 41, n° 7.
(3) Pl. II, fig. 41, n° 6.

sont comblées, les lobes postérieurs ne sont plus isolés, et en quelque sorte détachés en cet endroit de la moelle allongée; il n'existe plus entre eux de ligne de démarcation perceptible. La rainure antérieure, qui isolait le corps trapézoïde des cuisses du cerveau et des prolongemens des lobes postérieurs, subsiste encore. Il résulte de là, que la grande différence que présente la base du cerveau à cet âge, comparée au jour où le corps trapézoïde était visible, consiste dans l'absence des principales scissures, qui ont été comblées par l'accroissement des parties sur lesquelles elles étaient creusées.

L'intérieur du cerveau présentait la même disposition que celle qu'elle conserve à l'âge adulte; j'en remets les détails pour le moment où nous décrirons le poulet à cette époque. Le renflement inférieur de la moelle épinière avait trois millim. de large (1), le supérieur n'en avait que deux (2); la partie médiane entre les renflemens, un et demi (3). Le cervelet avait, d'avant en arrière, sept millim., sur cinq de large dans sa partie moyenne (4); la partie des lobes postérieurs, qui débordait les lobes antérieurs, et qui était très-saillante, avait, d'avant en arrière, deux millim., et chacun d'eux, transversalement, six millim., me-

---

(1) Pl. II, fig. 41, n° 3.
(2) Pl. II, fig. 41, n° 5.
(3) Pl. II, fig. 41, n° 4.
(4) Pl. II, fig. 41, n° 6.

surés de la partie externe du cervelet (1). La longueur des lobes antérieurs était de onze millim.,
leur largeur avait six millim. (2). Le dernier jour
de l'incubation, le poids total du corps est de
trois décagr. un gram. cinq centigr. ; celui de
l'encéphale égalait six décigr. sept centigr. Le
rapport du poids du corps à celui de l'encéphale était donc :: 1 : 46 23/67. Nous devons
remarquer que, comme dans les trois jours précédens, l'encéphale est resté stationnaire, tandis
que l'accroissement du corps a été très-rapide; j'ai
plusieurs fois vérifié ce fait, pour m'assurer qu'il n'y
avait rien d'éventuel dans ce résultat comparatif.

Après avoir présenté avec quelques détails la
marche de la formation de l'encéphale et de la
moelle épinière pendant l'incubation, nous allons
en concentrer les résultats dans les deux tableaux
suivans; l'un destiné à faire voir les variétés de
grandeur que présentent les différentes parties de
l'encéphale, l'autre consacré à la différence de pesan-
teur du corps et du cerveau, et aux rapports dans
lesquels ces deux parties se trouvent aux divers âges
de l'embryon du poulet. Nous résumerons ensuite
les divers changemens qu'éprouvent les lobes optiques ou postérieurs, le cervelet et les lobes antérieurs ou hémisphères cérébraux. Auparavant,
nous devons faire remarquer que la marche de
l'incubation offre de grandes variétés : quelque-

<hr />

(1) Pl. II, fig. 41, n° 7.
(2) Pl. II, fig. 41, n° 8.

fois une incubation de vingt œufs reste stationnaire dans trois et quatre jours, ce qui dépend, tantôt de la poule, tantôt du degré de la température, tantôt d'autres circonstances qu'il m'a été impossible d'apprécier. J'ai fait tous mes efforts pour faire disparaître ces irrégularités; mais je dois prévenir qu'elles existent, comme le savent, du reste, tous ceux qui ont suivi la formation du poulet; ce sont ces variations d'une incubation à une autre, qui font que deux observations, quoique faites à des heures analogues, et dans des conditions tout-à-fait semblables, offrent néanmoins des différences très-essentielles, soit dans la grandeur des parties, soit dans leur poids; ce qui arrive quelquefois à toute une incubation, s'observe très-fréquemment encore dans les poulets provenant d'une même couvée : il résulte de là que cent tableaux ne peuvent présenter deux résultats absolus. J'ai cherché à me rapprocher le plus possible des résultats moyens que m'ont offerts plusieurs incubations heureuses.

C'est d'après cette vue que le tableau des dimensions de la moelle épinière et de l'encéphale n'a pas été dressé sur le dessin que j'ai fait représenter; car, pour faire dessiner les objets avec exactitude, j'ai été obligé de dégager l'encéphale et la moelle épinière de leurs enveloppes, et de les mettre sur une surface plane, ce qui, en détruisant les courbures que forme la tête de l'oiseau et le cerveau lui-même, allonge beaucoup les parties, mais surtout les lobes antérieurs. J'ai pris mes mesures sur le poulet, avant d'avoir rien déplacé ; il résulte de là des différences souvent très-remarquables entre les dimensions portées sur le tableau, et celles représentées sur les dessins. Rien n'eût été plus facile que de faire disparaître ces différences, et de mettre le tableau en harmonie avec les figures, ou les figures en harmonie avec le tableau ; mais en faisant ce changement, j'aurais détruit l'exactitude des faits observés dans l'un et l'autre cas, j'aurais sacrifié la vérité à la régularité, et je n'aurais présenté que des résultats tronqués : en m'astreignant à ne porter que les mesures données par les dessins, j'aurais été inexact aussi ; car, pour donner une idée précise des changemens de forme et de position des diverses parties de l'encéphale, j'ai dû choisir les embryons les plus avancés, ce qui m'a donné le maximum de grandeur de l'encéphale. Ce tableau offre donc les mesures moyennes de plusieurs incubations.

pendant la durée de l'Incubation.

Jours de l'incubation.	Renflement inférieur de la moelle épinière.	Partie moyenne entre les renflemens.	Renflement supérieur de la moelle épinière.	CERVELET.	LOBES POSTÉRIEURS, ou optiques.		LOBES ANTÉRIEURS, ou hémisphères cérébraux.	
					Diamètre longitudinal mesuré sur la partie médiane et supérieure de ces lobes.	Diamètre transversal mesuré en divers sens d'après les variations de position de ces lobes.	Diamètre longitudinal.	Diamètre transversal.
	mètre.	mètre.	mètre.	mètre.	mètre.	mètre.	mètre.	mètre.
5e.	0,00050	0,00050	0,00050	»	0,00300	0,00150	0,00200	0,00100
6e.	0,00075	0,00050	0,00050	0,00075	0,00400	0,00200	0,00333	0,00150
7e.	0,00100	0,00050	0,00050	0,00100	0,00500	0,00225	0,00425	0,00225
8e.	0,00133	0,00050	0,00075	0,00133	0,00525	0,00250	0,00550	0,00300
9e.	0,00150	0,00050	0,00075	0,00150	0,00675	0,00375	0,00575	0,00325
10e.	0,00175	0,00050	0,00100	0,00200	0,00450	0,00425	0,00625	0,00350
11e.	0,00175	0,00075	0,00100	0,00200	0,00400	0,00450	0,00650	0,00375
12e.	0,00200	0,00075	0,00100	0,00250	0,00300	0,00500	0,00700	0,00400
13e.	0,00225	0,00075	0,00125	0,00275	0,00275	0,00550	0,00800	0,00450
14e.	0,00225	0,00100	0,00125	0,00300	0,00250	0,00600	0,00850	0,00475
15e.	0,00225	0,00100	0,00125	0,00375	0,00225	0,00575	0,00875	0,00500
16e.	0,00300	0,00125	0,00200	0,00400	0,00200	0,00550	0,00900	0,00525
17e.	0,00333	0,00150	0,00200	0,00500	0,00175	0,00525	0,00950	0,00575
18e.	0,00375	0,00175	0,00225	0,00575	0,00125	0,00500	0,01100	0,00600
19e.	0,00400	0,00200	0,00250	0,00575	0,00100	0,00425	0,01200	0,00600
20e.	0,00433	0,00200	0,00250	0,00600	»	0,00375	0,01200	0,00600
21e.	0,00450	0,00300	0,00275	0,00633	»	0,00375	0,01250	0,00650

Moelle épinière. Il résulte du tableau précédent, que, jusqu'aux cinquième et sixième jours de l'incubation, la moelle épinière offre une dimension égale dans toute la largeur, et qu'on ne distingue pas encore les renflemens supérieur et inférieur; cet état coïncide avec l'absence des membres, dont l'apparition précède néanmoins de quelques heures celle de ces mêmes renflemens. Au septième jour le renflement inférieur devient visible, et le membre correspondant est très-distinct; le supérieur ne l'est pas encore; ce dernier ne se montre guère que le huitième jour. Pendant le cours de l'incubation jusqu'à la naissance, le diamètre du renflement inférieur dépasse toujours celui du renflement supérieur; ce dernier est arrondi, compacte dans son intérieur, où l'on ne remarque pas de cavité; l'inférieur est au contraire ouvert, il présente une espèce de cavité, ou plutôt une gouttière dont les bords sont formés par de la matière grise: on rencontre presque toujours une certaine quantité de sérosités dans l'intérieur de cette gouttière, béante par sa partie supérieure.

Cervelet. Il est à remarquer que le cervelet n'est pas visible les premiers jours de l'incubation; j'en ai en vain cherché les rudimens les trois et quatre premiers jours; il est quelquefois apparent le cinquième, dans les incubations précoces, et le devient presque toujours le sixième (1), et il semble

---

(1) Pl. I, fig. 5, n° 5.

alors se dégager de dessous la partie postérieure des lobes postérieurs : il est d'abord formé de deux lames qui se dirigent transversalement l'une vers l'autre, sans néanmoins se toucher sur la ligne médiane ; cet isolement des lamelles primitives du cervelet persiste jusqu'au huitième jour de l'incubation, et quelquefois au-delà (1) ; on le met en évidence en insufflant le quatrième ventricule ; on aperçoit alors chacune des lames se déjeter à droite et à gauche, en s'abandonnant réciproquement ; lorsque la jonction de ces lames s'effectue, elle a lieu par une espèce d'engrenure qui rappelle jusqu'à un certain point celle de quelques os du crâne (2). Dans cet état primitif de formation, le cervelet se trouve très-éloigné des lobes antérieurs de l'encéphale, et on le remarque à peine sur la face supérieure de cet organe (3), ce qui dépend du prodigieux développement des lobes postérieurs, qui occupent alors la surface supérieure de l'encéphale, et se trouvent interposés entre eux. Lorsque les lames du cervelet sont réunies, cet organe s'élève de plus en plus sur la face supérieure du cerveau (4), et ce résultat ne peut être obtenu qu'autant que la partie postérieure des lobes postérieurs s'affaisse, ce qui effectivement a lieu en même-temps (5) ; il semble

(1) Pl. II, fig. 33, n° 6.
(2) Pl. I, fig. 6, n° 7.
(3) Pl. II, fig. 33, n° 6.
(4) Pl. I, fig. 8, n° 6.
(5) Pl. I, fig. 8, n° 7.

alors que le cervelet s'élève aux dépens de l'affaissement de ces lobes ; c'est surtout du douzième au
dix-huitième jour de l'incubation, que l'accroissement de cet organe a lieu (1). D'abord le diamètre transversal prédomine sur le diamètre an-
téro-postérieur ; mais vers les dix-huitième, dix-
neuvième et vingtième jour, le diamètre antéro-
postérieur prend sur le transversal la prédominance, qu'il doit conserver chez l'oiseau adulte.
Vers cette même époque, on distingue le processus vermiculaire supérieur des lobes de cet organe. A mesure que la formation du cervelet s'o-
père, il devient de plus en plus visible sur la face
supérieure de l'encéphale, et vers les dix-septième
et dix-huitième jours de l'incubation, il semble avoir
pris la place des lobes postérieurs, qui non-seulement se sont affaissés pour lui faire place, mais qui
même ont été déjetés sur les parties latérales et
inférieures de l'encéphale. C'est une des trans-
mutations les plus singulières : le cervelet s'est
rapproché de la partie postérieure des lobes antérieurs (2), et ces organes, si éloignés du huitième
au quatorzième jour de l'incubation, sont adossés
l'un à l'autre du dix-neuvième aux vingtième et
vingt-unième jours. Comment s'est opérée cette
transposition ? les métamorphoses qu'éprouvent
pendant ce temps les lobes postérieurs, vont

---

(1) Pl. II, fig. 35, 38, 39, n° 6, 7, 8.
(2) Pl. II, fig. 38, n° 7, 9.

nous mettre sur la voie de cette explication.

Lobes optiques ou *postérieurs (analogues des tuber-cules quadrijumeaux).* Les métamorphoses qu'é-prouvent ces lobes, forment la partie la plus impor-tante des évolutions de l'encéphale des oiseaux, pen-dant la durée de l'incubation. En voyant ces lobes situés, invariablement dans toutes les familles de cette classe, à la base du cerveau, on ne se douterait jamais qu'ils en ont occupé la partie supérieure, et qu'ils en ont même formé le point le plus émi-nent; on se fonde, au contraire, sur cette posi-tion qui donne à l'encéphale des oiseaux le carac-tère qui lui est propre, pour regarder ces organes comme des parties nouvelles, et pour rejeter leur analogie avec les tubercules quadrijumeaux que nous sommes accoutumés à rencontrer chez les mammifères vers la région supérieure de leur cerveau; il importe donc à la justesse de nos dé-terminations, de suivre avec précision les transpo-sitions successives de ces lobes, soit pour recon-naître à quelle partie de l'encéphale des mammi-fères ils correspondent, soit pour apprécier leur influence sur les dispositions générales du cerveau des oiseaux.

Lorsque les premiers rudimens de cet organe se dessinent vers le haut de l'embryon, on remarque des lignes ondulées, dont les contours circonscri-vent l'espace où les diverses parties se formeront plus tard. Les lignes d'où doivent naître les lobes postérieurs, sont très-apparentes, après la ving-

tième heure de l'incubation; et à la trentième
heure, elles forment déjà un feuillet pelliculeux (1),
dont la base tend à se réunir à celui du côté opposé; ce feuillet se recourbe ensuite par sa partie
supérieure, marche à la rencontre dé celui du
côté opposé, dont il est encore éloigné, de la trente-
cinquième à la trente-sixième heure de l'incubation (2); mais au troisième jour, ils sont presque
adossés l'un à l'autre; et comme toute la matière
cérébrale, située au-dessus d'eux, est liquide, ils
apparaissent à cette époque sous la forme d'une
vésicule unique, sans ligne de démarcation ni de
raphé sur la ligne médiane (3). Ce raphé ne devient visible que lorsque les feuillets, après être
parvenus au sommet de la vésicule, se recourbent
de haut en bas, et divisent alors la vésicule primitive en deux, l'une droite, l'autre gauche :
il y a alors deux vésicules pour les lobes optiques, ce qui devient très-apparent avant la fin
du quatrième jour de l'incubation et le commencement du cinquième (4). L'intérieur de ces vésicules est toujours occupé par un liquide d'un gris
cendré, qui semble être la matière primitive et fondamentale de l'encéphale; elles constituent à cette
époque la partie principale de cet organe, et leur
forme est celle d'un sphéroïde assez régulier.

(1) Pl. I, fig. 2, n° 7.
(2) *Ibid.*
(3) Pl. I, fig. 3, n° 7.
(4) Pl. I, fig. 4, n° 7.

Aux cinquième et sixième jours, leur surface extérieure est légèrement aplatie en avant et en arrière; cet aplatissement est produit en avant par le tubercule des couches optiques qui viennent s'interposer entre ces lobes et les lobes antérieurs (1), et en arrière, par l'apparition du cervelet, dont les deux lamelles semblent adossées contre ces lobes (2); en même temps les vésicules se courbent par leur partie moyenne, ce qui fait qu'elles sont beaucoup plus élevées que toutes les autres parties de l'encéphale (3). Leur aspect est lisse, leur couleur d'un gris cendré, ce qui provient de la transparence de la lame qui les forme, et permet de les voir au travers du liquide cérébral. Au huitième jour, leur forme est à peu-près la même, mais leur surface extérieure a éprouvé un changement très-remarquable; sur le fond grisâtre des vésicules, il s'est développé des stries blanchâtres, concentriques, parallèles (4), étendues sur toute la surface des vésicules; leur nombre varie entre six et dix; les intervalles qui les séparent sont d'un gris cendré. Les dixième et onzième jours, ces stries sont encore sensibles, mais elles paraissent étendues, aplaties; les intervalles qui les séparent ont beaucoup diminué d'étendue; à cette même époque; un sil-

_____

(1) Pl. I, fig. 5, n° 7.
(2) Pl. I, fig. 5, n° 5.
(3) Pl. II, fig. 33, n° 7.
(4) Pl. I, fig. 6, n° 8.

lon transversal se manifeste vers la partie postérieure de chaque vésicule, et les divise en deux de
chaque côté; au lieu de deux lobes postérieurs il
s'en trouve alors quatre, deux antérieurs, beaucoup plus volumineux (1), deux postérieurs, beaucoup plus petits (2). Nous devons faire remarquer
que ce sillon n'est apparent qu'après que l'encéphale a été plongé dans l'alcohol; mais il devient
alors aussi prononcé que celui qu'on remarque sur
l'embryon des mammifères et de l'homme, au moment où le lobe unique de chaque côté, qui forme
les tubercules jumeaux, est divisé par un sillon
transversal analogue, qui rend ces tubercules
quadrijumeaux. J'insiste beaucoup sur cette transformation, parce qu'elle nous servira à établir avec
rigueur l'analogie de ces lobes avec les parties correspondantes dans le cerveau de l'homme et des
mammifères. Ces lobes occupent les deux tiers
environ de la face supérieure de l'encéphale (3);
ils sont interposés entre les lobes antérieurs, qui
se trouvent en avant, et le cervelet, qui est en arrière; d'où il résulte que ces deux organes sont
alors très-éloignés l'un de l'autre, comme nous l'a-
vons déjà dit en parlant du cervelet, lorsque la
forme des lobes postérieurs n'a éprouvé que la légère dépression produite en avant par les couches

---

(1) Pl. I, fig. 6, n° 8.
(2) Pl. I, fig. 6, n° 7.
(3) Pl. II, fig. 3, n° 7.

optiques, et en arrière par les lames du cervelet ;
mais, du dixième au douzième jour, leur partie médiane s'affaisse, il se forme par cette dépression un
angle rentrant en arrière et en avant (1), angles
dans lesquels se logent le cervelet et la couche optique. C'est de cette manière que le cervelet, qui
était en quelque sorte enseveli sous la partie postérieure des lobes optiques, et qui se voyait à
peine sur la face supérieure de l'encéphale, y devient maintenant très-apparent, en occupant le
vide produit par la dépression de la partie moyenne
des lobes postérieurs. On conçoit, en effet, qu'aussi
long-temps que ces lobes forment une proéminence
si marquée en haut de l'encéphale, il était impossible que le cervelet y eût place, à moins de s'élever lui-même par-dessus ces lobes ; mais si on
suit les transformations de ces lobes optiques, on
aperçoit tout de suite qu'à mesure que leur partie
moyenne s'affaisse, le cervelet est mis en quelque
sorte à découvert ; et comme pendant cet affaissement il prend beaucoup d'accroissement, il vient
occuper graduellement la place qu'abandonnent
les lobes postérieurs : c'est pourquoi l'ascension
du cervelet est en raison directe de l'affaissement
de la partie moyenne de ces lobes, comme on
l'aperçoit manifestement les quatorzième (2), dix-

----

(1) Pl I, fig. 7, n° 7 et 8.
(2) Pl. II, fig. 35, n° 6.

huitième (1) et vingtième jours de l'incubation (2).

Mais, pendant que les lobes postérieurs s'affaissent sur la région moyenne, leur partie latérale et inférieure devient de plus en plus saillante (3) : moins ils deviennent visibles sur la face supérieure de l'encéphale, plus ils sont apparens à sa base et sur les côtés; c'est une véritable transposition de ces lobes. On conçoit que cette transposition ne peut s'effectuer sans un écartement proportionnel des lobes; mais en s'écartant, ces lobes s'abandonnent-ils complètement, ou conservent-ils une connexion entre eux ? Cette question mérite d'autant plus notre attention, que les changemens qui surviennent pendant cette métamorphose, sont devenus la source de plusieurs erreurs qui ont empêché, jusqu'à ce jour, la véritable détermination de l'encéphale des oiseaux. Pendant que les lobes postérieurs occupent la face supérieure du cerveau, leurs cavités communiquent l'une dans l'autre; c'est un vaste ventricule non intercepté sur la ligne médiane, comme le seraient les deux ventricules latéraux de l'encéphale des mammifères et de l'homme, si on en retranchait le septum médiane ou la cloison transparente. La partie supérieure de cette cavité est formée

----

(1) Pl. II, fig. 38, n° 7.
(2) Pl. II, fig. 41, n° 6.
(3) Pl. II, fig. 36, n° 7 et 9.

par une lame qui est la continuation de celle qui forme les lobes, et qui est à son égard ce que le corps calleux forme à l'égard des grands ventricules latéraux des mammifères. A mesure que les lobes s'écartent l'un de l'autre, cette lame s'amincit, et elle s'abaisse graduellement, lors de l'affaissement des lobes sur leur partie médiane, et de leur saillie sur les parties latérales et la base du cerveau. Cette lame transversale est grise jusqu'au huitième jour de l'incubation; mais à cette époque, lorsque les lobes sont sillonnés par des stries blanchâtres, elle présente elle-même des stries analogues; ce qui établit, qu'elle n'est que la continuation de la lame qui enveloppe les lobes postérieurs. Enfin, lorsque le cerveau a terminé ses évolutions, cette *lame transversale* des lobes est leur moyen d'union; elle est formée de stries parallèles, alternativement blanches et grises; les stries blanches se continuent avec les couches blanches des lobes postérieurs; les stries grisâtres se perdent dans les couches grises de ces mêmes lobes; ce qui est surtout évident chez les oiseaux adultes, sur lesquels nous démontrerons cette organisation. *La lame transversale des lobes optiques* est donc une continuation de l'enveloppe de ces lobes. Pour terminer ce qui concerne les métamorphoses de ces derniers, nous ferons remarquer que leur superficie prend un aspect blanchâtre, le dixième jour de l'incubation; ce qui les distingue des lobes antérieurs, qui sont toujours gris, et du cervelet, qui est d'un gris rougeâtre; cette couleur blanchâtre devient de plus en plus marquée, les quatorzième, dix - huitième, vingtième et vingt-unième jours de l'incubation, et elle constitue l'état normal de l'intérieur de ces lobes, chez tous les oiseaux adultes.

Pour expliquer cette transformation dans la coloration de ces lobes, il est nécessaire de se rappeler, que leur aspect est grisâtre jusqu'au neuvième jour; qu'à cette époque, il se manifeste à leur intérieur des stries blanchâtres; ces stries s'élargissent graduellement, elles se touchent et se réunissent par leurs bords, de manière à former une lame médullaire, qui forme une espèce d'écorce dans toute leur périphérie; écorce qui est d'autant plus épaisse, qu'on l'observe plus près de la base du cerveau. Tels sont les changemens importans qu'éprouvent les lobes postérieurs. J'ai cru devoir insister sur leurs métamorphoses, à cause des difficultés qu'ils ont présentées aux anatomistes, et des erreurs auxquelles ces difficultés ont donné naissance.

Lobes antérieurs. Les lobes antérieurs n'éprouvent que des changemens de forme; ils sont tout-à-fait étrangers aux transpositions que nous venons d'observer dans la marche des lobes postérieurs. Les lignes qui circonscrivent l'espace où ils doivent se développer, sont très - distinctes à la vingt-deuxième heure de l'incubation; elles ne sont pas encore adossées vers leur partie antérieure (1); mais à la trentième, cet adossement a lieu (2), et on commence à distinguer les traces de leur vésicule; à la trente-cinquième, la vésicule devient plus distincte, les feuillets qui doivent la former, se portent vers la ligne médiane, à la rencontre l'un de l'autre, et dès le troisième jour la vésicule, toute formée et ovoïde, se montre en avant de celle des lobes postérieurs (3). Il est à remarquer que, comme cette dernière, elle n'est pas encore divisée par un raphé médian, et que son volume égale à peine le tiers de celle des lobes postérieurs ou optiques, et qu'elle est placée sur un plan beaucoup inférieur à celui de cette dernière. Cette observation est d'autant plus curieuse, que nous allons observer les lobes antérieurs s'élever sur les postérieurs, et les recouvrir par le même mécanisme, que nous avons fait connaître en suivant la marche du cervelet.

Au quatrième jour, la vésicule des lobes antérieurs se double (4); il y en a une de chaque côté : cet effet s'opère par le plissement du feuillet, qui, parvenu au haut de la vésicule, s'enfonce de haut en bas en traçant le sillon qui doit séparer les hémisphères; leur forme est plus allongée que le jour précédent (5), leur volume égale la moitié

(1) Pl. I, fig. 1, n° 9.
(2) Pl. I, fig. 2, n° 8.
(3) Pl. I, fig. 3, n° 8.
(4) Pl. I, fig. 4, n° 9.
(5) Pl. I, fig. 3, n° 8.

de celui des lobes optiques; les sixième (1), huitième (2) et neuvième jours (3), leur forme reste
la même; les dixième et douzième jours, leur
partie postérieure paraît un peu écartée pour loger les couches optiques et la glande pinéale (4);
le quatorzième jour, les lobes s'avancent sur la face
supérieure des lobes postérieurs, dont ils recouvrent le tiers antérieur. C'est à la même époque
que le cervelet s'élève sur leur partie postérieure,
ce qui dépend moins du développement du cervelet et des lobes antérieurs, que de l'affaissement
de la partie moyenne des lobes optiques, comme
nous l'avons fait voir précédemment. Par leur développement et leur accroissement successifs, les
lobes antérieurs et le cervelet se portent l'un vers
l'autre, et occupent l'espace rempli auparavant
par les lobes postérieurs ou optiques. Le cervelet se
dirige d'arrière en avant, et les lobes antérieurs, d'a-
vant en arrière; ce qui fait que ces organes, très-éloignés l'un de l'autre les premiers jours de l'incubation, sont en contact immédiat, les dix-huit (5),
dix-neuf (6), vingt et vingt-unième jours (7).

Quelle est la cause de cette marche inverse des

---

(1) Pl. I, fig. 5, n° 8.
(2) Pl. II, fig. 33, n° 9.
(3) Pl. I, fig. 6, n° 10.
(4) Pl. II, fig. 35, n° 8.
(5) Pl. II, fig. 38, n° 9 et 10.
(6) Pl. II, fig. 39, n° 9 et 10.
(7) Pl. II, fig. 41, n° 6 et 8.

lobes antérieurs et du cervelet? Comment, tandis que les lobes antérieurs se dirigent d'avant en arrière, le cervelet se porte-t-il d'arrière en avant? On en trouve la raison dans le mouvement de concentration de l'encéphale : pendant que les vésicules conservent leur position au haut de cet organe, son diamètre longitudinal est plus grand qu'il ne le sera aux époques plus avancées ; pendant ce temps, le bec du poulet est entièrement caché; toute la tête semble formée par le crâne et l'encéphale ; les os ne sont encore que membraneux : plus tard le bec se forme, et à mesure qu'il augmente de volume, la capacité du crâne diminue d'avant en arrière, et augmente transversalement; du quatrième au dix-huitième jour, l'encéphale suivant ce mouvement, semble se concentrer sur lui-même ; son diamètre longitudinal diminue, et son diamètre transversal prend beaucoup d'accroissement; or l'effet de ce mouvement de concentration est de faire avancer les lobes antérieurs vers le cervelet, et le cervelet vers ces lobes ; ce qui constitue en effet la marche invariable de ces deux organes pendant l'incubation.

Jusqu'au douzième jour, toute la masse des lobes antérieurs est d'un gris cendré ; mais à cette époque, et pendant la durée des quatorze, quinze et seizième jours, jusqu'à la naissance, on aperçoit des fibres blanchâtres former une lame mince sur la partie interne des lobes, fibres qu'on distingue très-bien en écartant ceux-ci, et qu'on voit se

réunir , à leur base , à une pellicule qui se contourne
au-devant de la commissure antérieure , laquelle
ne devient guère apparente que du dixième au
quatorzième jour de l'incubation.

Tous les nerfs n'apparaissent pas en même temps :
le premier qui devient visible , est le nerf optique ,
et je ne l'ai jamais aperçu distinctement avant les
quatrième et cinquième jours de l'incubation ;
après le nerf optique , on distingue celui de la
troisième paire , du sixième au septième jour ;
ceux de la quatrième et de la sixième , le septième
et le huitième jour ; j'ai aperçu ces derniers avant
celui de la cinquième paire , quoique leur volume
lui soit de beaucoup inférieur ; ce dernier n'a été
sensible que le dixième jour ; le nerf auditif et la
portion dure de la septième paire ne se sont mon-
trés que du onzième au douzième , quelquefois le
dixième ; mais alors l'incubation était précoce. Dans
cette apparition successive des nerfs , nous devons
faire remarquer que ceux qui appartiennent à
l'organe de la vue , sont les premiers à se montrer ;
ce qui coïncide avec le développement précoce de
l'œil , qui , comme on le sait , est le premier organe
distinct de la tête. La densité de l'encéphale présente beaucoup de variations ; il est fluide et transparent jusqu'aux huitième et neuvième jours ; à
cette époque , il prend une consistance gélatineuse ,
et ressemble à une bouillie jusqu'au douzième
jour ; plongé dans l'eau , il surnage et s'y dissout ;
passé le douzième jour , et jusqu'au quinzième ,

sa consistance augmente beaucoup ; plongé dans l'eau à cette époque , il gagne le fond du vase, et d'autant plus promptement qu'on se rapproche plus de la fin de l'incubation : cette différence de densité dans la substance cérébrale, en a apporté une correspondante dans celle de son poids , et par-conséquent dans le rapport comparatif du poids total du corps à celui de l'encéphale ; le tableau suivant exprime ces différences.

Rapport du poids de l'Encéphale au poids du corps de l'Embryon , pendant la durée de l'Incubation du Poulet.

JOURS de l'incubation.	POIDS de l'encéphale.	POIDS du corps.	RAPPORT du poids de l'encéphale à celui du corps.	
jours.	gramme.	gramme.		
6e.	0,025	0,500	:: 25 : 500,	ou :: 1 : 20
7e.	0,037	0,750	:: 37 : 750,	ou :: 1 : 20 10/37
8e.	0,050	1,150	:: 50 : 1150,	ou :: 1 : 23
9e.	0,110	1,750	:: 110 : 1750,	ou :: 1 : 15 10/11
10e.	0,110	2,720	:: 110 : 2720,	ou :: 1 : 24 8/11
11e.	0,170	2,900	:: 170 : 2900,	ou :: 1 : 17 1/17
12e.	0,190	4,500	:: 190 : 4500,	ou :: 1 : 23 13/19
13e.	0,220	4,900	:: 220 : 4900,	ou :: 1 : 22 3/11
14e.	0,280	6,800	:: 280 : 6800,	ou :: 1 : 24 2/7
15e.	0,320	7,900	:: 320 : 7900,	ou :: 1 : 24 11/16
16e.	0,440	10,900	:: 440 : 10,900,	ou :: 1 : 24 17/22
17e.	0,550	12,800	:: 550 : 12,800,	ou :: 1 : 23 3/11
18e.	0,600	16,100	:: 600 : 16,100,	ou :: 1 : 26 5/6
19e.	0,660	17,200	:: 660 : 17,200,	ou :: 1 : 26 2/33
20e	0,670	20,800	:: 670 : 20,800,	ou :: 1 : 31 3/67
21e.	0,670	31,050	:: 670 : 31,050,	ou :: 1 : 46 23/67

Tels sont les changemens remarquables qu'éprouve l'encéphale pendant sa formation, dans le cours de l'incubation des oiseaux ; les résultats en étaient trop importans, pour ne pas les constater sur diverses espèces de cette classe : je l'ai fait avec le même soin chez le dindon, le faisan doré, le faisan argenté, la pintade, le canard à bec courbé, l'oie et le cygne. J'ai constaté chez ces oiseaux, les mêmes métamorphoses que m'avait présentées le poulet, avec quelques différences produites par la durée de l'incubation dans ces diverses espèces, différences au reste peu marquées ; car l'incubation a duré vingt-huit jours chez le dindon, vingt-un chez le faisan doré, vingt-deux et vingt-trois chez le faisan argenté, vingt-cinq chez le canard et la pintade, et vingt-neuf ou trente chez l'oie ordinaire.

CHAPITRE II.

Formation de la moelle épinière et de l'encéphale,
chez l'embryon des reptiles.

L'incubation de l'œuf chez les reptiles a peu exercé les anatomistes; Spallanzani ne s'en est guères occupé que pour constater la première apparition et l'accroissement des diverses parties du système sanguin, et pour accommoder au système de la préexistence des germes, la génération des batraciens; Swammerdam, dont les observations sont si exactes, les a principalement dirigées sur les enveloppes de l'embryon, et sur la marche du développement de ce dernier. Hochstetter et Emmert ont beaucoup mieux précisé les différentes enveloppes de l'œuf du lézard, que ce dernier ne l'avait fait pour la grenouille; enfin M. Dutrochet a rendu évidente l'analogie entre les enveloppes des vivipares et des ovipares, et ses travaux sur l'œuf des reptiles portent spécialement sur cette importante détermination. Je ne sache pas qu'aucun anatomiste ait encore dirigé ses recherches sur le développement de l'encéphale et de la moelle épinière du tétard; et ici encore, comme dans la formation du poulet, nous sommes obligé de recourir à nos propres observations.

Mais si nous avons eu de si grandes difficultés

à vaincre pour suivre la formation successive de l'encéphale et de la moelle épinière du poulet, elles sont augmentées ici par la petitesse de l'œuf et de l'embryon, sur lesquels doivent se faire les expériences, et surtout par la coloration du fluide qui tient la place du cerveau et de la moelle épinière du têtard.

Dans les premiers jours de l'incubation du poulet, nous avons vu que la fluidité du cerveau et de la moelle épinière était un grand obstacle à l'observation; mais ce fluide étant d'un blanc mat, et cette couleur tranchant sur le fond grisâtre des autres parties constitutives de l'embryon, il nous a été possible de distinguer à l'œil nu et au microscope l'apparition et l'accroissement des vésicules composant le cerveau, ainsi que la marche des cordons de la moelle épinière. Sur le têtard, cette distinction devient presque impossible; le fluide contenu dans l'intérieur de la moelle épinière et dans le crâne, est d'un gris brun, et, soit à l'œil nu, soit au microscope, on ne peut voir d'une manière évidente l'apparition des premiers rudimens de la moelle épinière et du cerveau : tout semble se confondre dans le fond brun que présentent les différentes parties du têtard.

Afin de rendre l'observation un peu moins difficile, j'ai plongé des embryons très-jeunes dans l'alcohol; et, comme à la suite de cette préparation, le fluide cérébral prend une certaine consistance, et contracte une couleur gris blanc, qui permet de le distinguer des parties environnantes, je vais faire connaître les faits qu'il m'a été possible de reconnaître.

Sur des œufs de grenouille et de crapaud, je n'ai pas distingué de trace d'embryon, jusqu'au cinquième, et quelquefois jusqu'au sixième jour après la ponte; mais le plus souvent au sixième jour, et constamment au septième, on voit le petit têtard logé à la superficie dans la matière gluante, d'un jaune clair et transparent, qui occupe la partie médiane de l'œuf. Les premiers embryons que j'ai aperçus, n'avaient pas une forme régulière bien arrêtée; leur queue était ployée vers le côté correspondant à l'abdomen, les yeux se faisaient remarquer par deux points noirs situés sur les côtés de la tête; leur longueur était de quatre ou cinq millim. Ayant ouvert le crâne et le canal vertébral membraneux de ces têtards, j'ai trouvé dans leur intérieur une matière grise blanchâtre, n'ayant dans le crâne aucune forme bien arrêtée, et plissée en deux feuillets non continus le long du canal de la moelle épinière, mais surtout vers le milieu de la région dorsale, où leur épaisseur était plus forte. Sur des embryons des huitième et neuvième jours, dégagés de leur matière glaireuse, et nageant dans le vase où je les observais, je vis distinctement une grande vésicule double, située à la partie médiane du crâne, et j'appris, par la suite de mes recherches, qu'elle correspondait aux tubercules quadrijumeaux. J'avais noté que ces embryons avaient l'œil

très-bien conformé et volumineux, proportionnellement aux autres parties de la tête. Après avoir
ouvert le crâne, je pus reconnaître une autre vésicule antérieure, qui me parut adossée en arrière,
à la précédente, et que je crus devoir regarder
comme la vésicule des lobes cérébraux.

Mais mes observations ne m'ont offert des résultats positifs et constans, que sur les têtards observés entre le douzième et le quinzième jour, et c'est
à cette dernière époque que nous allons commencer nos observations relatives à la moelle épinière
et au cerveau. Avant d'entrer en matière, je dois
faire remarquer que vers le cinquième et le sixième
jour, les embryons de têtard se mouvaient avec
assez de rapidité dans l'eau de l'amnios qui les en-
vironnait : rapportant le principe des mouvemens à
la moëlle épinière et au cerveau, il me parut assez
singulier de trouver ces derniers organes si imparfaitement développés, pour présider à des mouvemens si variés et si précis ; dès le dixième jour les
têtards, dégagés de leurs œufs, exécutaient dans
l'eau des évolutions si nombreuses, que je fus curieux de constater l'état des nerfs qui naissaient de
la moelle épinière, et qui se rendaient aux différentes parties du corps. Je dois à cette circonstance la découverte d'un ordre de faits très-importans.

En effet, tandis que la matière liquide, composant la moelle épinière et le cerveau, était si imparfaitement élaborée, tandis qu'aucune forme ne pa-

raissait encore bien arrêtée, je rencontrai des nerfs tout formés, je leur distinguai de petits renflemens ganglionnaires, avant leur rentrée dans le canal vertébral ; quelle que soit la petitesse de ces nerfs et le peu de grosseur de ces ganglions, on peut les mettre à découvert dans toute la largeur du corps. Je me borne à faire remarquer, pour le moment, que des nerfs bien conformés et des ganglions assez distincts existent chez les jeunes têtards, avant que la moelle épinière et le cerveau ayent acquis leurs développemens respectifs. Je craindrais de m'écarter un peu trop de la question, si je m'arrêtais plus long-temps à décrire ce qui concerne les nerfs ; je me hâte de revenir à la moelle épinière et au cerveau.

Sur des têtards observés au douzième jour après la naissance, la longueur totale de la moelle épinière et de l'encéphale était de quinze millim. ; la partie contenue dans le crâne était de deux millim. ; la largeur de la moelle épinière était, dans sa partie moyenne, d'un tiers de millim. ; elle n'offrait aucune trace de renflement (1). Son volume était un peu plus fort dans la moitié de sa partie supérieure ; elle allait ensuite en diminuant graduellement jusqu'à l'extrémité de la queue, où elle se fixait. A droite et à gauche de la moelle épinière, et dans toute sa longueur, depuis la partie cervicale jusqu'à l'extrémité caudale, on remar-

(1) Pl. I, fig. 9, n° 2, 3 et 4.

quait les nerfs très-bien conformés, ayant une direction très-oblique de haut en bas et d'avant en arrière. Parvenu dans les intervalles des masses apophysaires, cartilagineuses des vertèbres, ces nerfs pénétraient dans un ganglion grisâtre entouré, comme la moelle épinière et le cerveau, d'une membrane vasculaire noirâtre; ces ganglions avaient un quart de millim., dans leur plus grand diamètre; leur couleur était un peu plus blanche que la moelle épinière elle-même, ce qui les rendait très-apparens, environnés, comme ils le sont, d'un réseau membraneux, noirâtre; leur volume était le même dans toute l'étendue de la partie moyenne de la moelle épinière; ils allaient ensuite en diminuant, à mesure qu'ils se rapprochaient de l'extrémité caudale, où ils étaient encore très-distincts. La moelle épinière était ouverte dans sa partie moyenne (1); on distinguait au milieu un raphé très-apparent; en exerçant une traction en sens inverse, on séparait sans efforts un cordon de son congénère; en examinant ensuite la partie par laquelle ils étaient contigus, on distinguait au microscope de très-petites dentelures; la moelle épinière ainsi plissée formait une gouttière sans canal encore distinct (2). On ne remarquait aucune différence entre la substance qui le composait; toute sa masse homogène était d'un gris blanc, et

---

(1) Pl. I, fig. 9, n° 3 et 4.
(2) Pl. I, fig. 9, n° 1, 2, 3 et 4.

rendue demi solide par l'action de l'alcohol, où les têtards étaient restés pendant environ deux mois.

Je dois néanmoins faire remarquer que, sur des têtards du même âge, ouverts sans avoir été soumis à l'action de l'alcohol, j'ai aperçu, dans l'intérieur de la gouttière que forme la moelle épinière, une substance plus brune et plus liquide que les parties latérales des cordons; elle était également répandue dans toute sa longueur; c'était en quelque sorte un enduit étendu dans toute la partie interne de la moelle épinière.

Parvenue au haut de la région cervicale, la moelle épinière devenait plus large (1), ses cordons paraissaient plus écartés, le *calamus scriptorius* n'était pas encore formé, la partie postérieure des cordons médullaires n'était pas encore réunie; au devant de la moelle épinière, et sur la partie contenue dans l'intérieur du crâne, on distinguait deux bulbes, dont les parois, affaissées par leur séjour dans l'alcohol, formaient deux feuillets latéraux, un de chaque côté (2); le feuillet postérieur était aussi grand que l'antérieur, il avait d'avant en arrière un millim., et transversalement, un demi millim. environ (3); dans son intérieur, on ne distinguait encore aucun renflement sensible, mais il conte-

---

(1) Pl. I, fig. 9, n° 4 et 5.
(2) Pl. I, fig. 9, n° 7.
(3) Pl. I, fig. 9, n° 8.

nait une certaine quantité d'une matière plus brune que sa partie externe, et qui semblait en tapisser l'intérieur.

Le feuillet antérieur avait les mêmes dimensions que le postérieur (1); seulement il devenait plus étroit en avant; comme le précédent, il était plissé latéralement, de manière à se diriger vers celui du côté opposé; mais il était, de plus, contourné sur lui-même à son extrémité antérieure; son intérieur ne présentait aucune apparence de renflement. Comme cet état de l'encéphale est le plus simple dans lequel nous puissions considérer cet organe chez les reptiles, nous devons chercher à déterminer quelles sont les parties ou les élémens qui apparaissent ainsi les premiers: cette vésicule et ce feuillet postérieur (2), étant la première partie qui se présente en suivant l'entrée des cordons médullaires dans le crâne, on serait porté à croire que ce sont les rudimens du cervelet; rien ne prouve dans l'encéphale que nous examinons, que cela ne soit pas. Mais si nous portons notre attention sur ce que nos recherches nous ont appris sur la formation de l'encéphale des oiseaux, nous devons nous rappeler que nous avons vu les tubercules quadrijumeaux apparaître au haut de la moelle épinière, long-temps avant que les lamelles cérébelleuses ne devinssent sensi-

_____

(1) Pl. I, fig. 9, n° 7.
(2) Ibid.

bles (1). Or, si la formation de l'encéphale chez les batraciens suit une marche analogue à celle que nous avons observée chez les oiseaux, elle doit être l'analogue de la vésicule des tubercules quadrijumeaux ; l'examen de la préparation de l'embryon du poulet, plongé dans l'alcohol à la quarantième heure de l'incubation (2), donne des feuillets analogues à ceux du tétard du douzième et du quinzième jour ; le feuillet appartenant à ces tubercules, est adossé, comme chez les tétards, à celui qui doit former les lobes antérieurs ; ajoutons encore que les yeux sont très-développés chez le tétard, à cet âge ; et quoique le nerf optique soit d'une ténuité extrême, néanmoins, en examinant avec soin la base du cerveau, on peut le suivre de l'œil sur cette vésicule, et de cette vésicule dans l'œil ; circonstance qui prouve directement, en quelque sorte, à elle seule, que ce sont ces tubercules quadrijumeaux, qui commencent ainsi la formation de l'encéphale chez les batraciens, et en général chez les reptiles comme chez les oiseaux.

La détermination des tubercules quadrijumeaux étant faite, il devient facile de reconnaître, dans la vésicule ou le feuillet qui lui sont antérieurs, la première apparition des lobes cérébraux.

Nous devons faire remarquer ici que les lobes sont adossés, à cet âge, contre les tubercules qua-

---

(1) Pl. I, fig. 2, 3 et 4.
(2) Pl. I, fig. 2, n° 6, 7 et 8.

drijumeaux (lobes optiques) ; circonstance que nous avons également observée dans la formation de l'encéphale du poulet. Nous aurons occasion de rappeler ce fait, en suivant la formation du têtard.

Sur des têtards observés aux quatorzième et quinzième jours après la naissance , on aperçoit distinctement un troisième bulbe, qui vient s'interposer entre celui qui appartient aux lobes, et celui des tubercules quadrijumeaux ; au quinzième jour , surtout , si on ouvre le crâne du têtard ayant séjourné dans l'alcohol, on aperçoit le feuillet roulé, qui correspond aux tubercules quadrijumeaux d'abord (1); ensuite on distingue un feuillet moins grand et plus interne, qui est celui qui correspond à ce nouveau bulbe qui vient de se montrer (2). Enfin on rencontre ensuite en avant le feuillet des lobes cérébraux (3) ayant peu augmenté, ainsi que celui des tubercules quadrijumeaux : la moelle épinière est un peu augmentée, mais également; on ne distingue encore aucune trace des renflemens supérieur ni inférieur (4).

Les nerfs qui se rendent à la moelle épinière sont très-prononcés ; les ganglions inter-vertébraux , plus distincts que dans le précédent , offrent ceci de particulier, qu'ils sont plus gros à

(1) Pl. I, fig. 10, n° 4.
(2) Pl. I, fig. 10 , n° 5.
(3) Pl. I, fig. 10, n° 6.
(4) Pl. I, fig. 10, n° 1, 2 et 3.

la région cérvicale, qui doit correspondre au membre antérieur, plus petits ensuite, et qu'ils se renflent de nouveau, vis-à-vis la partie qui doit correspondre au membre postérieur ; leur grosseur diminue ensuite insensiblement jusqu'à l'extrémité de la queue.

Il est à remarquer encore, que la moelle épinière n'offre de trace distincte de renflement, ni en haut ni en bas ; sa largeur médiane est de deux tiers de millim. ; celle des ganglions est d'un millim. dans les points correspondant aux membres, et d'un tiers de millim. dans les autres parties. Les tubercules quadrijumeaux ont un millim. d'avant en arrière, les couches optiques ont un millim. dans la même direction, les lobes cérébraux ont un millim. et un sixième de millim. Quelques réflexions doivent suivre la dissection de ces nouveaux têtards ; nous demanderons d'abord à quelle partie de l'encéphale correspond le bulbe qui vient se placer entre les lobes et les tubercules quadrijumeaux (1) ; si la détermination que nous avons donnée précédemment, relativement aux tubercules quadrijumeaux et aux lobes, est exacte, nous pourrons, ce me semble, résoudre cette question ; car entre les tubercules et les lobes se trouve ordinairement le renflement correspondant à la couche optique ; or ce nouveau bulbe occupe cette place, tout porte à croire que c'est

_____

(1) Pl. I, fig. 10, n° 5.

cette couche elle-même. Mais une objection se présente dans cette supposition : pourquoi cette couche n'existe-t-elle pas dans les têtards observés aux dixième et quinzième jours? Je pencherais à croire qu'elles étaient cachées par les lobes dont elles se sont dégagées, comme nous avons vu que cela était arrivé chez le poulet.

Nous avons ensuite porté notre attention sur les ganglions inter-vertébraux, dont le changement de grosseur est très-remarquable ; car observons que les ganglions correspondant au renflement supérieur acquièrent plus de grosseur avant que le renflement ne se dilate lui-même ; la même remarque est applicable au renflement inférieur : déjà cette augmentation de volume me parut sensible aux treizième et quatorzième jours ; et au quinzième, où je l'ai représentée, elle était très-apparente. Avec ce changement coincïde une augmentation très-sensib e des extrémités antérieures et postérieures ; il suit de là que chez le têtard l'augmentation de volume des ganglions inter-vertébraux, précède celle des renflemens de la moelle épinière.

Aux seizième, dix-septième et dix-huitième jours des changemens remarquables surviennent dans le système nerveux du têtard ; les lames composant la moelle épinière se sont réunies dans leur tiers inférieur, de manière à former un canal dans toute cette étendue (1). Le tiers supérieur de la

(1) Pl. I, fig. 15, n° 1, 2 et 3.

moelle épinière étant encore ouvert (1), forme une véritable gouttière, qui s'étend, en s'élargissant de plus en plus, jusqu'à la partie postérieure des tubercules quadrijumeaux (2); la largeur de la moelle épinière, dans sa partie supérieure, était d'un millim. (3); la partie moyenne, d'un demi-millim.; le renflement inférieur, qui seul était distinct, avait deux tiers de millim. de large (4); les ganglions inter-vertébraux avaient un peu augmenté de volume, ceux surtout qui correspondaient au renflement inférieur.

L'encéphale a été le siége de plusieurs changemens notables; le *calamus scriptorius* n'est pas formé; les lames supérieures de la moelle épinière n'étaient pas réunies; les tubercules quadrijumeaux ont pris de l'accroissement dans leur direction transversale; ils offrent à cette époque un sillon transversal dans leur partie moyenne, qui les divise en deux paires de tubercules; de telle manière qu'à cette époque il y a véritablement quatre tubercules quadrijumeaux, au lieu de deux, qui existent avant et après cette époque (5). Ce mode de formation est analogue à celui que nous avons observé sur l'encéphale du poulet, entre le hui-

---

(1) Pl. I, fig. 15, n° 4 et 5.
(2) Pl. I, fig. 15, n° 5.
(3) Pl. I, fig. 15, n° 4.
(4) Pl. I, fig. 15, n° 3.
(5) Pl. I, fig. 15, n° 5.

tième et le neuvième jour de l'incubation (1) ; la grandeur des tubercules quadrijumeaux est encore d'un millim. d'avant en arrière.

Les couches optiques sont plus prononcées, elles ont un demi-millim. d'avant en arrière (2) ; leur séparation sur la ligne médiane a lieu par un sillon prononcé ; elles semblent se continuer par leurs parties antérieures avec les lobes ; ceux-ci, mieux dessinés que sur le têtard précédent, ont d'avant en arrière un millim. et demi ; ils se touchent par leur partie interne sans se confondre (3) ; leur intérieur contient une matière pulpeuse d'un gris verdâtre, sans aucun renflement distinct.

Le système nerveux du têtard observé au vingtième jour, offre des formes mieux arrêtées ; la moelle épinière n'est pas fermée dans le haut, il n'y a encore à découvert que la gouttière qui fait suite au quatrième ventricule (4) ; sa largeur au-dessous de sa réunion, et dans la partie qui correspond au renflement supérieur, est d'un millim. de large ; au-dessous est un rétrécissement où elle n'a qu'un demi-millim. ; plus inférieurement se trouve le renflement inférieur, d'un millim. de volume, comme le supérieur : au-dessous de ce renflement, la portion caudale de la moelle épinière se rétrécit insensiblement jusqu'à sa terminaison.

---

(1) Pl. I, fig. 6, n° 7.
(2) Pl. I, fig. 15, n° 6.
(3) Pl. I, fig. 15, n° 7.
(4) Pl. I, fig. 15, n° 4.

Les ganglions inter-vertébraux sont plus gros vis-à-vis des renflemens, que dans toute autre partie de la moelle épinière ; les tubercules quadrijumeaux sont encore les premières parties que l'on rencontre au haut de la moelle épinière ; ils sont formés par un bulbe unique de chaque côté ; le sillon transversal, que nous avons signalé les jours précédens, ayant totalement disparu, ils sont simplement adossés l'un à l'autre sur la ligne médiane (1) ; leur étendue d'arrière en avant est d'un millim. un quart. Dans leur intérieur, on rencontre, immédiatement à leur entrée, un très-petit tubercule d'un gris bleuâtre ; du reste, on n'y distingue aucun faisceau de communication, que l'on puisse considérer comme la commissure.

Les couches optiques ont pris de l'accroissement ; elles ont deux tiers de millim. d'avant en arrière (2) ; elles sont encore séparées par un sillon sur la ligne médiane ; en avant de ce sillon, il existe un petit faisceau grisâtre qui les réunit sur ce point, et établit entre elles et les lobes antérieurs une ligne de démarcation. Ces lobes, un peu mieux formés, ont d'avant en arrière un millim. et demi de longueur ; ils sont creux dans leur intérieur, et on distingue sur le côté un renflement très-léger, que l'on peut considérer comme

(1) Pl. I, fig. 11, n° 3.
(2) Pl. I, fig. 11, n° 4.

l'analogue du corps strié (1). Lorsque l'on a ainsi
ouvert toutes les cavités, et qu'on a déjeté sur les
côtés les lames qui les recouvraient, on aperçoit
un raphé sur la ligne médiane, qui n'est interrompu que par la petite commissure qui se trouve
au-devant des couches optiques : il résulte de là
que sans cette commissure on pourrait séparer exactement tout l'encéphale sur la ligne
médiane.

Nous devons remarquer ici que par l'accroissement qu'ont pris les couches optiques, les lobes
se trouvent très-écartés des tubercules quadrijumeaux ; il résulte de là que les couches optiques
sont tout-à-fait à nu, sur la face supérieure de
l'encéphale ; cette circonstance pourrait les faire
méconnaître, si déjà nous n'avions vu dans l'incubation du poulet un rapport entièrement analogue ; il suit encore de là qu'à cette époque, le
cerveau est formé par six mamelons, deux en
arrière pour les tubercules quadrijumeaux, deux
au milieu pour les couches optiques, et deux en
avant pour les lobes cérébraux. Du vingtième au
vingt-cinquième jour, toutes les parties que nous
avons déjà énumérées, prennent de l'accroissement ;
mais ce que l'encéphale offre de plus remarquable
à cette époque, est l'apparition de deux petites
lames aplaties, en arrière des tubercules quadri-

(1) Pl. I, fig. 11, n° 5.

jumeaux (lobes optiques); ces deux lames sont
les premiers rudimens du cervelet; il y en a une
de chaque côté, et leur réunion sur la ligne médiane n'est pas encore opérée (1). Leur direction
est transversale; en insufflant le quatrième ventricule, on les déjette à droite et à gauche; au microscope, on aperçoit de petites dentelures vers
leur extrémité interne.

La moelle épinière est encore très-allongée à
cette époque; elle se prolonge beaucoup au-dessous du renflement inférieur, et diminue insensiblement jusqu'à l'extrémité de la queue : le renflement inférieur a un millim. de large; au-dessous
est un étranglement où elle n'a que deux tiers de
millim., et dans la partie qui correspond au membre supérieur, elle a trois quarts de millim. Les
lames du cervelet peuvent avoir d'avant en arrière
un cinquième de millim., sur un demi-millim.
dans la direction transversale (2). Les tubercules
quadrijumeaux ont d'avant en arrière un millim.
un tiers (3); les couches optiques, trois quarts
de millim. (4), et les lobes cérébraux, un millim.
trois quarts de millim. (5)

Arrêtons-nous un instant sur l'état de l'encéphale, à cet âge du têtard. Nous venons de voir

----

(1) Pl. I, fig. 12, n° 2.
(2) *Ibid.*
(3) Pl. I, fig. 12, n° 3.
(4) Pl. I, fig. 12, n° 4.
(5) Pl. I, fig. 12, n° 5.

apparaître les premières lames qui doivent former le cervelet; avant leur manifestation, nous aurions pu croire que les bulbes, que nous rencontrions immédiatement au-dessus de la moelle allongée, étaient le cervelet, et non les tubercules quadrijumeaux, comme nous l'avons avancé ; cette méprise eût été d'autant plus facile, que les couches optiques n'étant pas recouvertes par la partie postérieure des lobes, on aurait pu penser qu'elles correspondaient aux tubercules quadrijumeaux (lobes optiques). L'apparition du cervelet me semble ne laisser aucun doute sur les déterminations que nous avons cherché à établir : une circonstance que nous devons remarquer, c'est que la moelle épinière est encore très-étendue au-dessous du renflement inférieur; elle se continue jusqu'à l'extrémité caudale du têtard. Les ganglions vertébraux sont prononcés, et très-visibles surtout au microscope.

Du vingt-cinquième aux trentième et trente-cinquième jour, des changemens très-importans se manifestent encore : d'abord la moelle épinière, qui jusque-là se prolongeait jusqu'au bout de la queue du têtard, disparaît presque brusquement (1) au-dessous du renflement inférieur : le canal coccigien, dans lequel elle était logée, est vide : ce fait est l'un des plus remarquables que nous aient encore présentés les différentes parties du

_____

(1) Pl. II, fig. 42, n° 1.

système nerveux du têtard. La moelle épinière semble se contracter et rentrer dans l'intérieur du canal vertébral; son bulbe inférieur (1) est d'un millim. un quart; le supérieur (2) d'un millim., et la partie qui les sépare, de deux tiers de millim. (3). L'encéphale prend en même temps un accroissement proportionnel; le *calamus scriptorius* est très-ouvert, et descend encore très-bas (4).

Les lames du cervelet, qui ont apparu vers le vingt-cinquième jour, sont resté séparées le vingt-sixième et le vingt-septième; le vingt-huitième, elles chevauchaient l'une sur l'autre de manière à se soutenir réciproquement; le trentième, la réunion était opérée sur la ligne médiane, le cervelet était un organe unique; à cet âge, il avait d'avant en arrière un quart de millim. (5).

Les tubercules quadrijumeaux, les couches optiques et les lobes ont pris de l'accroissement et conservé les mêmes formes et les mêmes rapports : les tubercules avaient un millim. un tiers d'avant en arrière (6); les couches optiques étaient d'un millim. et un tiers de long (7); les lobes avaient dans le

---

(1) Pl. II, fig. 42, n° 2.
(2) Pl. II, fig. 42, n° 3
(3) *Ibid.*
(4) Pl. II, fig. 42, n° 4.
(5) Pl. II, fig. 42, n° 4 bis et 5.
(6) Pl. II, fig. 42, n° 6.
(7) Pl. II, fig. 42, n° 7.

même sens deux millim. et demi : on apercevait dans leur intérieur un petit renflement que nous considérons comme l'analogue du corps strié, et qui, après l'action de l'alcohol sur le cerveau, avait un quart de millim. (1). On voit, d'après cela, que toutes les parties qui doivent composer le cerveau de la grenouille, sont formées aux trentième et quarantième jour de la naisssance : à partir de cette époque, ces mêmes parties ne font que prendre de l'accroissement. Nous allons donner quelques détails sur ces changemens de proportion.

Au quarantième jour, le renflement supérieur de la moelle épinière est encore d'un millim. de large (2) ; l'inférieur est d'un millim. un quart (3) ; dans le rétrécissement qui les sépare, la moelle épinière a deux tiers de millim. Le cervelet n'a qu'un tiers de millim. d'avant en arrière ; la lame qui le constitue est très-mince. Les tubercules quadrijumeaux ont un millim. et demi dans le sens longitudinal ; leur intérieur offre le bulbe léger dont nous avons déjà parlé. La couche optique a d'avant en arrière un millim. et un sixième de millim. Les lobes cérébraux, un peu plus larges en arrière que les jours précédens, ont deux millim. trois quarts de long. Au cinquantième jour, le cervelet a acquis un demi-millim., et son feuillet

---

(1) Pl. II, fig. 42, n° 8.
(2) Pl. II, fig. 44, n° 4.
(3) Pl. II, fig. 44, n° 3.

offre une petite pointe dans la partie moyenne (1).
Les tubercules quadrijumeaux, un peu plus développés, ont un millim. d'avant en arrière (2). Les
couches optiques semblent avoir écarté en arrière
les tubercules quadrijumeaux ; leur longueur est
un peu accrue dans ce sens ; elles ont un millim.
un quart de long (3). Les lobes ont déjà trois
millim. (4)

Les deuxième et troisième mois, quelques changemens surviennent encore dans ces proportions ;
je les ai consignés dans le tableau destiné à cet
effet, et j'ai cru inutile de les rapporter ici, afin
d'éviter des détails minutieux.

La base de l'encéphale du têtard éprouve peu
de changemens, à cause de la position permane-
nente des lobes optiques sur la face supérieure de
cet organe. On y rencontre, aux diverses époques
de sa formation jusqu'à sa métamorphose complète : A. Deux bulbes en avant, qui sont les petits
renflemens des nerfs olfalctifs (5). B. Deux lobes
roulés sur eux-mêmes, très-longs en comparaison
de leur largeur, et qui correspondent à la face
inférieure des lobes cérébraux (6). C. En arrière
de la face inférieure de ces lobes est un renfle-

(1) Pl. II, fig. 43, n° 4.
(2) Pl. II, fig. 43, n° 5.
(3) Pl. II, fig. 43, n° 6.
(4) Pl. II, fig. 43, n° 7.
(5) Pl. II, fig. 44, n° 8.
(6) Pl. II, fig. 44, n° 9.

ment grisâtre , légèrement conique , et que je crois être la face inférieure des couches optiques auxquelles elles correspondent immédiatement (1).

D. En arrière encore de ce renflement, on rencontre les nerfs optiques, d'un blanc mat, tranchant sur le gris-bleuâtre du reste du cerveau (2); l'entrecroisement de ces nerfs est très-visible ; on voit distinctement le nerf de l'œil droit traverser la partie médiane de la base du cerveau, et passer , en se contournant, au tubercule quadrijumeau gauche, *et vice versâ* l'œil gauche dont le nerf va puiser ses racines dans le lobe optique droit.

Cet entrecroisement est plus distinct à mesure qu'on s'élève davantage dans le jeune âge du têtard : j'ai vu plusieurs fois, sur des têtards du douzième et du quinzième jour , le très-petit filet qui constitue alors le nerf optique, passer de droite à gauche, et de gauche à droite, sans contracter aucune liaison , aucune adhérence avec son congénère : mais cet isolement cesse vers le vingtième jour ; alors, comme les figures le représentent , les nerfs s'adossent l'un à l'autre en s'entrecroisant, et , dans ce point de leur jonction, ils contractent une adhérence légère ; les parties qui se trouvent à la base du cerveau , sont arrêtées très-promptement ; seulement, sur le têtard du douzième jour , on ne

---

(1) Pl. II, fig. 44, n° 7.
(2) Pl. II, fig. 44, n° 6.

distingue pas les traces du renflement qui correspond à la base des couches optiques. J'ai fait représenter plusieurs bases de l'encéphale à des âges différens, et, comme on peut le voir en jetant un coup-d'œil sur les figures, elles ne présentent aucune différence sensible.

En arrière de l'entrecroisement des deux nerfs optiques, on trouve un bulbe aplati, divisé en deux très-petits lobules en arrière (1) : c'est cette partie qu'on a considérée comme l'analogue de l'éminence mammillaire chez les reptiles, parce qu'en effet elle occupe la même place et conserve les mêmes rapports. Nous exposerons ailleurs les raisons qui nous portent à rejeter cette détermination; nous établirons en même temps à quelle partie de l'encéphale des mammifères et des oiseaux elle peut être comparée.

Ainsi, chez les têtards du deuxième jour, la moelle épinière est d'abord formée de deux feuillets réunis antérieurement, et non postérieurement, de telle sorte que tout le système nerveux central représente une longue gouttière, étroite inférieurement, et s'élargissant à mesure qu'on se rapproche de la tête (2); les bords des lames qui forment cette gouttière, sont flottans latéralement. Dans le crâne, où la gouttière s'élargit beaucoup de nouveau, ces bords forment primitivement, deux contours (3) qui circonscrivent l'espace que doivent occuper la vé-

_____

(1) Pl. II, fig. 44, n° 5.

(2) Pl. I, fig. 9, n° 1, 2, 3 et 4.

(3) Pl. I, fig. 9, n° 5 et 8.

sicule des lobes optiques (tubercules quadrijumeaux) et celle des lobes cérébraux. Plus tard,
vers le quatorzième et le quinzième jour, un troisième contour formant une troisième vésicule (1),
vient se placer entre ces deux premiers ; il est beaucoup moins étendu que les deux autres : cette nouvelle vésicule est la première apparition des couches
optiques chez le têtard ; son effet est, comme chez
l'embryon du poulet, d'écarter les lobes optiques
des lobes cérébraux, qui paraissaient d'abord adossés l'un contre l'autre.

Du seizième au dix-huitième jour, on observe
que ces feuillets latéraux de la moëlle épinière se
dirigent l'un vers l'autre, s'adossent et s'engrènent
vers les régions dorsales et caudales ; l'effet de
cette réunion est de convertir en canal la gouttière
précédente, dans toute l'étendue où elle s'o-
père (2). Dans le haut de la moelle épinière, les
cordons sont encore écartés ; postérieurement ils
forment un repli mince en dedans de la moelle
épinière, repli qui correspond aux parties latérales du *calamus scriptorius* (3). A cette même époque, la vésicule des lobes optiques se subdivise
d'abord par un sillon longitudinal qui la double,
puis par un sillon transversal qui la quadruple (4);
de telle sorte qu'on pourrait dire à la rigueur qu'il

(1) Pl. I, fig. 10, n° 5.
(2) Pl. I, fig. 15, n° 23.
(3) Pl. I, fig. 15, entre n° 4 et 5.
(4) Pl. I, fig. 15, n° 5.

y a quatre bulbes quadrijumeaux, comme nous l'avons observé pour le poulet au huitième jour de l'incubation (1). Au vingtième jour, le sillon transversal disparaît, les lobes optiques deviennent jumeaux comme ils l'étaient primitivement, les couches optiques prennent de l'accroissement, un sillon médian, assez profond, les sépare ; ce sillon peut être regardé comme les vestiges du troisième ventricule ; ces couches sont réunies en avant par une petite commissure grise. La gouttière qui correspond au quatrième ventricule est très-grande, les replis latéraux sont très-épais (2) ; ils forment une espèce de bourrelet sur les parties latérales du *calamus scriptorius*. J'ai fixé particulièrement mon attention sur ces lobes, parce que, n'ayant pas encore aperçu les rudimens du cervelet, je croyais le voir naître de cette partie ; mais je fus détrompé par l'examen des têtards du vingtième au vingt-cinquième jour de formation ; sur un grand nombre d'entre eux, je vis, en arrière des lobes optiques (tubercules quadrijumeaux), deux lames horizontales, une droite, l'autre gauche (3), se dirigeant transversalement en haut du quatrième ventricule, identiques dans leur position et dans leurs formes aux premiers rudimens de cet organe que j'avais constaté au sixième jour de l'incubation du pou-

_____

(1) Pl. I, fig. 6, n° 7 et 8.
(2) Pl. I, fig. 11, n° 2.
(3) Pl. I, fig. 12, n° 2.

let (1). Comme chez le poulet, ces lames étaient isolées, non réunies sur la ligne médiane; l'insufflation les séparait assez facilement. Tout l'encéphale du têtard rappelle à cette époque celui du poulet au sixième jour de sa formation, de telle sorte que, si dans ces deux classes l'encéphale s'arrêtait à cette période de son développement, il y aurait une identité parfaite dans la composition de cet organe. On trouverait chez les reptiles (2), comme chez les oiseaux (3), deux petites lames cérébelleuses en arrière, deux lobes en avant (4), correspondant aux tubercules quadrijumeaux; deux petits renflemens précédant ces tubercules, et qui sont les analogues de la couche optique (5); enfin en avant de ceux-ci, deux lobes antérieurs qui sont évidemment les hémisphères cérébraux (6). Cette analogie est importante à constater, car elle va disparaître par les métamorphoses dont cet organe doit être le siége dans les deux classes. Les lames du cervelet restent séparées les vingt-cinquième, vingt-sixième jours; elles chevauchent l'une sur l'autre vers le vingt-huitième, et en général, vers la fin du premier mois, on les trouve réunies; le cervelet forme alors un organe unique. C'est

---

(1) Pl. I, fig. 5, n° 5.
(2) Pl. I, fig. 12, n° 2.
(3) Pl. I, fig. 5, n° 5.
(4) Pl. I, fig. 5, n° 6; fig. 12, n° 3.
(5) Pl. I, fig 5, n° 7; fig. 12, n° 4.
(6) Pl. I, fig. 5, n° 8; fig. 12, n° 5.

quelque chose de très-remarquable que cette apparition tardive du cervelet, et la lenteur avec laquelle il procède à son développement; car tel on le remarque au trentième jour, tel on le trouve jusqu'au cinquantième, époque à laquelle il se manifeste un prolongement postérieur qui se termine en pointe; ni à la loupe ni au microscope, on ne peut apercevoir aucun sillon sur sa face externe et supérieure; les autres parties de l'encéphale prennent un accroissement beaucoup plus rapide, et l'effet produit par cet accroissement se fait sentir principalement sur la partie antérieure des lobes optiques, qui s'écartent antérieurement pour loger la couche optique (1). Vers cette même époque, une des métamorphoses les plus singulières est celle dont la queue du têtard est le siège; la queue disparaît comme l'ont constaté Spallanzani, Swammerdam et Rœsel; mais ce qu'on n'avait pas observé, c'est que la moelle épinière, qui se prolongeait dans le canal coccigien, disparaît aussi (2); tous les nerfs qui se rendaient à cette partie cessent d'exister. Il serait très-curieux d'étudier sous quelle influence s'opère cette disparition de tous les organes caudaux: je donnerai dans le chapitre suivant, les résultats de mes observations microscopiques à ce sujet. Telles sont les variations qu'éprouve l'encéphale des reptiles pendant sa formation; on a pu

(1) Pl. II, fig. 43, n° 5.
(2) Pl. II, fig. 43, n° 1.

remarquer qu'elles sont beaucoup moins nombreuses que celles que nous avons observées chez
les oiseaux, ce qui dépend du degré de simplicité
de cet organe, ainsi que dans cette dernière classe.
Je les ai constatées sur un grand nombre d'embryons des différentes espèces de grenouilles et de
crapauds, sur les têtards de la salamandre aquati-
que, et sur des embryons de la couleuvre lisse, de
la couleuvre à collier et de quelques lézards. Les
deux tableaux suivans représentent les principaux
changemens de la moelle épinière et de l'encéphale
du têtard, depuis le moment où il devient acces-
sible à l'observation, jusqu'à sa métamorphose.

TABLEAU

*De la Moelle épinière du Têtard et de la Grenouille
à leurs différens âges.*

AGE.	RENFLEMENT supérieur.	RENFLEMENT inférieur.	PARTIE moyenne	RÉGION caudale.
	mètre.	mètre.	mètre.	mètre.
12e. jour.	0,00033	0,00033	0,00033	0,00020
15e. jour.	0,00050	0,00050	0,00050	0,00020
18e. jour.	0,00075	0,00075	0,00050	0,00025
20e. jour.	0,00075	0,00100	0,00050	0,00025
25e. jour.	0,00075	0,00100	0,00066	0,00025
30e. jour.	0,00100	0,00125	0,00066	» »
40e. jour.	0,00100	0,00125	0,00066	» »
50e. jour.	0,00117	0,00150	0,00075	» »
Grenouille adulte.	0,00300	0,00325	0,00200	» »

TABLEAU

De l'Encéphale du Têtard et de la Grenouille.

AGE.	CERVELET.	Lobes optiques, ou tubercules quadri-ju-meaux.	COUCHES OPTIQUES.	CORPS STRIÉ.	HÉMISPHÈRES CÉRÉBRAUX.
	mètre.	mètre.	mètre.	mètre.	mètre.
12ᵉ. jour.	» »	0,00100	» »	» »	0,00100
15ᵉ. jour.	» »	0,00100	0,00050	» »	0,00100
18ᵉ. jour.	» »	0,00100	0,00066	» »	0,00150
20ᵉ. jour.	» »	0,00125	0,00075	0,00025	0,00166
25ᵉ. jour.	0,00020	0,00133	0,00075	0,00025	0,00175
30ᵉ. jour.	0,00025	0,00133	0,00100	0,00025	0,00250
40ᵉ. jour.	0,00033	0,00150	0,00117	0,00033	0,00275
50ᵉ. jour.	0,00050	0,00175	0,00125	0,00033	0,00300
Grenouille adulte.	0,00100	0,00400	0,00233	0,00125	0,00700

CHAPITRE III.

Formation de la moelle épinière et de l'encéphale, chez les mammifères. — Rapport de ces organes chez les oiseaux, les reptiles, les mammifères et l'homme.

Je viens d'établir dans les deux chapitres précédens le mode de formation de la moelle épinière et de l'encéphale dans la classe des oiseaux et chez les reptiles; j'en ai suivi avec soin tous les changemens, toutes les métamorphoses, toutes les variations de forme et de position, que j'ai pu y remarquer ; ces faits, intéressans par eux-mêmes, le deviennent surtout par l'application que nous allons en faire au développement des mêmes parties chez les mammifères. Dans cette dernière classe, le système nerveux est porté au maximum de son développement; l'encéphale acquiert, chez les cétacés, le phoque, les singes et l'homme, le plus haut degré de complication possible : il ne parvient à ses formes permanentes, qu'en traversant une multitude de formes primitives et transitoires, qui le rapprochent tour à tour de l'encéphale des poissons, de celui des reptiles et des oiseaux. Si l'embryon parcourt sans accident toutes ses évolutions, les traces de ces analogies s'effacent; mais si une maladie entrave sa marche, et si cette maladie porte son action sur la moelle épinière et l'encéphale, ces organes s'arrêtent dans leurs métamorphoses; des formes qui n'étaient que transitoires, deviennent permanentes, et l'embryon des mammifères se présente avec des caractères qui appartiennent aux poissons, aux reptiles ou aux oiseaux. J'ai déjà démontré ce résultat pour le système osseux, je vais le faire pour le système nerveux, guidé dans cette recherche par les mêmes principes généraux qui m'ont servi à établir les lois de l'ostéogénie.

On a déjà pu voir combien était erroné le principe d'embryogénie, d'après lequel on supposait que les animaux se forment du centre à la circonférence, principe érigé de nos jours en axiome physiologique : il serait difficile d'expliquer comment on avait interprété la nature en sens inverse, si on ne trouvait que les anatomistes ont porté leur attention sur des embryons déjà avancés dans les périodes de la vie utérine.

Comme je l'ai déjà démontré pour le système osseux et le système sanguin, dès l'année 1817, le système nerveux se forme de la circonférence au centre, d'une manière directement opposée à celle qu'on avait imaginée. Les nerfs du tronc, les nerfs latéraux de la tête, puis les nerfs des sens, se développent avant la moelle épinière et l'encéphale. De ce principe général découlent la plupart des lois de la névrogénie.

Sur des embryons de cheval et de veau, de la fin de la deuxième semaine de la vie utérine, on ne trouve qu'un fluide très-clair, qu'une espèce de

gaz, dans le crâne membraneux et le canal pelliculeux de la moelle épinière ; chez deux embryons
humains, du quinzième jour de la conception,
dont les yeux étaient très-distincts, dont l'œsophage,
le canal d'où doit naître le cœur, et la moelle épinière, formaient trois cordons qui supportaient la
tête, je n'ai trouvé dans celle-ci qu'un fluide lim-
pide, et rien dans la gouttière membraneuse de la
moelle épinière. Sur un embryon de la troisième
semaine ; le fluide contenu dans le crâne était très-
distinct, celui de la moelle épinière était moins
abondant et moins épais. Chez deux embryons de
cheval, de la même époque, le fluide cérébral
était plus consistant, celui de la moelle épinière
se concréta par l'action de l'alcohol, sur les parties
latérales de la membrane qui l'enveloppait.

Chez ces derniers, les côtes cartilagineuses, les
nerfs latéraux du tronc étaient déjà formés ; les
nerfs latéraux de la tête, le nerf optique surtout,
étaient très-apparents en arrière du globe de l'œil.

Un fluide grisâtre constitue donc l'état primitif
de la moelle épinière, ainsi que l'ont observé Wriberg, Haller, les frères Wentzel, Tiedemann et M. le
professeur Geoffroy Saint-Hilaire. Ce fluide m'a
paru se former d'abord dans le crâne, et ensuite
dans le canal vertébral. Jusques là je n'avais observé
aucune forme distincte, le fluide constituait une
masse homogène, grise, transparente.

Cet état était à peu près le même dans le courant de la quatrième semaine ; mais chez des em-

bryons de la cinquième, époque à laquelle apparaissent les premiers points osseux, les contours primitifs de l'encéphale et de la moelle épinière prennent des formes circonscrites par l'action de l'alcohol concentré.

Dans un embryon de veau de cet âge, dont les yeux étaient très-saillants, non recouverts par les paupières, et dont les membres commençaient à poindre sur les parties latérales du tronc, je rencontrai deux lames minces dans l'intérieur du canal vertébral; lames adossées aux parois de la membrane demi-cartilagineuse qui formait ce canal. Ces lames étaient séparées en avant et en arrière, elles n'avaient entre elles aucune communication. Chez un œuf humain du commencement du deuxième mois de la conception, je trouvai l'embryon au centre, suspendu au cordon ombilical, dans l'intérieur duquel je rencontrai la vésicule ombilicale. Dégagé de ses enveloppes, j'aperçus trois vésicules à la tête, une antérieure (1), une moyenne (2), une postérieure (3); la moelle épinière était représentée par un cordon blanchâtre qui s'étendait jusqu'au bout du prolongement caudal de l'embryon (4); placé sous une vive lumière, et à l'aide d'une forte loupe, ce cordon me parut double, comme je l'avais re-

(1) Pl. I, fig. 23, n° 8.
(2) Pl. I, fig. 23, n° 7.
(3) Pl. I, fig. 23, n° 6.
(4) Pl. I, fig. 23, n° 1, 3 et 5.

marqué chez le poulet de la vingtième à la trentième heure de sa formation (1). Les vésicules
cérébrales me parurent au contraire simples ; elles
ne présentaient sur la ligne médiane aucune trace
de division ; ce qui était facile à constater, car,
en prenant l'embryon dans la main et pressant
légèrement le crâne membraneux, on faisait bom-
ber les vésicules par la compression du liquide
qu'elles contenaient. Cet état était analogue à celui
du poulet, du dindon et du canard, vers le troisième
jour de leur développement (2). A cette époque les
premiers linéamens du système nerveux se composaient de deux cordons de la moelle épinière (3),
et de trois vésicules cérébrales ; la postérieure correspondait au haut de la moelle allongée (4), la
moyenne aux tubercules quadrijumeaux (5), et
l'antérieure, la plus petite des trois, aux lobes cérébraux (6). Je donne ces déterminations avec assu-
rance, parce qu'elles sont les mêmes que celles que
nous avons suivies avec tant d'exactitude dans la
formation du poulet du troisième jour de l'incubation, et que d'ailleurs nous les verrons se justifier
plus tard sur des embryons plus âgés.

Sur plusieurs embryons de cet âge, qui avaient

(1) Pl. I, fig. 1 ; fig. 2, n° 2 et 3.
(2) Pl. I, fig. 3, n° 7, 8 et 9.
(3) Pl. I, fig. 23, n° 1, 2, 3 et 5.
(4) Pl. I, fig. 23, n° 6.
(5) Pl. I, fig. 23, n° 7.
(6) Pl. I, fig. 23, n° 8.

séjourné dans l'alcohol, les lames qui formaient la moelle épinière et l'encéphale, étaient très-minces ; on les voyait adossées en avant tout le long de la colonne vertébrale jusqu'au coccyx (1). Au crâne elles formaient trois contours dont l'étendue correspondait au volume des vésicules, un postérieur (2), un moyen (3), un antérieur (4). Au crâne, l'adossement antérieur des deux lames était beaucoup plus faible que le long de la moelle épinière. En arrière les lames étaient écartées l'une de l'autre, un peu recourbées de manière à former du haut en bas de la moelle épinière, une longue gouttière (5), plus large dans la partie du crâne, et séparées par des espèces de collets qui correspondaient aux contours (6). Le diamètre de la moelle épinière était uniforme, il n'offrait encore aucune apparence des renflemens. Les nerfs dorsaux étaient bien formés ; ils ne différaient en rien, quant à leur texture, de l'état qu'ils présentent à un âge plus avancé.

Chez un embryon de lapin, du huitième jour de conception, dont la longueur dans sa partie recourbée était de trois millim., la moelle épinière et le cerveau avaient la même apparence et la même

(1) Pl. I, fig. 26, n° 1, 2, 3 et 4.
(2) Pl. I, fig. 26, n° 6.
(3) Pl. I, fig. 26, n° 7.
(4) Pl. I, fig. 26, n° 8.
(5) Pl. I, fig. 26, n° 4, 3, 2 et 1.
(6) Pl. I, fig. 26, n° 8, 7 et 6.

fluidité. Trois vésicules formaient la tête et correspondaient aux mêmes parties. Quatre de ces embryons ouverts, après avoir séjourné plusieurs mois dans l'alcohol, me présentèrent les deux lames de la moelle épinière, écartées en arrière, adossées en avant sur la ligne médiane; une traction légère les séparait, et le microscope ou une loupe très-forte faisait apercevoir des dentelures sur toute la ligne de réunion.

Cet effet était plus apparent encore sur un embryon de cheval de la fin du premier mois; les lames de la moelle épinière étaient plus épaisses et non réunies en arrière (1), non réunies aussi en avant; on voyait seulement sur leurs parties antérieures des filamens qui se portaient d'une lame à l'autre : en laissant flotter l'embryon dans l'eau, et agitant légèrement le liquide, ces lames se séparèrent dans la moitié de l'étendue de la moelle épinière; celle-ci n'était renflée sur aucun de ses points (2). Dans le crâne, les lames étaient moins épaisses que dans le canal vertébral, elles formaient autant de contours qu'il y avait de vésicules (3); elles n'étaient qu'adossées antérieurement, de telle sorte qu'il existait au milieu un raphé très-sensible (4); je suivis avec soin les nerfs dorsaux le

---

(1) Pl. I, fig. 20, n° 1 et 2.
(2) Pl. I, fig. 20, n° 2 et 1.
(3) Pl. I, fig. 20, n° 2, 3 et 4.
(4) Pl. I, fig. 20, n° 3.

long des côtes cartilagineuses; aucun d'eux ne se rendait jusqu'aux cordons de la moelle épinière; aucun nerf ne se rendait à la base des cordons contenus dans le crâne; le nerf optique n'y pénétrait pas encore, quoiqu'il fût très-visible au fond du globe de l'œil.

J'ai observé le double développement de la moelle épinière et de l'encéphale chez des embryons de chien, de loup, de cochon; mais il est surtout apparent chez les embryons monstrueux. Sur deux embryons humains qui pouvaient correspondre au quatrième mois, les doubles cordons, très-forts, séparés l'un de l'autre, étaient roulés sur eux-mêmes en avant et en arrière; la dure-mère s'était reployée dans l'intervalle qui les séparait, et la faux dans le crâne, se portait jusqu'à la partie supérieure du sphénoïde.

Après la cinquième semaine, les vésicules cérébrales acquièrent beaucoup d'étendue; de simples qu'elles étaient, elles deviennent doubles. Sur un embryon humain de la sixième semaine, j'en ai remarqué deux en arrière (1), deux au milieu (2), et deux en avant (3); les moyennes correspondant aux tubercules quadrijumeaux étaient les plus considérables; les antérieures, qui doivent prendre un si grand accroissement, étaient beaucoup plus petites qu'elles. Je n'aperçus aucune trace

(1) Pl. I, fig. 24, n° 3.
(2) Pl. I, fig. 24, n° 4.
(3) Pl. I, fig. 24, n° 5.

de cervelet. Sur un embryon de mouton de la cinquième semaine, il y avait aussi trois rangs de vésicules doublées (1). Les postérieures étaient peu
prononcées (2); elles correspondaient à la moelle
allongée; celles des tubercules quadrijumeaux
étaient très-allongées (3). Les antérieures n'offraient
pas la disproportion (4) qu'on leur remarque chez
les embryons des singes et ceux de l'homme. Sur
un embryon de veau de la même époque de formation, les vésicules postérieures étaient si fortes,
que je les pris pour les premiers rudimens du cervelet (5). Elles rappellent en effet la composition
de cet organe chez les chéloniens; j'aurais adopté
cette détermination, si plus tard je n'avais rencontré, comme chez l'embryon humain et celui
des singes, les premières lames de cet organe se
dégager entre ces vésicules et celles qui correspondent aux tubercules quadrijumeaux (6).

Ce changement de forme des vésicules cérébrales, la plus remarquable des transformations
qu'elles éprouvent à cette époque, provient de
l'étendue que prennent les lames cérébrales; après
s'être relevées latéralement, elles convergent l'une
vers l'autre sur la ligne médiane, où elles seren-

---

(1) Pl. I, fig. 19, n° 3, 4 et 5.
(2) Pl. I, fig. 19, n° 3.
(3) Pl. I, fig. 19, n° 4.
(4) Pl. I, fig. 19, n° 5.
(5) Pl. I, fig. 27, n° 3.
(6) Pl. I, fig. 27, n° 4.

contrent, et où leur point de jonction forme le raphé qui divise les vésicules. Ces vésicules sont remplies d'un fluide grisâtre, légèrement rouge dans la partie adossée à l'intérieur des lames. Ce mécanisme est facile à distinguer chez les embryons de veau, de cochon et de cheval, que l'on a soumis pendant quelque temps à l'action du deuto-chlorure de mercure.

On voit que ce double développement primitif du système nerveux central correspond au double développement du rachis et du crâne, dans leurs états cartilagineux et osseux; c'est en vertu de la même loi que ces trois systèmes se forment. Les lames de la moelle épinière et de l'encéphale se sont réunies en avant, comme les lames cartilagineuses, et plus tard les noyaux osseux qui composent les corps vertébraux et les os de la base du crâne, qui sur leur partie médiane correspondent au noyau central des vertèbres.

Si ce principe de formation, qui sert de base à la loi de symétrie, est exact, on entrevoit de suite que le canal de la moelle épinière sera formé par la jonction postérieure de ses lames, de même que le canal vertébral est formé en arrière par les masses transversales des vertèbres; c'est un résultat du second principe général du développement des embryons, ou de la loi de conjugaison, qui préside à la formation des canaux, des ouvertures et des cavités dont sont creusés les divers organes.

En effet, aussitôt que l'engrenure antérieure

de la moelle épinière est formée, les bords des
lames s'élèvent (1), forment les parois de la gouttière qu'on observe dans son étendue (2); plus
tard elles se dirigent l'une vers l'autre; elles se
rencontrent et se confondent par des dentelures,
qu'on pourrait comparer à celles qui joignent certains os les uns aux autres : de même que les vésicules cérébrales se doublent par un mécanisme semblable (3), elles s'adosseraient et se confondraient
toutes les unes dans les autres, de manière à ne
former qu'une vaste cavité, si la dure-mère ne
venait s'interposer entre les vésicules antérieures.

Ce mode de formation devient apparent pendant
le cours des deuxième et troisième mois de la vie
utérine, chez le veau, l'âne, le cheval, un peu plus
tôt chez le cochon, chez le mouton, chez le singe
ouistiti, et chez l'embryon humain.

Chez tous ces embryons, au deuxième mois, la
partie postérieure de la moelle épinière était ouverte dans la partie supérieure, comme elle reste
chez les crapauds et les grenouilles ; dans sa partie moyenne et inférieure, les lames étaient réunies;
cette réunion s'opérait à l'aide de petits faisceaux
transversaux, qui, d'une lame, se portaient sur l'autre; ces faisceaux étaient de véritables commissures;
dans la partie réunie, il existait un canal, qui

_____

(1) Pl. I, fig. 26, n° 3 et 4.
(2) Pl. I, fig. 20, n° 1 et 2.
(3) Pl. I, fig. 19, n° 4 et 5.

commé la moelle épinière, se terminait par une pointe mousse, à l'extrémité du coccyx, ainsi qu'on le remarque à tous les âges dans la classe des oiseaux. Ces dentelures sont surtout visibles chez le veau et le cheval.

Sur deux embryons humains, de la septième semaine, qui avaient séjourné quelque temps dans le deuto-chlorure de mercure, la moelle épinière et l'encéphale formaient un arc à diverses courbures, qui suivaient les inflexions du tronc (1) et de la tête de l'embryon (2) : la moelle épinière se terminait par une pointe mousse (3) à l'extrémité du coccyx, comme l'ont observé les frères Wentzell et Tiedemann ; le prolongement caudal était encore très-apparent : ce que je trouve aussi sur de très-jeunes embryons de chauves-souris sans queue. La largeur de la moelle épinière était d'un millim. sur un de ces embryons, et d'un millim. un tiers sur l'autre (4) ; les renflemens n'existaient pas, quoiqu'on aperçût déjà les membres sous la forme de mamelons ; les lames postérieures de la moelle épinière étaient réunies depuis le commencement de la région dorsale jusqu'au coccyx ; le canal épinien était très-distinct en bas, et ouvert encore en haut ; en injectant du mercure et en insufflant de l'air, il se

(1) Pl. II, fig. 63, n° 1, 2 et 3.
(2) Pl. II, fig. 63, n° 4 et 5.
(3) Pl. II, fig. 63, n° 1.
(4) Pl. II, fig. 23, n° 1 et 2.

dilatait : le poids du mercure fit disjoindre les bords postérieurs des lames ; le canal s'ouvrit dans sa largeur ; nous distinguâmes les dentelures sur les côtés, et sur la ligne médiane le raphé de réunion.

Les vésicules cérébrales étaient au nombre de quatre, au lieu de trois que nous avions remarquées chez les embryons précédens ; il y en avait une au haut de la moelle épinière peu saillante (1) ; elle correspondait à la moelle alongée ; une seconde, peu bombée, était au-dessus ; c'est, je pense, la vésicule propre au cervelet (2) ; elle se dégageait de dessous la troisième vésicule, qui la précédait et qui était la plus volumineuse de toutes. Cette dernière correspond aux tubercules quadrijumeaux (3) ; la quatrième, antérieure, est toujours celle des lobes cérébraux (4) ; chacune de ces vésicules était double (5), le sillon des deux vésicules antérieures (6) était plus prononcé que celui des postérieures. Celle des tubercules quadrijumeaux était la plus avancée de toutes ; elle formait le bulbe de terminaison de la moelle épinière (7) ; les lames qui la formaient n'étaient pas seulement adossées, elles étaient engre-

---

(1) Pl. II, fig. 63, n° 3.
(2) Pl. II, fig. 63, n° 6.
(3) Pl. II, fig. 63, n° 4.
(4) Pl. II, fig. 63 n° 5.
(5) Pl. II, fig. 63, n° 3 et 6.
(6) Pl. II, fig. 63, n° 4 et 5.
(7) Pl. II, fig. 63, n° 4.

nées l'une dans l'autre, de manière que leur intérieur formait une vaste cavité remplie par un liquide
rougeâtre et gris, comme celui renfermé dans les
autres, ainsi que l'ont observé Wriberg, les frères
Wentzell, Carus et Tiedemann.

Sur un lapin du douzième jour, la moelle épinière
était légèrement renflée aux points qui correspondent aux membres (1); elle était encore ouverte en
haut, les lames n'étaient pas réunies (2), la vésicule des lobes était très-allongée (3), concave en
dessous, convexe en haut; elle se terminait en
pointe en avant. La vésicule des tubercules quadrijumeaux était très-étendue (4); vue de côté, elle
semblait superposée sur une autre vésicule (5), qui
était celle qui appartient au cervelet, et qu'on ne distingue bien qu'en considérant l'encéphale sur sa face
latérale. Chez plusieurs embryons de didelphes,
cette vésicule du cervelet paraît plus dégagée en arrière (6), parce que les tubercules quadrijumeaux
sont plus déjetés en avant (7), et les lobes semblent au
contraire rentrer en arrière sous la partie antérieure
de ces tubercules (8); ils forment en bas une saillie

---

(1) Pl. II, fig. 60, nᵒˢ 2 et 3.
(2) Pl. II, fig. 60, nᵒ 6.
(3) Pl. II, fig. 60, nᵒ 5.
(4) Pl. II, fig. 60, nᵒ 7.
(5) Pl. II, fig. 60, nᵒ 4.
(6) Pl. I, fig. 21, nᵒ 5.
(7) Pl. I, fig. 21, nᵒ 8.
(8) Pl. I, fig. 21, nᵒ 7.

que je n'ai pas observée chez les autres embryons (1).

J'invite les anatomistes qui voudront suivre ce développement, à se procurer des embryons de cheval et de veau, entre la sixième et la septième semaine de la vie utérine; ils le verront avec beaucoup plus de facilité que chez l'homme, et surtout que chez le lapin, où il faut recourir au microscope. La moelle épinière est, à cette époque, d'un volume énorme, comparativement à la petitesse du cerveau; en effet, le canal épinien est très-large, les tubercules quadrijumeaux sont considérables; il y a un rapport direct entre le développement de ceux-ci et celui de la moelle épinière. Ces rapports existent aussi chez l'embryon humain, chez celui du singe *maimon* et du *ouistiti*; mais il est beaucoup moins prononcé. Je remarque, à cette occasion, que le volume de la moelle épinière est en rapport avec le volume considérable des artères intervertébrales; celles-ci ont un calibre égal aux artères de la tête, qui, plus tard, prennent un si grand accroissement. Sur plusieurs embryons de ces âges, que je suis parvenu à injecter avec le mercure, il est curieux de comparer le calibre des artères qui se distribuent aux tubercules quadrijumeaux, avec celui des artères qui se rendent aux lobes antérieurs: le volume des premières est presque le double de celui des secondes; les artères des tubercules quadrijumeaux sont développées dans la même raison que celles de

_____

(1) Pl. I, fig. 21, n° 6.

la moelle épinière : chez les embryons plus jeunes, le système artériel est également très-important à constater : j'ai observé que la réunion antérieure et postérieure des lames qui composent la moelle épinière, est précédée par une membrane vasculaire, qui de droite passe à gauche, *et vice versâ*; de manière que c'est sur le réseau artériel, et sans doute par son intermédiaire, que la réunion s'opère, et que le canal épinien se développe. C'est aussi par le même mécanisme que j'ai vu s'effectuer la réunion des tubercules quadrijumeaux.

Il résulte de ces faits, que c'est par une véritable conjugaison des lames postérieures de la moelle épinière, que le canal épinien et le ventricule qui existe alors dans les tubercules quadrijumeaux, sont formés; on peut regarder comme analogues aux commissures des grands ventricules, les faisceaux transverses qui d'une lame se portent à l'autre. Chez les embryons *normaux*, l'espace est si court entre les deux lames, que ces faisceaux peuvent paraître superflus; mais chez les embryons monstrueux, que je désigne sous le nom de *hyper-spinaux*, et que l'on connaît sous celui d'*hydrorachis*, les lames postérieures sont très-écartées; sur le liquide qui remplit le canal épinien, on voit flotter, de distance en distance, les faisceaux transverses qui nous occupent, et qui sont alors semblables à ceux qui réunissent et qui servent de commissure aux tubercules quadrijumeaux des oiseaux adultes. Entre ces faisceaux, on distingue les capillaires, qui leur sont adossés, et qui les accompagnent.

En suivant avec soin les artères sur la moelle épinière, je cherchai à m'assurer si les nerfs y existaient aussi : c'est en vain que je les avais cherchés sur des embryons de la quatrième et de la cinquième semaine ; je ne les y avais vus ni à l'œil nu ni à l'aide de la loupe ou du microscope ; sur des embryons de veau et de cheval de la sixième semaine, j'aperçus cinq ou six nerfs dorsaux qui venaient s'implanter, par leurs deux ordres de branches, sur les parties latérales de la partie correspondante de la moelle épinière ; je trouvai aussi quelques nerfs lombaires, mais je ne pus rencontrer les nerfs cervicaux, quoique je les suivisse des parties latérales du col jusqu'aux espaces intervertébraux, où je rencontrai le petit ganglion qu'ils forment. J'ai fait la même observation chez l'embryon humain, entre la sixième et la septième semaine : quelques nerfs dorsaux étaient implantés seulement sur la partie moyenne de la moelle épinière ; il n'y en avait pas encore dans la région cervicale ; le nerf optique, celui de la troisième et de la cinquième paire, étaient également absens de la base des vésicules dont se compose à cette époque l'encéphale. Il est inutile de nous appesantir sur l'importance de ces faits relativement à la névrogénie ; mais il est très-nécessaire d'insister sur leur généralité. Chez tous les embryons sans exception, plus tôt ou plus tard, selon la classe, la famille ou l'espèce à laquelle ils appartiennent, les nerfs sont formés avant de se mettre en communication avec l'encéphale et la moelle épinière. Chez les larves des insectes, les branches latérales précèdent dans leur formation les ganglions centraux, ce qui prouve que, de même que les systèmes cartilagineux et osseux, le système nerveux se développe de la circonférence au centre, en sens inverse du mode de formation que les hypothèses avaient fait admettre.

Si on a suivi avec attention les détails que nous avons présentés dans les deux chapitres précédens, on a dû remarquer que les renflemens de la moelle épinière coïncident avec l'apparition et l'accroissement des membres sur les parties latérales du tronc; on a dû voir la métamorphose remarquable qui s'opère dans la queue du têtard, lorsque la moelle épinière, prolongée d'abord jusqu'à la terminaison du coccyx, s'élève tout à coup dans le canal vertébral; il semble, d'après cette transformation, que les reptiles n'acquièrent leurs membres qu'aux dépens de leur longue queue : nous avons particulièrement insisté sur la formation tardive du cervelet, mise en opposition avec le développement précoce des tubercules quadrijumeaux, parce que ce résultat était, j'ose le dire, inattendu dans l'état présent de nos connaissances. En constatant chez les mammifères ces diverses métamorphoses, nous ferons remarquer qu'elles deviennent l'état permanent de certains embryons monstrueux.

Jusqu'au deuxième mois de l'embryon du veau

7*

et du cheval, vers le milieu du second mois de celui du cochon et du mouton, les membres n'ont pas encore paru sur les parties latérales du tronc; la moelle épinière est d'un calibre uniforme dans ses diverses régions; pendant le troisième mois, et un peu plus tôt chez le mouton et le cochon, les membres paraissent, et acquièrent, ainsi que dans les deux mois suivans, un développement assez rapide; en même temps, et toujours dans un rapport direct, les renflemens supérieurs et postérieurs de la moelle épinière paraissent et accroissent dans la même proportion; en même temps aussi le petit bulbe de terminaison remonte le long du canal coccygien et sacré, l'étendue de la queue de l'embryon diminue, et cette diminution est proportionnée, chez les diverses espèces, au degré d'ascension de la moelle épinière dans le canal vertébral. Je compare à ce sujet plusieurs embryons de chauve-souris sans queue : les plus jeunes ont un prolongement caudal assez long, la moelle épinière descend jusqu'à la terminaison du coccyx, comme chez les oiseaux, avec cette différence qu'elle n'y est pas fixée comme chez ceux-ci; chez les embryons des deux tiers de la gestation, la queue est diminuée de moitié, la moelle épinière s'arrête au niveau du milieu du canal sacré; chez les embryons à terme, elle se termine vis-à-vis du corps de la troisième vertèbre lombaire, et la queue a totalement disparu. J'ai injecté au mercure ces embryons; je dirai plus bas avec quelle disposition du système arté-

riel coïncide cette ascension de la moelle épinière
dans son canal, et cette disparition de la queue
des premiers embryons ; métamorphose analogue,
par ses effets et sa cause, à celle qu'éprouve le tétard des batraciens.

L'embryon humain éprouve dans sa marche
un semblable rapport. Au commencement du
deuxième mois, on n'aperçoit ni les membres, ni
les renflemens de la moelle épinière ; dans le cours
du troisième mois, les membres paraissent, et avec
eux les renflemens ; ils ont à cette époque deux
millim. de diamètre ; le supérieur est un peu moins
volumineux que l'inférieur ; pendant les quatrième,
cinquième, septième, huitième et neuvième mois,
les membres se développent d'une manière qui
n'est pas toujours proportionnelle d'un mois à l'autre ; les dimensions des renflemens sont toujours
en rapport avec celui des extrémités auxquelles ils
correspondent ; ce rapport se conserve après la
naissance ; les renflemens, comme les membres,
augmentent jusqu'à l'âge de trente ans ; ils diminuent ensuite dans la vieillesse, et leur atrophie
accompagne constamment celle qu'éprouvent les
extrémités supérieures et inférieures (1). Wriberg,
les frères Wentzell, ont indiqué en partie ce rapport
chez l'embryon humain ; Tiedemann vient de le

---

(1) *Voyez* à ce sujet le tableau des dimensions de la
moelle épinière, depuis le deuxième mois de la vie utérine
jusqu'à la centième année.

suivre avec une exactitude qui ne laisse rien à désirer, quant aux dimensions de la moelle épinière que cet anatomiste a considérée trop isolément.

TABLEAU COMPARATIF

Des dimensions de la Moelle épinière dans les différens âges de l'Homme et de l'Embryon humain.

AGE.	RENFLEMENT iuférieur.	PARTIE moyenne.	RENFLEMENT supérieur.	MOELLE allongée.
gestation.	mètre.	mètre.	mètre.	mètre.
1 mois.	» »	» »	» »	» »
2 mois.	0,00075	0,00075	0,00075	0,00200
3 mois.	0,00133	0,00100	0,00133	0,00300
4 mois.	0,00233	0,00150	0,00200	0,00500
5 mois.	0,00325	0,00200	0,00300	0,00575
6 mois.	0,00375	0,00225	0,00350	0,00700
7 mois.	0,00500	0,00275	0,00475	0,01050
8 mois.	0,00575	0,00433	0,00525	0,01200
9 mois.	0,00675	0,00525	0,00600	0,01300
Après la naissance.				
1 an.	0,00725	0,00600	0,00800	0,01800
2 ans.	0,00900	0,00625	0,01000	0,02000
7 ans.	0,01300	0,00900	0,01300	0,02500
15 ans.	0,01600	0,00950	0,01500	0,02700
30 ans.	0,01900	0,01000	0,01800	0,03000
70 ans.	0,01100	0,00900	0,01400	0,02600
100 ans.	0,01000	0,00800	0,01200	0,02300

Pendant le deuxième mois, la moelle épinière se prolonge jusqu'à l'extrémité du coccyx, auquel on peut encore, à cette époque, distinguer sept noyaux cartilagineux ; le prolongement caudal, signalé par tous les anatomistes, est encore dans toute sa force ; aux troisième et quatrième mois, il diminue, la moelle épinière remonte successivement jusqu'au milieu du coccyx, et à la fin du sacrum; au quatrième mois elle est arrêtée au haut du canal sacré; au cinquième, elle correspond au niveau de la cinquième vertèbre lombaire, l'embryon a perdu sa queue en totalité ; aux sixième, septième et huitième mois, elle correspond successivement au corps de la cinquième vertèbre lombaire, puis à celui de la quatrième, et enfin à celui de la troisième, où elle s'arrête au terme de la naissance.

Cette ascension du bulbe de terminaison de la moelle épinière dans le canal vertébral, détermine des changemens remarquables dans les faisceaux nerveux connus sous le nom de *queue de cheval.* Les nerfs qui les forment ne sont pas visibles avant la fin du deuxième mois; au troisième, ils s'implantent sur les parties latérales du renflement inférieur, et comme alors la moelle épinière se prolonge jusqu'au bas du sacrum, ils ne forment pas par leur réunion un faisceau qu'on puisse comparer à une queue de cheval. Cet état persiste pendant toute la durée des troisième, quatrième, cinquième, et souvent jusqu'au milieu du sixième mois de la vie utérine; à cette époque, la moelle épinière étant remontée au haut du canal sacré, plusieurs faisceaux la dépassent inférieurement. La queue de cheval commence à être distincte; elle devient plus apparente les septième, huitième, et enfin, pendant le cours du neuvième, elle prend la disposition que lui connaissent tous

les anatomistes. Parmi les mammifères, les chauve-
souris sans queue ont aussi une queue de cheval,
produite par l'ascension de la moelle épinière, et
soumise aux mêmes variations que celle de l'embryon humain. Chez les reptiles, les grenouilles
et les crapauds ont une semblable queue, qui
ne devient distincte qu'à l'époque de la métamorphose, par la même raison que chez l'homme et
chez les chauve-souris. Lorsque l'embryon humain
conserve sa queue jusqu'à la naissance, il est privé
de queue de cheval, parce que la moelle épinière
se fixe au bas ou au milieu du canal sacré.

Avoir expliqué comment la queue de cheval se
manifeste chez les embryons de l'homme, des
chauve-souris sans queue, et chez les batraciens,
c'est avoir donné la raison de son absence dans tout
le reste des animaux vertébrés, chez lesquels la
moelle épinière se prolonge plus ou moins bas dans
le canal coccygien; c'est avoir établi aussi que sous
ce rapport, l'embryon de l'homme éprouve une véritable métamorphose analogue à celle des chauve-
souris sans queue et des têtards des batraciens.

Pendant que chez les mammifères la moelle épinière éprouve ces transformations extérieures, un
changement non moins remarquable s'opère dans
son intérieur. Nous avons exposé comment, d'a-
près le principe général de conjugaison, le canal
épinien se formait par l'engrenure antérieure et
postérieure des lames de la moelle épinière. Chez
les embryons du cheval, du chien, du chat, du

mouton, du veau, du cochon, des singes, du lapin, du lièvre et des didelphes, ce canal est d'abord rempli par un liquide semblable à celui que contiennent les vésicules cérébrales ; les lames de la moelle épinière, formées par la matière blanche, sont très-minces ; leur épaisseur augmente ensuite progressivement par la conversion du liquide en matière grise, et par son application successive aux parois internes des lames ; cet épaississement des lames, déjà appréciable au deuxième mois, le devient surtout, chez le veau et le cheval, au troisième, en ce qui concerne principalement les deux renflemens. Au quatrième, au cinquième et au sixième, leur épaisseur devient considérable ; l'effet immédiat de cet épaississement des lames de la moelle épinière, est nécessairement l'oblitération du canal épinien. A mesure, en effet, que le liquide se transforme en matière grise, le canal se rétrécit ; il est encore visible à la naissance chez ces deux animaux. Chez le chien, le chat, son oblitération est plus prompte ; chez le lapin, elle est plus tardive, et chez le lièvre, le canal est encore très-distinct sur les embryons à terme. Quoique très-voisin du lapin, le lièvre en diffère beaucoup sous ce rapport ; il en diffère beaucoup aussi en ce qui concerne le développement osseux de la colonne vertébrale. Plusieurs embryons des singes, *ouistiti*, *maimon*, *macaque*, m'ont offert le canal épinien à des degrés de largeur différens, selon l'âge plus ou moins avancé auquel ils étaient parvenus.

Chez l'embryon humain des troisième, quatrième mois, le canal épinien est encore très-large;
il est comme étranglé dans la région dorsale; il
s'élargit beaucoup dans les points qui correspondent aux deux renflemens; un liquide grisâtre le
remplit comme celui des autres mammifères. Au
cinquième mois, il se rétrécit beaucoup; il s'oblitère au sixième : souvent même on ne le trouve
plus à cet âge chez les embryons bien constitués.
Le mécanisme de cette oblitération provient de la
conversion graduelle du liquide qui remplit le
canal, en matière grise, qui s'applique contre les
parois internes des lames de la moelle épinière.
Carus a parlé de la formation de ce canal et de
son oblitération. Tiedemann l'a suivie avec une
précision remarquable chez l'embryon de l'homme;
mais, d'après cet anatomiste, le liquide primitif
seroit étranger à ce mécanisme. Mes recherches
ayant été faites plusieurs années avant que M. le
baron Cuvier m'eût communiqué son ouvrage
(mars 1821), je ne puis énoncer pour le moment
que notre dissidence d'opinion. Selon ma manière
d'expliquer le fait, je regardais la conversion du
liquide en matière grise, comme analogue à la transformation cartilagineuse dans le système osseux.

J'ai appuyé ces propositions, dans mon grand
ouvrage, par l'examen anatomique de plusieurs
embryons monstrueux, qui présentaient ces dispositions et ces rapports. Je vais en donner un
aperçu : sur deux embryons humains sans extré-

mités inférieures, la moelle épinière n'était pas renflée dans la partie inférieure ; la région cervicale
et le renflement supérieur étaient plus volumineux
que dans l'état naturel ; le col et les bras étaient
énormes ; chez tous les deux, venus à terme, et
dont l'un vécut quelques jours, le prolongement
caudal persistait, la queue avait environ deux
pouces; la moelle épinière se prolongeait jusqu'au
commencement du coccyx, elle cessait dans la
gouttière qui termine en arrière le canal sacré. Sur
deux chats, sur un chien privé des pattes de derrière, le renflement inférieur de la moelle épinière
manquait; mais la moelle épinière était plus forte
dans toute la région lombaire et sacrée qu'elle ne
l'est ordinairement; la queue elle-même était plus
longue et beaucoup plus volumineuse qu'on ne la
rencontre dans l'état normal. Chez un embryon
humain privé des membres supérieurs, la moelle
épinière n'était pas renflée dans la région cervicale ;
un veau affecté de la même monstruosité, nous pré-
senta la même disposition ; je l'ai observée aussi
chez un lézard vert : chez les embryons affectés d'hydrorachis, le canal épinien persiste jusqu'à la naissance ; il est dilaté par la présence du liquide,
comme les ventricules cérébraux le sont dans l'hydrocéphale chronique. Lorsque l'hydrorachis se
manifeste vers le deuxième ou le troisième mois de
la vie utérine, la présence du liquide écarte l'une
de l'autre les lames postérieures de la moelle épinière; leur réunion ne s'opère pas, le canal n'est

pas formé; on trouve à sa place une longue gouttière analogue à celle qu'on rencontre vers le commencement du deuxième mois. Quelquefois les lames postérieures de la moelle épinière ne restent écartées que sur un seul point, et alors il se forme en cet endroit un hiatus analogue à celui qui existe dans le renflement inférieur des oiseaux.

Chez certains embryons dont la région cervicale est surmontée de deux têtes adossées l'une à l'autre, la partie de la moelle épinière qui correspond au col, est plus volumineuse; le canal est large et ouvert en cet endroit; chez les embryons bicéphales avec deux cols et un seul tronc, on trouve, à l'endroit de la jonction des deux moelles épinières, un canal qui s'étend jusqu'à sa terminaison.

L'intérêt que présentent ces faits, est encore accru par la disposition du système artériel des fœtus normaux ou anomaux. Si vous considérez l'aorte de tous les embryons à l'époque où leurs membres ne sont pas apparens, vous les trouverez sans artères axillaires et sans artères crurales; les embryons privés des membres inférieurs ou postérieurs le sont aussi de l'artère qui s'y distribue; il en est de même des membres supérieurs. Lorsque les renflemens viennent à paraître, les artères transverses, qui leur correspondent, prennent tout à coup un développement analogue; après s'être ramifiées sur les parties latérales de la moelle épinière, unies aux deux spinales, les rameaux s'insinuent d'abord dans la gouttière de la moelle épinière, par la

fente longitudinale qui existe à sa partie postérieure; plus tard, lorsque les faisceaux transverses ont joint les lames en arrière, elles passent
entre leur écartement pour aller verser dans le
canal le fluide d'où naît la matière grise.

La terminaison de l'aorte est surtout curieuse à
suivre dans ces diverses métamorphoses; d'abord
elle se prolonge en diminuant insensiblement de
volume, jusqu'au devant de la pointe du coccyx,
les iliaques sont capillaires en comparaison du tronc
de l'artère sacrée, qui est alors la véritable continuation de l'aorte; plus tard, lorsque les membres paraissent, les iliaques prennent un accroissement qui bientôt égale, et ensuite dépasse le
volume de l'artère sacrée; enfin toute proportion cesse entre ces artères, et les iliaques deviennent à leur tour la continuation de l'aorte.
L'artère sacrée conserve chez les mammifères un
calibre d'autant plus grand que la queue est et
doit rester plus volumineuse. L'embryon humain
offre à cet égard un spectacle digne de toute l'attention des anatomistes. A la fin du premier mois,
et au commencement du deuxième, l'aorte se prolonge en diminuant insensiblement jusqu'au devant
du coccyx. On ne voit à droite et à gauche qu'une
double série de petits rameaux analogues aux
branches intercostales: l'artère sacrée a un volume
quatre fois plus grand que les branches latérales
d'où doivent provenir les iliaques. Dans le cours
du deuxième mois, les iliaques se distinguent des

autres branches transversales; au troisième, elles égalent l'artère sacrée; au quatrième, elles la dépassent; aux cinquième, sixième et septième, toute proportion entre elles disparaît. A la naissance et chez l'enfant, l'artère sacrée est si grêle en comparaison du diamètre des iliaques, qu'il n'est encore venu à l'esprit d'aucun anatomiste de penser que l'artère sacrée était la continuation première de l'aorte. On voit, d'après cela, que les métamorphoses qu'éprouve la terminaison de la moelle épinière chez l'embryon humain, et la disparition de la queue, sont sous l'influence des changemens qui s'opèrent dans l'artère sacrée et ses ramifications. C'est par un effet analogue que les chauve-souris sans queue et les têtards, dans leur métamorphose, perdent la longue queue dont ils étaient pourvus auparavant. Ce rapport général entre le système nerveux et le système sanguin expliquera peut-être la formation tardive du cervelet. Nous avons vu que chez les oiseaux (1) et chez les reptiles (2), cet organe est le dernier à se développer; il est également le dernier à paraître chez les embryons des mammifères.

Chez l'embryon du mouton, on ne le distingue que pendant le cours de la huitième semaine (3); il est si peu étendu à cette époque, que, pour l'a-

---

(1) Pl. I, fig. 5, n° 5.
(2) Pl. I, fig. 12, n° 2.
(3) Pl. II, fig. 47, n° 8 bis.

percevoir, il faut considérer l'encéphale par sa face latérale ; on le voit alors enchâssé au-dessus du bulbe considérable des tubercules quadrijumeaux (1); son diamètre transversal ne dépasse pas un millim. Sur l'embryon du ouistiti, qui correspond à cette époque, les premiers rudimens du cervelet (2) se montrent entre le bulbe de la moelle allongée (3), qui lui est postérieur, et celui des tubercules quadrijumeaux situés en avant (4). Ce premier état du cervelet consiste, chez ce singe, en deux petits tubercules, l'un droit, l'autre gauche (5), séparés encore l'un de l'autre sur la ligne médiane par la pointe des tubercules quadrijumeaux (6), qui vient s'interposer entre eux. Leur saillie est si peu prononcée en dehors, qu'ils semblent logés dans un enfoncement produit par la moelle allongée (7) et par la saillie des tubercules (8). Chez l'embryon humain du troisième mois, la disposition est un peu différente. Le cervelet (9) se dégage de la partie postérieure des tubercules quadriju-

(1) Pl. II, fig. 47, n° 7.
(2) Pl. II, fig. 48, n° 7.
(3) Pl. II, fig. 48, n° 6.
(4) Pl. II, fig. 48, n° 8.
(5) Pl. II, fig. 48, n° 7.
(6) Pl. II, fig. 48, n° 8.
(7) Pl. II, fig. 48, n° 6.
(8) Pl. II, fig. 48, n° 8.
(9) Pl. I, fig. 25, n° 6.

meaux (1), dont l'extrémité postérieure est également interposée entre les deux petits tubercules qui se forment à cet âge ; une petite scissure transversale le distingue, en arrière, de la partie qui correspond à la moelle allongée (2). Quelquefois on le rencontre vers le commencement de la neuvième semaine (3) ; il se rapproche plus alors de la disposition qu'il présente chez le singe ouistiti ; comme chez ce dernier il est logé dans une excavation formée par la saillie transversale des tubercules quadrijumeaux (4) et par celle de la moelle allongée en arrière (5). Il est formé par deux lames, dirigées transversalement sur le plancher du quatrième ventricule (6), séparées l'une de l'autre sur la ligne médiane. Chez un embryon monstrueux du quatrième mois, dont le cervelet s'était arrêté à cette époque de sa formation, les deux lames étaient réunies et avaient formé une vésicule unique qui donnait au cervelet une forme analogue à celle qui existe chez les tortues aquatiques. C'est peut-être une disposition semblable qui a fait croire à certains anatomistes que l'état primitif de cet organe, chez l'homme, était vésiculeux. Chez l'em-

(1) Pl. I, fig. 25, n° 8.
(2) Pl. I, fig. 25, n° 7.
(3) Pl. I, fig. 31, n° 3.
(4) Pl. I, fig. 31, n° 4.
(5) Pl. I, fig. 31, n° 2.
(6) Pl. I, fig. 31, n° 3.

bryon du lapin, cette apparition est encore plus tardive ; car on ne le distingue pas avant le onzième ou le douzième jour de la formation de l'encéphale. Tout cet organe offre, à cette époque, une forme assez analogue à celle du singe et de l'homme. Les tubercules quadrijumeaux très-développés (1), et la moelle allongée très-saillante (2), produisent entre eux une dépression, dans laquelle on rencontre les deux feuillets pelliculeux du cervelet (3) ; ces feuillets, moins épais que chez le ouistiti (4) et que chez l'homme (5), sont placés transversalement sur le quatrième ventricule (6), ne se touchent pas sur la ligne médiane. Si on place l'embryon dans l'eau, on les voit se déjeter à droite et à gauche sans qu'il se soit opéré aucune rupture : effet qu'on produit de la même manière chez l'homme, le singe, le veau, le cheval, le chien, le chat, le mouton et le didelphe, aux époques de formation correspondantes. Sur l'un des fœtus sans membres postérieurs, cités précédemment, le cervelet n'était pas réuni, quoiqu'au sixième mois de sa formation.

Chez l'embryon des didelphes on ne voit égale-

---

(1) Pl. I, fig. 28, n° 5.
(2) Pl. I, fig. 28, n° 3.
(3) Pl. I, fig. 28, n° 4.
(4) Pl. II, fig. 48, n° 7.
(5) Pl. I, fig. 25, n° 6.
(6) Pl. I, fig. 28, n° 4.

ment apparaître le cervelet (1), que lorsque les tubercules quadrijumeaux ont déjà acquis un assez grand développement (2).

La génération des didelphes est encore couverte d'un voile épais, que n'ont pu soulever les recherches des plus profonds anatomistes ; on ignore même comment ils parviennent dans la bourse où ils se développent : ainsi que l'a établi l'illustre auteur de la Philosophie anatomique, M. le professeur Geoffroy-Saint-Hilaire, on pourrait peut-être déterminer l'âge des embryons de ces animaux par la considération de leur encéphale.

Cette apparition tardive du cervelet est un phénomène trop remarquable dans l'encéphalogénésie, pour que les anatomistes ne s'empressent pas d'en rechercher la cause. J'ai beaucoup étudié, dans cette vue, les embryons des mammifères, et je crois pouvoir assurer qu'on la trouvera dans la formation du système sanguin, qui précède le développement des organes, et préside à leur formation. Si on remarque, en effet, que chez les embryons du veau, du cheval, du mouton, du singe ouistiti, du cochon et de l'homme, la formation de l'artère axillaire est très-postérieure à celle de la courbure aortique de l'aorte ascendante et descendante, on ne pourra guère se refuser à trouver, dans la formation tardive de l'artère vertébrale, le développement plus tardif

_____

(1) Pl. I, fig. 30, n° 3.
(2) Pl. I, fig. 30, n° 4.

encore de l'organe qu'elle va former. Il est curieux, en effet, de suivre, chez les embryons, le degré de développement de l'artère vertébrale, comparé au développement progressif du cervelet; il y a un rapport si constant entre le volume progressif de l'artère et l'accroissement du cervelet, que tout annonce que le premier de ces faits est la cause du second.

Au premier mois, chez le cheval et le veau, l'artère vertébrale n'existe pas encore; il n'y a aucune trace de cervelet : la même disposition persiste dans les premières semaines du deuxième mois; vers la fin, l'artère axillaire et la vertébrale se développent; avec cette artère, on voit apparaître le cervelet en arrière des tubercules quadrijumeaux (1); au troisième, l'artère vertébrale acquiert un diamètre plus considérable, le cervelet prend un accroissement proportionnel; on le voit déborder, chez le veau, la partie postérieure des tubercules; les lames qui le composent, dirigées transversalement l'une vers l'autre, se touchent sans se confondre encore; au quatrième mois, cette réunion a lieu; elle s'opère par une engrenure réciproque des lames cérébelleuses, de la même manière que les lames de la moelle épinière, et celles formant les tubercules quadrijumeaux se sont engrenées pour se réunir; c'est aussi au quatrième mois que l'artère vertébrale prend un diamètre

(1) Pl. II, fig. 47, n° 8 bis.

proportionnel à celui qu'elle doit conserver par la
suite ; les cinquième et sixième, l'artère et le cervelet acquièrent le diamètre et l'étendue qu'on leur
connaît à la naissance. Chez l'embryon humain,
l'artère vertébrale et le cervelet suivent le même
rapport de développement : avec l'artère axillaire
paraissent le membre supérieur, et le cervelet par
l'intermédiaire de l'artère vertébrale. Ces appari-
tions ont toutes lieu vers la fin du deuxième
mois (1) ; au troisième, les lames du cervelet
se dégagent de dessous les tubercules quadrijumeaux, et se dirigent transversalement sur le plancher du quatrième ventricule (2) ; elles sont encore
séparées par un intervalle sur la ligne médiane (5) ;
de telle sorte que si on met la préparation dans
l'eau, les lames se déjettent à droite et gauche (4) :
il y a alors un cervelet de chaque côté. Au commencement du quatrième mois, les lames du cervelet se sont réunies sur la ligne médiane (5) par
une espèce d'engrenure moins sensible que chez
le cheval et le veau : cet organe est alors impair ;
il offre au centre une dépression sur laquelle repose la pointe des tubercules quadrijumeaux (6).

---

(1) Pl. I, fig. 25, n° 6.
(2) Pl. II, fig. 65, n° 4.
(3) Pl. II, fig. 65, n° 2 et 4.
(4) Pl. II, fig. 65, n° 3.
(5) Pl. II, fig. 70, n° 2.
(6) Pl. II, fig. 70, n° 2 et 3.

De la réunion des deux lames résultent les premiers rudimens du *processus vermiculaire supérieur* (1), qui, à cette époque, forme un enfoncement, au lieu de la saillie qu'il fera plus tard sur la face supérieure de l'organe. Pendant tout le cours de ce mois, le cervelet est lisse à sa surface (2); il ne présente ni sillons, ni proéminences (3); la dépression médiane qui occupe la place du processus vermiculaire, devient moins profonde (4) vers le commencement du cinquième mois; jusque-là, la surface lisse du cervelet rappelle l'état normal de cet organe chez certains reptiles, notamment celui des batraciens, et chez beaucoup de poissons.

Au cinquième mois, les sillons et les proéminences du cervelet apparaissent (5); quelquefois il ne paraît qu'un sillon, d'autres fois deux, plus rarement trois; en même temps la partie moyenne se bombe et forme la première apparence du lobe médian ou du *processus vermiculaire supérieur* (6); les hémisphères latéraux ne sont pas encore visibles. Au sixième mois, le processus devient plus saillant (7); au septième, il acquiert un dévelop-

---

(1) Pl. II, fig. 70, n° 2.
(2) *Ibid.*
(3) Pl. II, fig. 72, n° 4 et 5.
(4) Pl. II, fig. 72, n° 5.
(5) Pl. II, fig. 68, n° 2.
(6) Pl. II, fig. 62, n° 5.
(7) Pl. II, fig. 59, n° 1.

pement si rapide, qu'il dépasse les proportions qu'il avait conservées jusqu'alors (1) ; au huitième, il gagne peu ; mais le neuvième mois, comme le septième, est très-favorable à son développement.

Les hémisphères accroissent aussi, mais ne suivent pas la même progression que le *processus* supérieur ; ils sont affaissés jusqu'au quatrième mois (2) ; au cinquième, ils se manifestent avec les sillons transversaux (3) ; au sixième, ils se bombent dans la partie moyenne, ce qui forme entre eux et le processus une dépression très-apparente (4) ; au septième mois, ils ne partagent pas le développement du processus (5) ; au huitième mois, surtout au neuvième, le processus et les hémisphères arrêtent les formes normales qu'ils doivent conserver. Un des effets de la présence des scissures transversales est de diviser le cervelet en lobes particuliers ; au cinquième mois, s'il n'y a qu'un sillon, il y a deux lobes ; s'il y en a deux, il y a trois lobes ; s'il y en a trois, on aperçoit quatre lobes distincts ; au sixième mois, on trouve toujours quatre lobes sur la face supérieure du cervelet, parce que toujours cette face présente

---

(1) Pl. II, fig. 71, n° 1.
(2) Pl. II, fig. 72, n° 4.
(3) Pl. II, fig. 68, n° 5.
(4) Pl. II, fig. 69, n° 1, 2 et 4.
(5) Pl. II, fig. 71, n° 2.

trois scissures ; le plus souvent il existe quatre
scissures, et alors il y a cinq lobes, ainsi que les
frères Wentzel, Meckel, Carus et Tiedemann l'ont
observé chez l'embryon, et Malacarne chez l'a-
dulte ; aux septième, huitième et neuvième mois,
ces scissures deviennent plus profondes, et ces lobes
plus distincts entre eux et avec le processus vermiculaire supérieur.

Avec ces variations de forme coïncide le développement des faisceaux médullaires de l'intérieur
de l'organe ; le noyau central du cervelet et le
processus cerebelli ad testes suivent et précèdent
l'accroissement des diverses parties du cervelet ;
le processus est en rapport avec les dimensions du
lobe médian, et le noyau central de Reil avec les
hémisphères ; le même antagonisme qu'on remarque entre les hémisphères et le lobe médian,
s'observe aussi entre les cuisses du cervelet et le
noyau central de substance médullaire. Les
rayonnemens de ce noyau sont en rapport avec
les divisions des hémisphères ; au quatrième mois,
le noyau, peu sensible, ne présente pas de rayonnement apparent ; au cinquième mois, il se manifeste un ou deux rayonnemens (1), et alors il y
a deux ou trois lobes ; au sixième mois, un troisième rayonnement coïncide avec le quatrième
lobe ; lorsqu'il y a quatre rayonnemens, il y a
aussi cinq lobes, sur la surface extérieure du

_____

(1) Pl. II, fig. 75, n° 5.

cervelet. Il résulte de ces rapports que le développement des scissures et des lobes, est sous la dépendance immédiate de l'accroissement du noyau médullaire central.

La plus remarquable des transformations du cervelet est celle qui est produite par l'antagonisme du lobe médian (processus vermiculaire supérieur) et des hémisphères : pendant la durée du quatrième et du cinquième mois, les hémisphères du cervelet (1) ne dépassent pas en arrière le processus (2) ; la partie postérieure de cet organe est sur une ligne presque droite (3); au cinquième mois, les hémisphères débordent légèrement le processus en arrière (4) ; aux sixième (5) et septième mois (6), la saillie postérieure des hémisphères se prononce de plus en plus; aux huitième et neuvième mois, ils proéminent considérablement en arrière, de telle sorte que la partie postérieure du lobe médian se trouve débordée en ce sens (7), et souvent logée dans l'angle rentrant formé par le développement postérieur des deux hémisphères (8). Plus ces hémi-

---

(1) Pl. II, fig. 70, n° 2.

(2) Pl. II, fig. 71, n° 4.

(3) Pl. II, fig. 70; fig. 72, n° 2, 4 et 5.

(4) Pl. II, fig. 68, n° 5.

(5) Pl. II, fig. 69, n° 4.

(6) Pl. II, fig. 71, n° 3.

(7) Pl. II, fig. 69, n° 1.

(8) Pl. II, fig. 71, n° 1.

sphères sont développés, plus l'échancrure est profonde, plus par conséquent le lobe médian paraît s'enfoncer dans cet angle rentrant.

Toutes ces variations dépendent du développement progressif du cervelet, et ce développement est lui-même soumis à l'accroissement successif du calibre de l'artère vertébrale. J'ai cherché dans le tableau suivant à exprimer ces rapports généraux, depuis le deuxième mois de l'embryon humain, jusqu'à l'extrême vieillesse de l'homme, en prenant l'unité pour terme arbitraire du calibre de l'artère vertébrale à son apparition.

Tableau comparatif des Dimensions du Cervelet dans les différens âges de l'Homme et de l'Embryon humain.

AGE.	DIMENSIONS LONGITUDINALES DU CERVELET.		DIAMÈTRE transversal du cervelet.	DIAMÈTRE du calibre de l'artère vertébrale.
	LOBES.	PROCESSUS vermiculaire supérieur.		
gestation.	mètre.	mètre.	mètre.	
2 mois.	0,00100	0,00050	0,00200	1
3 mois.	0,00225	0,00250	0,00650	3
4 mois.	0,00333	0,00325	0,01325	6
5 mois.	0,00600	0,00450	0,01650	8
6 mois.	0,00700	0,00533	0,02000	9
7 mois.	0,01100	0,00950	0,02175	11
8 mois.	0,01400	0,01000	0,02500	12
9 mois.	0,02000	0,01500	0,03300	14
Après la naissance.				
1 an.	0,03500	0,02300	0,04000	15
2 ans.	0,04100	0,02700	0,04000	17
4 ans.	0,05000	0,03000	0,05600	19
6 ans.	0,05000	0,03100	0,06400	20
10 ans.	0,05500	0,04000	0,07000	21
15 ans.	0,06000	0,04000	0,08700	23
25 ans.	0,06200	0,04200	0,10200	26
40 ans.	0,06400	0,04300	0,12400	27
60 ans.	0,06300	0,04300	0,12400	25
80 ans.	0,06000	0,04100	0,12000	24
100 ans.	0,05300	0,03900	0,10100	22

On voit, d'après ce tableau, que le cervelet se développe de la circonférence au centre, et non du centre à la circonférence, comme le pense encore Tiedemann.

Quoique sous l'influence des mêmes principes de formation, le cervelet, chez les autres mammifères, présente néanmoins des différences essentielles, relatives au développement différent du processus supérieur et des hémisphères ; chez le cheval, le veau, le mouton et les autres mammifères, nous avons vu que dans le principe, le cervelet se montrait comme chez l'homme, jusqu'au quatrième mois de la vie utérine ; mais à cette époque, la force de l'accroissement se porte, chez ce dernier, sur les hémisphères, et chez les mammifères elle se dirige sur le processus vermiculaire supérieur (*lobe médian*) ; d'où il résulte que les hémisphères, au lieu de déborder en avant et en arrière l'extrémité postérieure de ce lobe, ne se prolongent pas au contraire autant que lui. Cet effet est déjà sensible chez les singes, plus encore sur les embryons des carnassiers, le chien, le chat, le loup, le lion ; plus encore chez le mouton, le veau, et surtout le cheval, dont le lobe médian est si fort.

Il résulte de là que chez tous ces embryons, l'échancrure antérieure et surtout l'échancrure postérieure du cervelet, diminuent dans la même proportion que le décroissement des hémisphères ; il en résulte encore que le processus qui, chez l'homme, est logé dans le fond de l'angle rentrant de ces échancrures, s'en dégage de plus en plus, de telle sorte que chez les embryons des ruminans et des rongeurs, aux approches de la naissance, le lobe médian fait en avant et en arrière une saillie très-remarquable.

L'embryon du lapin et celui des didelphes sont curieux à mettre en opposition sous ce rapport avec l'embryon humain ; chez l'embryon du lapin, du douzième jour, le cervelet, engagé sous les tubercules quadrijumeaux, comme chez le mouton (1) et le veau (2), ne s'en dégage que dans le cours du quatorzième au quinzième jour; il déborde alors ces tubercules (3) et devient visible sur la face supérieure de l'encéphale. Il est lisse, sans sillons ni proéminences. Du quinzième au vingtième jour, il prend beaucoup d'accroissement (4), un sillon se montre et le divise transversalement en deux parties (5) vers le dix-huitième jour; ce sillon persiste jusqu'au vingtième. Un autre sillon, tracé au niveau des tubercules quadrijumeaux, sépare également ces deux lobes de la partie latérale et antérieure des hémisphères (6). Le processus vermiculaire supérieur n'est légèrement apparent qu'en arrière (7); en avant, il y a à sa place une excavation dans laquelle sont logés les tubercules quadrijumeaux. Pour bien suivre le mouvement de ces tubercules et du cervelet, il faut considérer l'embryon à cette époque; à mesure que le lobe médian se développe, l'excavation dans laquelle étaient logés les tubercules, se remplit (8);

---

(1) Pl. II, fig. 47, n° 8 bis.
(2) Pl. II, fig. 49, n° 5.
(3) Pl. II, fig. 50, n° 6.
(4) Pl. II, fig. 55, n° 5.
(5) Pl. II, fig. 55, n° 4.
(6) Pl. II, fig. 55, n° 5.
(7) Pl. II, fig. 55, n° 11.
(8) Pl. II, fig. 55, n° 6.

ceux-ci sont soulevés et chassés en avant par
le lobe médian, qui devient de plus en plus saillant, du vingtième au vingt-cinquième jour (1);
les tubercules sont encore à découvert (2); mais
du vingt-cinquième au trentième jour, ils sont tout-
à-fait chassés en avant, et recouverts par les lobes
cérébraux et le processus supérieur du cervelet (3).
Or, au lieu de la saillie que font les hémisphères
en arrière chez l'embryon humain, on voit qu'ils
n'arrivent pas, chez le lapin, au niveau du processus (4); on observe au contraire que celui-ci proémine beaucoup postérieurement (5), au lieu d'être
logé, comme chez l'homme, dans une échancrure
profonde.

Chez les embryons des didelphes (*didelphis virgi-
niana*), le cervelet, après s'être dégagé de dessous les
tubercules, se place aussi sur la face supérieure de
l'encéphale (6); comme chez tous les autres mammifères, il est sans rainures; plusieurs sillons le
divisent plus tard (7), les tubercules le cachent en
partie (8); le lobe médian se prononce ensuite (9),

(1) Pl. II, fig. 56, n° 3.
(2) Pl. II, fig. 56, n° 5.
(3) Pl. II, fig. 57, n° 2 et 3.
(4) Pl. II, fig. 56, 57, n° 3, 3 bis et 2.
(5) Pl. II, fig. 56, n° 3 bis.
(6) Pl. I, fig. 22, n° 4.
(7) Pl. II, fig. 58, n° 6 et 8.
(8) Pl. II, fig. 58, n° 7.
(9) Pl. II, fig. 53, n° 2.

ainsi que les hémisphères (1) ; les tubercules sont chassés en avant ; mais à la naissance (2) , ils restent à découvert ; comme chez le lapin, le processus supérieur proémine en arrière (3) , et les hémisphères semblent au contraire rentrés en dedans (4).

Tel est le mode de formation du cervelet chez les mammifères ; on voit qu'il est soumis aux mêmes lois que la moelle épinière ; cette analogie, dans son mode de développement, va nous servir encore à expliquer la formation du quatrième ventricule, qui n'est d'abord que la continuation du canal de la moelle épinière, ainsi qu'on le remarque chez l'embryon humain (5) et chez le lapin (6), lorsque ce canal ne représente encore qu'une longue gouttière ; mais lorsque les lames de la moelle épinière se sont engrenées en arrière, cette gouttière devient un véritable canal. Il en est de même du quatrième ventricule ; ce n'est qu'une gouttière plus étendue avant l'apparition des lames du cervelet (7) ; mais lorsque les lames latérales de la moelle allongée se redressent (8) , et

---

(1) Pl. II, fig. 53, n° 3.
(2) Pl. II, fig. 54, n° 6.
(3) Pl. II, fig. 54, n° 5.
(4) Pl. II, fig. 54, n° 4.
(5) Pl. I, fig. 26, n° 5 et 6.
(6) Pl. I, fig. 20, n° 2 et 3.
(7) Pl. I, fig. 20, 26, n° 2 et 6.
(8) Pl. I, fig. 32, n° 4.

que les feuillets cérébelleux paraissent (1), cette gouttière devient très-profonde (2) ; enfin lorsque les feuillets du cervelet, d'abord isolés, se touchent et se réunissent sur la ligne médiane (3), cette gouttière est convertie en véritable canal, dont le plafond est formé par le cervelet (4). Cette voûte vient ainsi fermer par en haut le quatrième ventricule, du troisième au quatrième mois de l'embryon de l'homme, du veau et du cheval, au quatorzième jour de celui du lapin, au vingtième de celui du chat, au vingt-cinquième chez le chien, et dans le deuxième mois chez le cochon et le mouton.

De même que le canal de la moelle épinière, le ventricule est d'abord très-large, à cause du peu d'épaisseur de ses parois ; mais à mesure que des couches successives augmentent leur volume, le ventricule se rétrécit, les lames qui doivent former le *calamus scriptorius* se développent (5) ; elles circonscrivent en arrière cette cavité, comme on peut le voir chez le singe (6), l'homme (7) et le didelphe (8) ; ces lames réunies forment une

---

(1) Pl. I, fig. 32, n° 5.
(2) Pl. II, fig. 65, n° 4.
(3) Pl. I, fig. 74, n° 5.
(4) Pl. II, fig. 70, 72, n° 1, 2 et 5.
(5) Pl. II, fig. 65, n° 3.
(6) Pl. II, fig. 74, n° 1.
(7) Pl. II, fig. 73, n° 2.
(8) Pl. II, fig. 59, n° 2.

espèce de valvule, ainsi que le dit Reil, valvule qui
isole ce ventricule du canal de la moelle épinière;
en même temps aussi le noyau central prend de l'accroissement; circonscrite en arrière, rétrécie sur
ses côtés, cette cavité diminue dans tous les sens,
sous l'influence de l'augmentation de calibre de
toutes les artères cérébelleuses qui l'environnent.
Chez quelques embryons monstrueux, cette cavité
s'oblitère complètement; le cervelet forme alors,
comme la moelle épinière, une masse solide, qui
ferait croire à l'absence de cet organe, si, comme
nous venons de le faire, on n'en avait suivi toutes
les transformations.

Le *tenia grisea* des frères Wendzell ne m'a pas
paru distinct pendant tout le période de la vie utérine, chez le singe, l'homme, le veau, le cheval, le
cochon, le mouton, le chien, le chat et le lapin;
le nerf acoustique était néanmoins très-développé
du quatrième au cinquième mois chez l'embryon
humain, du troisième au quatrième chez celui du
veau, au troisième du mouton, au quarantième
jour du chien; ce qui établit que le nerf préexiste à
son développement, et que la matière blanche qui
le forme, précède la matière grise du tenia. Les faisceaux médullaires qui rampent à la surface interne
du quatrième ventricule de l'homme, ne sont pas
également formés pendant tout le temps de la gestation: on trouve bien, du septième au huitième, et
pendant le neuvième mois, des rainures grisâtres
dans le lieu qu'ils doivent occuper; mais il n'y a

aucune apparence de matière blanche ; ce qui établit que ces faisceaux blancs succèdent à la matière
grise du quatrième ventricule. Je viens de montrer le développement du cervelet, sous la dépendance de ses artères; dans l'état présent de la science
une telle proposition a besoin d'être prouvée de
plus d'une manière : les embryons monstrueux
vont nous servir à établir ce rapport dans toute sa
latitude.

Chez les véritables acéphales, lorsque les membres
supérieurs existent, les artères axillaires sont formées, la crosse aortique manque, l'artère vertébrale
existe aussi à des degrés divers de développement.
Chez un embryon de chat, elle a son diamètre ordinaire, les vertèbres cervicales existent, mais con-
tractées ; un bulbe nerveux couronne le haut de la
colonne vertébrale, ce bulbe ne contient que le
cervelet, formant une masse solide comme la moelle
épinière; il n'y a aucun vestige des lobes cérébraux. Chez un embryon humain du quatrième
au cinquième mois (1), les membres supérieurs,
l'artère axillaire et la vertébrale manquent ; le
cervelet manque aussi (2), quoique les tubercules quadrijumeaux soient très-développés (3) ;
à la place du cervelet on rencontrait une légère dépression, qui semblait en indiquer la

---

(1) Pl. II, fig. 64, n° 11.
(2) Pl. II, fig. 64, n° 3.
(3) Pl. II, fig. 64, n° 4 et 6.

place (1) ; chez un anencéphale de veau, privé des membres antérieurs, on trouvait dans le crâne les mamelons des lobes cérébraux, et des tubercules quadrijumeaux ; il n'y avait aucun vestige du cervelet, aucun vestige de l'artère vertébrale.

Chez un embryon humain du septième mois, l'artère vertébrale était atrophiée, réduite au plus au huitième de son calibre ordinaire ; le cerveau était bien développé, le cervelet ne formait que trois ou quatre feuillets non réunis sur la ligne médiane, flottant sur la partie supérieure du quatrième ventricule, et sur une certaine quantité de liquide que renfermait cette cavité. Stenon a fait la même observation sur un veau hydrocéphale ; il a vu le cervelet, quoiqu'assez développé, séparé de plusieurs lignes sur la ligne médiane ; les feuillets s'étaient recourbés sur eux-mêmes, comme cela arrive primitivement aux hémisphères cérébraux.

Ainsi, avec l'absence ou l'atrophie des artères vertébrales, coïncide l'absence ou l'atrophie du cervelet. Considérons maintenant les monstres qui ont deux cols, quatre artères vertébrales, et une seule tête, et voyons dans quels rapports se trouveront le cervelet et les lobes cérébraux.

Chez un embryon humain monocéphale et octopède, il existait quatre artères axillaires, quatre artères vertébrales, deux colonnes cervicales réu-

(1) Pl. II, fig. 64, n° 5 bis.

nies en haut à la première vertèbre de cette région ; il y avait deux occipitaux et deux cervelets, ces cervelets avaient chacun leur existence isolée, leur protubérance distincte, leurs nerfs distincts ; ils se réunissaient en avant, par leurs *processus cerebelli ad testes*, à deux énormes tubercules bijumeaux, joints entre eux par une lame médullaire épaisse, analogue au corps calleux des lobes cérébraux ; ceux-ci étaient exactement dans leur état ordinaire. En 1817, je présentai à la Société Philomatique un veau monstrueux de la même espèce ; je fis remarquer aux anatomistes présens à la séance, les quatre artères vertébrales, les deux cervelets bien et fortement développés, isolés l'un de l'autre en arrière, réunis en avant comme chez l'embryon humain précédent : les hémisphères cérébraux étaient dans leur état normal. En 1820, le célèbre Oken pressentant toute la valeur de ces faits pour la philosophie de la nature organisée, me témoigna le désir de voir par lui-même ce rapport des artères vertébrales et du cerveau : indépendamment du veau que j'avais présenté à la Société Philomatique, je possédais encore un monocéphale octopède de mouton, et un de lièvre, que je devais à la bienveillance de mon illustre ami M. Geoffroy Saint-Hilaire.

Chez le mouton dont les colonnes cervicales étaient réunies vers la troisième vertèbre, nous trouvâmes quatre artères vertébrales, deux cervelets parfaitement isolés, des tubercules bijumeaux arrondis, d'un volume considérable, un ventricule de chaque côté dans leur intérieur, un seul nerf optique de chaque côté aussi, les lobes cérébraux dans leur état normal. Chez le lièvre, les colonnes cervicales étaient divisées jusqu'à la partie postérieure de l'occipital; les quatre artères étaient plus isolées les unes des autres, les cervelets plus séparés, les tubercules quadrijumeaux étaient bijumeaux; comme chez le mouton, il y avait deux nerfs optiques et deux hémisphères cérébraux.

Quel que soit donc l'état dans lequel on rencontre le cervelet chez les embryons normaux et anomaux, que cet organe manque complètement, qu'il soit avorté dans son développement, ou qu'un seul encéphale soit pourvu de deux cervelets, nous trouvons toujours que ces diverses métamorphoses sont en rapport avec l'absence, l'atrophie, ou la surabondance des artères qui lui sont propres : les tubercules quadrijumeaux restent bijumeaux dans ce dernier cas, comme nous les avons rencontrés chez les reptiles (1) et les oiseaux (2), et comme ils le sont constamment dans la classe des mammifères, pendant les deux tiers environ de la gestation, ainsi que nous allons le voir.

Quoique les transformations de ces tubercules soient moins nombreuses et moins variées chez les

(1) Pl. I, fig. 7, n° 3.
(2) Pl. I, fig. 7, n° 7.

mammifères que chez les oiseaux, leurs diversités de grandeur et de forme, chez les embryons, méritent toute l'attention des anatomistes. Formés long-temps avant l'apparition du cervelet, ces tubercules constituent d'abord deux lames (1), recourbées sur elles-mêmes (2), et donnent ainsi naissance à deux bulbes arrondis, situés sur la face supérieure de l'encéphale (3) : chez le mouton de la cinquième semaine, ces vésicules sont très-allongées (4); chez le veau, à la même époque, elles sont plus larges en arrière qu'en devant (5); chez l'embryon humain, du commencement du deuxième mois, elles sont plus larges (6) que chez le mouton et le veau. Chez tous les mammifères leur volume dépasse beaucoup celui de toutes les autres parties de l'encéphale, leur intérieur est creux (7), et contient un liquide analogue à celui que renferme le canal épinien de la moelle épinière.

Conformément à la loi de symétrie, ces tubercules sont d'abord isolés l'un de l'autre, comme le sont primitivement la moelle épinière en arrière (8),

(1) Pl. I, fig. 20, n° 3.
(2) Pl. I, fig. 31, n° 4.
(3) Pl. I, fig. 24, n° 4.
(4) Pl. I, fig. 19, n° 4.
(5) Pl. I, fig. 27, n° 4.
(6) Pl. I, fig. 24, n° 4.
(7) Pl. I, fig. 32, n° 6.
(8) Pl. I, fig. 20, n° 1 et 2; fig. 26, n° 2, 3 et 4.

et les deux lames primitives du cervelet (1) ; de telle sorte, que si on renverse ces lames, on déplisse les vésicules qu'elles formaient (2) ; mais au commencement du troisième mois chez le veau, à la fin du deuxième chez le mouton, les lames des tubercules s'engrènent l'une dans l'autre par un mécanisme entièrement analogue à l'engrenure qui confond les lames postérieures de la moelle épinière et les feuilles du cervelet (3) ; un sillon externe assez profond indique le lieu de cette conjugaison (4). Entre les écartemens des lamelles de l'engrenure, on voit pénétrer le vaisseau de la pie-mère dans le ventricule des tubercules. Chez l'embryon humain, au commencement ou au milieu du troisième mois, la réunion s'opère comme chez les autres mammifères : si on fait une incision à la partie supérieure des tubercules (5), on voit que les deux lames sont continues ; on découvre le ventricule dont le centre correspond à ce qui, chez l'homme adulte, forme l'aqueduc de Sylvius. Ce ventricule est l'analogue de celui que nous avons rencontré chez les oiseaux et les reptiles ; mais dans ces deux classes cette cavité persiste et constitue l'état permanent

(1) Pl. I, fig. 32, n° 5; fig. 48, n° 7.
(2) Pl. I, fig. 31, n° 4; fig. 28, n° 5.
(3) Pl. II, fig. 74, n° 5.
(4) Pl. II, fig. 49, n° 7.
(5) Pl. I, fig. 32, n° 6.

de ces corps. Chez les mammifères, au contraire, ces corps deviennent solides. Par quel mécanisme s'opérera cette transformation ? Il serait peut-être inutile de dire que le ventricule des tubercules quadrijumeaux des mammifères s'oblitère de la même manière et sous la même influence du système artériel, que le canal épinien de la moelle épinière, si je ne voulais fixer l'attention sur le rapport intime qui existe entre ces deux systèmes d'organes. Ayant d'ailleurs avancé que ces tubercules sont les bulbes de terminaison de la moelle épinière, je sens le besoin de multiplier les preuves d'un fait si important dans l'anatomie comparative de l'encéphale. Pendant que le ventricule s'oblitère par la transformation du liquide contenu dans son intérieur, ou par la déposition successive de couches de matière grise, comme le pense le célèbre Tiedemann, j'ai observé chez le veau, le cheval, le mouton et le cochon, que la base du ventricule, ou les côtés de l'aqueduc de Sylvius, offrent deux renflemens analogues à ceux qui restent constamment chez les oiseaux. Cette oblitération a lieu chez le mouton pendant le quatrième mois, et se prolonge quelquefois jusqu'à la naissance, ainsi que chez le veau et le cheval ; chez l'homme, l'aqueduc de Sylvius est formé, et le ventricule a disparu du cinquième au sixième mois ; rarement il persiste après dans les embryons bien constitués. Les tubercules quadrijumeaux, si profondément situés chez les mammifères adultes, sont à nu sur la face supérieure de l'encéphale pendant la plus grande partie de leur gestation, et font une saillie qui contraste avec leur dépression permanente. Chez le cheval, le veau (1) et le mouton (2), ils recouvrent d'abord le cervelet, avant d'en être recouverts eux-mêmes. Chez le lapin, ils ont la même situation (3) ; au vingtième jour, ils sont encore très-développés, ovalaires et bijumeaux ; ils sont logés dans une espèce de dépression formée sur la face supérieure du cervelet (4), au lieu même que doit occuper plus tard la protubérance désignée sous le nom de *processus vermiculaire supérieur.* Chez le ouistiti, leur forme est beaucoup plus allongée que chez les autres mammifères (5) ; mousses en avant, ils se terminent en arrière par une pointe qui s'interpose entre les rudimens du cervelet (6) ; chez l'embryon humain ils sont bijumeaux (7), et situés à nu sur la face supérieure de l'encéphale, pendant le quatrième (8), le cinquième (9), et même le sixième mois de la vie utérine. Leur forme est celle d'un ovoïde légèrement

_____

(1) Pl. II, fig. 49, n° 7.

(2) Pl. II, fig. 47, n° 8 bis.

(3) Pl. II, fig. 55, n° 6.

(4) Pl. II, fig. 55, n° 4 et 5

(5) Pl. II, fig. 48, n° 8.

(6) Pl. II, fig. 48, n° 7.

(7) Pl. II, fig. 75, n° 4.

(8) Pl. II, fig. 72, n° 5.

(9) Pl. II, fig. 58, n° 3.

déprimé en dedans (1), en avant (2) et en arrière (3). Chez les embryons des didelphes, ils ont
la même situation (4), quoique leur forme ne soit
pas tout-à-fait la même: chez les embryons du
chat, du chien, du loup, du renard, du lion,
l'ovale est moins arrondi que chez les précédens;
leur situation, du reste, est analogue à celle du
veau, du mouton, du cochon et de l'homme.

Ce qui doit surtout frapper dans cet état primitif
des tubercules quadrijumeaux, c'est la saillie qu'ils
font pendant les deux tiers de la gestation sur la
face supérieure de l'organe (5); or, cet effet dépend, 1°. de l'atrophie du lobe médian du cervelet (6), 2°. de l'atrophie primitive des couches
optiques qui les suivent (7) : ce qui explique le
mouvement qu'ils paraissent suivre plus tard (8).

En effet, le cervelet, en se bombant par sa partie
moyenne (9), chasse devant lui les tubercules
quadrijumeaux (10). Plus le processus médian de-

---

(1) Pl. II, fig. 75, n° 4.
(2) Pl. II, fig. 73, n° 7.
(3) Pl. II, fig. 69, n° 1 et 2.
(4) Pl. II, fig. 58, n° 7.
(5) Pl. II, fig. 49, n° 7.
(6) Pl. II, fig. 70, n° 2.
(7) Pl. II, fig. 66, n° 7 bis.
(8) Cet effet a été méconnu des frères Wentzel et de
Tiedemann.
(9) Pl. II, fig. 58, n° 6.
(10) Pl. II, fig. 68, n° 3.

vient saillant (1), plus le mouvement des tubercules est rapide : d'abord le cervelet se place à leur
niveau (2), puis il les déborde supérieurement (3),
puis il les recouvre en totalité (4). Ce mouvement
n'est pas aussi prompt que nous l'avons remarqué
pendant l'incubation des oiseaux, par la raison
que chez les mammifères, les tubercules ne changent pas de position comme dans cette classe ; mais
la cause reste la même. Chez les reptiles, ce mouvement est nul (5), par la raison que le cervelet est
réduit à un état si rudimentaire (6), qu'il ne s'élève
jamais au niveau des tubercules quadrijumeaux (7).
Il faut avoir observé cette transformation chez les
différens mammifères, chez le veau, le cheval,
chez les carnassiers, où elle est plus marquée que
chez l'embryon humain, pour se rendre compte de
l'état normal de la position de ces tubercules chez
les didelphes, les rats et les chauve-souris. Dans
ces dernières familles, on suit bien les premiers
mouvemens de ces tubercules: en premier lieu,
chez les très-jeunes embryons, ils cachent entièrement le cervelet (8) ; plus tard le cervelet s'élève et

(1) Pl. II, fig. 55, n° 4.
(2) Pl. II, fig. 55, n° 4 et 6.
(3) Pl. II, fig. 56, n° 3 et 5.
(4) Pl. II, fig. 57, n° 2.
(5) Pl. I, fig. 16, n° 2.
(6) Pl. II, fig. 43, n° 4.
(7) Pl. II, fig. 43, n° 5.
(8) Pl. I, fig. 30, n° 4.

diverses familles. Ce caractère distinctif est le sillon transversal qui vient diviser chaque tubercule, et, de bijumeaux qu'ils étaient, en fait de véritables tubercules quadrijumeaux.

Ce qu'il y a de remarquable dans cette transformation, c'est que le sillon transversal qui l'opère ne devient apparent que lorsque ces tubercules ont disparu de la face supérieure de l'encéphale ; ce qui arrive aux cinquième et sixième mois chez le veau et le cheval ; au troisième, chez le mouton et le cochon ; chez le chat et le chien, entre le trentième et le quarantième jour de leur gestation ; chez le lapin et le lièvre, du vingtième au vingt-cinquième (1) ; chez l'embryon humain, au milieu du sixième mois ou au commencement du septième (2), ainsi que l'ont observé les frères Wentzell, Meckell et Tiedemann. De la présence de ce sillon dépend donc le caractère général de ces corps chez les mammifères, et de la position qu'il affecte sur leur surface dérivent les caractères particuliers qui les distinguent dans les diverses familles.

Chez les embryons de l'homme (3), ce sillon se place sur sa partie moyenne, les tubercules antérieurs sont égaux aux postérieurs ; sur ceux du chien, du chat, du renard, du loup, du lion, il se porte plus en avant, les tubercules postérieurs prédominent sur les antérieurs ; sur les em-

---

(1) Pl. II, fig. 56, n° 5.
(2) Pl. II, fig. 71, n° 5.
(3) *Ibid.*

diverses familles. Ce caractère distinctif est le sillon transversal qui vient diviser chaque tubercule, et, de bijumeaux qu'ils étaient, en fait de véritables tubercules quadrijumeaux.

Ce qu'il y a de remarquable dans cette transformation, c'est que le sillon transversal qui l'opère ne devient apparent que lorsque ces tubercules ont disparu de la face supérieure de l'encéphale ; ce qui arrive aux cinquième et sixième mois chez le veau et le cheval ; au troisième, chez le mouton et le cochon ; chez le chat et le chien, entre le trentième et le quarantième jour de leur gestation ; chez le lapin et le lièvre, du vingtième au vingt-cinquième (1) ; chez l'embryon humain, au milieu du sixième mois ou au commencement du septième (2) , ainsi que l'ont observé les frères Wentzell, Meckell et Tiedemann. De la présence de ce sillon dépend donc le caractère général de ces corps chez les mammifères, et de la position qu'il affecte sur leur surface dérivent les caractères particuliers qui les distinguent dans les diverses familles.

Chez les embryons de l'homme (3), ce sillon se place sur sa partie moyenne, les tubercules antérieurs sont égaux aux postérieurs ; sur ceux du chien, du chat, du renard, du loup, du lion, il se porte plus en avant, les tubercules postérieurs prédominent sur les antérieurs ; sur les em-

_____

(1) Pl. II, fig. 56, n° 5.
(2) Pl. II, fig. 71, n° 5.
(3) *Ibid.*

bryons de cheval, de veau, de mouton, de chèvre, de cochon d'inde, de lapin, de lièvre, il occupe une position inverse, il se place en arrière de la ligne transversale moyenne ; alors ce sont les tubercules antérieurs qui, à leur tour, dépassent en volume les tubercules postérieurs. C'est entre ces trois points extrêmes que se trouvent les nuances variées que présentent ces corps dans toute la classe des mammifères. Puisque le caractère fondamental des tubercules quadrijumeaux dépend de la présence de ce sillon, on voit de suite que s'il ne se forme pas chez les embryons normaux ou anomaux, ces tubercules perdent leur caractère classique ; ils restent alors bijumeaux, conservent plus ou moins leur forme ovalaire, et se rapprochent plus ou moins aussi de la disposition que nous leur connaissons chez les reptiles et chez les oiseaux jusqu'aux derniers jours de l'incubation. Cet état est très-commun chez les embryons monstrueux de l'homme, du veau, du chien, du chat et du lièvre ; chez les monocéphales à deux cervelets, ils conservent cette forme primitive, et comme en arrière ils sont très-écartés l'un de l'autre, une bande transversale les réunit ; cette bande m'a offert chez le mouton des faisceaux blancs entrecoupés par des traînées de matière grise (1).

(1) Dans ces cas, la lame transverse des tubercules quadrijumeaux offre la même disposition que la lame transverse des lobes optiques des oiseaux.

Les hémisphères cérébraux, chez les mammifères, ont été le sujet de peu de contestations dans leurs rapports avec les parties analogues des autres classes : leurs conjugaisons en ont fait naître beaucoup; le mode de formation générale de l'encéphale ayant été méconnu jusqu'à ce jour, la première partie nous occupera peu dans ce précis; nous nous arrêterons davantage sur la seconde. En conséquence de la loi générale du double développement des organes, deux feuillets primitifs forment la moelle épinière, et ses renflemens encéphaliques, les tubercules quadrijumeaux; deux feuillets forment d'abord le cervelet; il en est de même des hémisphères; lorsque les pédoncules cérébraux sont arrivés en avant de la paroi membraneuse du crâne, ils se recourbent d'abord en dedans (1), se roulent sur eux-mêmes à peu près comme les cornets nasaux (2); en second lieu ils se dirigent en arrière et viennent recouvrir le plancher des pédoncules (3), les renflemens qui s'y développent en avant des tubercules quadrijumeaux; et, plus tard, les faisceaux de matière blanche qui constituent la voûte et ses dépendances (4).

Ce premier effet des feuillets hémisphériques est

---

(1) Pl. I, fig. 20, n° 4.
(2) Pl. I, fig. 28, n° 6.
(3) Pl. I, fig. 25, n° 9.
(4) Pl. II, fig. 51, n° 7.

très-distinct chez le mouton et le veau de la quatrième semaine (1), chez l'embryon humain vers la cinquième (2), chez le lapin du septième au huitième jour, chez le chat au dixième, chez le chien du dixième au douzième jour de la conception ; à cette époque, on ne distingue qu'une vésicule unique pour le cerveau (3), la dure-mère ne s'étant pas encore interposée entre les feuillets (4) ; les renflemens des pédoncules qui constituent la couche optique et le corps strié, ne sont pas encore apparens (5). Mais dans le cours du deuxième mois du cheval, du veau et du mouton, tout le pédoncule compris entre les lames se gonfle par la déposition de la matière grise ; la couche optique et le corps strié se dessinent et sont séparés par un faible sillon oblique d'arrière en avant. Ce sillon et ces renflemens sont si faibles chez l'embryon humain de cette époque, que quelquefois au commencement du troisième mois, la couche optique et le corps strié ne forment qu'un plateau unique et lisse (6) ; cet affaissement de la couche optique est l'une des causes de la saillie que font à cette époque les tubercules quadrijumeaux (7).

(1) Pl. I, fig. 20, n° 4.
(2) Pl. I, fig. 1, n° 8.
(3) Pl. II, fig. 45, n° 5.
(4) Pl. I, fig. 25, n° 8.
(5) Pl. I, fig. 20, n° 4.
(6) Pl. I, fig. 25, n° 9.
(7) Pl. I, fig. 25, n° 6.

Avec le développement des corps striés et de la couche optique, coïncident l'agrandissement et l'épaississement des parois des hémisphères, par le développement de nouveaux feuillets ; en grandissant ils se portent d'avant en arrière (1), recouvrent d'abord la couche optique et les corps striés (2), s'écartent en arrière pour loger les tubercules quadrijumeaux (3) ; ce qui donne au cerveau la forme d'un triangle dont la base présente un angle rentrant au milieu (4) ; lorsque les lobes ont rejoint en arrière les tubercules, la couche optique, surtout sa partie postérieure, s'élève beaucoup (5). L'effet de cette élévation est d'affaisser ces tubercules et de placer au-dessus d'eux les lames hémisphériques. On conçoit que sans ce mécanisme les hémisphères seraient arrêtés dans leur marche, comme cela arrive chez les reptiles, et en partie chez les embryons des chauve-souris et des didelphes. Placés ainsi au-dessus des tubercules quadrijumeaux (6), les lobes cérébraux se dirigent vers le cervelet (7), rejoignent le bord antérieur de cet organe (8), et le dépassent, en le re-

(1) Pl. II, fig. 65, n° 9.
(2) Pl. II, fig. 48, n° 10.
(3) Pl. II, fig. 49, n° 8.
(4) Pl. II, fig. 49, n° 7.
(5) Pl. II, fig. 65, n° 7 bis.
(6) Pl. II, fig. 72, n° 10.
(7) Pl. II, fig. 56, n° 6 et 4.
(8) Pl. II, fig. 57, n° 8.

couvrant en totalité ou en partie, selon les familles des mammifères dont on considère les embryons.

Chez les embryons des didelphes, les feuillets des hémisphères, en se recourbant en avant, forment un petit étranglement, qui, comme chez le lapin, correspond au lobule olfactif (1). En suivant la marche que nous venons de tracer, les lobes viennent rejoindre en arrière les tubercules quadrijumeaux (2), puis ils les débordent et se placent au-dessus (3), puis enfin ils s'arrêtent, après en avoir recouvert les deux tiers antérieurs (4). Chez les chauve-souris, la marche est la même, les lobes s'arrêtent en avant du cervelet de manière à laisser à nu une partie des tubercules. Chez le cochon d'inde, le lièvre et le lapin, ils s'étendent plus en arrière; au vingtième jour du lapin, ils ont rejoint les tubercules quadrijumeaux (5); au vingt-cinquième, ils les ont recouverts en partie, comme chez les chauve-souris et les didelphes (6); au trentième, les tubercules sont tout-à-fait cachés, le cervelet et les lobes se sont adossés l'un contre l'autre (7); quelque temps après la naissance, ils recouvrent un peu la face

---

(1) Pl. II, fig. 62, n° 4.
(2) Pl. II, fig. 58, n° 7 et 9.
(3). Pl. II, fig. 54, n° 6.
(4) Pl. II, fig. 53, n° 4 et 5.
(5) Pl. II, fig. 55, n° 7.
(6) Pl. II, fig. 56, n° 5 et 6.
(7) Pl. II, fig. 57, n° 5.

supérieure du cervelet. Chez l'embryon du chat, les lobes ont rejoint les tubercules au trente-cinquième jour; ils les ont surmontés au quarantième, recouverts pour les deux tiers au quarante-cinquième, et cachés en totalité au cinquantième. Chez le cheval et le veau, la jonction des tubercules et des lobes a lieu sur la fin du troisième mois; au quatrième, ils les débordent supérieurement; au cinquième, ils les recouvrent, et se rapprochent du cervelet; au sixième, le cervelet et les hémisphères cérébraux se sont adossés; au septième, les lobes recouvrent en partie le cervelet. Chez l'embryon humain du deuxième mois, les hémisphères ont rejoint les tubercules (1); au commencement du troisième mois, ils les dépassent à peine (2); sur la fin, ils en recouvrent le tiers (3); au quatrième, la moitié (4); au cinquième, les trois quarts (5); au sixième, le cervelet est atteint et recouvert légèrement; au septième, la moitié du cervelet est cachée; au huitième, il est débordé en arrière; au neuvième, les lobes ont acquis l'étendue relative qu'ils conservent chez l'adulte. Dans cette marche progressive des hémisphères, nous devons faire remarquer que les lobes et le

---

(1) Pl. I, fig. 24, n° 4.
(2) Pl. I, fig. 25, n° 8.
(3) Pl. II, fig. 65, n° 9.
(4) Pl. II, fig. 72, n° 10.
(5) Pl. II, fig. 68, n° 4.

cervelet se dirigent en sens inverse ; en effet, tandis que celui-ci se porte d'arrière en avant, les lobes marchent d'avant en arrière ; l'effet de cette direction inverse doit être nécessairement l'affaissement des tubercules quadrijumeaux et leur disparition de la face supérieure de l'encéphale. Si les lobes s'arrêtent, ou si les tubercules prennent un accroissement plus considérable qu'ils ne doivent avoir, ces derniers conservent leur position (1) ; quelquefois même ils recouvrent en partie les lobes, comme je l'ai observé sur plusieurs embryons monstrueux.

En même temps que ces effets s'opèrent au dehors, des changemens plus remarquables encore se passent en dedans des hémisphères cérébraux : les faisceaux de matière blanche se développent ; les lobes, primitivement isolés, se réunissent à la base par l'intermède des deux commissures, au milieu et en arrière par la voûte, et en haut par la formation du corps calleux ; la surface externe des hémisphères, qui était lisse, comme chez les reptiles et les oiseaux, se sillonne ; des circonvolutions plus ou moins profondes, et plus ou moins nombreuses selon les familles, en ondulent toute la superficie. Comment se forment ces diverses parties ? Quel rapport ont-elles les unes avec les autres ? Telles sont les questions sur lesquelles nous allons maintenant porter notre attention.

(1) Pl. I, fig. 32, n° 6.

Dans tout ce que nous avons exposé sur la
formation de l'encéphale des mammifères, nous
avons trouvé que la conjugaison de ses diverses
parties s'opérait par des lamelles qui s'engre-
naient les unes dans les autres, et qui d'un côté
se dirigeaient transversalement sur le côté opposé;
quelques différences apparentes que les commissures ayent avec ces lamelles, leur mode de
formation n'en est pas moins analogue; chaque
commissure résulte de la jonction de deux demi-
commissures partant des renflemens de chaque
pédoncule, se dirigeant transversalement sur
l'écartement qui les sépare, et se réunissant par
dentelure avec la demi-commissure qui s'avance
comme elle du côté opposé.

Si on observe l'embryon du cheval et du veau
à la fin du deuxième ou au commencement du
troisième mois, et que l'on écarte légèrement les
couches optiques devenues très-apparentes, on
met à découvert la base du troisième ventricule;
en examinant la partie interne des couches, on
aperçoit en arrière un petit faisceau qui proémine;
sa couleur d'un blanc grisâtre le distingue de la
couleur grise de la couche optique; c'est la demi-
commissure postérieure. Chez le mouton, elle est
distincte pendant le cours de la sixième semaine;
chez le chat au vingtième jour de la formation,
et chez le lapin vers le onzième. Sur l'embryon
humain de la fin du deuxième mois, et souvent
aussi du milieu du troisième, après avoir déplissé

les lames hémisphériques et écarté les couches optiques, on voit en arrière le faisceau de cette demi-commissure (1) ; ces demi-commissures se réunissent et n'en font plus qu'une pendant le cours du troisième mois de l'embryon humain, de celui du cheval et du veau, à la fin du deuxième mois du mouton, chez le chat du vingt-cinquième jour, et chez le lapin du douzième.

La commissure antérieure se forme toujours plus tard que la postérieure ; je n'ai jamais rencontré ses demi-faisceaux avant le cours du quatrième mois du cheval et du veau, le troisième du mouton et du cochon, le quinzième jour du lapin, le trentième du chat, la fin du quatrième mois de l'embryon humain. Leur réunion s'opère comme celle de la postérieure, les deux demi-faisceaux n'en forment plus qu'un, qui borne en avant le troisième ventricule, comme la commissure postérieure le borne en arrière. Ainsi se conjuguent les renflemens des pédoncules cérébraux ; en sera-t-il de même des hémisphères ?

Les faisceaux fibreux, après avoir traversé précédemment la couche optique et les corps striés, se dirigent en avant, divergent et forment les hémisphères par leur épanouissement; en s'écartant les faisceaux fibreux s'affaiblissent; pendant le deuxième mois du cheval, du veau, le commence-

___

(1) Pl. II, fig. 66, n° 7 bis.

ment du troisième de l'embryon humain, les hémisphères se sont recourbés en dedans, roulés en
quelque sorte sur eux-mêmes; mais ils sont séparés par l'interposition de la dure-mère, qui empêche que les lames ne soient en contact l'une
contre l'autre. Au commencement du troisième
mois chez le mouton, sur la fin de la même époque
chez le cheval, le veau, au troisième mois ou
au commencement du quatrième de l'embryon
humain, on aperçoit en dedans et en avant des
hémisphères, des lamelles fibreuses formant une
sorte de dentelure de chaque côté; plus tard, on
trouve ces dentelures enchevêtrées les unes dans
les autres, les hémisphères réunis en cet endroit
dans l'espace d'une ligne chez le cheval et le veau,
d'une demi-ligne chez le mouton, et d'un tiers de
ligne, au plus, chez le chat et le lapin, sur lesquels
on a besoin de l'aide du microscope pour bien
apercevoir ce mécanisme. Chez l'embryon humain
de la fin du troisième ou du commencement du
quatrième mois, on distingue cette conjugaison
des hémisphères sur la face externe de leur partie
antérieure; d'abord on voit, au troisième mois,
la surface dentelée de chaque côte, puis on suit
leur adossement et leur réunion, comme on le
fait pour les lames postérieures de la moelle épinière, pour celles des tubercules quadrijumeaux,
pour les premiers rudimens du cervelet, pour la
lame blanchâtre qui forme la grande valvule de

cet organe. Je n'ai jamais trouvé le corps calleux réuni en avant des hémisphères, dans les trois premiers mois de la vie utérine.

Puisque la formation des hémisphères cérébraux a lieu d'avant en arrière, le corps calleux ou la commissure qui les réunit, devra suivre le même développement. C'est, en effet, ce que l'observation confirme : chez le cheval et le veau, au cinquième mois, il recouvre à peine le corps strié ; au sixième mois, il s'avance sur la couche optique et la partie de la voûte qui lui correspond, et ne les couvre pas tout-à-fait ; au septième et au huitième mois, il est entièrement formé : il commence chez l'embryon du lapin vers le quinzième jour, marche d'arrière en avant, et a fini son développement vers le vingt-huitième (1) : chez l'embryon humain, j'ai déjà dit que le demi-corps calleux s'apercevait sur la face interne des hémisphères, à la fin du troisième mois (2) ; au quatrième il est réuni en avant comme chez le cheval et le veau (3); au cinquième, il a recouvert le corps strié, et s'avance sur la partie antérieure de la couche optique et de la voûte; au sixième, la couche optique et le troisième ventricule sont recouverts; au septième, il déborde en arrière ces parties; aux huitième et neuvième, il a acquis l'étendue re-

---

(1) Pl. II, fig. 51, n° 9.
(2) Pl. II, fig. 65, n° 8 et 9.
(3) Pl. II, fig. 72, n° 11.

lative qu'il doit conserver chez l'adulte. Une remarque importante, c'est que l'augmentation du
corps calleux a lieu par l'addition successive de
demi-faisceaux, qui, de droite, se portent à gauche
le long et en arrière des faisceaux déjà réunis.
Quelquefois il y a une interruption dans cette
marche; les faisceaux moyens ne se réunissent
pas, les antérieurs et les postérieurs seuls se conjuguent; il existe alors une ouverture sur la partie
moyenne du corps calleux, ouverture qui fait
communiquer les ventricules avec l'extérieur de
l'encéphale : j'ai vu deux fois cette ouverture ;
d'autres fois, le corps calleux ne se développe pas
du tout, la faux de la dure-mère s'étend jusque
sur le troisième ventricule; les demi-faisceaux du
corps calleux, arrêtés par elle dans leur direction
transversale, se recourbent de haut en bas comme
les lames primitives des hémisphères, et vont se
réunir aux pédoncules antérieurs de la voûte; rien
ne rapproche tant les lobes cérébraux des mammifères de ceux des oiseaux, que cette déformation du corps calleux, que j'ai observée une fois
sur un chat, et une seconde fois sur un embryon
humain du septième mois de formation : si un
hydrocéphale s'établit chez les embryons à l'époque où le corps calleux vient de se réunir, les faisceaux sont écartés les uns des autres par le liquide;
on les voit alors flottant sur sa superficie dans les
parties réunies, et on observe les demi-faisceaux,
dont une extrémité est libre en dedans, et l'autre

adhérente au-dehors à la paroi des hémisphères. Il en est donc de leur conjugaison comme de celle de la moelle épinière, du cervelet et des tubercules quadrijumeaux.

La formation de la voûte est beaucoup plus compliquée que celle du corps calleux ; ce n'est pas une simple réunion de deux parties latérales, il y a encore une conjugaison d'avant en arrière, pour mettre en rapport les faisceaux fibreux de la base de l'encéphale avec ceux de la partie postérieure : il en existe encore une troisième qui fait communiquer la voûte avec le corps calleux, et qui complique singulièrement ce mécanisme.

Les piliers antérieurs de la voûte deviennent apparens pendant le cours du deuxième mois chez le mouton, du troisième chez le veau et le cheval ; on les voit poindre en avant des couches optiques : ce sont deux points blanchâtres qui s'élèvent du centre fibreux des éminences mamillaires ; comme avec eux se forme la commissure antérieure, on ne les distingue les uns des autres que par leur direction ; ceux-ci sont transversaux, ceux de la voûte ont une direction verticale et ascendante ; à cette époque, ils s'élèvent à peine au niveau des couches optiques vers leur partie antérieure ; au commencement du quatrième mois du veau et du cheval, ces faisceaux ascendans se courbent légèrement, ils forment un petit arc dont la convexité est en avant et la concavité en arrière, embrassant ainsi le devant de la couche optique ; c'est à cette époque qu'on observe un faisceau pelliculeux s'élevant de la convexité de chaque petit arc, en suivant la direction ascendante primitive : ce faisceau se dirige vers la partie antérieure du corps calleux, où l'on remarque un semblable faisceau descendant, qui vient s'engrener avec lui ; c'est le premier rudiment du *septum lucidum*. Lorsque les piliers antérieurs de la voûte ont débordé la couche optique, ils se dirigent en arrière (1), se placent sur la face supérieure de ces renflemens, où ils se réunissent avec les piliers postérieurs qui, d'abord isolés, suivent dans leur progression une marche inverse ; en effet, dans le cours du troisième mois de ces embryons, en même temps qu'on observe les piliers antérieurs s'élever du centre rayonnant des éminences mamillaires, on voit la partie postérieure des hémisphères se rouler sur elle-même, de dehors en dedans et d'arrière en avant ; les lames qui les forment, se courbent en sens inverse de la direction qu'elles ont affectée en avant ; en suivant le corps frangé (2) résultant de ce plissement, on aperçoit une membrane blanchâtre s'en détacher, se dirigeant d'abord verticalement et un peu d'avant en arrière, puis formant une légère courbure dont la concavité est en avant et la convexité en arrière (3), appliquée ainsi en arrière et en dehors

(1) Pl. II, fig. 51, n° 8.
(2) Pl. II, fig. 51, n° 7.
(3) Pl. II, fig. 59, n° 10.

de la partie postérieure de la couche optique. Si, à cette époque, on place l'encéphale dans l'eau distillée, on distingue l'isolement des parties antérieures et postérieures de la voûte, on voit flotter les rudimens des piliers antérieurs et la lame des piliers postérieurs ; entre eux il existe un intervalle de deux lignes environ, dans lequel on aperçoit à nu la couche optique. Au commencement du quatrième mois, les piliers antérieurs (1) et postérieurs (2) marchent ainsi en sens inverse, les premiers d'avant en arrière, les seconds d'arrière en avant ; ils se rencontrent au niveau de la partie moyenne de la couche optique (3), se touchent, s'engrènent et se confondent, de manière à former un organe unique (4) ; quelquefois les lames des piliers antérieurs et postérieurs restent quelque temps superposées les unes sur les autres (5), comme les tuiles qui recouvrent les toits. Alors encore on les voit se disjoindre, si on place la préparation dans l'eau distillée. Après que la jonction des piliers antérieurs et postérieurs a eu lieu, on remarque, sur le bord interne des piliers postérieurs, des dentelures analogues à celles du demi corps calleux de chaque hémisphère ; comme celles-ci, elles se dirigent trans-

---

(1) Pl. II, fig. 59, n° 5.
(2) Pl. II, fig. 59, n° 10.
(3) Pl. II, fig. 51, n° 7 et 8.
(4) Pl. II, fig. 70, n° 5 et 6.
(5) Pl. II, fig. 59, n° 5.

versalement en se portant au-dessus de la partie postérieure de la couche optique, croisant la direction des pédoncules antérieurs de la glande pinéale : ces faisceaux partis de chaque côté, se joignent au niveau de la partie moyenne du troisième ventricule, et se confondent par un mécanisme analogue à celui du corps calleux lui-même. Quelques fibres sont obliques ; les faisceaux sont séparés les uns des autres par un léger intervalle, ce qui donne à cette partie l'aspect de rubans ou de cordes d'une lyre ; en faisant cette observation dans l'eau distillée, on voit tour à tour les piliers postérieurs, disjoints, marchant horizontalement à la rencontre l'un de l'autre, se joignant, puis se confondant, par des faisceaux distincts : c'est une véritable conjugaison semblable à celles que nous avons si souvent décrites. Ces effets ont lieu au cinquième mois chez le mouton et le cochon, à la fin du sixième chez le veau, et vers le septième chez le cheval. A mesure que les piliers antérieurs se sont portés d'avant en arrière sur la couche optique, les lames primitives du *septum* se sont étendues dans le même sens et ont accru dans la même proportion. Le *septum lucidum* est donc formé de quatre lames primitives : deux inférieures, provenant des piliers antérieurs et ayant une direction ascendante de bas en haut ; et deux supérieures, se dirigeant en sens inverse de la base du corps calleux ; ces lames se réunissent au milieu de l'intervalle qui sépare la voûte de ce dernier corps. Primitivement la cavité comprise entre l'écartement de ces lames est ouverte en arrière; mais elle se ferme à l'époque de la formation des faisceaux de la lyre. C'est alors, comme chez l'adulte, une cavité sans ouverture (1).

Chez l'embryon humain, on distingue les piliers antérieurs sur la fin du deuxième mois; ils sont alors cachés au-dessous de la couche optique, et forment deux petits faisceaux ascendans du centre médullaire des éminences blanchâtres. Dans le cours du troisième mois, ils deviennent apparens au-devant de ces renflemens, paraissent d'abord logés dans un enfoncement, puis se placent au niveau des couches optiques; à cette époque, ils envoient un faisceau pelliculeux antérieur, qui se dirige en avant, et un petit ruban blanchâtre qui se porte en arrière, et sillonne la partie supérieure et externe de la couche optique, sur laquelle on le croirait superposé.

Le faisceau antérieur, semblable à une lame rayonnante, se dirige vers la base du corps calleux; il est rejoint dans sa marche par un petit faisceau descendant du corps calleux : ils sont tous les deux si minces, que j'aurais douté de leur réunion, si sur deux embryons dont le corps calleux ne s'était pas formé, je n'eusse observé cette petite

(1) Pour le développement de la voûte, les embryons des animaux sont à préférer à celui de l'homme; l'inverse a lieu pour le corps calleux.

lame flotter au-devant des piliers ; de leur réunion
se forme la petite cavité du *septum lucidum*.

Les rubans postérieurs (pédicules de la glande
pinéale) paraissent au moment où les piliers
se courbent d'avant en arrière pour embrasser
la partie antérieure de la couche optique (1) ;
quelquefois ils semblent ne pas adhérer aux piliers, ils se forment alors sur la superficie grisâtre de la couche optique (2) ; au troisième
mois, ils sont déjà distincts en avant et en dedans de ces renflemens ; ils s'écartent d'abord,
formant un petit arc, dont la concavité est en
dedans (3), puis ils se rapprochent en arrière
en continuant leur courbure ; à la fin du troisième
mois, ils sont presque adossés l'un à l'autre, et à
l'extrémité de chacun d'eux on aperçoit un très-
petit noyau de matière grise ; ces deux noyaux se
réunissent au commencement du quatrième mois
de l'embryon humain (4), au commencement du
troisième du mouton, sur le milieu du quatrième
du veau et du cheval. De la jonction des deux petits
noyaux résulte la glande pinéale, qui de cette manière est primitivement double, comme chez certains reptiles ; ce n'est qu'à la fin du quatrième mois
de l'homme, du veau et du cheval, qu'on voit apparaître les pédoncules postérieurs. Je dois néan-

---

(1) Pl. II, fig. 51, n° 8.
(2) Pl. II, fig. 74, n° 4.
(3) Pl. II, fig. 70, n° 5.
(4) *Ibid.*

moins observer que sur des embryons de chien, de chat et de lapin, à l'aide du microscope, j'ai cru distinguer les deux piliers postérieurs avant les antérieurs; mais dans ce cas, comme dans le précédent, la glande pinéale était bifurquée : sur quatre embryons de chien, elle avait la forme d'un cœur dont la pointe était en arrière. J'ai suivi ce mécanisme avec d'autant plus de soin, qu'on voit qu'il est directement opposé aux idées de MM. Gall et Spurzheim.

Après que les piliers antérieurs ont ainsi produit en avant les fibres du septum, et en arrière celles de la glande pinéale, lorsque celles-ci s'en détachent, on les voit se placer sur la face supérieure des couches optiques, ce qui arrive vers le milieu du troisième mois ; en même temps que les piliers antérieurs s'élèvent ainsi du noyau médullaire des éminences blanchâtres ; et se portent, après s'être recourbés, d'avant en arrière, les piliers postérieurs s'avancent d'arrière en avant, formant d'abord une frange roulée (1) en arrière, et des dentelures très-prononcées en dehors (2); leur réunion s'effectue un peu en avant de leur partie moyenne (3) : vers la fin du cinquième mois, ou au milieu du sixième, des lames transversales les réunissent en avant et en arrière en même

---

(1) Pl. II, fig. 70, n° 4.
(2) Pl. II, fig. 70, n° 5 et 6.
(3) Pl. II, fig. 70, n° 7.

temps; ces lames sont entrecoupées de trainées de
matière grise qui permet de distinguer les fibres
médullaires, beaucoup plus fortes en arrière ; ce
sont les fibres de la lyre : souvent au sixième mois,
les fibres transversales postérieures ne sont pas
jointes. Placées dans l'eau distillée, elles sont soule-
vées par le liquide et écartées les unes des autres;
quelquefois leur réunion n'a lieu qu'au commencement du septième mois ; au huitième, la voûte
est très-bien développée, et a une étendue plus
grande que celle qu'elle doit conserver proportionnellement chez l'adulte. Je dois faire remarquer
ici, que la voûte se forme en arrière par l'intermède du plexus choroïde, sur lequel elle semble
superposée.

Telle est la manière compliquée dont se conjuguent les lobes; on voit que cette conjugaison
s'effectue au moyen de faisceaux qui ont des directions bien différentes : ceux des commissures
antérieures et postérieures, ceux qui composent le
corps calleux, la partie postérieure de la voûte, sont
transversaux, et ont une direction convergente,
puisque, naissant des parties latérales des diverses
parties des hémisphères, ils marchent concentri-
quement à la rencontre des uns des autres, et se joignent sur l'axe médian des deux hémisphères (1).
Au contraire, les faisceaux qui doivent former les
piliers de la voûte, ont une direction très-différente;

---

(1) Tiedemann nie l'existence de ces faisceaux rentrans.

les antérieurs montent d'abord verticalement du centre blanchâtre des éminences mamillaires, se courbent ensuite, et se portent d'avant en arrière, sur la partie supérieure des couches optiques; vers la partie médiane de ces éminences, ils rencontrent les lames des piliers postérieurs, qui, nées en arrière, remontent d'arrière en avant, et viennent se réunir aux faisceaux des piliers antérieurs. Les pédoncules antérieurs de la glande pinéale se forment aussi d'avant en arrière, et marchent dans une direction analogue à celle des piliers antérieurs ; les lames du septum suivent, au contraire, comme les piliers postérieurs, une direction d'arrière en avant pour aller rejoindre les lames qui descendent de la base du corps calleux (1). C'est par la réunion de tous ces faisceaux que se forment et se circonscrivent le troisième ventricule, les deux grands ventricules latéraux, leurs prolongemens inférieurs, la cavité du *septum lucidum*, et les ouvertures que l'on a si improprement nommées *vulve* et *anus*.

---

(1) Quelque compliquées que paraissent ces diverses formations, elles sont le résultat nécessaire des lois de développement du système nerveux ; je regrette beaucoup de n'avoir pu donner les figures qui indiquent les marches diverses de tous ces faisceaux fibreux.

TABLEAU COMPARATIF

Des dimensions de la Couche optique dans les différens âges de l'Homme et de l'Embryon humain.

AGE.	DIAMÈTRE LONGITUDINAL.	DIAMÈTRE TRANSVERSAL.
gestation.	mètre.	mètre.
1 mois.	» »	» »
2 mois.	0,00200	0,00150
3 mois.	0,00500	0,00275
4 mois.	0,00600	0,00375
5 mois.	0,00750	0,00500
6 mois.	0,00833	0,00650
7 mois.	0,01200	0,00766
8 mois.	0,01500	0,00900
9 mois.	0,02000	0,01200
Après la naissance.		
2 ans.	0,02800	0,01600
4 ans.	0,03100	0,01900
8 ans.	0,04000	0,02400
20 ans.	0,04100	0,02400
30 ans.	0,04200	0,02600
70 ans.	0,03700	0,02200
100 ans.	0,03200	0,02000

TABLEAU COMPARATIF

Des dimensions du Corps strié dans les différens âges de l'homme et de l'Embryon humain.

AGE.	DIAMÈTRE LONGITUDINAL.	DIAMÈTRE TRANSVERSAL.
gestation.	mètre.	mètre,
1 mois.	» »	» »
2 mois.	0,00300	0,00175
3 mois.	0,00500	0,00300
4 mois.	0,00833	0,00425
5 mois.	0,01100	0,00600
6 mois.	0,01600	0,00800
7 mois.	0,02525	0,01175
8 mois	0,03100	0,01500
9 mois.	0,03400	0,01900
Après la naissance.		
2 ans.	0,04100	0,02000
4 ans.	0,04500	0,02200
8 ans.	0,06000	0,02400
20 ans.	0,06300	0,02500
30 ans.	0,06500	0,02700
70 ans.	0,06400	0,02100
100 ans.	0,06100	0,02000

Quoique la base de l'encéphale soit moins compliquée que la face supérieure, que nous venons d'examiner, elle présente néanmoins des transformations très-importantes chez les mammifères, soit à sa superficie, soit dans la profondeur des masses encéphaliques qui lui correspondent.

La moelle allongée est le point de convergence des quatre faisceaux qui composent la moelle épinière, et le centre de la divergence des faisceaux qui se rendent dans le cervelet et les hémisphères

11*

cérébraux : c'est sur elle que se forment les conjugaisons du cervelet, par l'intermède du corps
trapézoïde et de la protubérance annulaire.

Le centre médullaire qui la compose, est divisé
en quatre faisceaux principaux : un antérieur, un
postérieur, deux latéraux. Les deux premiers sont
les pyramides antérieures et postérieures ; les deux
latéraux sont les olives et le corps restiforme : ces
deux derniers reçoivent directement leurs fibres de
la moelle épinière ; les pyramides antérieures les
reçoivent croisées. Ce croisement n'est pas distinct
dans les premiers temps de la formation des embryons ; il n'y a, entre les pyramides, que de petits
faisceaux transverses, analogues à ceux qui réunissent les lames antérieures de la moelle épinière.

Mais, dès la sixième semaine de l'embryon du
mouton, la septième ou la huitième du veau et
du cheval, on distingue des faisceaux ascendans
de la partie supérieure des cordons antérieurs de
la moelle épinière. Ces faisceaux ont une direction
oblique : ceux de droite se dirigent à gauche, ceux
de gauche à droite ; tous les faisceaux croisés ne
remontent pas de la moelle épinière, quelques-
uns descendent de la moelle allongée et croisent
leur marche avec les ascendans. Chez l'embryon
humain, on distingue l'entrecroisement de la
septième à la huitième semaine, rarement plus tôt,
souvent plus tard. Comme chez les animaux précédens, le croisement est formé par deux ordres de
faisceaux ; les uns descendent de la moelle allon-

gée, les autres remontent de la moelle épinière;
les faisceaux ascendans et descendans ne communiquent pas entre eux. Chez les embryons des
singes, l'entrecroisement des pyramides se fait de
la même manière (1).

L'apparition des olives est très-tardive chez les
embryons : on les distingue à peine chez les *carnassiers*, les *ruminans* et les *rongeurs*, pendant tout
le cours de la gestation, à cause de leur atrophie
permanente dans ces familles. Chez l'embryon des
singes, elles ne deviennent distinctes que vers le
dernier tiers de la gestation; chez l'embryon humain, on les trouve encore aplaties les deuxième,
troisième, quatrième et cinquième mois de la vie utérine. Au cinquième mois, elles commencent à proéminer; au sixième, on trouve au centre une petite
quantité de matière grise; aux septième et huitième,
cette matière devient plus abondante; au neuvième,
elles ont pris leurs proportions relatives. Cet agrandissement des olives coïncide avec le développement du corps ciliaire et des hémisphères du cervelet. Il coïncide aussi chez l'homme et les singes

---

(1) Le célèbre professeur Rolando n'admet pas l'entrecroisement des pyramides antérieures chez l'homme adulte.
Leur entrecroisement a été très-bien constaté par Tiedemann
chez l'embryon humain; mais ce célèbre anatomiste n'a pas
suivi le mécanisme de sa formation. Pour le voir comme je
l'ai décrit, il faut avoir des embryons affectés d'hydropisie
de la moelle épinière. Les faisceaux croisés sont, dans ce cas,
superposés les uns sur les autres.

avec l'atrophie des tubercules quadrijumeaux. Après la naissance, les olives restent stationnaires jusqu'à la fin de la première année ; à cette époque elles augmentent de nouveau, et ce nouvel accroissement est en rapport avec la formation des faisceaux blanchâtres du quatrième ventricule. Les olives des singes restent dans l'état où on les observe chez l'embryon de l'homme à terme : les cordons du quatrième ventricule ne se développent pas dans toute cette famille.

Les pyramides postérieures et le corps restiforme ne se distinguent sur les côtés de la moelle allongée que vers le tiers environ de la gestation des mammifères, époque à laquelle paraissent les premiers feuillets du cervelet ; ces deux faisceaux se développent ensuite, notamment le corps restiforme, en raison directe de l'accroissement du cervelet, principalement du lobe médian de cet organe. A toutes les époques de la vie utérine des mammifères, de même qu'après la naissance, les faisceaux des pyramides postérieures et du corps restiforme se continuent en ligne directe avec la moelle épinière ; disposition d'autant plus remarquable, que je prouverai, dans un autre ouvrage, que les paralysies dépendantes d'une lésion du cervelet sont croisées, de même que celles provenant d'une semblable altération des hémisphères cérébraux.

Les faisceaux médullaires qui partent des pyramides antérieures et des olives, traversent la moelle

allongée : les premiers situés en dedans, les seconds
en dehors; ils vont rejoindre ceux qui descendent
des tubercules quadrijumeaux et des couches optiques. Primitivement la moelle allongée se continue
chez les embryons avec les cuisses des hémisphères;
leur continuité n'est point rompue par les fibres du
corps trapézoïde et du pont, ce qui simplifie beaucoup sa structure.

A l'époque où les hémisphères du cervelet, le
corps ciliaire et le gros faisceau blanchâtre qui se
dirige vers les tubercules quadrijumeaux, prennent leur accroissement, toutes ces parties se conjuguent par des faisceaux de fibres qui viennent
embrasser la moelle allongée et former autour
d'elle un segment de cercle, désigné par le nom
de protubérance annulaire. Ce segment est formé
de deux parties distinctes : d'un arc inférieur, c'est
le corps trapézoïde; d'un supérieur et plus inférieur, c'est le pont proprement dit (1).

Sur la fin du troisième mois de l'embryon humain, on aperçoit quelques fibres transversales
sur les côtés externes de la moelle allongée; au
quatrième mois, ces fibres se sont réunies sur la
ligne médiane, en avant de l'origine de la sixième

_____

(1) Les embryons des ruminans et des rongeurs sont plus
convenables que celui de l'homme, pour suivre le développement du corps trapézoïde; celui de l'homme est au contraire le plus propre à l'étude de la formation de la protubérance annulaire.

paire de nerfs : cette première bande de fibres médullaires est le corps trapézoïde; Tiedemann n'en parle point. Au cinquième mois, apparaissent de nouvelles fibres transversales superposées sur les premières; ce sont les fibres du pont : celles-ci augmentent beaucoup les sixième, septième, huitième et neuvième mois; chez le mouton, le corps trapézoïde est distinct dès la fin du deuxième mois (1); chez le cochon, à la même époque; chez le veau et le cheval, il n'est très-apparent qu'au commencement du quatrième mois; les fibres du pont apparaissent ensuite; mais elles sont, chez ces derniers animaux, beaucoup plus faibles que chez l'homme et le singe; en comparant le développement des deux parties, on trouve qu'elles se forment en raison inverse l'une de l'autre.

La convergence des fibres transversales qui viennent former le pont et le corps trapézoïde de *Malacarne*, de *Treviranus*, et de *Rolando*, est très-apparente, chez le mouton, au deuxième mois (2); chez le cochon, au commencement du troisième (3); et chez l'embryon du didelphe manicou, à cette époque de formation (4). Chez ces animaux, on voit ces fibres se diriger de dehors en dedans, et se portant sur la ligne médiane, où elles forment un raphé

---

(1) Pl. II, fig. 46, n° 6.
(2) *Ibid.*
(3) Pl. II, fig. 52, n° 4.
(4) Pl. II, fig. 61, n° 4.

très-distinct (1) ; cette formation est analogue à celle des commissures en général, du corps calleux et des fibres transversales de la voûte; chez l'embryon humain, le corps trapézoïde est en rapport avec le développement du processus vermiculaire supérieur, et le pont avec les hémisphères du cervelet; chez les embryons des mammifères, ces deux parties suivent la même progression.

En avant du pont, les faisceaux des pyramides antérieures et des olives se confondent avec les rayons médullaires provenant des tubercules quadrijumeaux, de la couche optique, du corps strié, et du centre médullaire, situé au-dessus des éminences blanchâtres; cette direction des fibres médullaires est un point anatomique des plus importans; la manière dont s'opère leur conjugaison dans la profondeur des hémisphères est des plus compliquées; on l'a beaucoup simplifiée en disant que les pyramides et les olives s'épanouissent dans les couches optiques, les corps striés et les hémisphères. Je puis affirmer que cela ne se passe pas ainsi, ou du moins que je n'ai pas trouvé cette marche chez les embryons de l'homme, des singes, des carnassiers, des ruminans et des rongeurs, que j'ai examinés avec le plus grand soin : j'ai vu, au contraire, les centres médullaires des diverses parties des hémisphères se former isolément, puis se mettre en rapport avec les centres

_____

(1) Pl. II, fig. 52, n° 3.

voisins, par des faisceaux divergens, récurrens, ascendans ou descendans, selon la position de ces centres, et selon leur mode de conjugaison (1).

Les pyramides antérieures reçoivent des faisceaux récurrens du centre fibreux des éminences mamillaires, de la base de la partie antérieure des corps striés ; primitivement elles sont séparées et sans communication avec ces parties.

Les olives reçoivent des faisceaux du centre médullaire des tubercules quadrijumeaux et de la partie postérieure des couches optiques ; ces centres sont plus tôt formés que ceux des pyramides ; les faisceaux de ceux-ci, qui sillonnent la partie antérieure et supérieure du corps strié, ne sont même pas apparens à la naissance de la plupart des mammifères ; ils ne deviennent véritablement striés que plus tard, et à des époques différentes, selon les familles. Les centres médullaires se forment donc isolément, et se mettent ensuite en relation les uns avec les autres. Il est inutile de faire remarquer toute l'importance que présente pour la physiologie du cerveau ce mode de formation des plexus médullaires des hémisphères, et la direction diverse de leurs faisceaux pour se mettre en relation les uns avec les autres. On pourra peut-être, de l'apparition plus ou moins tardive de ces centres de matière blanche, tirer

(1) Je n'essayerai pas d'en donner une idée par une description verbale ; rien ne peut suppléer aux dessins, indispensables pour suivre ces diverses conjugaisons.

quelques inductions sur leurs fonctions : je puis annoncer dès ce moment, que la diversité des paralysies, la variété des symptômes qui les accompagnent, les lésions plus ou moins grandes de l'aptitude aux sensations, aux volitions ; les nuances variées de l'altération de la voix, dans les maladies organiques de l'encéphale, dépendent du siége différent des altérations morbides sur ces plexus et sur leurs rayonnemens.

En se dégageant de dessous le pont, les pédoncules cérébraux, composés de faisceaux très-apparens, divergent et s'écartent l'un de l'autre ; cet écartement détermine la formation d'un sillon interposé entre eux. Primitivement, ils sont séparés l'un de l'autre, comme les lames de la moelle épinière ; l'enfoncement qui les sépare est l'analogue du sillon antérieur de cette dernière : des faisceaux transverses les réunissent comme dans celle-ci. La divergence des pédoncules est plus ou moins grande, selon les embryons qu'on examine, et aussi selon l'âge auquel on les observe ; cette divergence les écarté nécessairement l'un de l'autre, et détermine des effets consécutifs, dont le plus remarquable est la formation des éminences blanchâtres, désignées chez l'homme par le nom d'éminences mamillaires.

Derrière la jonction du nerf optique, on trouve, chez les embryons, un disque de matière grise, semblable à la commissure molle des couches optiques : cette matière devient apparente au deuxième mois du mouton, au commencement du troisième du cheval et du veau, et à la même époque chez l'embryon humain. Avant l'arrivée des nerfs optiques, et pendant la séparation anté-rieure des pédoncules, on remarque en cet endroit un petit tubercule gris, qui plus tard se confond en se réunissant à celui du côté opposé en une masse homogène, sans raphé apparent : c'est une véritable conjugaison des pédoncules. Chez les embryons des singes, chez ceux des carnassiers, et chez quelques ruminans, un sillon médian très-foible vient diviser cette masse en deux parties; la présence de ce sillon opère sur elle un effet ana-logue à celui de la formation du sillon sur les tuber-cules quadrijumeaux : il paroît formé sur le plateau des éminences par l'écartement des pédoncules en avant. Chez l'embryon humain, le sillon se déve-loppe vers le sixième mois; alors la masse grisâtre se bombe extérieurement en arrière, et se déprime dans son milieu. Au septième mois, le sillon se prononce fortement; une pellicule blanchâtre paroît sur leur superficie; aux huitième et neuvième mois, ils deviennent sphériques, et sont tellement isolés l'un de l'autre qu'on douterait de leur réunion primi-tive, si, comme l'ont fait Haller, les frères Wentzell et Tiedemann, on n'en avait suivi toutes les trans-formations. La formation tardive des éminences mamillaires coïncide avec le développement tardif des corps olivaires; il y a néanmoins une disposition inverse dans l'apparition des deux substances qui

les composent : dans les olives, la matière blanche
précède la formation de la matière grise qui est
dans son centre; dans les éminences, la lame médullaire, qui leur forme une espèce d'écorce,
paraît longtemps après la matière grise. Chez un
embryon humain hydrocéphale du sixième mois,
les éminences étaient formées comme au huitième;
chez un embryon hydrocéphale de chien, elles
étaient isolées, arrondies, comme on les trouve
chez l'embryon humain du septième mois. L'écartement des pédoncules par le liquide avait-il favo-
risé leur développement?

Le développement des hémisphères du cerveau
est, comme celui du cervelet, sous l'influence du
système artériel. Avant la formation des artères cérébrales, les hémisphères n'existent pas; ils apparaissent immédiatement après elles. Primitivement,
les carotides interne et externe se développent en
même temps, mais à des degrés différens : la carotide
interne est la plus faible des deux; son tronc se consume presque en entier dans l'organe de la vision,
toujours si précoce dans tous les embryons : je l'ai
aperçue dans la deuxième semaine de l'embryon humain et des embryons du cheval, du veau, du mouton
et du cochon; elle se recourbe ensuite pour aller former les hémisphères. D'abord très-faible, son calibre prend successivement de l'accroissement. Les
artères se forment d'avant en arrière; ce qui explique
le développement des lobes cérébraux en ce sens.
Les artères des corps striés ne deviennent distinctes

que vers le milieu du troisième mois de l'embryon du veau, du cheval, et sur la fin du deuxième mois de ceux du cochon et du mouton; elles ne sont bien formées que sur la fin du troisième mois de l'embryon humain. Une fois développées, elles prennent un accroissement rapide et pénètrent dans la vaste cavité des hémisphères, où elles s'anastomosent avec celles du plexus choroïde qui pénètrent en arrière. A la même époque se développe chez les embryons l'artère du corps calleux; comme ce corps, elle se forme d'avant en arrière, et se trouve d'abord située à la partie interne des hémisphères dont elle suit l'accroissement : ainsi, les hémisphères sont de toutes parts enveloppés par le système artériel, en dehors par les artères hémisphériques, les cérébrales antérieures, postérieures et calleuses; par les striées et les choroïdiennes, en dedans.

En se développant, les hémisphères se portent d'abord d'avant en arrière, chez les jeunes embryons du veau, du cheval, du mouton, du cochon et du lapin. De même que chez l'homme, ils recouvrent les corps striés, puis la couche optique, puis les tubercules quadrijumeaux, puis enfin ils s'avancent plus ou moins loin sur la face supérieure du cervelet, qu'ils cachent en totalité ou en partie, selon l'animal dont on observe la face supérieure de l'encéphale.

A la base, on voit se manifester en premier lieu la scissure de Sylvius, dans laquelle le nerf olfactif

vient s'implanter par des faisceaux aussi développés chez les singes et l'homme, que chez les
ruminans et les rongeurs adultes ; l'espace qu'elles
circonscrivent, et que j'ai nommé *champ olfactif*,
est très-grand chez les embryons de singe ; chez
celui de l'homme, il est très-large au commencement du troisième mois et jusqu'au milieu du
quatrième ; il diminue ensuite progressivement
jusqu'au neuvième, époque à laquelle il offre à
peu près les mêmes dimensions que chez l'adulte.
On voit donc que sous ce rapport encore, l'embryon humain et celui du singe nous offrent dans
leurs différens âges les formes transitoires de l'encéphale des mammifères inférieurs.

Derrière la scissure de Sylvius, on voit se développer, chez les embryons du cheval, du veau, du mouton, du cochon, du didelphe manicou (*didelphis vir-
giniana*), du cochon d'inde et du lapin, un lobe
arrondi, continu, par sa partie antérieure, avec
les racines du nerf olfactif et le champ de même
nom : c'est le lobe de l'hypocampe, dont la saillie
va en diminuant chez ces animaux, à mesure
qu'on se rapproche du terme de leur naissance.

Après que le lobe de l'hypocampe est développé,
on voit apparaître sur son côté externe un autre
lobe, qui, d'abord très-faible, augmente ensuite
progressivement, en raison directe de l'atrophie
qu'éprouve celui de l'hypocampe. Je nomme ce
second lobe, lobe sphénoïdal, à cause de ses rapports avec la fosse sphénoïdale de la base du crâne,

L'accroissement de ce lobe coïncide avec le développement du corps calleux ; tandis que le développement du lobe de l'hypocampe est en rapport avec la formation et l'accroissement de la voûte à trois piliers.

Chez les embryons de l'homme et des singes, cet antagonisme entre le lobe sphénoïdal et celui de l'hypocampe est beaucoup plus marqué que chez tous les autres mammifères. En premier lieu, le lobe de l'hypocampe est le seul qui soit apparent en arrière de la scissure de Sylvius ; il proémine sur la base de l'encéphale jusqu'à la moitié de la gestation des quadrumanes et de l'homme. Le lobe sphénoïdal, situé à son côté externe, de même que chez les autres mammifères, devient alors apparent ; son développement, suspendu, en quelque sorte, pendant l'accroissement du lobe de l'hypocampe, est très-rapide dans la dernière moitié de la formation de l'embryon ; sa saillie égale celle du lobe de l'hypocampe ; puis il le déborde et le couvre. En même temps que le lobe de l'hypocampe est débordé en bas par le lobe sphénoïdal, il l'est de même en avant. Ces lobes sont primitivement sur la même ligne ; mais dans le dernier tiers de la vie utérine, le lobe sphénoïdal se porte en avant et laisse beaucoup en arrière le lobe de l'hypocampe : l'effet de ce mouvement est de rendre très-profonde, chez les quadrumanes et l'homme, la partie externe de la scissure de Sylvius. Avec le développement du lobe sphénoïdal et l'atrophie du lobe de l'hypocampe, on voit coïncider chez ces embryons la manifestation du lobe postérieur en arrière. Wriberg, les frères Wentzell et Tiedemann, ne disent rien de ce mode de développement chez l'embryon humain. Il est d'autant plus curieux à suivre, chez les embryons de l'homme et des quadrumanes, que nous verrons qu'il donne l'explication de la différence que présente cette partie de l'encéphale de l'homme et des singes, comparée à celle des autres mammifères.

Les anatomistes célèbres que je viens de citer, laissent également dans la plus profonde obscurité la question de la formation des circonvolutions des hémisphères. L'analogie de la formation des autres parties des masses centrales du système nerveux a contribué à la faire méconnaître : on pouvait croire en effet, de même que pour la moelle épinière et les tubercules quadrijumeaux, que l'épaississement des hémisphères aurait lieu par la déposition successive des couches intérieures, mode de formation qui se remarque jusqu'à un certain degré dans les hémisphères cérébraux des oiseaux; le développement considérable du réseau vasculaire interne des hémisphères augmentait encore les preuves analogiques qu'on en pouvait déduire. Mais, en suivant cette opinion, on a laissé dans la plus grande incertitude le mode de formation des circonvolutions cérébrales. Wriberg, les frères Wentzell et Tiedemann, n'ont considéré que la manifestation extérieure des circonvolutions des hémisphères; ils les ont vues se montrer très-tard chez l'embryon humain, parce qu'en effet leur saillie extérieure ne devient apparente que longtemps après leur développement intérieur. Les deux premiers anatomistes, suivant, sans principes généraux, le développement de l'encéphale du fœtus humain, ont méconnu la formation intérieure des hémisphères, d'où dépend celle de leurs circonvolutions. J'avais entrevu cette lacune dans le travail des frères Wentzell : j'ai été surpris de la trouver dans la première partie de l'ouvrage de Tiedemann (1), dans laquelle il a laissé si loin de lui tous ses prédécesseurs. Je me suis si souvent rencontré dans l'encéphalogénésie de l'homme avec ce célèbre professeur, j'ai eu si fréquemment l'occasion d'apprécier l'exactitude de ses observations, que je ne puis m'empêcher d'exprimer le regret qu'il n'ait pas abordé la plus difficile et peut-être la plus importante des questions de l'encéphalotomie de l'homme et des mammifères.

Quoi qu'il en soit, voici à ce sujet l'exposition succincte de mes recherches. Jusqu'au milieu de la formation des embryons de l'homme, des singes, du veau, du cheval, du lion, du loup, du mouton et du cochon, la surface extérieure de l'encéphale est lisse; on n'y voit que les scissures qui correspondent à la scissure de Sylvius et au contour

---

(1) Ce que je dis du célèbre Tiedemann, doit toujours être appliqué à la première partie de son ouvrage.

postérieur des lobes de la base du cerveau. Je fus d'autant plus frappé de cette disposition, qu'en ouvrant l'intérieur des hémisphères, j'aperçus les circonvolutions, très-bien formées en dedans, sur des embryons du commencement du troisième mois de l'homme, du cheval, du veau; sur la fin du deuxième mois, du cochon et du mouton; je reconnus en même temps qu'il existait, entre ces circonvolutions intérieures et la partie interne de la lame externe des hémisphères, un intervalle d'autant plus étendu que j'observais des embryons plus jeunes. En cherchant quelle pouvait être la cause de ces circonvolutions précoces, je m'aperçus qu'il se détachait, des parties latérales des pédoncules cérébraux qui correspondaient aux couches optiques et aux corps striés, des feuillets hémisphériques internes; ces feuillets étaient plissés dans toute leur étendue, surtout à leur bord libre, qui était flottant dans la cavité des hémisphères; je comptai cinq feuillets chez l'embryon humain, trois chez les embryons des carnassiers et des ruminans, et deux chez ceux des rongeurs; ces feuillets étaient plićs sur eux-mêmes et ondulés à leur superficie, notamment à leur partie antérieure et postérieure, et à leur partie interne; ces lames internes étaient enveloppées par le feuillet hémisphérique extérieur, qui, n'étant pas appliqué encore sur les feuillets internes, ne partageait pas leurs ondulations : cette circonstance expliquait ainsi l'absence extérieure des circonvolutions.

En étudiant avec soin cette disposition nouvelle, je rencontrai les branches des artères striées et choroïdiennes serpentant le long de ces lames hémisphériques ; plus tard, je rencontrai ces lames réunies par leur base, formant un grand faisceau unique, dans les interstices duquel je rencontrai toujours les principaux troncs artériels. Cet effet coïncidait avec l'accroissement des couches optiques et du corps strié. En même temps que les lames s'étaient réunies par leur base, et avaient formé par cette jonction le plateau médullaire, connu sous le nom de demi-centre ovale des hémisphères, je les trouvai beaucoup plus développées en hauteur; l'intervalle qui les séparait de la lame externe avait disparu ; les ondulations intérieures s'étaient appliquées contre la paroi interne de la lame extérieure; les saillies des circonvolutions intérieures avaient produit un enfoncement sur la partie interne de la lame externe; à cet enfoncement intérieur correspondait une élévation extérieure sur la superficie de l'hémisphère. La lame externe s'était enfoncée, en outre, dans les anfractuosités qui séparaient les ondulations des lames hémisphériques internes ; ces enfoncemens avaient déterminé des proéminences, *des bosselures*, en dedans de la lame interne ; à l'extérieur de ces bosselures correspondaient des enfoncemens, qui dessinaient, à la superficie des hémisphères, les ondulations qu'on remarquait sur les lames internes. Plus les ondulations intérieures étaient prononcées, plus les circonvolutions extérieures étaient marquées, plus leurs anfractuosités étaient profondes.

On voit, d'après cela, que les circonvolutions extérieures sont le résultat de l'application de la lame externe des hémisphères sur les lames ondulées de leur intérieur. On voit encore que les ondulations des lames internes ne deviennent sensibles sur l'externe que lorsqu'elles ont acquis assez de développement pour aller s'appliquer contre la paroi interne de la lame extérieure, en la soulevant en quelque sorte dans les parties saillantes des circonvolutions. On voit de même que les anfractuosités extérieures sont produites par l'enfoncement de la lame externe dans les intervalles qui séparent les ondulations des lames hémisphériques intérieures. La lame externe des hémisphères est donc étrangère aux circonvolutions; elle n'y coopère, pour ainsi dire, que d'une manière mécanique, par sa juste position sur les lames ondulées de l'intérieur des hémisphères.

Cela explique pourquoi les circonvolutions extérieures, qui sont si précoces chez les embryons, ne deviennent sensibles sur la lame externe que lorsque la couche optique et les corps striés qui servent de racine aux lames intérieures ondulées, ont pris un grand développement. Cela explique aussi comment les circonvolutions sont proportionnées, en général, chez les mammifères, au volume des corps striés et de la couche optique; comment, chez les oiseaux et les reptiles, avec l'atrophie de ces éminences coïncide la disparition des circonvolutions, la lame externe des hémisphères restant toujours la même. Enfin, ce mécanisme de leur formation explique la disposition générale des circonvolutions. En effet, les feuillets hémisphériques internes sont étendus d'avant en arrière et ondulés dans ce sens; la disposition générale des circonvolutions est aussi d'avant en arrière.

C'est en suivant avec détail la marche de ces lames internes, que je découvris la formation du corps calleux; car, de même que les feuillets de la moelle épinière, de même que ceux qui concourent à la formation des tubercules quadrijumeaux, ces feuillets intérieurs des hémisphères convergent les uns vers les autres; de leurs parois internes partent des faisceaux transverses, qui, se dirigeant horizontalement d'un hémisphère vers l'autre, se rencontrent sur la ligne médiane, et se conjuguent, comme je l'ai exposé précédemment, en passant au-dessus de la voûte en arrière et en avant. A mesure que les feuillets augmentent d'épaisseur, leurs lames transverses accroissent; le corps calleux se développe aussi dans la même proportion. De là, le triple rapport observé entre les couches optiques, les corps striés, le volume du demi-centre ovale des hémisphères et la force du corps calleux; ces trois parties sont nécessairement développées en raison directe les unes des autres. Ces effets s'opèrent sous l'influence des artères striées et choroïdiennes; les artères hémisphériques extérieures n'y coopèrent que lorsque les lames intérieures des hémisphères se sont appliquées contre la paroi interne de la lame externe de ces parties; alors elles concourent puissamment à la formation complète de ces masses principales de l'encéphale chez les mammifères et l'homme (1).

Telles sont les principales transformations qui se remarquent dans les lobes cérébraux des embryons des mammifères pendant le cours de la vie utérine; en les indiquant, j'ai cherché à en découvrir la cause; j'ai montré leurs rapports principaux avec le développement des autres parties de l'encéphale; j'ai fait voir qu'ils étaient soumis aux mêmes principes de formation, et que, comme la moelle épinière, le cervelet et les tubercules quadrijumeaux, ils étaient sous l'influence immédiate du système artériel. J'ai négligé de parler de l'origine du nerf que l'on rencontre à la base de l'encéphale; cette question devant être considérée sous un point de vue tout nouveau, j'en ai remis l'examen à l'article où nous traiterons de ces organes.

---

(1) Ce développement de l'intérieur des hémisphères est très-compliqué; j'ai cherché à le rendre le plus clair possible, quoique j'aie éprouvé combien cette explication était difficile à saisir, sans voir les figures qui indiquent la marche des feuillets intérieurs et les changemens qui s'opèrent dans les circonvolutions; je n'ai eu en vue que d'indiquer les principes de formation de ces diverses parties.

CHAPITRE IV.

*De l'**Encéphale** des **Poissons** , considéré comme l'état embryonnaire permanent des reptiles, des oiseaux et des mammifères. — Détermination de cet organe dans cette classe, par sa comparaison avec celui des embryons des trois classes supérieures.*

J'ai consacré la première partie de ce travail à la détermination des parties dont se compose l'encéphale dans les quatre classes ; cette détermination est la base fondamentale de l'anatomie comparative de cet organe. Car quels élémens comparer si on n'a déterminé dans chaque classe leur homogénéité ou leur différence? quels rapports exprimer, si on ignore la signification et la valeur des termes qu'on compare? comment saisir la vérité? comment éviter l'erreur? Toute comparaison suppose donc la détermination préalable de chaque élément de l'encéphale dans toutes les classes. Avant de pouvoir faire entrer les poissons en parallèle avec les reptiles, les oiseaux et les mammifères, il est indispensable de reconnaître d'abord la signification des élémens qui entrent dans la structure de leur cerveau.

Considéré dans son ensemble, l'encéphale des poissons est le plus simple de tous dans la nature ; il est le plus compliqué dans nos ouvrages, c'est un labyrinthe inextricable. Pourquoi cette contradiction entre la nature et nos écrits? Il en existe plusieurs raisons : la principale, celle d'où découlent toutes les autres, c'est la variété infinie que présente l'encéphale chez les poissons. La nature semble avoir déployé chez ces animaux toute la richesse de ses moyens. Leur cerveau ne varie pas seulement de famille à famille, il diffère essentiellement de genre à genre, d'espèce à espèce; c'est une métamorphose continuelle. Ces variations ne consistent pas seulement dans des changemens de forme, de position ou de rapport des mêmes élémens ; des parties entières se transforment, disparaissent, se reproduisent. On trouve tantôt deux lobes uniques, d'autres fois quatre; ailleurs six sont alignés symétriquement d'avant en arrière. Le corps particulier qui se trouve constamment en arrière de la première paire de lobes, sans être assujetti à ces transformations, en présente lui-même qui ne sont guère moins considérables. Ici, c'est un simple feuillet triangulaire et unique; là, les feuillets sont divisés, et une languette isolée flotte sur la cavité du quatrième ventricule; d'autres fois, c'est un véritable cervelet, analogue à celui des oiseaux, beaucoup plus développé qu'on ne le remarque dans toute la classe des reptiles.

D'un autre côté, on a voulu trouver aux poissons un encéphale aussi composé, aussi élevé que celui des oiseaux, que celui des mammifères, que celui même de l'homme. Comme on ignorait les transformations que subit cet organe chez les embryons, on a choisi l'animal adulte pour terme de comparaison. On n'a pas voulu les dépouiller d'une seule des parties de l'encéphale des mammifères : on leur a trouvé une voûte à trois piliers, un corps calleux; des éminences mamillaires, qui avaient disparu chez les reptiles et les oiseaux. Il est vrai que pour en venir là, on a choqué toutes les vraisemblances, interverti tous les rapports anatomiques; on a fait, j'ose le dire, un véritable monstre de l'encéphale des poissons. Ainsi, par sa nature, cet organe présente dans cette classe plus de difficultés à surmonter que dans les trois autres réunies; et par la manière dont les recherches ont été dirigées, on pourrait les croire véritablement insurmontables.

Pour trouver la solution de ce problème, nous ne suivrons pas les anatomistes dans toutes leurs déterminations, dans toutes les suppositions qu'ils se sont permises; nous allons marcher droit au but, en prenant la nature seule pour guide, et en écartant pour le moment tous les travaux dont l'encéphale des poissons a été l'objet. Nous choisirons nos exemples chez les poissons osseux et cartilagineux, en procédant du simple au composé, d'après les procédés analytiques les plus sévères.

Soit donné l'encéphale le moins compliqué des poissons osseux : celui du brochet (1) (*esox lucius*), de la perche (2) (*perca fluviatilis*) et du merlan (3) (*gadus merlangus*). Si nous le considérons par sa face supérieure, nous le trouvons composé, en procédant d'arrière en avant, 1°.

---

(1) Pl. I, fig. 13.
(2) Pl. I, fig. 14.
(3) Pl. I, fig. 17.

d'une languette triangulaire (1) ; 2°. de deux lobes très-volumineux chez la perche (2), moins déve-loppés chez le merlan (3), et tenant le milieu pour le volume chez le jeune brochet (4). 3°. En avant de cette première paire de lobes, nous en trouvons une seconde, médiocrement développée chez le brochet (5) et la perche (6), mais plus volumi-neuse que la première chez le merlan (7) : de la partie antérieure de ces lobes se détachent les deux nerfs olfactifs (8). Tels sont les objets qui se remarquent sur la face supérieure de l'encéphale de ces poissons. Il s'agit de déterminer mainte-nant à quelles parties elles correspondent dans les trois classes supérieures.

Assurément, il serait illusoire d'aller chercher les analogues d'un encéphale si simple, dans un organe aussi compliqué que le cerveau des mam-mifères adultes, ou des oiseaux parvenus à leur développement complet ! Qui ne voit, en effet, que, pour pouvoir trouver des parties similaires dans l'encéphale de ces derniers animaux, il faut remonter plus ou moins haut dans la série de ses développemens chez l'embryon ? Qui ne voit, au

---

(1) Pl. I, fig. 13, 14, 17, n° 1, 2 et 4.
(2) Pl. I, fig. 14, n° 3.
(3) Pl. I, fig. 17, n° 5.
(4) Pl. I, fig. 13, n° 3.
(5) Pl. I, fig. 13, n° 4.
(6) Pl. I, fig. 14, n° 4.
(7) Pl. I, fig. 17, n° 6.
(8) Pl. I, fig. 14 et 17.

premier aperçu des poissons, que leur encéphale est, en quelque sorte, l'état embryonnaire permanent des classes supérieures? Si cela est, nous avons trouvé le terme de comparaison d'où doivent se déduire nos rapports et les probabilités de nos déterminations (1).

Suivons cette idée : en remontant chez les oiseaux jusqu'au milieu de l'incubation, je trouve sur eux, comme sur nos poissons, un corps triangulaire en arrière (2), une paire de lobes qui le suivent en avant (3); un peu plus antérieurement encore, une seconde paire de lobes qui terminent leur encéphale (4); chez l'embryon humain de la cinquième semaine, j'aperçois une structure analogue; je vois un petit corps en arrière (5), deux lobes qui

---

(1) Au moment où l'idée que les poissons sont pour un grand nombre de leurs organes, des embryons permanens des classes supérieures, devient en quelque sorte classique parmi les zootomistes, la justice nous fait un devoir de rappeler que M. le professeur Geoffroy-Saint-Hilaire a le premier émis cette grande vérité. Il imagina, pour son travail des parties analogues du crâne, *de compter autant d'os qu'il y a de centres d'ossification distincts, et il eut lieu d'apprécier la justesse de cette idée, en considérant que les poissons dans leur premier âge étaient dans les mêmes conditions, relativement à leur développement, que les fœtus des mammifères.* Voy. *Considérations sur les Pièces osseuses de la tête des animaux vertébrés; Annales du Mus. d'Hist. Nat.* (1807), tom. X, p. 344.

(2) Pl. I, fig. 7, n° 6.

(3) Pl. I, fig. 7, n° 7.

(4) Pl. I, fig. 7, n° 9.

(5) Pl. I, fig. 24, n° 3.

le précèdent (1), deux autres lobes encore au-
devant de ceux-ci (2) ; chez le veau du commencement du deuxième mois, on remarque également deux lobes en avant (3), deux autres lobes
au milieu (4), et un corps particulier en arrière
des derniers lobes (5) ; il en est de même chez le
mouton (6) ; il en est de même chez les singes (7) ;
il en est de même chez le jeune embryon des
didelphes (8). Le têtard des batraciens est dans
un état semblable ; la lame triangulaire est la première partie qu'on rencontre en arrière (9), puis
viennent deux lobes (10), puis encore deux bulbes
en avant (11). Chez tous ces animaux, sans exception, on voit se détacher, comme chez les poissons, deux nerfs de la partie antérieure de la paire
de lobes qui termine l'encéphale en avant : ces
nerfs sont les olfactifs chez les oiseaux, les mammifères, les reptiles et les poissons.

De cette analogie des formes primitives de l'encéphale dans toutes ces classes, passons à leur dé-

---

(1) Pl. I, fig. 24, n° 4.
(2) Pl. I, fig. 24, n° 5.
(3) Pl. I, fig. 27, n° 5.
(4) Pl. I, fig. 27, n° 4.
(5) Pl. I, fig. 27, n° 3.
(6) Pl. I, fig. 19, n° 3, 4 et 5.
(7) Pl. II, fig. 48, n° 7, 8 et 9.
(8) Pl. I, fig. 30, n° 3, 4 et 5.
(9) Pl. I, fig. 12, n° 2.
(10) Pl. I, fig. 12, n° 3.
(11) Pl. I, fig. 12, n° 5.

termination et à leur nomenclature. Du corps
particulier, situé en arrière, je vois naître un organe, d'abord très-simple chez les oiseaux (1),
se développant progressivement (2) par une série
de transformations (3), et nous présentant, sur la
fin de l'incubation, tous les caractères propres au
cervelet dans cette classe (4) ; j'aperçois la même
partie chez les mammifères (5) et l'homme (6), traversant une multitude de transformations (7), et
donnant aussi naissance au cervelet compliqué de
cette classe ; je trouve, enfin, que chez les reptiles (8), ce corps s'arrête beaucoup plus tôt dans
ses développemens que chez les mammifères et
chez les oiseaux, et que, comme chez les poissons, il conserve constamment la forme d'une
languette triangulaire superposée sur le quatrième
ventricule (9). Voilà bien l'analogie de la lame
triangulaire du brochet, de la perche et du merlan.
Analogie de forme, analogie de position, analogie

(1) Pl. I, fig. 5, n° 5.

(2) Pl. I, fig. 6, n° 7.

(3) Pl. I, fig. 7, n° 6.

(4) Pl. II, fig. 38, 39 et 41, n° 7, 7 et 6.

(5) Pl. I, fig. 28, n° 4.

(6) Pl. I, fig. 24, n° 3.

(7) Pl. I, fig. 32, n° 5 ; pl. II, fig. 74, n° 5 ; fig. 48,
n° 7 ; fig. 49, n° 5 ; fig. 50, n° 6 ; fig. 53, n° 2 ; fig. 54, n° 4 ;
fig. 55, n° 4 ; fig. 56, n° 3 et 4 ; fig. 69, n° 1, 2 et 4 ; fig. 71,
n° 1, 2 et 3.

(8) Pl. I, fig. 16, n° 2.

(9) Pl. II, fig. 43, n° 4.

de rapports; cette partie est donc le cervelet de ces poissons.

On pourrait faire quelques objections à cette détermination; d'abord le peu de volume et d'étendue du cervelet chez ces trois espèces de poissons. Mais sur la grenouille (1), le même organe n'est ni aussi étendu ni aussi développé; il l'est beaucoup moins chez les lacertiens (2) et les ophidiens (3); il égale à peine celui de nos poissons chez le caméléon (4) et le crocodile (5), lors même qu'on considère cet organe chez les reptiles adultes. D'une autre part, chez les embryons des oiseaux, il est plus petit des sixième (6) et septième jour de l'incubation (7), au quatorzième (8); ce n'est que du seizième (9) au dix-huitième (10) qu'il dépasse proportionnellement le cervelet du brochet (11), du merlan (12) et de la perche (13).

(1) Pl. I, fig. 16, n° 2.
(2) Pl. V, fig. 109, n° 2; fig. 110, n° 8.
(3) Pl. V, fig. 126, n° 3; fig. 132, n° 5; fig. 133, n° 5.
(4) Pl. V, fig. 111, n° 4.
(5) Pl. V, fig. 116, n° 2.
(6) Pl. I, fig. 5, n° 5.
(7) Pl. I, fig. 6, n° 7.
(8) Pl. I, fig. 8, n° 6.
(9) Pl. II, fig. 38, n° 7.
(10) Pl. II, fig. 39, n° 7 et 9.
(11) Pl. I, fig. 13, n° 2.
(12) Pl. I, fig. 17, n° 4.
(13) Pl. I, fig. 14, n° 2.

La même réflexion est applicable aux embryons des mammifères (1) et de l'homme (2). Considérez cet organe sur le veau (3) de la neuvième semaine, chez le mouton de la huitième (4), sur le lapin du quatorzième jour (5), sur l'embryon du ouistiti (6), sur l'embryon humain du troisième (7) et même du quatrième mois (8), et vous le trouverez, toutes choses d'ailleurs égales, beaucoup moins étendu que chez les poissons : l'objection tirée du peu d'étendue de cet organe ne saurait donc être opposée à notre détermination.

Serait-on plus fondé à la repousser, parce que le cervelet de ces poissons osseux est une lame lisse, qu'elle n'est pas sillonnée par des rainures transversales comme chez les mammifères (9) et les oiseaux (10) adultes ? Mais, chez la plupart des reptiles, ces rainures manquent ; non-seulement chez les ophidiens (11), les batraciens (12) et les lacer-

(1) Pl. II, fig. 47, n° 8 bis.
(2) Pl. I, fig. 32, n° 5.
(3) Pl. II, fig. 49, n° 5.
(4) Pl. II, fig. 47, n° 8 bis.
(5) Pl. I, fig. 29, n° 7.
(6) Pl. II, fig. 48, n° 7.
(7) Pl. I, fig. 32, n° 5.
(8) Pl. II, fig. 74, n° 5.
(9) Pl. II, fig. 56, n° 8 ; fig. 57, n° 2.
(10) Pl. II, fig. 38, n° 7 ; fig. 39, n° 7 ; fig. 41, n° 6.
(11) Pl. V, fig. 126, n° 3.
(12) Pl. I, fig. 16, n° 2.

tiens (1), dont le cervelet est si peu étendu ; mais même chez les chéloniens (2), où il a acquis une assez grande dimension. Sur l'embryon des oiseaux les sillons ne commencent à paraître que vers le huitième jour de l'incubation (3), le cervelet est primitivement lisse, comme chez les reptiles et les poissons : il en est de même chez les mammifères ; la surface du cervelet reste unie, jusqu'au milieu de la gestation, chez les embryons du lapin (4), du mouton (5), du veau (6), du chien, du chat, du loup, du singe, et chez l'embryon humain, jusqu'au commencement du cinquième mois (7). L'absence des sillons du cervelet est donc l'état primitif de cet organe chez les embryons des deux classes supérieures. Cet état primitif reste permanent dans les deux inférieures, les reptiles et les poissons ; le cervelet s'arrête dans ses développemens. De là les différences du cervelet de ces deux classes, comparé à celui des oiseaux et des mammifères.

Le cervelet étant déterminé, passons aux deux lobes qui le suivent immédiatement. Ces lobes sont

(1) Pl. V, fig. 109, n° 2.
(2) Pl. V, fig. 119, n° 5.
(3) Pl. I, fig. 6, n° 7.
(4) Pl. II, fig. 55, n° 4.
(5) Pl. II, fig. 47, n° 8 bis.
(6) Pl. II, fig. 119, n° 9.
(7) Pl. II, fig. 70, n° 2 ; fig. 72, n° 4 et 5 ; fig. 74, n° 3 ; fig. 58, n° 2 et 5.

très-développés et sphériques chez la perche (1); ils le sont un peu moins chez le merlan (2), sur lequel le sphéroïde est un peu aplati en dedans (3). Sur le jeune brochet (4), ils sont plus allongés que sur les poissons précédens et un peu moins étendus transversalement. Qu'est-ce que ces lobes? à quelles parties correspondent-ils dans l'encéphale des classes supérieures? Continuons de mettre en rapport les poissons avec l'embryon de ces classes, et nous verrons se déduire de ce parallèle la réponse à cette question.

Soit donné l'embryon du mouton (5) et celui du veau (6) du commencement du deuxième mois, on aperçoit, en avant du cervelet (7), deux lobes semblables à ceux du brochet (8) et du merlan (9). Suivons ces lobes dans leurs métamorphoses : nous leur voyons conserver cette forme sphérique (10) jusqu'au troisième mois, chez le mouton, et jusqu'à la fin du cinquième, chez le veau. A cette époque, ils se transforment, et deviennent des tu-

---

(1) Pl. I, fig. 14, n° 5.
(2) Pl. I, fig. 17, n° 5.
(3) Pl. I, fig. 17, n° 8.
(4) Pl. I, fig. 13, n° 5.
(5) Pl. I, fig. 19, n° 4.
(6) Pl. I, fig. 27, n° 4.
(7) Pl. I, fig. 27, n° 2; fig. 19, n° 5.
(8) Pl   fig. 13, n° 5.
(9) Pl   fig. 17, n° 5.
(10)   fig. 47, n° 7; fig. 49, n° 7; fig. 50, n° 7

bercules quadrijumeaux : ces tubercules étaient donc primitivement deux lobes symétriques et jumeaux. C'est par une semblable évolution que les deux bulbes jumeaux de l'embryon humain de la cinquième semaine (1) deviennent d'abord deux lobes très-bombés, sphériques (2) et creux (3); puis, ils s'aplatissent (4), s'allongent (5), et deviennent enfin des tubercules quadrijumeaux, à commencer du sixième mois de la vie utérine (6). Ainsi se métamorphosent ces corps chez l'embryon des didelphes ; les deux bulbes symétriques (7) augmentent de volume (8) et se convertissent très-tard en tubercules quadrijumeaux (9). La conversion des lobes en ces tubercules est donc la dernière et la plus tardive des transformations qu'ils subissent, puisqu'elle se manifeste rarement avant le dernier tiers de la gestation chez les mammifères.

De là vient la permanence de la forme lobulaire de ces tubercules dans les autres classes. Considérés chez les oiseaux (10), vous les trouvez placés

---

(1) Pl. I, fig. 24, n° 4.
(2) Pl. I, fig. 25, n° 8.
(3) Pl. I, fig. 32, n° 6.
(4) Pl. II, fig. 70, n° 3.
(5) Pl. II, fig. 58, n° 3.
(6) Pl. II, fig. 69, n° 3; fig. 71, n° 5.
(7) Pl. I, fig. 30, n° 4.
(8) Pl. I, fig. 22, n° 5; pl. II, fig. 58, n° 7.
(9) Pl. II, fig. 53 et 54, n° 4 et 6.
(10) Pl. I, fig. 4, n° 7.

symétriquement en avant du cervelet (1), comme chez nos poissons ; ils ont et la même forme (2) et les mêmes connexions (3) jusqu'au douzième jour environ de l'incubation ; à commencer de ce moment, ils se déplacent (4), mais en conservant toujours la forme lobulaire de l'embryon des mammifères (5). Chez les reptiles adultes (6), non-seulement la forme lobulaire des tubercules quadrijumeaux persiste, comme chez les oiseaux ; mais ils conservent constamment la même place (7) que chez les poissons. Ainsi, de même que sur le brochet (8), la perche (9) et le merlan (10), on les rencontre, sur la face supérieure de l'encéphale, chez la grenouille (11) et le crapaud (12), sur l'orvet (13), le lézard vert (14), le caméléon (15), le crocodile (16),

---

(1) Pl. I, fig. 5, n° 6.

(2) Pl. I, fig. 7, n° 7.

(3) Pl. I, fig. 8, n° 7 et 8.

(4) Pl. II, fig. 38, n° 8.

(5) Pl. II, fig. 110, n° 7.

(6) Pl. I, fig. 16, n° 3.

(7) Pl. V, fig. 116, n° 3.

(8) Pl. I, fig. 13, n° 5.

(9) Pl. I, fig. 14, n° 3.

(10) Pl. I, fig. 17, n° 5.

(11) Pl. I, fig 12, n° 3.

(12) Pl. II, fig. 43, n° 5.

(13) Pl. V, fig. 109, n° 3.

(14) Pl. V, fig. 110, n° 9.

(15) Pl. V, fig. 111, n° 6.

(16) Pl. V, fig. 116, n° 3.

la vipère de Fontainebleau (1), la vipère hajé (2),
la tortue de terre (3) et la tortue de mer (4). Les
deux lobes qui suivent le cervelet chez les poissons (5), sont donc les analogues des tubercules
quadrijumeaux des mammifères, à leur état embryonnaire, et les analogues des lobes optiques
permanens des reptiles et des oiseaux. Les trois
dernières classes sont, sous ce rapport, des embryons plus ou moins avancés de la classe des mammifères.

En conservant la forme lobulaire, les tubercules
quadrijumeaux, chez les poissons, sont creusés
d'un ventricule très-étendu; chez les mammifères,
ces corps sont pleins et solides : trouverait-on,
dans cette différence, une raison pour rejeter cette
détermination? Nul doute, si on choisit pour terme
de comparaison les mammifères adultes. Mais remontez, chez leurs embryons, dans la série des
développemens de ces corps, vous les trouverez
creux aussi longtemps qu'ils conserveront la forme
lobulaire; vous verrez cette forme et le ventricule
intérieur persister chez les embryons du veau, du
mouton, du cheval, du chat, du chien, du loup,
du lièvre, du lapin, du cochon-d'inde, etc., jusqu'au dernier temps de leur gestation, époque à

(1) Pl. V, fig. 126, n° 5.
(2) Pl. V, fig. 132, n° 5.
(3) Pl. V, fig. 125, n° 7.
(4) Pl. V, fig. 120, n° 5.
(5) Pl. I, fig. 13, n° 3; fig. 14, n° 3; fig. 17, n° 5.

laquelle leur cavité interne est oblitérée par la déposition des couches grises dans leur intérieur. Si
les tubercules quadrijumeaux des mammifères
s'arrêtent dans leur développement, si le sillon
transversal qui leur donne leur caractère classique,
vient à manquer, ces tubercules restent lobulaires
et creux comme chez les poissons (1) : ils conservent les mêmes formes, dans les cas où deux cervelets sont réunis dans un seul encéphale. La per-
sistance du ventricule intérieur des tubercules
quadrijumeaux est donc une conséquence de la
permanence de leur forme lobulaire dans toutes
les classes; de là vient que, chez les oiseaux adultes,
malgré leur déplacement, les tubercules quadrijumeaux sont toujours creux, ainsi qu'on peut le
voir sur l'autruche (2), le perroquet (3), la bondrée (4) ; sur l'aigle (5), la cigogne (6), le roitelet (7) et l'hirondelle (8). Les reptiles, qui se
rapprochent beaucoup plus des poissons que les
oiseaux, ont, toutes choses d'ailleurs égales, le
ventricule des tubercules quadrijumeaux plus
étendu; il égale presque celui des poissons chez le

---

(1) Pl. I, fig. 32, n° 6.
(2) Pl. III, fig. 83, n° 13.
(3) Pl. III, fig. 86, n° 3.
(4) Pl. IV, fig. 91, n° 4.
(5) Pl. IV, fig. 101, n° 4.
(6) Pl. IV, fig. 104, n° 7.
(7) Pl. IV, fig. 107, n° 3.
(8) Pl. IV, fig. 93, n° 3.

caméléon, le crocodile, la grenouille (1), la tortue
de mer (2). Quelle que soit l'étendue du ventricule des tubercules quadrijumeaux, chez le merlan (3), le brochet (4), l'anguille (5), la morue (6),
le congre (7), le gronau (8), le *gadus æglefinus* (9),
le *lophius piscatorius* (10), la tanche (11), le turbot (12), la perche (13), la raie (14), et tous les
poissons en général, ce caractère leur est donc commun avec les reptiles, les oiseaux et les embryons
des mammifères. Sous ce rapport encore, les
trois classes inférieures sont donc des embryons
plus ou moins avancés de la classe des mammifères.

Cela posé, cherchons un caractère général dans
toutes ces classes, qui donne à la détermination

(1) Pl. V, fig. 134, n° 5.
(2) Pl. V, fig. 121, n° 2.
(3) Pl. VII, fig. 193, n° 4 et 5.
(4) Pl. VII, fig. 172, n° 3 et 4.
(5) Pl. VII, fig. 167, n° 3.
(6) Pl. VII, fig. 166, n° 9 et 10.
(7) Pl. VII, fig. 167, n° 2 et 3.
(8) Pl. VII, fig. 157, n° 3.
(9) Pl. VII, fig. 181, n° 3, 4 et 5.
(10) Pl. VII, fig. 180, n° 5, 11 et 12.
(11) Pl. VII, fig. 187, n° 4 et 5.
(12) Pl. VII, fig. 191, n° 3.
(13) Pl. VI, fig. 143, n° 3 et 4.
(14) Pl. VII, fig. 152, n° 6 et 7.

du cervelet (1) et des tubercules quadrijumeaux (2),
chez les poissons, une certitude irrécusable : je le
trouve, ce caractère, dans l'insertion de la quatrième paire de nerfs. Le principe de *l'insertion*,
si fécond en résultats positifs dans la botanique,
celui des *connexions*, si heureusement imaginé par
l'illustre auteur de la *Philosophie anatomique*,
M. Geoffroy Saint-Hilaire, trouvent ici une de leurs
plus belles applications. Quel que soit l'animal
dont vous examiniez l'encéphale, vous verrez toujours la quatrième paire de nerfs, lorsqu'elle existe,
se venir placer sur la ligne de démarcation qui
sépare le cervelet des tubercules quadrijumeaux :
on n'a pas trouvé d'exception à ce principe chez
les mammifères ; il n'en existe également pas chez
les reptiles, ainsi que le prouve un coup-d'œil jeté
sur l'encéphale des tortues de terre (3) et de mer (4),
sur celui du caméléon (5), du crocodile (6), des
vipères (7) et des lézards (8).

---

(1) Pl. I, fig. 13, n° 6.

(2) Pl. I, fig. 13, n° 7.

(3) Pl. V, fig. 125, n° 7.

(4) Pl. V, fig. 120, n° 4.

(5) Pl. V, fig. 111, n° 5.

(6) Pl. V, fig. 116, n° 5.

(7) Pl. V, fig. 126, n° 9; fig. 132, n° 4; fig. 133, n° 4;
fig. 134, n° 4.

(8) Pl. V, fig. 110, n° 8.

Constamment aussi, chez les oiseaux, le cervelet
et les tubercules quadrijumeaux sont séparés par
la quatrième paire nerveuse. Considérez l'encéphale de la poule, du faisan doré, du faisan argenté, de la perdrix, du pigeon, de l'oie, de la
bernache, du dindon, vous verrez, comme chez
le perroquet d'Afrique (1) et le casoar (2), la quatrième paire de nerfs venir s'implanter sur la lame
médullaire blanchâtre qui est interposée entre ces
tubercules et le cervelet. De même que chez les
mammifères, les reptiles et les oiseaux, la quatrième paire vient se placer, chez les poissons (3),
entre le cervelet, qui est en arrière (4), et les tubercules quadrijumeaux (5), qui lui sont antérieurs;
on peut très-bien voir cette insertion sur l'encéphale du *gadus æglefinus*, placé sur sa face latérale (6), et sur celui de la raie coliart, dont on a
déployé le cervelet en le renversant en arrière pour
mettre à nu l'insertion de ce nerf (7). Cette disposition est on ne peut plus évidente aussi chez
le requin (8) (*squalus carcharias*); elle sépare le
cervelet, si développé chez ce poisson, des tuber-

---

(1) Pl. III, fig. 84, n° 4.
(2) Pl. III, fig. 78, n° 6.
(3) Pl. VII, fig. 183, lettre E.
(4) Pl. VII, fig. 183, n° 1.
(5) Pl. VII, fig. 183, n° 2.
(6) Pl. VII, fig. 184, n° 8.
(7) Pl. VI, fig. 139, n° 2.
(8) Pl. VI, fig. 141, n° 5.

cules quadrijumeaux, qui sont placés en avant.

Le cervelet (1) et les tubercules quadrijumeaux (2) des poissons étant connus, cherchons
la signification des deux lobes antérieurs de la
perche (3), du merlan (4) et du brochet (5). Leur
position, en avant des tubercules quadrijumeaux,
nous indique que ce sont les hémisphères cérébraux : mais comment reconnaître cette analogie
dans deux lobes si peu développés chez le brochet (6), et qui, chez la perche (7), égalent à
peine le quart des tubercules quadrijumeaux?
Depuis l'établissement du principe du balancement des organes, de M. Geoffroy Saint-Hilaire,
ces rapports de volume, de petitesse ou de grandeur des organes, n'impliquent rien contre leur
détermination ; chez ces deux poissons, les tubercules quadrijumeaux (8) ayant acquis de grandes
dimensions, les lobes cérébraux ont nécessairement dû être atrophiés (9). Chez le merlan, au
contraire, les tubercules quadrijumeaux (10) ayant

---

(1) Pl. I, fig. 13, 14 et 17, n° 4, 2 et 2.
(2) Pl. I, fig. 17, 14 et 13, n° 5, 3 et 3.
(3) Pl. I, fig. 14, n° 4.
(4) Pl. I, fig. 17, n° 6.
(5) Pl. I, fig. 13, n° 4.
(6) Pl. I, fig. 13, n° 4.
(7) Pl. I, fig. 14, n° 4.
(6) Pl. I, fig. 13 et 14, n° 3 et 3.
(9) Pl. I, fig. 13 et 14, n° 4 et 4.
(10) Pl. I, fig. 17, n° 5.

diminué de volume, les hémisphères cérébraux (1) ont gagné ce que ceux-ci ont perdu. Le volume des lobes antérieurs dépasse de beaucoup celui des lobes postérieurs; les rapports sont mieux établis que dans les poissons précédens.

Puisque nous avons pris les mammifères pour terme premier de nos comparaisons, trouverons-nous dans les hémisphères de leurs embryons quelque analogie avec ceux des poissons? En traversant la série de leurs métamorphoses, y a-t-il un moment où ils se rapprochent de la forme simple où nous les observons chez le brochet, la perche et le merlan? Pour saisir ce rapport, il suffit de rapprocher, comme nous l'avons fait, l'encéphale primitif des mammifères de celui des poissons, et de comparer des parties qui, à cette époque, sont analogues, je dirai même presque identiques.

Voyez l'encéphale de l'embryon humain de la cinquième semaine (2) : comme chez le brochet (3) et la perche (4), les tubercules quadrijumeaux (5) ont un volume double des lobes cérébraux (6) qui sont en avant; suivez leur développement, vous les trouvez déjà, au commencement du troisième

---

(1) Pl. I, fig. 17, n° 6.
(2) Pl. I, fig. 24, n° 3, 4 et 5.
(3) Pl. I, fig. 13, n° 2, 3 et 4.
(4) Pl. I, fig. 14, n° 3 et 4.
(5) Pl. I, fig. 24, n° 4.
(6) Pl. I, fig. 24, n° 5.

mois (1), plus développés que les tubercules quadrijumeaux (2) qu'ils ont laissés en arrière ; ils
sont alors dans la même proportion que nous
leur observons chez le merlan (3) ; à la fin du
troisième mois (4) et au quatrième (5), ils prennent
un accroissement si rapide, que leur analogie avec
les lobes cérébraux des poissons disparaît complètement ; mais cette analogie a persisté pendant le
deuxième et une partie du troisième mois de l'embryon humain : si vous supposez une maladie qui
attaque l'embryon à cet âge et arrête les hémisphères à cette première période de la formation,
le fœtus humain peut venir au monde avec un
encéphale de poisson (6).

Chez l'embryon du mouton de la quatrième à
la cinquième semaine (7), chez le veau du commencement du deuxième mois (8), vous trouvez
que les hémisphères cérébraux sont formés, comme
chez ces poissons, par deux petits lobes ovales (9),
situés immédiatement en avant des tubercules

---

(1) Pl. I, fig. 25, n° 9.
(2) *Ibid.*
(3) Pl. I, fig. 17, n° 6.
(4) Pl. I, fig. 32, n° 7.
(5) Pl. II, fig. 72, n° 10, 14, 11, 8 et 9.
(6) Pl. II, fig. 64, n° 7.
(7) Pl. I, fig. 19, n° 3, 4 et 5
(8) Pl. I, fig. 27, n° 3, 4 et 5.
(9) Pl. I, fig. 19, n° 5.

quadrijumeaux (1) ; comme sur le brochet et la perche, vous observez que les tubercules quadrijumeaux sont plus volumineux que les lobes cérébraux : ils ont un tiers de moins que ces tubercules chez le mouton, et la moitié moins de volume chez le veau. Cette disproportion relative des hémisphères cérébraux de certains poissons n'infirme donc en rien leur détermination, puisque nous la trouvons dans l'état primitif de l'encéphale de l'embryon humain (2), de celui du veau (3) et du mouton (4). En général, plus on descend dans l'échelle des mammifères, plus on observe que leurs embryons persistent longtemps dans les formes primitives de l'encéphale ; plus on trouve qu'ils ressemblent aux poissons : l'embryon des rongeurs, celui du lièvre, du lapin, du cochon d'inde, ceux surtout des chauve-souris, sont remarquables et dignes d'être consultés sous ce rapport.

Des mammifères passez à l'embryon des oiseaux, l'analogie et les rapports de leurs tubercules quadrijumeaux (5) et de leurs lobes (6) avec ceux des poissons est frappante dès le troisième jour de

---

(1) Pl. I, fig. 27, n° 5.
(2) Pl. I, fig. 24, n° 4 et 5.
(3) Pl. I, fig. 19, n° 3 et 4.
(4) Pl. I, fig. 27, 4 et 5.
(5) Pl. I, fig. 5, n° 7.
(6) Pl. I, fig. 3, n° 8.

l'incubation ; elle se conserve le quatrième (1), le
sixième (2) et le neuvième jour ; elle persisterait
même les quatorzième (3), seizième (4), dix-huitième (5), et pendant toute l'incubation, si les
tubercules ne se déplaçaient, et ne quittaient
la face supérieure de l'encéphale pour venir se
placer sur les côtés (6) et à la base du même
organe (7).

Chez les reptiles le déplacement des tubercules
quadrijumeaux n'a point lieu comme dans la
classe précédente ; remarquez aussi combien leurs
lobes cérébraux ressemblent à ceux des poissons (8). Cette homogénéité n'est pas seulement
frappante chez les vipères (9) et les lézards (10) ;
mais elle se conserve encore chez le caméléon (11),
le crocodile (12), le tupinambis (13), jusque sur
la tortue de mer (14), dont les hémisphères céré-

---

(1) Pl. I, fig. 4, n° 7 et 9.
(2) Pl. I, fig. 5, n° 6 et 8.
(3) Pl. I, fig. 8, n° 7 et 9.
(4) Pl. I, fig. 38, n° 8 et 10.
(5) Pl. I, fig. 39, n° 8 et 10.
(6) Pl. II, fig. 41, n° 7.
(7) Pl. II, fig. 40, n° 7.
(8) Pl. V, fig. 113, n° 7.
(9) Pl. V, fig 126, 132 et 133, n° 7, 6, 7 et 8.
(10) Pl. V, fig. 109, 110, n° 5, 10 et 11.
(11) Pl. V, fig. 111, n° 7.
(12) Pl. V, fig. 116, n° 5.
(13) Pl. V, fig. 114, n° 9.
(14) Pl. V, fig. 119, n° 10.

braux sont si développés. Tout se réunit donc
pour donner à la détermination des lobes cérébraux de la perche (1), du brochet (2), du merlan (3) et des poissons osseux en général, une
certitude anatomique. Ajoutez, pour dernier caractère, que chez les mammifères, les oiseaux,
les reptiles et nos poissons, on voit se détacher le
nerf olfactif de la partie antérieure des lobes
cérébraux.

Si l'encéphale des poissons était identique dans
toutes les familles comme chez les oiseaux (4), s'il
ne présentait que de légères variations de forme
comme chez les reptiles (5), nos déterminations
seraient arrêtées pour la face supérieure de l'encéphale des poissons et pour ses parties fondamentales; nous n'aurions plus qu'à en faire l'application à leurs diverses familles; mais dans toute cette
classe, l'encéphale éprouve des variations continuelles, qui, au premier aperçu, semblent devoir
changer toutes ces déterminations. Cherchons
néanmoins à les ramener à ce type commun ;
tâchons, s'il est possible, de trouver dans les autres classes des modifications qui se rapprochent
de celles des poissons, et qui nous montrent cette

---

(1) Pl. I, fig. 14, n° 4.
(2) Pl. I, fig. 13, n° 4.
(3) Pl. I, fig. 17, n° 6.
(4) *Voyez* les Pl. III et IV.
(5) *Voyez* la Pl. V.

dernière classe soumise aux lois générales des vertébrés.

La principale variation de l'encéphale des poissons osseux est produite par l'addition d'une nouvelle paire de lobes (1) ajoutés à ceux que nous connaissons déjà. En procédant à leur examen d'arrière en avant, nous avons trouvé que la première paire était l'analogue des tubercules quadrijumeaux (2), et la seconde, celle des hémisphères cérébraux des classes supérieures (3). Que ferons-nous de ces nouveaux lobes ? à quelle partie de l'encéphale des autres classes trouvons-nous à les comparer ?

Si chez les mammifères, les oiseaux et les reptiles, les hémisphères cérébraux ne se composaient constamment que de deux lobes, nul doute que nous n'aurions aucun terme de comparaison dans ces classes pour y ramener les nouveaux lobes de nos poissons. Nous aurions ici des organes de création nouvelle, qui s'écarteraient du plan général de la nature ; mais il n'en est pas ainsi. Sous le rapport des hémisphères cérébraux, les mammifères présentent deux variations très-remarquables : les uns ont une paire de bulbes (4) plus ou moins volumineux, ajoutés à la partie antérieure des hémisphères (5), les autres en sont

---

(1) Pl. VII, fig. 168, n° 7.
(2) Pl. VII, fig. 168, n° 4.
(3) Pl. VII, fig. 168, n° 6.
(4) Pl. I, fig. 22, n° 7.
(5) Pl. II, fig. 56, n° 7.

tout-à-fait privés. Je donne à ces bulbes le nom de *lobule* olfactif, parce qu'ils sont en rapport immédiat avec le nerf de l'olfaction, que son absence ou sa présence influent beaucoup sur les modifications des hémisphères cérébraux ; ainsi que nous le dirons plus bas.

Si on considère l'embryon de l'un des mammifères doués d'un lobule olfactif très-prononcé, celui des didelphes, par exemple (1), on le trouve composé du cervelet en arrière (2) et de trois paires de lobes (3). La première, en partant du cervelet, correspond aux tubercules quadrijumeaux (4); la seconde, aux hémisphères cérébraux (5); et la troisième, au lobule olfactif (6). Les rapports des lobes olfactifs et des hémisphères présentent des variations selon l'époque à laquelle on observe les jeunes embryons : d'abord, ils sont très-volumineux relativement aux dimensions des hémisphères (7) ; puis ceux-ci augmentent de volume (8) et laissent beaucoup en arrière les lobes olfactifs (9). Chez les embryons des chauve-souris, ces derniers lobes sont énormes; chez le lapin, les lobes olfactifs sont également

(1) Pl. I, fig. 22.
(2) Pl. I, fig. 22, n° 4.
(3) Pl. I, fig. 30, n° 5, 6 et 7.
(4) Pl. I, fig. 22, n° 5.
(5) Pl. I, fig. 22, n° 6; fig. 30, n° 6.
(6) Pl. I, fig. 22, n° 7; fig. 30, n° 7.
(7) Pl. I, fig. 22, n° 6 et 7.
(8) Pl. II, fig. 53; fig. 54, n° 5 et 7.
(9) Pl. II, fig. 53; fig. 54, n° 6 et 8.

très-développés, observés aux vingtième (1), vingt-cinquième (2) et trentième jours de leur formation (3). Chez les oiseaux, le bulbe olfactif (4) présente de très-grandes variétés; tantôt il est caché sous la partie antérieure des hémisphères; dans ce cas, il n'est pas visible en avant d'eux, ainsi qu'on le remarque chez la bondrée commune (5), chez la cigogne (6), l'autruche (7); d'autres fois, au contraire, il dépasse les hémisphères en avant, et il paraît alors, comme chez les mammifères, ajouté à leur partie antérieure : cet effet commence à être sensible chez les perroquets (8); il est très-prononcé chez le casoar (9), sous quelque face (10) que l'on considère son encéphale (11).

Chez les reptiles (12), les lobes olfactifs sont plus prononcés que chez les oiseaux; c'est une paire de lobes ajoutés aux hémisphères cérébraux, comme chez les mammifères; tantôt ce lobe olfactif est

---

(1) Pl. II, fig. 55, n° 8.
(2) Pl. II, fig. 56, n° 7.
(3) Pl. II, fig. 57, n° 5.
(4) Pl. IV, fig. 96, n° 15.
(5) Pl. IV, fig. 88, n° 9.
(6) Pl. IV, fig. 103, n° 12.
(7) Pl. IV, fig. 97 et 98, n° 11 et 14.
(8) Pl. III, fig. 84, n° 12.
(9) Pl. III, fig. 77, n° 6.
(10) Pl. III, fig. 78, n° 12.
(11) Pl. III, fig. 79, n° 11 et 12.
(12) Pl. V, fig. 122, n° 16.

pédiculé, comme on l'observe chez l'orvet (1), le lézard vert (2), la vipère de Fontainebleau (3), la vipère *hajé* (4) : il est alors plus ou moins éloigné des lobes cérébraux ; d'autres fois ces lobes sont adossés aux hémisphères : c'est particulièrement le cas de la tortue franche (5) et de la grenouille. (6)

Les rongeurs en général, le lapin (7), les didelphes (8), le casoar (9) et le perroquet (10), chez les oiseaux, la plupart des reptiles, mais surtout la grenouille (11) et la tortue franche (12), ont donc six lobes en avant du cervelet, trois de chaque côté : deux en arrière, qui correspondent aux tubercules quadrijumeaux (13) : deux au milieu, ce sont les hémisphères cérébraux (14); deux en avant de ceux-ci, ce sont les lobes olfactifs. (15)

---

(1) Pl. V, fig. 109, n° 8 et 9.

(2) Pl. V, fig. 110, n° 11 et 12.

(3) Pl. V, fig. 126, n° 8 et 9.

(4) Pl. V, fig. 132, n° 8 et 9.

(5) Pl. V, fig. 119, n° 11.

(6) Pl. I, fig. 16, n° 5.

(7) Pl. II, fig. 55, 56 et 57, n° 5, 7 et 8.

(8) Pl. I, fig. 22; fig. 30, n° 7; Pl. II, fig. 53 et 54, n° 4, 5, 6, 6, 7 et 8.

(9) Pl. III, fig. 77, n° 5 et 6.

(10) Pl. III, fig. 84, n° 6, 11 et 12.

(11) Pl. I, fig. 16, n° 3, 4 et 5.

(12) Pl. V, fig. 119, n° 7, 11 et 14.

(13) Pl. V, fig. 119, n° 7.

(14) Pl. V, fig. 119, n° 14.

(15) Pl. V; fig. 119, n° 11.

Cela déterminé, dans quelles conditions se trouvent les poissons osseux (1) qui ont six lobes en avant du cervelet (2)? On le voit de suite : ils correspondent aux mammifères, aux oiseaux et aux reptiles, doués de lobes olfactifs en avant des hémisphères cérébraux. La nouvelle paire de lobes ajoutés en avant des hémisphères cérébraux des poissons, est donc l'analogue du bulbe olfactif des trois autres classes. Chez le gronau (*tr. lyra*), les lobes olfactifs (3) sont peu développés; ils se trouvent dans une proportion peu différente de celle de certains rongeurs, ou de la tortue franche; mais chez l'anguille (4), ils ont acquis une dimension qui rend leur volume égal à celui des hémisphères cérébraux (5) et des tubercules quadrijumeaux (6). Cette apparition de deux nouveaux lobes chez le gronau (7) et l'anguille (8), ne change donc rien à nos déterminations précédentes. Nous avons toujours le cervelet en arrière chez le gronau (9) et les anguilliformes (10), deux premiers lobes en avant du cervelet, d'un volume considérable chez le gro-

(1) Pl. VII, fig. 155, n° 6, 7 et 8.

(2) Pl. VII, fig. 168, n° 4, 6 et 7.

(3) Pl. VII, fig. 155, n° 8.

(4) Pl. VII, fig. 168, n° 7.

(5) Pl. VII, fig. 168, n° 6.

(6) Pl. VII, fig. 168, n° 4.

(7) Pl. VII, fig. 155, n° 8.

(8) Pl. VII, fig. 167, n° 7.

(9) Pl. VII, fig. 155, n° 5.

(10) Pl. VII, fig. 168, n° 23.

nau (1), beaucoup plus prononcés chez l'anguille (2), ce sont les tubercules quadrijumeaux :
deux lobes moyens en avant de ceux-ci, très-faibles
chez le gronau (3), égalant en volume les précédens
chez l'anguille (4); ceux-ci correspondent aux hémisphères cérébraux. Enfin chez l'anguille (5) et le
gronau (6), nous avons en avant des hémisphères les
deux lobes olfactifs.

Mais, dans ce dernier cas, ne pourrait-on pas
objecter que la détermination des hémisphères cérébraux n'est qu'analogique ? Ne pourrait-on pas nous
demander pourquoi nous ne donnons pas ce nom à
la paire des lobes antérieurs (7)? Qui nous dira que
les hémisphères cérébraux des poissons ne sont pas
la première paire de lobes qui suivent le cervelet (8)?
Trouvons, s'il est possible, un caractère anatomique, qui, en détruisant ces objections, donne
à nos déterminations une certitude rigoureuse.

Supposons, à cet effet, qu'on présente la même
objection pour la détermination de l'encéphale
d'un embryon de rongeur doué des lobes olfac-

---

(1) Pl. VII, fig. 155, n° 6.
(2) Pl. VII, fig. 168, n° 4.
(3) Pl. VII, fig. 155, n° 7.
(4) Pl. VII, fig. 168, n° 6.
(5) Pl. VII, fig. 168, n° 7.
(6) Pl. VII, fig. 155, n° 8.
(7) Pl. VII, fig. 155 et 168, n° 7 et 8.
(8) Pl. VII, fig. 155 et 168, n° 4 et 6.

tifs (1). D'après quels caractères classerons-nous les trois paires de lobes qui se rencontrent en avant du cervelet (2)? A quel signe reconnaîtrons-nous les hémisphères et les distinguerons-nous des autres lobes (3)? Il en est un caractéristique chez l'embryon de l'homme, et chez ceux des singes, des carnassiers et des ruminans : c'est la glande pinéale (épiphyse cérébrale), et la position respective qu'elle vient occuper entre ces différens lobes.

À la fin du deuxième mois chez l'embryon du mouton et du cochon, à la fin du troisième chez le veau, au commencement du quatrième chez le cheval, au milieu du même mois chez l'embryon humain, la glande pinéale (4) vient se placer en avant des lobes optiques, ou tubercules quadrijumeaux (5), en arrière des hémisphères cérébraux (6). Cette position est de peu d'importance chez ces animaux ; elle le devient beaucoup, pour le point qui nous occupe, chez les rongeurs. Dans le lapin, par exemple, on voit cette glande se placer sur le tiers postérieur de la face supérieure de l'encéphale (7); derrière elle se trouvent les deux lobes

---

(1) Pl. I, fig. 27, n° 5 et 7.
(2) Pl. I, fig. 21, n° 7, 6 et 5.
(3) Pl. I, fig 21, n° 6.
(4) Pl. II, fig. 74, n° 2.
(5) Pl. II, fig. 74, n° 3.
(6) Pl. II, fig. 70, n° 4, 5 et 6.
(7) Pl. II, fig. 56, n° 8.

des tubercules quadrijumeaux (1); en devant sont placés les hémisphères cérébraux (2); plus en avant encore, on rencontre les lobes olfactifs (3); chez l'embryon des didelphes, cette position est la même (4); elle assigne la détermination rigoureuse des tubercules (5), des hémisphères (6) et des lobes olfactifs (7).

Ce que nous avons supposé chez les rongeurs, est l'état réel de certains reptiles, notamment de la grenouille (8), du crapaud et de la tortue franche (9). Comme chez les poissons, nous leur trouvons trois paires de lobes (10), et nous sommes dans la même incertitude relativement à leur signification. Comment faire cesser ce doute? Comment assigner les caractères de chaque paire? Ainsi que chez les rongeurs, les didelphes et les chauve-souris, c'est évidemment la présence de l'épiphyse cérébrale (glande pinéale). Ce corps venant se placer chez les reptiles (11), de même que

(1) Pl. II, fig. 56, n° 5.
(2) Pl. II, fig. 56, n° 6.
(3) Pl. II, fig. 56, n° 7.
(4) Pl. II, fig. 54, n° 9.
(5) Pl. II, fig. 54, n° 6.
(6) Pl. II, fig. 54, n° 7.
(7) Pl. II, fig. 54, n° 8.
(8) Pl. I, fig. 16, n° 2, 4 et 5.
(9) Pl. V, fig. 119, n° 7, 14 et 11.
(10) Pl. I, fig. 16, n° 2, 4 et 5.
(11) Pl. I, fig. 16, n° 3.

chez les mammifères (1), entre les lobes postérieurs (2) et les moyens (3), nous avons un terme
de rapport commun aux deux classes; ce terme
devient la base de nos déterminations. En arrière
de ce corps, nous avons, comme chez les rongeurs,
les tubercules quadrijumeaux (4); en avant, les
hémisphères (5); et plus avant encore, les lobes
olfactifs (6). Chez la tortue franche, la position
de la glande pinéale (7) étant la même que chez
la grenouille, les tubercules (8), les hémisphères (9)
et les lobes olfactifs (10) sont déterminés d'après
le même principe; il en est également de même
chez l'orvet (11), le lézard vert (12), la vipère de
Fontainebleau (13), dont les lobes olfactifs (14)
sont pédiculés et écartés des hémisphères (15). La
glande pinéale assigne aussi d'une manière rigou-

(1) Pl. II, fig. 56, n° 8.
(2) Pl. I, fig. 16, n° 2.
(3) Pl. I, fig. 16, n° 4.
(4) Pl. I, fig. 16, n° 2.
(5) Pl. I, fig. 16, n° 4.
(6) Pl. I, fig. 16, n° .
(7) Pl. V, fig. 119, n° 9.
(8) Pl. V, fig. 119, n° 7.
(9) Pl. V, fig. 119, n° 10.
(10) Pl. V, fig. 119, n° 11.
(11) Pl. V, fig. 109, n° 5.
(12) Pl. V, fig. 110, n° 10.
(13) Pl. V, fig. 126, n° 6.
(14) Pl. V, fig. 109, 110 et 126, n° 9, 12 et 9.
(15) Pl. V, fig. 109, 110 et 126, n° 4, 11 et 7.

reuse la distinction des lobes chez le caméléon (1) et le crocodile (2), privés des lobes olfactifs.

Le rang que la glande pinéale vient occuper
parmi les lobes de l'encéphale, chez les mammifères, les oiseaux et les reptiles, sert donc à les
caractériser, et à assigner, d'une manière rigoureuse, leur analogie, leurs noms et leurs rapports :
soit qu'il y ait trois paires de lobes en avant du
cervelet, ainsi que chez le lapin (3), les didelphes (4), le hérisson; les chauve-souris, le perroquet (5) et le casoar, parmi les oiseaux (6); la
grenouille (7), l'orvet (8), le lézard vert (9), les
vipères (10), la tortue grecque (11), la tortue franche (12), chez les reptiles; soit qu'il n'y en ait que
deux, comme chez l'homme, les quadrumanes,
le phoque, les cétacés, la plupart des oiseaux (13),

---

(1) Pl. V, fig. 111, n° 8.
(2) Pl. V, fig. 116, n° 6.
(3) Pl. II, fig. 55, n° 6, 7 et 8.
(4) Pl. II, fig. 54, n° 6, 7 et 8.
(5) Pl. III, fig. 84, n° 6, 11 et 12.
(6) Pl. III, fig. 77, n° 4, 7 et 6.
(7) Pl. I, fig. 16, n° 2, 4 et 5.
(8) Pl. V, fig. 109, n° 5, 4 et 9.
(9) Pl. V, fig. 110, n° 9, 11 et 12.
(10) Pl. V, fig. 126, n° 5, 7 et 9.
(11) Pl. V, fig. 125, n° 7, 9 et 11.
(12) Pl. V, fig. 119, n° 7, 14 et 11.
(13) Pl. IV, fig. 89, 99, 106 et 108.

le caméléon (1), le tupinambis (2) et le crocodile (3), parmi les reptiles.

Si la glande pinéale existe chez les poissons, nous aurons donc un terme de rapport positif, et commun à toutes les classes, pour juger de nos déterminations. Si elle vient occuper sur l'encéphale la même position que chez les mammifères, les oiseaux et les reptiles, la distinction de leurs lobes sera donc aussi rigoureuse qu'elle l'est dans ces trois classes. Or, la glande pinéale existe chez certains poissons (4); elle vient occuper le même rang, la même position, que dans les trois autres classes : le cerveau des poissons est donc formé sur le même plan que celui des reptiles, des oiseaux et des mammifères (5). Donnons-en les preuves.

Nous choisirons, pour notre démonstration, les poissons dont l'encéphale a six lobes ; tels que le congre (*muræna conger*) (6), l'anguille vulgaire

---

(1) Pl. V, fig. 111, n° 67.

(2) Pl. V, fig. 114.

(3) Pl. V, fig. 116.

(4) Pl. VII, fig. 168, n° 5; fig. 155, n° 9.

(5) Haller avait trouvé la glande pinéale chez le congre et l'anguille; ce qui doit d'autant plus surprendre, qu'il n'avait pu parvenir à la découvrir chez les oiseaux. Tiedemann, Treviranus, et un de nos habiles anatomistes, M. Desmoulins, ne l'ont pas rencontrée chez les poissons.

(6) Pl. VII, fig. 168.

(*murœna anguilla*) (1), et le gronau (*trigla lyra*) (2).
Chez le congre, on trouve la glande pinéale (3)
sur la face supérieure de l'encéphale, placée entre
les lobes postérieurs (4) et les lobes moyens (5).
Ainsi que chez les rongeurs et les reptiles, elle
forme un petit corps arrondi (6), enlacé dans des
plis de la pie-mère, et superposé dans la dépression légère qui sépare les lobes moyens (7) des postérieurs (8). Chez l'anguille vulgaire, elle est plus
superficielle (9); chez le gronau, elle est très-petite (10); mais chez ces deux poissons (11), comme
chez le congre, elle est située au point de jonction
des lobes moyens et postérieurs (12). Les lobes qui
sont en arrière de la glande pinéale, chez le congre (13), l'anguille (14) et le trigle (15), sont donc les
analogues de ceux situés en arrière du même corps

(1) Pl. VII, fig. 190.
(2) Pl. VII, fig. 155.
(3) Pl. VII, fig. 168, n° 5.
(4) Pl. VII, fig. 168, n° 4.
(5) Pl. VII, fig. 168, n° 6.
(6) Pl. VII, fig. 168, n° 5.
(7) Pl. VII, fig. 168, n° 6.
(8) Pl. VII, fig. 168, n° 4.
(9) Pl. VII, fig. 190, n° 6.
(10) Pl. VII, fig. 155, n° 9.
(11) Pl. VII, fig. 155, n° 6 et 7.
(12) Pl. VII, fig. 190, n° 6.
(13) Pl. VII, fig. 168, n° 4.
(14) Pl. VII, fig. 190, n° 2 et 3.
(15) Pl. VII, fig. 155, n° 6.

chez les mammifères (1) et les reptiles (2) : or,
dans ces deux classes, ces lobes sont les tubercules quadrijumeaux; ce sont donc aussi, chez les
poissons, les analogues de ces tubercules. Les lobes
placés en avant de la glande pinéale, chez le gronau (3), l'anguille (4) et le congre (5), correspondent à ceux qui occupent le même rang chez
le mouton (6), le veau (7), l'embryon humain (8),
celui des didelphes (9), celui du lapin (10), parmi
les mammifères; ils représentent les lobes situés
en avant de la glande pinéale, chez l'orvet (11), le
lézard vert (12), le crocodile (13), les vipères (14), la
tortue grecque (15) et la tortue franche (16). Or,
dans ces deux classes, ces lobes sont les hémisphères cérébraux; ce sont donc, chez les poissons,

---

(1) Pl. II, fig. 74, n° 3.
(2) Pl. V, fig. 119, n° 7.
(3) Pl. VII, fig. 155, n° 7.
(4) Pl. VII, fig. 190, n° 4.
(5) Pl. VII, fig. 168, n° 6.
(6) Pl. I, fig. 19, n° 5.
(7) Pl. I, fig. 27, n° 5.
(8) Pl. I, fig. 14, n° 5.
(9) Pl. I, fig. 22, n° 6.
(10) Pl. II, fig. 56, n° 6.
(11) Pl. V, fig. 109, n° 4.
(12) Pl. V, fig. 110, n° 11.
(13) Pl. V, fig. 116, n° 4 et 5.
(14) Pl. V, fig. 126, n° 7.
(15) Pl. V, fig. 125, n° 9.
(16) Pl. V, fig. 119, n° 10 et 14.

les analogues de ces hémisphères. Ces hémisphères et les tubercules quadrijumeaux étant reconnus chez les poissons, nous avons prouvé que la paire de lobes situés en avant de l'anguille (1), du trigle (2) et du congre (3), correspondait au lobule olfactif des mammifères (4), des oiseaux (5) et des reptiles (6); tous les lobes de l'encéphale des poissons osseux se trouvent donc ainsi ramenés à ceux qui composent cet organe dans les classes supérieures.

Cela étant fait, nous ne tenons encore qu'une partie de la question. L'encéphale des chondroptérygiens diffère, sous tant de rapports, de celui des poissons osseux, qu'il devient nécessaire de leur appliquer en particulier les principes de nos déterminations, et de montrer que ces variations ne changent point leurs analogies. Nous procéderons, dans ce nouvel examen, de la même manière que sur les poissons osseux.

Chez les poissons osseux, nous avons trouvé que le cervelet était formé, en général, par une languette triangulaire, flottant au-dessus du quatrième ventricule, en arrière de la quatrième paire de nerfs et des tubercules quadrijumeaux. Chez les

---

(1) Pl. VII, fig. 190, n° 7.
(2) Pl. VII, fig. 155, n° 8.
(3) Pl. VII, fig. 168, n° 7.
(4) Pl. II, fig. 53, 54, 55, 56, n° 5, 5, 8, 8 et 7.
(5) Pl. III, fig. 77, 78, n° 6 et 12.
(6) Pl. V, fig. 119, 122, n° 11 et 16.

cartilagineux, en arrière de ces corps et de ce nerf, on trouve le même organe, mais affectant des formes très-diverses. Chez la lamproie (*petromyzon fluvialis*), le cervelet est formé par deux lames dentelées en dedans (1), écartées l'une de l'autre en bas, de telle sorte qu'elles ne recouvrent pas le quatrième ventricule (2); réunies en haut, immédiatement en arrière de la quatrième paire de nerfs (3), par une lame transverse, qui forme une petite voûte au-dessus de ce ventricule et occupe la même place que la grande valvule cérébrale chez les mammifères et les oiseaux. La position de ce corps, en arrière de la quatrième paire de nerfs et des tubercules quadrijumeaux (4), assigne sa détermination : sa ressemblance parfaite avec le cervelet de la tortue grecque (5) ne laisse aucun doute à cet égard. Chez la lamproie (6), ainsi que chez cette tortue (7), les feuillets du cervelet sont dentelés et écartés en bas (8); le ventricule est ouvert en cet endroit, les feuillets sont réunis en haut (9), chez le reptile comme chez le pois-

----

(1) Pl. XI, fig. 224, n° 2.

(2) Pl. XI, fig. 228, n° 2.

(3) Pl. XI, fig. 228, n° 7.

(4) Pl. XI, fig. 224, n° 4.

(5) Pl. V, fig. 125, n° 5.

(6) Pl. XI, fig. 228, n° 2 et 7.

(7) Pl. V, fig. 125, n° 14.

(8) Pl. XI, fig. 228, n° 2.

(9) Pl. V, fig. 125, n° 7 bis.

son (1):chez l'un et l'autre, cet organe est pelliculeux et très-peu développé; il y a homogénéité parfaite de forme, de position et de rapports. Chez les raies (2), le cervelet se compose de la lame festonnée de la lamproie (3) et de la tortue grecque (4), et d'une double languette triangulaire, analogue par une de ses parties à celle des poissons osseux (5), et en différant beaucoup par l'autre (6).

Si vous considérez cet organe chez certaines raies bouclées (*raia clavata*), vous trouvez les feuillets restiformes d'un volume énorme (7), festonnés (8) et doubles; les uns sont internes (9), les autres externes (10). On rencontre au milieu une languette triangulaire (11), divisée sur la ligne médiane en deux parties symétriques par un sillon assez profond (12). Ce cervelet se rapproche beaucoup de celui de la morue (13); il n'y a de différence que

---

(1) Pl. XI, fig. 228, n° 7.
(2) Pl. VI, fig. 152, n° 3.
(3) Pl. XI, fig. 224, n° 2.
(4) Pl. V, fig. 125, n° 6.
(5) Pl. VI, fig. 138, n° 4.
(6) Pl. VI, fig. 138, n° 5.
(7) Pl. VI, fig. 132, n° 3 et 4.
(8) Pl. VI, fig. 132, n° 5 et 10.
(9) Pl. VI, fig. 132, n° 3.
(10) Pl. VI, fig. 132, n° 10.
(11) Pl. VI, fig. 132, n° 4.
(12) Pl. VI, fig. 132, n° 5 et 4.
(13) Pl. VII, fig. 161.

dans le volume des feuillets restiformes, qui sont beaucoup moins forts chez ce dernier poisson (1), et dans la languette triangulaire, qui est beaucoup moins divisée chez la morue (2) que chez la raie bouclée (3). Sur les raies roncés (*raia rubus*)_, les feuillets restiformes (4) sont beaucoup moins forts; ils sont festonnés (5) comme chez la raie bouclée, mais sans double rangée, comme dans cette dernière (6). Le corps médian, chez la raie ronce (7), semble avoir gagné en volume et en étendue ce qu'ont perdu les feuillets restiformes (8).

L'esturgeon (*acipenser sturio*) se rapproche encore plus de la morue que cette espèce de raie. Chez ce dernier poisson les feuillets restiformes sont très-petits (9); ils sont cachés sous la languette médiane(10):cette atrophie des feuillets restiformes(11) fait saillir beaucoup le corps médian (12), qui est

---

(1) Pl. VII, fig. 161, n° 8.

(2) Pl. VII, fig. 161, n° 5 et 6.

(3) Pl. VI, fig. 152, n° 4.

(4) Pl VI, fig. 138, n° 4 bis.

(5) Pl. VI, fig. 140, n° 5.

(6) Pl. VI, fig. 152, n° 3, 10 et 11.

(7) Pl. VI, fig. 148, n° 3, 3, 4 et 4.

(8) Pl. VI, fig. 140, n° 5.

(9) Pl. XII, fig. 233, n° 2 et 5.

(10) Pl. XII, fig. 235, 4, D. C.

(11) Pl. XII, fig. 235, L. B.

(12) Pl. XII, fig. 235, L. E. D. C.

unique chez l'esturgeon ainsi que chez la morue (1).
Atrophiez, par la pensée, les feuillets restiformes
de la raie bouclée (2), vous verrez le corps médian (3) s'élever, s'élargir et couvrir le quatrième
ventricule. Ce que nous supposons chez cette raie
se passe chez l'esturgeon (4), se passe chez la
morue (5), se passe également chez la plupart des
poissons osseux. Ainsi, le cervelet est le même
chez les poissons osseux et cartilagineux, à la proportion près des élémens qui entrent dans sa composition.

La raie ronce (*raia rubus*) (6), offre l'état intermédiaire de cette transformation. Chez elle les
feuillets restiformes diminuent beaucoup de volume (7); ils sont moins épais, moins larges, et
n'ont qu'une rangée simple (8), au lieu de la double
rangée que nous présente la raie bouclée (9) ; vous
voyez aussi que le corps médian qui est enfoncé
dans cette dernière (10), et logé, en quelque sorte,
dans l'écartement des feuillets internes, est beau-

---

(1) Pl. VII, fig. 161, n° 5 et 6.
(2) Pl. VI, fig. 152, n° 3 et 10.
(3) Pl. VI, fig. 152, n° 4.
(4) Pl. XII, fig. 235, D. C. E.
(5) Pl. VII, fig. 163, n° 6.
(6) Pl. VI, fig. 138.
(7) Pl. VI, fig. 138, n° 4 bis.
(8) Pl. VI, fig. 140, n° 5.
(9) Pl. VI, fig. 152, n° 3 et 10.
(10) Pl. VI, fig. 152, n° 4.

coup plus saillant, beaucoup plus élevé chez la raie ronce (1); il se détache beaucoup plus du fond du quatrième ventricule. C'est le premier degré de la métamorphose que nous remarquons chez l'esturgeon (2), la morue (3), le trigle (4), le congre (5), le brochet (6), le merlan (7), la per-che (8), l'anguille (9), et en général chez tous les poissons osseux.

Mais pourquoi les feuillets restiformes ne se sont-ils point réunis sur la ligne médiane? A quel état des classes supérieures correspond cet isolement des feuillets cérébelleux? L'examen de cette question, en expliquant le cervelet des poissons, nous montrera ses rapports avec celui des classes supé-rieures. Considérez, en effet, le cervelet des oiseaux, les cinquième, sixième (10), septième et hui-tième (11) jours de l'incubation : vous le trouvez formé de deux feuillets non réunis sur la ligne mé-

---

(1) Pl. VI, fig. 138, n° 3 et 4.

(2) Pl. XII, fig. 235, E. D. C.

(3) Pl. VII, fig. 165, n° 2 bis.

(4) Pl. VII, fig. 155, n° 5.

(5) Pl. VII, fig. 168, n° 8.

(6) Pl. VII, fig. 169, n° 2.

(7) Pl. VII, fig. 193, n° 3.

(8) Pl. VII, fig. 185, n° 4.

(9) Pl. VII, fig. 190, n° 2.

(10) Pl. I, fig. 5, n° 5.

(11) Pl. II, fig. 33, n° 6.

didue ; un feuillet est à gauche (1), l'autre à droite (2), de même que chez la raie (3), de même que chez l'esturgeon (4), de même que chez l'aiguillat (5) ; de même que chez la lamproie (6). Deux feuillets isolés composent de même le cervelet des batraciens du vingtième au vingt-cinquième jour de leur formation (7) ; celui du mouton (8), celui des didelphes (9), celui du singe (10), celui de l'embryon humain (11), vers le quart de leur formation (12). Supposez une maladie, une hydro-cérébellite, qui écarte la moelle allongée ; les feuillets cérébelleux ne s'engrèneront pas, il n'y aura pas de croisement de leurs lames internes : c'est le cas observé chez l'embryon humain et celui du veau par Stenon ; c'est le cas du chat, du lièvre, de l'embryon humain, que j'ai observé moi-même après ce célèbre anatomiste. Ce qui arrive accidentellement chez l'embryon de l'homme et des mam-

(1) Pl. II, fig. 33, n° 6.
(2) *Ibid.*
(3) Pl. VI, fig. 140, n° 5.
(4) Pl. XII, fig. 233, n° 3.
(5) Pl. XII, fig. 236, F. B.
(6) Pl. II, fig. 228, n° 2.
(7) Pl. I, fig. 12, n° 2.
(8) Pl. I, fig. 28, n° 4.
(9) Pl. I, fig. 30, n° 3.
(10) Pl. II, fig. 48, n° 7.
(11) Pl. I, fig. 25, n° 6.
(12) Pl. II, fig. 65, n° 4.

mifères, est l'état normal et permanent de la plupart des poissons cartilagineux. L'aplatissement de leur moelle allongée; la largeur qui en est la suite, ont écarté l'un de l'autre les feuillets cérébelleux : leur croisement et leur jonction sur la ligne médiane ne se sont point opérés, comme cela arrive chez les reptiles, chez les oiseaux, les mammifères et l'homme, pendant les périodes de leur formation : voilà les analogies, telle est la cause des différences. Ces organes sont donc identiques ; seulement les poissons cartilagineux conservent les formes permanentes de l'état primitif du cervelet dans les trois classes supérieures.

Le corps médian chez la raie ronce (1) semble gagner, en volume et en étendue, ce qu'ont perdu les feuillets restiformes (2). Non-seulement la partie triangulaire, placée sur le quatrième ventricule, est plus bombée, plus élevée (3); mais il en paraît une nouvelle, tout-à-fait similaire à la première : cette dernière se dirige en avant sur les tubercules quadrijumeaux, de même que la première se porte en arrière pour recouvrir le quatrième ventricule (4). Toutes les deux sont symétriques (5), aussi étendues l'une que l'autre, représentant chacune deux

---

(1) Pl. VI, fig. 138, n° 5 et 4.
(2) Pl. VI, fig. 140, n° 5.
(3) Pl. VI, fig. 138, n° 4 et 4.
(4) Pl. VI, fig. 138, n° 3 et 3.
(5) Pl. VI, fig. 138, n° 3, 3, 4 et 4.

triangles dont les bases sont adossées en arrière de l'insertion de la quatrième paire de nerfs (1), et dont les sommets sont placés les uns en avant des tubercules, les autres en arrière du quatrième ventricule (2). Par la réunion de ces triangles, ce corps ressemble à un *trapèze* ; il est divisé par deux scissures qui le séparent en quatre parties : l'une est longitudinale, et divise ce corps en deux parties, l'une droite, l'autre gauche ; l'autre est transversale, située sur le même plan que l'insertion du nerf de la quatrième paire (3). Ce sillon divise ce corps en deux parties symétriques, l'une antérieure au nerf, l'autre postérieure. La partie postérieure (4) n'est adhérente ni au quatrième ventricule, ni aux feuillets restiformes (5) ; si on la relève et qu'on la renverse sur l'antérieure, on y distingue en dedans une petite échancrure sur la ligne médiane (6) et un petit bulbe arrondi sur sa base (7) ; l'antérieure est aussi libre ; si on la renverse sur la postérieure (8), on met à nu l'insertion de la quatrième paire de nerfs (9). On observe que le sillon longitudinal

---

(1) Pl. VI, fig. 139, n° 6.

(2) Pl. VI, fig. 138, n° 4 et 3.

(3) Pl. VI, fig. 139, n° 6.

(4) Pl VI, fig. 140, n° 7 et 8.

(5) Pl. VI, fig. 140, n° 5.

(6) Pl. VI, fig. 140, n° 7.

(7) Pl. VI, fig. 140, n° 8.

(8) Pl. VI, fig. 139, n° 4 et 5.

(9) Pl. VI, fig. 139, n° 6 et 2.

qui les divise, est très-profond et s'étend de la base au sommet (1). On remarque de plus un nouveau sillon (2) sur la partie interne de la base de chaque triangle. Ce sillon est très-large en arrière, et on pénètre en cet endroit dans une cavité qui parcourt l'intérieur du triangle, de telle sorte que chacun d'eux semble formé par deux feuillets qui se sont roulés l'un sur l'autre, et dont la réunion ne s'est pas faite complètement.

Quelque compliqué que soit ce corps, quelque bizarre que soit sa forme et la position de sa partie antérieure, on reconnaît que c'est le cervelet qui s'est avancé sur les tubercules quadrijumeaux ; il est toujours situé en arrière de la quatrième paire de nerfs, quoique ceux-ci soient en partie cachés par la partie antérieure ; ce qui prouve la valeur de ce caractère par la détermination du cervelet et des tubercules quadrijumeaux (lobes optiques). On trouve une disposition analogue à celle-ci chez le tupinambis (3). Le cervelet a une languette triangulaire (4), qui s'avance sur les tubercules quadrijumeaux (5), absolument de la même manière que chez les raies ronces (6), ce qui ajoute encore à la valeur de cette détermination.

_____

(1) Pl. VI, fig. 139, n° 1, 1, 4 et 5.
(2) Pl. VI, fig. 139, n° 5.
(3) Pl. V, fig. 114.
(4) Pl. V, fig. 114, n° 7.
(5) Pl. V, fig. 114, n° 8.
(6) Pl. VI, fig. 138, n° 3, 3, 4 et 4.

Mais nonobstant toutes nos preuves déduites de la position et des rapports de ce que nous avons considéré jusqu'à présent comme le cervelet chez les poissons, on pourrait dire encore : nous ne reconnaissons pas en lui l'analogue de l'organe qu'on désigne ainsi chez les mammifères et les oiseaux ; nous voyons des feuillets séparés (1), roulés sur eux-mêmes et formant des bords plus ou moins relevés sur les côtés du quatrième ventricule (2), ou placés transversalement sur son fond (3). Vous nous montrez un corps triangulaire flottant sur cette dernière cavité, isolé le plus souvent de ces feuillets (4), et se portant quelquefois, par l'addition d'une nouvelle partie, sur les tubercules quadrijumeaux ? Est-ce là un organe impair, comme chez les oiseaux et les mammifères ? Apercevez-vous, sur ces languettes triangulaires (5), la trace des sillons transversaux qui sont le caractère distinctif de cet organe dans ces deux classes ? Pouvez-vous, sans ce caractère, assurer positivement que c'est bien là le cervelet des poissons (6) ?

---

(1) Pl. VI, fig. 140, n° 5.

(2) Pl. VI, fig. 152, n° 10 et 11.

(3) Pl. XI, fig. 228, n° 2.

(4) Pl. VII, fig. 155, n° 5 ; fig. 163, n° 6.

(5) Pl. VII, fig. 169, n° 2 ; fig. 184, n° 2 ; fig. 191, n° 2 ; fig. 185, n° 4.

(6) Je ne fais que répéter les objections qui sont dans les auteurs, objections qui ont été reproduites par divers ana-

Donnons notre dernière preuve : avec ces feuillets restiformes isolés , avec cette languette triangulaire, détachée, flottante et lisse, superposée sur le quatrième ventricule ou sur les lobes optiques(tubercules quadrijumeaux); faisons, comme chez les oiseaux et les mammifères , cet organe impair et unique; montrons un cervelet chez les poissons pourvus de ces caractères , et sillonné de plus par un grand nombre de rainures transversales, ainsi qu'on l'observe dans les deux classes supérieures. Ce sera le complément de tous nos raisonnemens, de tous nos rapports anatomiques, de toutes nos analogies; car nous aurons une identité absolue dans les deux organes que l'on compare chez les poissons , les mammifères et les oiseaux. Les squales vont nous fournir cette démonstration rigoureuse.

Considérez cet organe chez l'aiguillat (*squalus acanthias*) : vous trouvez, il est vrai, les deux cordons restiformes (1) libres en bas, formant les rebords festonnés du quatrième ventricule (2); vous trouvez aussi la languette médiane isolée (3) par sa partie inférieure, et détachée en cet endroit des feuillets restiformes (4) : mais si vous les exa-

---

tomistes à l'occasion de mes déterminations, connues depuis quelques années par le beau rapport de M. le baron Cuvier.

(1) Pl. XII , fig. 256, B.

(2) Pl. XII , fig. 256, X.

(3) Pl. XII , fig. 256, C.

(4) Pl. XII , fig. 256, B. C.

minez à leur partie supérieure (1), vous rencontrez les feuillets restiformes réunis au corps médian (2), formant en cet endroit un corps unique (3), et tendant à produire un organe impair
comme chez les oiseaux (4). Que manque-t-il au
cervelet de ce squale pour représenter exactement
celui des classes supérieures? Si le corps médian (5),
qui n'est réuni que dans sa partie supérieure (6),
se confondait dans toute son étendue avec les feuillets restiformes (7); si la rainure médiane (8) qui
divise encore cet organe en deux parties symétriques (9), disparaissait; si, au lieu de rester uni et
lisse comme chez les poissons osseux (10), des sillons
transversaux nombreux en divisaient la superficie,
n'aurions-nous pas l'organe impair des mammifères et des oiseaux, avec sa forme, sa position
et tous ses rapports? Or, tout ce qui manque à
l'aiguillat pour nous offrir cette identité parfaite,
se trouve rigoureusement dans le cervelet du requin (*squalus carcharias*). Chez ce squale, nous

(1) Pl. XII, fig. 236, X.
(2) Pl. XII, fig. 236, C. X.
(3) Pl. X, fig. 219, n° 6.
(4) Pl. XII, fig. 236, D. C. X.
(5) Pl. XII, fig. 236, D. C.
(6) Pl. XII, fig. 236, C. X.
(7) Pl. XII, fig. 236, B.
(8) Pl. XII, fig. 236, Y.
(9) Pl. XII, fig. 236, Y. C.
(10) Pl. VII, fig. 163, n° 6 et 12.

n'avons plus de feuillets restiformes isolés, comme chez la lamproie (1), l'esturgeon (2), la raie bouclée (3), la raie ronce (4); plus de languette médiane superposée sur le quatrième ventricule, de même que chez la perche (5), le brochet (6), le merlan (7), le trigle (8), le turbot (9), le congre (10), l'aigrefin (11), et en général chez tous les poissons osseux; plus de corps médian formant un trapèze (12), comme chez la raie ronce, isolé de toutes parts ou réuni en partie comme chez l'aiguillat (13). Toutes ces parties se sont confondues, comme chez les mammifères et les oiseaux; elles ont formé un organe impair unique, n'offrant plus les traces de la symétrie que nous avaient offerte les autres poissons cartilagineux. Comme celui des oiseaux (14) et des rongeurs (15), le cervelet du requin (*sq. car-*

---

(1) Pl. XI, fig. 224, n° 2.

(2) Pl. XII, fig. 233, n° 3.

(3) Pl. VI, fig. 152, n° 10 et 11.

(4) Pl. VI, fig 138, n° 4 bis.

(5) Pl. I, fig. 14, n° 2.

(6) Pl. I, fig. 13, n° 1 et 2.

(7) Pl. I, fig. 17, n° 4.

(8) Pl. VII, fig. 155, n° 5.

(9) Pl. VII, fig. 191, n° 2.

(10) Pl. VII, fig. 168, n° 3.

(11) Pl. VII, fig. 184, n° 2.

(12) Pl. VI, fig. 138, n° 5, 3, 4 et 4.

(13) Pl. XII, fig. 236, D. C. Y.

(14) Pl. IV, fig. 89, n° 7.

(15) Pl. IX, fig. 213, C. D. D.

charias) (1) est impair, d'une forme sphérique ; les extrémités (2) sont moins larges que le centre (3) : sa superficie est divisée par sept, huit ou neuf (4) sillons transversaux ; sa partie postérieure se prolonge sur le quatrième ventricule (5) et le recouvre ; sa partie antérieure se porte sur les tubercules quadrijumeaux (6), qui n'en sont pas entièrement recouverts, comme on l'observe sur l'embryon humain du cinquième mois (7), sur celui du veau et du cheval de la même époque, sur l'embryon du lapin du vingtième au vingt-cinquième jour (8), sur les didelphes aux diverses époques de leur formation, et même dans l'état adulte, ainsi que chez les chauve-souris. Par ce mouvement de progression sur les tubercules quadrijumeaux, il tend, chez le requin, à se rapprocher de la partie postérieure des lobes cérébraux (9), ainsi qu'on le remarque chez tous les embryons des mammifères et des oiseaux aux diverses époques de leur formation, et chez les didelphes et les chauve-souris dans leur état adulte. Le cervelet du

(1) Pl. VI, fig. 142, n° 6, 6 et 6.
(2) Pl. VI, fig. 142, C. C.
(3) Pl. VI, fig. 142, n° 6.
(4) Pl. VI, fig. 142, n° 6, C. C.
(5) Pl. IV, fig. 142, n° 6 et 4.
(6) Pl. VI, fig. 142, C.
(7) Pl. II, fig. 58, n° 2 et 3.
(8) Pl. II, fig. 55, 56, n° 4, 6, 3 et 5.
(9) Pl. VI, fig. 142, n° 13.

requin (*squalus carcharias*) est donc identique‒
ment le même que celui des oiseaux et des mamm‒
mifères. Cette rigoureuse analogie donne à la dé‒
termination du cervelet, dans cette classe, une
certitude qui nous paraît ne pouvoir plus être
contestée.

En avant du cervelet, on trouve la quatrième
paire de nerfs, chez la lamproie, l'esturgeon, la
raie ronce (1), l'aiguillat, la roussette (2) (*squa‒
lus catulus*), l'ange (3) et le requin (4) (*squalus car‒
charias*). Ce nerf vient s'implanter, comme dans
les autres classes, entre le cervelet et les lobes
optiques (tubercules quadrijumeaux).

Les lobes optiques sont donc en avant de ce
nerf(5). Très‒peu développés chez la lamproie (6),
ils augmentent de volume chez l'esturgeon (7),
deviennent ovalaires chez les raies (8), ont plus de
volume en avant (9) qu'en arrière (10); ils conser‒
vent la même forme et la même étendue chez l'ai‒

----

(1) Pl. VI, fig. 138, n° 6; fig. 139, n° 2 et 6.
(2) Pl. XII, fig. 236, n° 4.
(3) Pl. XII, fig. 237, n° 6.
(4) Pl. VI, fig. 142, n° 11.
(5) Pl. VI, fig. 139, n° 3.
(6) Pl. XI, fig. 224, n° 4.
(7) Pl. XII, fig. 235, F.
(8) Pl. VI, fig. 139, n° 3; fig. 138, n° 7.
(9) Pl. VI, fig. 139, n° 3.
(10) *Ibid.*

guillat (1), l'ange (2) et le requin (3) : leur détermination est la même que celle des poissons osseux,
aucun doute ne peut s'élever à ce sujet. Mais de
nouvelles difficultés nous attendent en avant des
lobes optiques (tubercules quadrijumeaux).

Les lobes cérébraux qui suivent chez les poissons
osseux les lobes optiques (tubercules quadrijumeaux), ont tellement changé de forme chez les
cartilagineux, qu'il faut toute la certitude de nos
principes pour les reconnaître et ne pas se mé-
prendre, d'autant plus que quelquefois de nouveaux
tubercules viennent s'interposer entre eux et compliquer encore le problème, déjà si difficile. Tantôt
ces lobes sont doubles (4), comme chez les poissons
osseux (5), et se rapprochent plus ou moins de la
forme sphérique (6); d'autres fois, ce n'est qu'une
masse aplatie (7), ayant la forme d'un quadrilatère
irrégulier, profondément divisé par un sillon médian (8) en deux parties symétriques; ailleurs, ce
sillon est plus large (9), les deux lobes paraissent

(1) Pl. XII, fig. 236, E.
(2) Pl. XII, fig. 237, E.
(3) Pl. VI, fig. 142, n° 12; fig. 141, n° 6.
(4) Pl. XII, fig. 235, H. K.
(5) Pl. VII, fig. 155, n° 7.
(6) Pl. XII, fig. 235, H.
(7) Pl. VI, fig. 140, n° 13.
(8) Pl. VI, fig. 140, n° 14.
(9) Pl. VI, fig. 152, B.

plus isolés (1), leur superficie est bosselée (2) ;
d'autres fois enfin, il n'existe qu'un seul lobe,
massif, ovoïde (3), divisé en avant par un sillon
transversal (4), et par un très-petit raphé médian (5),
qui lui donne l'aspect des tubercules quadrijumeaux
des mammifères. C'est au milieu de ces transformations variées qu'il faut reconnaître les hémisphères
cérébraux des poissons cartilagineux.

La chose n'est pas difficile chez l'esturgeon (6).
Les lobes cérébraux sont séparés l'un de l'autre
par un sillon profond (7) ; ils présentent à leur
partie interne (8) tantôt un, tantôt deux renflemens ; ils suivent immédiatement les lobes optiques
(tubercules quadrijumeaux) (9), et entre eux et
ces derniers lobes on aperçoit la glande pinéale (10)
qui, comme nous l'avons déjà prouvé, sert de
point de ralliement à nos déterminations. Chez
la raie bouclée (11), les lobes cérébraux (12) suc-

---

(1) Pl. VI, fig. 152 , B.
(2) Pl. VI, fig. 140, n° 13 et 14.
(3) Pl. VI, fig. 142, n° 14 et 19.
(4) Pl. VI, fig. 142, n° 15.
(5) Pl. VI, fig. 142, n° 13.
(6) Pl. XII, fig. 235, H. K.
(7) Pl. XII, fig. 235, M.
(8) Pl. XII, fig. 235, L.
(9) Pl. XII, fig. 235, F
(10) Pl. XII, fig. 235, G.
(11) Pl. VI, fig. 152, A. B.
(12) Pl. VI, fig. 152.

cèdent immédiatement aux lobes optiques (tubercules quadrijumeaux), ainsi que chez les poissons
osseux ; ils sont aplatis en haut (1) et en bas (2),
divisés par un sillon médian (3), qui de l'une des
faces se porte sur l'autre (4). Chez le requin (5),
on ne trouve qu'un lobe unique ; il est placé immédiatement en avant des lobes optiques (6).
Sa forme est celle d'un ovoïde (7) plus étroit en
arrière qu'en avant (8) ; sa face supérieure offre
en arrière une petite échancrure sur sa partie
moyenne (9) ; cette échancrure se continue par un
petit raphé sur la ligne médiane (10) ; ce raphé est
coupé dans le quart antérieur du lobe (11) par un
sillon transversal ; en avant du sillon, le lobe est
plus bombé (12), et mieux divisé (13) en deux
parties, à cause de la profondeur de la rainure
médiane (14).

(1) Pl. VI, fig. 152, A. B.
(2) Pl. VI, fig. 146, D.
(3) Pl. VI, fig. 152, B.
(4) Pl. VI, fig. 148, C.
(5) Pl. VI, fig. 142, n° 14 et 15,
(6) Pl. VI, fig. 142, n° 12.
(7) Pl VI, fig. 142, n° 14, 15, 17 et 19.
(8) Pl. VI, fig. 142, n° 13 et 17.
(9) Pl. VI, fig. 142, n° 13.
(10) Pl. VI, fig. 142, n° 15.
(11) Pl. VI, fig. 142, n° 15 bis.
(12) Pl. VI, fig. 142, n° 19.
(13) Pl. VI, fig. 142, n° 17.
(14) Pl. VI, fig. 142, n° 17 et 19.

Chez la raie ronce (1) les hémisphères cérébraux
sont tout-à-fait semblables en haut (2) et en bas,
en avant (3) et en arrière, à ceux de la raie bouclée ; mais ils en diffèrent par la position. Chez la
raie bouclée (4), les hémisphères succèdent immédiatement aux tubercules quadrijumeaux (5); chez
la raie ronce (6), on trouve entre ces deux parties (7), deux petits tubercules (8) qui les séparent,
et entre lesquels on distingue une petite dépression.
L'aiguillat (9) est dans le même cas que la raic
ronce; ses hémisphères cérébraux (10) sont identiques à ceux de la raie bouclée (11), aux rapports
près; car entre eux et les lobes optiques on aperçoit aussi deux pédoncules (12) qui leur servent
en quelque sorte de moyen d'union. Qu'est-ce que
ces nouveaux tubercules? Leur position, leur
forme et leurs rapports correspondent aux pédoncules cérébraux à leur sortie des lobes optiques (13).

---

(1) Pl. VI, fig. 138.
(2) Pl. VI, fig. 138, n° 11 et 13.
(3) Pl. VI, fig. 138, n° 14.
(4) Pl. VI, fig. 152, A. B.
(5) Pl. VI, fig. 152, n° 7 et 6.
(6) Pl. VI, fig. 138, n° 13 et 14.
(7) Pl. VI, fig. 138, n° 7.
(8) Pl. VI, fig. 138, n° 9.
(9) Pl. XII, fig. 236, F. G.
(10) Pl. XII, fig. 236, G.
(11) Pl. VI, fig. 152, A. B.
(12) Pl. XII, fig. 236, F.
(13) Pl. XII, fig. 236, E. F.

Dans cette supposition, nous pourrions les considérer comme les premiers rudimens de la couche
optique (1), qui seraient venus s'interposer entre
les lobes optiques (2) et les hémisphères cérébraux (3). Chez l'aiguillat (4) et la raie ronce (5),
cette détermination acquerrait tous les caractères
d'une certitude anatomique, si nous trouvions
chez ces poissons la glande pinéale, si nous rencontrions à cette glande les pédicules antérieurs,
et si ces pédicules venaient s'implanter sur ces
corps, comme cela a lieu chez les reptiles, les
mammifères et les oiseaux. Je n'ai pu découvrir
cette glande, et conséquemment ses pédoncules,
ni chez la raie, ni chez ce squale; mais chez la
lamproie, dont l'encéphale offre, sous ce rapport,
la même composition que celui de la raie ronce et
de la petite roussette, j'ai acquis la certitude de ce
fait, et reconnu l'analogie de ces tubercules avec
les couches optiques des classes supérieures.

Quelque petit que soit l'encéphale de la lamproie,
ses hémisphères cérébraux (6) offrent des formes
mieux arrêtées et plus rapprochées des autres
classes que celui des autres poissons cartilagi-

_____

(1) Pl. XII, fig. 236, F.
(2) Pl. XII, fig. 236, E.
(3) Pl. XII, fig. 236, G. H.
(4) Pl. XII, fig. 236, F.
(5) Pl. VI, fig. 138, n° 9.
(6) Pl. XI, fig. 224, n° 7.

neux : ils sont doubles, l'un étant à droite (1), l'autre
à gauche (2). Réunis en arrière par une petite lame
de matière grise, leur forme est celle d'un ovoïde,
plus large en arrière (3) qu'en devant (4). Ils ne
suivent pas immédiatement les lobes optiques (5) ;
entre ces derniers lobes et les hémisphères (6),
on trouve les petits tubercules (7) que nous avons
rencontrés chez l'aiguillat (8) et la raie ronce (9).
Sur le plateau de ces pédoncules (10) on aperçoit
la glande pinéale (11).

Celle-ci est placée immédiatement en arrière des
lobes (12), superposée aux pédoncules cérébraux (13) et aux petits renflemens des couches
optiques (14). Elle adhère à ceux-ci par deux petits
pédoncules (15), l'un droit, l'autre gauche. Si on

---

(1) Pl. XI, fig. 224, n° 7.

(2) Pl. XI, fig. 224, n° 8.

(3) Pl. XI, fig. 224, n° 6.

(4) Pl. XI, fig. 224, n° 7.

(5) Pl. XI, fig. 224, n° 4; fig. 228, n° 3.

(6) Pl. XI, fig 224, n° 7 et 8.

(7) Pl. XI, fig. 228, n° 4.

(8) Pl. XII, fig. 236, F.

(9) Pl. VI, fig. 138, n° 9.

(10) Pl. XI, fig. 228, n° 4.

(11) Pl. XI, fig. 228, n° 5 et 6; fig. 224, n° 6.

(12) Pl. XI, fig. 224, n° 6.

(13) Pl. XI, fig. 224, n° 5.

(14) *Ibidem.*

(15) Pl. XI, fig. 238, n° 5.

renverse la glande pinéale en avant, après avoir enlevé les hémisphères cérébraux (1), on trouve la glande pinéale suspendue par ses pédoncules, aux petites couches optiques (2), de la même manière qu'on l'observe chez les oiseaux et les mammifères (3). Or, dans ces deux classes, les pédoncules de la glande pinéale correspondent toujours à la couche optique. L'existence de cette glande et l'insertion de ses pédoncules chez les poissons, ne permettent donc pas de récuser l'analogie que nous établissons entre les petits renflemens de la raie ronce (4), de l'aiguillat (5) et de la lamproie (6), et les pédoncules cérébraux et les couches optiques des mammifères et des oiseaux, puisque ces petits renflemens ont la même forme, la même position, les mêmes rapports et les mêmes connexions, soit avec la glande pinéale, soit avec ses dépendances.

(1) Pl. XI, fig. 238, n° 4, 5 et 6.

(2) Pl. XI, fig. 238, n° 4.

(3) Pour mettre à découvert la glande pinéale, il faut placer l'encéphale dans l'eau distillée, le laisser séjourner quelques heures, et agiter de temps en temps le liquide ; la glande pinéale se dégage alors du réseau celluleux et vasculaire au milieu duquel elle est enchâssée. Sans cette précaution, les pédoncules, qui l'unissent au plateau de la couche optique, sont si déliés et si peu adhérens, qu'ils se rompent par la traction la plus légère.

(4) Pl. VII, fig. 138, n° 9.

(5) Pl. XII, fig. 236, F.

(6) Pl. XI, fig. 228, n° 4.

L'encéphale des chondroptérygiens est donc ainsi ramené à celui des poissons osseux, moins le lobule olfactif, qu'il nous reste encore à déterminer. Pour cela, nous rappellerons la différence que ce lobule présente chez les reptiles ; nous ferons observer que dans cette classe, tantôt ce lobule suit immédiatement les hémisphères cérébraux, comme chez la tortue franche (1) ; tantôt, au contraire, ce lobule en est plus ou moins éloigné, et alors il communique avec les lobes cérébraux par un pédicule plus ou moins étendu, selon la distance à laquelle il en est placé, comme on le remarque chez les vipères (2), l'orvet (3), les lézards (4), et même la tortue grecque, chez laquelle il est très-exigu (5) : or, sous ce rapport, les poissons sont dans des conditions semblables aux reptiles ; chez certains poissons osseux, le lobule olfactif suit immédiatement les lobes cérébraux, et leur est en quelque sorte adossé, ainsi que nous l'avons observe chez le trigle (6), le congre (7) et l'anguille vulgaire (8). Le lobule est alors dans une position

(1) Pl. V, fig. 122, n° 16.
(2) Pl. V, fig. 128, n° 8 et 9.
(3) Pl. V, fig. 109, n° 8 et 9.
(4) Pl. V, fig. 110, n° 11 et 12.
(5) Pl. V, fig. 125, n° 11 et 12.
(6) Pl. VII, fig. 155, n° 8.
(7) Pl. VII, fig. 167, n° 7.
(8) Pl. VII, fig. 190, n° 5.

analogue à celle qu'il occupe chez la grenouille (1) et la tortue franche (2). Chez les poissons cartilagineux, ce lobule étant, comme chez les autres reptiles, placé à une certaine distance des hémisphères cérébraux (3), un pédicule plus ou moins fort les réunit (4). Ce pédicule est lui-même plus ou moins étendu, selon que l'intervalle qui le sépare des hémisphères est plus ou moins grand.

Chez la lamproie, le lobule olfactif (5) est peu éloigné des hémisphères cérébraux (6) : le pédicule qui les réunit l'un à l'autre est très-court ; il est très-court et très-gros chez le requin (7), dont le lobule olfactif est énorme (8) : chacun d'eux (9) égale presque le volume du lobe cérébral (10). Chez la raie bouclée (11), le pédicule est plus grêle (12) et plus allongé; chez la raie ronce (13), les lobules olfactifs (14) étant placés loin des hémi-

---

(1) Pl. I, fig. 16, n° 5.

(2) Pl. V, fig. 122, n° 16.

(3) Pl. VI, fig. 142, n° 18.

(4) Pl. VI, fig. 142, n° 16.

(5) Pl. XI, fig. 224, n° 1.

(6) Pl. XI, fig. 224, n° 7 et 8.

(7) Pl. VI, fig. 142, n° 16.

(8) Pl. VI, fig. 142, n° 18.

(9) Pl. VI, fig. 142, n° 18 et 18.

(10) Pl. VI, fig. 142, n° 14, 15 et 19.

(11) Pl. VI, fig. 152, n° 9.

(12) Pl. VI, fig. 148, n° 21.

(13) Pl. VI, fig. 138, n° 16, 15 et 17.

(14) Pl. VI, fig. 138, n° 17.

sphères (1) , le pédicule intermédiaire (2) est long et grêle. Ces remarques peuvent être appliquées à l'esturgeon, à l'aiguillat (*squalus acantias*), et à l'ange (*squalus squatina*). Ainsi, les chondroptérygiens correspondent, d'une part, aux poissons osseux à six lobes cérébraux ; de l'autre, aux reptiles dont le lobule olfactif est pédiculé , à cause de son éloignement des hémisphères cérébraux.

Telle est la détermination anatomique des élémens de l'encéphale des poissons : le cervelet, les tubercules quadrijumeaux ou leurs analogues, les lobes optiques, les lobes cérébraux et les lobules olfactifs étant connus, la distinction des parties qui occupent la base de l'organe en découle nécessairement Il n'est pas possible de méconnaître les pyramides (3), les olives ou les cordons aplatis qui leur correspondent (4), le corps restiforme (5), les pyramides postérieures (6), l'analogie des nerfs qui s'implantent sur la moelle allongée (7) , sur les pédoncules cérébraux (8), ou qui dérivent des lobes

---

(1) Pl. VI, fig. 138, n° 13 et 14.

(2) Pl. VI, fig. 138, n° 15.

(3) Pl. VII, fig. 157, n° 2 ; fig. 162, B.; fig. 174, n° 2 ; pl. VI, fig. 148, A.

(4) Pl. VII, fig. 157, n° 1 ; fig. 162 , A.; fig. 164, n° 2 ; fig. 176, B.

(5) Pl. VII, fig. 161, B.

(6) Pl. VII, fig. 161, A.

(7) Pl. VI, fig. 148 et 144; Pl. VII, fig. 162 et 164.

(8) Pl. VI, fig. 148, n° 7 ; fig. 142, n° 11.

optiques (1). Une seule difficulté se présente sur
cette base (2), c'est la connaissance des corps situés
en arrière de la jonction du nerf optique. Qu'est-
ce que ce corps? à quelle partie correspond-il
dans l'encéphale des autres classes? Est-ce, comme
on l'a dit, les tubercules mamillaires de l'homme
qui, ayant déjà disparu chez les singes, les cétacés,
le phoque, chez tous les mammifères, chez tous
les oiseaux, chez tous les reptiles, sont reproduits
dans l'encéphale des poissons, si descendu dans
l'échelle animale? Si cela était, quelle bizarrerie !
quelle singularité! Mais il n'y a de singulier et de
bizarre que l'opinion des anatomistes à cet égard.
Ce corps est une dépendance du nerf optique, il
en suit les diverses modifications ; il a son analogue
chez l'homme, non dans les tubercules mamillaires
qui ne se trouvent que chez lui, mais bien dans la
matière grise placée derrière la jonction des nerfs
de la vision. Cette matière, aplatie chez l'homme,
où ce nerf est peu développé, devient un tubercule plus ou moins volumineux chez les mammifères et les oiseaux, à mesure que le nerf optique prend de l'accroissement: chez les poissons,
il est porté, comme ce nerf, au maximum de son

---

(1) Pl. VI, fig. 148, n° 9; fig. 138, n° 10; fig. 144, n° 6;
fig. 146, n° 7; fig. 157, n° 6; fig. 162, n° 10; fig. 164, n° 12;
fig. 182, n° 6; fig. 184, n° 5.

(2) Pl. VII, fig. 157, n° 4 et 5; Pl. VI, fig. 148, n° 12;
Pl. VII, fig. 164, n° 9 et 10.

développement. Je ne fais qu'indiquer ici cette analogie, afin de ne rien laisser d'indéterminé dans
l'encéphale des poissons: j'en reproduirai les preuves
dans la troisième partie, lorsque j'aurai établi ce
point nouveau de l'encéphalotomie des mammifères
et des oiseaux.

ANATOMIE

COMPARÉE

DU CERVEAU,

DANS

LES QUATRE CLASSES DES ANIMAUX VERTÉBRÉS.

DEUXIÈME PARTIE.

NÉVROTOMIE COMPARATIVE APPLIQUÉE A LA DÉTERMI-
NATION ET AUX RAPPORTS DE L'ENCÉPHALE DANS LES
QUATRE CLASSES DES ANIMAUX VERTÉBRÉS, ET A LA
DÉTERMINATION DU SYSTÈME NERVEUX DES INVER-
TÉBRÉS.

CHAPITRE PREMIER.

Considérations générales sur le Principe de l'origine
des Nerfs. — Du Nerf de l'olfaction comparé dans
les quatre classes des animaux vertébrés.

L'Académie royale des Sciences a recommandé
dans son programme de suivre aussi loin que possible l'origine des nerfs encéphaliques, sur laquelle
les anatomistes ont tant écrit et tant différé les
uns des autres, depuis Vesale jusqu'à nos jours.
L'anatomie comparative des embryons était plus
propre que tout autre procédé à éclairer cette
question; elle semblait promettre de pouvoir saisir
les nerfs au moment où ils émanent des diverses

parties de l'encéphale, avant que des couches fibreuses plus ou moins épaisses ne les ayent enveloppés; elle faisait espérer de plus qu'on pourrait suivre leur marche avec plus de précision qu'on ne le peut faire chez les animaux adultes; j'attendais beaucoup de cette recherche en procédant surtout des vertébrés les plus simples, comme les poissons et les reptiles, aux classes les plus élevées, les oiseaux et les mammifères, chez lesquels ils sont plus profondément cachés. Dans cette idée, j'examinai avec la plus grande attention la moelle épinière et l'encéphale des jeunes embryons; quelle fut ma surprise de n'y apercevoir d'abord aucun vestige de nerfs! Persuadé d'abord que leur ténuité les dérobait à la vue simple, j'eus recours à la loupe et au microscope; mais je ne fus pas plus heureux. La moelle épinière et l'encéphale me parurent toujours dépourvus de nerf. Déconcerté d'abord par ces faits, serait-il possible, me demandai-je, que ces nerfs eussent une si tardive formation? Comment les parties diverses du tronc et de la tête se sont-elles développées jusqu'au point où je les observe chez ces jeunes embryons hors de toute influence nerveuse? Qu'est-ce qui remplace les nerfs dans ces parties à cette époque de leur formation? Je cessai de m'occuper un instant de l'origine des nerfs, que je ne pouvais apercevoir, pour porter mon attention sur l'état de ces organes dans les diverses parties de l'embryon déjà formé : si ma surprise avait été grande en voyant le nerf manquer à la moelle épinière et à l'encéphale, elle redoubla encore quand, par des dissections soignées, j'eus reconnu et suivi avec le plus rare bonheur tous les nerfs de la tête, et sans aucune exception tous les nerfs du tronc. Cette vérité reconnue et vérifiée sur un grand nombre d'embryons de reptiles, d'oiseaux et de mammifères, il devenait plus difficile de l'expliquer que de la découvrir dans l'état présent de nos connaissances.

Les animaux, avait-on dit, se développent du centre à la circonférence : donc les nerfs doivent procéder de la moelle épinière et du cerveau aux parties excentriques du corps. Comment concevoir, dans cette hypothèse, l'isolement des nerfs des parties centrales du système nerveux ? Comment concevoir la moelle épinière et l'encéphale, sans communication avec les nerfs du tronc et de la tête? La chose me parut tellement difficile, que je ne m'attachai pas même à chercher dans cette direction l'explication des faits que j'avais sous les yeux ; je crus prudent de rechercher d'abord sur quels fondemens on avait élevé l'hypothèse du développement central des animaux. Avait-on observé ce mode de formation chez les embryons? Cette opinion était-elle déduite des faits, ou était-elle le fruit de l'imagination? Je ne tardai pas à m'apercevoir que rien ne confirmait cette hypothèse ; que dans l'impossibilité où l'on s'était trouvé d'établir une théorie probable de zoogénie, on avait, conformément aux principes philosophiques du temps, imaginé une hypothèse qui en pût tenir lieu ; et par une bizarrerie assez singulière, cette hypothèse se trouvait directement opposée aux faits.

Les animaux ne se forment donc pas du centre à la circonférence, ainsi qu'on l'avait avancé ; j'ai dé couvert qu'ils se développent au contraire de la circonférence au centre, de dehors en dedans, en considérant le tronc comme la racine de l'animal ; de là vient que les côtes cartilagineuses sont formées avant les vertèbres ; de là vient que les os excentriques du crâne sont cartilagineux avant ceux qui occupent le centre ; de là vient aussi que les points osseux se montrent d'abord sur les côtes, puis sur les masses transverses des vertèbres, puis sur la partie centrale de ces derniers os. Sur le bassin, c'est d'abord l'iléon, puis l'ischium, puis le pubis et le sacrum ; dans le crâne, les points d'ossification se montrent d'abord sur les points les plus excentriques de la circonférence, puis ils gagnent de proche en proche les os qui occupent le centre. La même loi est applicable au système musculaire : les muscles intercostaux paraissent les premiers ; viennent ensuite ceux logés dans les gouttières vertébrales ; plus tard, les muscles abdominaux ferment l'abdomen en devant. C'est donc en vertu d'une loi générale de l'organisation, que le système nerveux se développe de la circonférence au centre, que les nerfs du tronc se forment avant la moelle épinière et l'encéphale.

Ce mode de formation concilie les faits que nous avons exposés dans les précédens chapitres ; nous ne sommes plus surpris de trouver des nerfs très-développés coïncidant avec une moelle épinière et un encéphale liquides. C'est la marche de la nature, l'inverse serait une contradiction à ses lois. Nous pouvons maintenant apprécier à sa juste valeur l'opinion de *Gall* et de *Spurzheim*, sur la nutrition primitive des nerfs par la matière grise de la moelle épinière et de l'encéphale. Cette nutrition est imaginaire, puisque les deux ordres d'organes ne sont pas primitivement en communication l'un avec l'autre. Si l'existence des nerfs est indépendante de la moelle épinière et de l'encéphale, qui ne voit de suite que les altérations de ces parties centrales du système nerveux, n'auront aucune influence sur leur développement? Qui ne voit de suite que les embryons privés de moelle épinière ou de l'encéphale ne seront pas pour cela dépourvus de leurs nerfs? Que de faits de monstruosités animales, inconciliables avec nos hypothèses présentes, se trouvent expliqués par cette loi générale de l'organisation! Serons-nous surpris maintenant de trouver des nerfs très-bien constitués chez des embryons privés de moelle épinière? Les nerfs des sens très-développés, chez des monstres dépourvus des masses encéphaliques? L'inverse devrait nous étonner; mais ces cas de monstruosités sont dans l'ordre du développement de la nature, et servent de confirmation à ses principes de formation.

C'est à l'aide de ces mêmes principes qu'on parviendra un jour à expliquer le système nerveux des invertébrés. Puisqu'on supposait que les nerfs étaient une émanation de la moelle épinière et de l'encéphale, et qu'on leur trouvait des nerfs parfaitement bien constitués, la raison indiquait de leur trouver aussi un encéphale et une moelle épinière analogues à ces mêmes organes chez les vertébrés : sans cela leur système nerveux était inexplicable. De là les efforts et les suppositions de toute espèce pour démontrer que les invertébrés avaient, comme les vertébrés, ces parties centrales du système nerveux. Chose étrange! on avait dénommé ces êtres d'après l'absence des vertèbres dans le centre du tronc, et on avait supposé en même temps que la moelle épinière, que ces os doivent encaisser, était restée à sa place. On ignorait, il est vrai, que l'état primitif de la moelle épinière était liquide, que ce liquide exigeait un canal pour être contenu, et que ce canal manquant chez ces êtres, la moelle épinière devait nécessairement manquer aussi : mais l'absence des vertèbres ne devait-elle pas indiquer l'absence de la moelle épinière? Sans doute qu'on aurait déduit cette conséquence simple, si l'on n'avait étudié ces êtres sous l'influence d'une hypothèse qui en faisait méconnaître le rapport.

Quoi qu'il en soit, les animaux invertébrés n'ont point de moelle épinière; et d'après ce que nous venons de voir, leur système nerveux peut être expliqué sans elle; les nerfs des larves et des chenilles se développent de la circonférence au centre: ils sont d'abord isolés de droite et de gauche, sans lien moyen entre eux ; ils se rapprochent ensuite, et avant de s'adosser sur la ligne médiane, chez les chenilles, où je les ai suivis avec le plus grand soin, un renflement ganglionnaire se développe à l'extrémité de chaque nerf, et ordinairement au point de jonction du nerf voisin. La série de ganglions est d'abord double ; mais en se rapprochant sur la ligne médiane, souvent deux ganglions se confondent en un seul, et dans ce cas, un petit sillon médian indique leur séparation primitive. Telle est l'origine de la double chaîne ganglionnaire qui se rencontre sur la ligne médiane des chenilles, de la plupart des insectes, et chez les crustacés, quoique ces organes ayent éprouvé chez ces derniers un singulier déplacement. En comparant ce système nerveux à celui des très-jeunes embryons des vertébrés, on y remarque une analogie frappante ; chez ces derniers ainsi que chez les invertébrés, on trouve des nerfs partant des parties latérales du tronc, convergéant les uns vers les autres sur la ligne médiane ; on trouve une double série de ganglions à la jonction de deux branches nerveuses, de même que dans les classes inférieures ; un rameau ascendant ou descendant réunit les uns aux autres les ganglions, et forme une chaîne non interrompue du crâne au sacrum, ainsi qu'on l'observe chez les invertébrés. Si à ces rapports on ajoute qu'à cette époque les ganglions intervertébraux des classes supérieures sont isolés de la moelle épinière, on concevra comment cet état primitif du système nerveux est le représentant de celui des invertébrés. Les fœtus des vertébrés qui viennent au monde sans moelle épinière, ont donc vécu dans le sein de leur mère sous l'influence d'un système nerveux analogue à celui des invertébrés. Ces êtres monstrueux ne le sont, que parce que leur système nerveux s'est arrêté à l'époque du développement qui constitue l'état permanent des êtres dits *invertébrés*. Par où et comment le système nerveux des classes supérieures se distingue-t-il de celui des classes inférieures? Il s'en distingue par un *nouvel ordre d'organes*, la moelle épinière et l'encéphale, qui viennent occuper l'axe central de ce système, et auxquels viennent aboutir toutes ses radiations excentriques.

Les nerfs ne naissent donc point de la moelle épinière et de l'encéphale; isolés de ces parties, ils viennent, par suite de leur marche concentrique, se mettre en rapport avec elles par une insertion d'abord très-superficielle, et qui devient de plus en plus intime à mesure que les faisceaux de ces parties les enlacent et les enveloppent. Ce principe reconnu change tout ce qu'on a dit sur la prétendue origine des nerfs, et donne à l'étude de leur mode d'insertion et à leurs rapports généraux, une direction toute nouvelle.

L'insertion des nerfs du tronc sur la moelle épinière est simple; aussi n'a-t-elle été le sujet d'aucune discussion parmi les anatomistes. Partis des ganglions intervertébraux, les faisceaux nerveux divisés, traversent les trous de conjugaison, pénètrent dans le canal vertébral et le canal de la dure-mère, et s'implantent sur les faisceaux antérieurs et postérieurs de la moelle épinière: cette insertion se fait primitivement vis-à-vis des trous de conjugaison; mais à mesure que l'embryon se développe et que l'animal grandit, la moelle épinière devenant plus longue, les racines supérieures s'écartent des inférieures; les premières deviennent ascendantes, les secondes descendantes; ce rayonnement des faisceaux d'implantation varie beaucoup selon les classes et les familles d'une même classe; leur point de convergence correspond toujours aux trous de conjugaison.

Si, comme l'ont dit *Gall* et *Spurzheim*, le développement des nerfs était sous l'influence immédiate de la matière grise, il faudrait que cette matière formât les couches extérieures de la moelle épinière, ou que du moins elle fût la première apparente chez les jeunes embryons. Or la matière blanche précède, chez les oiseaux et chez les mammifères, la formation de la grise; la matière blanche forme les couches excentriques de la moelle épinière dans toutes les classes sans exception. Le système des anatomistes allemands est donc encore en défaut; il suppose un ordre de faits directement inverse de celui qui existe. Au moment où les nerfs s'implantent sur la moelle épinière, la couche blanche externe est très-mince; ils sont à peine adhérens à cette couche; ils lui paraissent comme adossés; mais à mesure que de nouvelles couches

I.

fibreuses se déposent, le nerf est enveloppé de toutes parts ; il paraît enchâssé dans l'écartement de ces fibres. Sur quelques embryons, il m'est arrivé quelquefois de le retirer comme d'une gaîne dans laquelle il aurait été introduit ; mais plus tard les nerfs s'identifient tellement avec la moelle épinière, qu'ils semblent faire corps avec elle ; que rien n'indique plus leur isolement primitif ; enfin qu'ils paraissent en naître, ainsi qu'on l'a dit et cru jusqu'à ce jour. Cette implantation n'est pas difficile à voir sur les embryons des oiseaux, des reptiles et des mammifères ; elle peut être facilement déduite de leur disposition, même chez les animaux adultes ; ce qui diminue le regret que j'éprouve de ne pouvoir mettre sous les yeux des lecteurs, les dessins qui la rendent évidente.

Mais il n'en est pas de même de quelques nerfs encéphaliques : leur insertion dans certaines classes est quelquefois tellement éloignée du point où ils se dégagent de l'encéphale, les couches fibreuses qui les ont enveloppés sont si nombreuses, si épaisses, que, privé des figures des jeunes embryons, j'aurais pu difficilement en donner une idée juste, si la classe entière des poissons, qui, comme je l'ai si souvent répété, sont des embryons permanens des classes supérieures, n'était venue à notre secours.

Nerf de l'olfaction. Chez les poissons osseux, on peut suivre l'implantation de ce nerf jusque sur les cuisses cérébrales, ou la sortie des pédon-

cules des lobes, qui sont les analogues des hémisphères cérébraux des classes supérieures.

Cette implantation est d'autant plus simple, que
les lobes dont se compose leur encéphale, sont
moins nombreux (1), que les hémisphères cérébraux sont moins développés (2), ou même manquent presque complètement (3).

Chez l'égrefin (4), il se détache de la partie
antérieure des lobes optiques, dont il paraît être
la continuation; quand on a ouvert ces lobes, on
voit les racines (5) descendre du côté interne des
petits lobes cérébraux (6), pour se porter sur les
pédoncules, à leur sortie immédiate des tubercules
quadrijumeaux (7). Chez la baudroie (loph. pisc.),
dont les hémisphères cérébraux (8) sont beaucoup
plus développés, les racines du nerf olfactif (9)
sont la continuation du cordon pyramidal (10);
sitôt, en effet, que ce cordon s'est dégagé des
lobes optiques (11), il se divise en deux bran-

---

(1) Pl. VII, fig. 184, n° 5.
(2) Pl. VII, fig. 180, n° 6.
(3) Pl. VII, fig. 181, n° 8.
(4) Pl. VII, fig. 184, n° 6.
(5) Pl. VII, fig. 181, n° 9.
(6) Pl. VII, fig. 177, n° 4.
(7) Pl. VII, fig. 181, n° 9.
(8) Pl. VII, fig. 179, n° 5.
(9) Pl. VII, fig. 189, n° 4.
(10) Pl. VII, fig. 189, n° 1.
(11) Pl. VII, fig. 189, n° 6.

chés (1) : l'externe se porte dans la profondeur du lobe cérébral (2) ; l'interne, qui continue le pédoncule, se porte en avant, le long de la partie interne du même lobe (3), pour aller se rendre dans la chambre olfactive (4). Chez la morue (5), ce mode d'insertion est en tout analogue à celui du lophius ; le pédoncule, sorti de la partie interne du lobe optique (6), se divise comme chez l'égrefin ; le nerf olfactif (7) se place au côté interne, et se porte dans l'organe de l'odorat; il n'est que la continuation des cordons pyramidaux (8) ; une variété assez remarquable se présente chez plusieurs poissons; c'est celle d'une commissure transversale (9), qui réunit les deux nerfs olfactifs avant leur sortie des hémisphères cérébraux. J'ai représenté cette bande fibreuse transversale chez la tanche (10). Cette commissure serait-elle analogue à la commissure antérieure des hémisphères cérébraux des mammifères? Afin de rendre évidente cette continuation du nerf olfactif,

---

(1) Pl. VII, fig. 189, n° 3 et 4.
(2) Pl. VII, fig. 189, n° 3.
(3) Pl. VII, fig. 183, n° 4.
(4) Pl. VII, fig. 179, n° 9.
(5) Pl. VII, fig. 163, n° 10.
(6) Pl. VII, fig. 166, n° 1 et 7.
(7) Pl. VII, fig. 166, n° 8.
(8) Pl. VII, fig. 166, n° 1.
(9) Pl. VII, fig. 187, n° 8.
(10) Pl. VII, fig. 187, n° 8.

chez les poissons osseux, avec le cordon pyramidal, j'ai déplissé les lobes de l'encéphale chez le merlan (1), j'ai séparé la pyramide (2) du cordon olivaire (3); on voit que la première, parvenue au-devant du lobe optique, se continue immédiatement dans le nerf olfactif (4); on aperçoit également bien ce rapport chez la perche (5). Quoique les poissons cartilagineux diffèrent des poissons osseux sous le rapport de la composition de leur encéphale, on peut suivre chez quelques-uns l'insertion du nerf olfactif (6) jusque sur le pédoncule cérébral (7). C'est ce que j'ai fait chez l'esturgeon et la lamproie; car chez les squales et les raies, les filets du nerf m'ont abandonné dès leur entrée dans l'hémisphère, comme cela arrive chez certains reptiles, notamment la tortue franche.

Dégagé des hémisphères cérébraux, le nerf olfactif se comporte d'une manière bien différente, d'abord chez les poissons osseux comparés les uns aux autres, puis chez les cartilagineux mis en rapport avec les osseux. Chez ces derniers, tantôt ce nerf forme un long pédicule (8) au bout

---

(1) Pl. VI, fig. 147.
(2) Pl. VI, fig. 147, n° 7.
(3) Pl. VI, fig. 147, n° 8.
(4) Pl. VI, fig. 147, n° 6.
(5) Pl. VI, fig. 156, n° 6.
(6) Pl. VI, fig. 149, n° 11.
(7) Pl. VI, fig. 149, n° 5.
(8) Pl. VII, fig. 178, n° 1.

duquel se trouve le renflement que nous avons désigné sous le nom de *lobule olfactif* (1). Tantôt ce lobule est immédiatement adossé aux hémisphères cérébraux (2), et le nerf olfactif s'y plonge à sa sortie immédiate des hémisphères cérébraux; le nerf olfactif est pédiculé chez la plupart des poissons osseux, comme nous l'avons représenté chez l'égrefin (3), chez le barbeau (4) et l'esox (5); il est non-pédiculé chez tous les poissons dont l'encéphale se compose de six lobes, comme chez l'anguille (6), le congre (7), les trigles (8), etc.

En général, chez les poissons osseux, dont le nerf olfactif est pédiculé, les hémisphères cérébraux sont plus développés (9) que chez ceux où il offre la disposition inverse (10); plusieurs poissons font néanmoins exception à cette règle : j'en ai choisi les exemples les plus remarquables d'abord chez la baudroie (11), dont les hémisphères sont peu développés, quoique le nerf soit pédiculé; et

(1) Pl. VII, fig. 178, E.

(2) Pl. VII, fig. 190, n° 7.

(3) Pl. VII, fig. 184, n° 6.

(4) Pl. VII, fig. 183, M.

(5) Pl. VII, fig. 178, n° 1.

(6) Pl. VII, fig. 190, n° 5.

(7) Pl. VII, fig. 167, n° 7.

(8) Pl. VII, fig. 155, n° 8.

(9) Pl. VII, fig. 162, n° 9.

(10) Pl. VII, fig. 168, n° 6.

(11) Pl. VII, fig. 180, n° 7.

ensuite chez l'égrefin (1), qui offre le point extrême
de cette organisation. Chez ce dernier poisson,
les hémisphères cérébraux (2) sont en effet si peu
volumineux, que la plupart des anatomistes ne
les ont pas rencontrés, et ont douté de leur existence.

Ces variations sont moins prononcées chez les
poissons cartilagineux ; chez tous ceux que j'ai
anatomisés, depuis la lamproie jusqu'au requin,
j'ai rencontré les nerfs olfactifs pédiculés.

Chez la lamproie (petro. fluvialis), le pédicule
est très-court, et le lobule olfactif peu éloigné
des hémisphères (3); chez l'esturgeon, il est un
peu plus allongé (4); chez les squales (5), sa longueur augmente : ce lobule est plus écarté des
lobes cérébraux, ainsi qu'on le remarque sur le
requin (6) (squalus carcharias), dont le pédicule
a une grosseur considérable; chez l'ange (squalus
squatina) (7), le pédicule est plus mince, plus
allongé, et se rapproche davantage des raies; les
aiguillats sont encore plus voisins de ces derniers
poissons par l'étendue de ce pédicule, comme

---

(1) Pl. VII, fig. 181, n° 6.
(2) Pl. VII, fig. 181, n° 8.
(3) Pl. V, fig. A, n° 8.
(4) Pl. XII, fig. 235, L.
(5) Pl. VI, fig. 142.
(6) Pl. VI, fig. 142, n° 16.
(7) Pl. XII, fig. 237, I.

on le remarque chez le squale acanthias (1). Enfin, chez les raies, le pédicule est d'une longueur démesurée (2), ce qui éloigne considérablement le lobule olfactif (3) des hémisphères cérébraux (4). Tous les poissons cartilagineux ont donc le lobule olfactif pédiculé; ils offrent sous ce rapport une fixité d'organisation, qu'on est loin de rencontrer chez les poissons osseux.

Chez les reptiles, comme chez les poissons, le nerf olfactif est pédiculé ou non pédiculé; mais une particularité très-remarquable et bien digne de l'attention des anatomistes et des physiologistes, c'est que chez les reptiles, le rapport de ce pédicule avec les hémisphères cérébraux est dans une disposition inverse de ce que nous venons de remarquer chez les poissons. Chez ces derniers, nous avons observé en général que les hémisphères cérébraux étaient plus développés chez ceux dont le nerf olfactif était pédiculé, que chez les autres. Chez les reptiles, c'est le contraire qu'on observe; plus le pédicule s'allonge, plus il semble que les hémisphères diminuent; quelle peut être la cause de cette opposition?

Quoi qu'il en soit, le pédicule du nerf olfactif

---

(1) Pl. XII, fig. 236, I. H.
(2) Pl. VI, fig. 138, n° 15.
(3) Pl. VI, fig. 138, n° 12 et 17.
(4) Pl. VI, fig. 138, n° 10, 13 et 14.

est si fort chez les ophidiens (1) et les lacertiens (2),
qu'il paraît être la continuation immédiate des
hémisphères cérébraux (3), qui se rétrécissent
beaucoup au lieu où commence le pédicule (4);
du reste, on ne distingue aucune strie blanchâtre
sur la base des hémisphères, qu'on puisse considérer comme les racines propres de ce nerf. Chez
les embryons des reptiles, la cavité de l'hémisphère se continue en se rétrécissant dans le pédicule, le long duquel elle communique avec la
petite cavité creusée au centre du lobule olfactif (5). Chez les adultes, le pédicule n'est plus
creusé; il forme un cordon plein dont on ne peut
suivre, comme chez les poissons, la liaison immédiate avec les pédoncules du cerveau. La continuation des hémisphères avec le pédicule du
nerf olfactif est très-distincte chez l'orvet (6), la
vipère hajé (7), la couleuvre à collier, la vipère de
Fontainebleau (8), celle à raies parallèles (9),

(1) Pl. V, fig. 126, n° 8.
(2) Pl. V, fig. 128, n° 5.
(3) Pl. V, fig. 128, n° 4.
(4) Pl. V, fig. 109, n° 8.
(5) Pl. V, fig. 126, n° 9.
(6) Pl. V, fig. 109, n° 8 et 9.
(7) Pl. V, fig. 127, n° 8.
(8) Pl. V, fig. 132, n° 9.
(9) Pl. V, fig. 133, n° 7.

le lézard vert (1), le lézard gris (2). Chez le crocodile vulgaire (3) et le crocodile à deux arêtes (4), on n'aperçoit pas de pédicule à la partie antérieure de la base des hémisphères. Chez le caïman (5), le pédicule est aussi prononcé que chez les ophidiens et les lacertiens; chez les batraciens, le lobule olfactif vient s'appliquer immédiatement contre les hémisphères (6). Le pédicule du nerf est si court, qu'il faut détacher ce lobule pour le distinguer (7). Chez les tortues de terre, un petit pédicule se détache aussi de l'hémisphère (8), et va rejoindre un très-petit lobule (9), comme on le remarque chez la tortue grecque (10). Ce n'est plus la même chose chez les tortues de mer (11); chez la tortue franche (*testudo mydas*), le lobule olfactif vient se confondre avec la base des hémisphères du cerveau (12), comme cela arrive chez certains mammifères; un léger sillon à la face su-

(1) Pl. V, fig. 110, n° 11.
(2) Pl. V, fig. 128, n° 5.
(3) Pl. V, fig. 117, n° 7.
(4) Pl. V, fig. 118, n° 6.
(5) Pl. V, fig. 135, n° 7 et 8.
(6) Pl. I, fig. 16, n° 5.
(7) Pl. V, fig. 131, n° 16.
(8) Pl. V, fig. 125, n° 12.
(9) Pl. V, fig. 125, n° 11.
(10) Pl. V, fig. 125, n° 11 et 12.
(11) Pl. V, fig. 122, n° 16 et 17.
(12) Pl. V, fig. 122, n° 15 et 16.

périeure (1) et inférieure (2), le distingue des hémisphères; le même sillon se continue en dehors (3) et en dedans de ceux-ci (4). Si on déplisse les hémisphères, on observe l'implantation du nerf dans ce lobule par des stries médullaires très-déliées (5); mais je n'ai jamais pu les suivre jusqu'aux faisceaux d'épanouissement des pyramides (6); celle-ci s'arrête dans le milieu de l'hémisphère (7). Chez les reptiles, les racines du nerf olfactif deviennent donc plus extérieures que chez les poissons osseux; chez ces derniers, on voit avec la plus grande facilité qu'il est en quelque sorte le point de terminaison des pyramides et des pédoncules du cerveau; chez les reptiles, il m'a été impossible de découvrir cette liaison. L'implantation du nerf olfactif paraît se faire dans le milieu des feuillets qui forment les hémisphères cérébraux.

Chez les oiseaux, les racines du nerf olfactif deviennent tout-à-fait extérieures aux hémisphères cérébraux (8); ce sont des rubans aplatis de ma-

---

(1) Pl. V, fig. 119, n° 13.
(2) Pl. V, fig. 122, n° 15.
(3) Pl. V, fig. 120, n° 8.
(4) Pl. V, fig. 120, n° 14.
(5) Pl. V, fig. 121, n° 9.
(6) Pl. V, fig. 121, n° 7.
(7) Pl. V, fig. 121, n° 15.
(8) Pl. IV, fig. 88, n° 7

tière blanche (1), qui paraissent toucher à peine la base des hémisphères (2) ; bien différens des poissons osseux, dont les racines sont tout-à-fait profondes, et des reptiles, dont les racines, quoique plus superficielles que chez ces derniers, ne sont jamais distinctes par des faisceaux blanchâtres, les tortues de mer exceptées (3). Ce caractère du nerf olfactif des oiseaux les rapproche beaucoup des mammifères.

C'est à tort, en effet, que *Willis*, *Haller* et la plupart des anatomistes qui les ont suivis, ont dit que chez les oiseaux les racines du nerf olfactif n'étaient pas distinctes de la substance des hémisphères ; que de même que chez les reptiles, ceux-ci se prolongeaient en s'amincissant dans l'organe de l'olfaction ; ces ornithotomistes célèbres ont été induits en erreur par l'examen de l'encéphale des poules et des canards domestiques, chez lesquels cette origine est en effet très-confuse. Pour rendre évidente la disposition du nerf olfactif (4) à la base de l'encéphale (5), qu'il me soit permis de décrire les diverses préparations que j'en ai faites avec soin, et dont je présente une partie des dessins dans ce Précis.

---

(1) Pl. IV, fig. 98, n° 10.
(2) Pl. IV, fig. 88, 98, n° 7 et 10.
(3) Pl. V, fig. 121, n° 9.
(4) Pl. IV, fig. 103, n° 13.
(5) Pl. IV, fig. 96, n° 9.

Si on considère la base de l'encéphale de l'autruche de l'ancien continent, on aperçoit sur la partie moyenne de l'hémisphère une bande médullaire d'un blanc nacré (1), formant un arc, dont la convexité est en dehors et la concavité en dedans; en arrière, l'extrémité de ce ruban se porte vers un sillon (2), qui sépare le lobe antérieur (3) d'un autre lobe (4), dont la saillie est très-marquée; en devant (5), ce cordon médullaire vient se rendre dans un bulbe (6), situé en devant de la base des hémisphères cérébraux, et qui est l'analogue du lobule olfactif des poissons et des reptiles. J'ai trouvé cet arc simple, mais beaucoup moins prononcé chez le coq vulgaire, chez la poule, le dindon, le canard domestique, le canard musqué, l'oie, la bernache, le faisan doré, le faisan argenté, le pinson, le verdier, la mésange, la linotte, le chardonneret, l'hirondelle (7), le roitelet (8).

Chez d'autres oiseaux, comme chez la cigogne blanche (9), on trouve à la partie postérieure de

---

(1) Pl. IV, fig. 98, n° 10.
(2) Pl. IV, fig. 98, n° 12.
(3) Pl. IV, fig. 98, n° 15.
(4) Pl. IV, fig. 98, n° 9.
(5) Pl. IV, fig. 98, n° 17.
(6) Pl. IV, fig. 98, n° 11.
(7) Pl. IV, fig. 92, n° 6.
(8) Pl. IV, fig. 94, n° 6.
(9) Pl. IV, fig. 103, n° 10.

ce ruban un nouveau faisceau blanchâtre (1), formant avec le précédent une figure semblable à celle-ci < : l'arc inférieur se porte de dehors en dedans, et va rejoindre, sans s'y confondre, l'entre-croisement des nerfs optiques (2). J'ai rencontré ce second ruban chez l'orfraie, la grive, le fou de bassan, l'aigle royal, le perroquet d'Afrique (3) et sur beaucoup d'autres oiseaux. Enfin une troisième disposition plus rare est celle d'un petit arc médullaire rayonnant, dont la convexité est en dedans et la concavité en dehors (4), s'élevant dans le milieu de l'espace circonscrit par les deux précédens; j'ai fait représenter cette troisième racine chez la bondrée commune (5); je l'ai rencontrée sur beaucoup d'oiseaux de proie, le vautour, le corbeau, etc.

Ce n'est donc pas, comme on l'a dit, la pointe proprement dite des hémisphères cérébraux qui forme les nerfs olfactifs; les racines de ce nerf sont produites, comme chez les mammifères, par des faisceaux médullaires appliqués à la base des lobes antérieurs; tantôt il n'y a qu'un seul ruban, comme chez l'autruche (6); tantôt deux,

(1) Pl. IV, fig. 103, n° 11, 10 et 17.

(2) Pl. IV, fig. 103, n° 18.

(3) Pl. III, fig. 82, n° 6.

(4) Pl. IV, fig. 88, n° 6.

(5) Pl. IV, fig. 88, n° 6 et 7.

(6) Pl. IV, fig. 98, n° 10.

comme chez la cigogne (1), et plus rarement trois, comme chez la bondrée (2).

Mais quel que soit le nombre de ces faisceaux blanchâtres, ils appartiennent toujours à la racine externe du nerf olfactif; la racine interne des mammifères manque constamment chez les oiseaux; on n'en voit aucun vestige, ni chez le casoar (3), ni chez l'autruche (4), ni chez la cigogne (5), ni chez l'hirondelle (6) et le roitelet (7). Je l'ai en vain cherchée chez les poules, les oies, les canards, les faisans, les perdrix, les pigeons; son absence est un fait constant dans toute cette classe.

La racine externe formant un ruban aplati et lisse comme chez l'autruche (8) et la cigogne blanche (9), ou dentelé à sa partie interne, ainsi qu'on le remarque chez la bondrée (10) et chez plusieurs oiseaux de proie, décrit un arc plus ou moins convexe (11), selon qu'elle se termine plus

---

(1) Pl. IV, fig. 103, n° 13 et 18.
(2) Pl. IV, fig. 88, n° 6 et 7.
(3) Pl. III, fig. 79, n° 11 et 10.
(4) Pl. IV, fig. 98, n° 16.
(5) Pl. IV, fig. 103, n° 17.
(6) Pl. IV, fig. 92, n° 6.
(7) Pl. IV, fig. 94, n° 6.
(8) Pl. IV, fig. 98, n° 10.
(9) Pl. IV, fig. 103, n° 13.
(10) Pl. IV, fig. 88, n° 7.
(11) Pl. IV, fig. 88, n° 7 et 9.

en devant (1) ou plus en arrière de la base du
lobe (2). La partie antérieure et interne de cette
racine se continue presque immédiatement avec
le rayonnement excentrique de l'intérieur de l'hémisphère chez certains oiseaux, comme on le voit
sur le casoard (3), et avec l'extrémité antérieure
de la lame rayonnante des hémisphères, ainsi que
je l'ai représenté chez le perroquet d'Afrique (4).
Par ce moyen, ce nerf est en communication directe avec l'épanouissement des pédoncules du
cerveau dans l'hémisphère, ainsi que le montre
le déplissement de celui-ci chez la bondrée commune (5).

Cette analogie des racines des nerfs olfactifs
des oiseaux et des mammifères est surtout importante pour la détermination des parties qui
composent les hémisphères cérébraux des oiseaux.
L'arc médullaire convexe (6), qui en constitue la
principale, est sans aucun doute l'analogue de la
racine externe du nerf olfactif de l'homme, des
singes (7), du phoque (8) et du faisceau blan-

---

(1) Pl. IV, fig. 98, n° 12 et 10.
(2) Pl. IV, fig. 103, n° 13.
(3) Pl. III, fig. 85, n° 11.
(4) Pl III, fig. 86, n° 9.
(5) Pl. IV, fig. 91, n° 9.
(6) Pl. IV, fig. 88, n° 7; fig. 98, n° 10; fig. 103, n° 13;
fig. 96, n° 9; fig. 92, n° 6; fig. 94, n° 6.
(7) Pl. VIII, fig. 197, X.
(8) Pl. IX, fig. 208, X.

châtre externe du processus olfactif des mammifères inférieurs (1). Si cela est, nul doute aussi
que le sillon où cette racine se termine en arrière (2) ne soit le correspondant de la scissure de
Sylvius, chez les mammifères; l'homme, les
singes (3), le phoque (4), etc. J'ai déjà indiqué
les variétés que présente le lobule olfactif chez
les oiseaux; j'ajouterai seulement ici que je n'ai
pu découvrir aucune influence de ce lobule sur
le développement des hémisphères du cerveau; il
n'en est pas de même chez les mammifères, comme
nous le verrons plus bas.

Dans cette dernière classe, le nerf olfactif offre
des variétés très-essentielles, dans son volume
et ses rapports avec les hémisphères cérébraux.
Pour s'en faire une idée juste, et apprécier ses
connexions, il faut le considérer d'abord dans ses
faisceaux d'insertion, dans le tronc qui résulte de
leur union, et dans l'intervalle compris entre ces
faisceaux.

Chez les reptiles, on ne voit point de faisceaux distincts sur la base du lobe cérébral (5);
chez les oiseaux, il n'existe que la bande externe (6), dont nous avons indiqué les variations;

_____

(1) Pl. IX, fig. 203, K.
(2) Pl. IV, fig. 98, n° 12.
(3) Pl. VIII, fig. 194, S.
(4) Pl. IX, fig. 208, S.
(5) Pl. V, fig. 122, n° 15.
(6) Pl. IV, fig. 98, n° 10

I.   18

chez l'homme, il existe assez fréquemment trois filets filiformes d'insertion ; chez le singe (1), le phoque (2) et le plus grand nombre des mammifères (3), il n'en existe que deux (4), un externe (5), l'autre interne (6) ; chez les mammifères inférieurs, ces faisceaux sont confondus avec le lobe de l'hypocampe (7), ils semblent faire partie du lobe antérieur (8) ; chez les cétacés, on n'en trouve plus de vestige (9), ainsi que l'ont démontré M. le baron Cuvier et M. le professeur Duméril.

La racine externe, peu prononcée chez l'homme, est très-grêle chez les quadrumanes, comme on le remarque chez le drill (10) et le mandrill (11); elle augmente tout-à-coup chez le phoque (12); elle suit ensuite une progression croissante chez les carnassiers digitigrades, le lion (13), la lou-

---

(1) Pl. VIII, fig 194, X, Y.
(2) Pl. IX , fig. 208, X, Y.
(3) Pl. XIII, fig. 249, X, Y.
(4) Pl. XV, fig. 275, X , Y.
(5) Pl. XIV, fig. 262, X.
(6) Pl. XIV, fig. 262, Y.
(7) Pl. IX, fig. 211, K.
(8) Pl. IX, fig. 211, E, K.
(9) Pl. XII, fig. 234, L.
(10) Pl. VIII, fig. 197, X.
(11) Pl. VIII, fig. 194, X.
(12) Pl. IX, fig. 208, X.
(13) Pl. XIV, fig. 266, X.

tre (1) ; la marte (2) ; chez les plantigrades , l'ours (3), le raton (4) ; chez les pachydermes , le cheval (5), le pécari (6) ; chez les ruminans , le chameau (7), le lama (8); et chez les rongeurs, le castor (9), le porc-épic (10) et le kangüroo (11).

Le faisceau interne ne partage pas la progression directe de l'externe, son volume est soumis à beaucoup de variations : foible chez le drill (12), le mandrill (13), il est hors de toute proportion avec l'externe, chez le phoque (14), chez le castor (15), chez le porc-épic (16), chez le bouc de la Haute-Égypte (17), chez le cheval (18); il augmente chez certains carnassiers plantigrades et

---

(1) Pl. X, fig. 233, X.
(2) Pl. XV, fig. 290, X.
(3) Pl. XI, fig. 231, X.
(4) Pl. VIII, fig. 200, X.
(5) Pl. XV, fig. 275, X.
(6) Pl. XVI, fig. 300, X.
(7) Pl. XIII, fig. 249, X.
(8) Pl. XVI, fig. 295, X.
(9) Pl. XIV, fig. 258, X.
(10) Pl. XIII, fig. 251, X.
(11) Pl. XVI, fig. 299, X.
(12) Pl. VIII, fig. 197, Y.
(13) Pl. VIII, fig. 194, Y.
(14) Pl. IX, fig. 208, Y.
(15) Pl. XIV, fig. 258, Y.
(16) Pl. XIII, fig. 251, Y.
(17) Pl. XIV, fig. 262, Y.
(18) Pl. XV, fig. 275, Y.

digitigrades, l'ours (1), la marte (2), le lion (3); il devient de nouveau plus grêle chez la loutre (4) et le raton (5).

Relativement au point où ils s'insèrent, ces faisceaux offrent une semblable variation.

L'externe correspond toujours à la proéminence latérale du lobe de l'hypocampe, dont il est la continuation en dehors (6) : ce rapport est à peine visible chez l'homme, à cause de l'atrophie du lobe de l'hypocampe, et de la saillie prodigieuse du lobe sphénoïdal; chez les singes, le premier de ces lobes (7) se dégageant un peu de la partie interne du second (8), cette insertion du faisceau externe est déjà sensible, comme on peut le remarquer chez le mandrill (9) et le drill (10) : chez le phoque, l'affaissement subit du lobe sphénoïdal (11) met à nu le lobe de l'hypocampe (12) et découvre le rapport du faisceau externe du nerf

---

(1) Pl. XI, fig. 231, Y.
(2) Pl. XV, fig. 290, Y.
(3) Pl. XIV, fig. 266, Y.
(4) Pl. X, fig. 233, Y.
(5) Pl. VIII, fig. 200, Y.
(6) Pl. XIII, fig. 249, H. X.
(7) Pl. VIII, fig. 197, H.
(8) Pl. VIII, fig. 197, D.
(9) Pl. VIII, fig. 194, X. H.
(10) Pl. VIII, fig. 197, X. H.
(11) Pl. IX, fig. 208, D.
(12) Pl. IX, fig. 208, H.

olfactif avec ce lobe (1) ; un sillon assez marqué sépare encore la racine du lobe (2) ; chez le lion (3),
la marte (4), le raton (5), la loutre (6), l'ours (7),
le kanguroo géant (8), on voit de mieux en mieux
l'implantation de ce faisceau sur la face externe
du lobe. Ce rapport devient de plus en plus prononcé chez les pachydermes, le cheval (9), le pécari (10) ; chez les ruminans, le lama (11), le chameau (12), le bouc de la Haute-Égypte (13) ; chez
les rongeurs, le porc-épic (14) et le castor (15) :
chez ces derniers il paraît être la continuation du
lobe de l'hypocampe.

Si ce rapport est exact, on voit de suite qu'à
mesure que le lobe de l'hypocampe se développe
et se déjette en dehors, la branche externe du

(1) Pl. IX, fig. 208, H, X.
(2) Pl. IX, fig. 208, K.
(3) Pl. XIV, fig. 266, X, II.
(4) Pl. XV, fig. 290, H, X.
(5) Pl. VIII, fig. 200, H, X.
(6) Pl. X, fig. 233, H, X.
(7) Pl. XI, fig. 231, X, II.
(8) Pl. XVI, fig. 299, X, n° 17.
(9) Pl. XV, fig. 275, H. X.
(10) Pl. XVI, fig. 300, X, n° 17.
(11) Pl. XVI, fig. 295, X, H.
(12) Pl. XIII, fig. 249, X, H.
(13) Pl. XIV, fig. 262, X, S, II.
(14) Pl. XIII, fig. 251, H, X.
(15) Pl. XIV, fig. 258, H, S, X.

nerf olfactif doit suivre son mouvement et se
porter en dehors aussi. C'est en effet ce qui existe :
à mesure que vous descendez du singe (1) au
phoque (2), aux carnassiers plantigrades (3), aux
digitigrades (4), aux pachydermes (5), aux ruminans (6) et aux rongeurs (7), vous voyez cette
racine se porter de plus en plus sur la face externe
de la base de l'encéphale ; vous voyez l'arc
qu'elle décrit s'agrandir de même, en suivant
rigoureusement la même progression.

La racine interne suit un autre rapport dans
son insertion ; chacun sait qu'elle s'implante
chez l'homme à la partie interne de la base du
lobe antérieur, un peu au-devant de la jonction
des nerfs optiques. Son insertion se fait de la
même manière chez les singes (8), le phoque (9),
les carnassiers (10), les ruminans (11) et les rongeurs (12); mais à mesure qu'on s'éloigne des pre-

---

(1) Pl. VIII, fig. 197, X.
(2) Pl. IX, fig. 208, X. K.
(3) Pl. XI, fig. 231, X.
(4) Pl. XV, fig. 290, X.
(5) Pl. XVI, fig. 300, X.
(6) Pl. XVI, fig. 295, X.
(7) Pl. XVI, fig. 258, X.
(8) Pl. VIII, fig. 194, Y.
(9) Pl. IX, fig. 208, Y.
(10) Pl. XV, fig. 290, Y.
(11) Pl. XIII, fig. 249, Y.
(12) Pl. XIV, fig. 258, Y.

miers et qu'on se rapproche des derniers, le point de son implantation s'écarte de la jonction des nerfs optiques, dont la position est en quelque sorte fixe. On peut suivre cet écartement, dont nous allons apprécier bientôt l'effet, chez le mandrill (1), le drill (2), le raton (3), la loutre (4), la marte (5), le cheval (6), le pécari (7), le chameau (8), le lama (9), le porc-épic (10) et le castor (11).

En s'écartant l'un de l'autre pour se rendre à leur point d'insertion, ces deux faisceaux circonscrivent un espace plus ou moins étendu sur la base du lobe antérieur ; cet espace est borné en dehors par le faisceau externe (12) ; en dedans, par le faisceau interne (13) ; en arrière, par la jonction des nerfs optiques (14) et la partie anté-

(1) Pl. VIII, fig. 194, Y, n° 2.
(2) Pl. VIII, fig. 197, Y, n° 2.
(3) Pl. VIII, fig. 200, Y, n° 2.
(4) Pl. X, fig. 223, Y, n° 2.
(5) Pl. XV, fig. 290, Y, n° 2.
(6) Pl. XV, fig. 275, Y, n° 2.
(7) Pl. XVI, fig. 300, Y, n° 2.
(8) Pl. XIII, fig. 249, Y, n° 2.
(9) Pl. XVI, fig. 295, Y, n° 2.
(10) Pl. XIII, fig. 251, Y, n° 2.
(11) Pl. XIV, fig. 258, Y, n° 2.
(12) Pl. XIV, fig. 262, X.
(13) Pl. XIV, fig. 262, Y.
(14) Pl. XIV, fig. 262, n° 2.

rieure du lobe de l'hypocampe (1); en avant, par la réunion des deux faisceaux du nerf olfactif (2). Je nomme cette partie de la base du lobe antérieur, *champ olfactif* (3).

Si les rapports que nous avons donnés sur les diverses parties qui bornent le champ olfactif, sont vrais, nous voyons de suite que ce champ devra s'étendre à mesure que la racine externe des nerfs se portera en dehors, et que la racine interne se portera en devant en s'éloignant des nerfs optiques. C'est en effet ce qui est. Ce champ, très-étroit chez l'homme, très-étroit chez les singes, le drill (4) et le mandrill (5), augmente d'étendue chez le phoque (6); chez les carnassiers plantigrades, l'ours (7), le raton (8); les digitigrades, le lion (9), la loutre (10), la marte (11); chez les pachydermes, le cheval (12), le pécari (13); chez les ruminans, le

---

(1) Pl. XIV, fig. 262, H.
(2) Pl. XIV, fig. 262, n° 1.
(3) Pl. XIV, fig. 262, R.
(4) Pl. VIII, fig. 197, X, n° 2.
(5) Pl. VIII, fig. 194, Y, n° 2.
(6) Pl. IX, fig. 208, R.
(7) Pl. XI, fig. 231, R.
(8) Pl. VIII, fig. 200, R.
(9) Pl. XIV, fig. 266, R.
(10) Pl. X, fig. 235, R.
(11) Pl. XV, fig. 290, R.
(12) Pl. XV, fig. 275, R.
(13) Pl. XVI, fig. 300, R.

lama (1), le bouc de la Haute-Égypte (2), le chameau (3); et chez les rongeurs, le porc-épic (4) et le castor (5). Il manque complètement chez les cétacés (6).

Chez les oiseaux, la racine interne du nerf olfactif n'existant pas, *le champ olfactif* est circonscrit par la racine externe. L'arc que forme cette racine vient se terminer en devant, à la partie interne du lobe; il résulte de là que chez les oiseaux le champ olfactif est circonscrit à peu près de la même manière que chez les mammifères, ainsi qu'on le remarque chez la poule, la perdrix, le faisan, le dindon, l'oie, la bernache, le corbeau, l'autruche (7), la bondrée (8), l'hirondelle (9), le roitelet (10), la cigogne blanche (11).

Chez les mammifères, le champ olfactif va donc en s'étendant à mesure qu'on descend de l'homme aux rongeurs; cette progression est la même que celle que suivent dans cette classe le développement

---

(1) Pl. XVI, fig. 295, R, S.
(2) Pl. XIV, fig. 262, R,
(3) Pl. XIII, fig. 249, R.
(4) Pl. XIII, fig. 251, R, n° 2.
(5) Pl. XIV, fig. 258, R, S.
(6) Pl. XII, fig. 234, L, n° 2.
(7) Pl. IV, fig. 98, n° 16,
(8) Pl. IV, fig. 88, n° 6 et 7.
(9) Pl. IV, fig. 92, n° 5 et 6.
(10) Pl. IV, fig. 94, n° 5 et 8.
(11) Pl. IV, fig. 103, n° 17.

des fosses nasales et la projection de la face en avant ; on pourrait en quelque sorte en déterminer l'étendue, d'après les belles recherches de M. le baron Cuvier, sur la mesure de l'angle facial. .

Les deux racines du nerf olfactif et les trois chez l'homme (1), forment en se réunissant un tronc unique (2), situé sur la partie interne de la base du lobe antérieur, et interposé entre le lobe de l'hypocampe (3), le champ olfactif (4) et le bulbe olfactif (5). On a nommé ce faisceau, tronc du nerf olfactif chez l'homme ; processus olfactif chez les mammifères : je substitue à ces dénominations celle de *pédicule du nerf olfactif*, parce que seule elle convient à cette partie chez les mammifères, les reptiles et les poissons ; les oiseaux en sont dépourvus, par la raison que nous allons indiquer.

Le pédicule olfactif résultant de la réunion des deux faisceaux d'insertion, on voit que son existence est assujettie à celle de ces deux racines d'implantation. Or nous avons vu que tous les oiseaux sans exception sont dépourvus de la racine interne ; ils ne sauraient donc avoir le pédicule olfactif ; on n'en aperçoit en effet aucune trace sur la base de l'encéphale des oiseaux. C'est peut-

---

(1) La troisième racine de l'homme prend son insertion sur le tiers externe environ du *champ olfactif*.

(2) Pl. VIII, fig. 194, n° 1 ; Pl. IX, fig. 208, n° 1.

(3) Pl. IX, fig. 208, H.

(4) Pl. IX, fig. 208, R.

(5) Pl. IX, fig. 208, E.

être ce qui a induit en erreur les ornithotomistes, et leur a fait croire que le nerf olfactif procédait de la partie antérieure des hémisphères cérébraux.

Quoi qu'il en soit, il résulte de la disposition des faisceaux qui forment ce pédicule chez les mammifères, que son volume devra être proportionné à celui de ses racines. Or ces racines, suivant d'une manière générale une progression croissante de l'homme aux quadrumanes, aux carnassiers, aux ruminans et aux rongeurs, le pédicule olfactif devra donc suivre le même rapport. Il le suit, en effet, à une exception près.

Ce pédicule filiforme, chez l'homme, chez les singes, le mandrill (1), le drill (2), devient d'un volume si considérable chez les carnassiers digitigrades, le lion (3), la loutre (4), la marte (5), surtout chez les plantigrades, le raton (6), l'ours (7), qu'on lui a donné le nom de *processus*; il accroît encore chez les pachydermes (8), le cheval (9), le pécari (10) ; chez les ruminans, le bouc (11), le

---

(1) Pl. VIII, fig. 194, n° 1.
(2) Pl. VIII, fig. 197, n° 1.
(3) Pl. XIV, fig. 266, n° 1.
(4) Pl. X, fig. 223, n° 1.
(5) Pl XV, fig. 290, n° 1.
(6) Pl. VIII, ug. 200, n° 1.
(7) Pl. XI, fig. 231, n° 1.
(8) Pl. XV, fig. 275, n° 1.
(9) *Ibid.*
(10) Pl. XVI, fig. 500, n° 1.
(11) Pl. XIV, fig. 262, n° 1

lama (1), le chameau (2); et chez les rongeurs,
le porc-épic (3) et le castor (4). Son développement est donc proportionnel à celui de ses racines,
principalement de l'externe. Ce principe trouve
dans le phoque une singulière exception. Le pédicule est en effet très-délié chez ce dernier animal (5), quoique les faisceaux qui le constituent
soient très-volumineux (6). Je n'ai pu m'expliquer cette anomalie, que j'ai vérifiée sur quatre
phoques.

L'appareil olfactif, considéré à la base de l'encéphale, se compose donc, dans ces familles de
mammifères, de quatre parties distinctes, non
compris le lobule olfactif : 1° du pédicule olfactif (7); 2° de ses racines interne (8) et externe (9);
3° du champ olfactif (10); 4° du lobe de l'hypocampe (11).

Chez les mammifères inférieurs, toutes ces parties se fondent les unes dans les autres; les racines,

---

(1) Pl. XVI, fig. 295, n° 1.
(2) Pl. XIII, fig. 249, n° 1.
(3) Pl. XIII, fig. 251, n° 1.
(4) Pl. XIV, fig. 258, n° 1.
(5) Pl. IX, fig. 208, n° 1.
(6) Pl. IX, fig. 208, X, Y.
(7) Pl. XVI, fig. 299, n° 1.
(8) Pl. XVI, fig. 299, Y.
(9) Pl. XVI, fig. 299, X.
(10) Pl. XVI, fig. 299, R.
(11) Pl. XVI, fig. 299, n° 17.

le pédicule, ne sont plus distincts du champ olfactif et du lobe de l'hypocampe : elles forment par leur réunion un lobe considérable, ayant la forme d'un cône aplati en dedans, occupant presque toute la base de l'encéphale (1). Cette réunion, déjà effectuée chez le coati, le blaireau, la fouine, est encore plus marquée chez l'agouti (2) et le tatou (3). Chez les premiers, le lobe est distinct en avant de la base du lobe antérieur; chez les derniers, tout le lobe est envahi, à une petite bande près (4), qui se remarque encore en dehors (5); chez le hérisson (6), la taupe (7), l'écureuil, les musaraignes, la chrysoclore, les rats, le zemni (8), les chauve-souris (9); toute la base des hémisphères cérébraux est formée par le lobe de l'hypocampe (10) et le champ olfactif réunis (11); le lobule olfactif est rejeté en avant des hémi-

(1) Pl. IX, fig. 211, H, K.

(2) Ibid.

(3) Pl. IX, fig 203, H, K.

(4) Pl. IX, fig. 211, G, I.

(5) Pl. IX, fig. 263, G, F.

(6) Pl. XVI, fig. 297, H, G.

(7) Pl. XIV, fig. 260, H, C, H.

(8) Pl. XV, fig. 272, G, H, C, H.

(9) Pl. IX, fig 204, S, F, E; fig. 214, G, F, E.

(10) Pl. IX, fig. 214, G; Pl. XIV, fig. 260, H; Pl. XV, fig. 272, H, C, H.

(11) Pl. XV, fig. 272, C, H; Pl. XIV, fig. 260, C, H; Pl. XVI, fig. 297, L, G; Pl. IX, fig. 204, L, F; fig. 214, L, F.

sphères (1) ; le nerf de l'olfaction acquiert donc une prédominance de plus en plus marquée, à mesure qu'on descend de l'homme aux quadrumanes, au phoque, aux carnassiers, aux ruminans et aux rongeurs. Cette progression croissante du nerf, quoiqu'en rapport avec l'étendue des fosses nasales dans ces différentes familles, a néanmoins été méconnue, par la raison que quelques anatomistes n'ont considéré comme *racines* du nerf, que les faisceaux blanchâtres qui rampent le long du pédicule olfactif; la matière grise qui constitue ces derniers leur paraissait étrangère au nerf même; elle était, selon eux, destinée à soutenir les faisceaux blanchâtres, dans leur marche de la scissure de Sylvius au lobule olfactif. Ce soutien des faisceaux blanchâtres leur paraissait nécessité par la diminution des lobes antérieurs, qui vont en décroissant de l'homme aux quadrumanes, aux carnassiers, aux ruminans et aux rongeurs. Mais cette opinion tombe d'elle-même par la considération du nerf olfactif des oiseaux; dans toute cette classe le lobe antérieur est plus atrophié encore que chez les derniers mammifères; la matière grise du processus olfactif a complètement disparu; néanmoins les faisceaux blanchâtres suivent leur mar-

---

(1) Pl. IX, fig. 204, L, E; fig. 206, L, E; fig. 214, L, E; fig. 215, L, E; Pl. XVI, fig. 296, L, E; Pl. XIV, fig. 256, L, E; Pl. XV, fig. 270, L, E; fig. 291, L, E.

che ordinaire de la scissure de Sylvius (1) à la partie antérieure de l'hémisphère (2), où se trouve ordinairement le lobule olfactif, ainsi qu'on peut le voir chez la bondrée (3), l'hirondelle (4), le roitelet (5), l'autruche (6), la cigogne (7), le perroquet (8), la poule (9), et chez tous les oiseaux sans exception.

Chez les derniers mammifères, où le pédicule et le champ olfactif sont réunis, le pédicule est creux; il existe au centre un petit canal qui pénètre en arrière dans la partie antérieure du grand ventricule des hémisphères, et en avant, dans une cavité située au milieu du lobule olfactif. Cette disposition chez ces animaux est l'état embryonnaire permanent des mammifères supérieurs; chez les embryons des carnassiers, des pachydermes et des ruminans, le pédicule et le lobule olfactif sont creux; leur cavité communique également avec le ventricule latéral des hémisphères. Chez le mouton, j'ai observé cette communication jusqu'à la fin du troisième mois;

---

(1) Pl. IV, fig. 96, n° 9.
(2) Pl. IV, fig. 96, n° 15.
(3) Pl. IV, fig. 88, n° 6 et 7.
(4) Pl. IV, fig. 92, n° 5 et 6.
(5) Pl. IV, fig. 94, n° 5 et 6.
(6) Pl. IV, fig. 98, n° 10.
(7) Pl. IV, fig. 103, n° 13 et 18.
(8) Pl. III, fig. 86, n° 9.
(9) Pl. III, fig. 41, n° 8.

chez le veau, jusqu'au milieu du quatrième. Je remarque chez un embryon de cheval de cette époque de formation, une fente en arrière, qui met en rapport le ventricule avec l'intérieur du champ et du lobule olfactif. Les jeunes embryons des singes sont dans la même condition; elle existe chez l'embryon humain pendant le cours du deuxième mois; le célèbre Tiedemann l'a constatée comme moi. Chez les embryons hydrocéphales, ces cavités sont beaucoup plus larges, la sérosité s'étend des ventricules latéraux dans la cavité du lobule olfactif, par l'intermède du canal du champ et du pédicule olfactif. J'ai observé ce fait sur deux embryons humains, sur un lapin, sur un embryon de renard et de veau. C'est même d'après ce fait pathologique que j'ai été conduit à la connaissance de cette disposition dans les embryons bien conformés.

Ces rapports ne sont pas les seuls qui rapprochent les embryons des singes et de l'homme des mammifères inférieurs : le champ olfactif, le pédicule olfactif et le lobe de l'hypocampe se rapprochent d'autant plus chez les embryons des quadrumanes et de l'homme, de l'état où on observe ces parties chez les rongeurs, qu'on remonte davantage dans la vie utérine : il est très-curieux de considérer l'étendue du nerf de l'olfaction chez l'embryon humain du troisième au quatrième mois, et chez les singes vers le tiers de leur gestation. A quoi tient le développement prodigieux de ce nerf? Le sens de l'odorat serait-il exercé dans l'intérieur de l'utérus? on l'ignore, et probablement on l'ignorera toujours, par la difficulté d'acquérir sur ce sujet des notions précises. Une remarque que nous devons ajouter ici, c'est que chez les embryons, l'étendue des fosses nasales n'est pas proportionnelle au volume du nerf de l'olfaction. Ainsi plus on descend vers les mammifères inférieurs, plus les nerfs de l'olfaction sont développés ; plus on remonte dans la vie utérine des mammifères supérieurs, plus ils se rapprochent, sous ce rapport, des dernières familles de cette classe.

Une des observations les plus curieuses de ces derniers temps est celle de l'absence du nerf olfactif chez les cétacés (1). M. le baron Cuvier est le premier à qui elle est due ; M. le professeur Duméril en a donné la véritable explication, en montrant qu'elle coïncidait avec l'atrophie de l'organe de l'olfaction chez ces animaux ; j'en assigne la cause en déduisant ce fait de la loi générale, que les nerfs ne naissent pas de l'encéphale pour se rendre aux organes ; mais qu'ils suivent une disposition inverse. Les fœtus monstrueux à trompe sont dans le cas des cétacés : chacun sait, depuis les derniers travaux de M. Geoffroy-Saint-Hilaire, que cette monstruosité est formée par le déplacement de l'ethmoïde et des os nasaux, et par l'ab-

(1) Pl. XII, fig. 234, L.

sence du sens de l'odorat. Or avec la destruction de ce sens coïncide la non-formation du nerf olfactif : j'ai constaté ce rapport chez un fœtus de mouton, sur un de veau, sur un embryon humain, et j'ai en ce moment sous les yeux l'encéphale d'un embryon de cochon appartenant à cette espèce de monstruosité ; comme chez les cétacés, on ne découvre pas le moindre vestige de nerf olfactif. Le sens de l'odorat serait-il remplacé chez les cétacés par la cinquième paire ? nous examinerons plus bas cette question.

Voilà les différences principales que j'ai remarquées sur le rapport de ce nerf avec les lobes cérébraux dans les quatre classes ; en les présentant, j'ai voulu dégager les faits des conjectures auxquelles ils ont donné lieu ; voici néanmoins ces conjectures. On a supposé que les nerfs de l'olfaction prenaient leur insertion dans le corps strié ; mais aucun anatomiste n'a pu montrer ce rapport, qui est, du reste, en opposition avec le développement de ces corps chez les mammifères ; ainsi que l'ont montré Soemmering, Gall et M. le baron Cuvier. M. Cuvier a même détruit pour toujours cette hypothèse, en faisant voir que les cétacés privés de nerfs olfactifs avaient conservé leurs corps striés. Je pourrais ajouter que ce rapport est détruit également par la considération de cet organe chez les oiseaux ; plus encore par celle des reptiles, dont le corps strié est si atrophié en comparaison du développement du nerf olfactif. Enfin, je ne sais comment on pourrait montrer cette connexion chez les poissons où le corps strié manque, et qui possèdent néanmoins (surtout les poissons cartilagineux) des pédicules olfactifs si volumineux.

. Une opinion qui chez les mammifères paraît plus probable, est celle qui considère les liaisons du nerf olfactif avec la radiation externe de la commissure antérieure. Malacarne est le premier qui l'ait émise, Rolando l'a adoptée, M. de Blainville l'a reproduite depuis peu ; Wicq-d'Azyr l'avait lui-même entrevue. Chez l'homme, on voit la racine externe du nerf olfactif s'insérer par l'un de ses faisceaux sur les rayons externes de la commissure antérieure. Chez les singes et le phoque, on suit cette racine jusque sur le faisceau de terminaison de la commissure ; je l'ai surtout bien vue, et soigneusement représentée, dans mon grand ouvrage, chez le drill, le mandrill, le papion. Chez certains ruminans, comme le bouc, la chèvre, le chameau, ce rapport est plus évident encore ; mais il m'a semblé que cette connexion chez ces mammifères, appartenait plutôt au lobe de l'hypocampe qu'à la racine externe du nerf olfactif. Chez les oiseaux, cette racine est évidemment en rapport avec la lame rayonnante des hémisphères (1); mais je n'ai jamais pu découvrir de liaison immédiate avec la commissure antérieure. Je n'ai pas

_____

(1) Pl. IV, fig. 51, n° 6.

été plus heureux chez les reptiles. Chez certains poissons, les nerfs olfactifs communiquent l'un avec l'autre par une commissure transversale, qui leur paraît exclusivement destinée (1) ; je n'ai rien trouvé de semblable chez les poissons cartilagineux. On voit donc que sous ce rapport encore, l'anatomie comparée des quatre classes est loin de donner une solution générale de cette proposition.

Enfin MM. Gall et Spurzheim, après avoir annoncé que tous les nerfs se rendaient à la moelle allongée, n'ont pas même tenté de le prouver pour le nerf olfactif; ils ont seulement cherché à établir ses connexions avec le faisceau rayonnant des pédoncules, qui passe à la base des corps striés; connexion qui devient d'autant plus sensible qu'on s'éloigne davantage, de l'homme pour se rapprocher des rongeurs. . . .

Chez les oiseaux, j'ai remarqué que la partie postérieure de la racine externe se joignait d'une part avec la racine de la lame rayonnante des hémisphères (2), et qu'elle communiquait ensuite avec le faisceau des pyramides (3), en passant au-dessus du prolongement des lobes optiques (4). J'ai fait représenter ce rapport chez le perroquet (5); je l'ai suivi avec soin chez la poule, les faisans,

(1) Pl. VII, fig. 187, n° 9.
(2) Pl. III, fig. 82, n° 5 et 6.
(3) Pl. III, fig. 82, n° 6 et 4.
(4) Pl. III, fig. 82, n° 10.
(5) Pl. III, fig. 82, n° 4, 5, 6 et 10

l'oie, le cygne, la cigogne blanche, l'autruche et le casoar.

Je n'ai rien aperçu d'analogue chez les reptiles ; chez la tortue franche, les faisceaux du nerf olfactif disparaissent dans l'épaisseur de l'hémisphère (1), avant d'avoir rejoint le rayonnement des pédoncules cérébraux (2) ; chez la grenouille, le tupinambis, les lézards, les serpens, les crocodiles, on ne peut les suivre aussi loin que chez la tortue.

Chez les poissons osseux, on voit, en dépliant avec soin les lobes de l'encéphale, le nerf olfactif s'étendre jusque sur le prolongement des pédoncules (3). J'ai montré cette communication immédiate chez la morue (4), chez l'égrefin (5), la baudroie (6), la perche (7) et le merlan (8). Je n'ai jamais réussi à la suivre chez les poissons cartilagineux ; chez eux, le pédicule olfactif paraît être la continuation des hémisphères cérébraux (9).

Voilà les différences fondamentales que présente le nerf de l'odorat chez les vertébrés ; au-

(1) Pl. V, fig. 121, n° 9.
(2) Pl. V, fig. 121, n° 7.
(3) Pl. VII, fig. 166, n° 7 et 8.
(4) Pl. VII, fig. 166, n° 7.
(5) Pl. VII, fig. 181, n° 6.
(6) Pl. VII, fig. 189, n° 4 et 6.
(7) Pl. VI, fig. 136, n° 5 et 6.
(8) Pl. VI, fig. 147, n° 6 et 3.
(9) Pl. VI, fig. 138, n° 15 et 16.

tour d'elles se rattachent les modifications qu'il présente dans les familles d'une même classe, ou les espèces d'une même famille. Ces différences essentielles pour apprécier le développement de ce nerf et celui du sens auquel il se rattache, deviennent surtout importantes par les modifications qu'elles font subir aux hémisphères cérébraux, soit dans les classes inférieures, soit chez les mammifères. C'est principalement à cause de cette dernière circonstance, que nous chercherons à apprécier ailleurs, que nous nous sommes un peu appesantis sur ses variations.

Ces données générales de l'anatomie comparative sont confirmées par la pathologie et la physiologie expérimentale.

Si une maladie affecte matériellement le champ olfactif de l'homme, l'odorat de ce côté est perdu à des degrés qui coïncident avec l'étendue de la désorganisation.

Si le champ olfactif est détruit en totalité, l'odorat est entièrement anéanti : la membrane pituitaire du côté correspondant est insensible aux odeurs les plus fortes, aux irritans les plus actifs ; le malade ne sentira pas l'ammoniaque liquide.

Si le champ olfactif est altéré des deux côtés en même temps, et par des maladies successives, le malade est entièrement insensible aux odeurs.

Si les deux champs olfactifs sont affectés à des degrés différens, il peut avoir complètement perdu l'odorat d'un côté, et conserver encore faiblement l'impression des odeurs du côté le moins malade.

Le même résultat se remarque, mais à des degrés moins marqués, s'il n'y a qu'une des racines du nerf qui soit atteinte par l'altération organique. Chez les malades que j'ai observés, l'altération matérielle de la racine externe a paralysé l'olfaction d'une manière beaucoup plus prononcée que l'interne. Dix-neuf ouvertures de sujets ayant succombé à des paralysies ont confirmé ces résultats.

La physiologie expérimentale vient encore appuyer cette vérité. Saucerotte est l'auteur de cette découverte; voici son expérience (1) : Ayant enlevé sur un chien la partie antérieure des hémisphères cérébraux jusqu'à la commissure antérieure, il remarqua entre autres accidens, que l'odorat était complètement détruit : *car (dit-il) je lui versai dans les narines de l'eau vulnéraire très-forte, lui mis sous le nez un flacon de sel d'Angleterre très-pénétrant, lui brûlai des allumettes soufrées, sans qu'il parût en rien sentir.* Le champ olfactif avait été détruit des deux côtés.

Sur des chiens où ce champ n'a été enlevé que d'un côté, la narine correspondante a été frappée d'insensibilité complète; on peut enlever la membrane pituitaire avec un bistouri sans que l'animal paraisse en avoir la conscience. Chez les mammi-

---

(1) *Prix de l'Académie royale de Chirurgie*, tom. IV, in-8, pag. 314.

fères, le siége de l'olfaction paraît se porter de
plus en plus en arrière, à mesure qu'on descend de
l'homme aux rongeurs. Chez les lapins et les co-
chons d'inde, l'altération artificielle du lobe de
l'hypocampe détruit aussi l'odorat. Chez l'homme
cet accident se remarque aussi, mais à des degrés
beaucoup plus faibles.

Si chez les cétacés l'olfaction se fait par l'intermède des nerfs trijumeaux, le siége de l'olfaction
est porté sur la moelle allongée en arrière du pont.
Nous observerons des résultats analogues pour le
sens de la vue.

Chez les oiseaux, le professeur Rolando a constaté la perte de l'odorat, après l'ablation des hémisphères cérébraux. On obtient le même résultat
en n'enlevant de ces hémisphères que le tiers postérieur; ce qui correspond à l'insertion de la racine
principale du nerf olfactif dans cette classe. Chez
les grenouilles, la masse entière des hémisphères
paraît destinée au sens de l'olfaction.

Ainsi les résultats fournis par la pathologie et
par la physiologie expérimentale sont expliqués
par ceux de l'anatomie comparée; ces trois sciences
se prêtent un mutuel secours : les données de l'une
confirment les données de l'autre et en donnent
l'explication. Je m'efforcerai de démontrer ce triple
rapport toutes les fois que mes observations médicales et les expériences physiologiques me per-
mettront de le faire avec avantage.

TABLEAU COMPARATIF

Des Dimensions du nerf olfactif chez les Mammifères.

	MESURES DU NERF.
	mètre.
Homme.	0,00225

NOMS DES ANIMAUX.	MESURES DU NERF.
	mètre.
Patas (*Simia rubra*).	0,00300
Magot (*S. sylvanus*).	0,00153
Macaque (*S. cynocephalus*)	0,00233
Maimon (*S. nemestrina*).	0,00200
Rhésus (*S. rhesus*).	0,00250
Papion (*S. sphynx*).	0,00225
Mandrill (*S. maimon*).	0,00350
Drill (*S. leucophea*. Fr. C.). . . .	0,00320
Sajou (*S. apella*).	0,00200
Maki (*Lemur macaco*).	0,00500
Rhinolophe uni-fer (*Rhinolophus uni-hastatus*. G. S. H.).	0,00200
Vespertilion (*Vespertilio murinus*). .	0,00200
Hérisson (*Erinaceus europæus*). . . .	0,00400
Taupe (*Talpa europœa*).	0,00350
Ours brun (*Ursus arctos*).	0,01200
Ours noir d'Amérique (*U. americanus*).	0,00900
Raton (*U. lotor*).	0,00600
Blaireau (*U. meles*).	0,00600
Coati brun (*Viverra narica*).	0,00700
Coati roux (*V. nasua*).	0,00750
Fouine (*Mustela foina*).	0,00600
Loutre (*M. lutra*).	0,00300
Chien (*Canis familiaris*).	0,00700
Loup, jeune (*C. lupus*).	0,00600
Renard (*C. vulpes*).	0,00300
Hyène rayée (*C. hyæna*).	0,01000
Mangouste du Cap (*Viverra cafra*). .	0,00300
Lion (*Felis leo*)	0,00850
Tigre royal (*F. tigris*).	0,01150
Jaguar (*F. onça*).	0,00950

Suite du Tableau comparatif des Dimensions du ner
olfactif chez les Mammifères.

NOMS DES ANIMAUX.	MESURES DU NERF.
	mètre.
Panthère (*F. pardus*).	0,00900
Couguar (*F. discolor*).	0,00800
Lynx (*F. lynx*).	0,00800
Phoque commun (*Phoca vitulina*) . .	0,00800
Kanguroo géant (*Macropus major.* G. C.).	0,00700
Phascolome (*Phascolomys.* G. S. H.)	0,00550
Castor (*Castor fiber*).	0,00500
Lérot (*Mus nitela*).	0,00250
Zemni (*M. Typhlus*).	0,00300
Marmotte (*M. alpinus*).	0,00350
Ecureuil (*Sciurus vulgaris*). . . .	0,00400
Agouti (*Cavia acuti*).	0,00550
Tatou (*Dasypus sexcinctus*).	0,00250
Pécari (*Sus tajassu*).	0,00900
Daman (*Hyrax capensis*).	0,00200
Cheval (*Equus caballus*).	0,01400
Ane (*E. asinus*).	0,00700
Zèbre (*E. zebra*)	0,00900
Chameau à une bosse (*Camelus dromedarius*).	0,01000
Lama (*C. llacma*).	0,00600
Cerf (*Cervus elaphus*).	0,00500
Bouc commun (*Capra hircus*). . . .	0,00500
Bouc de la Haute-Egypte.	0,00600
Taureau (*Bos taurus*).	0,01100
Mouton ordinaire.	0,00600
Dauphin (*Delphinus delphis*). . . .	0,00000
Marsouin (*D. phocœna*).	0,00000

TABLEAU COMPARATIF

Des Dimensions du nerf olfactif chez les Oiseaux (1).

NOMS DES ANIMAUX.	MESURES DU NERF.
	mètre.
Aigle royal (*Falco chrysaëtos*). . . .	0,00250
Pygargue (*F. ossifragus*).	0,00253
Bondrée commune (*F. apivorus*). . .	0,00300
Buse commune (*F. buteo*).	0,00150
Roitelet (*Motacilla regulus*).	0,00050
Hirondelle (*Hirundo urbica*).	0,00075
Alouette (*Alauda arvensis*).	0,00100
Moineau (*Fringilla domestica*). . . .	0,00075
Pinçon (*F. cœlebs*).	0,00100
Linotte (*F. linaria*).	0,00075
Serin (*F. canaria*).	0,00075
Chardonneret (*F. carduelis*).	0,00075
Verdier (*Loxia chloris*).	0,00100
Corbeau (*Corvus corax*).	0,00200
Pie (*C. pica*).	0,00133
Perroquet amazone.	0,00300
Perroquet d'Afrique.	0,00300
Poule (*Phasianus gallus*).	0,00200
Faisan argenté (*P. nycthemerus*). . .	0,00150
Faisan doré (*P. pictus*).	0,00150
Pigeon (*Columba palumbus*).	0,00150
Perdrix (*Tetrao cinereus*).	0,00133
Autruche du continent (*Struthio ca- melus.*)	0,00350
Casoar (*S. casuarius*).	0,00300
Cigogne blanche (*Ardea ciconia*). . .	0,00300
Cigogne noire (*A. nigra*).	0,00250
Fou de Bassan (*Pelecanus bassanus.*)	0,00200
Oie (*Anas anser*).	0,00235
Cravant (*A. bernicla*).	0,00200
Canard musqué (*A. moschata*). . . .	0,00200
Canard ordinaire (*A. boschas*). . . .	0,00233

(1) Nous avons vu que le pédicule olfactif n'existe pas chez les oiseaux; le nerf est formé par le faisceau externe des mammifères ; c'est donc le diamètre de ce faisceau dont ce tableau contient les dimensions.

TABLEAU COMPARATIF

Des Dimensions du nerf olfactif chez les Reptiles.

NOMS DES ANIMAUX.	MESURES DU NERF.
	mètre.
Tortue grecque (*Testudo græca*). . .	0,00075
Tortue couï (*T. radiata*).	0,00050
Tortue franche (*T. mydas*).	0,00175
Crocodile vulgaire (*Crocodilus niloticus*. G. S. H.)	0,00066
Crocodile à deux arêtes (*C. biporcatus*).	
Caïman.	0,00075
Monitor à taches vertes (*Tupinambis*	0,00075
maculatus).	0,00050
Lézard vert (*Lacerta viridis*).	0,00075
Lézard gris (*L. agilis*).	0,00066
Caméléon vulgaire (*L. africana*). . .	0,00050
Orvet (*Anguis fragilis*).	0,00040
Couleuvre à collier (*Coluber natrix*).	0,00100
Vipère hajé (*C. haje*).	0,00066
Vipère à raies parallèles.	0,00075
Grenouille commune (*Rana esculenta*.)	0,00075

TABLEAU COMPARATIF

Des Dimensions du nerf olfactif chez les Poissons.

NOMS DES ANIMAUX.	MESURES DU NERF.
	mètre,
Lamproie de rivière (*Petromyson fluvialis*).	0,00100
Requin (*Squalus carcharias*).	0,00500
Aiguillat (*S. acanthias*).	0,00200
Ange (*S. squatina*).	0,00150
Raie bouclée (*Raya davata*).	0,00333
Raie ronce (*R. rubus*).	0,00125
Raie (*R. batis*).	0,00200
Esturgeon (*Acipenser sturio*). . . .	0,00200
Brochet (*Esox lucius*).	0,00133
Carpe (*Cyprinus carpio*).	0,00155
Tanche (*G. tinca*).	0,00066
Morue (*Gadus morrhua*).	0,00133
Egrefin (*G. eglefinus*).	0,00100
Merlan (*G. merlangus*).	0,00075
Turbot (*Pleuronectes maximus*). . .	0,00100
Anguille (*Muræna anguilla*). . . .	0,00033
Congre (*M. conger*).	0,00100
Gronau (*Trigla lyra*).	0,00066
Baudroye (*Lophius piscatorius*). . .	0,00066

CHAPITRE II.

Des Nerfs et du sens de la Vision, considérés dans les quatre classes des animaux vertébrés.

Si l'étendue d'un sens est en raison directe du développement du nerf qui en est le siége immédiat, on peut établir, d'après ce qui précède, l'échelle de l'olfaction chez les animaux vertébrés. En descendant de l'homme aux singes, aux phoques, aux ruminans, aux carnassiers digitigrades, aux plantigrades, aux ruminans et aux rongeurs, on aperçoit le nerf de l'odorat, d'abord très-simple, envahir peu à peu toute la partie antérieure de la base de l'hémisphère antérieur. Les mammifères ont aussi ce sens plus fin que l'homme, parce qu'ils n'ont pas, comme lui, d'autres facultés qui y suppléent. L'olfaction étant liée intimement à la conservation des espèces, sert en quelque sorte de guide aux mammifères, pour le choix de leurs alimens. C'est, avec le goût, le sens le plus matériel.

La chambre osseuse de l'olfaction suit une progression semblable à celle du nerf : plus on descend de l'homme aux rongeurs, plus on observe l'agrandissement de la chambre olfactive, plus les masses latérales de l'éthmoïde, plus les maxillaires supérieurs acquièrent de l'étendue, plus la face acquiert de volume aux dépens de la cavité du crâne, plus par conséquent la masse des hémisphères cérébraux diminue.

Les cétacés feraient une singulière exception à cette loi commune de l'étendue de l'olfaction, si de l'absence du nerf olfactif on pouvait déduire rigoureusement la privation complète de l'odorat. Mais le volume de la cinquième paire, le volume du ganglion sphéno-palatin chez ces animaux, permettent de croire qu'il y a transposition de ce sens, du nerf de l'odorat qui manque, sur la branche du nerf trijumeau, qui lui sert d'accessoire dans les autres animaux. Cette opinion de M. le professeur Duméril recevra un nouveau degré de certitude des faits analogues que nous rapporterons dans le chapitre suivant, et de la loi d'action du système nerveux émise par M. le baron Cuvier.

Chez les oiseaux, l'absence constante de la racine interne du nerf olfactif doit nécessairement apporter une diminution très-grande dans l'étendue de l'olfaction. Toute cette classe paraît aussi très-inférieure à celle des mammifères sous le rapport de ce sens. Chez les reptiles, l'organe de l'olfaction est relativement aussi étendu que chez les mammifères ; plusieurs faits établissent que chez eux le sens de l'odorat a une portée très-grande. Enfin, quoiqu'on n'ait encore aucune donnée positive sur l'odorat des poissons, on peut conclure analogiquement qu'il a une grande étendue, notamment chez les cartilagineux.

Le sens de la vue ne suit pas tout-à-fait ce même rapport; on peut dire que chez les mammifères, le sens de l'odorat prédomine sur celui de la vision : l'inverse a lieu chez les oiseaux. L'imperfection de leur odorat semble compensée par l'étendue de leur vue. Les reptiles me paraissent sous ce rapport dans une condition intermédiaire entre les mammifères et les oiseaux. Les poissons semblent doués d'une prédominance marquée de ces deux sens sur les autres vertébrés. C'est du moins ce qu'on peut déduire de l'anatomie comparative des nerfs de ces deux sens dans les quatre classes, et des parties de l'encéphale auxquelles ils aboutissent.

La vision s'exerce par l'intermédiaire de l'un des corps les plus subtils de la nature, la lumière. Un organe admirable par sa structure, lui fait subir diverses modifications par les densités différentes des parties dont il est composé. L'impression des objets visibles, arrivée au fond de l'œil, est transmise par la rétine et le nerf optique, jusqu'à l'encéphale.

L'exercice de ce sens suppose donc l'existence préalable de l'œil, du nerf optique, et des parties auxquelles s'insère ce nerf. Dans nos théories actuelles, nous ne saurions concevoir la vision sans la réunion de ces trois conditions; mais ces trois conditions peuvent subir des modifications importantes. Le nerf optique peut manquer chez certains animaux, sans que la vision soit perdue. Si l'œil existe, s'il se met en communication avec

l'encéphale par l'intermédiaire d'un nerf, l'impression des objets extérieurs peut être perçue par l'animal, la condition fondamentale de la vision est remplie. Les conditions secondaires sont seules changées.

En effet, si le nerf optique manque, si un
autre nerf se trouve aboutir au fond du globe de
l'œil, l'action de la vision sera transmise le long de
ce nerf, comme elle l'est, dans l'état ordinaire, le
long du nerf optique. Rien ne s'oppose dans nos
théories à la possibilité de cette transmission.

Mais si ce nerf oculaire est différent du nerf
optique, si ses rapports avec l'encéphale sont
changés, s'il ne s'insère plus sur les mêmes
points que le nerf optique, le sens de la vue, qui
a déjà changé de nerf, changera donc aussi de
siége dans l'encéphale; il pourra être transporté
d'une partie de cet organe sur une autre très-éloi-
gnée, sans connexion immédiate avec la première. Il
arrivera pour le sens de la vue ce qui se passe chez
les cétacés pour le sens de l'odorat. Si cela est,
comment accorder ces faits avec l'hypothèse de
l'origine des nerfs adoptée jusqu'à ce jour? Comment les expliquer d'après nos théories sur l'action du système nerveux et de l'encéphale? Ces
hypothèses et ces théories n'embrassant pas la généralité des phénomènes organiques qu'ils doivent
expliquer, devront donc subir des modifications
importantes, ou être remplacées par d'autres qui
soient plus en harmonie avec la diversité des conditions sous lesquelles peut être remplie une

I.

même fonction. On déduira, je pense, cette conséquence de certains faits de l'anatomie comparative
des nerfs de la vision, et du nerf trijumeau, sur lequel
le sens de la vue est transporté chez quelques animaux vertébrés et dans certaines classes des invertébrés.

Nerfs de la vision.

Ces nerfs sont distingués en ceux qui perçoivent
l'impression de la lumière, et ceux qui se distribuent dans les parties qui impriment le mouvement au globe de l'œil : on les connaît sous le
nom de deuxième, troisième, quatrième et
sixième paires : nous les examinerons dans cet
ordre dans les quatre classes des vertébrés.

Les poissons sont remarquables par le volume
de leur œil, par la grosseur de leur nerf optique,
et par l'isolement du lobe particulier de l'encéphale dans lequel se rend ce nerf. En général, le
nerf optique (1) est moins gros chez les poissons
cartilagineux (2) que chez les osseux (3) ; très-
petit chez la lamproie (4), il augmente chez l'esturgeon (5), chez les squales (6) et les raies (7) ;

---

(1) Pl. VI, fig. 152, n° 8.
(2) *Ibid.*
(3) Pl. VII, fig. 162, n° 10.
(4) Pl. XI, fig. 224.
(5) Pl. XII, fig. 235.
(6) Pl. XII, fig. 236, n° 2 ; Pl. XII, fig. 237, n° 2.
(7) Pl. VI, fig. 133, n° 10.

mais jamais il n'a dans cette famille la grosseur relative qu'on lui observe chez les poissons osseux en général (1). Les anguilliformes (2), les pleuronectes ont néanmoins le nerf optique relativement plus petit que les raies et les squales.

Au premier aperçu, les nerfs optiques, chez les poissons cartilagineux, paraissent s'implanter immédiatement dans les pédoncules cérébraux (3), ce qui fait que plusieurs anatomistes ont borné en cet endroit leur origine. Ils y adhèrent, en effet, à un tel point, qu'il faut une dissection très-attentive pour les isoler et les suivre dans l'épaisseur des lobes optiques (4) (tubercules quadrijumeaux), dont ils sont la continuation. Liés intimement avec un corps particulier qui se trouve à la base de l'encéphale (5), dont ils reçoivent quelques faisceaux blanchâtres, on s'en est d'autant plus facilement laissé imposer, qu'on regardait les lobes optiques (6) comme les hémisphères cérébraux, et qu'on ne pouvait raisonnablement faire sortir ces nerfs de la partie antérieure et profonde de ces prétendus hémisphères. J'ai donc dû mettre à profit toute la sévérité de nos procédés anatomi-

---

(1) Pl. VII, fig. 157, n° 6; fig. 162, n° 10; fig. 176, n° 3; fig. 164, n° 12.

(2) Pl. VII, fig. 192, n° 7.

(3) Pl. VI, fig. 148, n° 9.

(4) Pl. VI, fig. 148, n° 9 et 12.

(5) Pl. VI, fig. 148, n° 8.

(6) Pl. VI, fig. 138, n° 7; fig. 152, n° 7; fig. 148, n° 12.

ques pour suivre ces nerfs au-delà des pédoncules cérébraux et découvrir leur liaison avec les tubercules quadrijumeaux (lobes optiques).

Si on enlève avec soin le corps particulier (1) qui se trouve en arrière de l'entre-croisement de ces nerfs, on les aperçoit entrer directement dans ce lobe (2), d'autant plus facilement que le corps précédemment indiqué est moins volumineux et moins compliqué : si on ouvre le lobe optique (3), et qu'on laisse le nerf intact comme je l'ai fait chez la morue (4), on voit le nerf (5) se diriger du pédoncule vers l'intérieur de ce lobe; si on découvre le lobe optique par sa partie supérieure (6), on voit les couches qui forment ce lobe (7), se continuer immédiatement dans la profondeur du nerf, si la section a été assez profonde pour ouvrir celui-ci (8).

En disséquant avec soin le nerf optique des poissons, on le trouve composé de quatre couches, une blanche extérieure, une seconde grise placée au-dessous, une troisième blanche, une quatrième interne et grisâtre comme la seconde.

(1) Pl. VI, fig. 148, n° 9.
(2) Pl. VII, fig. 178, n° 2.
(3) Pl. VII, fig. 159, n° 3.
(4) Pl. VII, fig. 164, n° 12.
(5) Pl. VII, fig. 165, n° 7.
(6) *Idem.*
(7) Pl. VII, fig. 165, n° 9, 10 et 11.
(8) Pl. VII, fig. 165, n° 11.

Or, chacune de ces couches est la continuation de celles qui forment les parois des lobes optiques, ce qui met hors de doute leur connexion; j'ai suivi cette structure et cette communication chez les raies, les squales, et sur environ cent espèces différentes de poissons osseux; je l'ai fait représenter dans ce précis chez le trigle (1), la morue (2) et l'égrefin (3). Indépendamment de cette origine, quelques faisceaux des pyramides se continuent immédiatement dans le nerf optique (4).

Chez certains poissons, ces faisceaux des pyramides sont unis à ceux d'où proviennent les nerfs olfactifs; les uns et les autres adhèrent au corps arrondi, situé en arrière des nerfs optiques (5), ce qui a fait croire à plusieurs icthyotomistes que le nerf olfactif (6) et le nerf optique (7) prenaient leur origine chez les poissons dans le même tubercule. Pallas avait fait cette observation chez le *cyclopterus glutinosus;* la disposition que j'ai indiquée est la même chez le *cyclopterus lumpus :* Carus dit l'avoir vérifiée chez le *gadus æglefinus,* mais les rapports des nerfs olfactif (8) et opti-

---

(1) Pl. VII, fig. 159, n° 3, 4 et 5.
(2) Pl. VII, fig. 165, n° 7, 8, 9 et 10.
(3) Pl. VII, fig. 181, n° 3, 4, 5 et 9.
(4) Pl. VII, fig. 181, n° 5.
(5) Pl. VII, fig. 184, n° 4 et 5.
(6) Pl. VII, fig. 184, n° 6.
(7) Pl. VII, fig. 184, n° 5.
(8) Pl. VII, fig. 184, n° 6.

que (1) , sont tout - à - fait différens chez ce dernier poisson : leurs origines n'ont rien de commun , le nerf olfactif n'a aucune communication avec le corps situé en arrière des nerfs optiques (2).

Avant leur entrée dans les lobes optiques , les nerfs optiques s'entrecroisent chez les poissons (3), celui de droite passe à gauche , et celui de gauche à droite : cette disposition n'est pas générale , le croisement n'est pas distinct chez plusieurs gades (4) ; il est peu distinct chez les cartilagineux, à cause de l'adhérence des nerfs optiques avec les pédoncules cérébraux ; chez les squales et les raies (5), il faut disséquer le nerf en cet endroit, pour apercevoir les faisceaux croisés (6) ; chez les cyprins (7), les pleuronectes et les anguilliformes (8), le croisement se fait sans mélange de la matière des nerfs ; chez le merlan (9) , le nerf de droite ne fait que se superposer sur le gauche , pour passer du côté opposé; chez le brochet (10)

---

(1) Pl. VII, fig. 184, n° 5.

(2) Pl. VII, fig. 184, n° 4.

(3) Pl. VI, fig. 144, n° 6; Pl. VII, fig. 178 , n° 2.

(4) Pl. VII, fig. 164, n° 12.

(5) Pl. VI, fig. 148, n° 9.

(6) *Idem.*

(7) Pl. VI, fig. 144, n° 6.

(8) Pl. VII, fig. 192, n° 7.

(9) Pl. VI, fig. 154, n° 4.

(10) Pl. VI, fig. 154, n° 4.

et l'anguille vulgaire (1) , l'entrecroisement se fait de la même manière ; chez la baudroie (2) , les nerfs sont réunis, et il faut les disséquer comme chez les raies, pour voir les faisceaux croisés : il en est de même chez la tanche (3), la morue (4) et les trigles (5). En général, l'entrecroisement est d'autant plus évident que le corps situé en arrière des nerfs optiques est moins prononcé, ce qui est surtout remarquable chez les anguilles (6).

Le nerf optique, chez les reptiles, a une insertion semblable en tout point à celle des poissons ; un lobe particulier semble destiné à le recevoir (7); et de même que dans la classe précédente, le volume du nerf est proportionnel au développement du lobe; toutefois le volume du nerf optique est beaucoup plus petit chez les reptiles que chez les poissons osseux et cartilagineux.

En général, chez les ophidiens, le volume du nerf optique (8) est beaucoup moins considérable que chez les reptiles doués de membres; les ophidiens sont à ces derniers ce que les anguilliformes, chez les poissons, sont aux autres familles de cette

(1) Pl. VII, fig. 192, n° 7.
(2) Pl. VII, fig. 182, n° 6.
(3) Pl. VII, fig. 186, n° 8.
(4) Pl. VII, fig. 162, n° 10.
(5) Pl. VII, fig. 157, n° 8.
(6) Pl. VII, fig. 192, n° 5, 7 et 8.
(7) Pl. V, fig. 122 , n° 10.
(8) Pl V, fig. 187, n° 6.

classe. Ce nerf augmente graduellement des lacertiens (1) aux crocodiles (2) et aux chéloniens (3).

Chez tous les reptiles, le nerf optique se continue directement dans le lobe optique, ainsi qu'on peut le voir sur le lézard gris (4) et sur la tortue franche (5). La lame blanche du lobe se prolonge immédiatement dans le nerf (6); celui-ci paraît n'en être que la suite ou le prolongement.

L'adhérence du nerf optique aux pédoncules cérébraux est si faible chez les reptiles, qu'on détache le nerf en totalité (7) sans intéresser les faisceaux des pédoncules. J'ai vérifié ce fait chez les chéloniens avec toute l'importance qu'il mérite, relativement à l'hypothèse émise chez les poissons sur l'origine prétendue du nerf optique dans les pédoncules cérébraux. J'ai constaté aussi que chez le caméléon (8), le crocodile vulgaire (9), le crocodile à deux arêtes (10), la vipère hajé (11) et les

---

(1) Pl. V, fig. 129, n° 5.
(2) Pl. V, fig. 118, n° 5.
(3) Pl. V, fig. 122, n° 13.
(4) Pl. V, fig. 129, n° 5 et 4.
(5) Pl. V, fig. 122, n° 11 et 13.
(6) Pl. V, fig. 121, n° 3.
(7) Pl. V, fig. 124, n° 3.
(8) Pl. V, fig. 113, n° 5.
(9) Pl. V, fig. 117, n° 4 et 8.
(10) Pl. V, fig. 118, n° 4 et 5.
(11) Pl. V, fig. 127, n° 5 et 6.

grenouilles (1), le nerf optique est en rapport immédiat avec le petit corps situé immédiate-ment en arrière de son entrecroisement.

Le nerf optique s'entrecroise chez tous les reptiles; cet entrecroisement est d'autant plus marqué, que le nerf et le corps situé en arrière sont plus petits; chez tous les ophidiens (2) il n'y a que superposition des deux nerfs; celui de droite passe sur celui de gauche, sans contracter de liaison avec lui. Chez les batraciens (3), la disposition est à peu de chose près la même; chez les sauriens (4) et les chéloniens (5), les nerfs optiques se confondent, leur substance semble se mélanger avant que le croisement n'ait lieu; c'est au point de jonction des deux nerfs que le corps situé en arrière d'eux envoie les faisceaux blanchâtres par lesquels il communique avec eux; plus ce corps est volumineux, plus est étendue la surface par laquelle les deux nerfs se touchent; on peut voir ces effets chez le caméléon (6), le crocodile (7) et la tortue franche (8).

---

(1) Pl. V, fig. 131, n° 11 et 12.
(2) Pl. V, fig. 127, n° 6.
(3) Pl. V, fig. 131, n° 12.
(4) Pl. V, fig. 112, n° 5 et 6.
(5) Pl. V, fig. 122, 12 et 13
(6) Pl. V, fig. 112, n° 5 et 6.
(7) Pl. V, fig. 117, n° 4 et 8.
(8) Pl. V, fig. 112, n° 13 et 12.

Chez les oiseaux, le nerf optique (1) reprend le volume que nous lui avons remarqué chez les poissons (2), et qu'il avait en partie perdu chez les reptiles (3); comme dans ces deux classes, il se rend dans deux lobes creux (4), situés sur les côtés et à la base de l'encéphale; chez les oiseaux, de même que chez les reptiles et les poissons, le volume de ces lobes (5) est toujours proportionnel à celui des nerfs qui s'y portent (6). Remarquons que, de même que chez les poissons, on trouve le nerf optique composé, chez les oiseaux, de quatre couches; la première blanche et extérieure, la seconde grise, une troisième blanche, et une quatrième interne et grise. Observons de plus que ces couches sont la continuation de celles qui forment les lobes creux dans lesquels se rendent les nerfs, absolument de même que chez les poissons: il y a donc identité de composition des nerfs optiques chez les poissons et les oiseaux; identité de rapport avec les lobes optiques dans l'une et l'autre classe; identité de structure de ces lobes chez les oiseaux et les poissons. La position seule de ces lobes est différente chez les oiseaux adultes.

Il faudrait, d'après ces rapports, se laisser étran-

---

(1) Pl. III, fig. 78, n° 10.
(2) Pl. VII, fig. 162, n° 10.
(3) Pl. V, fig. 122, n° 13.
(4) Pl. III, fig. 78, n° 7.
(5) Pl. III, fig. 79, n° 7
(6) Pl. III, fig. 78, n° 10.

gement abuser par l'esprit de système, pour méconnaître l'analogie qui existe entre les lobes, d'où proviennent les nerfs optiques dans ces trois classes; il est vrai que chez les poissons cartilagineux (1), on a profité de l'adhérence que ces nerfs contractent avec la base des pédoncules, pour borner à cette partie leur origine; mais chez les oiseaux, cette adhérence est plus prononcée encore que chez les poissons : les nerfs optiques, en se rapprochant l'un de l'autre (2), s'appliquent contre les pédoncules, les embrassent, les recouvrent (3), et contractent une telle adhérence avec eux, qu'en les détachant on enlève une partie des faisceaux des pédoncules (4) ; ce n'est qu'après avoir laissé séjourner quelque temps l'encéphale dans l'alcohol, qu'on parvient à isoler les pédoncules (5) du nerf (6) chez les oiseaux, et à suivre leur continuation dans l'épaisseur des parois des lobes optiques (7). Depuis Willis, Haller, Collins, Malacarne, nul anatomiste n'a mis en doute l'origine de ces nerfs dans ces lobes; nul n'a imaginé de les faire provenir des pédoncules cérébraux;

---

(1) Pl. VI, fig. 148, n° 9.

(2) Pl. IV, fig. 98, n° 12.

(3) Pl. IV, fig. 91, n° 5.

(4) Pl. VI, fig 91, n° 4.

(5) Pl. III, fig. 82, n° 8.

(6) Pl. III, fig. 82, n° 3.

(7) Pl. IV, fig. 90, n° 5.

pourquoi penserait-on différemment des poissons, si on n'avait un système de détermination à faire prévaloir ?

Ainsi chez les oiseaux, de même que chez les reptiles, que chez les poissons osseux et cartilagineux, le nerf optique s'insère immédiatement dans les lobes du même nom (1); en déplissant ces lobes, on voit leurs parois se prolonger directement dans l'épaisseur du nerf (2) : j'ai suivi cette insertion et ces rapports chez la poule, l'oie, le canard, le dindon, les faisans doré et argenté; le pigeon, les perdrix, les oiseaux de proie, les oiseaux nocturnes; je les ai représentés dans ce précis chez le casoar (3), l'autruche (4), la cigogne blanche (5) et le perroquet (6).

En outre, j'ai constaté chez tous ces oiseaux, et sur beaucoup d'autres espèces, que je ferai représenter dans mon grand ouvrage, que le nerf optique se met en rapport avec les hémisphères cérébraux des oiseaux par un faisceau considérable (7), qui se joint à la commissure antérieure (8), et se rend dans le rayonnement mé-

---

(1) Pl. IV, fig. 91, n° 4.
(2) Pl. III, fig. 82, n° 3.
(3) Pl. III, fig. 82, n° 7 et 9.
(4) Pl. III, fig. 80, n° 2 et 5.
(5) Pl. IV, fig. 183, n° 6 et 9.
(6) Pl. III, fig. 82, n° 3 et 8.
(7) Pl. IV, fig. 91, n° 4.
(8) Pl. III, fig. 82, n° 4 et 5.

dullaire de l'intérieur de l'hémisphère (1). J'ai fait dessiner ce rapport important chez la bondrée (2) et le perroquet (3) (4).

Si chez certains poissons (5) et chez beaucoup de reptiles (6), les nerfs optiques se croisent d'une manière évidente, il n'en est pas de même chez les oiseaux ; chez aucun on n'aperçoit le passage immédiat du nerf droit au côté gauche, *et vice versâ.* Les faisceaux profonds, qui constituent le nerf optique des oiseaux, se croisent néanmoins (7) ; pour découvrir ce croisement, il faut enlever avec soin les faisceaux externes du nerf au moment où ils se séparent (8) ; on aperçoit alors des faisceaux profonds passer de gauche à droite, d'autres se diriger de droite à gauche (9), et former un entrelacement très-distinct (10). Le nerf optique est en contact immédiat avec le corps

---

(1) Pl. III, fig. 82, n° 6.

(2) Pl. IV, fig. 91, n° 4, 5 et 6.

(3) Pl. III, fig. 82, n° 3, 4 et 6.

(4) Ce rapport du nerf optique des oiseaux explique pourquoi, dans l'ablation des hémisphères faite par Valcher Coïter, Valsalva, Rolando et plusieurs autres physiologistes, la vue est sensiblement altérée pendant un temps plus ou moins long.

(5) Pl. VI, fig. 144, n° 6; fig. 154, n° 4; Pl. VII, fig. 192, n° 7.

(6) Pl. V, fig. 127, n° 6; fig. 181, n° 11.

(7) Pl. III, fig. 80, n° 4.

(8) Pl. III, fig. 79, n° 9.

(9) Pl. III, fig. 80, n° 4.

(10) Pl. IV, fig. 103, n° 10.

situé en arrière de sa jonction avec celui du côté opposé (1) ; le volume de ce corps n'est cependant pas proportionnel à celui du nerf, ainsi qu'on peut le remarquer chez le casoar (2), l'autruche (3), la cigogne (4) et l'hirondelle (5).

Dans les trois classes que nous venons d'examiner, les lobes optiques vers lesquels se rendent les nerfs du même nom, sont isolés des autres parties de l'encéphale; ils forment une partie, en quelque sorte, détachée des autres; on peut accompagner le nerf jusque dans l'épaisseur de leurs parois, ou suivre le prolongement de ceux-ci dans le nerf. Il n'en est pas de même chez les mammifères : les tubercules quadrijumeaux ne sont plus aussi isolés que dans les trois autres classes; ils ont avec la couche optique, des connexions qui rendent beaucoup plus difficiles à suivre, les faisceaux d'insertion des nerfs optiques.

Une partie de ces difficultés n'existent pas chez les jeunes embryons de l'homme et des mammifères. Chez les embryons de l'homme, du veau, du cheval, du chien, du chat, du loup et du lapin, j'ai vu les faisceaux du nerf optique entrer dans les tubercules quadrijumeaux creux, à-peu-

---

(1) Pl. III, fig. 19, n° 8.
(2) Pl. III, fig. 78, n° 9.
(3) Pl. III, fig. 80, n° 6.
(4) Pl. IV, fig. 104, n° 6.
(5) Pl. IV, fig. 92, n° 3.

près de la même manière que nous venons de l'exposer pour les lobes optiques des classes inférieures.

Chez les jeunes embryons, le nerf optique est composé de filamens isolés et symétriques ; ces filamens se réunissent d'abord de chaque côté séparément, et forment deux lames adossées en haut et en bas ; au centre de ces deux lames on trouve l'artère centrale de la rétine ; plus tard, le nerf optique est rendu solide par la déposition d'une petite quantité de matière d'un blanc grisâtre, qui réunit et confond tous ces filets en un seul tronc. Cette disposition m'a paru évidente chez l'embryon de l'homme, du cheval, du veau, du mouton, et sur celui des oiseaux ; je n'ai pu la découvrir chez les reptiles : le canal dans lequel est renfermée la rétine, et dont Soemmering le fils a donné une description si détaillée (1), est donc formé aussi par le rapprochement des deux lames dont se compose primitivement le nerf optique.

_____

(1) Galien admit ce canal ; Vésale, son antagoniste, le rejeta ; Eustachi le retrouva, Riolan partagea l'opinion d'Eustachi ; Reil l'injecta avec du mercure ; il en conservait plusieurs préparations dans son cabinet anatomique. L'existence de ce canal est réelle ; mais on en a singulièrement abusé pour les explications médicales : on y a fait d'abord circuler des esprits de diverses natures ; on a conclu analogiquement son existence dans les autres nerfs ; on a supposé tantôt qu'il contenait de la matière grise, tantôt la matière blanche de l'encéphale. Cette dernière erreur est encore admise en anatomie pour la structure des nerfs en général.

Jusqu'aux troisième et quatrième mois de l'embryon de l'homme, de celui du veau et du cheval, du troisième mois du mouton et du cochon, les faisceaux du nerf optique se continuent avec l'enveloppe externe des tubercules quadrijumeaux ; un peu plus tard, on voit se joindre au nerf optique une lame blanchâtre, qui recouvre la partie postérieure des couchés du même nom.

Les corps géniculés ne se montrent que vers le commencement du quatrième mois du mouton et du cochon ; au cinquième du veau et du cheval, et au sixième de l'embryon humain : cette apparition tardive de ces corps détruit sans réplique l'idée de Gall, qui les regarde comme la source première des nerfs optiques : on conçoit, en effet, que si cela était, les corps géniculés devraient précéder la formation des nerfs (1). Or, les nerfs existent depuis long-temps ; ils sont même relativement plus volumineux qu'ils ne le seront jamais ; on ne peut donc les faire procéder d'une partie qui n'est pas encore formée. Toutefois, les corps géniculés se développent dans le dernier tiers de la vie utérine des embryons des mammifères, sur le trajet des faisceaux d'insertion du nerf optique

---

(1) Quand bien même on regarderait les corps géniculés comme des ganglions, la conclusion reste la même. On voit que la matière blanche du nerf précède la matière grise des corps géniculés. Les corps géniculés sont postérieurs à la formation du nerf, de même que les ganglions intervertébraux sont postérieurs au développement des nerfs du tronc.

aux tubercules quadrijumeaux, notamment sur le faisceau provenant des tubercules antérieurs, entrevu par Valsalva et Morgagni, si bien décrit par Sanctorini, et que Gall regarde comme la racine principale du nerf.

Vicq-d'Azyr exprima très-bien l'insertion des nerfs optiques sur les tubercules quadrijumeaux (1); mais en suivant dans la profondeur de la couche optique (2) les faisceaux qu'avait entrevus Sanctorini, il leur donna peut-être trop d'importance; depuis on les a trop négligés. Il est certain que de la partie profonde et interne des couches optiques chez l'homme, il se dirige, vers la concavité du *tractus* du même nom, une multitude de faisceaux médullaires, qui, en se joignant à ce corps, en augmentent le volume. Mais ce *tractus* et ces faisceaux me paraissent une production de la couche optique; ils sont étrangers au nerf du même nom, quoiqu'ils communiquent avec lui. On sera convaincu de ce fait, si l'on observe que ces faisceaux vont en diminuant de l'homme aux singes, aux cétacés, aux carnassiers et aux ruminans; je n'ai pu les découvrir chez les rongeurs. Or, le nerf optique va en augmentant de volume dans ce même rapport, c'est-à-dire de l'homme aux singes, aux carnassiers et aux rongeurs; il y a donc un rapport inverse entre ces

(1) Pl. XIII, fig. 243, n° 7 et 16.
(2) Pl. XIII, fig. 243, n° 8.

faisceaux externes de la couche optique et le nerf
du même nom. Ces faisceaux manquent chez les
oiseaux dont les nerfs de la vision sont si développés. Chez l'embryon humain ils n'existent pas ;
le *tractus* optique ne reçoit les faisceaux internes
qui se joignent à lui en dedans, que de la première
à la deuxième année après la naissance. J'insiste
sur ces faits, parce que Treviranus, et surtout
Rolando, considèrent de nouveau la couche optique
comme le centre d'origine du nerf de la vision, et
qu'ils se basent sur les rapports de ces deux
parties pour rejeter la détermination que j'ai
donnée, des lobes optiques des classes inférieures.

Indépendamment de ces faisceaux d'insertion,
il en existe quelquefois un autre, qui se dirige vers
la lame cornée, qui sépare la couche optique du
corps strié. Les anciens anatomistes ont connu ce
faisceau : Vicq-d'Azyr l'a indiqué vaguement, ainsi
que Tarin ; Mathey l'a rencontré deux fois chez
l'homme ; Treviranus l'a vu chez le cochon-d'inde ;
je l'ai rencontré sur un singe (le papion), sur le
marsouin, et une fois chez le lapin. Ainsi le nerf
optique s'insère chez les mammifères sur la périphérie des tubercules quadrijumeaux (1) ; il se
met de plus en communication avec la couche
optique par les faisceaux superficiels qui s'appliquent sur la face postérieure (2) ; et chez l'homme,

(1) Pl. XIII, fig. 243, n° 7 et 16.
(2) Pl. XIII, fig. 243, n° 8 et 11.

les singes, les carnassiers et les ruminans, il communique également par l'intermède du tractus optique avec les faisceaux profonds de cette éminence. Dans son trajet de l'œil aux tubercules quadrijumeaux, le nerf optique est également mis en relation avec la matière grise située en arrière de sa jonction. Cette communication a lieu par de petits filamens blanchâtres, qui, de ce tubercule, se portent sur la jonction des deux nerfs. Ces filamens, très-grêles chez l'homme, les singes et les carnassiers, deviennent plus considérables chez les ruminans et les rongeurs. Ils me paraissent en rapport de volume avec le développement de ce corps.

Le volume du nerf optique va en augmentant d'une manière générale, de l'homme (1) aux singes (2), au phoque (3), aux cétacés (4), aux carnassiers (5), aux ruminans (6) et aux rongeurs. On peut suivre cette augmentation graduelle chez le drill (7), le mandrill (8), le phoque (9), le

(1) Pl. XIII, fig. 247, n° 2.
(2) Pl. VIII, fig. 197, n° 2.
(3) Pl. IX, fig. 208, n° 2.
(4) Pl. XII, fig. 234, n° 2
(5) Pl. XIV, fig. 266, n° 2.
(6) Pl. XVI, fig. 295, n° 2.
(7) Pl. VIII, fig. 194, n° 2.
(8) Pl. VIII, fig. 197, n° 7.
(9) Pl. IX, fig. 208, n° 2.

dauphin (1), le lion (2), la martre (3), le kanguroo (4), l'ours (5), le pécari (6), le cheval (7), le chameau (8), le lama (9), le bouc de la Haute-Égypte (10) et l'agouti (11). Certains carnassiers et certains rongeurs font exception à ce principe, comme on peut le voir chez la loutre (12), le raton (13), le castor (14), le porc-épic (15), le hérisson (16); les chauve-souris tiennent le milieu sous ce rapport (17).

Au premier aperçu de la base de l'encéphale des mammifères, la jonction du nerf optique semble se déplacer; tantôt elle se porte en avant (18), d'autres fois on croirait qu'elle se dirige en ar-

(1) Pl. XII, fig. 234, n° 2.

(2) Pl. XIV, fig. 266, n° 2.

(3) Pl. XV, fig. 290, n° 2.

(4) Pl. XVI, fig. 299, n° 2.

(5) Pl. XI, fig. 231, n° 2.

(6) Pl. XVI, fig. 300, n° 2.

(7) Pl. XV, fig. 274, n° 2.

(8) Pl. XIII, fig. 249, n° 2.

(9) Pl. XVI, fig. 295, n° 2.

(10) Pl. XIV, fig. 262, n° 2.

(11) Pl. IX, fig. 211, n° 2.

(12) Pl. X, fig. 233, n° 2.

(13) Pl. VIII, fig. 200, n° 2.

(14) Pl. XIV, fig. 258, n° 2.

(15) Pl. XIII, fig. 251, n° 2.

(16) Pl. XVI, fig. 297, n° 2.

(17) Pl. IX, fig. 204, n° 2.

(18) Pl. IX, fig. 208, n° 2.

rière (1). Cette jonction est portée en avant chez
le phoque (2), les cétacés (3), le raton (4), le
lion (5) et les carnassiers digitigrades en général.
Elle est déjetée en arrière chez les singes (6),
l'ours (7), le pécari (8), le cheval (9), le
daman (10), le bouc de la Haute-Égypte (11),
l'agouti (12) et le hérisson (13). Le castor (14), le
porc-épic (15) et les chauve-souris (16), tiennent le
milieu sous ce rapport entre les mammifères précédens. Néanmoins la jonction des nerfs optiques
est fixe chez tous ces animaux; la position relative qu'elle occupe à la base de l'encéphale, dépend de l'étendue plus ou moins grande du lobe
antérieur, qui se contracte chez les mammifères,
chez lesquels le nerf optique semble se porter en

(1) Pl. XI, fig. 231, n° 2.
(2) Pl. IX, fig. 208, n° 2, E.
(3) Pl. XII, fig. 234, n° 2, L.
(4) Pl. VIII, fig. 200, n° 2, I.
(5) Pl. XIV, fig. 266, n° 2, E.
(6) Pl. VIII, fig. 194, n° 2, E.
(7) Pl. XI, fig. 231, n° 2, I.
(8) Pl. XVI, fig. 300, n° 2 et 1.
(9) Pl. XV, fig. 275, n° 2, M.
(10) Pl. XV, fig. 273, n° 2, G.
(11) Pl. XIV, fig. 262, n° 2, M.
(12) Pl. XI, fig. 211, n° 2, E.
(13) Pl. XVI, fig. 297, n° 2, E.
(14) Pl. XIV, fig. 258, n° 2, I.
(15) Pl. XIII, fig. 251, n° 2, I.
(16) Pl. IX, fig. 204, n° 2, E; fig. 214, n° 2, E.

avant, et qui s'allonge au contraire chez ceux dont le nerf paraît situé plus en arrière. On peut apprécier la cause de cet effet en comparant l'étendue relative de ce lobe chez le phoque (1), le dauphin (2), les singes (3), les carnassiers (4), les ruminans (5), les rongeurs (6) et les chauve-souris (7).

Le nerf optique n'est pas seulement juxta-posé sur la base des pédoncules; il contracte avec ces derniers des adhérences qui sont d'autant plus étendues et d'autant plus prononcées, qu'on éloigne davantage de l'homme pour se rapprocher des rongeurs.

Dans les deux classes inférieures des vertébrés, l'entrecroisement des nerfs optiques est si marqué, celui de droite passe si visiblement à gauche, et celui de gauche à droite, qu'on ne peut mettre en doute ce fait une fois qu'on l'a observé. Dans la classe des oiseaux, cette disposition n'est plus si manifeste; il faut disséquer le nerf avec soin pour découvrir leur décussation; chez les mammifères, cette décussation est plus obscure encore et plus profondément cachée que chez les oiseaux.

---

(1) Pl. IX, fig. 203, E, C.
(2) Pl. XII, fig. 234, L, M.
(3) Pl. VIII, fig. 194, F; fig. 197, F.
(4) Pl. XIV, fig. 266, F.
(5) Pl. XIV, fig. 262, M.
(6) Pl. XIV, fig. 258, F.
(7) Pl. IX, fig. 204, E, F; fig. 214, F, E.

Or les mammifères et l'homme ayant toujours servi de point de départ et de terme de comparaison aux anatomistes, on a longtemps nié l'entrecroisement des nerfs de la vision, parce qu'on vient difficilement à bout de la rendre évidente chez l'homme et les familles qui l'avoisinent; de là, la dissidence des opinions.

Sont pour la décussation parmi les anciens anatomistes, Galien, Mundinus, Sylvius, Lancisi, Cheselden, Mathei, Petit; parmi les modernes, Soemmering et M. le baron Cuvier, qui l'ont surtout observée chez les mammifères.

Sont contre la décussation, Vesale, qui, en cette occasion comme dans beaucoup d'autres, a été peut-être entraîné trop loin par le désir qu'il avait de contredire Galien; Sanctorini, dont l'opinion a été d'un grand poids à cause de l'étude spéciale qu'il avait faite de l'entrecroisement des fibres des diverses parties de l'encéphale; Monro qui s'étayait de l'anatomie des poissons.

Sont pour une simple réunion en forme de la lettre H, Blasius, Lecat, Varole, Bauhin, Étienne, Riolan, Spigel, Tissot, Portal et le grand Haller.

Sont enfin pour une décussation partielle des nerfs optiques, Ackermann, Vicq-d'Azyr, Caldani, Cuvier, Wentzell et le professeur Treviranus. D'après cette dernière opinion, la plus conforme aux résultats fournis par l'anatomie comparative, les fibres externes du nerf optique se rendent directement à leurs points d'insertion, sans s'unir à celles du nerf opposé ; quelques-unes des fibres internes se mélangent au contraire sur le plateau transverse du *chiasma*.

Dans ce mélange, les fibres internes du nerf optique s'entrecroisent - elles réellement? celles de droite passent-elles à gauche? celles de gauche à droite? Vicq-d'Azyr n'a pu suivre cette décussation; les frères Wentzell restent dans le doute ; Treviranus n'ose décider, quoiqu'il lui paraisse avoir vu évidemment quelques faisceaux se porter d'un côté à l'autre ; M. le baron Cuvier est plus précis, la préparation qu'il a faite sur le nerf optique du cheval ne laisse aucun doute à ce sujet. Depuis plusieurs années, j'ai dirigé sur cet objet l'attention des nombreux élèves qui fréquentent le grand amphithéâtre des hôpitaux et mes leçons; les diverses préparations qui m'ont été soumises; celles que j'ai faites moi-même sur l'homme et les mammifères ne m'ont laissé que des doutes. J'ai été plus heureux sur les jeunes embryons de l'homme, du cheval, du veau, du mouton, du lapin et du cochon d'inde. J'ai vu manifestement les fibres internes former un angle avec les externes au point de la jonction des deux nerfs; j'ai suivi les fibres de droite jusque sur le nerf gauche ; celles de gauche jusque sur le nerf droit; en passant d'un côté à l'autre, les fibres formaient un plexus aréolaire, ce qui rendait le *chiasma* assez semblable au ganglion des nerfs trijumeaux avant leur division; plus tard, sur des embryons plus âgés, les aréoles vides qui séparaient les faisceaux, ont été comblés par la déposition de la matière blanche; alors la décussation était beaucoup plus obscure, dans les cas où je l'ai le mieux observée, je n'ai pu suivre l'entrecroisement que sur deux ou trois faisceaux, tout au plus. Chez les embryons à terme, j'ai retrouvé le même doute que m'avaient laissé les animaux adultes.

Il arrive donc à la décussation des nerfs optiques, ce qui survient par le développement de l'embryon à celle des pyramides antérieures ; d'abord très-manifeste lorsque les faisceaux sont peu volumineux, elle devient de plus en plus cachée à mesure que la matière blanche qui les enveloppe, augmente d'épaisseur, et confond les faisceaux primitivement isolés. Nous verrons bientôt les lumières que fournissent la pathologie et la physiologie expérimentale, pour éclairer cette question d'un si haut intérêt en médecine.

Ainsi la décussation des nerfs optiques existe dans toutes les classes, mais à des degrés différens. Cette importante vérité est due aux lumières de la pathologie. Sans l'observation des paralysies croisées des yeux, on n'eût jamais mis toute la persévérance qu'il a fallu, pour rendre évident le croisement des fibres internes des nerfs optiques chez l'homme et les mammifères.

Au premier aperçu, le croisement d'une partie de ces fibres, le non-croisement de l'autre, semble rendre raison des effets opposés observés en médecine.

Personne n'ignore que Vesale observa deux paralysies de la vue, dont l'altération organique occupait la couche optique du même côté. On sait aussi que cet anatomiste observa les nerfs optiques isolés, disjoints sans communication l'un avec l'autre, sur un sujet qui pendant la vie n'avait éprouvé aucun trouble dans la vision. Quoique Loesel, cité par Haller, ait répété cette observation, je crois avec ce dernier physiologiste que ce fait a besoin de confirmation pour être admis dans la science. Quant aux premières observations de Vesale, toutes opposées à l'idée de croisement des nerfs optiques, je répète encore qu'elles ont été publiées dans la vue de contredire Galien ; je le répète, quoique je sache qu'on a dit que chez des sujets qui avaient perdu un œil, on avait observé une atrophie de la couche optique du même côté (1); je le répète, quoique Meckel ait rapporté des cas d'amaurose non croisés, et que la disposition anatomique des fibres externes du nerf optique semble rendre raison de cet effet.

---

(1) Soemmering a eu occasion de disséquer sept sujets, qui depuis longtemps avaient perdu un œil; constamment il a trouvé la couche optique atrophiée du côté opposé. Les frères Wentzell ont confirmé le même fait sur des sujets analogues. Je l'ai vérifié plusieurs fois; M. Magendie et moi nous l'avons observé de nouveau, il y a quelques mois, sur un homme décédé dans sa division à l'hôpital de la Pitié. Cependant la couche optique est souvent atrophiée sans altération de la vue, sans diminution du nerf optique.

Les cas es mieux constatés en pathologie sont ceux où le croisement a constamment été remarqué par Valsalva, Morgagni, Haller, Soemmering, Wentzell, Pourfour Petit, Saucerotte, Sabouraut; mais on a reçu les faits contraires avec d'autant plus d'empressement qu'on a longtemps méconnu le croisement du nerf optique, et qu'enfin on n'est parvenu à le démontrer que sur la plus petite partie des fibres qui le composent.

On a raisonné sur les paralysies de l'œil, comme on l'a fait sur celles dépendant d'une lésion organique des hémisphères cérébraux. De ce que toutes les fibres des hémisphères ne peuvent être suivies jusque sur les pyramides, à cause du peu d'étendue du croisement de celles-ci, on a admis des paralysies des hémisphères croisées, et d'autres, non croisées. J'ai dit dans un autre ouvrage (1) le peu de croyance que méritait cette dernière opinion; je reproduirai cette idée ailleurs; je la rapporte pour le moment, pour faire observer que la même assertion est reproduite pour les yeux, avec aussi peu de fondement peut-être que pour l'hémiplégie : la physiologie expérimentale vient à l'appui de notre opinion.

Si on blesse profondément l'un des hémisphères cérébraux chez les mammifères, comme l'ont fait Pourfour Petit, Saucerotte, Rolando, la vue est affaiblie ou perdue du côté opposé.

---

(1) *Annuaire médico-chirurgical des hôpitaux de Paris,* 1819. Nouvelle division des apoplexies et des paralysies, quatre planches in-folio.

Si l'un des tubercules quadrijumeaux antérieurs est lésé, le même effet se remarque, l'œil opposé à la blessure est le seul frappé de paralysie.

Si on blesse les deux hémisphères ou les deux tubercules successivement, la vue se trouble et se perd successivement aussi, en affectant constamment l'œil opposé à l'hémisphère ou au tubercule détruit.

Si on enlève, comme le professeur Rolando, l'un des hémisphères cérébraux chez les oiseaux, la vue s'affaiblit constamment dans l'œil opposé à l'hémisphère enlevé; si on enlève les deux hémisphères successivement, on observe sur les deux yeux une paralysie croisée.

Si on détruit dans la même classe l'un des lobes optiques, la vue se perd constamment aussi du côté opposé. L'effet est toujours croisé chez les grenouilles, auxquelles on détruit de la même manière l'un de ces lobes.

Ainsi les faits pathologiques les mieux constatés, et, sans exception, toutes les expériences physiologiques, déposent en faveur du croisement d'action des nerfs optiques.

Chez les mammifères et les oiseaux, les rapports du nerf optique avec les hémisphères cérébraux expliquent l'action de ces derniers organes sur la vision. Chez les reptiles, les tortues exceptées, ce rapport disparaît, les hémisphères n'ont plus d'action sur la vue; chez les poissons, tout rapport et toute action a disparu. A mesure qu'on descend des vertébrés supérieurs aux inférieurs, l'action de la vision se porte donc, ainsi que le nerf, de plus en plus en arrière. Enfin nous verrons bientôt que non-seulement les hémisphères cérébraux et la couche optique, mais même les tubercules quadrijumeaux et les lobes optiques deviennent étrangers à ce sens. Dans ces cas, l'action de la vision paraît transportée le plus en arrière possible, puisqu'elle correspond à la moelle allongée.

L'œil reçoit en outre des nerfs destinés aux muscles qui le meuvent. Ce sont les troisième, quatrième et sixième paires, et le rameau ophthalmique de la cinquième. La troisième paire s'insère, dans toutes les classes, sur le côté interne des pédoncules cérébraux (1), en arrière des éminences mamillaires (2), ou du corps qui les remplace dans les mammifères (3), les oiseaux (4), les reptiles (5) et les poissons (6). Cette fixité d'insertion est très-importante, dans toutes les classes, au milieu des variations nombreuses qu'éprouve la base des pédoncules, comprise entre ce nerf et la sixième paire. Elle correspond chez l'homme (7) et les singes (8), au niveau de la partie

(1) Pl. XV, fig. 275, n° 3.
(2) Pl. XIII, fig. 247, n° 14.
(3) Pl. XV, fig. 275, R.
(4) Pl. IV, fig. 98, n° 12.
(5) Pl. V, fig. 122, n° 12.
(6) Pl. VII, fig. 164, n° 9.
(7) Pl. XIII, fig. 247, n° 3.
(8) Pl. VIII, fig. 194, n° 3; fig. 197, n° 3.

antérieure des tubercules quadrijumeaux antérieurs ; chez les ruminans (1) et les rongeurs (2),
elle se trouve vers le point correspondant au tiers
antérieur de ces tubercules, ce qui dépend du
volume qu'acquièrent ces derniers : plus les tubercules quadrijumeaux deviennent volumineux dans
cette classe, plus par conséquent le nerf de la troisième paire se rapproche d'eux, plus elles s'éloi-
gnent de la partie postérieure de la couche optique. Cette circonstance de peu de valeur en elle-
même chez les mammifères, en acquiert une très-
grande appliquée à la classe des oiseaux. S'il est
vrai, comme nous l'avons établi, que les lobes
optiques dans cette classe soient les analogues des
tubercules quadrijumeaux des mammifères, qui
chez les oiseaux ont pris un grand développement,
qui ne voit que l'insertion de la troisième paire
devra se trouver plus en arrière encore que chez
les ruminans et les rongeurs ; qu'elle devra correspondre à la partie moyenne de ces lobes ; qu'elle
devra perdre conséquemment tout rapport direct
avec la couche optique? J'insiste beaucoup sur ce
point, parce qu'il sert à montrer le peu de fondement de la nouvelle détermination que Treviranus
vient de donner aux lobes optiques des oiseaux.

Considérez ce nerf chez la bondrée (3), chez

---

(1) Pl. XIII, fig. 249, n° 3.
(2) Pl. XIII, fig. 251, n° 3 ; Pl. XIV, fig. 258, n° 3.
(3) Pl. IV, fig. 88, n° 3 ; fig. 91, n° 3.

l'autruche (1), chez la bernache (2), chez la cigogne blanche (3), chez l'hirondelle (4), chez le
roitelet (5), chez le casoar (6), et chez tous les
oiseaux sans exception, partout vous verrez ce nerf
correspondre à la partie moyenne des lobes optiques (7); surtout en considérant l'encéphale sur
les côtés, ainsi que je l'ai représenté pour la bondrée (8), la cigogne (9), l'autruche (10) de l'ancien
continent et le casoar (11).

Chez les reptiles, la troisième paire conserve le
même rapport d'insertion que chez les oiseaux ;
considérée chez la grenouille (12), la vipère
hajé (13), le caméléon (14), chez le crocodile (15),
chez la tortue franche (16), on la voit s'insérer
sur les pédoncules cérébraux en arrière du corps

---

(1) Pl. IV, fig. 58, n° 8.
(2) Pl. IV, fig. 96, n° 5.
(3) Pl. IV, fig. 105, n° 9; fig. 104, n° 8.
(4) Pl. IV, fig. 92, n° 3.
(5) Pl. IV, fig. 94, n° 3.
(6) Pl. III, fig. 79, n° 7.
(7) Pl. IV, fig. 103, n° 8.
(8) Pl. IV, fig. 96, n° 5.
(9) Pl. IV, fig. 104, n° 8.
(10) Pl. IV, fig. 97, n° 9.
(11) Pl. III, fig. 78, n° 8.
(12) Pl. V, fig. 131, n° 10.
(13) Pl. V, fig. 127, n° 8.
(14) Pl. V, fig. 113, n° 3.
(15) Pl. V, fig. 117, n° 3.
(16) Pl. V, fig. 122, n° 10.

situé immédiatement derrière la jonction des
nerfs de la vision ; elle correspond à la partie
moyenne des lobes optiques (1) ; quelquefois
même tout-à-fait en arrière, comme chez le caméléon (2) et le caïman (3) ; ainsi plus nous descendons chez les vertébrés, plus nous voyons les
lobes optiques se porter en avant ; or l'insertion
de la troisième paire étant fixe, elle semble se
porter de plus en plus en arrière. Ce principe
général de névrogénie peut servir chez les poissons,
de même que chez les oiseaux, à la détermination
rigoureuse des lobes optiques.

En effet, les lobes optiques dans cette classe
étant parvenus au maximum de leur grandeur,
l'insertion de la troisième paire a dû nécessairement être rejetée encore plus en arrière, ainsi
qu'on le remarque chez les poissons osseux (4) et
cartilagineux (5).

D'après ce seul rapport, nous pourrions juger
combien est erronée l'idée reproduite par Treviranus, qui assimile les lobes optiques des poissons
aux hémisphères cérébraux des mammifères.

Chez les mammifères, on rencontre un faisceau
transversal partant des tubercules quadrijumeaux
postérieurs, et embrassant le pédoncule. Ce fais-

---

(1) Pl. V, fig. 122, n° 9.
(2) Pl. V, fig. 113, n° 3.
(3) Pl. V, fig. 130, n° 5.
(4) Pl. VII , fig. 164, n° 16.
(5) Pl. VI, fig. 148, n° 7.

ceau, très-apparent chez l'homme, les singes, le marsouin, augmente chez les ruminans; chez les carnassiers, il n'est pas proportionné au volume des tubercules postérieurs; chez les oiseaux, il est aussi distinct que chez les mammifères; je n'en ai vu aucune trace chez les reptiles et les poissons. Treviranus a observé ce faisceau; il pense qu'il va rejoindre la troisième paire de nerfs; je l'ai toujours vu se porter au-dessus de son insertion, entre lui et l'éminence mamillaire. Rolando, qui l'a parfaitement bien représenté, a confirmé mon observation; il me semble destiné à faire communiquer les tubercules quadrijumeaux avec les pédoncules cérébraux. En outre, un faisceau assez fort se dirige de la partie antérieure et latérale du pont (1), vers l'insertion postérieure de la troisième paire (2); c'est ce faisceau que Malacarne a observé chez le chevreau, et qu'il a nommé accessoire du moteur commun des yeux. C'est peut-être de lui dont Treviranus a voulu parler. Je ne l'ai rencontré que chez les mammifères; il met en relation le pont avec la troisième paire. Son existence n'est pas constante.

En outre, chez les mammifères, tantôt le nerf de la troisième paire se rapproche de la partie antérieure du pont, tantôt il s'en éloigne. Chez le phoque (3), son insertion touche constamment le

(1) Pl. XIII, fig. 247, n° 4.
(2) Pl. XIII, fig. 247, n° 5.
(3) Pl. IX, fig. 208, n° 3.

I.

bord antérieur de la protubérance annulaire (1),
ce qui paraît devoir être attribué à la contraction
qu'a éprouvée l'encéphale ; chez les cétacés (2)
elle s'en éloigne, mais moins que chez l'homme,
par la même cause ; chez les singes (3), elle est
souvent plus près du pont (4) que chez l'homme (5) ;
chez les carnassiers digitigrades (6), elle conserve
souvent le même rapport que chez ce dernier (7).
D'autres fois la troisième paire s'écarte du pont,
comme chez la loutre (8) ; chez les plantigrades (9),
elle est toujours plus distante du pont (10) que
chez les digitigrades (11) ; enfin chez les ruminans (12) et les rongeurs (13), elle est plus écartée
du pont (14) que chez les mammifères précédens.

Les variations du volume du pont de varole
influent d'une manière générale sur ce rapport ;

---

(1) Pl. IX, fig. 208, P.
(2) Pl. XII, fig. 234, n° 3, P.
(3) Pl. VIII, fig. 194, n° 5, P.
(4) Pl. VIII, fig. 197, n° 3, P.
(5) Pl. XIII, fig. 247, n° 3, P.
(6) Pl. XV, fig. 290, n° 3, P.
(7) Pl. XIV, fig. 266, n° 12, P.
(8) Pl. X, fig. 233, n° 3, P.
(9) Pl. XI, fig. 231, n° 3.
(10) Pl. XI, fig. 231, P.
(11) Pl. XV, fig. 290, n° 3, P.
(12) Pl. XIV, fig. 262, n° 5, P.
(13) Pl. XIII, fig. 251, n° 3.
(14) Pl. XIII, fig. 251, P.

mais elles ne peuvent en expliquer toutes les modifications.

Le volume relatif de la troisième paire va en augmentant de l'homme aux singes (1), aux carnassiers plantigrades (2), aux digitigrades (3), aux ruminans (4) et aux rongeurs (5). Le drill (6), le mandrill (7), parmi les singes; le cheval (8), le chameau (9), le lama (10) et le bouc de la Haute-Égypte (11), parmi les ruminans, sont remarquables particulièrement sous ce rapport.

On a dit que dans toutes les classes, la sixième paire de nerfs prenait son origine sur le sommet des pyramides à leur entrée dans le pont, chez les mammifères et l'homme, et vers le point où il devrait se trouver dans les autres classes. Il est nécessaire de corriger par les faits la généralité de cette assertion.

MM. Gall, Spurzheim et M. le baron Cuvier, ont mieux précisé l'insertion de ce nerf qu'on ne

(1) Pl. VIII, fig. 194, n° 3.
(2) Pl. XIV, fig. 266, n° 3.
(3) Pl. XI, fig. 231, n° 3.
(4) Pl. XV, fig. 275. n° 3.
(5) Pl. XIV, fig. 258, n° 3.
(6) Pl. VIII, fig. 194, n° 3.
(7) Pl. VIII, fig. 197, n° 3.
(8) Pl. XV, fig. 275, n° 3.
(9) Pl. XIII, fig. 249, n° 3.
(10) Pl. XVI, fig. 295, n° 3.
(11) Pl. XIV, fig. 262, n° 3

l'avait fait avant eux. Morgagni, Willis, Sanctorini,
Malacarne, Meckel avaient distingué chez l'homme
les racines qui s'implantent quelquefois sur le pont,
de celles qui joignent les pyramides. Il est même
douteux que l'insertion s'arrête aux pyramides ;
chez l'homme il n'est pas rare de la suivre sur
les côtés, jusques sur les cordons antérieurs de
la moelle épinière, au côté interne des olives.
Néanmoins le plus souvent, on la rencontre dans
l'homme et la plupart des singes, sur la base de
la pyramide antérieure (1), au moment où elle
s'engage dans le pont. Chez le phoque, elle est, de
même que chez l'homme, sur le milieu de la pyramide (2), à son entrée dans le pont ; mais une
partie de ses faisceaux s'insère sur le trapèze de
la moelle allongée, en passant dans un écartement
des fibres des pyramides. Chez le raton (3), l'insertion se fait plus bas que chez les mammifères
précédens, les fibres du nerf s'implantent au
côté externe de la pyramide dans le sillon qui la
sépare du trapèze (4) ; les plus inférieures dépassent
ce corps, et se portent sur le cordon antérieur de
la moelle allongée. Chez la marte, l'implantation a
lieu dans le sillon (5) ; le nerf ne descend pas aussi

---

(1) Pl. VIII, fig. 197, n° 6.
(2) Pl. IX, fig. 208, n° 6.
(3) Pl. VIII, fig. 200, n° 6.
(4) Pl. VIII, fig. 200, T.
(5) Pl. XV, fig. 290, n° 6.

bas que chez le raton. Chez le lion (1) , le nerf de la sixième paire occupe le milieu de la base de la pyramide. Cette différence d'insertion chez les carnassiers est produite en grande partie par le volume de la pyramide : plus la pyramide est large (2) , plus l'insertion du nerf lui correspond, comme cela a lieu chez le lion ; plus elle est étroite (3) , plus le nerf est rejeté sur le côté ; c'est le cas de la marte (4) et du raton (5). Une disposition semblable se remarque chez les singes : chez le drill (6) , la base de la pyramide étant élargie, le nerf en occupe la partie médiane (7). Chez le mandrill (8) , la pyramide étant plus étroite à son entrée dans le pont, les faisceaux externes du nerf sont déjetés sur les côtés (9). Le kanguroo-géant fait exception à cette règle ; car le nerf s'implante dans le sillon (10) qui sépare le trapèze de la pyramide, quoique cette dernière soit très-large (11). Le pécari est, au contraire, dans le même cas que

---

(1) Pl. XIV, fig. 266 , n° 6.

(2) Pl. XIV, fig. 266, A.

(3) Pl. XV, fig. 290 , A.

(4) *Ibidem.*

(5) Pl. VIII, fig. 200.

(6) Pl. VIII, fig. 197, B.

(7) Pl. VIII, fig. 197, n° 6.

(8) Pl. VIII, fig. 194 , B.

(9) Pl. VIII, fig. 194 , n° 6.

(10) Pl. XVI , fig. 299 , n° 6.

(11) Pl. XVI, fig. 299 , n° 11.

la marte et le raton : les pyramides sont étroites (1); le nerf a quitté la pyramide, il s'est porté entièrement sur son côté externe dans le sillon précédemment indiqué (2). Chez le dauphin, la sixième paire de nerfs (3) est restée à la place qu'elle occupe en arrière du pont chez l'homme, la plupart des singes et le phoque ; mais comme la base de la pyramide (4) est séparée du pont (5) par un enfoncement quadrilatère qui correspond au trapèze (6), le nerf et la pyramide ont perdu leurs rapports ordinaires (7). C'est une disposition que je n'ai observée que chez les cétacés. Chez l'ours brun, la sixième paire (8) est plutôt en rapport avec le trapèze (9) qu'avec la pyramide (10). L'insertion a immédiatement lieu sur le trapèze, chez le bouc de la Haute-Égypte (11) : chez les ruminans et les rongeurs, j'ai toujours vu ce nerf s'implanter dans le sillon déjà indiqué, ainsi qu'on le

---

(1) Pl. XVI, fig. 300, n° 11.

(2) Pl. XVI, fig. 300, n° 6, T.

(3) Pl. XII, fig. 234, n° 6.

(4) Pl. XII, fig. 234, A.

(5) Pl. XII, fig. 234, P

(6) Pl. XII, fig. 234, T.

(7) Pl. XII, fig. 234, n° 6, A.

(8) Pl. XI, fig. 231, n° 6.

(9) Pl. XI, fig. 231, T.

(10) Pl. XI, fig. 231, A.

(11) Pl. XIV, fig. 262, n° 6, T

remarque chez le cheval (1), le lama (2), le chameau (3), le castor (4), le hérisson et le porc-épic (5). J'ai insisté sur ces variations pour prouver que les nerfs ne s'insèrent pas constamment sur la même partie. Treviranus a fait la même remarque : or, ces faits inconciliables dans l'hypothèse reçue sur l'origine des nerfs, concordent parfaitement avec le principe de leur insertion sur la masse cérébro-spinale du système nerveux.

Lorsque la sixième paire dépasse l'insertion de la pyramide ou du trapèze de la moelle allongée, les faisceaux se dirigent vers le cordon antérieur du haut de la moelle épinière, de la manière que je l'ai fait représenter chez le chevreau (6) ; chez l'embryon humain du cinquième au sixième mois, j'ai remarqué que l'un des faisceaux antérieurs de la moelle épinière se portait sur le nerf en même temps que le nerf marchait à sa rencontre.

Chez tous les oiseaux, la sixième paire correspond, dans son insertion, au même point que chez l'homme et les singes, ainsi qu'on peut le voir chez l'autruche (7), la bondrée (8), la cigo-

---

(1) Pl. XV, fig. 275, n° 6, T.

(2) Pl. XVI, fig. 295, n° 6, T.

(3) Pl. XIII, fig. 249, n° 6, T.

(4) Pl. XIV, fig. 258, n° 6, T.

(5) Pl. XIII, fig. 251, n° 6, T.

(6) Pl. XIII, fig. 243, n° 6.

(7) Pl. IV, fig. 98, n° 4.

(8) Pl. IV, fig. 88, n° 14.

gne (1), l'hirondelle (2), le roitelet (3) et le casoard (4) ; elle s'insère vers la même place chez la
grenouille (5), la vipère hajé (6), le caméléon (7),
le crocodyle (8) et la tortue franche (9). Chez un
grand nombre de poissons, elle abandonne les
cordons pyramidaux, de même que chez certains
mammifères, elle se porte vers les cordons des
olives, comme je l'ai montré chez les poissons
osseux (10) et cartilagineux (11). Ainsi, je le répète,
l'insertion d'un même nerf ne se fait pas rigoureusement sur la même partie, dans toutes les classes,
ni dans les familles de la même classe.

La quatrième paire est néanmoins, comme la
troisième, invariable dans son insertion ; elle s'implante constamment sur la lame blanchâtre qui
forme la valvule de Vieussens, en arrière des tubercules quadrijumeaux (12), chez les mammifères, et des lobes optiques, chez les oiseaux (13),

(1) Pl. IV, fig. 103, n° 4.
(2) Pl. IV, fig. 92, n° 2.
(3) Pl. IV, fig. 94, n° 10.
(4) Pl. III, fig. 79, n° 3.
(5) Pl. V, fig. 131, n° 17.
(6) Pl. V, fig. 127, n° 4.
(7) Pl. V, fig. 112, n° 8.
(8) Pl. V, fig. 117, n° 9.
(9) Pl. V, fig. 122, n° 5.
(10) Pl. VII, fig. 164, n° 5.
(11) Pl. VI, fig. 148, n° 16.
(12) Pl. XIII, fig. 245, n° 4.
(13) Pl. III, fig. 78, n° 6.

es reptiles (1) et les poissons (2). Cette insertion devient pour la détermination des diverses parties de l'encéphale un caractère très-important : pour peu qu'on y réfléchisse, on verra, en effet, qu'on ne peut faire naître cette paire de nerfs de la partie postérieure des tubercules quadrijumeaux, chez les mammifères, des couches optiques chez les oiseaux, et de la partie postérieure des hémisphères cérébraux des poissons, ainsi qu'il faudrait le déduire des déterminations reproduites par le célèbre Treviranus.

Chez les carnassiers, j'ai souvent rencontré un faisceau descendant des tubercules quadrijumeaux postérieurs, et se portant vers la quatrième paire ; je l'ai pareillement observé chez le marsouin. Je ne l'ai jamais aperçu ni chez les ruminans, ni chez les rongeurs.

Si les nerfs ne prennent pas leur origine dans la masse encéphalique pour se rendre aux organes; si au contraire, ainsi que je l'ai vu, ils se portent des organes vers les points de l'encéphale, où ils s'implantent, il devient important de déterminer l'époque où se fait cette insertion, et où s'établit cette communication du système nerveux central avec le système nerveux excentrique. Voici les recherches que j'ai faites sur ce sujet tout-à-fait nouveau.

_____

(1) Pl. V, fig. 116, n° 5.
(2) Pl. VI, fig. 139, n° 2 et 6.

Chez le têtard des batraciens (la grenouille et les crapauds), l'œil est formé et distinct dès les quatrième, cinquième et sixième jours, après la ponte de l'œuf; on trouve le nerf optique; mais il ne paraît pas dans le crâne membraneux du jeune batracien; ce n'est que vers les septième et huitième jours qu'on le rencontre, et vers le neuvième et le dixième, qu'on le voit pour la première fois s'implanter à la base de la vésicule qui doit former les lobes optiques : les nerfs de la troisième et de la quatrième paire sont implantés au neuvième jour; celui de la sixième l'est quelquefois au huitième.

Chez l'embryon des oiseaux, l'œil est très-bien formé dès les deuxième et troisième jours de l'incubation; au fond du globe de l'œil se trouve le nerf optique, d'un volume proportionnel à celui de l'organe de la vision; si à cette époque on coagule par l'alcohol le liquide et les pellicules membraneuses, qui constituent les vésicules de l'encéphale, on n'y trouve aucun vestige du nerf optique; je n'ai aperçu ce nerf à la base du lobe optique que du quatrième au cinquième jour chez le poulet, le pigeon et le faisan argenté; aux cinquième et sixième, chez l'oie, le canard domestique, le canard musqué et le dindon : la troisième paire se rencontre quelquefois plus tôt, quelquefois plus tard que le nerf optique; la quatrième paire est toujours plus tardive, je ne l'ai rencontrée qu'au sixième jour, chez le poulet, et aux septième et huitième, chez le canard et l'oie. J'ai fait la même observation pour la sixième.

Chez des embryons de la fin de la deuxième semaine, de l'homme, du cheval, du mouton et du veau, j'ai aperçu le globe de l'œil formé par un point noir; à la fin du premier mois, il était bien constitué, le nerf optique était au fond, il ne pénétrait pas dans le crâne. Sur cinq embryons de cet âge, et sur quelques autres du milieu du deuxième mois, j'ai trouvé le nerf optique composé de filamens adossés les uns aux autres, comme dans les nerfs qui se distribuent aux muscles; j'ai compté huit, neuf, onze de ces filamens, chez l'homme, le cheval, le veau et le mouton; j'en ai isolé cinq et six chez des embryons de cochon d'inde et de lapin; je n'ai réussi dans cette préparation que chez des sujets qui avaient séjourné un temps plus ou moins long dans l'alcohol.

Sur la fin du deuxième mois, le nerf optique pénètre dans le crâne; il s'insère d'abord par les racines qui s'implantent sur les tubercules quadrijumeaux, qui sont alors jumeaux de même que dans les classes inférieures. Vers le troisième et le quatrième mois, les faisceaux, qui des couches optiques et de la place que doivent occuper les corps géniculés, viennent rejoindre le nerf, commencent à se mettre en relation avec lui; au sixième mois de l'homme, du veau et du cheval, le faisceau géniculé est très-fort; les corps géniculés

paraissent eux-mêmes à cette époque : c'est en suivant avec la plus grande attention la marche du
nerf optique du fond de l'orbite dans le crâne et
vers la base de l'encéphale, que j'ai vu ses fibres
internes s'entrecroiser distinctement.

Comment accorder ces faits avec l'origine prétendue des nerfs de l'encéphale ? Pourquoi les racines ne partent-elles pas de l'encéphale, ne vont-
elles pas constituer le tronc ? Pourquoi le nerf
est-il d'abord formé au globe de l'œil sans aucune
communication avec le cerveau ? On peut, je
pense, répondre maintenant à ces diverses questions, et les résoudre par la loi fondamentale de
la névrotomie, d'après laquelle *les nerfs se rendent
des organes à la moëlle épinière et à l'encéphale.*

De cette loi dérivent les conséquences sui-
vantes.

Si un animal vient au monde sans yeux, il
n'aura point de nerf optique ; ce nerf devra manquer aussi à la base de l'encéphale. C'est en effet ce
que j'ai vu sur des embryons de lapin et de chat.

Les monstres qui n'ont qu'un seul œil, ou deux
yeux confondus en un seul, comme l'a constaté
M. le professeur Geoffroy-Saint-Hilaire, ne doivent
avoir, et n'ont en effet qu'un seul nerf optique,
qui, dans ce cas, est beaucoup plus volumineux
que dans l'état normal.

Si l'encéphale ne s'est point formé à cause de
l'absence ou de la trop grande atrophie de l'ar-

tère carotide interne, le nerf optique n'en existera
pas moins dans le crâne, puisque sa formation est
indépendante du cerveau (1) : la science est riche
de faits de ce genre, restés sans explication jusqu'à ce jour; il en sera de même, si à l'époque où
l'encéphale était liquide, une rupture de la dure-
mère, un écartement sur la ligne médiane donne
issue au fluide cérébral : cet accident n'entraîne
pas avec lui la perte du nerf optique : si les yeux
existent dans ces cas, vous trouvez toujours le nerf
de la vision. Ouvrez les livres qui traitent des
monstruosités, vous y trouverez des cas semblables
en abondance; celui décrit dans ces derniers temps
par l'illustre auteur de la *Philosophie anatomique*,
est un des mieux constatés, et des plus curieux
sous ce rapport.

Retournez la proposition, et cherchez ce qui
devra arriver si un monstre présente des tubercules quadrijumeaux doubles, ou deux paires de
lobes optiques. D'après l'hypothèse de l'*origine*, il
devrait y avoir chez ces êtres, quatre nerfs optiques; mais comme ordinairement chez les mons-

---

(1) Dans les cas de ce genre que j'ai observés, tantôt la
carotide interne était atrophiée après avoir produit l'artère
ophthalmique; d'autres fois cette atrophie portait sur le tronc
primitif; alors l'artère ophthalmique était la continuation de
la carotide interne, comme cela a lieu dans l'état primitif des
embryons.

tres qui offrent une seule tête surmontant deux cols adossés, il n'y a que deux yeux, il n'y a aussi que deux nerfs optiques. C'est la disposition que j'ai rencontrée chez les monstres que j'ai nommés *monocéphales octo-pedes*.

Appliquons maintenant cette loi à l'organisation régulière de certains animaux. Supposez que chez eux le globe de l'œil vienne à manquer, qui ne voit de suite qu'ils tomberont dans les conditions des monstres privés des deux yeux, qu'ils seront conséquemment sans nerfs optiques?

C'est le cas de la taupe; chez elle, on ne trouve à la base de l'encéphale (1) nul vestige de nerf opti-que (2); on ne trouve également nul vestige du globe de l'œil des autres mammifères. Le point noirâtre qui correspond à cet organe, se rapproche plus de l'œil des crustacés et des insectes que de celui des mammifères.

C'est le cas du rat-taupe du Cap; je n'ai trouvé chez cet animal aucune trace de nerf optique à la base du cerveau, pas même les deux filamens blanchâtres que l'on rencontre chez la taupe, et que Carus et Treviranus regardent comme le nerf optique rudimentaire. Néanmoins l'organe qui remplace l'œil, est plus développé chez le rat que chez la taupe.

_____

(1) Pl. XIV, fig. 260, n° 6, E.
(2) Pl. XIV, fig. 260, n° 6, E.

C'est encore le cas de la chrysochlore du Cap. Point d'œil, point de nerf optique; la base de l'encéphale est nue au point où devraient se trouver ces nerfs. J'ai en vain cherché les filamens que l'on rencontre sur quelques taupes.

La musaraigne musette est dans le même cas que la taupe et les animaux précédens; elle est entièrement privée de nerfs optiques.

Le zocor (*mus aspalax*), le lemmin de la baie d'Hudson, l'echimis roux, le rat taupe des dunes offrent sans doute une organisation semblable à celle des animaux précédens; mais n'ayant pu me les procurer, je déduis cette analogie de leurs habitudes et de la similitude de leur œil signalée par les zoologistes.

Le protée (*proteus anguinus*), parmi les reptiles, offre une disposition analogue; je pense que les syrènes sont dans le même cas; la cécilie visqueuse d'Amérique rentre aussi dans cette commune organisation.

Ces faits méritent sans doute l'attention des zootomistes; mais ce qui ne doit guère moins intéresser le physiologiste, c'est que chez la taupe (1), la musaraigne musette, la chrysochlore du Cap et le rat-taupe du Cap, les tubercules quadrijumeaux sont si développés, qu'ils sembleraient même n'avoir rien perdu de leur volume. A quoi servent ces corps chez ces animaux, puisqu'ils sont devenus inutiles

(1) Pl. XV, fig. 270, n° 2.

à la vision? Les tubercules quadrijumeaux antérieurs ne sont donc pas le point d'origine des nerfs optiques, puisque ces nerfs manquent chez des animaux où ces tubercules sont très-bien développés. Les nerfs se rendent donc à l'encéphale, et n'en proviennent pas, ainsi qu'on l'a cru jusqu'à ce jour.

*Le corps qui remplace l'œil chez ces derniers animaux, est privé des muscles qui, chez les autres, impriment le mouvement au globe de l'œil. J'ai disséqué cette partie chez la taupe; je l'ai examinée au microscope sans pouvoir les distinguer. Que résulte-t-il de ce fait? je n'ai presque pas besoin de le dire; on entrevoit de suite que les nerfs oculaires devront manquer aussi. C'est en effet ce qui existe; on ne trouve chez la taupe ni la troisième paire (1), ni la quatrième (2), ni la sixième (3). Quoique l'œil du rat-taupe du Cap soit plus parfait que celui de la taupe, il est aussi privé de muscles; à la base de l'encéphale, on ne rencontre ni la troisième, ni la quatrième, ni la sixième paire de nerfs; il en est de même chez la chrysochlore du Cap, chez la musaraigne musette, chez le protée, chez la cécilie. Cependant les parties de l'encéphale où ces nerfs se rendent, n'ont éprouvé aucune altération, n'ont subi aucun

---

(1) Pl. XIV, fig. 260, n° 2.
(2) *Ibid.*
(3) *Ibid.*

changement, preuve évidente, selon nous, que les nerfs vont s'implanter sur ces parties chez les autres vertébrés, et qu'ils n'en émanent point, selon l'opinion commune.

Mais le corps qui remplace l'œil chez ces animaux, reçoit-il un nerf particulier? S'il en reçoit un de l'encéphale, et s'il n'a aucun rapport avec les tubercules quadrijumeaux, où se rend-il? Telle est la question que nous examinerons dans le chapitre suivant, où nous développerons les dernières idées que nous venons d'énoncer dans celui-ci.

Si ces faits sont exacts, il est à peine nécessaire d'en déduire les conséquences qu'ils présentent relativement à l'origine des nerfs. J'ai souvent prouvé, dans le cours de cet ouvrage, que les nerfs se rendent des parties auxquelles ils se distribuent, aux masses centrales des systèmes nerveux; montrons maintenant qu'ils n'émanent point de ces masses, qu'ils n'y puisent pas leurs racines, ainsi que l'ont dit tous les anatomistes, depuis Vésale jusqu'à MM. Gall et Spurzheim.

Supposons, en effet, que le nerf optique puise ses racines dans la couche optique et dans les tubercules quadrijumeaux des mammifères, supposons qu'il émane des lobes optiques des reptiles et des oiseaux; que ces parties soient cause, comme on l'a dit, de la formation de ce nerf: une conséquence nécessaire, c'est que l'effet doit suivre la cause, ou disparaître avec elle. Avec l'ab-

I. 23

sence du nerf optique, nous devons rencontrer chez ces animaux l'absence de la couche optique et des tubercules quadrijumeaux. L'absence de l'une de ces parties doit suivre l'autre dans cette hypothèse. Que disent les faits? Ils apprennent que chez tous les mammifères privés des nerfs optiques, la couche du même nom et les tubercules quadrijumeaux sont restés à leur place; que leur forme, leur volume, leurs rapports, n'ont éprouvé aucun changement, même aucune diminution sensible. Ils apprennent que chez les reptiles dépourvus du nerf ordinaire de la vision, les lobes optiques n'ont subi aucun changement, aucune variation; ils apprennent, par conséquent, que les nerfs optiques n'émanent ni de la couche du même nom, ni des tubercules quadrijumeaux, ni des lobes optiques; ils apprennent que ce nerf n'a point ses racines dans ces parties, mais bien dans l'organe auquel il se distribue; ils apprennent, enfin, qu'il se rend à l'encéphale, et qu'il n'en provient point.

Appliquez ce raisonnement au nerf de la troisième paire, à celui de la quatrième, à celui de la sixième : voyez si chez ces animaux, les pédoncules cérébraux ont éprouvé quelque variation que nous puissions rapporter à l'absence du nerf moteur commun des yeux; voyez si les pyramides antérieures, si la valvule de Vieussens, manquent avec les nerfs qui sont censés y puiser leurs racines.

Si, ni les pédoncules cérébraux, ni les pyramides antérieures, ni la lame médullaire de Vieus-

sens et de Reil, n'ont éprouvé aucune variation par l'absence de ces nerfs, peut-on se refuser
à leur appliquer la même conclusion qu'aux couches optiques, aux tubercules quadrijumeaux
et aux lobes optiques? peut-on rejeter la loi générale qui en découle, que les nerfs n'émanent
pas de l'encéphale, mais qu'ils se mettent en communication avec lui? Les faits que je vais repro-
duire dans le chapitre suivant, ajouteront une
nouvelle force à cette importante vérité.

TABLEAU COMPARATIF

Des Dimensions des Nerfs de la Vision, chez les Mammifères.

	NERF OPTIQUE	NERF de la 3e PAIRE	NERF de la 4e PAIRE	NERF de la 6e PAIRE
	mètre.	mètre.	mètre.	mètre.
Homme.	0,00500	0,00200	0,00100	0,00150
NOMS DES ANIMAUX.	mètre.	mètre.	mètre.	mètre.
Patas (*Simia rubra*).	0,00400	0,00200	0,00100	0,00167
Magot (*S. sylvanus*).	0,00400	0,00200	0,00100	0,00167
Macaque (*S. cynocephalus*). . . .	0,00300	0,00250	0,00100	0,00167
Maimon (*S. nemestrina*). . . .	0,00475	0,00200	0,00075	0,00075
Rhésus (*S. rhesus*, G. S. H.). . .	0,00433	0,00200	0,00075	0,00100
Papion (*S. sphynx*).	0,00400	0,00300	0,00100	0,00200
Mandrill (*S. maimon*).	0,00400	0,00300	0,00100	0,00200
Drill (*S. leucophea*, Fr. C.) . . .	0,00400	0,00275	0,00100	0,00175
Sajou (*S. apella*)	0,00250	0,00167	0,00067	0,00133
Maki (*Lemur macaco*).	0,00150	0,00133	0,00033	0,00100
Rhinolophe uni-fer (*Rhinolophus unihastatus*, G. S. H.)	0,00100	0,00050	0,00033	0,00033
Vespertilion (*Vespertilio murinus*)	0,00100	0,00050	0,00033	0,00033
Hérisson (*Erinaceus europæus.*)	0,00125	0,00050	0,00050	0,00050
Musaraigne commune (*Sorex araneus*).	0	0	0	0
Taupe (*Talpa europœa*).	0	0	0	0
Chrysochlore du Cap.	0	0	0	0
Ours brun (*Ursus arctos*). . .	0,00333	0,00200	0,00100	0,00125
Ours noir d'Amérique (*U. americ.*)	0,00450	0,00200	0,00050	0,00125
Raton (*U. lotor*).	0,00150	0,00133	0,00100	0,00025
Blaireau (*U. meles*).	0,00333	0,00133	0,00100	0,00025
Coati brun (*Viverra narica*). . .	0,00150	0,00133	0,00033	0,00050
Coati roux (*V. nasua*).	0,00300	0,00175	0,00150	0,00125
Fouine (*Mustela foina*).	0,00200	0,00100	»	0,00033
Loutre (*M. lutra*).	0,00167	0,00133	0,00067	0,00100
Chien (*Canis familiaris*).	0,00200	0,00150	0,00050	0,00133
Loup, jeune (*C. lupus*).	0,00150	0,00100	0,00025	0,00075
Renard (*C. vulpes*)	0,00150	0,00100	0,00050	0,00075
Hyène rayée (*C. hyæna*)	0,00400	0,00150	0,00033	0,00125
Mangouste du Cap (*Viverra caf.*).	0,00167	0,00075	0,00050	0,00075
Lion (*Felis leo*)	0,00525	0,00250	0.00100	0,00150
Tigre royal (*F. tigris*).	0,00475	0,00225	0,00100	0,00150
Jaguar (*F. onça*)	0,00475	0,00250	0,00067	0,00150
Panthère (*F. pardus*).	0,00450	0,00200	0,00075	0,00150
Couguar (*F. discolor*).	0,00400	0,00200	0,00033	0,00125
Lynx (*F. lynx*)	0,00250	0,00150	0,00067	0,00125
Phoque commun (*Phoca vitulina*).	0,00300	0,00200	0,00425	0,00133

Suite du Tableau comparatif des Dimensions des Nerfs de la Vision, chez les Mammifères.

NOMS DES ANIMAUX.	NERF OPTIQUE.	NERF de la 3ᵉ PAIRE.	NERF de la 4ᵉ PAIRE.	NERF de la 6ᵉ PAIRE.
	mètre.	mètre,	mètre.	mètre.
Kanguroo géant (*Macr. maj.*, G. C.)	0,00350	0,00200	0,00050	0,00075
Phascolome (*Phascolomys,* G. S. H.)	0,00150	0,00125	0,00050	0,00100
Castor (*Castor fiber*)	0,00150	0,00075	0,00075	0,00100
Zemni (*M. typhlus*).	o	o	o	o
Rat-Taupe du Cap (*M. Capensis.*)	o	o	o	o
Marmotte (*M. alpinus*)	0,00200	0,00125	0,00050	0,00100
Porc-épic (*Hystrix cristata*). . . .	0,00175	0,00075	0,00050	0,00075
Ecureuil (*Sciurus vulgaris*). . . .	0,00200	0,00125	0,00067	0,00050
Agouti (*Cavia acuti*)	0,00200	0,00150	0,00033	0,00075
Tatou (*Dasypus sexcinctus*). . . .	0,00125	0,00100	0,00050	0,00075
Pecari (*Sus tajassu*).	0,00375	0,00200	0,00050	0,00100
Daman (*Hyrax capensis*).	0,00175	0,00100	0,00075	0,00033
Cheval (*Equus caballus*)	0,00550	0,00250	0,00133	0,00200
Ane (*E. asinus*).	0,00500	0,00300	0,00100	0,00133
Zèbre (*E. zebra*).	0,00525	0,00300	0,00125	0,00150
Chameau à une bosse (*Camelus dromedarius*).	0,00600	0,00325	0,00200	0,00300
Lama (*C. llacma*)	0,00500	0,00300	0,00225	0,00200
Cerf (*Cervus elaphus*)	0,00400	0,00275	0,00125	0,00175
Chevreuil (*C. capreolus*)	000,004	0,00225	0,00150	0,00150
Bouc commun (*Capra hircus*) . .	0,00500	0,00300	0,00100	0,00200
Bouc de la Haute-Égypte.	0,00600	0,00325	0,00100	0,00133
Taureau (*Bos taurus*).	0,00700	0,00275	0,00100	0,00100
Dauphin (*Delphinus delphis*). . .	0,00400	0,00150	0,00100	0,00100
Marsouin (*D. phocæna*).	0,00400	0,00150	0,00100	0,00100

TABLEAU COMPARATIF

Des Dimensions des Nerfs de la Vision, chez les Oiseaux.

NOMS DES ANIMAUX.	NERF OPTIQUE.	NERF de la 3e PAIRE.	NERF du la 4e PAIRE.	NERF de la 6e PAIRE.
	mètre.	mètre.	mètre.	mètre.
Aigle royal (*F. chrysaëtos*).....	0,00420	0,00133	0,00100	0,00100
Pygargue (*F. ossifragus*).....	0,00300	0,00120	0,00075	0,00075
Bondrée (*F. apivorus*).......	0,00200	0,00100	0,00067	0,00075
Buse (*F. buteo*).............	0,00250	0,00100	0,00075	0,00075
Roitelet (*Motacilla regulus*)....	0,00075	0,00025	0,00025	0,00025
Hirondelle (*Hirundo urbica*)....	0,00133	0,00050	0,00050	0,00050
Alouette (*Alauda arvensis*).....	0,00133	0,00050	0,00050	0,00050
Moineau (*Fringilla domestica*)..	0,00133	0,00050	0,00050	0,00050
Pinçon (*F. cœlebs*)...........	0,00100	0,00050	0,00050	0,00050
Linotte (*F. linaria*)..........	0,00133	0,00050	0,00050	0,00050
Serin (*F. canaria*)...........	0,00133	0,00050	0,00050	0,00050
Chardonneret (*F. carduelis*)..	0,00133	0,00050	0,00050	0,00050
Verdier (*Loxia chloris*).......	0,00150	0,00050	0,00050	0,00067
Pie (*C. pica*)..............	0,00175	0,00100	0,00075	0,00075
Perroquet amazône............	0,00150	0,00075	0,00050	0,00050
Perroquet d'Afrique..........	0,00225	0,00100	0,00075	0,00075
Dindon (*Meleagris gallopavo*)....	0,00225	0,00067	0,00050	0,00050
Poule (*Phasianus gallus*)......	0,00167	0,00100	0,00067	0,00075
Faisan argenté (*P. nycthemerus*.)	0,00133	0,00100	0,00050	0,00075
Faisan doré (*P. pictus*).......	0,00150	0,00067	0,00050	0,00050
Pigeon (*Columba palumbus*)...	0,00150	0,00067	0,00050	0,00050
Perdrix (*Tetrao cinereus*)......				
Autruche de l'ancien continent (*Struthio camelus*).........	0,00500	0,00175	0,00050	0,00033
Casoar (*S. casuarius*).........	0,00500	0,00175	0,00033	0,00050
Cigogne blanche (*Ardea ciconia*)..	0,00250	0,00133	0,00050	0,00075
Cigogne noire (*A. nigra*)......	0,00250	0,00133	0,00050	0,00075
Fou de bassan(*Pelecanus bassanus*).	0,00420	0,00033	0,00075	0,00100
Oie (*Anas anser*)............	0,00250	0,00100	0,00075	0,00075
Bernache cravant (*A. bernicla*)..	0,00200	0,00 33	0,00067	0,00075
Canard musqué (*A. moschata*)...	0,00267	0,00125	0,00050	0,00075
Canard ordinaire (*A. boschas*)..	0,00220	0,00133	0,00075	0,00100

TABLEAU COMPARATIF

Des Dimensions des Nerfs de la Vision, chez les Reptiles.

NOMS DES ANIMAUX.	NERF OPTIQUE.	NERF de la 3ᵉ PAIRE.	NERF de la 4ᵉ PAIRE.	NERF de la 6ᵉ PAIRE.
	mètre.	mètre.	mètre.	mètre.
Tortue grecque (*Testudo græca*) . .	0,00120	0,00040	0,00025	0,00025
Tortue couï (*T. radiata*)	0,00100	0,00050	0,00025	0,00033
Tortue franche (*T. mydas*).	0,00275	0,00100	0,00100	0,00120
Crocodile (*Crocodilus nil.* G. S. H.)	0,00125	0,00040	0,00025	0,00025
Crocodile à 2 arêtes (*C. biporcatus*).	0,00133	0,00040	0,00025	0,00025
Monitor à taches vertes (*Tupinambis maculatus*).	0,00150	0,00040	0,00025	0,00025
Lézard vert (*Lacerta viridis*). . . .	0,00067	0,00025	0,00025	0,00025
Lézard gris (*L. agilis*).	0,00067	0,00025	0,00025	0,00025
Caméléon vulgaire (*L. africana*).	0,00150	0,00040	0,00025	0,00025
Orvet (*Anguis fragilis*).	0,00033	0,00025	0,00025	0,00025
Couleuvre à collier (*Col. natrix*).	0,00075	0,00025	0,00025	0,00025
Vipère hajé (*C. haje*).	0,00075	0,00025	0,00025	0,00025
Vipère à raies parallèles.	0,00075	0,00025	0,00025	0,00025
Vipère commune (*C. berus*). . . .	0,00075	0,00025	0,00025	0,00025
Cécilie (*Cœcilia*).	0	0	0	0
Grenouille commune (*Rana escul.*)	0,00100	0,00033	0,00033	0,00033
Protée (*Proteus anguinus*).	0	0	0	0

TABLEAU COMPARATIF

Des Dimensions des Nerfs de la Vision, chez les Poissons.

NOMS DES ANIMAUX.	NERF OPTIQUE.	NERF de la 3e PAIRE.	NERF de la 4e PAIRE.	NERF de la 6e PAIRE.
	mètre.	mètre.	mètre.	mètre.
Lamproye de rivière (*Petromyson fluvialis*).............	0,00100	0,00033	0,00033	0,00033
Requin (*Squalus carcharias*)...	0,00333	0,00150	0,00100	0,00100
Aiguillat (*S. acanthias*).......	0,00233	0,00100	0,00100	0,00075
Ange (*S. squatina*).............	0,00275	0,00075	0,00100	0,00067
Raie bouclée (*Raya clavata*)...	0,00333	0,00100	0,00100	0,00100
Raie ronce (*R. rubus*)........	0,00300	0,00100	0,00100	0,00100
Raie (*R. batis.*).............	0,00300	0,00100	0,00100	0,00100
Esturgeon (*Acipenser sturio*)...	0,00175	0,00075	0,00050	0,00050
Brochet (*Esox lucius*)........	0,00225	0,00100	0,00075	0,00100
Carpe (*Cyprinus carpio*).......	0,00200	0,00033	0,00067	0,00067
Tanche (*C. tinca*)............	0,00125	0,00050	0,00050	0,00050
Morue (*Gadus morrhua*)......	0,00300	0,00100	0,00075	0,00100
Egrefin (*G. Eglefinus*).......	0,00233	0,00075	0,00050	0,00050
Merlan (*G. merlangus*).......	0,00150	0,00050	0,00033	0,00033
Turbot (*Pleuronectes maximus*).	0,00200	0,00067	0,00050	0,00067
Anguille (*Muræna anguilla*) ...	0,00100	0,00025	0,00025	0,00025
Congre (*M. conger*)..........	0,00175	0,00100	0,00075	0,00075
Gronau (*Trigla lyra*)........	0,00200	0,00100	0,00050	0,00067
Baudroye (*Lophius piscatorius*) ..	0,00150	0,00050	0,00050	0,00050

TABLEAUX COMPARATIFS

Des Rapports des Nerfs olfactif et de la Vision, comparés entre eux, chez les Mammifères, les Oiseaux, les Reptiles et les Poissons.

TABLEAU COMPARATIF *des Rapports des Nerfs olfactif et de la Vision, comparés entre eux, chez les Mammifères.*

NOMS DES ANIMAUX.	RAPPORT de la 1re paire à la 2e.	RAPPORT de la 2e paire à la 3e.	RAPPORT de la 2e paire à la 4e.	RAPPORT de la 2e paire à la 6e.	RAPPORT de la 3e paire à la 4e.	RAPPORT de la 3e paire à la 6e.	RAPPORT de la 4e paire à la 6e.
Homme	:: 1 : 2 · 2/9	:: 1 : 1 · 2/5	:: 1 : 1 · 1/5	:: 1 : 1 · 3/10	:: 1 : 1 · 1/2	:: 1 :: 1 · 3/4	:: 1 : 1 · 1/2
NOMS DES ANIMAUX.							
Patas (*Simia rubra*)	:: 1 : 1 · 1/3	:: 1 : 1 · 1/2	:: 1 : 1 · 1/4	:: 1 : 1 · 5/12	:: 1 : 1 · 1/2	:: 1 : 1 · 5/6	:: 1 : 1 · 2/3
Mugot (*S. sylvanus*)	:: 1 : 3	:: 1 : 1 · 1/2	:: 1 : 1 · 1/4	:: 1 : 1 · 5/12	:: 1 : 1 · 1/2	:: 1 : 1 · 5/6	:: 1 : 1 · 2/5
Macaque (*S. cynocephalus*)	:: 1 : 2 · 1/8	:: 1 : 1 · 5/6	:: 1 : 1 · 1/3	:: 1 : 1 · 5/9	:: 1 : 1 · 3/5	:: 1 : 1 · 2/5	:: 1 : 1 · 2/5
Maimon (*S. nemestrina*)	:: 1 : 2 · 3/8	:: 1 : 1 · 8/9	:: 1 : 1 · 3/19	:: 1 : 1 · 5/19	:: 1 : 1 · 3/8	:: 1 : 1 · 3/8	
Rhésus (*S. rhesus* G.S.H.)	:: 1 : 1 · 11/15	:: 1 : 1 · 8/13	:: 1 : 1 · 9/52	:: 1 : 1 · 4/23	:: 1 : 1 · 3/8	:: 1 : 1 · 1/2	:: 1 : 1 · 1/3
Papion (*S. Sphynx*)	:: 1 : 1 · 7/9	:: 1 : 1 · 3/4	:: 1 : 1 · 1/4	:: 1 : 1 · 1/2	:: 1 : 1 · 1/3	:: 1 : 1 · 2/3	:: 1 : 2
Mandrill (*S. maimon*)	:: 1 : 1 · 3/5	:: 1 : 1 · 3/4	:: 1 : 1 · 1/4	:: 1 : 1 · 1/2	:: 1 : 1 · 1/3	:: 1 : 1 · 2/5	:: 1 : 2
Drill (*S. leucophea* Fr. G.)	:: 1 : 1 · 1/4	:: 1 : 1 · 11/16	:: 1 : 1 · 1/4	:: 1 : 1 · 7/16	:: 1 : 1 · 4/11	:: 1 : 1 · 7/11	:: 1 : 1 · 3/4
Sajou (*S. apella*)	:: 1 : 1 · 1/4	:: 1 : 1 · 2/3	:: 1 : 1 · 4/15	:: 1 : 1 · 8/13	:: 1 : 1 · 2/5	:: 1 : 1 · 4/5	:: 1 : 2
Maki (*Lemur macaco*)	:: 1 : 1 · 5/10	:: 1 : 1 · 2/3	:: 1 : 1 · 2/9	:: 1 : 1 · 2/6	:: 1 : 1 · 1/4	:: 1 : 1 · 3/4	:: 1 : 3
Rhinolophe uni-fer (*Rhinolophus uni-hastatus*)	:: 1 : 1/2	:: 1 : 1 · 1/2	:: 1 : 1 · 1/3	:: 1 : 1 · 1/3	:: 1 : 1 · 2/3	:: 1 : 1 · 2/3	:: 1 : 1
Vespertilion (*Vespertilio murinus*)							
Ours brun (*Ursus arctos*)	:: 1 : 1 · 1/2	:: 1 : 1 · 1/2	:: 1 : 1 · 1/5	:: 1 : 1 · 1/3	:: 1 : 1 · 2/3	:: 1 : 1 · 2/5	:: 1 : 1
Ours noir d'Amérique (*U. americanus*)	:: 1 : 1 · 5/18	:: 1 : 1 · 3/5	:: 1 : 1 · 3/10	:: 1 : 1 · 3/8	:: 1 : 1 · 1/2	:: 1 : 1 · 5/8	:: 1 : 1 · 1/4
Raton (*U. lotor*)	:: 1 : 1 · 1/2	:: 1 : 1 · 4/9	:: 1 : 1 · 1/9	:: 1 : 1 · 5/18	:: 1 : 1 · 1/4	:: 1 : 1 · 5/8	:: 1 : 2
Blaireau (*U. meles*)	:: 1 : 1 · 1/4	:: 1 : 1 · 2/3	:: 1 : 1 · 2/3	:: 1 : 1 · 1/6	:: 1 : 1 · 3/4	:: 1 : 1 · 3/16	:: 1 : 4
Coati brun (*Viverra narica*)	:: 1 : 1 · 5/9	:: 1 : 1 · 2/5	:: 1 : 1 · 3/16	:: 1 : 1 · 3/8	:: 1 : 1 · 3/4	:: 1 : 1 · 3/16	:: 1 : 4
Coati roux (*V. nasua*)	:: 1 : 1 · 3/14	:: 1 : 1 · 8/9	:: 1 : 1 · 3/9	:: 1 : 1 · 1/3	:: 1 : 1 · 1/4	:: 1 : 1 · 3/8	:: 1 : 1 · 1/2
Fouine (*Mustela foina*)	:: 1 : 1 · 1/3	:: 1 : 1 · 7/12	:: 1 : 1 · 1/2	:: 1 : 1 · 1/6	:: 1 : 1 · 6/7	:: 1 : 1 · 5/7	:: 1 : 1 · 5/6

TABLEAU COMPARATIF *des Rapports des Nerfs olfactif et de la Vision, comparés entre eux, chez les Mammifères.*

	RAPPORT de la 1re paire à la 2e.	RAPPORT de la 2e paire à la 3e.	RAPPORT de la 2e paire à la 4e.	RAPPORT de la 2e paire à la 6e.	RAPPORT de la 3e paire à la 4e.	RAPPORT de la 3e paire à la 6e.	RAPPORT de la 4e paire à la 6e.
Homme.	:: 1 : 2 2/9	:: 1 : 2/5	:: 1 : 1/5	:: 1 : 3/10	:: 1 : 1/2	:: 1 : 3/4	:: 1 : 1 1/2
NOMS DES ANIMAUX.							
Patas (*Simia rubra*) . . .	:: 1 : 1 1/3	:: 1 : 1/2	:: 1 : 1/4	:: 1 : 5/12	:: 1 : 1/2	:: 1 : 5/6	:: 1 : 1 2/3
Mugot (*S. sylvanus*) . . .	:: 1 : 3	:: 1 : 1/2	:: 1 : 1/4	:: 1 : 5/12	:: 1 : 1/2	:: 1 : 5/6	:: 1 : 1 2/3
Macaque(*S. cynocephalus*) .	:: 1 : 1 1/8	:: 1 : 5/6	:: 1 : 1/3	:: 1 : 5/9	:: 1 : 2/5	:: 1 : 2/3	:: 1 : 1 2/3
Maimon (*S. nemestrina*).	:: 1 : 2 3/8	:: 1 : 8/19	:: 1 : 3/19	:: 1 : 3/19	:: 1 : 3/8	:: 1 : 3/8	:: 1 : 1
Rhésus (*S. rhesus* G.S.H.).	:: 1 : 1 11/15	:: 1 : 8/13	:: 1 : 9/52	:: 1 : 4/13	:: 1 : 3/8	:: 1 : 1/2	:: 1 : 1 1/3
Papion (*S. Sphynx*) . . .	:: 1 : 1 7/9	:: 1 : 3/4	:: 1 : 1/4	:: 1 : 1/2	:: 1 : 1/3	:: 1 : 2/3	:: 1 : 2
Mandrill (*S. maimon*). .	:: 1 : 1 3/5	:: 1 : 3/4	:: 1 : 1/4	:: 1 : 1/2	:: 1 : 1/3	:: 1 : 2 3	:: 1 : 2
Drill (*S. leucophea* Fr. C.).	:: 1 : 1 1/4	:: 1 : 11/16	:: 1 : 1/4	:: 1 : 7/16	:: 1 : 4/11	:: 1 : 7/11	:: 1 : 1 3/4
Sajou (*S. apella*)	:: 1 : 1 1/4	:: 1 : 2/3	:: 1 : 4/15	:: 1 : 8/15	:: 1 : 2/5	:: 1 : 4/5	:: 1 : 1 2
Maki (*Lemur macaco*). .	:: 1 : 3/10	:: 1 : 2/3	:: 1 : 2/9	:: 1 : 2/3	:: 1 : 1/4	:: 1 : 3/4	:: 1 : 3
Rhinolophe uni-fer (*Rhino-lophus uni-hastatus*). . . .	:: 1 : 1/2	:: 1 : 1/2	:: 1 : 1/3	:: 1 : 1/3	:: 1 : 2/3	:: 1 : 2/3	:: 1 : 1
Vespertilion (*Vespertilio murinus*)	:: 1 : 1/2	:: 1 : 1/2	:: 1 : 1/3	:: 1 : 1/3	:: 1 : 2/3	:: 1 : 2/3	:: 1 : 1
Ours brun (*Ursus arctos*).	:: 1 : 5/18	:: 1 : 3/5	:: 1 : 3/10	:: 1 ? 3/8	:: 1 : 1/2	:: 1 : 5/8	:: 1 : 1/4
Ours noir d'Amérique (*U. americanus*)	:: 1 : 1/2	:: 1 : 4/9	:: 1 : 1/9	:: 1 : 5/18	:: 1 : 1/4	:: 1 : 5/8	:: 1 : 2 1/2
Raton (*U. lotor*)	:: 1 : 1/4	:: 1 : 2/3	:: 1 : 2/3	:: 1 : 1/6	:: 1 : 3/4	:: 1 : 3/16	:: 1 : 4
Blaireau (*U. meles*) . . .	:: 1 : 5/9	:: 1 : 2/5	:: 1 : 3/10	:: 1 : 3/8	:: 1 : 3/4	:: 1 : 3/16	:: 1 : 4
Coati brun (*Viverra narica*)	:: 1 : 3/14	:: 1 : 8/9	:: 1 : 9/9	:: 1 : 1/3	:: 1 : 1/4	:: 1 : 3/8	:: 1 : 1/2
Coati roux (*V. nasua*). .	:: 1 : 2/5	:: 1 : 7/12	:: 1 : 1/2	:: 1 : 5/12	:: 1 : 6/7	:: 1 : 5/7	:: 1 : 5/6
Fouine (*Mustela foina*).	:: 1 : 1/3	:: 1 : 1/2	▪	:: 1 : 1/6	▪		

Loutre (*Mustela Lutra*). .	:: 1 : 5/9	:: 1 : 4/5	:: 1 : 2/5	:: 1 : 3/5	:: 1 : 1/2	:: 1 : 3/4	:: 1 : 1 1/2
Chien (*Canis familiaris*) .	:: 1 : 2/7	:: 1 : 3/4	:: 1 : 1/4	:: 1 : 2/3	:: 1 : 2/3	:: 1 : 8/9	:: 1 : 2 2/3
Loup, jeune (*C. lupus*). .	:: 1 : 1/4	:: 1 : 3/5	:: 1 : 1/6	:: 1 : 1/2	:: 1 : 1/4	:: 1 : 3/4	:: 1 : 3
Renard (*C. vulpes*) . . .	:: 1 : 2/7	:: 1 : 1/2	:: 1 : 1/4	:: 1 : 3/8	:: 1 : 1/2	:: 1 : 3/4	:: 1 : 1 1/2
Hyène rayée (*C. hyæna*) .	:: 1 : 2/5	:: 1 : 3/8	:: 1 : 1/12	:: 1 : 5/16	:: 1 : 2/9	:: 1 : 5/6	:: 1 : 3 3/15
Lion (*Felis leo*)	:: 1 : 21/34	:: 1 : 10/21	:: 1 : 4/21	:: 1 : 2/7	:: 1 : 2/5	:: 1 : 3/5	:: 1 : 1 1/2
Tigre royal (*F. tigris*). .	:: 1 : 19/46	:: 1 : 9/19	:: 1 : 4/19	:: 1 : 6/19	:: 1 : 4/9	:: 1 : 2/3	:: 1 : 1 1/2
Jaguar (*F. onça*). . . .	:: 1 : 1/2	:: 1 : 10/19	:: 1 : 8/57	:: 1 : 6/19	:: 1 : 4/57	:: 1 : 3/5	:: 1 : 2 3/11
Panthère (*F. pardus*). . .	:: 1 : 1/2	:: 1 : 4/9	:: 1 : 1/6	:: 1 : 1/3	:: 1 : 3/8	:: 1 : 3/4	:: 1 : 2
Couguar (*F. discolor*). . .	:: 1 : 1/2	:: 1 : 1/2	:: 1 : 1/12	:: 1 : 5/16	:: 1 : 1/6	:: 1 : 5/8	:: 1 : 3 8/11
Lynx (*F. lynx*).	:: 1 : 5/16	:: 1 : 3/5	:: 1 : 4/15	:: 1 : 1/2	:: 1 : 4/9	:: 1 : 5/6	:: 1 : 1 7/8
Phoque com.(*Ph. vitulina*)	:: 1 : 3/8	:: 1 : 2/3	:: 1 : 5/12	:: 1 : 1/3	:: 1 : 1/8	:: 1 : 2/3	:: 1 : 1 16/51
Kanguroo géant (*Macropus, major.* G. C.).	:: 1 : 1/2	:: 1 : 4/7	:: 1 : 1/7	:: 1 : 3/14	:: 1 : 1/4	:: 1 : 3/8	:: 1 : 1/2
Phascolome (*Phascolomys.* G. S. H.).	:: 1 : 3/11	:: 1 : 5/6	:: 1 : 1/3	:: 1 : 2/3	:: 1 : 2/5	:: 1 : 4/5	:: 1 : 2
Castor (*Castor fiber*). . .	:: 1 : 3/10	:: 1 : 1/2	:: 1 : 1/2	:: 1 : 2/3	:: 1 : 1	:: 1 : 1 1/3	:: 1 : 1/3
Marmotte (*M. alpinus*). .	:: 1 : 4/7	:: 1 : 5/8	:: 1 : 1/4	:: 1 : 1/2	:: 1 : 2/5	:: 1 : 2/3	:: 1 : 2
Porc-épic(*Hystrix cristata*).	:: 1 :	:: 1 : 3/7	:: 1 : 2/7	:: 1 : 3/7	:: 1 : 2/3	:: 1 : 1	:: 1 : 1/2
Écureuil (*Sciurus vulgaris*).	:: 1 : 1/2	:: 1 : 5/8	:: 1 : 1/3	:: 1 : 1/4	:: 1 : 5/9	:: 1 : 2/5	:: 1 : 1/3
Agouti (*Cavia acuti*) . . .	:: 1 : 4/11	:: 1 : 3/4	:: 1 : 1/6	:: 1 : 3/8	:: 1 : 2/9	:: 1 : 1/2	:: 1 : 1/3
Tatou(*Dasypus sexcinctus*).	:: 1 : 1/2	:: 1 : 4/5	:: 1 : 2/5	:: 1 : 3/5	:: 1 : 1/2	:: 1 : 3/4	:: 1 : 1/2
Pécari (*Sus tajassu*) . . .	:: 1 : 5/12	:: 1 : 8/15	:: 1 : 0/15	:: 1 : 4/15	:: 1 : 1/4	:: 1 : 1/2	:: 1 : 1
Daman (*Hyrax capensis*) . .	:: 1 : 7/8	:: 1 : 4/7	:: 1 : 3/7	:: 1 : 24/51	:: 1 : 3/7	:: 1 : 1/3	:: 1 : 2 1/4
Cheval (*Equus caballus*) .	:: 1 : 11/28	:: 1 : 5/11	:: 1 : 8/33	:: 1 : 4/11	:: 1 : 8/15	:: 1 : 4/5	:: 1 : 1/2
Ane (*E. Asinus*).	:: 1 : 5/7	:: 1 : 3/5	:: 1 : 1/5	:: 1 : 4/15	:: 1 : 1/3	:: 1 : 4/9	:: 1 : 1/3
Zèbre (*E. zebra*)	:: 1 : 7/12	:: 1 : 4/7	:: 1 : 5/21	:: 1 : 6/21	:: 1 : 4/9	:: 1 : 1/2	:: 1 : 1
Chameau à une bosse (*Ca-melus dromedarius*). .	:: 1 : 3/5	:: 1 : 13/24	:: 1 : 1/3	:: 1 : 1/2	:: 1 : 8/13	:: 1 : 12/13	:: 1 : 1/2
Lama (*C. llacma*). . . .	:: 1 : 5/6	:: 1 : 3/5	:: 1 : 9/20	:: 1 : 1/2	:: 1 : 3/4	:: 1 : 2/3	:: 1 : 8/9
Cerf (*Cervus elaphus*). . .	:: 1 : 4/5	:: 1 : 11/16	:: 1 : 5/16	:: 1 : 7/16	:: 1 : 5/11	:: 1 : 7/11	:: 1 : 2/3
Bouc com. (*Capra hircus*).	:: 1 : 1	:: 1 : 3/5	:: 1 : 1/5	:: 1 : 2/5	:: 1 : 1/3	:: 1 : 2/3	:: 1 : 2
Bouc de la Haute-Égypte.	:: 1 : 1	:: 1 : 3/5	:: 1 : 1/6	:: 1 : 2/9	:: 1 : 4/13	:: 1 : 16/39	:: 1 : 1 1/3
Taureau (*Bos taurus*). .	:: 1 : 1 7/11	:: 1 : 11/28	:: 1 : 1/7	:: 1 : 1/7	:: 1 : 4/11	:: 1 : 4/11	:: 1 : 1
Dauphin (*Delph. delphis*).	:: 1 : ▪	:: 1 : 3/8	:: 1 : 1/4	:: 1 : 1/4	:: 1 : 2/3	:: 1 : 2/3	:: 1 : 1
Marsouin (*D. phocæna*).	:: 1 : ▪	:: 1 : 3/8	:: 1 : 1/4	:: 1 : 1/4	:: 1 : 2/3	:: 1 : 2/3	:: 1 : 1

Espèce							
Loutre (*Mustela Lutra*)	1:2 1/2	1:4 3/4	1:1 1/2	1:3 3/5	1:1 2/5	1:1 4/5	1:1 5/9
Chien (*Canis familiaris*)	1:2 2/3	1:8 8/9	1:3 1/3	1:3 2/3	1:4 1/4	1:3 3/4	1:2 2/7
Loup, jeune (*C. lupus*)		1:3 3/4	1:2 1/4	1:2 1/2	1:2 1/6	1:2 2/3	1:1 1/4
Renard (*C. vulpes*)	1:3 1/2	1:3 3/4	1:2 1/2	1:3 3/8	1:2 1/4	1:3 1/8	1:2 2/7
Hyène rayée (*C. hyœna*)	1:3 3/15	1:4 5/6	1:2 2/9	1:3 5/16	1:2 1/4	1:3 3/8	1:3 2/5
Lion (*Felis leo*)	1:2 1/2	1:3 3/5	1:2 2/5	1:2 2/7	1:2 4/12	1:3 10/11	1:3 19/46
Tigre royal (*F. tigris*)	1:3 3/11	1:2 2/3	1:2 4/19	1:2 6/19	1:2 4/21	1:2 9/19	1:2 19/46
Jaguar (*F. onça*)		1:3 1/2	1:4 4/57	1:3 1/5	1:2 8/57	1:2 9/19	1:2 1/2
Panthère (*F. pardus*)		1:2 3/4	1:3 5/8	1:3 6/19	1:2 4/9	1:2 1/2	1:2 1/2
Couguar (*F. discolor*)	1:3 3/11	1:2 5/8	1:3 1/6	1:3 1/3	1:3 1/2	1:3 10/19	1:3 1/3
Lynx (*F. lynx*)	1:1 7/8	1:2 5/6	1:2 4/9	1:2 1/2	1:2 1/12	1:3 1/2	1:3 5/16
Phoque-com.(*Ph. vitulina*)	1:2 16/51	1:2 2/3	1:2 1/8	1:2 2/5	1:2 4/5	1:2 3/5	1:2 2/3
Kánguroo géant (*Macropus major. G. G.*)							
Phascolome (*Phascolomys. G. S. H.*)	1:2 1/2	1:2 3/8	1:2 1/4	1:3 3/14	1:2 1/7	1:2 4/7	1:2 1/2
Castor (*Castor fiber*)		1:2 4/5	1:2 2/5	1:2 2/3	1:2 1/5	1:2 5/6	1:3 3/11
Marmotte (*M. alpinus*)	1:3 1/3	1:2 1/3	1:2 3/5	1:2 3/5	1:2 1/3	1:2 1/5	1:3 3/16
Porc-épic (*Hystrix cristata*)		1:2 2/3	1:2 2/3	1:2 2/7	1:2 1/4	1:2 5/8	1:2 4/7
Écureuil (*Sciurus vulgaris*)	1:2 1/2	1:2 1/2	1:2 5/9	1:3 3/7	1:2 2/7	1:2 5/7	1:2 1/3
Agouti (*Cavia acuti*)	1:2 1/5	1:2 1/2	1:2 2/9	1:2 1/4	1:2 1/3	1:2 3/4	1:2 4/11
Tatou (*Dasypus sexcinctus*)	1:2 1/4	1:2 1/4	1:2 1/2	1:3 3/8	1:2 1/6	1:2 4/5	1:2 1/2
Pécari (*Sus tajicasu*)	1:2 1/2	1:2 3/4	1:3 4/5	1:3 3/5	1:2 2/5	1:3 8/15	1:2 5/12
Daman (*Hyrax capensis*)		1:2 1/5	1:3 1/4	1:4 14/15	1:2 12/15	1:4 11/19	1:1 7/8
Cheval (*Equus caballus*)	1:2 1/4	1:3 3/4	1:3 3/4	1:2 24/51	1:2 5/7	1:4 4/7	1:1 8/9
Ane (*E. Asinus*)	1:2 1/5	1:4 4/5	1:4 8/15	1:4 4/11	1:1 3/5	1:4 5/7	1:2 5/7
Zèbre (*E. zebra*)	1:2 1/5	1:2 4/9	1:2 1/3	1:4 4/15	1:2 1/5	1:4 4/7	1:2 7/12
Chameau à une bosse (*Camelus dromedarius*)							
Llama (*C. llacma*)	1:2 1/2	1:2 12/13	1:3 8/13	1:2 1/3	1:2 13/24	1:2 3/5	1:2 3/5
Cerf (*Cervus elaphus*)	1:3 8/9	1:2 2/3	1:2 5/4	1:2 2/5	1:2 9/20	1:2 5/6	1:2 5/6
Bouquetin (*Capra ibex*)	1:2 2/5	1:2 7/11	1:2 5/11	1:2 7/16	1:2 5/16	1:2 11/16	1:2 4/5
Bouc de la Haute-Egypte		1:2 2/5	1:2 1/3	1:2 4/5	1:2 3/5	1:2 13/24	1:2 1
Taureau (*Bos taurus*)	1:1 1/3	1:2 16/59	1:2 14/25	1:2 3/6	1:2 9/9	1:2 13/24	1:2 7/11
Dauphin (*Delph. delphis*)		1:2 4/11	1:2 4/11	1:2 1/4	1:2 1/7	1:2 11/28	1:2 5/8
Marsouin (*D. phocœna*)	1:1 1/3	1:2 2/5	1:2 2/3	1:2 3/4	1:2 1/4	1:2 3/8	1:2 3/8

TABLEAU COMPARATIF des Nerfs olfactif et de la Vision, comparés entre eux, chez les Oiseaux.

NOMS DES ANIMAUX.	RAPPORT de la 1re paire à la 2e.	RAPPORT de la 2e paire à la 3e.	RAPPORT de la 2e paire à la 4e.	RAPPORT de la 2e paire à la 6e.	RAPPORT de la 3e paire à la 4e.	RAPPORT de la 3e paire à la 6e.	RAPPORT de la 4e paire à la 6e.
Aigle royal (*F. chrysaëtos*).	1 : 1 17/25	1 : 1 20/63	1 : 1 5/21	1 : 1 5/21	1 : 1 3/4	1 : 1 3/4	1 : 1
Pygargue (*F. ossifragus*).	1 : 1 2/7	1 : 1 2/5	1 : 1 1/4	1 : 1 1/4	1 : 1 5/8	1 : 1 3/8	1 : 1
Bondrée (*F. apivorus*).	1 : 1 2/3	1 : 1 1/2	1 : 1 1/3	1 : 1 3/8	1 : 1 2/5	1 : 1 3/4	1 : 1
Buse (*F. buteo*).	1 : 1 2/5	1 : 1 2/5	1 : 1 3/10	1 : 1 3/10	1 : 1 3/4	1 : 1 3/4	1 : 1 1/8
Roitelet (*Motacilla regulus*).	1 : 1 1/2	1 : 1 1/5	1 : 1 1/3	1 : 1 1/5	1 : 1	1 : 1	1 : 1
Hirondelle (*Hirundo urb.*).	1 : 1 7/9	1 : 1 3/8	1 : 1 3/8	1 : 1 3/8	1 : 1	1 : 1	1 : 1
Alouette (*Alauda arvensis*).	1 : 1 1/3	1 : 1 3/8	1 : 1 3/8	1 : 1 3/8	1 : 1	1 : 1	1 : 1
Moineau (*Fringilla domestica*).							
Pinçon (*F. Cœlebs*).	1 : 1 7/9	1 : 1 3/8	1 : 1 3/8	1 : 1 3/8	1 : 1	1 : 1	1 : 1
Linotte (*F. Linaria*).	1 : 1 7/9	1 : 1 1/2	1 : 1 1/2	1 : 1 1/2	1 : 1	1 : 1	1 : 1
Serin (*F. Canaria*).	1 : 1 7/9	1 : 1 1/2	1 : 1 1/2	1 : 1 1/2	1 : 1	1 : 1	1 : 1
Chardonneret (*F. carduelis*).	1 : 1 7/9	1 : 1 1/2	1 : 1 1/2	1 : 1 1/2	1 : 1	1 : 1	1 : 1
Verdier (*Loxia chloris*).	1 : 1 1/3	1 : 1 1/2	1 : 1 1/2	1 : 1 1/2	1 : 1	1 : 1	1 : 1
Pie (*C. Pica*).	1 : 1 7/8	1 : 1 4/9	1 : 1 1/3	1 : 1 4/9	1 : 1 3/4	1 : 1 3/4	1 : 1 1/5
Perroquet amazône.	1 : 1 7/12	1 : 1 4/7	1 : 1 3/7	1 : 1 3/7	1 : 1 3/4	1 : 1 3/4	1 : 1
Perroquet d'Afrique (*P. Nyctho-merus*).	1 : 1 1/2	1 : 1 1/2	1 : 1 1/5	1 : 1 1/3	1 : 1 2/3	1 : 1 2/3	1 : 1
Dindon (*Meleagris gallo-pavo*).							
Poule (*Phasianus gallus*).	1 : 1 1/8	1 : 1 4/9	1 : 1 1/3	1 : 1 1/3	1 : 1 3/4	1 : 1 3/4	1 : 1
Faisan argenté (*P. Nyctho-merus*).	1 : 1 1/9	1 : 1 8/27	1 : 1 2/9	1 : 1 2/9	1 : 1 1/4	1 : 1 1/4	1 : 1
Faisan doré (*P. pictus*).	1 : 1 8/9	1 : 1 3/4	1 : 1 2/5	1 : 1 9/20	1 : 1 2/5	1 : 1 3/4	1 : 1 1/8
Pigeon (*Columba palumbus*).	1 : 1	1 : 1 4/9	1 : 1 3/8	1 : 1 9/16	1 : 1 1/2	1 : 1	1 : 1 1/2
Perdrix (*Tetrao cinereus*).	1 : 1 1/8	1 : 1 4/9	1 : 1 1/5	1 : 1 1/5	1 : 1 3/4	1 : 1 3/4	1 : 1

TABLEAU COMPARATIF des *Nerfs olfactif et de la Vision*, comparés entre eux, chez les *Oiseaux*.

NOMS DES ANIMAUX.	RAPPORT de la 1re paire à la 2e.	RAPPORT de la 2e paire à la 3e.	RAPPORT de la 2e paire à la 4e.	RAPPORT de la 2e paire à la 6e.	RAPPORT de la 3e paire à la 4e.	RAPPORT de la 3e paire à la 6e.	RAPPORT de la 4e paire à la 6e.
Aigle royal (*F. chrysaëlos*).	:: 1 : 1 17/25	:: 1 : 20/63	:: 1 : 5/21	:: 1 : 5/21	:: 1 : 3/4	:: 1 : 3/4	:: 1 : 1
Pygargue (*F. ossifragus*).	:: 1 : 1 2/7	:: 1 : 2/5	:: 1 : 1/4	:: 1 : 1/4	:: 1 : 5/8	:: 1 : 3/8	:: 1 : 1
Bondrée (*F. apivorus*).	:: 1 : 1 2/3	:: 1 : 1/2	:: 1 : 1/3	:: 1 : 3/8	:: 1 : 2/3	:: 1 : 3/4	:: 1 : 1 1/8
Buse (*F. buteo*).	:: 1 : 1 2/5	:: 1 : 2/5	:: 1 : 3/10	:: 1 : 5/10	:: 1 : 3/4	:: 1 : 3/4	:: 1 : 1
Roitelet (*Motacilla regulus*).	:: 1 : 1 1/2	:: 1 : 1/3	:: 1 : 1/3	:: 1 : 1/3	:: 1 : 1	:: 1 : 1	:: 1 : 1
Hirondelle (*Hirundo urb.*).	:: 1 : 1 7/9	:: 1 : 3/8	:: 1 : 3/8	:: 1 : 3/8	:: 1 : 1	:: 1 : 1	:: 1 : 1
Alouette (*Alauda arvensis*).	:: 1 : 1 1/3	:: 1 : 3/8	:: 1 : 3/8	:: 1 : 3/8	:: 1 : 1	:: 1 : 1	:: 1 : 1
Moineau (*Fringilla domestica*).	:: 1 : 1 7/9	:: 1 : 3/8	:: 1 : 3/8	:: 1 : 3/8	:: 1 : 1	:: 1 : 1	:: 1 : 1
Pinçon (*F. Cœlebs*).	:: 1 : 1	:: 1 : 1/2	:: 1 : 1/2	:: 1 : 1/2	:: 1 : 1	:: 1 : 1	:: 1 : 1
Linotte (*F. Linaria*).	:: 1 : 1 7/9	:: 1 : 1/2	:: 1 : 1/2	:: 1 : 1/2	:: 1 : 1	:: 1 : 1	:: 1 : 1
Serin (*F. Canaria*).	:: 1 : 1 7/9	:: 1 : 1/2	:: 1 : 1/2	:: 1 : 1/2	:: 1 : 1	:: 1 : 1	:: 1 : 1
Chardonneret (*F. carduelis*).	:: 1 : 1 7/9	:: 1 : 1/2	:: 1 : 1/2	:: 1 : 1/2	:: 1 : 1	:: 1 : 1	:: 1 : 1
Verdier (*Loxia chloris*).	:: 1 : 1 1/3	:: 1 : 1/2	:: 1 : 1/2	:: 1 : 1/2	:: 1 : 1	:: 1 : 1	:: 1 : 1
Pie (*C. Pica*).	:: 1 : 1 1/8	:: 1 : 4/9	:: 1 : 1/3	:: 1 : 4/9	:: 1 : 3/4	:: 1 : 1	:: 1 : 1 1/3
Perroquet amazône.	:: 1 : 1 7/12	:: 1 : 4/7	:: 1 : 3/7	:: 1 : 3/7	:: 1 : 3/4	:: 1 : 3/4	:: 1 : 1
Perroquet d'Afrique.	:: 1 : 1 1/2	:: 1 : 1/2	:: 1 : 1/3	:: 1 : 1/3	:: 1 : 2/3	:: 1 : 2/3	:: 1 : 1
Dindon (*Meleagris gallo-pavo*).	:: 1 : 1 1/8	:: 1 : 4/9	:: 1 : 1/3	:: 1 : 1/3	:: 1 : 3/4	:: 1 : 3/4	:: 1 : 1
Poule (*Phasianus gallus*).	:: 1 : 1 1/9	:: 1 : 8/27	:: 1 : 2/9	:: 1 : 2/9	:: 1 : 1/4	:: 1 : 1/4	:: 1 : 1
Faisan argenté (*P. Nycthemerus*).		:: 1 : 3/5	:: 1 : 2/5	:: 1 : 9/20	:: 1 : 2/3	:: 1 : 3/4	:: 1 : 1 1/8
Faisan doré (*P. pictus*).	:: 1 : 1 8/9	:: 1 : 3/4	:: 1 : 3/8	:: 1 : 9/16	:: 1 : 1/2	:: 1 : 3/4	:: 1 : 1 1/2
Pigeon (*Columba palumbus*).	:: 1 : 1	:: 1 : 4/9	:: 1 : 1/3	:: 1 : 1/3	:: 1 : 3/4	:: 1 : 3/4	:: 1 : 1
Perdrix (*Tetrao cinereus*).	:: 1 : 1 1/8	:: 1 : 4/9	:: 1 : 1/3	:: 1 : 1/3	:: 1 : 3/4	:: 1 : 3/4	:: 1 : 1
Autruche de l'ancien continent (*Struthio camelus*)	:: 1 : 1 3/10	:: 1 : 7/20	:: 1 : 1/10	:: 1 : 1/15	:: 1 : 2/7	:: 1 : 4/21	:: 1 : 2/3
Casoar (*S. Casuarius*).	:: 1 : 1 2/5	:: 1 : 7/20	:: 1 : 1/15	:: 1 : 1/10	:: 1 : 4/21	:: 1 : 2/7	:: 1 : 1 1/2
Cigogne blanche (*Ardea ciconia*).	:: 1 : 1 5/6	:: 1 : 8/15	:: 1 : 1/5	:: 1 : 3/10	:: 1 : 3/8	:: 1 : 9/16	:: 1 : 1 1/2
Cigogne noire (*A. nigra*).	:: 1 : 1	:: 1 : 8/15	:: 1 : 1/5	:: 1 : 3/10	:: 1 : 3/8	:: 1 : 9/10	:: 1 : 1 1/2
Fou de Bassan (*Pelecanus bassanus*).	:: 1 : 2 1/10	:: 1 : 5/63	:: 1 : 5/28	:: 1 : 5/21	:: 1 : 2 1/4	:: 1 : 3	:: 1 : 1 1/3
Oie (*Anas anser*).	:: 1 : 1 1/14	:: 1 : 2/5	:: 1 : 3/10	:: 1 : 3/10	:: 1 : 3/4	:: 1 : 3/4	:: 1 : 1
Canard musqué (*A. moschata*).	:: 1 : 1 1/3	:: 1 : 15/32	:: 1 : 3/16	:: 1 : 9/32	:: 1 : 2/5	:: 1 : 3/5	:: 1 : 1 1/2
Canard ordinaire (*A. boschas*).	:: 1 : 3/5	:: 1 : 20/33	:: 1 : 15/44	:: 1 : 5/11	:: 1 : 9/16	:: 1 : 3/4	:: 1 : 1 1/3
Bernache cravant (*A. bernicla*).	:: 1 : 1	:: 1 : 2/3	:: 1 : 1/3	:: 1 : 3/8	:: 1 : 1/2	:: 1 : 9/16	:: 1 : 1 1/8

Autruche de l'ancien continent (*Struthio camelus*)	1 : 1 :: 5/10	1 : 1 :: 7/20	1 : 1 :: 1/10	1 : 1 :: 1/15	1 : 1 :: 2/7	1 : 1 :: 4/21	1 : 1 :: 2/5
Casoar (*S. Casuarius*)	1 : 1 :: 2/5	1 : 1 :: 7/20	1 : 1 :: 1/15	1 : 1 :: 1/10	1 : 1 :: 4/21	1 : 1 :: 2/7	1 : 1 :: 1/2
Cigogne blanche (*Ardea ciconia*)	1 : 1 :: 5/6	1 : 1 :: 8/15	1 : 1 :: 1/5	1 : 1 :: 3/10	1 : 1 :: 3/8	1 : 1 :: 9/16	1 : 1 :: 1/2
Cigogne noire (*A. nigra*)	1 : 1 ::	1 : 1 :: 8/15	1 : 1 :: 1/5	1 : 1 :: 3/10	1 : 1 :: 3/8	1 : 1 :: 9/10	1 : 1 :: 1/2
Fou de Bassan (*Pelecanus bassanus*)	1 : 2 :: 1/10	1 : 1 :: 5/63	1 : 1 :: 5/28	1 : 1 :: 5/21	1 : 1 :: 21/4	1 : 1 :: 3	1 : 1 :: 1/5
Oie (*Anas anser*)	1 : 1 :: 1/14	1 : 1 :: 2/5	1 : 1 :: 3/10	1 : 1 :: 3/10	1 : 1 :: 3/4	1 : 1 :: 3/4	
Canard musqué (*A. moschata*)	1 : 1 :: 1/3	1 : 1 :: 15/32	1 : 1 :: 5/16	1 : 1 :: 9/32	1 : 1 :: 2/5	1 : 1 :: 3/5	1 : 1 ::
Canard ordinaire (*A. boschas*)	1 : 1 :: 3/5	1 : 1 :: 20/33	1 : 1 :: 15/44	1 : 1 :: 5/11	1 : 1 :: 9/16	1 : 1 :: 3/4	1 : 1 :: 1/2
Bernache cravant (*A. bernicla*)	1 : 1 :: 2/5	1 : 1 :: 2/5	1 : 1 :: 1/3	1 : 1 :: 3/8	1 : 1 :: 1/2	1 : 1 :: 9/16	1 : 1 :: 1/8

TABLEAU COMPARATIF des rapports des Nerfs olfactif et de la Vision, comparés entre eux, chez les Reptiles.

NOMS DES ANIMAUX.	RAPPORT de la 1re paire à la 2e.	RAPPORT de la 2e paire à la 3e.	RAPPORT de la 3e paire à la 4e.	RAPPORT de la 2e paire à la 6e.	RAPPORT de la 3e paire à la 4e.	RAPPORT de la 3e paire à la 6e.	RAPPORT de la 4e paire à la 6e.
Tortue grecque (Testudo græca)	:: 1 : 1 .. 3/5	:: 1 : 1 .. 1/3	:: 1 : 1 .. 5/24	:: 1 : 1 .. 5/24	:: 1 : 1 .. 5/8	:: 1 : 1 .. 5/8	:: 1 : 1
Tortue couï (T. Radiata)	:: 1 : 2 .. 1/2	:: 1 : 1 .. 1/2	:: 1 : 1 .. 1/4	:: 1 : 1 .. 1/3	:: 1 : 1 .. 1/2	:: 1 : 1 .. 2/3	:: 1 : 1 .. 1/3
Tortue franche (T. mydas)	:: 1 : 1 .. 4/7	:: 1 : 1 .. 4/11	:: 1 : 1 .. 4/11	:: 1 : 1 .. 24/55	:: 1 : 1	:: 1 : 1 .. 1/5	:: 1 : 1 .. 1/5
Crocodile (Crocodilus niloticus G. S. H.)	:: 1 : 1 .. 7/15	:: 1 : 1 .. 8/25	:: 1 : 1 .. 1/5	:: 1 : 1 .. 1/5	:: 1 : 1 .. 5/8	:: 1 : 1 .. 5/8	:: 1 : 1
Crocodile à arêtes (C. biporcatus)	:: 1 : 1 .. 7/9	:: 1 : 1 .. 3/10	:: 1 : 1 .. 3/16	:: 1 : 1 .. 3/16	:: 1 : 1 .. 5/8	:: 1 : 1 .. 5/8	:: 1 : 1
Monitor à taches vertes (Tupinambis maculatus)	:: 1 : 3	:: 1 : 1 .. 4/15	:: 1 : 1 .. 1/6	:: 1 : 1 .. 1/6	:: 1 : 1 .. 5/8	:: 1 : 1 .. 5/8	:: 1 : 1
Lézard verd (Lacerta viridis)							
Lézard gris (L. agilis)	:: 1 : 1 .. 8/9	:: 1 : 1 .. 3/8	:: 1 : 1 .. 3/8	:: 1 : 1 .. 3/8	:: 1 : 1	:: 1 : 1	:: 1 : 1
Caméléon vulgaire (L. africanus)	:: 1 : 1	:: 1 : 1 .. 3/8	:: 1 : 1 .. 3/8	:: 1 : 1 .. 3/8	:: 1 : 1	:: 1 : 1	:: 1 : 1
Orvet (Anguis fragilis)	:: 1 : 1 .. 3/6	:: 1 : 1 .. 4/5	:: 1 : 1 .. 3/6	:: 1 : 1 .. 1/6	:: 1 : 1 .. 5/8	:: 1 : 1 .. 5/8	:: 1 : 1
Couleuvre à collier (Coluber natrix)	:: 1 : 1 .. 5	:: 1 : 1 .. 3/4	:: 1 : 1 .. 3/4	:: 1 : 1 .. 3/4	:: 1 : 1	:: 1 : 1	:: 1 : 1
Vipère hajé (C. haje)	:: 1 : 1 .. 3/4	:: 1 : 1 .. 1/3	:: 1 : 1 .. 1/3	:: 1 : 1 .. 1/3	:: 1 : 1	:: 1 : 1	:: 1 : 1
Vipère à raies parallèles	:: 1 : 1 .. 1/8	:: 1 : 1 .. 1/5	:: 1 : 1 .. 1/5	:: 1 : 1 .. 1/5	:: 1 : 1	:: 1 : 1	:: 1 : 1
Vipère commune (C. berus)	:: 1 : »	:: 1 : 1 .. 1/3	:: 1 : 1 .. 1/3	:: 1 : 1 .. 1/3	:: 1 : 1	:: 1 : 1	:: 1 : 1
Grenouille commune (Rana esculenta)	»	:: 1 : 1 .. 1/5	:: 1 : 1 .. 1/5	:: 1 : 1 .. 1/3	:: 1 : 1	:: 1 : 1	:: 1 : 1

TABLEAU COMPARATIF des Rapports des Nerfs olfactif et de la Vision, comparés entre eux, chez les Poissons.

NOMS DES ANIMAUX.	RAPPORT de la 1re paire à la 2e.	RAPPORT de la 2e paire à la 3e.	RAPPORT de la 2e paire à la 4e.	RAPPORT de la 2e paire à la 6e.	RAPPORT de la 3e paire à la 4e.	RAPPORT de la 3e paire à la 6e.	RAPPORT de la 4e paire à la 6e.
Lamproye de rivière (Petromyson fluviatilis)	1 : 1	1 : 1/5	1 : 1/5	1 : 1/5	1 : 1	1 : 1	1 : 1
Requin (Squalus carcharias)	1 : 2/3	1 : 9/20	1 : 3/10	1 : 3/10	1 : 1	1 : 2/5	1 : 1
Aiguillat (S. acanthias)	1 : 1/6	1 : 3/7	1 : 3/7	1 : 9/28	1 : 1	1 : 3/4	1 : 3/4
Ange (S. squatina)	1 : 5/6	1 : 5/11	1 : 4/11	1 : 8/33	1 : 1	1 : 8/9	1 : 2/3
Raie bouclée (Raya clavata)	1 : 1	1 : 3/10	1 : 3/10	1 : 3/10	1 : 1 1/3	1 : 1	1 : 1
Raie ronce (R. Rubus)	1 : 1/3	1 : 1	1 : 1/5	1 : 1/5	1 : 1	1 : 1	1 : 1
Raie (R. batis)	1 : 1/2	1	1 : 1/3	1 : 1/3	1 : 1	1 : 1	1 : 1
Esturgeon (Acip. sturio)	1 : 7/8	1 : 8/7	1 : 2/7	1 : 2/7	1 : 1	1 : 2/5	1 : 1
Brochet (Esox lucius)	1 : 1 1/16	1 : 4/9	1 : 1/5	1 : 4/9	1 : 2/3	1 : 1	1 : 1/3
Carpe (Cyprinus carpio)	1 : 1/2	1 : 1/6	1 : 1/3	1 : 1/5	1 : 3/4	1 : 2	1 : 1
Tanche (C. tinca)	1 : 7/8	1 : 2/5	1 : 2/5	1 : 2/5	1 : 1	1 : 1	1 : 2
Morue (Gadus morrhua)	1 : 1/4	1 : 1/5	1 : 1/4	1 : 1/5	1 : 3/4		1 : 1
Egrefin (G. Eglefinus)	2 : 3/7	1 : 9/28	1 : 3/4	1 : 3/14	1 : 3/4	1 : 2/3	1 : 1/5
Merlan (G. Merlangus)		1 : 1/3	1 : 2/9	1 : 2/9	1 : 2/3	1 : 2/3	1 : 1
Turbot (Pleuron. maximus)		1 : 1/5	1 : 1/4	1 : 1/3	1 : 2/3	1 : 1	1 : 1
Anguille (Murœna anguilla)	1 : 3	1 : 1/4	1 : 1/4	1 : 1/4	1 : 3/4	1 : 1	1 : 1
Congre (M. Conger)	1 : 3/4	1 : 4/7	1 : 5/7	1 : 3/7	1 : 1	1 : 3/4	1 : 1
Gronau (Trigla lyra)	1 : 5	1 : 1/2	1 : 3/4	1 : 1/2	1 : 3/4	1 : 2/3	1 : 1
Baudroye (Lophius piscatorius)	1 : 4/9	1 : 1/5	1 : 1/5	1 : 1/5	1 : 1/2	1 : 1	1 : 1/5

CHAPITRE III.

Du Nerf trijumeau, considéré dans ses rapports avec les organes des sens, chez les vertébrés et les invertébrés.

L'origine de la cinquième paire a donné naissance à beaucoup de travaux, conséquemment à beaucoup de contestations parmi les anatomistes. Il s'agissait de savoir de quel point fixe émanait ce nerf compliqué : les uns le faisaient dériver uniquement du pont de varole, les autres des pédoncules du cerveau, ceux-ci de la moelle allongée. L'homme étant le sujet constant des recherches sur le système nerveux, on s'arrêta à l'idée qu'il provenait du pont, parce que cette partie est si développée dans l'homme adulte, qu'il semble enchâssé et pour ainsi dire enveloppé dans les fibres qui la composent.

Sanctorini avait néanmoins suivi ses principaux faisceaux jusqu'au bord postérieur du pont, et apparemment jusque sur les fibres du trapèze de la moelle allongée ; mais cette partie si atrophiée chez l'homme n'étant pas connue à l'époque où il écrivait, il désigna la partie supérieure des olives, comme le point où l'abandonnèrent les faisceaux qu'il avait si bien démêlés de l'épaisseur de la protubérance annulaire. Winslow les suivit après Sanctorini, jusqu'à quelques lignes du bord postérieur du pont. Vrisberg fut plus loin que Winslow, par la connaissance qu'il avait de la disposition de ce nerf chez les embryons de l'homme. Gall et Spurzheim, en renouvelant la découverte de Sanctorini, poursuivirent d'une manière constante et sûre, comme l'observe M. le baron Cuvier, cette origine profonde et basse des nerfs trijumeaux. Ils montrèrent en outre que la largeur et la grosseur du pont de varole, chez l'homme, avaient seules empêché de la reconnaître pour telle. M. Cuvier montra qu'elle devenait plus évidente chez les herbivores, à raison de la diminution du pont. Niemeyer et Treviranus ont confirmé la justesse de l'observation de M. Cuvier. Le professeur Rolando a suivi plus profondément encore l'insertion de ce nerf dans l'épaisseur de la queue de la moelle allongée ; il s'est beaucoup rapproché du point où Soemmering croyait l'avoir rencontrée, pour en faire plonger l'origine dans l'intérieur du quatrième ventricule. Ce fut en cherchant à vérifier moi-même ce fait important, que je confirmai la découverte de la loi générale de la névrogénie.

J'avais reconnu, par l'examen de beaucoup d'embryons des mammifères et de l'homme, que la protubérance annulaire était une des dernières parties de l'encéphale qui se développait. Si l'origine des nerfs trijumeaux devenait de plus en plus évidente, à mesure que le pont diminuait d'étendue, elle devait être à nu et tout-à-fait à découvert à l'époque où le pont n'existe pas. L'anatomié comparative des embryons nous promettait donc une solution définitive de cette question.

Sur deux embryons de mouton, du milieu du deuxième mois, il n'y avait aucun vestige du pont : je rencontrai les racines antérieures des nerfs trijumeaux sur les côtés des pyramides anté-rieures ; elles étaient adossées à la partie qui cor-respond au-dessus de la place des olives ; elles adhéraient ensuite à la partie latérale de la moelle allongée ; leur direction était d'avant en arrière. Sur un embryon de veau et de cheval, de la fin du deuxième mois, je vérifiai la même observa-tion. Sur un embryon de mouton, du commence-ment du troisième mois, j'aperçus les faisceaux antérieurs enchâssés dans les fibres du trapèze de la moelle allongée ; je remarquai de plus, en haut de cette dernière partie, des faisceaux latéraux qui s'implantaient sur les côtés du pédoncule du cerve-let ; ces secondes racines convergeaient vers les pre-mières et s'adossaient ensemble sur la partie la-térale et supérieure de la moelle allongée. Je n'a-vais pas aperçu les faisceaux latéraux sur les deux premiers embryons ; je ne les avais pas également rencontrés sur les embryons du veau et du cheval ; je revins à ces derniers embryons, et je remarquai ces faisceaux de fibres en avant de la moelle al-longée : plusieurs lignes les séparaient encore du point de leur insertion. Sur des embryons plus âgés, et qui pouvaient correspondre au milieu du troisième mois de leur formation, je rencontrai ces faisceaux latéraux implantés, comme sur le dernier mouton, sur les parties latérales du pédoncule du cervelet. Voulant vérifier cette implantation successive des deux ordres de racines des trijumeaux, je choisis des embryons de lapin dont je possédais une ample collection. Sur ceux du quinzième au vingtième jour de formation, je leur trouvai la même disposition que chez le veau et le cheval; mais en me rapprochant de l'époque de la conception, je ne trouvai plus les nerfs implantés sur la moelle allongée, dès le dixième jour, ni vers le huitième. Sur six embryons de chacune de ces époques, que j'anatomisai avec le plus grand soin, je trouvai les nerfs se dégageant du ganglion qui occupe la fosse sphénoïdale : ils s'avançaient vers la moelle allongée; mais ils étaient plus ou moins éloignés du point de leur insertion, selon que j'observais ces embryons plus ou moins jeunes. J'ai vérifié depuis ces observations sur des embryons de mouton, du commencement du deuxième mois : sur ceux du veau, du cheval, du cochon de la même époque, sur le chat au quinzième jour de formation, sur le chien au vingtième, ainsi que sur trois jeunes embryons de renard, de loup et de lion, dont il m'a été impossible de déterminer l'âge. En 1819, appelé à la campagne de mon illustre ami M. Geoffroy Saint-Hilaire, pour donner des soins à un de ses enfans, je montrai ce fait important à ce célèbre anatomiste, sur

quatre jeunes embryons de taupes ; je lui fis remarquer également la disposition des deux ordres
de racines sur cet animal adulte, chez lequel elle
est très-prononcée.

Chez l'embryon humain du deuxième mois,
les nerfs trijumeaux ne sont pas encore implantés
sur les parties latérales de la moelle allongée (1) ;
ils ne le sont pas encore à un âge plus avancé (2).
Je ne les ai rencontrés que vers le milieu du troisième. Comme chez les embryons précédens, j'ai
remarqué que les faisceaux antérieurs s'implantent
les premiers au-dessus de la position des olives,
sur l'espace qu'occupent les fibres transverses du
trapèze, qui paraissent peu de temps après. Les
faisceaux latéraux du nerf ne m'ont paru adhérens
à la partie latérale du pédoncule du cervelet
que sur la fin du troisième mois.

Chez les oiseaux, le nerf est formé longtemps
avant son implantation. Je ne l'ai guère aperçu
à sa place avant le milieu de l'incubation des différentes espèces dont j'ai suivi la formation. On
ne peut mettre en doute, dans cette classe, son
insertion sur les parties latérales de la moelle allongée (3). A l'époque où se montrent les fibres
transverses de cette partie (4), que je crois être les

---

(1) Pl. II, fig. 64, n° 5.
(2) Pl. II, fig. 67, n° 2.
(3) Pl. III, fig. 78, n° 5.
(4) Page 28.

premiers rudimens du trapèze, on voit manifestement les faisceaux antérieurs s'insérer sur cette
partie. Je n'ai pas rencontré chez les oiseaux les
faisceaux latéraux. Chez les embryons des reptiles,
j'ai longtemps aperçu le nerf sur la base du crâne
avant de pouvoir les découvrir sur les parties latérales de la moelle allongée.

Il résulte donc de ces faits, 1°. que les faisceaux
composant le nerf de la cinquième paire sont apparens dans l'intérieur du crâne longtemps avant
leur implantation sur la moelle allongée; 2°. que
cette implantation se fait par deux ordres de faisceaux, de même que les nerfs qui s'implantent le
long de la moelle épinière, faisceaux que l'on
peut distinguer en antérieurs et latéraux.

Les antérieurs sont les analogues de ceux de la
moelle épinière, ils sont beaucoup plus forts et beaucoup plus nombreux que les autres; leur implantation a lieu, chez les mammifères et l'homme,
sur le trapèze de la moelle allongée (1); chez les
oiseaux (2), les reptiles (3) et les poissons (4),
sur la partie nommée queue de la moelle allongée,
ou bulbe rachidien, par M. Chaussier.

3°. Les faisceaux latéraux sont les moins nombreux, les moins considérables ; leur arrivée sur

---

(1) Pl. XIII, fig. 243; n° 5.
(2) Pl. IV, fig. 104, n° 5.
(3) Pl. V, fig. 122, n° 6.
4) Pl. VI, fig. 148, n° 13.

la moelle allongée est plus tardive que les précédens, leur implantation a lieu sur les parties latérales du pédoncule du cervelet (1); ils me paraissent
correspondre aux faisceaux postérieurs des nerfs
rachidiens. Ce sont eux que Vicq-d'Azir et Haller ont principalement suivis.

Cette double insertion des nerfs trijumeaux est
d'autant plus facile à suivre chez les mammifères,
qu'on s'éloigne davantage de l'homme et des singes,
et qu'on se rapproche plus des rongeurs.

Le chameau, le lama, le kanguroo-géant,
le tatou, la taupe, le rat-taupe du Cap, la
chrysochlore du Cap, les musaraignes et les chauve-
souris, sont les animaux chez lesquels on peut
suivre le plus facilement l'insertion des bron-
ches antérieures sur le trapèze de la moelle
allongée.

Quoique le pont de varole et le trapèze de la
moelle allongée n'existent pas chez les oiseaux
adultes, l'insertion des trijumeaux se fait sur le
point correspondant à celle des mammifères (2),
ainsi qu'on peut le voir chez la bondrée (3), l'hirondelle (4), le roitelet (5), l'autruche (6), la

---

(1) Pl. XIII, fig. 243, n° 5 bis.
(2) Pl. III, fig. 78, n° 5.
(3) Pl. IV, fig. 88, n° 12.
(4) Pl. IV, fig. 92, n° 11.
(5) Pl. IV, fig. 94, n° 11.
(6) Pl. IV, fig. 98, n° 6.

cigogne (1) et le casoar (2). Leurs faisceaux se prolongent de même plus loin que le lieu d'où nous les voyons sortir ; les antérieurs se portent en bas jusqu'au niveau de l'insertion de la sixième paire (3) ; de même que chez les mammifères, ils sont plus forts et plus nombreux que les faisceaux latéraux : ceux-ci vont se rendre sur le pédoncule du cervelet (4). J'ai suivi ce double mode d'insertion chez la poule, l'oie, le canard, le dindon, la bernache, les oiseaux de proie, l'aigle, le perroquet, l'autruche et le casoar. Nulle part je ne l'ai mieux aperçu que chez la cigogne blanche et la cigogne noire.

Chez les reptiles, les faisceaux latéraux manquent : je n'ai pu les distinguer sur aucun de ceux que j'ai disséqués avec soin. Cette absence tiendrait-elle à la faiblesse du pédoncule du cervelet ? L'insertion du nerf se fait, du reste, de même que chez les oiseaux, sur la partie latérale de la moelle allongée, entre la sixième et la troisième paire, comme on le remarque chez le crocodile (5), la

---

(1) Pl. IV, fig. 103, n° 5.
(2) Pl. III, fig. 78, n° 5.
(3) Pl. III, fig. 79, n° 3.
(4) Pl. III, fig. 78, n° 5.
(5) Pl. V, fig. 118, n° 8.

tortue franche (1) le caméléon (2), le caïman (3)
et la grenouille (4).

On a dit que chez les poissons la cinquième paire
était toujours réunie à la septième. Cette assertion
est vraie pour tous les poissons osseux (5), pour
la plupart des cartilagineux (6); mais chez quelques-uns de ces derniers, l'insertion des nerfs
trijumeaux se fait d'une manière isolée (7). Quoique réunie à son insertion, la cinquième paire
est néanmoins distincte des autres chez la morue (8) : les quatre faisceaux qui composent le
trijumeau (9), le facial (10), l'auditif (11) et l'hypoglosse (12), s'insèrent en commun sur les parties
latérales de la moelle allongée. Chez le brochet
la cinquième (13) s'unit à la septième (14) avant son

---

(1) Pl. V, fig. 122, n° 7.

(2) Pl. V, fig. 112, n° 11.

(3) Pl. V, fig. 130, n° 5.

(4) Pl. V, fig. 131, n° 14.

(5) Pl. VII, fig. 162, n° 12, 13, 14 et 15.

(6) Pl. VI, fig. 142, n° 8, 9 et 10.

(7) Pl. VI, fig. 148, n° 13.

(8) Pl. VII, fig. 162, n° 5.

(9) Pl. VII, fig. 162, n° 14.

(10) Pl. VII, fig. 162, n° 12.

(11) Pl. VII, fig. 162, n° 13.

(12) Pl. VII, fig. 162, n° 15.

(13) Pl. X, fig. 217, n° 5.

(14) Pl. X, fig. 217, n° 8 et 8 bis.

implantation : chez l'aiguillat (1), on trouve une
ligne d'intervalle entre l'insertion du trijumeau (2)
et celle du facial (3) et de l'auditif (4). Chez la
plupart des rayes (5), de même que chez le requin (6), la cinquième paire et la septième
sont confondues avant leur insertion. Mais chez
la raye bouclée, la cinquième paire est aussi isolée
que chez quelque mammifère que ce soit (7);
chez la plupart des poissons (8), il existe un renflement très-prononcé sur les parties latérales de
la moelle allongée (9) dans le lieu d'insertion de
tous ces nerfs (10). Ce renflement est d'un volume
considérable chez l'anguille, le silure et le tétrodon
électriques.

Le nerf de la cinquième paire prend son origine
dans les muscles de la face, des paupières, de la
bouche, dans les organes de tous les sens dont il
peut être regardé comme une des parties inté-
grantes; les nerfs étant toujours proportionnés au
volume des organes d'où ils proviennent, l'étendue

---

(1) Pl. X·, fig. 222, n° 5, 7 et 7 bis.
(2) Pl. X, fig. 222, n° 5.
(3) Pl. X, fig. 222, n° 7.
(4) Pl. X, fig. 223, n° 7 bis.
(5) Pl. VI, fig. 138, n° 5.
(6) Pl. VI, fig. 142, n° 8, 9 et 10.
(7) Pl. VI, fig. 148, n° 13.
(8) Pl. VII, fig. 142; pl. VII, fig. 164, n° 17.
(9) Pl. VI, fig. 148, n° 16.
(10) Pl. X, fig 219, n° 3 et 4.

de la face et des organes des sens pris en masse
donne le volume de ce nerf dans les différentes
classes de vertébrés.

Chez les mammifères, l'étendue de la face et
des organes des sens va en augmentant progressivement de l'homme aux singes , aux carnassiers, aux ruminans et aux rongeurs ; le volume
des nerfs trijumeaux suit d'une manière générale
cette progression , ainsi qu'on l'observe chez
l'homme, le drill (1), le mandrill (2), le phoque (3), la marte (4), l'ours (5), le raton (6),
la loutre (7), le lion (8), le kanguroo géant (9),
le cheval (10), le pécari (11), le bouc (12), le
lama (13), le chameau (14); ces deux derniers
ont le nerf trijumeau d'un volume énorme. Le
tatou est dans le même cas, ce nerf dépasse tous

(1) Pl. VIII, fig. 197, n° 5.
(2) Pl. VIII, fig. 194, n° 5.
(3) Pl. IX, fig. 208, n° 5.
(4) Pl. XV, fig. 290, n° 5.
(5) Pl. XI, fig. 231, n° 5.
(6) Pl. X, fig. 223, n° 5.
(7) Pl. VIII, fig. 200, n° 5.
(8) Pl. XIV, fig. 266, n° 5.
(9) *Ibid.*
(10) Pl. XV, fig. 275, n° 5.
(11) Pl. XVI, fig. 300, n° 5
(12) Pl. XIV, fig. 262, n° 5.
(13) Pl. XVI, fig. 295, n° 5.
(14) Pl. XIII, fig. 249, n° 5.

les autres par son prodigieux développement (1);
les chauve-souris l'ont aussi très-développé (2),
comme on le voit chez les vespertilions (3) (*vesp.
murinus*) et les rhinolophes (4) (*rhinolophus uni-
hastatus*); le nerf trijumeau est au contraire peu
volumineux chez la mangouste du Cap (5), ainsi
que chez le hérisson (6); chez le porc-épic, il a
deux faisceaux d'insertion très-forts (7); chez le
castor, son volume dépasse toutes les proportions
que nous lui avons déjà assignées (8).

Chez les taupes (9), le rat-taupe du Cap, la
chrysochlore du Cap, le zemni (10), ce nerf conserve un grand volume : chez les trois premiers,
on observe, à son insertion sur la moelle allongée,
un renflement très-prononcé (11). Les cétacés
ont la cinquième paire (12) très-développée,
et divisée dans toute son étendue en deux faisceaux isolés (13).

---

(1) Pl. XIII, fig. 246, n° 5.
(2) Pl. XIII, fig. 204, 214.
(3) Pl. XIII, fig. 214, n° 5.
(4) Pl. XIII, fig. 204, n° 5.
(5) Pl. XIII, fig. 251, n° 5.
(6) Pl. XVI, fig. 297, n° 5.
(7) Pl. XIII, fig. 251, n° 5.
(8) Pl. XIII, fig. 258, n° 5.
(9) Pl. XIV, fig. 260, n° 5.
(10) Pl. XV, fig. 272, n° 5.
(11) Pl. XIV, fig. 260, n° 5.
(12) Pl. XII, fig. 234, n° 5.
(13) Pl. XII, fig. 234, n° 5.

Tous les oiseaux sont remarquables par l'atrophie des muscles de la face et de plusieurs des organes des sens; leur nerf trijumeau est loin d'offrir le développement que nous lui remarquons chez les mammifères inférieurs, ainsi qu'on peut l'observer chez la bondrée (1), l'hirondelle (2), le roitelet (3), l'autruche (4), le casoar (5); la cigogne blanche est de tous les oiseaux que j'ai anatomisés, celui sur lequel ce nerf est le plus volumineux (6). En général, la branche ophthalmique conserve dans cette classe ses dimensions relatives avec celle des mammifères; l'atrophie porte plus spécialement sur les branches du maxillaire supérieur et inférieur.

Les reptiles sont plus descendus encore que les oiseaux sous le rapport des dimensions des nerfs de la cinquième paire; ce nerf est très-faible chez le caméléon (7), le crocodile (8), les vipères, les lézards, les grenouilles (9), les crapauds, le caïman (10) et la tortue franche (11); ce qui est en

---

(1) Pl. IV, fig. 88, n° 12.
(2) Pl. IV, fig. 92, n° 12.
(3) Pl. IV, fig. 94, n° 11.
(4) Pl. IV, fig. 97, n° 5.
(5) Pl. III, fig. 78, n° 5.
(6) Pl. IV, fig. 103, n° 5; fig. 104, n° 5.
(7) Pl. V, fig. 112, n° 11.
(8) Pl. V, fig. 118, n° 8.
(9) Pl. V, fig. 131, n° 14.
(10) Pl. V, fig. 130, n° 5.
(11) Pl. V, fig. 122, n° 7.

rapport avec le peu d'étendue des organes de la face et des principaux organes des sens.

Le nerf de la cinquième paire reprend tout à coup un volume considérable chez les poissons osseux, comme on l'observe chez la morue (1) et le brochet (2); chez certains poissons cartilagineux, il dépasse toutes les proportions connues chez les vertébrés, ainsi que l'observe le célèbre Treviranus (3).

Chez l'esturgeon (4), elle n'est pas plus prononcée que chez les poissons osseux; chez les rayes, son volume est énorme, soit qu'il s'insère isolément (5), soit qu'il le fasse en commun avec la septième paire (6), comme chez le requin (7), l'ange (8) et l'aiguillat (9); ses dimensions sont également considérables.

Avec ce prodigieux développement des nerfs trijumeaux coïncide, chez les rayes, la manifestation d'un organe particulier que Jacobson considère comme un nouvel organe des sens, et dans

---

(1) Pl. VII, fig. 162, n° 14.

(2) Pl. X, fig. 217, n° 5.

(3) *Journal complémentaire du Dictionnaire des Sciences médicales*, tom. XV, pag. 212.

(4) Pl. XII, fig. 235, n° 5.

(5) Pl. VI, fig. 148, n° 13.

(6) Pl. VI, fig. 138, n° 5.

(7) Pl. VI, fig. 142, n° 9 et 10.

(8) Pl. XII, fig. 237, n° 7 et 8.

(9) Pl. XII, fig. 236, n° 5 et 7.

lequel se ramifient des faisceaux nombreux de la cinquième paire. Treviranus a décrit cet organe chez plusieurs espèces de squales, ainsi que la distribution des nerfs trijumeaux dans son intérieur.

Chez les mammifères, les oiseaux et les reptiles, le développement des nerfs trijumeaux est particulièrement en rapport avec le développement de l'artère maxillaire interne et de ses nombreuses divisions ; le calibre de cette artère suit la même progression croissante que le nerf, de l'homme, des singes et des carnassiers, aux ruminans et aux rongeurs. Le castor a cette artère d'un volume énorme, de même que les nerfs trijumeaux.

Ces nerfs sont le siége spécial du sens du goût. Ce sens est lié, de même que celui de l'odorat, à la conservation des espèces ; ils sont l'un et l'autre les sentinelles de la nutrition, ainsi que l'ont dit les physiologistes ; de là leurs rapports.

La chambre olfactive et celle du goût sont tellement liées l'une à l'autre par les pièces osseuses et les parties molles qui les composent, que l'une ne peut accroître ou diminuer sans que l'autre partage cette modification. Leurs connexions sont si intimes, que le nerf trijumeau se distribue par l'un de ses faisceaux à la chambre olfactive, et devient, ainsi que nous l'avons dit, l'accessoire de ce sens. De ce rapport dérive celui qu'on remarque entre le nerf de l'odorat et celui de la cinquième paire. En général, ces deux nerfs sont développés dans toutes les classes en raison directe l'un de l'autre, les cétacés toujours exceptés, parmi les mammifères.

L'étendue de ces deux sens augmente avec le développement de la face dont ils forment en quelque sorte la charpente ; la cavité du crâne diminue dans la même proportion : de ce rapport inverse dérive celui des nerfs de l'odorat et du goût avec la masse encéphalique prise en totalité. Si, d'après ce que nous venons d'établir, les nerfs olfactifs et celui de la cinquième paire suivent l'accroissement de la face, s'ils augmentent de volume à mesure que l'encéphale s'atrophie, on voit de suite que le volume total de l'encéphale devra être en raison inverse du volume de ces deux nerfs. C'est ce qui est. Cette proposition, entrevue par Soemmering, confirmée et généralisée par M. le baron Cuvier, est expliquée, ce me semble, par toutes les données anatomiques qui précèdent. Elle est inexplicable, au contraire, dans l'hypothèse qui fait procéder les nerfs de l'encéphale.

Dans l'état présent de la science, une des questions les plus importantes de l'anatomie comparative et de la psychologie me paraît être celle qui concerne l'appareil visuel de la taupe, du rat-taupe du Cap, de la musaraigne musette, de la chrysochlore du Cap, du rat zemni, parmi les mammifères ; du protée et de la cécilie, parmi les reptiles.

En considérant ces animaux, nous voyons l'œil

devenir de plus en plus rudimentaire, et se cacher de plus en plus sous la peau, jusqu'à ce qu'enfin il y soit tout-à-fait emprisonné. Nous voyons le nerf optique disparaître de la base de l'encéphale, quoique néanmoins les parties qui étaient présumées lui donner origine restent dans leur intégrité parfaite. Avec cette atrophie extrême de l'œil coïncide l'absence de l'appareil musculaire destiné à le mouvoir. Or si notre principe général de névrogénie est exact, les muscles de l'œil n'existant pas, les nerfs ne sauraient s'y former; conséquemment avec l'absence des muscles de l'œil doit coïncider l'absence des nerfs oculo-moteurs communs, de la quatrième et de la sixième paires.

Il y a cependant chez ces animaux un œil rudimentaire, dont l'organisation se rapproche quelquefois de cet organe, chez les insectes; cet œil a un nerf. Qu'est-ce que ce nerf, si le nerf optique n'existe pas? Ce nerf oculaire est une des branches supérieures du nerf trijumeau; il remplit à l'égard de cet œil les mêmes fonctions que le nerf optique remplit chez les autres animaux.

Mais ces animaux jouissent-ils de la vision; ou sont-ils aveugles? S'ils jouissent de la vision, ce sens peut donc être transporté d'une partie de l'encéphale sur une autre? M. le professeur Duméril a émis cette opinion à l'occasion du sens de l'odorat des poissons; Gall l'a combattue par des assertions qui restent sans effet sur les hommes qui se livrent sans partialité à la recherche de la vérité.

Si ces animaux jouissaient de la vision, ce serait une preuve sans réplique de la loi générale de l'action du système nerveux, émise par M. le baron Cuvier; savoir: *que la différence des fonctions des nerfs dépend plutôt de l'organisation différente des parties auxquelles ils se distribuent* (1), *que de leur essence propre.* La solution de cette question est donc du plus grand intérêt pour l'anatomie et la physiologie du système nerveux en général.

Nous allons l'examiner avec d'autant plus de soin, que son application aux animaux invertébrés peut éclairer leur système nerveux sur lequel nos connaissances sont loin d'être positives.

L'existence de l'œil, chez la taupe, a donné naissance à quelques controverses. Aristote avait dit que tous les animaux vivipares étaient pourvus de deux yeux, la taupe seule exceptée. Pline, Opien, Albert, répétèrent cette assertion; Galien, Scaliger et Aldrovande rendirent à la taupe les yeux dont l'avait dépouillée Aristote; les zoologistes modernes se sont assurés de l'existence constante des yeux chez ce singulier animal (2). Cet organe est si petit, qu'on l'a comparé à un grain de millet. Il est situé sur les parties latérales de la tête (5), caché dans un petit repli de la peau; sa couleur est d'un noir d'ébène, il est dur au toucher; on

---

(1) Et selon moi dans lesquelles ils se forment.
(2) Cuvier, *Règne animal*, tom. I, pag 137.
(3) Pl. XIV, fig. 257, n° 4.

I.

le déprime avec peine en le pressant entre les doigts. Galien (1) leur attribue la sclérotique, l'humeur vitrée, le cristallin et la rétine : je me suis assuré plusieurs fois du contraire; en le disséquant au microscope, je n'ai trouvé qu'une membrane extérieure, mince, épidermoïde, très-résistante, assez analogue à la sclérotique ; cette membrane était tapissée en dedans par une seconde, noire, vasculeuse, ressemblant à la choroïde, au fond de laquelle on rencontrait un très-petit bulbe qui semblait un renflement produit par le nerf : cette organisation est plus distincte chez les embryons que chez l'animal adulte.

Chez la chrysochlore du Cap (2) , l'œil occupe la même place que chez la taupe commune ; il est situé derrière la peau , qui devient transparente en passant par dessus; il est d'une telle petitesse, que plusieurs zoologistes ne l'ont point rencontré. Il est noir : vu au microscope, il paraît formé par deux cônes adossés par leur base; il se rapproche de l'œil composé des insectes. La sclérotique est plus épaisse que chez la taupe; la membrane noirâtre est surtout distincte au milieu : il n'y a point de cristallin; le bulbe nerveux est si petit, qu'on le distingue à peine au microscope : la membrane noirâtre forme une espèce de diaphragme au milieu de

---

(1) *De Usu partium*, lib. 4.
(2 Pl. XIV, fig. 259, n° 4.

l'œil. Chez la musaraigne musette (*sorex araneus*), l'œil est un cône simple, dégagé de la peau et présentant la même organisation que celui de la chrysochlore. Le zocor (*mus aspalax*) est dans la même condition que la musaraigne.

Le Zemni (*mus typhlus*) est comme la chrysochlore : l'œil n'est pas visible au dehors (1), la peau le recouvre sans s'ouvrir ni s'amincir au-devant de lui. L'œil est encore plus petit que chez la taupe ; il est formé par la sclérotique et la choroïde.

Chez le rat-taupe du Cap (*mus Capensis*), l'œil est à découvert ; il est beaucoup plus volumineux que chez les animaux précédens ; sa forme est ovoïde : son plus grand diamètre est d'avant en arrière ; il est en quelque sorte enchâssé dans une glande très-volumineuse, située derrière lui, et qui l'environne de toute part. Toute la membrane externe est transparente comme la cornée des mammifères ; derrière elle on trouve un cristallin tout-à-fait rond. Il y a une petite chambre entre ce dernier corps et la partie antérieure de la cornée. La choroïde est beaucoup plus épaisse que chez la taupe vulgaire ; elle est enduite d'une humeur noirâtre semblable à l'uvée. Il n'y a pas de rétine, mais le nerf présente cinq ou six petits faisceaux mous au fond et au dedans de la choroïde.

Les muscles de l'œil manquent chez tous ces

_____

(1) Cuvier, *Règne animal*, tom. I, pag. 01.

mammifères; cet organe ne reçoit son impulsion
que de la peau qui l'environne et le recouvre dans
certains cas. J'ai cru nécessaire de présenter ces
détails sur ces derniers animaux, la taupe ayant
seule occupé les zootomistes sous ce rapport.

De l'existence de l'œil chez la taupe commune,
Galien, Scaliger, Aldrovande, et en 1822 M. Durondeau (1), ont conclu à l'existence du nerf
optique; mais cette conclusion est analogique.
L'anatomie permet seule de décider cette question. Voici le résultat de mes recherches : En cherchant à vérifier la loi générale de névrogénie, pour
m'assurer si les nerfs se rendent des organes aux
masses centrales du système nerveux, je portai
mon attention sur des embryons de taupes très-
jeunes; l'œil était d'autant plus visible chez eux,
que les poils n'étant pas formés, il n'était pas caché comme chez ces animaux adultes. Je trouvai
le nerf au fond du globe de l'œil; je cherchai le
nerf optique à la base de l'encéphale, je ne le
trouvai point : ce fait était décisif pour la question
qui me préoccupait; mais, en suivant avec attention ce nerf oculaire sur d'autres embryons, je
m'aperçus qu'il était formé par un rameau supérieur de la cinquième paire (2); celui que l'on
peut regarder comme l'analogue de la branche
ophthalmique de Willis; j'examinai le sphénoïde

(1) *Mémoires de l'Académie Royale de Bruxelles,* année 1822.
(2) Pl. XIV, fig. 257, n° 3.

de ces embryons, je trouvai que l'ingrassial du professeur Geoffroy-Saint-Hilaire manquait ; je trouvai que le trou optique formé par la conjugaison de ses deux pièces manquait également ; je voulus vérifier ces résultats chez les taupes adultes ; je n'aperçus aucun vestige du nerf optique à la base de l'encéphale (1) ; je n'aperçus aucun vestige du trou optique ; je constatai, de même que chez les embryons, l'absence de l'ingrassial ; je m'attachai à suivre la distribution de la cinquième paire ; je remarquai au point de son insertion un renflement très-prononcé (2) ; je suivis sa division en trois branches ; la moyenne était la plus forte ; dès sa sortie du crâne (3), elle envoyait directement un rameau (4), qui, se dirigeant obliquement en haut, se portait à la partie postérieure du petit globe de l'œil, dans lequel elle pénétrait et où elle formait le petit renflement dont nous avons déjà parlé. Le nerf oculaire de la taupe était donc formé par la branche supérieure du nerf trijumeau. Zinn avait déjà entrevu ce fait ; Carus, en le vérifiant, crut trouver un nerf optique rudimentaire, qui, se joignant à la branche du nerf trijumeau, concourait à former le nerf oculaire et la rétine de l'œil de la taupe. Treviranus dit avoir

---

(1) Pl. XIV, fig. 260, n° 2.
(2) Pl. XIV, fig. 260, n° 5.
(3) Pl. XIV , fig. 260, n° 2.
(4) Pl. XIV , fig. 260, n° 3.

confirmé cette observation de Carus, d'après laquelle le nerf oculaire de ces animaux serait le résultat de l'union de la branche ophthalmique du nerf trijumeau et d'un nerf optique rudimentaire; j'ai cherché ce nerf optique avec le plus grand soin sur trente ou quarante taupes, je puis assurer ne l'avoir jamais rencontré. Mes recherches ont eu le même résultat sur les animaux suivans.

· Chez la chrysochlore du Cap (1), la cinquième paire se comporte dans le crâne de même que chez la taupe; de ses trois branches, la moyenne, qui se dirige vers le museau (2), envoie une branche mince (3), qui se rend en droite ligne à la partie postérieure du globe de l'œil (4), dans lequel elle pénètre sans s'épanouir, de même que chez la taupe : la base de l'encéphale est remarquable, comme chez ce dernier animal, par l'absence du nerf optique; il n'en existe pas un vestige qu'on puisse regarder comme l'état rudimentaire de ce nerf.

Chez la musaraigne musette, le nerf oculaire est un peu plus volumineux que chez la chrysochlore; il provient de même de la cinquième paire, se comporte de la même manière à l'égard de son petit œil; la base de son encéphale est éga-

---

(1) Pl. XIV, fig. 259, n° 1 et 2.
(2) Pl. XIV, fig. 259, n° 1, 2 et 5.
(3) Pl. XIV, fig. 259, n° 3.
(4) Pl. XIV, fig. 259, n° 4.

lement dépourvue de nerf optique. Le zemni, dont la tête est si singulièrement conformée, ainsi que l'a fait remarquer M. le baron Cuvier, est remarquable, comme les animaux précédens, par l'absence complète du nerf optique (1), par son nerf oculaire, qui provient du nerf trijumeau et se porte dans son petit œil, de même que chez la chrysochlore.

Le rat-taupe du Cap est l'animal chez lequel cette organisation singulière est le plus prononcée; la cinquième paire a dans le crâne un volume considérable (2); à la sortie de cette cavité, la branche moyenne se divise en deux faisceaux (3); l'inférieur suit la direction du tronc et se porte sur les parties latérales du museau (4); le supérieur se dirige obliquement en haut (5): il se subdivise en deux faisceaux avant de parvenir à l'œil; l'un se consume dans la grande glande qui environne cet organe (6); l'autre se rend directement à la partie postérieure de l'œil, où il se partage en plusieurs petits filamens. Le nerf oculaire du rat taupe a un volume très-considérable (7); il est proportionné à l'étendue du globe de l'œil chez cet

(1) Pl. XV, fig. 272, n° 2.
(2) Pl. XIV, fig. 268, n° 1.
(3) Pl. XIV, fig. 268, n° 5.
(4) Pl. XIV, fig. 268, n° 6.
(5) Pl. XIV, fig. 268, n° 3.
(6) Pl. XIV, fig. 268, n° 7.
(7) Pl. XIV, fig. 268, n° 3.

animal (1), et il est uniquement formé par la
cinquième paire. Avec quelque soin que j'aie
cherché le nerf optique sur la base de l'encéphale,
je n'ai pu en apercevoir aucune trace.

La base du crâne de la chrysochlore du Cap,
de la musaraigne musette, du zemni, du rat-taupe
du Cap, est remarquable, de même que celle de
la taupe, par l'absence du trou optique ou du trou
sphéno-orbitaire qui le remplace. L'absence du
trou optique est l'effet de l'absence de l'ingrassial,
dont les pièces concourent à sa formation.

Le globe de l'œil de tous ces animaux est remarquable également par la privation des muscles
qui, chez les autres mammifères, lui font exécuter
ses divers mouvemens : cette privation des muscles coïncide avec la disparition de l'ingrassial et
du trou optique, au pourtour duquel chacun
sait que ces muscles prennent leur insertion. Ce
triple rapport de l'absence du nerf optique des
muscles de l'œil et du trou optique est un fait
constant chez ces animaux. Je les ai anatomisés
sous ce point de vue avec la plus grande attention.
Si les muscles de l'œil manquent chez la taupe,
la chrysochlore du Cap, la musaraigne, le zemni,
le rat-taupe du Cap, la conséquence nécessaire de
ce fait doit être, d'après la loi générale de la névrogénie, l'absence des nerfs qui s'y distribuent
chez les mammifères ordinaires. On ne trouve,

_____

(1) Pl. XIV, fig. 268, n° 4.

soit à la base de l'encéphale de ces animaux, soit dans le crâne, soit dans les environs du globe de l'œil, ni la troisième paire de nerf, ni la quatrième, ni la sixième, comme on peut le voir en considérant l'encéphale de la taupe (1) et celui du zemni (2).

Tous ces faits coïncident donc les uns avec les autres ; ils sont eux-mêmes le résultat d'une disposition anatomique des plus curieuses. J'ai constaté chez les mammifères que le volume de l'artère ophthalmique est toujours rigoureusement proportionnel au volume du globe de l'œil. Chez les embryons monstrueux, j'ai constaté que, selon que cette artère est plus ou moins développée, l'œil est plus ou moins volumineux ; si elle est atrophiée, l'œil est atrophié : si elle manque, ce qui est très-rare, l'œil manque. On présume d'avance de quel intérêt était l'application de ce principe aux animaux qui nous occupent.

Après avoir injecté le système artériel de plusieurs taupes, j'ai en vain cherché l'artère ophthalmique ; elle n'existe pas : je l'ai en vain cherchée chez la chrysochlore du Cap, chez la musaraigne, chez le rat-taupe du Cap, quoique, chez ces derniers animaux, qui avaient été conservés dans l'alkohol, j'aie pu suivre dans ses divisions et subdivisions l'artère carotide interne ; j'ai trouvé chez

_____

(1) Pl. XIV, fig. 260.
(2) Pl. XV, fig. 272.

la taupe que l'artère qui se rend à son petit œil,
est une branche de la maxillaire interne, celle qui
me paraît correspondre à la branche sous-orbitaire de cette artère : j'ai vérifié le fait chez le rat-
taupe ; chez la chrysochlore et la musaraigne, ce
rameau était trop petit pour pouvoir être suivi
jusqu'à l'œil.

Je ne sache pas que chez les oiseaux et les poissons on ait observé une seule espèce qui soit
dans les conditions visuelles des mammifères qui
précèdent ; les reptiles nous en offrent quelques
exemples d'autant plus remarquables, qu'ils offrent
le même mode d'organisation, l'absence du nerf
optique, et un nerf oculaire, formé par un rameau
de la cinquième paire : ces reptiles sont le protée
(*proteus anguinus*), et la cécilie (*cœcilia*).

L'œil du protée est caché derrière la peau, qui
devient transparente au-devant de lui, circonstance qui n'a point lieu chez la chrysochlore du
Cap et le zemni. L'œil est formé par une membrane externe très-dense, tapissée en arrière et en
dedans par une membrane noire ; le nerf qui
s'en détache en arrière, est une division de la
branche moyenne du maxillaire supérieur, de
même que chez nos mammifères ; en disséquant
ce nerf avec soin, j'ai suivi trois ou quatre petits
filamens, qui s'épanouissent sur la partie postérieure de la membrane noire de l'œil.

La syrène (*syren lacertina*) me paraît être dans
le même cas que le protée, si j'en juge par la

configuration interne et externe de son crâne. La
cécilie visqueuse a l'œil très-petit, comme le
protée; la peau m'a paru percée au-devant de cet
organe, sur un sujet que j'ai disséqué à Londres
en 1814. La membrane externe était moins épaisse
que celle du protée; la choroïde était plus étendue ; le nerf oculaire provenait de la branche
moyenne du maxillaire supérieur de la cinquième
paire. Chez le protée et la cécilie, je n'ai aperçu
aucun vestige des muscles moteurs de l'œil ; aucune trace du nerf optique, ni hors du crâne, ni
dans sa cavité, ni à la base de l'encéphale ; chez
l'un et l'autre reptile, les nerfs de la troisième,
de la quatrième et de la sixième paires, manquaient
bien évidemment. Le tronc de la cinquième paire
était très-volumineux, et au point de son insertion la moelle allongée était soulevée par un petit
amas de matière grise. On sait que chez le blanchet, espèce d'amphisbène, l'œil est caché par une
plaque arrondie, assez épaisse, qui intercepte le
passage des rayons lumineux. Je ne doute pas que
l'appareil visuel de ce reptile ne soit dans les
mêmes conditions anatomiques que les précédens.

Chez tous ces animaux le nerf optique est donc
remplacé par une branche du nerf trijumeau.
Mais ce nerf oculaire jouit-il des mêmes fonctions
que le nerf optique? ou en d'autres termes les animaux privés d'un nerf optique et doués d'un nerf
oculaire provenant de la cinquième paire, jouissent-ils de la vision, ou sont-ils aveugles?

On peut présumer, je pense,, que le zemni est aveugle ; la chrysochlore du Cap paraît l'être presque complètement, d'après les observations que m'a communiquées M. Delalande, enlevé si prématurément aux sciences, et au Muséum d'histoire naturelle, dont il a enrichi les collections. Le blanchet paraît dans une cécité complète : on conçoit, en effet, que tout se réunit chez ces animaux pour intercepter l'action de la lumière sur l'encéphale.

Il n'en est pas de même chez la taupe. M. le professeur Geoffroy-Saint-Hilaire en a soumis un grand nombre à diverses expériences dans une chambre disposée à cet effet, et sa conclusion a été constamment que les taupes jouissaient de la vue et se détournaient pour éviter les obstacles que l'on plaçait sur leur route. M. Durondeau (1), sans connaître les essais du zoologiste français, les a variés de beaucoup de manières, et il a toujours vu cet animal se comporter comme s'il voyait. Ce n'est même qu'après s'être assuré du fait, qu'il a avancé que les taupes avaient un nerf optique semblable à celui des autres mammifères. C'est peut-être pour expliquer la vision chez la taupe, que les célèbres physiologistes Carus et Treviranus ont cru lui reconnaître un nerf optique rudimentaire. Toutes les expériences s'accordent donc à faire croire que la taupe n'est point aveugle. Pour les musaraignes, on n'a pas mis la question en doute. J'ai eu si souvent occasion de m'assurer

---

(1) *Mémoires de l'Académie royale de Bruxelles*, ann. 1822.

par moi-même qu'elles jouissent de la vision, que j'ai réitéré à diverses fois la dissection de leur œil et de leur nerf oculaire, pour bien me convaincre de l'absence du nerf optique. Le naturaliste que j'ai déjà cité, M. Delalande, qui possédait sur les mœurs des animaux de si ingénieuses observations, m'a répété plusieurs fois que le rat-taupe du Cap voyait très-distinctement ; il me fit même observer, à l'occasion de celui que je disséquais avec lui, qu'il l'avait tué par derrière, et qu'il 'avait passé une demi-journée avec les nègres qui le secondaient, pour le surprendre au moment où il quittait sa tannière pour aller chercher sa nourriture. Je fis avec lui beaucoup d'essais pour m'assurer si un protée vivant, que M. le baron Cuvier conservait dans ses laboratoires, jouissait de la vue, et toutes nos expériences nous confir-mèrent dans cette opinion.

Je n'ignore pas combien ces faits sont difficiles à expliquer d'après nos théories. Comment concevoir la vision sans nerf optique? Comment attribuer cette fonction à une branche de la cinquième paire? Que l'œil de ces animaux reçoive l'impression de la lumière ; que cette impression soit transmise le long de la branche oculaire, cela se conçoit ; mais que le point de la moelle allongée où s'insère ce nerf, convertisse cette impression en sensation de la vue, ce sera, dans nos idées reçues, un grand sujet de contestation.

Je dis dans nos idées reçues ; car si on adopte

la loi générale d'action du système nerveux de M. Cuvier, ces faits n'ont rien d'extraordinaire (1), puisque la fonction propre d'un nerf dépend moins du lieu de son insertion dans les masses centrales du système nerveux, que de son mode de distribution ou d'origine dans les organes.

Or les faits que nous venons de rapporter concordent admirablement bien avec cette loi. L'œil se trouve transposé chez ces animaux; il quitte l'extrémité du nerf optique pour se placer à la terminaison de l'une des branches de la cinquième paire; il faut donc que la fonction qui lui est propre suive ce déplacement, qu'elle soit transportée d'un nerf sur un autre : vérité émise depuis plusieurs années par M. le professeur Duméril.

Le sens de la vue n'est pas le seul dont la transposition puisse avoir lieu; les cétacés sont privés

---

(1) Un physiologiste distingué, M. Fodera, vient de combattre cette loi d'action du système nerveux. (*Journal complémentaire du Dictionnaire des Sciences médicales*, tom. XVI, pag. 292 et 293.) «*Je ne crois pas*, dit-il, qu'un physiologiste » admît facilement la proposition suivante : Que si au bout » d'un doigt on plaçait un œil ou une oreille, on pourrait voir » et entendre par le nerf de ce doigt. » Je suis surpris qu'un aussi bon esprit que M. Fodera emploie de semblables suppositions pour renverser une opinion physiologique. Il eût mieux servi la science, s'il eût pu prouver que les nerfs des sens sont doués d'une sensibilité particulière, qui les rend propres exclusivement à la perception de telle ou telle sensation.

du nerf de l'olfaction, sont-ils pour cela privés de l'odorat? je ne le pense pas; je crois que la sensation des odeurs leur est transmise par la cinquième paire, et je fonde cette assertion sur le volume du ganglion sphéno-palatin de ces animaux.

Chez la plupart des poissons, le nerf de la cinquième paire ne devient-il pas le nerf de l'audition? Casserius, Scarpa, M. le professeur Duméril, Treviranus, Weber ont mis ce fait hors de doute. Or si le sens de l'audition peut être transporté du nerf acoustique sur le nerf trijumeau, pourquoi la même transposition n'aurait-elle pas lieu du nerf olfactif et du nerf optique sur l'une des branches de la cinquième paire?

Plus ces idées s'écartent de nos théories, plus il est nécessaire de grouper les faits qui en établissent l'existence. La loi de M. Cuvier me paraît seule propre à faire concevoir les phénomènes des poissons électriques. C'est en effet dans la disposition particulière des parties qui composent l'organe électrique des rayes, des silures, du gymnote et du tétrodon électriques, que M. Geoffroy-Saint-Hilaire a cru entrevoir la cause de cet étonnant phénomène; les travaux postérieurs de Jacobson et de Treviranus, en faisant connaître les organes analogues chez les poissons non électriques des mêmes familles, n'infirment en rien l'opinion de M. Geoffroy. Certainement, ce n'est ni dans la structure du nerf qui se distribue dans l'organe électrique, ni dans le renflement qui existe chez tous ces poissons à l'insertion de ce nerf, qu'on peut supposer que réside la cause ou l'essence de cette fonction. On peut l'expliquer par la formule usitée, en disant qu'elle dépend de *la sensibilité propre du nerf*; mais ces différences de sensibilité, dont on doue gratuitement les nerfs, sont des mots vides de sens, et ces suppositions, loin de servir la science, ne sont propres qu'à voiler momentanément notre ignorance.

De la loi que j'ai établie, que les nerfs prennent leur origine dans les organes où ils se distribuent, et se mettent ensuite en communication avec les masses centrales du système nerveux.

De la loi de M. Cuvier; que la différence des fonctions des nerfs, dépend plutôt de leur mode de distribution dans les organes que de leur essence propre.

De la loi de transposition des sens d'un nerf sur un autre nerf, due à M. le professeur Duméril, dérive l'explication des ganglions encéphaliques des crustacés, des insectes et des invertébrés en général.

De quelque manière que l'on considère le système nerveux des invertébrés, on trouve un hiatus insurmontable, si l'on cherche à le mettre en rapport avec le système cérébro-spinal des vertébrés. Tout est changé, formes, rapports, structure; les noms de moelle épinière et de ganglions cérébraux, donnés aux parties centrales de ce système chez les animaux articulés, ne sont propres qu'à faire naître de fausses analogies, et à nous maintenir dans une fausse route d'investigation.

Les hypothèses qu'on avait imaginées sur la zoogénie étaient encore un obstacle à leur véritable détermination; on avait supposé que les animaux se formaient du centre à la circonférence : dans cette idée, il fallait que les ganglions centraux des larves, des insectes et des crustacés préexistassent au développement des nerfs excentriques. Or l'inverse a lieu chez les invertébrés de même que chez les vertébrés.

Si les déterminations que nous avons données des ganglions, qui forment la prétendue moelle épinière des invertébrés, sont exactes; si ces ganglions n'ont aucune analogie avec l'axe cérébro-spinal des vertébrés, on conçoit que les ganglions, contenus dans la tête et situés en général au-devant de l'œsophage, ne sauraient être l'encéphale rudimentaire des animaux vertébrés. L'état primitif de ce dernier exclut d'abord toute analogie ; car nous avons remarqué que chez les jeunes embryons de toutes les classes, le cerveau était d'abord liquide. Or un liquide demande à être contenu, sans cela il s'epanche; de là, la nécessité des enveloppes membraneuses de l'encéphale, et plus tard, la nécessité d'une enveloppe osseuse ou cartilagineuse plus solide. Or rien de semblable ne se remarque autour des ganglions encéphaliques des animaux articulés. Ils ne sont jamais à l'état liquide chez les larves et les jeunes chenilles ; ils apparaissent d'abord sous la forme solide qu'ils présentent chez les insectes parfaits et chez les crustacés. D'une autre part, dans les métamorphoses que présente l'encéphale dans toutes les classes, jamais il ne se rapproche, par sa forme ou sa structure, de l'état ganglionnaire des animaux articulés ; jamais l'encéphale des embryons monstrueux des vertébrés ne rappelle, dans ses déformations, les ganglions pro-œsophagiens des invertébrés.

Si les ganglions encéphaliques des animaux articulés ne sont point les rudimens primitifs de l'encéphale des vertébrés, à quelle partie du système nerveux de ces derniers peut-on les rapporter ? On trouvera, je pense, qu'ils correspondent aux ganglions encéphaliques des nerfs trijumeaux (1).

Chez les insectes parfaits, le ganglion pro-œsophagien est divisé en deux par un sillon médian plus ou moins profond ; les nerfs des yeux et des autres sens se rendent aux divers points de sa circonférence ; les nerfs oculaires sont toujours les plus prononcés ; leurs rapports avec les autres nerfs n'offrent rien de constant.

Chez les crustacés, ce ganglion n'est pas divisé ;

_____

(1) Les ganglions ophthalmiques et sphéno-palatins des animaux vertébrés me paraissent des traces de l'organisation du système nerveux des invertébrés. Je ne fais qu'indiquer cette idée ; je serais entraîné trop loin, et je sortirais de mon sujet, si je voulais la développer.

il forme une masse unique, plus ou moins volumineuse, des parties latérales de laquelle se détachent les nerfs qui vont se distribuer aux divers
organes de la tête.

Parmi les mollusques, les *doris* se rapprochent
beaucoup des crustacés et des insectes; mais les
tritons de Linnée servent d'intermédiaire entre ces
deux classes des animaux articulés, ainsi que l'a
si bien observé M. le baron Cuvier.

Dans tous ces animaux, les nerfs des organes
des sens paraissent donc être les analogues des
rameaux des nerfs trijumeaux chez les animaux
vertébrés. Une observation très-importante vient à
l'appui de cette détermination : c'est que chez les
mollusques, les insectes et les crustacés, chaque
sens ne reçoit qu'un seul nerf. Or nous avons fait
remarquer que chez les vertébrés deux ordres de
nerfs se distribuent dans chaque appareil sensitif;
d'une part, chaque organe des sens a un nerf
propre, qui le met directement en communication avec l'encéphale; de l'autre, un nerf accessoire qui lui provient de la cinquième paire.
Si donc, ainsi que nous le pensons, l'encéphale
manque chez les animaux articulés, on voit de
suite qu'il ne doit leur rester que le nerf accessoire
des vertébrés, c'est-à-dire le rameau provenant de
la cinquième paire. Privés de l'encéphale, ils doivent nécessairement être privés aussi des nerfs
propres de l'olfaction, de la vision et de l'audition;

qui chez le plus grand nombre des vertébrés, se mettent en rapport avec le cerveau.

D'un autre côté, nous voyons que lorsque le nerf propre à un sens vient à disparaître chez les animaux vertébrés, il est aussitôt remplacé par le rameau de la cinquième paire, qui, de nerf accessoire, devient alors nerf principal et unique du sens auquel il se rend, et qu'il constitue. Dans ce cas, les animaux vertébrés sont pour ce sens dans les mêmes conditions que les invertébrés; ils ont un nerf unique pour un de leurs sens. C'est le cas du sens de l'olfaction pour les cétacés, et du sens de la vision pour la taupe, la chrysochlore du Cap, la musaraigne, le rat-taupe du Cap, le zemni, le protée et la cécilie. Chez les premiers de ces animaux, l'absence du nerf olfactif réduit leur odorat à l'action seule de l'une des branches des nerfs trijumeaux. Chez les seconds, le nerf de la vision, unique aussi, est produit par une branche du même nerf. C'est ici l'occasion de relever l'erreur de Carus et de Treviranus, qui ont cru que chez la taupe il existait un nerf optique très-petit, qui allait s'unir au rameau de la cinquième paire, pour constituer la rétine de l'œil de cet animal. L'organisation normale des autres vertébrés les a, je pense, induits dans cette fausse analogie.

Zinn, Carus, Jacobson, Weberg, Treviranus ont émis une opinion peu différente de la mienne, en ce qui concerne les nerfs de la tête des insectes et des crustacés ; leurs belles recherches leur ont fait entrevoir que ces nerfs pourraient être les analogues des branches des nerfs trijumeaux. Mais il ne leur est pas venu à l'esprit que le ganglion pro-œsophagien de ces animaux était l'analogue des ganglions réunis des deux nerfs trijumeaux des animaux vertébrés.

Cependant cette analogie se déduit rigoureusement de celle des nerfs ; il semble que rien n'était si naturel que d'être conduit de l'une à l'autre. Mais les anatomistes célèbres que je viens de nommer ne l'ont pas conclue, et ne pouvaient pas la conclure, par la raison que voici : Ils pensaient avec tous les anatomistes, que les nerfs des sens proviennent du cerveau ; il leur était donc impossible de concevoir l'existence des nerfs de la tête des invertébrés, sans l'existence de cet organe ; si l'idée inverse leur fût venue, ils auraient découvert la loi générale de névrogénie que j'ai développée, et qui seule pouvait conduire à ce résultat important. De là, l'incohérence de leur opinion ; de là, l'incertitude de leur détermination ; de là, l'idée de Treviranus, qui regarde les cordons œsophagiens des animaux articulés, comme l'hyatus du quatrième ventricule des vertébrés, ou comme les cordons non réunis de la moelle allongée, qui forment les parois de ce ventricule Si cela était, le ganglion pro-œsophagien serait le cerveau rudimentaire des vertébrés, et les ganglions méta-œsophagiens, les analogues de leur moelle épinière : conclusion bien différente des vues de cet illustre anatomiste.

D'après ces rapports anatomiques, l'encéphale des animaux invertébrés serait l'analogue des ganglions du nerf trijumeau des vertébrés; supposez que l'encéphale manque complètement chez un embryon des vertébrés monstrueux; supposez que les os de la base du crâne se soient développés imparfaitement, que le corps du sphénoïde, qui est le dernier terme de l'ossification de cet os, manque ; les masses latérales du sphénoïde se joignent alors sur la ligne médiane. Les deux ganglions des nerfs trijumeaux se touchent, se confondent en une masse unique ; sur cette masse nerveuse viennent aboutir le nerf de la vision, le nerf olfactif, s'ils existent, les nerfs de la troisième, de la quatrième et même de la sixième paire (1). Dans ce cas, que j'ai rencontré deux fois chez l'embryon humain, une troisième fois sur un embryon de chat, déposé dans le Cabinet d'Anatomie comparée de M. le baron

_____

(1) Une remarque digne de l'attention des anatomistes, c'est que la troisième, la quatrième et la sixième paires sont dépourvues de ganglions chez tous les animaux vertébrés. Cela indiquerait-il que ces nerfs sont des rameaux isolés de la cinquième paire, qui dans ces classes ont perdu leurs connexions avec le tronc principal, à cause de l'interposition de l'encéphale ?

Cuvier; une quatrième fois, sur un mouton monstrueux, qui fut remis à M. le professeur Geoffroy-Saint-Hilaire; dans ce cas, dis-je, l'encéphale des vertébrés est tombé dans la condition de celui des invertébrés. Plusieurs anatomistes ont fait des observations analogues; mais tous ont rapporté à l'encéphale le renflement résultant de l'adossement des deux ganglions trijumeaux. L'absence complète de la carotide interne, chez ceux surtout qui sont privés de l'œil et de ses nerfs, détruit, je crois, sans réplique cette dernière analogie.

Mais comment accorder cette analogie, si elle est fondée, avec les idées que nous nous sommes faites de l'action du système nerveux? Comment concevoir que les fonctions de l'encéphale des derniers vertébrés, tels que les lamproies, parmi les poissons, et les protées, parmi les reptiles, sont dévolues aux ganglions des nerfs trijumeaux, chez les invertébrés? Comment des organes si dissimilaires pourraient-ils exécuter une même fonction, ou un ordre à peu près semblable de phénomènes? L'objection est grave, et sa solution me paraît l'une des plus difficiles de la philosophie naturelle. Mais est-elle tout-à-fait insoluble? je ne le pense pas.

Une des lois physiques de la nature organisée, c'est que des organes dissimilaires peuvent remplir une même fonction. Ainsi la peau et les poumons peuvent concourir à la respiration; cette

fonction peut être exécutée par des branchies,
chez les poissons, et des trachées, chez les insectes,
organes éminemment différens des poumons des
mammifères et des oiseaux. La peau et les organes
urinaires peuvent se suppléer en certaines circonstances. La locomotion peut être transportée des
membres qui l'exécutent chez les mammifères et
les oiseaux, sur l'appareil coccygien : ce qui
se voit effectivement chez les poissons, ainsi
que l'a si heureusement observé l'auteur de
la *Philosophie anatomique*. Le sens de l'odorat
peut être transporté d'un nerf sur un autre, selon
l'ingénieuse remarque de M. le professeur Duméril.
D'après les observations de Scarpa, de Carus, de
Jacobson et de Treviranus, le sens de l'ouïe peut
être confié en partie à la cinquième paire : d'après
mes recherches sur la taupe, la chrysochlore, le
rat-taupe, le zemni, le protée, etc., ces animaux
peuvent voir par l'intermède d'un autre nerf que le
nerf optique. Pourquoi le ganglion de la cinquième
paire ne pourrait-il pas devenir chez les invertébrés
le siége et le point de réunion de leurs diverses
sensations? N'est-ce pas des faits semblables qu'avait
en vue M. le baron Cuvier, lorsqu'il a émis sa loi
générale d'action du système nerveux? N'est-ce
pas d'après de semblables observations que M. le
professeur Geoffroy-Saint-Hilaire a descendu la
fonction du rang éminent où l'avaient placée avant
lui tous les autres physiologistes?

TABLEAU COMPARATIF

Des Dimensions du nerf trijumeau, chez les Mammifères.

	MESURE DU NERF.
	mètre.
Homme.	0,00525

NOMS DES ANIMAUX.	MESURES DU NERF.
	mètre.
Patas (*Simia rubra*).	0,00400
Magot (*S. sylvanus*).	0,00250
Macaque (*S. cynocephalus*)	0,00300
Papion (*S. sphynx*).	0,00600
Mandrill (*S. maimon*).	0,00567
Drill (*S. leucophea.* Fr. C.).	0,00400
Sajou (*S. apella*).	0,00300
Maki (*Lemur macaco*).	0,00167
Rhinolophe uni-fer (*Rhinolophus uni-*	
hastatus. G. S. H.).	0,00150
Vespertilion (*Vespertilio murinus*). .	0,00150
Hérisson (*Erinaceus europæus*). . . .	0,00200
Taupe (*Talpa europæa*).	0,00150
Chrysochlore du Cap.	0,00125
Ours brun (*Ursus arctos*).	0,00600
Ours noir d'Amérique (*U. americanus*).	0,00450
Raton (*U. lotor*).	0,00300
Blaireau (*U. meles*).	0,00500
Coati brun (*Viverra narica*).	0,00233
Coati roux (*V. nasua*).	0,00300
Fouine (*Mustela foina*).	0,00300
Loutre (*M. lutra*).	0,00233
Chien (*Canis familiaris*).	0,00300
Loup, jeune (*C. lupus*).	0,00250
Renard (*C. vulpes*).	0,00200
Hyène rayée (*C. hyæna*).	0,00475
Mangouste du Cap (*Viverra cafra*). .	0,00200
Lion (*Felis leo*)	0,00600
Tigre royal (*F. tigris*).	0,00350
Jaguar (*F. onça*).	0,00500
Panthère (*F. pardus*).	0,00400

Suite du Tableau comparatif des Dimensions du nerf trijumeau , chez les Mammifères.

NOMS DES ANIMAUX.	MESURES DU NERF.
	mètre.
Couguar (*F. discolor*).	0,00425
Lynx (*F. lynx*).	0,00400
Phoque commun (*Phoca vitulina*) . .	0,00700
Kanguroo géant (*Macropus major.* G. C.).	0,00325
Phascolome (*Phascolomys.* G. S. H.)	0,00225
Castor (*Castor fiber*).	0,00600
Zemni (*M. Typhlus*).	0,00150
Marmotte (*M. alpinus*).	0,00300
Porc-épic (*Hystrix cristata*). . . .	0,00400
Ecureuil (*Sciurus vulgaris*). . . .	0,00300
Agouti (*Cavia acuti*).	0,00200
Tatou (*Dasypus sexcinctus*). . . .	0,00300
Pécari (*Sus tajassu*).	0,00400
Daman (*Hyrax capensis*).	0,00200
Cheval (*Equus caballus*).	0,01000
Anc (*E. asinus*).	0,00650
Chameau (*Camelus dromedarius*). . .	0,00900
Lama (*C. llacma*).	0,00500
Cerf (*Cervus elaphus*).	0,00433
Chevreul (*C. capreolus*).	0,00575
Bouc commun (*Capra hircus*). . . .	0,00300
Bouc de la Haute-Egypte.	0,00275
Taureau (*Bos taurus*).	0,00750
Mouton ordinaire.	0,00550
Dauphin (*Delphinus delphis*). . . .	0,00525
Marsouin (*D. phocœna*).	0,00400

TABLEAU COMPARATIF

Des Dimensions du nerf trijumeau, chez les Oiseaux.

NOMS DES ANIMAUX.	MESURES DU NERF.
	mètre.
Aigle royal (*Falco chrysaëtos*). . . .	0,00225
Pygargue (*F. ossifragus*).	0,00233
Bondrée commune (*F. apivorus*). . .	0,00175
Buse commune (*F. buteo*).	0,00133
Roitelet (*Motacilla regulus*). . . .	0,00075
Hirondelle (*Hirundo urbica*). . . .	0,00100
Alouette (*Alauda arvensis*).	0,00125
Moineau (*Fringilla domestica*). . . .	0,00100
Pinçon (*F. cœlebs*).	0,00100
Linotte (*F. linaria*).	0,00075
Serin (*F. canaria*).	0,00075
Chardonneret (*F. carduelis*). . . .	0,00075
Verdier (*Loxia chloris*).	0,00100
Corbeau (*Corvus corax*).	0,00150
Pie (*C. pica*).	0,00125
Perroquet amazône.	0,00175
Perroquet d'Afrique.	0,00200
Poule (*Phasianus gallus*).	0,00150
Faisan argenté (*P. nycthemerus*). . .	0,00133
Faisan doré (*P. pictus*).	0,00125
Pigeon (*Columba palumbus*). . . .	0,00125
Perdrix (*Tetrao cinereus*).	0,00100
Autruche du continent (*Struthio camelus.*)	0,00200
Casoar (*S. casuarius*).	0,00300
Cigogne blanche (*Ardea ciconia*). . .	0,00300
Cigogne noire (*A. nigra*).	0,00275
Fou de Bassan (*Pelecanus bassanus.*)	0,00233
Cravant (*A. bernicla*).	0,00175
Canard musqué (*A. moschata*). . . .	0,00200

TABLEAU COMPARATIF

Des Dimensions du nerf trijumeau, chez les Reptiles.

NOMS DES ANIMAUX.	MESURES DU NERF.
	mètre.
Tortue grecque (*Testudo græca*)...	0,00075
Tortue couï (*T. radiata*).......	0,00200
Tortue franche (*T. mydas*).....	0,00233
Crocodile vulgaire (*Crocodilus niloticus*. G. S. H.)...........	0,00067
Crocodile à deux arêtes (*C. biporcatus*).	0,00075
Caïman..............	0,00067
Monitor à taches vertes (*Tupinambis maculatus*)............	0,00067
Lézard vert (*Lacerta viridis*)......	0,00067
Lézard gris (*L. agilis*)........	0,00067
Caméléon vulgaire (*L. africana*)...	0,00067
Orvet (*Anguis fragilis*)........	0,00050
Couleuvre à collier (*Coluber natrix*).	0,00075
Vipère hajé (*C. haje*).........	0,00075
Vipère à raies parallèles........	0,00067
Grenouille commune (*Rana esculenta.*)	0,00100

TABLEAU COMPARATIF

Des Dimensions du nerf trijumeau, chez les Poissons.

NOMS DES ANIMAUX.	MESURES DU NERF.
	mètre.
Lamproie de rivière (*Petromyson flu-vialis*).	0,00075
Requin (*Squalus carcharias*).	0,00400
Aiguillat (*S. acanthias*).	0,00200
Ange (*S. squatina*).	0,00150
Raie bouclée (*Raya clavata*).	0,00400
Raie ronce (*R. rubus*).	0,00300
Raie (*R. batis.*).	0,00275
Esturgeon (*Acipenser sturio*).	0,00175
Brochet (*Esox lucius*).	0,00267
Carpe (*Cyprinus carpio*). . :	0,00150
Tanche (*G. tinca*).	0,00125
Morue (*Gadus morrhua*).	0,00200
Egrefin (*G. eglefinus*).	0,00133
Merlan (*G. merlangus*).	0,00100
Turbot (*Pleuronectes maximus*). . . .	0,00050
Anguille (*Muræna anguilla*).	0,00075
Congre (*M. conger*).	0,00200
Gronau (*Trigla lyra*).	0,00200
Baudroye (*Lophius piscatorius*). . . .	0,00133

TABLEAU COMPARATIF des *Rapports du Nerf trijumeau*, comparé aux *Nerfs de l'Olfaction et de la Vision*, chez les *Mammifères*.

	RAPPORT DU NERF TRIJUMEAU AUX NERFS				
	OLFACTIF.	OPTIQUE.	De la 3e PAIRE.	De la 4e PAIRE.	De la 6e PAIRE.
Homme	:: 1 : 5/7	:: 1 : 20/21	:: 1 : 8/21	:: 1 : 4/21	:: 1 : 2/7
NOMS DES ANIMAUX.					
Patas (*Simia rubra*) . . .	:: 1 : 3/4	:: 1 : 1	:: 1 : 1/2	:: 1 : 1/4	:: 1 : 5/12
Magot (*S. sylvanus*) . . .	:: 1 : 8/15	:: 1 : 1 3/5	:: 1 : 4/5	:: 1 : 2/5	:: 1 : 2/5
Macaque (*S. cynocephalus*).	:: 1 : 7/9	:: 1 : 1	:: 1 : 5/6	:: 1 : 1/3	:: 1 : 5/9
Papion (*S. Sphynx*) . . .	:: 1 : 5/8	:: 1 : 2/3	:: 1 : 1/2	:: 1 : 1/6	:: 1 : 4/5
Mandrill (*S. maimon*) . .	:: 1 : 15/34	:: 1 : 12/17	:: 1 : 9/17	:: 1 : 3/17	:: 1 : 6/17
Drill (*S. leucophea* Fr. C.).	:: 1 : 4/5	:: 1 : 1	:: 1 : 5/8	:: 1 : 1/4	:: 1 : 3/8
Sajou (*S. apella*)	:: 1 : 2/3	:: 1 : 5/6	:: 1 : 5/9	:: 1 : 2/9	:: 1 : 4/9
Maki (*Lemur macaco*) . . .	:: 1 : 3	:: 1 : 9/10	:: 1 : 4/5	:: 1 : 1/5	:: 1 : 3/5
Rhinolophe uni-fer (*Rhinolop. uni-hastatus* G.S.H.)	:: 1 : 1/5	:: 1 : 2/3	:: 1 : 1/3	:: 1 : 2/9	:: 1 : 2/9
Vespertilion murin (*Vespertilio murinus*)	:: 1 : 1/3	:: 1 : 2/3	:: 1 : 1/3	:: 1 : 2/9	:: 1 : 2/9
Hérisson (*Erinaceus Europæus*).	:: 1 : 2	:: 1 : 5/8	:: 1 : 1/4	:: 1 : 1/4	:: 1 : 1/4
Taupe (*Talpa europæa.*)	:: 1 : 2 1/5			:: 1 : 1/4	:: 1 : 1/4
Ours brun (*Ursus arctos*)	:: 1 : 2	:: 1 : 5/9	:: 1 : 1/3	:: 1 : 1/6	:: 1 : 5/24
Ours noir d'Amérique (*U. americanus*)	:: 1 : 2	:: 1 : 1	:: 1 : 4/9	:: 1 : 1/9	:: 1 : 5/18

	OLFACTIF.	OPTIQUE.	De la 3e PAIRE.	De la 4e PAIRE.	6e
	:: 1 : 3/7	:: 1 : 20/21	:: 1 : 8/21	:: 1 : 4/21	:: 1
DES ANIMAUX.					
mia rubra) . . .	:: 1 : 3/4	:: 1 : 1			
sylvanus) . .	:: 1 : 8/15	:: 1 : 1 3/5	:: 1 : 1/2	:: 1 : 1/4	:: 1
(S. cynocephalus).	:: 1 : 7/9	:: 1 : 1	:: 1 : 4/5	:: 1 : 2/5	:: 1
(S. Sphynx). . .	:: 1 : 3/8	:: 1 : 1	:: 1 : 5/6	:: 1 : 1/3	:: 1
(S. maimon). .	:: 1 : 15/34	:: 1 : 2/3	:: 1 : 1/2	:: 1 : 1/6	:: 1
eucophea Fr. C.).	:: 1 : 4/5	:: 1 : 12/17	:: 1 : 9/17	:: 1 : 3/17	:: 1
apella). . .	:: 1 : 2/3	:: 1 : 1	:: 1 : 5/8	:: 1 : 1/4	:: 1
nur macaco). .	:: 1 : 3	:: 1 : 5/6	:: 1 : 5/9	:: 1 : 2/9	:: 1
e uni-fer (Rhino-hastatus G.S.H.)		:: 1 : 9/10	:: 1 : 4/5	:: 1 : 1/5	:: 1
n murin (Ves-urinus) . .	:: 1 : 1 1/3	:: 1 : 2/3	:: 1 : 1/3	:: 1 : 2/9	:: 1
Erinaceus Eu-	:: 1 : 1 1/3	:: 1 : 2/3	:: 1 : 1/3	:: 1 : 2/9	:: 1
alpa europœas.)	:: 1 : 2	:: 1 : 5/8	:: 1 : 1/4	:: 1 : 1/4	:: 1
Ursus arctos).	:: 1 : 2 1/3		:: 1 : 1/4	:: 1 : 1/4	:: 1
Amérique (U...s)	:: 1 : 2	:: 1 : 5/9	:: 1 : 1/3	:: 1 : 1/6	:: 1
lotor). .	:: 1 : 2				
meles). . . .	:: 1 : 1 1/2	:: 1 : 1/2	:: 1 : 4/9	:: 1 : 1/9	:: 1
Viverra narica)	:: 1 : 3	:: 1 : 2/3	:: 1 : 4/15	:: 1 : 1/5	:: 1
V. nasua). . .	:: 1 : 2 1/2	:: 1 : 1	:: 1 : 7/13	:: 1 : 1/2	:: 1
stela foina). .	:: 1 : 2	:: 1 : 2/3	:: 1 : 1/3		:: 1
stela lutra). .	:: 1 : 1 2/7	:: 1 : 5/7	:: 1 : 4/7	:: 1 : 2/7	:: 1
is familiaris) .	:: 1 : 2 1/3	:: 1 : 2/3	:: 1 : 1/2	:: 1 : 1/6	:: 1
(C. lupus).	:: 1 : 2 1/6	:: 1 : 3/5	:: 1 : 2/5	:: 1 : 1/10	:: 1
vulpes). . . .	:: 1 : 3 1/3	:: 1 : 1	:: 1 : 1/2	:: 1 : 1/4	:: 1
(C. hyœna).	:: 1 : 2 2/19	:: 1 : 16/19	:: 1 : 6/19	:: 1 : 4/57	:: 1
du Cap (Vi-)	:: 1 : 1 1/2	:: 1 : 2/3	:: 1 : 3/8	:: 1 : 1/4	
co).	:: 1 : 1 5/12	:: 1 : 5/12	:: 1 : 7/8	:: 1 : 1/6	:: 1
(F. tigris). .	:: 1 : 3 2/7	:: 1 : 1 5/14	:: 1 : 9/14	:: 1 : 3/7	:: 1
onça).	:: 1 : 1 9/10	:: 1 : 19/20	:: 1 : 1/2	:: 1 : 3/15	:: 1
pardus). . .	:: 1 : 2 1/4	:: 1 : 1/8	:: 1 : 1/2	:: 1 : 5/16	:: 1
discolor). . .	:: 1 : 1 15/17	:: 1 : 16/17	:: 1 : 8/17	:: 1 : 4/51	:: 1
x). . . .	:: 1 : 2	:: 1 : 5/8	:: 1 : 3/8	:: 1 : 1/6	:: 1
(Ph. vitulina)	:: 1 : 1 1/7	:: 1 : 3/7	:: 1 : 2/7	:: 1 : 17/28	:: 1
ant (Macropus.)	:: 1 : 2 2/13	:: 1 : 1 1/13	:: 1 : 8/13	:: 1 : 2/13	:: 1
(Phascolomys.)					
fiber). . .	:: 1 : 2 4/9	:: 1 : 2/3	:: 1 : 5/9	:: 1 : 2/9	:: 1
yphlus.). . . .	:: 1 : 5/6	:: 1 : 1/4	:: 1 : 1/8	:: 1 : 1/8	:: 1
. . .	:: 1 : 2				
U. alpinus). .	:: 1 : 1 1/6	:: 1 : 2/3	:: 1 : 3/10	:: 1 : 1/6	:: 1
strix cristata).	:: 1 : 1 1/3	:: 1 : 7/16	:: 1 : 3/16	:: 1 : 1/8	:: 1
urus vulgaris).	:: 1 : 2 3/4	:: 1 : 2/5	:: 1 : 5/12	:: 1 : 1/9	:: 1
a acuti) . . .	:: 1 : 5/6	:: 1 : 1	:: 1 : 3/4	:: 1 : 1/6	:: 1
us sexcinctus).	:: 1 : 2 1/4	:: 1 : 5/12	:: 1 : 1/3	:: 1 : 1/6	:: 1
ajassu). . .	:: 1 : 1	:: 1 : 15/16	:: 1 : 1/2	:: 1 : 1/8	:: 1
x capensis). .	:: 1 : 1 2/5	:: 1 : 7/8	:: 1 : 1/2	:: 1 : 3/8	:: 1
us caballus) .	:: 1 : 1 1/13	:: 1 : 11/20	:: 1 : 1/4	:: 1 : 2/15	:: 1
ne bosse (Ca-nedarius). . .	:: 1 : 1 1/9	:: 1 : 2/3	:: 1 : 13/36	:: 1 : 2/9	:: 1

Chien (Canis familiaris)	:: 1 : 2 1/5	:: 1 : 2/5	:: 1 : 1/2	:: 1 : 1/5	:: 1 : 4/9
Loup jeune (C. lupus) . .	:: 1 : 2 1/6	:: 1 : 3/5	:: 1 : 2/5	:: 1 : 1/10	:: 1 : 3/10
Renard (C. vulpes)	:: 1 : 3 1/3	:: 1 : 1 : 1	:: 1 : 1/2	:: 1 : 1/4	:: 1 : 3/8
Hyène rayée (C. hyæna) .	:: 1 : 2 2/19	:: 1 : 1 16/19	:: 1 : 6/19	:: 1 : 4/57	:: 1 : 5/19
Mangouste du Cap (Viverra cafra)	:: 1 : 1 1/2	:: 1 : 2/3	:: 1 : 3/8	:: 1 : 1/4	:: 1 : 3/8
Lion (Felis leo)	:: 1 : 1 5/12	:: 1 : 5/12	:: 1 : 7/8	:: 1 : 1/6	:: 1 : 8/12
Tigre royal (F. tigris) . .	:: 1 : 3 2/7	:: 1 : 1 5/14	:: 1 : 9/14	:: 1 : 2/7	:: 1 : 3/7
Jaguar (F. onça)	:: 1 : 1 9/10	:: 1 : 1 19/20	:: 1 : 1/2	:: 1 : 2/15	:: 1 : 3/10
Panthère (F. pardus) . .	:: 1 : 2 1/4	:: 1 : 1/8	:: 1 : 1/2	:: 1 : 3/16	:: 1 : 1/8
Couguar (F. discolor) . .	:: 1 : 1 15/17	:: 1 : 16/27	:: 1 : 8/17	:: 1 : 4/51	:: 1 : 5/17
Lynx (F. lynx)	:: 1 : 2	:: 1 : 5/8	:: 1 : 3/8	:: 1 : 1/6	:: 1 : 5/16
Phoque com. (Ph. vitulina)	:: 1 : 1 1/7	:: 1 : 3/7	:: 1 : 2/7	:: 1 : 17/28	:: 1 : 4/21
Kanguroo géant (Macropus major. G. C.)	:: 1 : 2 2/13	:: 1 : 1 1/13	:: 1 : 8/13	:: 1 : 2/13	:: 1 : 3/13
Phascolome (Phascolomys. G. S. H.)	:: 1 : 2 4/9	:: 1 : 2/3	:: 1 : 5/9	:: 1 : 2/9	:: 1 : 4/9
Castor (Castor fiber) . .	:: 1 : 5/6	:: 1 : 1/4	:: 1 : 1/8	:: 1 : 1/8	:: 1 : 1/6
Zemni (M. typhlus) . . .	:: 1 : 2	»	»	»	»
Marmotte (M. alpinus) .	:: 1 : 1 1/6	:: 1 : 2/3	:: 1 : 3/10	:: 1 : 1/6	:: 1 : 1/3
Porc-épic (Hystrix cristata) .	:: 1 : 1 1/5	:: 1 : 7/16	:: 1 : 3/16	:: 1 : 1/8	:: 1 : 3/16
Écureuil (Sciurus vulgaris) .	:: 1 : 2 3/4	:: 1 : 2/3	:: 1 : 3/12	:: 1 : 1/9	:: 1 : 1/6
Agouti (Cavia acuti) . . .	:: 1 : 5/6	:: 1 : 1	:: 1 : 3/4	:: 1 : 1/6	:: 1 : 3/8
Tatou (Dasypus sexcinctus)	:: 1 : 2 1/4	:: 1 : 5/12	:: 1 : 1/3	:: 1 : 1/6	:: 1 : 1/4
Pécari (Sus tajassu) . . .	:: 1 : 1	:: 1 : 13/16	:: 1 : 1/2	:: 1 : 1/8	:: 1 : 1/4
Daman (Hyrax capensis) .	:: 1 : 1 2/5	:: 1 : 7/8	:: 1 : 1/2	:: 1 : 3/8	:: 1 : 1/6
Cheval (Equus caballus) .	:: 1 : 1 1/13	:: 1 : 11/20	:: 1 : 1/4	:: 1 : 2/15	:: 1 : 1/5
Chameau à une bosse (Camelus dromedarius) . . .	:: 1 : 1 1/9	:: 1 : 2/3	:: 1 : 13/36	:: 1 : 2/9	:: 1 : 1/3
Lama (C. llacma)	:: 1 : 1 1/5	:: 1 : 1	:: 1 : 3/5	:: 1 : 9/20	»
Cerf (Cervus elaphus) . .	:: 1 : 1 2/13	:: 1 : 12/13	:: 1 : 35/52	:: 1 : 15/52	:: 1 : 21/52
Bouc com. (Capra hircus) .	:: 1 : 1 2/3	:: 1 : 1 2/3	:: 1 : 1/3	:: 1 : 2/3	:: 1 : 2/3
Bouc de la Haute-Égypte .	:: 1 : 2 2/11	:: 1 : 2 2/11	:: 1 : 2/11	:: 1 : 5/11	:: 1 : 16/33
Taureau (Bos taurus) . .	:: 1 : 1 7/15	:: 1 : 14/15	:: 1 : 11/30	:: 1 : 2/15	:: 1 : 2/15
Dauphin (Delph. delphis) .	:: 1 : 16/21	:: 1 : 2/7	:: 1 : 4/21	:: 1 : 4/21
Marsouin (D. phocæna) .	»	:: 1 : 1	:: 1 : 3/8	:: 1 : 1/4	:: 1 : 1/4

Tableau comparatif des Rapports du Nerf trijumeau, comparé aux Nerfs de l'olfaction et de la Vision, chez les Oiseaux.

NOMS DES ANIMAUX.	RAPPORT DU NERF TRIJUMEAU AUX NERFS				
	OLFACTIF	OPTIQUE.	De la 3ᵉ PAIRE.	De la 4ᵉ PAIRE.	De la 6ᵉ PAIRE.
Aigle royal (*F. chrysaëlos*).	:: 1 : 1 1/10	:: 1 : 1 13/15	:: 1 : 16/27	:: 1 : 4/9	:: 1 : 4/9
Pygargue (*F. ossifragus*).	:: 1 : 1	:: 1 : 1 2/7	:: 1 : 18/35	:: 1 : 9/28	:: 1 : 9/28
Buse (*F. buteo*)	:: 1 : 1 1/8	:: 1 : 1 7/8	:: 1 : 3/4	:: 1 : 9/16	:: 1 : 9/16
Bondrée (*F. apivorus*) . . .	:: 1 : 1 5/12	:: 1 : 1 1/7	:: 1 : 4/7	:: 1 : 8/21	:: 1 : 3/7
Roitelet (*Motacilla regulus*)	:: 1 : 2/3	:: 1 : 1	:: 1 : 1/3	:: 1 : 1/3	:: 1 : 1 1/3
Hirondelle (*Hirundo urb.*)	:: 1 : 3/4	:: 1 : 1 1/3	:: 1 : 1/2	:: 1 : 1/2	:: 1 : 1 1/2
Alouette (*Alauda arvensis*).	:: 1 : 4/5	:: 1 : 1 1/15	:: 1 : 2/5	:: 1 : 2/5	:: 1 : 1 2/5
Moineau (*Fringilla domestica*)	:: 1 : 3/4	:: 1 : 1 1/3	:: 1 : 1/2	:: 1 : 1/2	:: 1 : 1 1/2
Pinçon (*F. Cœlebs*). . . .	:: 1 : 1	:: 1 : 1	:: 1 : 1/2	:: 1 : 1/2	:: 1 : 1/2
Linotte (*F. Linaria*) . . .	:: 1 : 1	:: 1 : 1 7/9	:: 1 : 2/3	:: 1 : 2/3	:: 1 : 2/3
Serin (*F. Canaria*). . . .	:: 1 : 1	:: 1 : 1 7/9	:: 1 : 2/3	:: 1 : 2/3	:: 1 : 2/3
Chardonneret(*F. carduelis*)	:: 1 : 1	:: 1 : 1 7/9	:: 1 : 2/3	:: 1 : 2/3	:: 1 : 2/3
Verdier (*Loxia chloris*) . .	:: 1 : 1	:: 1 : 1 1/3	:: 1 : 1/2	:: 1 : 1/2	:: 1 : 1/2
Pie (*C. Pica*).	:: 1 : 1 1/15	:: 1 : 1 1/5	:: 1 : 8/15	:: 1 : 2/5	:: 1 : 1 8/15
Perroquet amazône. . . .	:: 1 : 1 5/12	:: 1 : 1	:: 1 : 4/7	:: 1 : 3/7	:: 1 : 3/7
Perroquet d'Afrique. . . .	:: 1 : 1 1/2	:: 1 : 3/4	:: 1 : 3/8	:: 1 : 1/4	:: 1 : 1/4
Poule (*Phasianus gallus*).	:: 1 : 1 1/3	:: 1 : 1 1/2	:: 1 : 4/9	:: 1 : 1/3	:: 1 : 1/3
Faisan argenté (*P. Nycthemorus*).	:: 1 : 1 3/8	:: 1 : 1 1/4	:: 1 : 3/4	:: 1 : 1/2	:: 1 : 9/16
Faisan doré (*P. pictus*). .	:: 1 : 1/5	:: 1 : 1 1/15	:: 1 : 4/5	:: 1 : 2/5	:: 1 : 3/5
Pigeon (*Columba palumbus*)	:: 1 : 1 1/5	:: 1 : 1 1/6	:: 1 : 8/15	:: 1 : 2/5	:: 1 : 2/5
Perdrix (*Tetrao cinereus*).	:: 1 : 1 1/3	:: 1 : 1 1/2	:: 1 : 2/3	:: 1 : 1/2	:: 1 : 1/2

Tableau comparatif *des Rapports du Nerf trijumeau, comparé aux Nerfs de l'olfaction et de la Vision, chez les Oiseaux.*

NOMS DES ANIMAUX.	RAPPORT DU NERF TRIJUMEAU AUX NERFS				
	OLFACTIF	OPTIQUE.	De la 3ᵉ PAIRE.	De la 4ᵉ PAIRE.	De la 6ᵉ PAIRE.
Aigle royal (*F. chrysaëlos*).	:: 1 : 1 1/10	:: 1 :1 13/15	:: 1 : 16/27	:: 1 : 4/9	:: 1 : 4/9
Pygargue (*F. ossifragus*).	:: 1 : 1	:: 1 :1 2/7	:: 1 : 18/35	:: 1 : 9/28	:: 1 : 9/28
Buse (*F. buteo*)	:: 1 : 1 1/8	:: 1 :1 7/8	:: 1 : 3/4	:: 1 : 9/16	:: 1 : 9/16
Bondrée (*F. apivorus*). . .	:: 1 : 1 5/12	:: 1 :1 1/7	:: 1 : 4/7	:: 1 : 8/21	:: 1 : 3/7
Roitelet (*Motacilla regulus*)	:: 1 : 2/3	:: 1 :1	:: 1 : 1/3	:: 1 : 1/3	:: 1 : 1/3
Hirondelle (*Hirundo urb.*)	:: 1 : 3/4	:: 1 :1 1/3	:: 1 : 1/2	:: 1 : 1/2	:: 1 : 1/2
Alouette (*Alauda arvensis*).	:: 1 : 4/5	:: 1 :1 1/15	:: 1 : 2/5	:: 1 : 2/5	:: 1 : 2/5
Moineau (*Fringilla domestica*)	:: 1 : 3/4	:: 1 :1 1/3	:: 1 : 1/2	:: 1 : 1/2	:: 1 : 1/2
Pinçon (*F. Cœlebs*). . . .	:: 1 : 1	:: 1 :1	:: 1 : 1/2	:: 1 : 1/2	:: 1 : 1/2
Linotte (*F. Linaria*) . . .	:: 1 : 1	:: 1 :1 7/9	:: 1 : 2/3	:: 1 : 2/3	:: 1 : 2/3
Serin (*F. Canaria*). . . .	:: 1 : 1	:: 1 :1 7/9	:: 1 : 2/3	:: 1 : 2/3	:: 1 : 2/3
Chardonneret(*F. carduelis*) .	:: 1 : 1	:: 1 :1 7/9	:: 1 : 2/3	:: 1 : 2/3	:: 1 : 2/5
Verdier (*Loxia chloris*) . ,	:: 1 : 1	:: 1 :1 1/3	:: 1 : 1/2	:: 1 : 1/2	:: 1 : 1/2
Pie (*C. Pica*)	:: 1 : 1 1/15	:: 1 :1 1/5	:: 1 : 8/15	:: 1 : 2/5	:: 1 : 8/15
Perroquet amazône. . . .	:: 1 : 1 5/12	:: 1 :1	:: 1 : 4/7	:: 1 : 3/7	:: 1 : 3/7
Perroquet d'Afrique. . . .	:: 1 : 1 1/2	:: 1 : 3/4	:: 1 : 3/8	:: 1 : 1/4	:: 1 : 1/4
Poule (*Phasianus gallus*).	:: 1 : 1 1/3	:: 1 :1 1/2	:: 1 : 4/9	:: 1 : 1/3	:: 1 : 1/3
Faisan argenté (*P. Nycthemerus*).	:: 1 : 1 1/8	:: 1 :1 1/4	:: 1 : 3/4	:: 1 : 1/2	:: 1 : 9/16
Faisan doré (*P. pictus*). .	:: 1 : 1 1/5	:: 1 :1 1/15	:: 1 : 4/5	:: 1 : 2/5	:: 1 : 3/5
Pigeon(*Columba palumbus*) .	:: 1 : 1 1/5	:: 1 :1 1/5	:: 1 : 8/15	:: 1 : 2/5	:: 1 : 2/5
Perdrix (*Tetrao cinereus*).	:: 1 : 1 1/3	:: 1 :1 1/2	:: 1 : 2/3	:: 1 : 1/2	:: 1 : 1/2
Autruche de l'ancien continent (*Struthio camelus*)	:: 1 : 1 3/4	:: 1 :1 2/3	:: 1 : 7/8	:: 1 : 1/4	:: 1 : 1/6
Casoar (*S. Casuarius*). .	:: 1 : 1	:: 1 :.1 2/3	:: 1 : 7/12	:: 1 : 1/9	:: 1 : 1/6
Cigogne blanche (*Ardea ciconia*)	:: 1 : 1	:: 1 : 5/6	:: 1 : 4/9	:: 1 : 1/6	:: 1 :. 1/4
Cigogne noire (*A. nigra*).	:: 1 : 1 1/10	:: 1 : 10/11	:: 1 : 2/11	:: 1 : 16/33	:: 1 : 3/11
Fou de Bassan (*Pelecanus bassanus*).	:: 1 : 1 1/6	:: 1 : 1 4/5	:: 1 : 1/7	:: 1 : 9/28	:: 1 : 3/7
Cravant (*Anas Bernicla*).	:: 2 : 1 1/7	:: 1 : 1 1/7	:: 1 : 16/21	:: 1 : 8/21	:: 1 : 3/7
Canard musqué (*A. moschata*).	:: 1 : 1	:: 1 : 1 1/3	:: 1 : 5/8	:: 1 : 1/4	:: 1 : 3/16

Casoar (*S. Cazuarius*) . .	:: 1 : 1	:: 1 : 1 2/5	:: 1 : 7/12	:: 1 : 1/9	:: 1 : 1/6
Cigogne blanche (*Ardea ciconia*) . . .	:: 1 : 1	:: 1 : 5/6	:: 1 : 4/9	:: 1 : 1/6	:: 1 : 1/4
Cigogne noire (*A. nigra*) .	:: 1 : 1 1/10	:: 1 : 10/11	:: 1 : 2/11	:: 1 : 16/33	:: 1 : 3/11
Fou de Bassan (*Pelecanus bassanus*) . . .	:: 1 : 1	:: 1 : 4/5	:: 1 : 1/7	:: 1 : 9/28	:: 1 : 3/7
Cravant (*Anas Bernicla*) . .	:: 1 : 1 1/6	:: 1 : 1/7	:: 1 : 16/21	:: 1 : 8/21	:: 1 : 3/7
Canard musqué (*A. moschata*)	:: 1 : 1	:: 1 : 1 1/3	:: 1 : 5/8	:: 1 : 1/4	:: 1 : 3/16

I.

27

TABLEAU COMPARATIF des rapports du Nerf trijumeau, comparé aux Nerfs de l'olfaction et de la Vision, chez les Reptiles.

NOMS DES ANIMAUX.	OLFACTIF.	OPTIQUE.	RAPPORT DU NERF TRIJUMEAU AU NERF		
			De la 3e PAIRE.	De la 4e PAIRE.	De la 6e PAIRE.
Tortue grecque (*Testudo græca*)	:: 1 : 1 3/5	:: 1 : 1 3/5	:: 1 : 1 8/15	:: 1 : 1 1/3	:: 1 : 1 1/3
Tortue coui (*T. Radiata*). .	:: 1 : 1 1/4	:: 1 : 1 1/2	:: 1 : 1 1/4	:: 1 : 1 1/8	:: 1 : 1 1/6
Tortue franche (*T. mydas*)	:: 1 : 1 3/4	:: 1 : 1 5/28	:: 1 : 1 3/7	:: 1 : 1 3/7	:: 1 : 1 18/35
Crocodile vulgaire (*Crocodilus niloticus* G. S. H.)	:: 1 : 1	:: 1 : 1 7/8	:: 1 : 1 5/5	:: 1 : 1 3/8	:: 1 : 1 3/8
Crocodile à 2 arêtes (*C. biporcatus*)	:: 1 : 1	:: 1 : 1 7/9	:: 1 : 1 8/15	:: 1 : 1 1/3	:: 1 : 1 1/3
Monitor à taches vertes (*Tupinambis maculatus*)	:: 1 : 5/4	:. 1 : 2 4/4	:: 1 : 3/5	:: 1 : 3/8	:: 1 : 3/8
Lézard vert (*Lacerta viridis*) . . .	:: 1 : 1 1/8	:: 1 : 1	:: 1 : 3/8	:: 1 : 3/8	:: 1 : 3/8
Lézard gris (*L. agilis*) . .	:: 1 : 1	:: 1 : 1	:: 1 : 3/8	:: 1 : 3/8	:: 1 : 3/8
Caméléon vulgaire (*L. africanus*)	:: 1 : 5/4	:: 1 : 1 1/4	:: 1 : 3/5	:: 1 : 3/8	:: 1 : 3/8
	:: 1 : 4/5	2/5	:: 1 : 1/2	:: 1 : 1/2	:: 1 : 1/2
Orvet (*Anguis fragilis*). .	:: 1 : 1/5	:: 1 : 1	:: 1 : 1/3	:: 1 : 1/3	:: 1 : 1/3
Couleuvre à collier (*Coluber natrix*)	:: 1 : 8/9	:: 1 : 1	:: 1 : 1/3	:: 1 : 1/3	:: 1 : 1/3
Vipère hajé (*C. haje*) . .	:: 1 : 1/9	:: 1 : 1 7/8	:: 1 : 3/8	:: 1 : 3/8	:: 1 : 3/8
Vipère à raies parallèles. .					
Grenouille commune (*Rana esculenta*).	:: 1 : 1/5	:: 1 : 1	:: 1 : 1/5	:: 1 : 1/5	:: 1 : 1/5

TABLEAU COMPARATIF des Rapports du Nerf trijumeau, comparé aux Nerfs de l'olfaction et de la Vision, chez les Poissons.

NOMS DES ANIMAUX.	RAPPORT DU NERF TRIJUMEAU AU NERF				
	OLFACTIF.	OPTIQUE.	De la 3ᵉ PAIRE.	De la 4ᵉ PAIRE.	De la 5ᵉ PAIRE.
Lamproie derivière (Petromyson fluviatilis)	:: 1 : 1/3	:: 1 : 1.1/5	:: 1 : 4/9	:: 1 : 4/9	:: 1 : 4/9
Requin (Squalus carcharias).	:: 1 : 1/4	:: 1 : 5/6	:: 1 : 5/8	:: 1 : 1/4	:: 1 : 1/4
Aiguillat (S. acanthias).	:: 1 :	:: 1 : 1.1/6	:: 1 : 1/2	:: 1 : 1/2	:: 1 : 3/8
Ange (S. squatina).	:: 1 :	:: 1 : 5/6	:: 1 : 1/2	:: 1 : 2/3	:: 1 : 4/9
Raie bouclée (Raya clavata).	:: 1 : 5/6	:: 1 : 5/6	:: 1 : 1/4	:: 1 : 1/4	:: 1 : 1/4
Raie ronce (R. Rubus).	:: 1 : 5/4	:: 1 :	:: 1 : 1/3	:: 1 : 1/3	:: 1 : 1/3
Raie (R. batis).	:: 1 : 8/11	:: 1 : 1.1/11	:: 1 : 4/11	:: 1 : 4/11	:: 1 : 4/11
Esturgeon (Acip. sturio).	:: 1 : 1/7	:: 1 : 1	:: 1 : 3/7	:: 1 : 2/7	:: 1 : 2/7
Brochet (Esox lucius).	:: 1 : 1/2	:: 1 : 27/32	:: 1 : 3/8	:: 1 : 9/32	:: 1 : 3/8
Carpe (Cyprinus carpio).	:: 1 : 8/9	:: 1 : 1.1/5	:: 1 : 2/9	:: 1 : 4/9	:: 1 : 4/9
Tanche (C. tinca).	:: 1 : 1/3	:: 1 : 1	:: 1 : 2/5	:: 1 : 2/5	:: 1 : 2/5
Morue (Gadus morrhua).	:: 1 : 2/3	:: 1 : 1/2	:: 1 : 1/5	:: 1 : 3/8	:: 1 : 1/2
Egrefin (G. Eglefinus).	:: 1 : 5/4	:: 1 : 3/4	:: 1 : 9/16	:: 1 : 3/8	:: 1 : 5/8
Merlan (G. Merlangus).	:: 1 : 3/4	:: 1 : 1.1/2	:: 1 : 1/2	:: 1 : 1/3	:: 1 : 1/3
Turbot (Pleuron. maximus)	:: 2	:: 1 : 4	:: 1 : 1/3		:: 1 : 1/3
Anguille (Muræna anguilla)	:: 1 : 4/9	:: 1 : 1/3	:: 1 : 1.1/2	:: 1 : 1/3	:: 1 : 1/3
Congre (M. Conger).	:: 1 : 2/3	:: 1 : 7/8	:: 1 : 3/8	:: 1 : 3/8	:: 1 : 3/8
Grondin (Trigla lyra).	:: 1 : 1/3	:: 1 : 1	:: 1 : 1/2	:: 1 : 1/4	:: 1 : 1/3
Baudroie (Lophius piscatorius).	:: 1 : 1/2	:: 1 : 1.1/8	:: 1 : 5/8	:: 1 : 3/8	:: 1 : 5/8

CHAPITRE IV.

Des Nerfs auditf et facial, comparés dans les quatre classes des animaux vertébrés.

Dans les chapitres précédens j'ai exposé les lois de la névrogénie, j'en ai fait l'application aux nerfs de l'olfaction et de la vision, et aux trijumeaux. Je me suis beaucoup appesanti sur ces nerfs à raison de leur importance, et de l'influence que les parties auxquelles ils s'insèrent exercent sur la masse encéphalique. Ce que j'ai dit des nerfs trijumeaux me paraît surtout essentiel, à cause de la détermination des nerfs encéphaliques des invertébrés. Les autres nerfs de la moelle allongée ne nous présentant pas le même degré d'intérêt, je vais réunir dans deux articles les considérations générales qu'ils présentent dans les quatre classes de vertébrés. Ces nerfs sont l'acoustique, le facial, le pneumo-gastrique, l'hypoglosse et l'accessoire de Willis. Je terminerai cette deuxième partie par quelques considérations sur l'origine du grand sympathique et sur la formation des monstres.

On a longtemps confondu le nerf acoustique et le nerf facial dans la même description ; l'un sous le nom de portion dure ; l'autre sous celui de portion molle de la septième paire : les anciens anatomistes ne décrivaient que le nerf facial, la mollesse du nerf auditif chez l'adulte le leur avait fait exclure de la névrologie. Le carac-

tère pulpeux de l'auditif le distingue en effet des autres nerfs de l'encéphale, chez tous les mammifères.
De là vient que plusieurs anatomistes l'ont considéré comme une émanation de l'encéphale; c'est
celui de tous les nerfs de la tête, le plus favorable à l'hypothèse de l'origine des nerfs dans cet
organe; celui, au contraire, qui semblait le moins
favorable à la loi de névrogénie que j'ai établie.
J'ai donc dû porter une attention spéciale à la formation primitive de ce nerf, pour voir s'il provenait du cerveau, ou s'il s'y rendait.

C'est en me livrant à cette recherche avec tout
le soin qu'elle demandait pour confirmer ou détruire cette loi générale, que j'ai découvert que le
nerf auditif est formé, chez les jeunes embryons, de
filamens déliés, isolés les uns des autres; de même
que le nerf optique, qui, au degré de mollesse près,
lui ressemble quant à la structure. Chez plusieurs
embryons humains du courant du deuxième
mois, je lui ai compté quatre, cinq, six, et une
fois huit filamens particuliers; sur deux embryons
de mouton de la sixième semaine j'en ai distingué quatre; j'en ai trouvé sept et huit sur
un embryon de veau et de cheval, du terme de
la sixième à la septième semaines. Ces embryons avaient séjourné long-temps dans l'alcohol
concentré. Ces filets se réunissent vers le tiers
de la vie utérine des mammifères : le faisceau
est unique, encore consistant; il ne commence à

présenter la mollesse qui le distingue, que vers la
moitié de la gestation.

Chez les oiseaux, j'ai fait la même remarque;
j'ai vu le nerf acoustique formant un faisceau formé
par la réunion de plusieurs filets étroitement ac-
collés les uns aux autres, mais qui se séparaient
par le séjour du petit embryon dans l'eau distillée. J'ai fait cette observation chez le poulet, du
cinquième au septième jour de l'incubation; chez
les faisans, de la même époque de formation;
chez le dindon, du septième, du huitième et du
neuvième; et jusqu'au dixième jour, chez l'oie
ordinaire.

Chez les embryons des reptiles, cette disposition primitive du nerf auditif est plus marquée
encore, à cause de la densité plus grande qu'il
présente dans cette classe.

Chez les très-jeunes embryons, le nerf acoustique est isolé de l'encéphale; il se met en rapport
avec lui par une marche excentrique de l'oreille
sur les parties latérales de la moelle allongée.
J'ai bien constaté ce fait; mais je n'ai pu préciser
avec rigueur l'époque fixe de son implantation.

Chez l'embryon du mouton, il m'a paru enchâssé sur les parties latérales de la moelle allongée,
vers la fin du deuxième mois; chez le cochon,
au commencement du troisième; chez le cheval
et le veau, dans le courant du troisième mois de
formation; chez l'embryon humain, je ne l'ai ja-

mais vu implanté avant la fin du troisième mois. Nous devons remarquer à cette occasion que l'implantation du nerf acoustique et celui du nerf facial coïncident avec le développement du corps trapézoïde sur la moelle allongée. Ce rapport m'a paru si constant dans mes observations, que de la présence du commencement du trapèze sur la moelle allongée, je présumai celle de l'implantation de ces nerfs, et rarement cette remarque s'est trouvée en défaut.

Personne n'ignore que depuis Picholomini, les anatomistes considéraient les stries blanchâtres du quatrième ventricule chez l'homme, comme les racines du nerf acoustique : en considérant que chez tous les mammifères et les oiseaux, ces stries manquent, quoique le nerf auditif soit très-développé, on serait surpris de la longue durée de cette erreur, si on ne se rappelait que l'homme faisait toujours le sujet presque exclusif des recherches comparatives en anatomie. Prochaska, les frères Wenzel, Gall, Spurzheim et M. le baron Cuvier ont détruit cette opinion par la considération du nerf acoustique chez les mammifères. On regarde aujourd'hui les stries blanchâtres du quatrième ventricule comme tout-à-fait étrangères à l'audition. Picholomini leur avait sans doute trop attribué; aujourd'hui on leur attribue trop peu. Il est certain que sur cent cadavres, on en trouve quarante chez lesquels un ou plusieurs de ces faisceaux se rendent vers le tœnia, ou directement sur le nerf auditif, en passant par-dessus la matière grise qui forme ce renflement. Il est encore certain que chez l'enfant, l'audition ne devient très-nette qu'à l'époque où ces faisceaux commencent à se développer. Quoique, d'après ces faits, on ne puisse pas conclure que ces faisceaux concourent réellement à la formation du nerf acoustique, parce que le volume de ce nerf ne m'a jamais paru sensiblement accru par leur communication avec lui, je pense néanmoins, avec MM. Rolando et Treviranus, qu'ils ne leur sont pas tout-à-fait étrangers. On sait combien le sens de l'audition varie chez les hommes ; ces faisceaux médullaires auraient-ils quelques rapports avec la finesse et la délicatesse de ce sens? J'ai fait quelques recherches à ce sujet ; mais elles ne m'ont laissé que des doutes, à cause de l'imperfection des renseignemens que j'ai pu me procurer sur l'état de l'ouïe, pendant la durée de la vie des sujets que j'ai observés. Dernièrement, j'ai eu occasion d'examiner le cerveau d'un musicien qui avait succombé à une attaque d'apoplexie ; je trouvai sur le plancher du quatrième ventricule neuf faisceaux médullaires, six à droite, trois à gauche; un seul de ces derniers se joignait au nerf acoustique. Cette observation est loin, comme on le voit, d'être favorable à ma supposition. Je crois néanmoins que des recherches suivies dans cette direction pourraient jeter quelque jour sur cette question.

Quoi qu'il en soit, la découverte des frères
Wenzel n'en est pas moins importante ; ces anatomistes ont avancé que les racines du nerf auditif
ne dépassent pas le renflement grisâtre qu'ils
ont fait connaître. J'ai trouvé leur observation
exacte sur tous les mammifères que j'ai examinés.
M. le baron Cuvier avait le premier fait connaître
ce rapport général, Rolando l'a vérifié ; Trévira-
nus croit au contraire que les filets acoustiques
ne pénètrent pas dans la matière grise. Je suis loin
d'adopter son opinion, quoique j'aie constamment observé que le nerf acoustique s'implante sur les côtés de la moelle allongée par deux
ordres de faisceaux, un antérieur, qui se porte sur
l'extrémité du trapèze ; un postérieur, qui se rend
sur les côtés du quatrième ventricule. C'est autour
de ce dernier faisceau que se dépose plus tard la
matière grise du tœnia. Sous ce rapport, ce renflement est au nerf acoustique ce que les corps
géniculés sont au nerf optique.

Chez beaucoup de mammifères on aperçoit sur
le plancher du quatrième ventricule des cordons
grisâtres, qui se rendent vers l'insertion des nerfs
de la moelle allongée, tantôt vers la cinquième
paire, tantôt vers le nerf facial, quelquefois aussi vers
l'auditif : ce qui paraît établir qu'il existe entre la
matière grise de ce ventricule et ce nerf un rapport qui n'a pas encore été aperçu. Chez les oiseaux, ces cordons sont plus faibles ; chez la tortue franche, on remarque vers le milieu du qua-

trième ventricule, quatre et cinq filamens blanchâtres de chaque côté (1), se dirigeant obliquement de la ligne médiane sur les côtés des parois du
ventricule; je les ai suivis jusqu'auprès des racines
d'insertion de la cinquième paire. Ils n'avaient aucun rapport avec le nerf auditif. Chez le *Crotalus
durissimus*, j'ai trouvé une strie blanchâtre de chaque côté, que j'ai perdue avant qu'elle fût parvenue au point d'insertion du nerf sur la moelle
allongée.

Chez les poissons, l'intérieur du quatrième ventricule offre des particularités qu'on ne remarque
dans aucune autre classe. Chez les poissons osseux,
on trouve tantôt deux (2), tantôt quatre renflemens (3), formés par la duplicature des lames
postérieures de la moelle allongée, et oblitérant
en quelque sorte le quatrième ventricule. Chez le
congre et l'anguille (4), il y en a deux (5); chez la
morue (6) et le merlan (7), on en trouve quatre,
deux de chaque côté. Chez la morue, on aperçoit
de petites commissures blanches qui unissent ces
renflemens l'un à l'autre (8).

---

(1) Pl. V, fig. 121, n° 1 bis.
(2) Pl. VII, fig. 167, n° 1.
(3) Pl. VII, fig. 161, n° 2 et 8.
(4) Pl. VII, fig. 174, n° 3.
(5) Pl. VII, fig. 167, n° 1.
(6) Pl. VII, fig. 165, n° 4 et 5.
(7) Pl. VII, fig. 193, n° 2.
(8) Pl. VII, fig. 161, n° 1 et 3.

Ces renflemens coïncident avec le développement des nerfs qui s'insèrent sur le segment de la moelle allongée, notamment avec la cinquième, la septième et la huitième paires. Le renflement le plus élevé (1) paraît plus en rapport avec la cinquième (2) et la septième paire (3) ; l'inférieur (4) paraît plus spécialement lié avec la huitième (5). La carpe est, de tous les poissons osseux que j'ai disséqués, celui chez lequel ces renflemens (6) sont le plus développés (7) : le supérieur correspond aux cinquième et septième paires, comme chez les autres poissons ; l'inférieur, très-considérable, coïncide avec le développement prodigieux de la huitième paire. Ces renflemens sont produits, comme je l'ai dit, par la duplicature des lames de la moelle allongée, qui convergent l'une vers l'autre sur le plancher du quatrième ventricule, et forment quelquefois, comme chez le congre (8) et la morue (9), une cavité en forme de bourse, au-dessus des pe-

(1) Pl. VII, fig. 165, n° 5.
(2) Pl. VII, fig. 162, n° 14 et 12.
(3) Pl. VII, fig. 162, n° 12.
(4) Pl. VII, fig. 165, n° 4 ; fig. 167, n° 1.
(5) Pl. VII, fig. 165, n° 4 ; fig. 168, n° 10.
(6) Pl. VI, fig. 145, n° 2 et 3.
(7) Pl. VI, fig. 150, n° 2.
(8) Pl. VII, fig. 161, n° 2, 3 et 8.
(9) Pl. VII, fig. 165, n° 2, 4 et 5.

tites commissures qui les réunissent (1). Le quatrième ventricule est en quelque sorte comblé par la présence de ces renflemens.

Chez les poissons cartilagineux la moelle allongée étant très-évasée, le quatrième ventricule devient beaucoup plus large que chez les osseux. Ses bords ont affecté une autre disposition. Au lieu de converger l'un vers l'autre, comme cela arrive chez ces derniers, ils se sont pliés sur eux-mêmes en forme de spirale (2), et ont ainsi une forme festonnée (3), dont les étranglemens correspondent aux rainures du cervelet des classes supérieures. C'est ce qu'on remarque chez les rayes (4), chez la lamproie (5), chez les aiguillats (6) et chez l'esturgeon (7). Chez l'ange, ces cordons ne sont point divisés, quoique très-volumineux (8). De même que chez les poissons osseux, les feſtons supérieurs correspondent à la 5e (9) et à la 7e paires (10), et les inférieurs à la 8e (11). Chez

(1) Pl. VII, fig. 161, 165, n° 1, 3 et 2.
(2) Pl. VI, fig. 140, n° 5.
(3) Pl. XII, fig. 233, n° 2 et 3.
(4) Pl. VI, fig. 140, n° 5.
(5) Pl. XI, fig. 228, n° 2.
(6) Pl. XII, fig. 236, X.
(7) Pl. XII, fig. 233, n° 3 et 5.
(8) Pl. XII, fig. 237, C.
(9) Pl. XII, fig. 237, n° 7 et 8.
(10) Pl. XII, fig. 236, n° 5 et 7
(11) Pl. XII, fig. 236, n° 8.

l'esturgeon, les nombreux faisceaux qui vont former ce dernier nerf (1), s'insèrent sur les côtés de chaque renflement du cordon restiforme (2); le volume de chaque cordon est proportionnel à celui du renflement qui lui correspond. En outre, on observe sur le plancher du quatrième ventricule de ce poisson quelques faisceaux blanchâtres (3) qui se joignent à ceux du pneumo-gastrique; ces faisceaux n'ont rien de constant dans leur disposition ni dans leur nombre. Ordinairement ces nerfs ne pénètrent point dans le quatrième ventricule, ils s'arrêtent sur le côté de la moelle allongée. Chez l'aiguillat (4) j'ai néanmoins suivi le nerf acoustique jusques dans l'intérieur du ventricule, sur les côtés duquel on observe un renflement analogue au *tænia grisea* des frères Wenzel (5).

La découverte des frères Wenzel a merveilleusement servi l'hypothèse de Gall et de Spurzheim sur la prétendue nutrition des nerfs par la matière grise. Ces anatomistes n'ont pas hésité à regarder ce renflement comme le ganglion du nerf auditif, comme son organe de nutrition et de formation; et, nous devons l'avouer, les rapports

---

(1) Pl. XII, fig. 235, n° 8.
(2) Pl. XII, fig. 233, n° 3 et 5.
(3) Pl. XII, fig. 233, n° 5.
(4) Pl. X, fig. 219, n° 7.
(5) Pl. X, fig. 219, n° 5 et 4.

de ces deux parties chez les animaux adultes s'accordent généralement avec cette hypothèse.

Néanmoins elle est encore sapée dans sa base par l'étude de l'encéphalogénie ; car, si comme le pense Gall, le nerf acoustique provient de ce renflement grisâtre, s'il y puise ses racines, si c'est son organe nutritif, la matière grise qui le constitue doit précéder la formation du nerf ; celui-ci ne doit et ne peut se former qu'après l'apparition du renflement. Loin de présenter cette marche, le nerf auditif et le renflement en suivent une directement inverse.

D'une part, le nerf étant primitivement sans rapport avec la moelle allongée, ainsi que nous venons de l'exposer, sa formation est entièrement étrangère à la matière grise du tœnia des frères Wenzel.

En second lieu, le renflement n'est pas apparent pendant toute la durée de la vie utérine des embryons des mammifères, quoique le nerf auditif soit très-développé. Je ne l'ai aperçu ni chez l'embryon humain, ni chez celui du cheval, du veau, du mouton, du chevreau, du lapin, ni chez les embryons des taupes et des chauve-souris. Si le nerf auditif existe sans le renflement, peut-on supposer que celui-ci lui donne naissance ? Peut-on supposer qu'il lui serve de matière nutritive ? Personne, je pense, ne déduira cette conclusion ; on jugera au contraire qu'il en est de cette partie de la matière grise du quatrième ventricule de même que de celle qui entre dans la structure de la moelle épinière ; c'est-à-dire, que sa formation est postérieure à celle de la matière blanche qui forme le nerf auditif, et l'extrémité du trapèze de la moelle allongée sur laquelle ce renflement se trouve placé en travers.

En troisième lieu enfin, quoique, d'après MM. Gall et Cuvier, le développement progressif de ce renflement soit proportionnel à celui du nerf auditif, ce principe trouve quelques exceptions qu'il est nécessaire de relater. Ainsi, chez le marsouin et le dauphin, dont le nerf auditif est si développé, le renflement est très-petit ; ce qui coïncide chez ces animaux avec la faiblesse, peut-être même avec l'absence du trapèze de la moelle allongée. Chez la mangouste du Cap, le renflement est très-fort, et le nerf auditif très-faible ; disposition inverse de celle des cétacés. Il en est de même chez le hérisson et le castor ; le nerf de l'audition n'est nullement proportionnel au volume du renflement, disposition qu'on rencontre aussi chez les grenouilles, et sur beaucoup de crapauds. Les phoques sont dans le cas des cétacés ; ils ont un nerf auditif très-fort (1), et le renflement très-faible.

L'insertion du nerf auditif se fait constamment, chez tous les mammifères, sur l'extrémité du trapèze de la moelle allongée, ainsi qu'on peut le re-

_____

(1) Pl. IX, fig. 208, n° 8.

marquer chez le mandrill (1), le drill (2), le
phoque (3), le lion (4), la loutre (5), la marte (6),
le raton (7), l'ours (8), le kanguroo (9), le cheval (10), le pécari (11), le lama (12), le chameau (13), le porc-épic (14), le castor (15),
l'agouti (16), la taupe (17), le zemni (18), le tatou (19), le mangouste du Cap (20), et les chauve-
souris (21).

Chez les cétacés où le trapèze manque, l'insertion de l'auditif se fait au même point correspon-

---

(1) Pl. VIII, fig. 194, n° 7.
(2) Pl. VIII, fig. 197, n° 7.
(3) Pl. IX, fig. 208, n° 7.
(4) Pl. XIV, fig. 266, n° 7.
(5) Pl. X, fig. 223, n° 7.
(6) Pl. XV, fig. 290, n° 7.
(7) Pl. VIII, fig. 200, n° 7.
(8) Pl. XI, fig. 231, n° 7.
(9) Pl. XVI, fig. 299, n° 7 bis.
(10) Pl. XV, fig. 275, n° 7.
(11) Pl. XVI, fig. 300, n° 7.
(12) Pl. XVI, fig. 295, n° 7.
(13) Pl. XIII, fig. 249, n° 7.
(14) Pl. XIII, fig. 251, n° 7 bis.
(15) Pl. XIV, fig. 258, n° 7.
(16) Pl. IX, fig. 211, n° 7.
(17) Pl. XIV, fig. 260, n° 7.
(18) Pl. XV, fig. 272, n° 8.
(19) Pl. XIII, fig. 246, n° 7.
(20) Pl. XIII, fig. 254, n° 7.
(21) Pl. IX, fig. 214, n° 7.

dant (1) dans la cavité qui se trouve à sa place. Chez l'homme adulte, ce nerf paraît placé transversalement sur le corps restiforme ; mais chez l'embryon on le voit s'implanter sur le trapèze d'une manière semblable à celle qu'on observe chez les singes.

Chez les oiseaux, les nerfs de la moelle allongée paraissent déplacés ; ils sont moins antérieurs et plus déjetés en arrière que chez les mammifères, ce qui fait qu'on n'aperçoit point leur insertion de a même manière que dans cette classe, en considérant la base de l'encéphale des oiseaux (2) ; tous les nerfs sont portés plus en arrière, de telle sorte, que pour distinguer leur implantation, il est nécessaire de considérer l'organe par sa face latérale (3).

Quelle est la cause de ce changement ? la même que celle qui transpose les lobes optiques, c'est-à-dire, la contraction de l'encéphale des oiseaux. Par l'effet de cette contraction, la moelle allongée se bombe (4) ; elle forme avec la moelle épinière une courbure (5) qui n'existe pas chez les mammifères. Par l'action de cette courbure, la partie moyenne de la moelle allongée fait une saillie très-marquée (6) ; sa partie latérale est au contraire

(1) Pl. XII, fig. 234, n° 7.
(2) Pl. IV, fig. 88, 92, 94, 98, 103.
(3) Pl. IV, fig. 96, n° 104.
(4) Pl. IV, fig. 97, 104, n° 1 et 5.
(5) Pl IV, fig. 97, 104, n° 1, 3 et 14.
(6) Pl. III, fig. 79, n° 3 et 4.

I.

plus enfoncée. Les nerfs prennent leur insertion dans cet enfoncement; ils sont nécessairement moins apparens que chez les mammifères. Cette remarque est applicable aux nerfs de la cinquième , de la septième et de la huitième paires.

D'une autre part , le trapèze de la moelle allongée n'existant pas chez les oiseaux (1) , le nerf auditif prend son insertion sur le corps restiforme (2) , au point correspondant à son rapport avec le corps trapézoïde chez les mammifères. On voit cette disposition chez la bondrée commune (3) , chez l'hirondelle (4) , le roitelet (5) , l'autruche (6). On le voit mieux encore , quand on considère l'encéphale par sa face latérale , chez l'autruche (7) , la bondrée (8) et la cigogne (9).

Parmi les reptiles, les uns ont la moelle allongée, bombée comme les oiseaux; les autres l'ont aplatie , et se joignant en ligne directe avec la moelle épinière, comme les mammifères. Chez les premiers , les nerfs sont plus cachés , comme chez les

---

(1) Pl. IV, fig. 91 , n° 2 et 3.
(2) Pl. IV, fig. 97, n° 17.
(3) Pl. IV, fig. 88, n° 11.
(4) Pl. IV, fig. 92, n° 10.
(5) Pl. IV, fig. 94, n° 10.
(6) Pl. IV, fig. 98, n° 14.
(7) Pl. IV, fig. 97, n° 17.
(8) Pl. IV, fig. 96, n° 12.
(9) Pl. IV, fig. 104, n° 3.

oiseaux : chez les derniers, ils sont plus visibles, ainsi que chez les mammifères.

L'insertion se fait toujours sur la partie latérale externe de la moelle allongée, comme on l'observe chez le caméléon (1), le crocodile (2), la grenouille (3) et la tortue franche (4).

Chez les poissons osseux, le nerf auditif s'implante sur les parties latérales du corps restiforme (5), réuni dans son insertion avec le facial (6) et la cinquième paire (7), ainsi qu'on le remarque chez la morue (8), le congre (9), le turbot (10), le brochet (11) et le barbeau (12).

Chez les cartilagineux, le nerf de la cinquième paire, le facial et l'auditif, sont tantôt confondus, comme chez la raie ronce (13), l'aiguillat (14),

---

(1) Pl. V, fig. 113, n° 2.
(2) Pl. V, fig. 118, n° 9.
(3) Pl. V, fig. 131, n° 8.
(4) Pl. V, fig. 122, n° 4.
(5) Pl. VII, fig. 162, n° 15.
(6) Pl. VII, fig. 162, n° 12.
(7) Pl. VII, fig. 162, n° 14.
(8) Pl. VII, fig. 162, n° 13.
(9) Pl. VII, fig. 168, n° 12.
(10) Pl. VII, fig. 191, n° 10.
(11) Pl. X, fig. 217, n° 8 bis.
(12) Pl. VI, fig. 183, D.
(13) Pl. VI, fig. 138, n° 5.
(14) Pl. XII, fig. 236, n° 7.

l'ange (1), tantôt séparé assez distinctement, comme chez l'esturgeon (2), la raie bouclée (3) et le requin (4).

Une partie de ces réflexions sont applicables au nerf facial, ou à la portion dure de la septième paire. Comme le nerf acoustique, il se met en communication avec l'encéphale chez les jeunes embryons de toutes les classes, par plusieurs petits faisceaux superposés à ceux du nerf auditif. Tous les deux pénètrent en même temps dans le crâne, de telle sorte que les époques de l'insertion du facial sont rigoureusement les mêmes que celles de l'acoustique, chez les embryons des mammifères, des oiseaux et des reptiles.

L'insertion du nerf facial se fait également sur la même partie de la moelle allongée que celle de l'auditif; mais elle lui est toujours supérieure (5) et le plus souvent antérieure (6). Les faisceaux de l'auditif se portent plus spécialement en arrière vers la base des renflemens grisâtres des frères Wenzel. Ceux du facial se dirigent plus constamment, au contraire, vers la partie antérieure de la moelle allongée. Cette disposition est générale chez tous

---

(1) Pl. XII, fig. 237, n° 8 et 7.
(2) Pl. XII, fig. 235, n° 5.
(3) Pl. VI, fig. 148, n° 5 et 7.
(4) Pl. VI, fig. 142, n° 7.
(5) Pl. VIII, fig. 194, n° 7 bis.
(6) Pl. VIII, fig. 194, n° 7.

les mammifères que j'ai observés : je l'ai fait représenter dans ce précis chez le chevreau (1). Dans la préparation de la moelle allongée, que représente cette figure, on voit les faisceaux du nerf facial (2) se diriger en avant et un peu en bas vers l'extrémité inférieure du trapèze, au-dessus de la partie supérieure de l'olive du même côté, dans le petit espace que Malacarne a désigné sous le nom de fossette quadrilatère (3). On voit au contraire les faisceaux du nerf auditif se diriger en arrière (4) vers le tubercule cendré de MM. Cuvier, Gall et Spurzheim (5). Ce tubercule sépare chez l'homme les faisceaux d'insertion de ce nerf des faisceaux blanchâtres du quatrième ventricule. Quelques fibres inférieures de l'auditif se continuent en bas avec le pédoncule du cervelet (6).

Entre le nerf auditif et le nerf facial, on rencontre quelquefois chez l'homme, et souvent chez les mammifères, un petit faisceau isolé (7), que Wriberg a le premier signalé. Ce faisceau me paraît un nerf accessoire du facial ; ses faisceaux d'insertion se portent en avant et en arrière. Les

---

(1) Pl. XIII, fig. 243.
(2) Pl. XIII, fig. 243, n° 14.
(3) Pl. XIII, fig. 243, A.
(4) Pl. XIII, fig. 243, n° 15.
(5) *Ibid.*
(6) *Ibid.*
(7) Pl. XIII, fig. 243, n° 14 et 15.

antérieurs vont rejoindre ceux du facial, les postérieurs se portent vers ceux de l'auditif. C'est vraisemblablement ce nerf accessoire qu'a suivi Meckel, quand il a dit que le facial prend son origine
dans le pédoncule du cervelet ; assertion qui a été
répétée par plusieurs anatomistes.

Chez l'homme adulte le nerf facial paraît s'insérer sur la partie postérieure et externe du
pont de varole ; mais chez l'embryon humain
de la fin du troisième mois et du milieu du
quatrième, on aperçoit que les faisceaux de ce
nerf sont implantés sur l'extrémité externe du
trapèze. Plus tard, les faisceaux postérieurs de la
protubérance annulaire venant recouvrir le corps
trapézoïde, cette insertion est entièrement cachée.

Chez les autres mammifères, ces fibres postérieures du pont ne se développant pas, le trapèze
reste à nu au haut de la moelle allongée ; l'insertion du nerf facial est à découvert comme chez
l'embryon humain du quatrième mois. On le voit
alors s'implanter immédiatement sur le trapèze
des mammifères adultes.

Cette insertion du nerf facial sur le trapèze de
la moelle allongée est déjà distincte chez le phoque (1), plus encore chez le drill (2), plus encore chez le mandrill (3). Comme chez tous les

---

(1) Pl. IX, fig. 208, n° 7 bis.
(2) Pl. VIII, fig. 197, ° 7 bis.
(3) Pl. VIII, fig. 194, n 7 bis.

mammifères, la diminution du pont porte spécialement sur la partie postérieure, et que par cet effet le trapèze se dégage de lui ; à mesure qu'on descend des singes aux rongeurs, à mesure aussi l'insertion du nerf facial devient de plus en plus évidente, ainsi qu'on le voit en considérant ce nerf chez la marte (1), la loutre (2), le lion (3), le kanguroo géant (4), l'ours (5), le raton (6), le cheval (7), le pécari (8), le chameau (9), le lama (10), le bouc de la Haute-Egypte (11), le castor (12), le porc-épic (13), l'agouti (14), le hérisson (15), et les chauve-souris (16).

Cette dernière remarque est applicable au nerf auditif ; elle l'est aussi aux nerfs trijumeaux,

---

(1) Pl. XV, fig. 290, n° 7 bis.
(2) Pl. X, fig. 223, n° 7.
(3) Pl. XIV, fig. 266, n° 7.
(4) Pl. XVI, fig. 299, n° 7.
(5) Pl. XI, fig. 231, n° 7.
(6) Pl. VIII, fig. 200, n° 7.
(7) Pl. XV, fig. 275, n° 7.
(8) Pl. XVI, fig. 300, n° 7.
(9) Pl. XIII, fig. 249, n° 7 bis.
(10) Pl. XVI, fig. 295, n° 7 bis.
(11) Pl. XIV, fig. 262, n° 7.
(12) Pl. XIV, fig. 258, n° 7.
(13) Pl. XIII, fig. 251, n° 7.
(14) Pl. IX, fig. 211, n° 7.
(15) Pl. XVI, fig. 297, n° 7.
(16) Pl. IX, fig. 214, n° 7.

quand on considère ces nerfs dans leurs rapports d'insertion sur le trapèze.

Chez les oiseaux, le facial est enfoncé (1) comme l'auditif, par les raisons que nous avons indiquées. Il est du reste, comme chez les mammifères, placé plus haut que ce dernier, ainsi que nous le remarquons chez la bondrée commune (2), l'hirondelle (3), le roitelet (4), l'autruche (5) et la cigogne blanche (6). Si l'on considère l'encéphale par sa face latérale, on aperçoit que le facial est séparé de l'auditif jusqu'au point de son insertion. On voit particulièrement cette disposition chez la bondrée (7), l'autruche (8) et la cigogne (9) ; elle est la même chez les reptiles, ainsi qu'on le remarque chez le caméléon (10), le crocodile (11), la grenouille (12) et la tortue franche (13).

---

(1) Pl. IV, fig. 97, n° 18.

(2) Pl. IV, fig. 88, n° 11.

(3) Pl. IV, fig. 92, n° 10.

(4) Pl. IV, fig. 94, n° 10.

(5) Pl. IV, fig. 98, n° 14

(6) Pl. IV, fig. 103, n° 16.

(7) Pl. IV, fig. 96, n° 12.

(8) Pl. IV, fig. 97, n° 18 et 17.

(9) Pl. IV, fig 104, n° 15 et 3.

(10) Pl. V, fig. 113, n° 2.

(11) Pl. V, fig. 118, n° 9.

(12) Pl. V, fig. 131, n° 10.

(13) Pl. V, fig. 122, n° 6.

Chez les poissons osseux, le facial étant réuni avec l'auditif et la cinquième paire, les remarques que nous avons faites au sujet de ces derniers nerfs, lui sont en tout applicables, ainsi qu'on peut le constater chez le brochet (1), le turbot (2), le congre (3), la morue (4), et le barbeau (5).

Chez les poissons cartilagineux, le facial est réuni à l'auditif et à la cinquième paire, chez l'ange (6), l'aiguillat (7) et la raie ronce (8); il est isolé et séparé de ces nerfs chez le requin (9), la raie bouclée (10) et l'esturgeon (11).

Quant à son volume, comparé dans les différentes classes, la septième paire est loin de nous offrir les rapports que nous avons remarqués sur le nerf olfactif, celui de la vision et les nerfs trijumeaux. D'une part, le sens de l'audition, moins matériel que celui de l'odorat et du goût, est moins lié que ces derniers et celui de

---

(1) Pl. X, fig. 217, n° 8 et 8 bis.
(2) Pl. VII, fig. 191, n° 10.
(3) Pl. VII, fig. 168, n° 12.
(4) Pl. VII, fig. 162, n° 13.
(5) Pl. VII, fig. 183, D.
(6) Pl. XII, fig. 237, n° 7 et 8.
(7) Pl. XII, fig. 236, n° 7 et 5.
(8) Pl. VI, fig. 138, n° 5.
(9) Pl. VI, fig. 142, n° 8.
(10) Pl. VI, fig. 148, n° 7.
(11) Pl. XII, fig. 235, n° 2.

la vision, à la conservation de l'individu. De l'autre ; le nerf facial étant, comme l'indique son nom, destiné principalement à la face, il semble au premier aperçu, qu'il devrait avoir un développement proportionné à celui de cette partie ; que conséquemment il devrait croître progressivement de l'homme aux singes, aux carnassiers, aux ruminans et aux rongeurs, chez les mammifères ; s'atrophier tout-à-coup chez les oiseaux et les reptiles, et reprendre de nouveau une grande dimension chez les poissons, notamment chez les poissons cartilagineux.

Mais quand on a étudié avec soin le mécanisme du développement de la face chez les vertébrés, on s'aperçoit que les parties auxquelles le nerf facial se distribue, sont étrangères à son développement. On voit que le développement de la face et sa projection en avant sont dus à l'étendue des cellules ethmoïdales, des fosses nasales, des sinus maxillaires, de la voûte palatine et de la cavité de la bouche. On voit que la cavité orbitaire est, par cette cause, agrandie et rejetée de plus en plus en dehors et obliquement en bas. L'étendue de la face dépend donc de l'agrandissement progressif des chambres de la vision, de l'olfaction et du goût ; elle est plutôt intérieure qu'extérieure. Telle est la raison pour laquelle les nerfs de la vision, de l'odorat et du goût, ont un rapport direct dans leur développement avec celui de la face. Telle est la raison pour laquelle le nerf facial reste toujours plus ou moins étranger à ce développement.

Considérez sous ce point de vue le système artériel de la face : vous y trouverez d'une part la cause première du balancement respectif des parties qui la constituent : vous y verrez de l'autre la raison pour laquelle les organes accessoires des chambres des sens reçoivent de plusieurs troncs leurs branches nerveuses et leurs rameaux artériels.

Vous verrez l'artère maxillaire interne suivant rigoureusement, dans le développement de son calibre, le développement de la face, parce qu'elle est destinée principalement aux organes de l'odorat et du goût. Vous verrez l'artère ophthalmique, l'artère linguale, et les pharyngiennes, avoir constamment le même rapport.

Vous verrez au contraire l'artère transversale de la face, qui correspond au nerf facial, ne point partager cet accroissement de calibre : vous verrez l'artère maxillaire externe dont la moitié supérieure appartient à la face, ne point partager ce même développement.

Vous verrez pourquoi les muscles temporaux, masséters, les ptérygoïdiens internes et externes, reçoivent leur principales artères de la maxillaire interne, et leurs principaux nerfs de la cinquième paire. Ces muscles, notamment le temporal et le masséter, étant situés en dehors de la face, il semble qu'ils eussent dû recevoir leurs vaisseaux uniquement de la transversale de la face et de la maxillaire externe, et leurs nerfs, du facial, qui leur correspondent. Mais ces muscles, ainsi que les ptérygoïdiens, étant les organes actifs de la mastication, et comme tels, étroitement liés à l'organe du goût, ils devaient nécessairement suivre toutes les variations de ce sens; ils devaient donc se trouver plus spécialement sous l'influence des vaisseaux et des nerfs qui concourent à sa formation.

J'insiste sur les rapports comparatifs des différens systèmes organiques entre eux, parce qu'il me semble que le véritable esprit de l'anatomie comparée ne consiste pas seulement à apprécier l'analogie ou les différences dés organes qui composent les animaux; mais qu'elle doit s'élever surtout à donner l'explication de ces différences et de ces analogies. J'y insiste particulièrement pour l'étude de l'anatomie humaine, que les esprits superficiels regardent comme une science achevée, quoiqu'ils ne sachent pas pourquoi le coronal de l'homme est ce qu'il est (1).

_____

(1) L'anatomie descriptive de l'homme n'a pas encore été *théorisée;* elle est sans règles, sans principes; de là vient qu'elle est si mal étudiée, et aussitôt oubliée qu'apprise. De là vient qu'elle n'est cultivée que par les anatomistes de profession. Avant Bichat, on se bornait à considérer les formes extérieures des organes et leurs rapports de position. Cet illustre physiologiste s'aperçut que cette anatomie, si féconde dans ses applications à la chirurgie, n'était d'aucune utilité pour la médecine. Il vit qu'en suivant cette route,

On trouve l'application de ces principes dans les variations de volume du nerf auditif et du nerf facial.

Chez le phoque, le nerf auditif est très-développé (1); il l'est plus encore chez le dauphin (2). Chez la plupart des singes, il tient le milieu pour le volume entre le phoque et les cétacés, ainsi qu'on peut le remarquer chez le drill (3) et le mandrill (4).

Chez les carnassiers, le nerf de l'audition présente des variétés de volume assez remarquables. Chez le lion (5), et les autres *felis*, il est en général peu volumineux. Chez la marte (6),

---

l'organisation de l'homme était méconnue. Cette idée le dirigea dans son Anatomie générale, et il créa une science nouvelle, qui n'a de commun que le nom avec l'ancienne anatomie. Quelques personnes ont néanmoins tenté de théoriser l'anatomie descriptive : à leur tête, nous devons placer Vicq-d'Azyr, et M. le professeur Duméril. Quand on considère les belles idées de M. Duméril sur la composition du crâne, et sur les rapports des muscles cervicaux, peut-on ne pas regretter que cet illustre zootomiste se soit arrêté dans son travail ? peut-on ne pas le regretter surtout, quand on voit l'abus qu'a fait Spix, de ces idées, dans son ouvrage intitulé *Cephalogenesis?*

(1) Pl. IX, fig. 208, n° 7.
(2) Pl. XII, fig. 234, n° 7.
(3) Pl. VIII, fig. 197, n° 7.
(4) Pl. VIII, fig. 194, n° 7.
(5) Pl. XIV, fig. 266, n° 7.
(6) Pl. XV, fig. 290, n° 7.

la loutre (1), le raton (2), il offre au contraire des dimensions très-fortes; chez les ours, il est moins volumineux que chez les animaux précédens (3); chez le kanguroo géant (4), il est plus fort que chez la loutre, le raton et la marte; chez la taupe (5), il est assez prononcé; chez les chauve-souris, il est grêle en général, ainsi qu'on le voit chez les rhinolophes (6) et les vespertilions (7). Chez le cheval (8), le chameau (9), l'âne, le zèbre, le taureau, il est en général d'un volume assez considérable. Chez le bouc commun, le bouc de la Haute-Égypte (10) et le chevreau (11), ses dimensions relatives sont beaucoup plus faibles. Chez le pécari (12), il présente les mêmes rapports de grandeur que chez le chameau et le cheval. Chez le castor (13)

(1) Pl. X, fig. 223, n° 7.
(2) Pl. VIII, fig. 200, n° 7.
(3) Pl. XI, fig. 231, n° 7.
(4) Pl. XVI, fig. 299, n° 7 bis.
(5) Pl. XIV, fig. 260, n° 7.
(6) Pl. IX, fig. 204, n° 7.
(7) Pl. IX, fig. 214, n° 7.
(8) Pl. XV, fig. 275, n° 8 bis.
(9) Pl. XIII, fig. 249, n° 7.
(10) Pl. XIV, fig. 262, n° 7.
(11) Pl. XIII, fig. 243, n° 15.
(12) Pl. XVI, fig. 300, n° 7 bis.
(13) Pl. XIV, fig. 258, n° 7.

et le porc-épic (1), son volume est très-considérable; chez l'agouti, il est très-faible (2); il est en général très-grêle chez tous les rats. Telles sont les principales variations que m'a présentées le nerf acoustique chez les mammifères.

Les oiseaux n'offrent point cette variation de volume dans leur nerf acoustique; les différences de grandeur qu'il présente, sont toujours relatives à la grandeur de l'oiseau sur lequel on examine ce nerf; ainsi qu'on le remarque chez la bondrée (3), l'autruche (4), la cigogne (5), l'hirondelle (6) et le roitelet (7); les oiseaux nocturnes, le hibou, la chouette, l'effraye et les ducs font exception à cette règle, j'ai constamment observé chez eux que les dimensions du nerf de l'audition dépassent celles qu'on observe chez les autres oiseaux.

Le nerf acoustique est toujours très-grêle chez les reptiles, ainsi qu'on le remarque chez le caméléon (8), le crocodile (9), les vipères (10), les couleuvres, les lézards (11) et les

---

(1) Pl. XIII, fig. 251, n° 7 bis.
(2) Pl. IX, fig. 211, n° 7.
(3) Pl. IV, fig. 88, n° 11.
(4) Pl. IV, fig. 97, n° 17.
(5) Pl. IV, fig. 104, n° 3.
(6) Pl. IV, fig. 92, n° 10.
(7) Pl. IV, fig. 94, n° 10.
(8) Pl. V, fig. 112, n° 2.
(9) Pl. V, fig. 118, n° 8.
(10) Pl. V, fig. 127, n° 2.
(11) Pl. V, fig. 129.

tortues (1). Les grenouilles (2), le protée et la cécilie m'ont paru faire exception à cette règle. Le
nerf auditif est beaucoup plus développé chez ces
reptiles que chez les autres.

Chez les poissons osseux, l'auditif est beaucoup
plus développé que chez les reptiles, et même que
chez les oiseaux, toute proportion gardée; on
peut vérifier ce fait chez la morue (3), le congre (4), le barbeau (5), le turbot (6), et le brochet (7). Chez les poissons cartilagineux, il est
plus développé encore que chez les osseux, ainsi
qu'on l'observe chez le requin (8), la raie
ronce (9), la raie bouclée (10), l'aiguillat (11)
et l'ange (12).

Si de ces variétés de volume du nerf auditif
chez les animaux vertébrés, on pouvait rigoureusement déduire l'étendue de l'audition, ces résultats de l'anatomie comparative fourniraient des

---

(1) Pl. V, fig. 122, n° 4.
(2) Pl. V, fig. 131, n° 8.
(3) Pl. VII, fig. 164, n° 7.
(4) Pl. VII, fig. 168, n° 12.
(5) Pl. VII, fig. 183, C.
(6) Pl. VII, fig. 191, n° 9 et 11.
(7) Pl. X, fig. 217, n° 5.
(8) Pl. VI, fig. 142, n° 7.
(9) Pl. VI, fig. 138, n° 5.
(10) Pl. VI, fig. 148, n° 15.
(11) Pl. X, fig. 222, n° 7 bis.
(12) Pl. X, fig. 219, n° 7.

données positives pour établir le développement de ce sens. Mais les nerfs accessoires de l'ouïe viennent compliquer le problème, et y introduire des termes dont la valeur n'est pas encore déterminée. Ces nerfs sont les branches du facial qui se distribuent dans les organes de l'oreille externe et de l'oreille moyenne ou la caisse, et la branche de la cinquième paire, connue sous le nom de corde du tympan. Ces nerfs m'ont offert de grandes variétés dans leur développement proportionnel. Chez les mammifères, dont l'oreille externe est très-développée, les branches auriculaires du facial sont très-fortes ; la corde du tympan n'est pas développée dans la même proportion. Chez les singes, les pachydermes et les ruminans, l'inverse a lieu ; l'accroissement porte plus spécialement sur ce dernier nerf.

Chez les oiseaux, spécialement chez les nocturnes, les deux nerfs accessoires de l'audition m'ont paru développés dans le même rapport.

On sait que chez les poissons ils concourent puissamment au développement de ce sens. Cette circonstance a frappé de bonne heure les anatomistes, ils l'ont crue particulière à cette classe : elle ne l'est cependant pas. Chez tous les vertébrés, le facial et l'acoustique concourent, de même que chez les poissons, à la formation du sens de l'audition ; elle est seulement portée à

I.

son maximum dans cette dernière classe (1).

Quoi qu'il en soit, un fait important ressort de ces rapports comparatifs : c'est celui du développement du nerf auditif chez les animaux aquatiques : le phoque, les cétacés, parmi les mammifères ; la grenouille, le protée, et surtout les tortues aquatiques, comparées aux tortues de terre, parmi les reptiles, sont remarquables par la prédominance du nerf de l'audition. Serait-ce la raison pour laquelle tant de nerfs se réunissent pour former ce sens chez les poissons ?

Les différences de volume du nerf facial sont loin d'être en harmonie avec celles de l'auditif : très-volumineux chez les singes , le drill (2), le

---

(1) Cette circonstance explique la marche compliquée de la corde du tympan chez l'homme et les mammifères ; on ne verrait pas trop pourquoi , sans cela , le rameau du nerf vidien qui la forme, après être sorti du crâne y pénétrerait de nouveau, pour aller gagner l'hyatus, l'aqueduc de Fallope et la base du promontoire où pénètrent les rameaux découverts par Jacobson. L'existence de ces rameaux a été mise en doute par un de nos plus habiles anatomistes, M. Ribes, et par Killian en Allemagne. Cela vient de la différence des sujets sur lesquels ces anatomistes ont cherché à vérifier la découverte de Jacobson. L'âge de neuf à quinze ans est l'époque où ils sont distincts. Plus tôt leur mollesse empêche de les suivre; plus tard le canal où ils sont logés s'oblitère.

(2) Pl. VIII, fig. 197, n° 7.

mandrill (1), le lion (2), le raton (3), la marte (4),
le kanguroo (5), le cheval (6), le chameau (7),
le lama (8), le pécari (9) et le porc-épic (10), il
est peu développé, au contraire, chez le phoque (11), le dauphin (12), l'ours (13), le castor (14), l'agouti (15), le tatou (16), la marmotte (17), la mangouste du Cap (18) et le bouc
de la Haute-Égypte (19).

De là résultent chez les mammifères des rapports très-variés entre le nerf auditif et le facial,
comparés entre eux. Chez le phoque, les cétacés,
le castor, le bouc commun et le bouc de la Haute-

---

(1) Pl. VIII, fig. 194, n° 7.
(2) Pl. XIV, fig. 266, n° 7.
(3) Pl. VIII, fig. 200, n° 7.
(4) Pl. XV, fig. 290, n° 7.
(5) Pl. XVI, fig. 299, n° 7.
(6) Pl. XV, fig. 275, n° 7.
(7) Pl. XIII, fig. 249, n° 7 bis.
(8) Pl. XVI, fig. 295, n° 7 bis.
(9) Pl. XVI, fig. 300, n° 7.
(10) Pl. XIII, fig. 251, n° 7.
(11) Pl. IX, fig. 208, n° 7.
(12) Pl. XII, fig. 234, n° 7 bis.
(13) Pl. XI, fig. 231, n° 7.
(14) Pl. XIV, fig. 258, n° 7.
(15) Pl. IX, fig. 211, n° 7.
(16) Pl. XIII, fig. 246, n° 7.
(17) Pl. XI, fig. 203, n° 7.
(18) Pl. XIII, fig. 254, n° 7.
(19) Pl. XIV, fig. 262, n° 7.

Égypte, l'acoustique dépasse de beaucoup le facial. Chez le lion, le cheval, le chameau, le pécari et le kanguroo géant, le facial prédomine au contraire sur l'acoustique. Chez les singes, l'ours, le raton, la loutre, le hérisson (1), le tatou (2), la mangouste du Cap (3), la taupe (4), le zemni (5), la marmotte, l'agouti, le porc-épic, les rats et les chauve-souris (6), ces deux nerfs ont des dimensions à peu près égales.

Les oiseaux et les reptiles en général n'offrent pas de semblables variations, ainsi qu'on peut le voir chez la bondrée (7), l'autruche (8), la cigogne (9), le roitelet (10), l'hirondelle (11), le caméléon (12), le crocodile (13), les vipères et les couleuvres ; la grenouille, le protée et les tortues aquatiques présentent néanmoins une prédominance du nerf acoustique, ainsi que nous l'avons dit plus haut.

(1) Pl. XIV, fig. 297, n° 7.
(2) Pl. XIII, fig. 246, n° 7.
(3) Pl. XIII, fig. 254, n° 7.
(4) Pl. XIV, fig. 260, n° 7.
(5) Pl. XV, fig. 272, n° 8.
(6) Pl. XVI, fig. 204 et 214, n° 7.
(7) Pl. IV, fig. 88, n° 11.
(8) Pl. IV, fig. 97, n° 17 et 18.
(9) Pl. IV, fig. 104, n° 3 et 15.
(10) Pl. IV, fig. 94, n° 10.
(11) Pl. IV, fig. 92, n° 10.
(12) Pl. V, fig. 112, n° 10.
(13) Pl. V, fig. 118, n° 8.

Chez les poissons osseux ces deux nerfs ont des dimensions peu différentes, comme on le remarque chez la morue, les trigles, le congre, les anguilles, le turbot, le merlan.

Chez les poissons cartilagineux, au contraire, l'acoustique prédomine en général sur le facial, ainsi qu'on l'observe chez la raie ronce (1), la raie bouclée (2), l'ange (3) et l'aiguillat (4).

Les altérations organiques du nerf auditif produisent la perte de l'audition, de même que celles du nerf optique produisent la cécité. Les altérations pathologiques que j'ai observées, avaient produit une atrophie du nerf, ou une hypertrophie avec ramollissement considérable de sa substance dans le canal auditif; deux fois je l'ai rencontré réduit en une matière pultacée d'un blanc jaunâtre. La physiologie n'a pu encore faire des expériences directes sur ce nerf, à cause de son court trajet du point de son insertion à son entrée dans le rocher. Je dois observer ici par anticipation que dans les maladies organiques du plancher du quatrième ventricule, je n'ai pas toujours observé une diminution du sens de l'ouïe proportionnelle à l'altération morbide, lors même que

---

(1) Pl. VI, fig. 158, n° 13 et 5.
(2) Pl. VI, fig. 148, n° 5 et 7.
(3) Pl. XII, fig. 237, n° 8.
(4) Pl. XII, fig. 236, n° 7.

la désorganisation avait envahi le tænia grisea des frères Wenzel.

Les expériences récentes de Charles Bell et de M. Magendie viennent d'ouvrir un champ nouveau de recherches physiologiques sur le système nerveux. C'est une heureuse idée que celle qui considère la portion dure de la septième paire comme le nerf respirateur de la face. J'ai eu souvent occasion d'observer chez les paralytiques les effets rapportés par Charles Bell et Shaw. Dans les affections aiguës du poumon, on remarque un tel rapport entre la difficulté de respirer et la dilatation ou le resserrement des narines, que je serais surpris que ce rapport ait été si long-temps méconnu, si je ne savais par moi-même que les idées les plus simples et les plus naturelles sont celles qui se présentent les dernières à l'esprit.

Toutefois Charles Bell ayant borné ses considérations aux mammifères, et n'ayant pu expérimenter le nerf facial qu'à sa sortie du trou stylo-mastoïdien, ce physiologiste a laissé en arrière les preuves les plus concluantes de son opinion : preuves qui me paraissent fournies par l'appareil respiratoire chez les poissons.

Les altérations pathologiques du nerf facial affectent principalement ce nerf pendant son trajet dans l'aqueduc de Fallope. Sur quatre sujets que j'ai observés (1), et dont j'ai ouvert les cada-

_____

(1) J'ai en ce moment dans ma division une femme de

vres (1), aux symptômes énoncés par Bell et décrits par Shaw, s'ajoutait une surdité plus ou moins complète de l'oreille correspondante au nerf affecté. C'est d'après ces faits que j'ai pensé que la portion dure de la septième paire avait sur l'audition une influence qui n'est pas encore déterminée, puisque les faits semblent établir que les osselets de l'ouïe ne concourent pas immédiatement à l'exercice de cette fonction.

Chez les mammifères, les reptiles et les oiseaux, cet appareil est réduit à des conditions rudimentaires; de là, l'obscurité de ses usages dans ces trois classes. Chez les poissons, il est porté au maximum de son développement; ses fonctions deviennent plus importantes et plus précises. Mais quel est dans la tête des poissons l'appareil qui correspond aux osselets de l'ouïe? L'anatomie comparée a cherché long-temps la *signification* (2) des os de l'opercule. Il ne fallait rien moins que les principes fermes et généraux de l'anatomie philosophique, pour reconnaître dans ces pièces les analogues des osselets de l'ouïe des trois classes supérieures. Les opercules sont les agens méca-

---

trente-neuf ans, ayant une hémiplégie de la face, produite par l'altération du nerf facial, altération située, selon toutes les apparences, dans l'aqueduc de Fallope.

(1) Une de ces pièces est déposée dans le Musée anatomique des hôpitaux.

(2) Expression empruntée à la philosophie allemande.

niques de la respiration des poissons ; les muscles
qui font mouvoir ses pièces reçoivent leurs nerfs
de la portion dure de la septième paire. Voilà donc
le nerf facial devenu nerf respirateur chez les
poissons. Je ne doute pas qu'en pratiquant la section de ce nerf, on ne paralyse l'action de l'opercule, comme on paralyse le diaphragme par la
section des nerfs diaphragmatiques chez les mammifères. Je ne doute pas que chez les poissons,
de même que chez les mammifères, la mort ne
survienne dans ce cas par une asphixie dépendante
de la paralysie du principal agent mécanique de
la respiration.

Si d'une part la découverte de M. le professeur
Geoffroy-Saint-Hilaire confirme les idées physiologiques de Charles Bell, de l'autre, ces vues
physiologiques donnent à la détermination des os
de l'opercule une certitude qui ne saurait être
contestée. Ainsi ces deux sciences, l'anatomie
comparative et la physiologie expérimentale, se
prêtent un mutuel secours, s'éclairent réciproquement et se touchent par les points les plus
éloignés, lorsque des méthodes philosophiques
dirigent les observateurs dans leurs recherches.

TABLEAU COMPARATIF

Des Dimensions des nerfs auditif et facial, chez les Mammifères.

	NERF AUDITIF. mètre.	NERF FACIAL. mètre.
Homme.	0,00200	0,00133

NOMS DES ANIMAUX.	NERF AUDITIF.	NERF FACIAL.
	mètre.	mètre.
Patas (*Simia rubra*).	0,00250	0,00133
Magot (*S. sylvanus*). . . .	0,00233	0,00150
Macaque (*S. cynocephalus*).	0,00200	0,00150
Maimon (*S. nemestrina*). .	0,00250	0,00150
Rhésus (*S. rhesus*, G. S. H.)	0,00275	0,00175
Papion (*S. sphynx*).	0,00200	0,00150
Mandrill (*S. maimon*). . .	0,00250	0,00300
Drill (*S. leucophea*. Fr. C.).	0,00200	0,00300
Sajou (*S. apella*).	0,00225	0,00100
Maki (*Lemur macaco*). . . .	0,00200	0,00125
Rhinolophe uni-fer (*Rhinolophus unihastatus.*).	0,00075	0,00025
Vespertilion (*Vespertilio murinus*).	0,00075	0,00025
Taupe (*Talpa europœa*). .	0,00120	0,00100
Ours brun (*Ursus arctos*).	0,00375	0,00250
Ours noir d'Amérique (*U. americanus*).	0,00200	0,00133
Blaireau (*U. meles*).	0,00175	0,00175
Raton (*U. lotor*).	0,00175	0,00200
Coati brun (*Viverra narica*).	0,00200	0,00175
Coati roux (*V. nasua*). . .	0,00220	0,00175
Fouine (*Mustela foina*). . .	0,00225	0,00175
Loutre (*M. lutra*).	0,00175	0,00125
Chien (*Canis familiaris*). .	0,00350	0,00150
Loup, jeune (*C. lupus*). . .	0,00200	0,00100
Mangouste du Cap..	0,00120	0,00075
Lion (*Felis leo*).	0,00233	0,00300
Tigre royal (*F. tigris*). . .	0,00300	0,00167
Jaguar (*F. onça*).	0,00400	0,00300
Panthère (*F. pardus*). . . .	0,00400	0,00200

Suite du Tableau comparatif des Dimensions des nerfs auditif et facial, chez les Mammifères.

NOMS DES ANIMAUX.	NERF AUDITIF.	NERF FACIAL.
	mètre.	mètre.
Couguar (*F. discolor*). . .	0,00200	0,00150
Lynx (*F. lynx*).	0,00300	0,00150
Phoque commun (*Phoca vitulina*)	0,00350	0,00200
Kanguroo géant (*Macropus major. G. C.*).	0,00200	0,00150
Phascolome (*Phascolomys. G. S. H.*).	0,00175	0,00100
Castor (*Castor fiber*). . . .	0,00150	0,00100
Marmotte (*M. alpinus*). . .	0,00125	0,00067
Zemni (*M. Typhlus*). . . .	0,00075	0,00040
Rat-taupe du Cap (*M. Capensis*).	0,00075	0,00050
Porc-épic (*Hystrix cristata*).	0,00200	0,00200
Ecureuil (*Sciurus vulgaris*).	0,00150	0,00100
Agouti (*Cavia acuti*). . . .	0,00100	0,00100
Tatou (*Dasypus sexcinctus*).	0,00175	0,00120
Pécari (*Sus tajassu*). . . .	0,00175	0,00175
Daman (*Hyrax capensis*). .	0,00075	0,00050
Cheval (*Equus caballus*). .	0,00375	0,00350
Ane (*E. asinus*).	0,00350	0,00325
Chameau à une bosse (*Camelus dromedarius*).	0,00350	0,00333
Lama (*C. llacma*).	0,00280	0,00325
Cerf (*Cervus elaphus*). . . .	0,00200	0,00333
Bouc commun (*Capra hircus*).	0,00200	0,00133
Bouc de la Haute-Egypte. .	0,00233	0,00100
Taureau (*Bos taurus*). . . .	0,00500	0,00500
Dauphin (*Delphinus delphis*)	0,00550	0,00200
Marsouin (*D. phocœna*). .	0,00300	0,00175

TABLEAU COMPARATIF

Des Dimensions des nerfs auditif et facial, chez les Oiseaux.

NOMS DES ANIMAUX.	NERF AUDITIF.	NERF FACIAL.
	mètre.	mètre.
Aigle roy. (*Falco chrysaëtos*).	0,00175	0,00133
Pygargue (*F. ossifragus*). .	0,00167	0,00150
Bondrée comm. (*F. apivor.*)	0,00100	0,00100
Buse commune (*F. buteo*).	0,00100	0,00050
Buzard (*F. pygargus*). . . .	0,00075	0,00050
Roitelet (*Motacilla regulus*).	0,00050	0,00025
Hirondelle (*Hirundo urbica*).	0,00033	0,00033
Alouette (*Alauda arvensis*).	0,00033	0,00040
Moineau (*Fring. domestica*).	0,00033	0,00040
Pinçon (*F. cœlebs*). . . .	0,00040	0,00033
Linotte (*F. linaria*).	0,00033	0,00040
Serin (*F. canaria*).	0,00033	0,00040
Chardonneret (*F. carduelis*).	0,00033	0,00033
Verdier (*Loxia chloris*). . .	0,00033	0,00040
Pie (*C. pica*).	0,00075	0,00050
Perroquet amazône.	0,00080	0,00050
Perroquet d'Afrique. . . .	0,00150	0,00067
Dindon (*Meleagris Gallop.*).	0,00100	0,00100
Poule (*Phasianus gallus*). .	0,00075	0,00050
Faisan arg. (*P. nycthemerus*).	0,00080	0,00067
Faisan doré (*P. pictus*). . .	0,00080	0,00067
Pigeon (*Columba palumbus*).	0,00050	0,00030
Perdrix (*Tetrao cinereus*). .	0,00050	0,00030
Autruche de l'ancien conti- nent (*Struthio camelus.*) .	0,00150	0,00100
Casoar (*S. casuarius*). . . .	0,00150	0,00075
Cigogne blanc. (*Ardea cic.*)	0,00100	0,00133
Cigogne noire (*A. nigra*). .	0,00125	0,00100
Fou de Bass. (*Pelec. bassan.*)	0,00150	0,00100
Oie (*Anas anser*).	0,00080	0,00067
Bernache crav. (*A. bernicla.*)	0,00125	0,00075
Canard musq. (*A. moschata*).	0,00120	0,00067
Canard ord. (*A. boschas.*) .	0,00120	0,00067

TABLEAU COMPARATIF

Des nerfs auditif et facial, chez les Reptiles.

NOMS DES ANIMAUX.	NERF AUDITIF.	NERF FACIAL.
	mètre.	mètre.
Tortue grecque (*Testudo græca*).	0,00040	0,00040
Tortue couï (*T. radiata*). .	0,00075	0,00067
Tortue franche (*T. mydas*).	0,00050	0,00075
Crocodile vulgaire (*Crocodilus niloticus*. G. S. H.).	0,00050	0,00267
Crocodile à deux arêtes (*C. biporcatus*).	0,00067	0,00067
Monitor à taches vertes (*Tupinambis maculatus*). . . .	0,00050	0,00050
Lézard vert (*Lacerta viridis*).	0,00033	0,00033
Lézard gris (*L. agilis*). . . .	0,00033	0,00033
Caméléon vulgaire (*L. africana*).	0,00050	0,00050
Orvet (*Anguis fragilis*). . .	0,00025	0,00025
Couleuvre à collier (*Coluber natrix*).	0,00040	0,00033
Vipère hajé (*C. haje*). . . .	0,00040	0,00033
Vipère à raies parallèles. . .	0,00040	0,00033
Vipère commune (*C. berus*).	0,00040	0,00033
Grenouille (*Rana esculenta*).	0,00100	0,00050

TABLEAU COMPARATIF

Des Dimensions des nerfs auditif et facial, chez les Poissons.

NOMS DES ANIMAUX.	NERF AUDITIF.	NERF FACIAL.
	mètre.	mètre.
Lamproye de rivière (*Petromyson fluvialis*).	0,00050	0,00020
Requin (*Squalus carcharias*).	0,00200	0,00150
Aiguillat (*S. acanthias*). . .	0,00225	0,00200
Ange (*S. squatina*).	0,00175	0,00325
Raie bouclée (*Raya clavata*).	0,00300	0,00200
Raie ronce (*R. rubus*). . .	0,00250	0,00200
Raie (*R. batis.*).	0,00150	0,00350
Esturgeon (*Acipenser sturio*).	0,00150	0,00200
Brochet (*Esox lucius*). . .	0,00075	0,00133
Carpe (*Cyprinus carpio*). .	0,00075	0,00075
Barbeau (*C. barbas.*). . . .	0,00075	0,00075
Tanche (*G. tinca*).	0,00075	0,00075
Morue (*Gadus morrhua*). .	0,00100	0,00175
Egrefin (*G. eglefinus*). . .	0,00075	0,00100
Merlan (*G. merlangus*). . .	0,00100	0,00100
Turbot (*Pleuronectes maximus*).	0,00075	0,00100
Anguille (*Muræna anguilla*).	0,00050	0,00067
Congre (*M. conger*).	0,00100	0,00125
Gronau (*Trigla lyra*). . .	0,00075	0,00100
Baudroye (*Lophius piscatorius*.	0,00075	0,00125

TABLEAU COMPARATIF des Rapports des Nerfs auditif et facial avec le Nerf trijumeau, et les nerfs de la vision, de l'olfaction et les Mammifères.

NOMS DES ANIMAUX.	RAPPORTS DU NERF AUDITIF AVEC LES NERFS			RAPPORTS DU NERF FACIAL AVEC LES NERFS		
	OLFACTIF.	OPTIQUE.	TRIJUMEAU.	De la 3e PAIRE.	De la 4e PAIRE.	De la 6e PAIRE.
Homme	:: 1 : 1 1/8	:: 1 : 2 1/2	:: 1 : 2 5/21	:: 1 : 1 3/5	:: 1 : 4/5	:: 1 : 1 1/6
NOMS DES ANIMAUX.						
Patas (Simia rubra)	:: 1 : 1 1/5	:: 1 : 1 3/5	:: 1 : 3/5	:: 1 : 1 1/3	:: 1 : 3/4	:: 1 : 5/6
Magot (S. sylvanus)	:: 1 : 4/7	:: 1 : 5/7	:: 1 : 1/14	:: 1 : 1 1/3	:: 1 : 2/3	:: 1 : 1/9
Macaque (S. cynocephalus)	:: 1 : 1/8	:: 1 : 1/2	:: 1 : 1/5	:: 1 : 1 2/3	:: 1 : 2/3	:: 1 : 1/9
Maimon (S. nemestrina)	:: 1 : 4/5	:: 1 : 9/10		:: 1 : 1 4/5	:: 1 : 1/2	:: 1 : 1/2
Rhésus (S. rhesus, G.S.H.)	:: 1 : 10/11	:: 1 : 19/53		:: 1 : 1 1/7	:: 1 : 3/7	:: 1 : 4/7
Papion (S. Sphynx)	:: 1 : 1 1/8	:: 1 : 2	:: 1 : 3	:: 1 : 2	:: 1 : 2/3	:: 1 : 1/3
Mandrill (S. maimon)		:: 1 : 3/5	:: 1 : 2		:: 1 : 1/3	:: 1 : 2/3
Drill (S. leucophea Fr. C.)	:: 1 : 3/5	:: 1 : 2	:: 1 : 4/5	:: 1 : 1 1/12	:: 1 : 1/3	:: 1 : 7/12
Sajou (S. apella)	:: 1 : 8/9	:: 1 : 1/9	:: 1 : 1 1/3	:: 1 : 2/3	:: 1 : 2/3	:: 1 : 1/3
Maki (Lemur macaco)	:: 1 : 2 1/2	:: 1 : 5/4	:: 1 : 5/6	:: 1 : 1 1/5	:: 1 : 4/15	:: 1 : 4/5
Rhinolophe uni-fer (Rhinolop. uni-hastatus G.S.H.)						
Vespertilion murin (Vespertilio murinus)	:: 1 : 2 2/3	:: 1 : 1 1/3	:: 1 : 2	:: 1 : 2	:: 1 : 1/3	:: 1 : 1/3
Ours brun (Ursus arctos)	:: 1 : 1/5	:: 1 : 8/9	:: 1 : 1 3/5	:: 1 : 4/5	:: 1 : 2/5	:: 1 : 1/2
Ours noir d'Amérique (U. americanus)	:: 1 : 3/7	:: 1 : 1/4	:: 1 : 2 1/4	:: 1 : 1/2	:: 1 : 3/8	:: 1 : 5/16
Blaireau (U. meles)	:: 1 : 3/7	:: 1 : 9/22	:: 1 : 2 6/7	:: 1 : 16/21	:: 1 : 4/7	:: 1 : 1/7
Raton (U. lotor)	:: 1 : 1/2	:: 1 : 5/4	:: 1 : 5/7	:: 1 : 2/3	:: 1 : 1/4	:: 1 : 1/8
Coati brun (Viverra narica)	:: 1 : 9/22	:: 1 : 4/11	:: 1 : 4/11	:: 1 : 16/21	:: 1 : 4/21	:: 1 : 2/7
Coati roux (V. nasua)	:: 1 : 1/3	:: 1 : 5/4		:: 1 : 1	:: 1 : 6/7	:: 1 : 5/7
Fouine (Mustela foina)	:: 1 : 2/3	:: 1 : 8/9	:: 1 : 1/3	:: 1 : 1 4/7		:: 1 : 4/21

Tableau comparatif des Rapports des Nerfs auditif et facial avec le Nerf trijumeau, et les nerfs de l'olfaction et de la vision, chez les Mammifères.

	RAPPORTS DU NERF AUDITIF AVEC LES NERFS			RAPPORTS DU NERF FACIAL AVEC LES NERFS		
	OLFACTIF.	OPTIQUE.	TRIJUMEAU.	De la 3e PAIRE.	De la 4e PAIRE.	De la 6e PAIRE.
Homme	:: 1 : 1 1/8	:: 1 : 2 1/2	:: 1 : 2 5/21	:: 1 : 1 3/5	:: 1 : 4/5	:: 1 : 1 1/6
NOMS DES ANIMAUX.						
Patas (Simia rubra). . . .	:: 1 : 1 1/5	:: 1 : 1 3/5	:: 1 : 1 3/5	:: 1 : 1 1/2	:: 1 : 3/4	:: 1 : 5/6
Magot (S. sylvanus) . .	:: 1 : 4/7	:: 1 : 1 5/7	:: 1 : 1 1/14	:: 1 : 1 1/3	:: 1 : 2/3	:: 1 : 1 1/9
Macaque (S. cynocephalus).	:: 1 : 1 1/8	:: 1 : 1 1/2	:: 1 : 1 1/5	:: 1 : 1 2/3	:: 1 : 2/3	:: 1 : 1 1/9
Maimon (S. nemestrina). .	:: 1 : 4/5	:: 1 : 1 9/10	:: 1 : 1 1/5	:: 1 : 1 1/3	:: 1 : 1/2	:: 1 : 1 1/2
Rhésus (S. rhesus, G. S. H.)	:: 1 : 10/11	:: 1 : 1 19/53	»	:: 1 : 1 1/7	:: 3/7	:: 1 : 4/7
Papion (S. Sphynx) . .	:: 1 : 1 1/8	:: 1 : 2	:: 1 : 3	:: 1 : 2	:: 1 : 2/3	:: 1 : 1 1/3
Mandrill (S. maimon) . .	:: 1 : 1	:: 1 : 1 3/5	:: 1 : 2 4/15	:: 1 : 1	:: 1 : 1/3	:: 1 : 2/3
Drill (S. leucophea Fr. C.).	:: 1 : 1 3/5	:: 1 : 2	:: 1 : 2	:: 1 : 11/12	:: 1 : 1/3	:: 1 : 7/12
Sajou (S. apella) . . .	:: 1 : 8/9	:: 1 : 1 1/9	:: 1 : 1 1/3	:: 1 : 2/3	:: 1 : 2/3	:: 1 : 1 1/3
Maki (Lemur macaco) . .	:: 1 : 2 1/2	:: 1 : 3/4	:: 1 : 5/6	:: 1 : 1 1/15	:: 1 : 4/15	:: 1 : 4/5
Rhinolophe uni-fer (Rhino-						
lop. uni-hastatus G.S.H.)	:: 1 : 2 2/3	:: 1 : 2 2/3	:: 1 : 2	:: 1 : 2		
Vespertilion murin (Ves-						
pertilio murinus). . .	:: 1 : 2 2/3	:: 1 : 1 1/2	:: 1 : 2	:: 1 : 2	:: 1 : 1 1/3	:: 1 : 1 1/3
Ours brun (Ursus arctos).						
Ours noir d'Amérique (U.						
americanus)	:: 1 : 3 1/5	:: 8/9	:: 1 : 1 3/5	:: 4/5	:: 2/5	:: 1 : 1/2
Blaireau (U. meles) . . .	:: 1 : 4 1/2	:: 3/4	:: 1 : 2 1/4	:: 1 : 1 1/2	:: 1 : 3/8	:: 1 : 15/16
Raton (U. lotor). . .	:: 1 : 3 3/7	:: 1 : 19/21	:: 1 : 2 6/7	:: 16/21	:: 4/7	:: 1 : 1/7
Coati brun (Viverra narica)	:: 1 : 3 3/7	:: 1 : 1 5/6	:: 1 : 1 5/7	:: 2/3	:: 1/2	:: 1 : 1/8
Coati roux (V. nasua) . .	:: 1 : 3 1/2	:: 1 : 3/4	:: 1 : 1 1/6	:: 16/21	:: 4/21	:: 2/7
Fouine (Mustela foina). .	:: 1 : 3 9/22	:: 1 : 2 4/11	:: 1 : 2 4/11	:: 1 : 1	:: 6/7	:: 5/7
Loutre (Mustela lutra).	:: 1 : 2 2/3	:: 8/9	:: 1 : 1 1/3	:: 1 : 1 4/7	:: 4/21

Loutre (Mustela lutra).	:: 1 : 1 5/7	:: 1 : 20/21	:: 2/3		:: 8/15	
Chien (Canis familiaris)	:: 1 : 3	:: 4/7	:: 6/7		:: 2/3	
Loup jeune (C. lupus).	:: 1 : 3	:: 3/4	:: 3/4		:: 1/4	
Mangouste du Cap (Vi-						
verra cafra)	:: 1 : 2 1/2	:: 1 : 1 7/18	:: 1 : 2 2/3	:: 1 :	:: 2/3	:: 1 : 1
Lion (Felis leo). . . .	:: 1 : 3 9/14	:: 1 : 2 1/4	:: 1 : 2 4/7	:: 5/6	:: 3/5	:: 1 : 1
Tigre royal (F. tigris).	:: 1 : 3 5/6	:: 1 : 1 7/12	:: 1 : 1 1/6	:: 7/20	:: 1/3	:: 9/10
Jaguar (F. onça). . .	:: 1 : 2 1/4	:: 1 : 1 1/8	:: 1 : 1 1/4	:: 5/6	:: 1/3	:: 3/4
Panthère (F. perdus). .	:: 1 : 2 1/4	:: 1 : 1 1/8	:: 1 : 1	:: 3/5	:: 2/5	:: 5/6
Couguar (F. discolor). .	:: 1 : 4	:: 1 : 2	:: 1 : 2 1/4	:: 3/5	:: 1/3	:: 5/6
Lynx (F. lynx). . . .	:: 1 : 2 2/3	:: 1 : 5/6	:: 1 : 1 5/6	:: 3/5	:: 1/4	:: 2/3
Phoque com. (Ph. vitulina)	:: 1 : 2 2/7	:: 1 : 6/7	:: 1 : 2	:: 1/3		:: 1/2
Kanguroo géant (Macropus						
major. G. C.). . .	:: 1 : 3 1/2	:: 1 : 1 3/4	:: 1 : 5/8	:: 1/3	:: 3/4	
Phascolome (Phascolomys.						
G. S. H.). . . .	:: 1 : 3 1/7	:: 1 : 2	:: 1 : 1 2/7	:: 1/4	:: 3/4	:: 1 : 1
Castor (Castor fiber). .	:: 1 : 3 2/3	:: 1 : 2	:: 1 : 4	:: 1/4	:: 3/4	:: 1 : 1/2
Marmotte (M. alpinus).	:: 1 : 2 4/5	:: 1 : 1 3/5	:: 1 : 2 2/5	:: 3/8	:: 3/4	:: 1 : 3/8
Porc-épic (Hystrix cristata).	•	:: 1 : 7/8	:: 1 : 2	:: 2/5	:: 2/3	:: 1 : 1/2
Ecureuil (Sciurus vulgaris).	:: 1 : 2 2/3	:: 1 : 1 1/3	:: 1 : 2	:: 1/2	:: 1/3	:: 1 : 3/4
Agouti (Cavia acuti). .	:: 1 : 5 1/2	:: 1 : 2	:: 1 : 2	:: 5/6	:: 5/12	:: 5/8
Tatou (Dasypus sexcinctus).	:: 1 : 5 3/7	:: 1 : 5/7	:: 1 : 1 5/12	:: 4/7	:: 2/7	:: 4/7
Pécari (Sus tajassu). . .	:: 1 : 5 1/7	:: 1 : 2 1/7	:: 1 : 2 2/3	:: 1/2	:: 1/2	:: 2/3
Daman (Hyrax capensis).	:: 1 : 2 2/3	:: 1 : 2 1/3	:: 1 : 2 2/3	:: 5/7	:: 8/21	:: 4/7
Cheval (Equus caballus).	:: 1 : 3 11/15	:: 1 : 1 7/15	:: 1 : 2 2/3	:: 12/13	:: 4/13	:: 16/39
Ane (E. asinus). . . .	:: 1 : 2	:: 1 : 1 3/7	:: 1 : 1 6/7	:: 12/13		
Chameau à une bosse (Ca-						
melus dromedarius). .	:: 1 : 2 6/7	:: 1 : 1 5/7	:: 1 : 2 4/7	:: 39/64	:: 3/8	:: 9/16
Lama (C. llacma). . . .	:: 1 : 3	:: 1 : 2 1/2	:: 1 : 1 11/14	:: 22/13	:: 9/13	:: 8/13
Cerf (Cervus elaphus). .	:: 1 : 2 1/2	:: 1 : 2	:: 1 : 2 1/6	:: 33/40	:: 3/4	:: 21/40
Bouc com. (Capra hircus).	:: 1 : 2 1/2	:: 1 : 2 1/2	:: 1 : 1 1/2	:: 1/4	:: 3/4	:: 1 : 1/3
Bouc de la Haute-Egypte.	:: 1 : 2 4/7	:: 1 : 2 4/7	:: 1 : 1 5/28	:: 3 3/4	:: 11/20	:: 1/5	:: 1/5
Taureau (Bos taurus). .	:: 1 : 2 1/5	:: 1 : 2 1/5	:: 1 : 1 1/2	:: 3/4		:: 1 : 1
Dauphin (Delph. delphis).	»	:: 8/11	:: 1 : 1 21/22	:: 3/4	:: 4/7	:: 4/7
Marsouin (D. phocæna).	»	:: 1 : 1 1/3	:: 1 : 1 1/3	:: 6/7	:: 4/7	:: 4/7

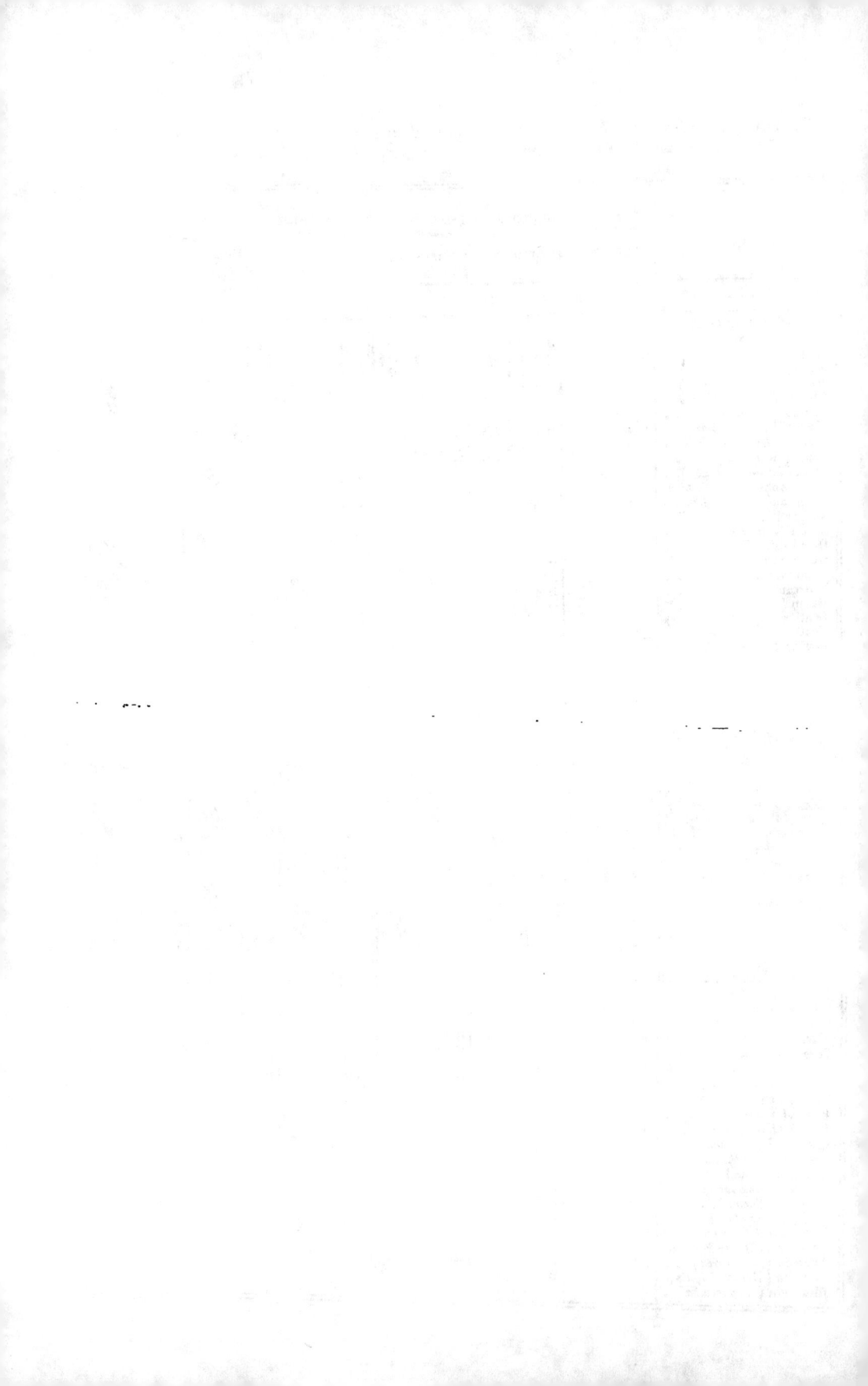

Loutre (*Mustela lutra*).
Chien (*Canis familiaris*).
Loup jeune (*C. lupus*).
Mangouste du Cap (*Viverra cafra*).
Lion (*Felis leo*).
Tigre royal (*F. tigris*).
Jaguar (*F. onça*).
Panthère (*F. pardus*).
Couguar (*F. discolor*).
Lynx (*F. lynx*).
Phoque com. (*Ph. vitulina*).
Kanguroo géant (*Macropus major. G. C.*).
Phascolome (*Phascolomys. G. S. H.*).
Castor (*Castor fiber*).
Marmote (*M. alpinus*).
Porc-épic (*Hystrix cristata*).
Ecureuil (*Sciurus vulgaris*).
Agouti (*Cavia aguti*).
Tatou (*Dasypus sexcinctus*).
Pécari (*Sus tajassu*).
Daman (*Hyrax capensis*).
Cheval (*Equus caballus*).
Ane (*E. asinus*).
Chameau à une bosse (*Camelus dromedarius*).
Lama (*C. lacma*).
Cerf (*Cervus elaphus*).
Bouc com. (*Capra hircus*).
Bouc de la Haute-Egypte.
Taureau (*Bos taurus*).
Dauphin (*Delph. delphis*).
Marsouin (*D. phocœna*).

TABLEAU COMPARATIF des Rapports des Nerfs auditif et facial, avec le Nerf trijumeau, et les Nerfs de l'olfaction et de la vision, chez les Oiseaux.

NOMS DES ANIMAUX.	RAPPORTS DU NERF AUDITIF AVEC LES NERFS			RAPPORTS DU NERF FACIAL AVEC LES NERFS		
	OLFACTIF.	OPTIQUE.	TRIJUMEAU.	De la 3e PAIRE.	De la 4e PAIRE.	De la 6e PAIRE.
Aigle royal (*F. chrysaëtos*).	1 : 1 3/7	1 : 2 2/5	1 : 1 2/7	1 : 1	1 : 3/4	1 : 3/4
Pygargue (*F. ossifragus*).	1 : 1 2/5	1 : 1 4/5	1 : 1 2/5	2 : 1 4/5	1 : 1/2	1 : 1/2
Bondrée (*F. apivorus*).	1 : 3	1 : 2	1 : 1 3/4	2 : 1	1 : 2/5	1 : 3/4
Buse (*F. buteo*).	1 : 1 1/2	1 : 2 1/2	1 : 1	1 : 2	1 : 1 1/2	1 : 1 1/2
Roitelet (*Motacilla regulus*).	1 : 1	1 : 1 1/2	1 : 1 7/9	1 : 1	1 : 1	1 : 1
Hirondelle (*Hirundo urb.*).	1 : 2	1 : 4	1 : 2 1/2	1 : 1 1/2	1 : 1/2	1 : 1/2
Alouette (*Alauda arvensis*).	1 : 2 1/4	1 : 4	1 : 3	1 : 1 1/4	1 : 1/4	1 : 1/4
Moineau (*Fringilla domestica*).	1 : 3 4	1 : 4	1 : 3 3/4	1 : 1	1 : 1	1 : 1
Pinçon (*F. Cœlebs*).	1 : 2 1/4	1 : 4	1 : 3	1 : 1 1/4	1 : 1 1/4	1 : 1 1/4
Linotte (*F. Linaria*).	1 : 2 1/2	1 : 2 1/2	1 : 2 1/2	1 : 1 1/2	1 : 1 1/2	1 : 1 1/2
Serin (*F. Canaria*).	1 : 2 1/4	1 : 4	1 : 3 4/4	1 : 1 1/4	1 : 1 1/4	1 : 1 1/4
Chardonneret (*F. carduelis*).	1 : 2 1/4	1 : 4	1 : 3 4/4	1 : 1 1/4	1 : 1 1/4	1 : 1 1/4
Verdier (*Loxia chloris*).	1 : 2 1/4	1 : 4	1 : 3 1/4	1 : 1 1/4	1 : 1 1/4	1 : 1 1/2
Pie (*C. Pica*).	1 : 3 7/9	1 : 2	1 : 3	1 : 1 4/5	1 : 1 4/5	1 : 1 1/4
Perroquet amazone.	1 : 1 3/4	1 : 2 5/16	1 : 2 5/16	1 : 1 1/3	1 : 1 1/3	1 : 1 1/3
Perroquet d'Afrique.	1 : 2	1 : 1	1 : 1 1/3	1 : 1 1/2	1 : 1 1/2	1 : 1 1/2
Dindon (*Meleagris gallopavo*).				1 : 1 1/8	1 : 3/4	1 : 3/4
Poule (*Phasianus gallus*).	1 : 2 2/3	1 : 3 1/4	1 : 2	1 : 1 1/3	1 : 3/4	1 : 3/4
Faisan argenté (*P. Nycthemerus*).	1 : 1 7/8	1 : 2 1/12	1 : 2	1 : 1	1 : 1	1 : 1
Faisan doré (*P. pictus*).	1 : 1 7/8	1 : 2 2/3	1 : 1 9/16	1 : 1 1/4	1 : 3/4	1 : 1 1/8
Pigeon (*Columba palumbus*).	1 : 3	1 : 3	1 : 2 1/4	1 : 2 2/9	1 : 2/3	1 : 2/3

TABLEAU COMPARATIF des Rapports des Nerfs auditif et facial avec le Nerf trijumeau, et les Nerfs de l'olfaction et de la vision, chez les Oiseaux.

NOMS DES ANIMAUX.	RAPPORTS DU NERF AUDITIF AVEC LES NERFS			RAPPORTS DU NERF FACIAL AVEC LES NERFS		
	OLFACTIF.	OPTIQUE.	TRIJUMEAU.	De la 3ᵉ PAIRE.	De la 4ᵉ PAIRE.	De la 6ᵉ PAIRE.
Aigle royal (F. chrysaëtos).	∷ 1 : 3/7	∷ 1 : 2 2/5	∷ 1 : 1 2/7	∷ 1 : 1	∷ 1 : 3/4	∷ 1 : 3/4
Pygargue (F. ossifragus).	∷ 1 : 1 2/5	∷ 1 : 1 4/5	∷ 1 : 1 2/5	∷ 1 : 4/5	∷ 1 : 1/2	∷ 1 : 1/2
Bondrée (F. apivorus).	∷ 1 : 3	∷ 1 : 2	∷ 1 : 1 2/5	∷ 1 :	∷ 1 : 2/3	∷ 1 : 3/4
Buse (F. buteo).	∷ 1 : 1 1/2	∷ 1 : 2	∷ 1 : 1 3/4	∷ 1 : 1	∷ 1 : 1 1/2	∷ 1 : 1 3/4
Roitelet (Motacilla regulus)	∷ 1 : 1	∷ 1 : 2 1/2	∷ 1 : 1 7/9	∷ 1 : 2	∷ 1 : 1 1/2	∷ 1 : 1 1/2
Hirondelle (Hirundo urb.)	∷ 1 : 2 1/4	∷ 1 : 2 1/2	∷ 1 : 1 1/2	∷ 1 : 1	∷ 1 : 1	∷ 1 : 1 1/2
Alouette (Alauda arvensis).	∷ 1 : 3	∷ 1 : 4	∷ 1 : 3	∷ 1 : 1	∷ 1 : 1	∷ 1 : 1
Moineau (Fringilla domestica).	∷ 1 : 3	∷ 1 : 4	∷ 1 : 3 3/4	∷ 1 : 1 1/2	∷ 1 : 1 1/2	∷ 1 : 1 1/2
				∷ 1 : 1 1/4	∷ 1 : 1 1/4	∷ 1 : 1 1/4
Pinçon (F. Cœlebs).	∷ 1 : 2 1/4	∷ 1 : 4	∷ 1 : 3	∷ 1 : 1 1/4	∷ 1 : 1 1/4	∷ 1 : 1 1/4
Linotte (F. Linaria).	∷ 1 : 2 1/2	∷ 1 : 2 1/2	∷ 1 : 2 1/2	∷ 1 : 1 1/2	∷ 1 : 1 1/2	∷ 1 : 1 1/4
Serin (F. Canaria).	∷ 1 : 2 1/4	∷ 1 : 4	∷ 1 : 2 1/4	∷ 1 : 1 1/2	∷ 1 : 1 1/2	∷ 1 : 1 1/4
Chardonneret (F. carduelis)	∷ 1 : 2 1/4	∷ 1 : 4	∷ 1 : 2 1/4	∷ 1 : 1 1/4	∷ 1 : 1 1/4	∷ 1 : 1 1/4
Verdier (Loxia chloris).	∷ 1 : 3	∷ 1 : 4	∷ 1 : 2 1/4	∷ 1 : 1 1/4	∷ 1 : 1 1/2	∷ 1 : 1 1/4
Pie (C. Pica).	∷ 1 : 1 7/9	∷ 1 : 4	∷ 1 : 3	∷ 1 : 1 1/4	∷ 1 : 1 1/4	∷ 1 : 1 1/4
Perroquet amazône.	∷ 1 : 3 3/4	∷ 1 : 2	∷ 1 : 1 2/3	∷ 1 : 1 1/4	∷ 1 : 1 1/4	∷ 1 : 1 1/4
Perroquet d'Afrique.	∷ 1 : 2	∷ 1 : 2 3/16	∷ 1 : 2 3/16	∷ 1 : 1 1/3	∷ 1 : 1 1/3	∷ 1 : 1 1/3
Dindon (Meleagris gallo-pavo).		∷ 1 : 1	∷ 1 : 1 1/3	∷ 1 : 2	∷ 1 : 1 1/2	∷ 1 : 1 1/2
Poule (Phasianus gallus).	∷ 1 : 2 2/3	∷ 1 : 2 1/4		∷ 1 : 1 1/8	∷ 1 : 3/4	∷ 1 : 3/4
Faisan argenté (F. Nycthemerus).	∷ 1 : 1 7/8	∷ 1 : 3	∷ 1 : 2	∷ 1 : 1	∷ 1 : 3/4	∷ 1 : 3/4
				∷ 1 : 1 1/3	∷ 1 : 1	∷ 1 : 1
Faisan doré (F. pictus).	∷ 1 : 1 7/8	∷ 1 : 2 1/12	∷ 1 : 2 1/3	∷ 1 : 1 1/2		∷ 1 : 1 1/8
Pigeon (Columba palumbus)	∷ 1 : 3	∷ 1 : 1 2/3	∷ 1 : 1 9/16	∷ 1 : 1 1/2	∷ 1 : 3/4	∷ 1 : 1 1/8
		∷ 1 : 3	∷ 1 : 2 1/4	∷ 1 : 2 2/9	∷ 1 : 1 2/3	∷ 1 : 1 2/3

NOMS DES ANIMAUX.	OLFACTIF.	OPTIQUE.	TRIJUMEAU.	De la 3ᵉ PAIRE.	De la 4ᵉ PAIRE.	De la 6ᵉ PAIRE.
Perdrix (Tetrao cinereus)	∷ 1 : 3	∷ 1 : 3	∷ 1 : 2	∷ 1 : 2 2/9	∷ 1 : 1 2/3	∷ 1 : 1 2/3
Autruche de l'ancien continent (Struthio camelus)	∷ 1 : 2 1/3	∷ 1 : 3 1/3	∷ 1 : 1 1/3	∷ 1 : 1 3/4	∷ 1 : 1/2	∷ 1 : 2/3
Casoar (S. Casuarius).	∷ 1 : 2	∷ 1 : 3 1/3	∷ 1 : 2	∷ 1 : 2 1/3	∷ 1 : 4/9	∷ 1 : 2/3
Cigogne blanche (Ardea ciconia)	∷ 1 : 3	∷ 1 : 2 1/2	∷ 1 : 3	∷ 1 : 1	∷ 1 : 3/8	∷ 1 : 9/16
Cigogne noire (A. nigra).	∷ 1 : 2	∷ 1 : 2	∷ 1 : 2 1/5	∷ 1 : 1 1/3	∷ 1 : 1/2	∷ 1 : 3/4
Fou de Bassan (Pelecanus bassanus).	∷ 1 : 1 1/3	∷ 1 : 2 4/5	∷ 1 : 2 5/9	∷ 1 : 1 1/3	∷ 1 : 3/4	∷ 1 : 1
Oie (Anas anser).	∷ 1 : 2 11/12	∷ 1 : 3 1/8	∷ 1 : 2 5/9	∷ 1 : 1 1/2	∷ 1 : 1 1/8	∷ 1 : 1 1/8
Bernache carvant (Anas Bernicla).	∷ 1 : 1 3/5	∷ 1 : 1 3/5	∷ 1 : 1 2/5	∷ 1 : 1 7/9	∷ 1 : 8/9	∷ 1 : 1
Canard musqué (A. chata).	∷ 1 : 2/3	∷ 1 : 2 2/9	∷ 1 : 1 2/5	∷ 1 : 1 7/15	∷ 1 : 3/4	∷ 1 : 1 1/8
Canard ordinaire (A. boschap.).	∷ 1 : 1 17/18	∷ 1 : 1 5/6		∷ 1 : 2	∷ 1 : 1 1/8	∷ 1 : 1 1/2

Perdrix (*Tetrao cinereus*)	:: 1 : 2 2/5	:: 1 : 3	:: 1 : 2	:: 1 : 2 2/9	:: 1 : 1 2/3	:: 1 : 1 2/3
Autruche de l'ancien continent (*Struthio camelus*) .	:: 1 : 2 1/5	:: 1 : 3 1/3	:: 1 : 1 1/3	:: 1 : 3 3/4	:: 1 : 1/2	:: 1 : 1/5
Casoar (*S. Casuarius*) . .	:: 1 : 2	:: 1 : 3 1/3	:: 1 : 2	:: 1 : 2 1/3	:: 1 : 4/9	:: 1 : 2/3
Cigogne blanche (*Ardea ciconia*)	:: 1 : 3	:: 1 : 2 1/2	:: 1 : 3	:: 1 : 1 1/3	:: 1 : 3/8	:: 1 : 9/16
Cigogne noire (*A. nigra*) .	:: 1 : 3	:: 1 : 2	:: 1 : 2 1/5	:: 1 : 1 1/3	:: 1 : 1/2	:: 2 : 3/4
Fou de Bassan (*Pelecanus bassanus*)	:: 1 : 1 1/3	:: 1 : 2 4/5	:: 1 : 5/9	:: 1 : 1 1/3	:: 1 : 3/4	:: 1 : 1/8
Oie (*Anas anser*)	:: 1 : 2 11/12	:: 1 : 3 1/8		:: 1 : 1 1/2	:: 1 : 1/8	:: 1 : 1 1/8
Bernache carvant (*Anas Bernicla*)	:: 1 : 1 3/5	:: 1 : 3/5	:: 1 : 2/5	:: 1 : 7/9	:: 1 : 8/9	
Canard musqué (*A. moschata*)	:: 1 : 1 2/5	:: 1 : 2 2/9	:: 1 : 2/5	:: 1 : 7/15	:: 1 : 3/4	:: 1 : 1 1/8
Canard ordinaire (*A. boschap.*)	:: 1 : 1 17/18	:: 1 : 5/6		:: 1 : 2		:: 1 : 1 1/2

TABLEAU COMPARATIF des Rapports des Nerfs auditif et facial, avec le Nerf trijumeau et les Nerfs de l'olfaction et de la vision, chez les Reptiles.

NOMS DES ANIMAUX.	RAPPORTS DU NERF AUDITIF AVEC LES NERFS			RAPPORTS DU NERF FACIAL AVEC LES NERFS		
	OLFACTIF.	OPTIQUE.	TRIJUMEAU.	De la 3e PAIRE.	De la 4e PAIRE.	De la 6e PAIRE.
Tortue grecque (*Testudo græca*).	:: 1 : 1 7/8	:: 1 : 3	:: 1 : 1 7/8	:: 1 : 1	:: 1 : 5/8	:: 1 : 5/8
Tortue couï (*T. Radiata*).	:: 1 : 2/3	:: 1 : 1	:: 1 : 2 2/3	:: 1 : 1	:: 1 : 3/8	:: 1 : 1/2
Tortue franche (*T. mydas*).	:: 1 : 5 1/2	:: 1 : 5 1/2	:: 1 : 4 2/5	:: 1 : 1/3	:: 1 : 1/3	:: 1 : 1 3/5
Crocodile vulgaire (*Crocodilus niloticus* G. S. H.).	:: 1 : 1/5	:: 1 : 2 1/2	:: 1 : 1/5	:: 1 : 5/5	:: 1 : 3/8	:: 1 : 3/8
Crocodile à arêtes (*C. biporcatus*).	:: 1 : 1/8	:: 1 : 2	:: 1 : 1 1/8	:: 1 : 3/5	:: 1 : 5/8	:: 1 : 3/8
Monitor à taches vertes (*Tupinambis maculatus*).	:: 1 : 1	:: 1 : 3	:: 1 : 1	:: 1 : 4/5	:: 1 : 1/2	:: 1 : 1/2
Lézard vert (*Lacerta viridis*).	:: 1 : 2 3/4	:: 1 : 2	:: 1 : 1 1/3	:: 1 : 3/4	:: 1 : 3/4	:: 1 : 3/4
Lézard gris (*L. agilis*).	:: 1 : 2	:: 1 : 2	:: 1 :	:: 1 : 3/4	:: 1 : 3/4	:: 1 : 3/4
Caméléon vulgaire (*L. africana*).	:: 1 : 1	:: 1 : 3	:: 1 : 1 1/3	:: 1 : 4/5	:: 1 - 1/2	:: 1 : 1/2
Orvet (*Anguis fragilis*).	:: 1 : 1 3/5	:: 1 : 1 1/3	:: 1 : 2			
Couleuvre à collier (*Coluber natrix*).	:: 1 : 2 1/2	:: 1 : 7/8	:: 1 : 1 7/8	:: 1 : 3/4	:: 1 : 3/4	:: 1 : 3/4
Vipère hajé (*C. haje*).	:: 1 : 2/3	:: 1 : 7/8	:: 1 : 7/8	:: 1 : 3/4	:: 1 : 3/4	:: 1 : 3/4
Vipère à raies parallèles.	:: 1 : 7/8	:: 1 : 7/8	:: 1 : 2/5	:: 1 : 3/4	:: 1 : 3/4	:: 1 : 3/4
Vipère comm. (*C. berus*).		:: 1 : 7/8	:: 1 : 1	:: 1 : 3/4	:: 1 : 3/4	:: 1 : 3/4
Grenouille commune (*Rana esculenta*).	:: 1 : 5 3/4	:: 1 : 1		:: 2/3	:: 1 : 2/5	:: 1 : 2/3

TABLEAU COMPARATIF des Rapports du Nerf auditif et facial, avec le Nerf trijumeau et les Nerfs de l'olfaction et de la vision, chez les Poissons.

NOMS DES ANIMAUX.	RAPPORTS DU NERF AUDITIF AVEC LES NERFS			RAPPORTS DU NERF FACIAL AVEC LES NERFS		
	OLFACTIF.	OPTIQUE.	TRIJUMEAU.	De la 3e PAIRE.	De la 4e PAIRE.	De la 5e PAIRE.
Lamproye de rivière (Petromyson fluvialis)	1 : 2	1 : 2	1 : 1 1/2			
Requin (Squalus carcharias)	1 : 2 1/2	1 : 2/3	1 : 2	1 : 1 2/5	1 : 1 2/5	1 : 1 2/5
Aiguillat (S. acanthias)	1 : 8/9	1 : 1/27		1 : 1	1 : 2/3	1 : 2/3
Ange (S. squatina)	1 : 6/7	1 : 4/7	1 : 8/9	1 : 1/2	1 : 1/2	1 : 3/8
Raie bouclée (Raya clavata)	1 : 1/9	1 : 1/9	1 : 6/7	1 : 3/13	1 : 4/13	1 : 8/39
Raie ronce (R. Rubus)	1 : 9/10	1 : 1/5	1 : 1/5	1 : 1/2	1 : 1/2	1 : 1/2
Raie (R. batis)	1 : 1/5	1 : 2	1 : 1/5	1 : 1/2	1 : 1/2	1 : 1/2
Esturgeon (Acip. sturio)	1 : 1/5	1 : 1/6	1 : 5/6	1 : 2/7	1 : 2/7	1 : 2/7
Brochet (Esox lucius)	1 : 7/9	1 : 3	1 : 1/6	1 : 3/8	1 : 1/4	1 : 1/4
Carpe (Cyprinus carpio)	1 : 7/9	1 : 2/3	1 : 5/9	1 : 3/4	1 : 9/16	1 : 3/4
Tanche (C. tinca)	1 : 8/9	1 : 2/3	1 : 5/6	1 : 4/9	1 : 8/9	1 : 8/9
Morue (Gadus morrhua)	1 : 1/5	1 : 3	1 : 5/6	1 : 2/3	1 : 2/3	1 : 2/3
Egrefin (G. Eglefinus)	1 : 1/3	1 : 3 1/9	1 : 7/9	1 : 4/7	1 : 5/7	1 : 4/7
Merlan (G. Merlangus)	1 : 3/4	1 : 1/2	1 : 1	1 : 3/4	1 : 1/2	1 : 1/3
Turbot (Pleuron. maximus)	1 : 1/3	1 : 2/3	1 : 2/3	1 : 1/2	1 : 1/3	1 : 1/3
Anguille (Muraena anguilla)	1 : 2/3	1 : 2	1 : 1/2	1 : 2/3	1 : 1/2	1 : 2/5
Congre (M. Conger)				1 : 3/8	1 : 3/8	1 : 3/8
Gronau (Trigla lyra)	1 : 8/9	1 : 3/4	1 : 2	1 : 4/5	1 : 3/5	1 : 3/5
Baudroye (Lophius piscatorius)	1 : 8/9	1 : 2/5	1 : 5/9	1 : 2/5	1 : 2/5	1 : 2/5

CHAPITRE V.

Application des principes de la névrogénie aux nerfs pneumo-gastrique, accessoire de Willis, grand sympathique; et aux anormo-génies.

Il serait trop long de déduire présentement toutes les conséquences qui dérivent de cette manière nouvelle d'envisager la névrogénie dans ses rapports avec l'angiogénie et l'hématogénie. Ce que j'ai dit du système nerveux est applicable à tous les autres systèmes de l'organisation. Les mêmes lois, les mêmes principes président à leur formation et à leur développement; leurs rapports sont soumis aux mêmes règles. Mais ce n'est pas ici le lieu de présenter l'ensemble des lois générales de la zoogénie.

Toutefois une loi générale doit embrasser tous les faits qui sont sous sa dépendance, soit que le développement de ces faits s'opère d'une manière régulière, soit qu'il s'effectue d'une manière insolite ou irrégulière. Dans les chapitres précédens, j'ai puisé les preuves de la névrogénie, spécialement dans les formations régulières des animaux; je vais les emprunter, dans celui-ci, aux formations anomales, dont les produits ont été jusqu'à ce moment rejetés hors du domaine du règne animal, à cause de l'imperfection de nos connaissances et de l'ensemble bizarre des systèmes imaginés pour expliquer la génération des monstres.

Primitivement on ne trouve ni le nerf pneumo-gastrique, ni le glosso-pharyngien, ni l'accessoire de Willis, ni le grand hypoglosse, sur les parties latérales du bulbe rachidien. Si on examine cette partie sur les jeunes embryons des mammifères, des oiseaux et des reptiles, on voit que ces nerfs ne pénètrent pas dans la cavité du crâne; on ne peut conséquemment les rencontrer sur les points où plus tard ils viennent s'insérer. Leur arrivée sur la moelle allongée s'effectue en général à la même époque que celle du nerf auditif et du facial; quelquefois leur insertion est plus précoce, jamais elle n'est plus tardive. L'époque de l'insertion de la septième paire nous donne donc d'une manière assez précise ceux de ces différens nerfs. J'ai rencontré la huitième paire à la huitième semaine de l'embryon humain, à la septième de l'embryon du mouton, aux huitième et neuvième de ceux du cheval et du veau.

La conclusion générale de ces faits, c'est que ces nerfs ne proviennent pas de la moelle allongée, que cette partie n'est ni leur point d'origine, ni même leur point de départ. Ils indiquent au contraire que leur formation a lieu dans les organes auxquels ils se distribuent, pour me servir encore du langage ordinaire; que ces organes sont leurs véritables racines, d'où ils se portent ensuite à la moelle

allongée, qui est leur point de terminaison. Or
cette proposition va recevoir le dernier sceau de
l'évidence par la considération des êtres anomaux.
Nous allons voir ces nerfs tout-à-fait indépendans
de la masse encéphalique ; nous allons les observer,
lorsqu'il n'y a encore aucune trace de cet organe,
lors même qu'il n'existera aucun vestige de la tête
et de toute la région cervicale. On jugera ensuite
s'il y a en anatomie une proposition mieux fondée
que la loi générale de névrogénie que j'ai déduite
de l'ensemble de tous ces faits.

Soit un fœtus anencéphale : si vous disséquez le
cœur, le poumon, le larynx, l'estomac, vous rencontrez sur toutes ces parties le nerf pneumo-
gastrique ; si vous disséquez le pharynx et la langue,
vous rencontrez le nerf hypoglosse , et le glosso-
pharyngien ; vous rencontrez également l'accessoire de Willis dans les muscles où il pénètre ordinairement. L'encéphale manque complètement:
donc cet organe est étranger à la production de
tous ces nerfs.

Mais on pourrait objecter que dans ces cas le
cerveau a existé primitivement , et qu'une maladie en a produit la destruction à une époque postérieure à la formation de ces nerfs. Adoptons
cette supposition, quoiqu'elle soit entièrement
dénuée de fondement , et choisissons des fœtus
complètement acéphales. Dans ceux-ci , la tête
manquant complètement , on ne pourra supposer, je pense, que l'encéphale ait existé. Dans

quelle condition se trouveront les nerfs qui nous occupent chez ces monstres? Si ces nerfs se forment dans les organes, nous devons les rencontrer toutes les fois que ces organes se seront développés ; s'ils se forment au contraire dans la masse encéphalique, le cerveau et la tête manquant, nous ne devrons en rencontrer aucun vestige.

Sur un fœtus humain du cinquième au sixième mois de la vie utérine, la tête manquait ; au-dessus de la poitrine, il y avait un renflement recourbé, formé par cinq vertèbres cervicales imparfaitement développées. En examinant les viscères renfermés dans l'abdomen et le thorax, je rencontrai la portion du nerf pneumo-gastrique, qui se contourne autour de la partie antérieure de l'œsophage ; je rencontrai la partie qui se distribue dans les poumons ; le cœur, qui ne formait qu'un large vaisseau transversal, m'offrit également les nerfs cardiaques ; je trouvai le nerf récurrent et le laryngé supérieur très-grêles ; le larynx étant très-imparfaitement développé. Sur un embryon monstrueux de chat, je fis la même observation ; je la réitérai sur des embryons de lapin, de brebis, et sur un oiseau, avec des modifications qu'il est hors de mon sujet de relater.

Sur un embryon humain sans tête, sans région cervicale, réduit à la poitrine et à l'abdomen avec les membres supérieurs et inférieurs (1),

_____

(1) Ce fœtus est déposé dans le cabinet d'anatomie com-

le cœur formait un bulbe imparfait comme chez
le précédent, les poumons étaient moins parfaitement développés, l'estomac et le canal intestinal
différaient peu de leur état ordinaire. Je trouvai
chez cet acéphale les nerfs pneumo-gastriques autour de l'œsophage, et sur l'extrémité supérieure
de l'estomac, je trouvai les branches qui se distribuent aux poumons ; quelques rameaux se portaient sur le bulbe qui remplaçait le cœur, et ac-
compagnaient les artères axillaires.

Dans ce dernier cas, nous trouvons la partie
inférieure des nerfs pneumo-gastriques formée
sans l'intervention de l'encéphale, qui n'existait
pas et ne pouvait exister, le fœtus étant dépourvu
de la tête et de toute la région cervicale. Dans les
premiers acéphales, indépendamment de cette
partie du nerf, nous trouvons, en outre, les
nerfs laryngés, c'est-à-dire, que nous trouvons le
nerf développé toutes les fois que les organes où il
se forme existent. Comment concevoir l'existence
de ces nerfs, si on suppose que ses racines sont
dans l'encéphale?

Tous les faits normaux et anormaux sont inconciliables avec cette dernière hypothèse. Voilà des
nerfs pneumo-gastriques formés sans cerveau chez
les acéphales; qu'arrivera-t-il dans les monstres

---

parée du Jardin du Roi; j'en dois la communication à la
bienveillance de M. le baron Cuvier, dont la libéralité est
connue de tous les anatomistes de l'Europe.

bicéphales à un seul tronc, et dans les monstres monocéphales à deux troncs?

Sur un monstre humain bicéphale, dont les têtes étaient unies latéralement par la jonction des deuxièmes vertèbres cervicales, il n'y avait qu'un larynx et qu'un col : les viscères thoraciques n'offraient rien de particulier. Il existait deux encéphales distincts parfaitement réguliers. Je m'attendais à rencontrer quatre nerfs pneumo-gastriques, deux pour chaque encéphale ; ainsi le disaient les opinions reçues. Il n'y en avait que deux, un pour chaque cerveau. Chacun de ces nerfs partait de la partie latérale externe de chaque moelle allongée, et suivait sa direction et sa distribution habituelles. Du côté interne, par lequel les têtes étaient adossées, il n'existait aucun vestige du nerf. Ce fait est d'autant plus remarquable, que je reconnus dans chaque encéphale le glosso-pharyngien et l'hypoglosse sur la même face où manquait le nerf pneumo-gastrique.

Sur un fœtus bicéphale de mouton, les deux têtes se séparaient au niveau de la sixième vertèbre cervicale ; avec les deux têtes tout-à-fait isolées, coïncidaient deux larynx parfaitement développés, réunis en bas à une trachée-artère unique, qui se divisait dans la poitrine à sa manière accoutumée. Dans la poitrine, le nerf pneumo-gastrique était unique ; mais à sa sortie on trouvait quatre nerfs récurrens, quatre nerfs laryngés supérieurs, deux pour chaque tête, et quatre nerfs pneumo-gas-

triques, deux de chaque côté, à partir du niveau
de la sixième vertèbre cervicale. Les deux nerfs
allaient s'insérer sur chaque encéphale à leur manière accoutumée. Chose remarquable! il y avait
deux cols, deux larynx et deux nerfs pneumo-
gastriques dans la région cervicale seulement ;
mais un fait plus remarquable encore, c'est que
tous les nerfs cervicaux manquaient dans chaque
moelle épinière, du côté par lequel les cols étaient
en rapport. Il serait inutile de faire observer que
les extrémités supérieures n'étant pas doublées,
les nerfs ne devaient pas l'être également, si ce
fait n'était un des plus concluans pour notre loi
générale de névrogénie. Il n'y avait qu'un diaphragme entre la poitrine et l'abdomen; il n'y
avait aussi qu'un nerf diaphragmatique à chaque
col, situé à son côté externe. Du côté interne,
il n'existait nul vestige de ce nerf, ce qui coïncidait avec l'absence des nerfs cervicaux et des doubles membres supérieurs.

Un fœtus humain, faisant partie de la collection
du Muséum d'histoire naturelle au Jardin du Roi,
m'offrit une semblable disposition, à l'exception
des nerfs récurrens, les deux larynx étant réunis. Du
reste, absence des nerfs cervicaux du côté interne;
absence des nerfs diaphragmatiques du même côté.

Chez un monstre bicéphale de chevreau, les
deux têtes étaient séparées, les cols étaient
réunis par la septième vertèbre cervicale; il y
avait deux larynx, deux trachées artères pé-

nétrant toutes les deux, sans se réunir, dans chaque côté de la poitrine. La cavité pectorale était unique, mais beaucoup plus large que de coutume ; dans chaque côté, on trouvait un poumon très-volumineux, formé de cinq lobes de chaque côté ; à la racine de ces poumons, chaque trachée-artère se divisait en deux branches principales ; puis en deux autres branches secondaires , ce qui indiquait l'existence de deux poumons réunis de chaque côté de la poitrine ; il y avait un cœur unique offrant dans les vaisseaux qui en sortaient des dispositions si remarquables et si inattendues dans l'état actuel de nos connaissances, que je crois important de les faire connaître succinctement, afin que l'on puisse concevoir les principes généraux de zoogénie', dont cet ouvrage est une continuelle application. Je vais exposer auparavant ce qui a rapport à la partie du système nerveux qui nous occupe.

Il existait deux larynx , deux trachées-artères non réunies, et deux poumons réunis dans chaque côté de la poitrine ; il devait donc y avoir quatre nerfs pneumo-gastriques, deux pour chaque col et pour chaque paire de poumons logés des deux côtés du thorax,

Les quatre nerfs pneumo-gastriques existaient en effet : leur insertion sur les parties latérales de chaque moelle allongée, et leur position sur la partie antérieure de chaque col, étaient les mêmes que dans l'état ordinaire : le nerf externe du col droit, placé à côté de la carotide primitive, correspondait à la base du col, au côté externe du tronc carotidien, passait ensuite derrière l'artère axillaire, et s'enfonçait sous les poumons du même côté. Le nerf interne de la tête droite, cotoyant la trachée-artère, était situé d'abord sous la veine jugulaire gauche, puis derrière une portion du poumon droit qui débordait la poitrine; il s'enfonçait ensuite dans le thorax en passant au-dessous de l'oreillette droite du cœur, à laquelle il envoyait un rameau assez considérable.

Le nerf pneumo-gastrique externe du col gauche descendait au côté externe de la trachée-artère; parvenu au haut de la poitrine, il se plaçait en avant de l'artère-axillaire, dont il croisait la direction; et arrivé auprès d'un tronc veineux insolite que je décrirai plus bas, il s'enfonçait dans la cavité pectorale.

Le nerf pneumo-gastrique interne de la tête gauche, situé plus profondément que l'externe, se plaçait derrière le tronc carotidien, et à côté de l'œsophage, avec lequel il pénétrait dans la cavité pectorale. Ces nerfs se distribuaient ensuite dans les poumons; les internes fournissaient seuls les branches qui allaient former les nerfs et les plexus cardiaques. Voici la manière dont ces nerfs se terminaient en pénétrant dans l'abdomen. Les deux pneumo-gastriques du côté droit, convergeant l'un vers l'autre, environnaient l'œsophage droit, formaient sur sa partie antérieure un angle très-ouvert, s'adossaient l'un à l'autre, et pénétraient avec lui dans l'abdomen : des deux gauches l'interne était caché par l'œsophage gauche ; l'externe, d'abord recouvert par un canal veineux insolite, se plaçait ensuite entre l'aorte pectorale et l'œsophage, et pénétrait avec lui dans la cavité abdominale.

Il y avait donc chez ce bicéphale deux trachées artères, quatre poumons, deux œsophages qui se rendaient dans le premier estomac du chevreau (*rumen*), en passant par la même ouverture diaphragmatique ; il y avait et il devait y avoir quatre nerfs pneumo-gastriques complets, à l'exception des nerfs cardiaques. Pourquoi cette exception ? ai-je besoin de le dire ? puisque le cœur était unique, il ne devait et ne pouvait y avoir qu'un nerf cardiaque de chaque côté. Ainsi aux organes doubles correspondaient des doubles nerfs, et aux organes simples, des nerfs qui ne différaient pas de l'état normal. De ce nombre étaient aussi les nerfs diaphragmatiques. Il n'existait qu'un diaphragme, dont l'ouverture postérieure était plus dilatée qu'à l'ordinaire pour laisser passer les deux œsophages. Il n'y avait, comme chez les monstres précédens, qu'un nerf diaphragmatique de chaque côté, situés à la partie externe de chaque col. Ils manquaient complètement du côté interne. Chaque tête envoyait ainsi à ce muscle la moitié de ses nerfs. Tous les nerfs cervicaux de la moelle épinière manquaient également du côté interne ;

ce qui coïncidait avec l'absence des membres supérieurs de ce même côté.

Je laisse les anatomistes tirer les conclusions de ces faits pour apprécier la certitude de ma loi générale de névrogénie, et l'incertitude de l'ancienne hypothèse, qui faisait naître les nerfs de l'encephale. Je vais exposer l'état du système sanguin, pour montrer, d'une part, ses rapports avec le système nerveux, et de l'autre, pour faire apprécier son influence sur la génération des monstres, influence tout-à-fait méconnue, parce que jusqu'à ce jour leur système sanguin a été complètement négligé.

Ouvrez les livres qui traitent des monstruosités animales : que de systèmes, que d'hypothèses, que d'efforts d'imagination pour remplacer une erreur par une erreur souvent plus grossière (1) ! Avec toutes les suppositions que l'on s'est permises, cette partie de la science est devenue plus monstrueuse que les monstres qu'elle s'efforce en vain d'expliquer. Ouvrez au contraire ces êtres anomaux, étudiez leur organisation, et surtout leur système sanguin : vous y trouverez la cause des effets qui ne nous surprennent que parce que

---

(1) Je n'ai pas besoin d'excepter de cette catégorie le deuxième volume de la *Philosophie anatomique*, appliquée à l'étude des monstres. C'est le premier ouvrage où l'on ait présenté des idées positives sur ces êtres, en cherchant à les ramener à la formation régulière de leurs espèces.

nous ignorons les lois générales de la zoogénie. J'ai déjà fait dans un autre ouvrage l'application de ce principe aux hypogénésies (1) ou aux monstres par défaut. J'ai montré que l'atrophie ou l'absence des organes qui leur manquent, avait sa cause dans l'atrophie ou l'absence des artères qui leur sont destinées dans l'état normal. On n'a pu rejeter ces faits, parce que des faits ne peuvent être récusés ; mais on a dit que le principe que j'établissais ne saurait expliquer les monstres par excès, ou les hypergénésies. Je vais répondre par les faits à cette allégation, choisissant de préférence l'espèce de monstre la plus compliquée, afin d'embrasser les monstruosités les plus simples et les plus composées dans la même loi de formation, et d'établir la généralité des principes de cet ouvrage.

A l'aspect d'un monstre aussi compliqué que le bicéphale dont je viens de faire connaître en partie le système nerveux, l'imagination la plus riche ne saurait lui adapter l'un des nombreux systèmes que l'on a tour-à-tour adoptés et rejetés. Ces deux têtes, ces deux cols, ces quatre poumons appartenaient à un être qui était simple dans tout le reste de son organisation. Cet être n'avait qu'un

---

(1) *Bulletin de la Société médicale d'émulation*, septembre 1821. M. le professeur Geoffroy-Saint-Hilaire a fait l'application de ce principe aux monstres *podencéphales*; M. le professeur Rolando en a fait de son côté une très-heureuse application à la théorie du crétinisme.

seul cœur. Comment ce cœur avait-il pu suffire
au double développement de sa partie supérieure?
Comment se faisait la circulation des deux têtes
et des deux cols? Quels étaient les organes nouveaux que la nature avait créés pour ses nouveaux
besoins? Telles sont les questions physiologiques
que nous allons chercher à résoudre.

L'examen du cœur et des vaisseaux qui en
provenaient ou qui s'y rendaient va en donner la
solution. Le cœur était unique, ainsi que je l'ai
établi pour tous les bicéphales mono-sternes ; il
était grand proportionnellement à la partie inférieure du corps , suspendu par ses vaisseaux au
milieu de la poitrine. Sa pointe reposait sur le
diaphragme , comme cela a lieu chez la plupart
des mammifères ; sa structure propre n'offrait
rien de particulier, quoique les vaisseaux qui en
sortaient offrissent des singularités très - remarquables. ·

L'artère aorte , naissant du ventricule gauche
du cœur , s'élevait du milieu de sa base; bientôt
elle s'infléchissait à gauche, passant au-devant de
la trachée-artère et de l'œsophage de ce côté, et
au côté du sinus veineux; elle correspondait ensuite aux vertèbres cervicales inférieures du côté
gauche; et placée ensuite à leur côté externe, elle
s'enfonçait derrière le poumon.

Les principales artères étaient aussi singulières qu'admirables par leur distribution, si essentiellement adaptée aux particularités de cet

animal, qu'elle excitait une véritable admiration.

Le grand arc aortique que nous avons précédemment décrit produisait deux troncs : l'un,
l'artère carotide gauche ; l'autre, qu'on peut
nommer l'artère axillaire gauche, recevant entre
eux et à leur partie antérieure l'insertion du canal
artériel.

Le tronc carotidien né de la partie supérieure
de l'arc de l'aorte, s'élevant sur le côté gauche de
la trachée-artère à laquelle il correspondait, gagnait peu-à-peu sa partie antérieure, et, parvenu
à-peu-près au milieu de sa hauteur, il se divisait
en deux branches, l'une droite, l'autre gauche, qui
représentaient les carotides primitives, se portaient de l'un et de l'autre côté de la trachée
artère vers la tête, et, parvenues au niveau de la
partie supérieure du larynx, se divisaient en
carotides interne et externe; cette division ressem-
blait à celle des veines jugulaires que nous verrons plus bas. L'artère axillaire gauche se détachait de l'arc de l'aorte après l'insertion du canal
artériel, et se portait comme de coutume vers la
patte antérieure, où elle se distribuait comme à
l'ordinaire.

L'origine des artères de l'autre col et de l'autre
ête était plus singulière encore ; car au moment où la trachée-artère avait pénétré dans la
avité de la poitrine, on voyait un tronc artériel
rès-volumineux, se dégageant de derrière le pou-

I.

mon ; ce tronc, très-volumineux, naissait de l'aorte, comme nous le verrons bientôt, se portait vers la première côte, où elle formait un petit anneau ; de cet arc naissait l'*artère axillaire droite*, qui se dirigeait avec la veine correspondante vers la patte antérieure de ce côté.

De la partie moyenne et supérieure du tronc artériel s'élevait une branche considérable, se dirigeant vers la partie latérale de la branche artérielle, et ayant quatre lignes environ de longueur ; cette branche donnait naissance au tronc carotidien droit, qui, parvenu à la partie moyenne de la hauteur de la trachée-artère, se divisait, comme celui de l'autre côté, en deux branches, qui représentaient les carotides primitives. Ces carotides primitives, parvenues au niveau de la partie supérieure du larynx, se subdivisaient, comme celles du côté gauche, en carotides interne et externe : nous verrons ailleurs comment ce tronc communiquait avec l'aorte.

Entre le tronc principal et la partie inférieure de la trachée-artère, on voyait un arc artériel se prolongeant dans l'intérieur de la poitrine, convexe en haut, concave en bas ; cet arc était l'artère pulmonaire du côté droit ; la branche interne de cette artère se distribuait dans la partie supérieure du poumon, qui débordait en haut la poitrine ; la branche externe allongée s'enfonçait dans la poitrine, et se portait dans la partie inférieure des poumons contenus dans le thorax.

Entre le tronc carotidien et l'artère pulmonaire droite, il existait une artère qui de l'un se portait à l'autre, et servait de moyen de communication ; cette artère communicante me paraît être le canal artériel du côté droit, qui faisait communiquer l'artère pulmonaire avec le tronc carotidien, et ensuite avec le tronc même de l'aorte.

Du ventricule droit et de son lieu accoutumé s'élevait l'artère pulmonaire, située entre l'oreillette droite et l'oreillette gauche, se dirigeant obliquement à gauche, et après environ six lignes de marche, diminuant de calibre, formant le canal artériel, qui allait déboucher dans l'aorte, un peu au-dessus de l'origine de l'artère axillaire gauche.

L'artère pulmonaire se divisait ensuite en deux troncs ; l'un d'eux se plongeait au-dessus de la veine, et se distribuait à la partie inférieure du poumon gauche, c'est l'artère pulmonaire propre à ce poumon ; le second me paraît être la branche pulmonaire destinée au poumon droit dans l'état normal, mais qui, au lieu de suivre sa destination accoutumée, se portait à la partie supérieure du poumon gauche, en passant sous l'arc aortique.

Ainsi dans le poumon gauche, la circulation pouvait s'opérer comme elle a lieu dans l'état naturel ; mais dans le poumon droit, qui n'avait aucune communication avec l'artère pulmonaire du cœur, on voit que le sang avait dû suivre

31*

un cours inaccoutumé, et que l'artère pulmonaire qui lui était propre, isolée du centre de la circulation, ne lui était unie que par l'intermède du petit canal artériel, par la communication de ce canal avec le tronc carotidien, et par la jonction de celui-ci avec l'aorte même. Ceux qui connaissent la circulation chez les fœtus, jugeront de la complication de ce circuit. Ce petit canal artériel qui avait suffi au développement du fœtus, aurait-il été suffisant pour l'entretien de la vie extérieure? Se serait-il suffisamment dilaté, ainsi que l'analogue de l'aorte pulmonaire du côté droit, pour l'oxigénation du sang?

Le sinus veineux droit du cœur recevait le sang des parties supérieures par la veine cave ascendante supérieure, cette veine ample s'enfonçait sous l'oreillette droite et l'aorte, et par sa longueur occupait inférieurement l'espace qui séparait les deux cols : après s'être élevée l'espace d'environ un pouce, elle se divisait en deux troncs principaux, que l'on peut considérer comme les veines jugulaires. Chacune de ces veines divergeait en dehors et se portait sur la partie interne et antérieure de chaque col. Pendant ce trajet, elles fournissaient une branche considérable de leur partie interne ; cette branche, après avoir décrit un arc dont la convexité était tournée en haut, et la concavité en bas, s'enfonçait dans deux corps glanduleux, situés au-

dessus de la veine cave supérieure, dans l'intervalle des deux cols.

Après avoir fourni cette branche, les troncs
des veines jugulaires se portaient au côté interne
de la trachée-artère, vis-à-vis de la bifurcation
des deux carotides primitives; parvenues en cet
endroit, elles se bifurquaient comme ces artères
en deux branches : l'interne s'élevait verticalement vers la tête ; l'externe traversait obliquement la partie antérieure du col, et gagnait la
base du crâne : ces deux branches, situées entre
les muscles au-devant et plus superficiellement
que les artères, suivaient le même trajet que
les jugulaires, et pénétraient dans le crâne de
la même manière. Cette disposition du système
veineux et du système artériel qui lui correspondait, était tellement adaptée à l'organisation insolite de ce fœtus, qu'on ne pourra
sans doute pas admettre que deux têtes se
soient greffées sur un fœtus ordinaire. On ne
peut cependant trop faire remarquer avec quelle
simplicité admirable la nature a mis en œuvre
les nouveaux moyens que nécessitait une tête
surnuméraire. La veine axillaire droite allait se
dégorger également dans le même sinus veineux
droit, après avoir accompagné dans la patte supérieure les divisions de l'artère axillaire du même
côté.

La veine axillaire gauche, après s'être distribuée
comme l'artère du même côté, se dégorgeait dans

la veine cave supérieure. Le sinus veineux avait les rapports accoutumés avec la veine cave inférieure, ainsi que nous le ferons remarquer plus bas.

En outre de ces veines dont nous trouverons les analogues dans l'état naturel, le sinus veineux produisait du côté gauche un tronc veineux particulier et très-remarquable. Ce tronc, que nous examinerons en détail, sortait de la partie postérieure de l'oreillette, se plaçait au-dessous de la division de l'artère pulmonaire, au-dessus de la partie supérieure du poumon gauche, et s'enfonçait ensuite dans la cavité gauche de la poitrine.

Les veines pulmonaires ne présentaient aucune particularité digne de remarque; nées dans la profondeur des poumons, et réunies en branches, comme cela a lieu dans l'état normal, elles s'ouvraient dans le sinus veineux gauche. La veine axillaire droite, partant du sinus veineux, se portait au-devant du poumon droit, et allait gagner la partie supérieure de l'animal.

La veine cave inférieure se dégorgeait dans le même sinus veineux; elle était plus longue que chez l'homme, à cause de la situation moins oblique du cœur, chez les mammifères; après avoir dépassé le diaphragme, elle s'élevait verticalement vers le sinus veineux, en croisant la direction du canal artériel insolite, et ne présentait rien de particulier dans tout son trajet.

On pouvait distinguer ensuite la veine particulière ; ce tronc veineux que nous avons vu prendre son origine à la partie postérieure de l'oreillette droite, et que le poumon gauche couvrait dans cette situation, se portait au côté interne de l'aorte, couvrait d'abord l'œsophage, puis s'inclinait à gauche en se portant vers les côtés, où elle perçait le diaphragme, pour aller s'insérer dans la veine cave inférieure immédiatement après son entrée dans l'abdomen.

Ce tronc veineux, très-large dans tout son trajet, établissait une communication insolite de la veine cave inférieure au sinus droit du cœur.

Cette veine, qui n'a pas d'analogue dans l'état normal, correspondait à un canal artériel que nous avons trouvé être également sans analogue dans l'organisation ordinaire.

L'artère aorte, dont nous avons déjà exposé l'origine et la courbure, parvenue à la hauteur de la première côte du côté gauche, se portait dans la poitrine, et se plaçait sur la partie latérale des vertèbres dorsales ; elle était légèrement déprimée au point où elle était entre-croisée par le canal veineux extraordinaire ; après cette dépression, elle se trouvait située entre l'œsophage gauche et ce même canal, jusqu'à ce qu'en pénétrant dans l'abdomen par l'ouverture diaphragmatique, qui lui est destinée, elle fournissait les intercostales comme à l'ordinaire.

Mais ce que cet animal offrait de plus remarquable me paraît être le canal artériel transverse, qui traversait la poitrine. Le diamètre du canal dépassait la moitié de celui de l'artère aorte pectorale; son point de jonction avec l'aorte avait lieu derrière l'œsophage, et s'abouchait immédiatement dans cette artère, dont elle paraissait une principale division; née de ce point, cette artère traversait obliquement la poitrine de gauche à droite, en passant derrière la veine cave inférieure, derrière l'œsophage droit, derrière l'extrémité supérieure du poumon du même côté; arrivée vis-à-vis la première côte du côté droit, elle sortait de la poitrine, fournissait l'artère axillaire droite, puis formait une espèce d'arc d'où naissait le tronc carotidien, et où venait s'insérer le canal artériel.

Ceux qui connaissent le cercle compliqué de la circulation du fœtus, jugeront, d'après cette description, combien la marche du sang devait être plus compliquée dans celui-ci. Il est toutefois très-facile de la suivre d'après la disposition admirable des artères et des veines insolites que présentait cet animal.

Si on suppose la colonne de sang sortant d'abord du ventricule gauche, nous la voyons entrer dans l'aorte, pénétrer dans le tronc carotidien qui se distribuait ensuite dans la tête gauche, en suivant le cours des carotides primitives de ce côté. Il passait ensuite dans l'arc de l'aorte, rencontrait le canal artériel insolite, qui de ce tronc se portait vers la première côte du côté droit, et là produisait les deux carotides et l'axillaire de ce côté, artères destinées à la tête et à l'extrémité supérieure droites. Ainsi les deux têtes recevaient le sang du ventricule gauche. Son retour au ventricule droit s'opérait de la manière que nous l'avons exposé en décrivant l'appareil veineux de ce ventricule.

L'anatomie comparative des monstres est une science toute nouvelle; j'ai dû en présenter ici un fragment, pour faire apprécier les rapports du système sanguin et du système nerveux chez ces êtres, et pour montrer en même temps le lien qui les unit aux êtres réguliers des familles auxquelles ils appartiennent.

On voit chez cet animal un double poumon, une double trachée artère, deux larynx, deux œsophages; il fallait bien que les nerfs pneumogastriques fûssent doubles. Il n'y a qu'un cœur, qu'un diaphragme; les nerfs cardiaques et diaphragmatiques sont simples. Cet animal n'a que deux extrémités supérieures; chaque tête n'a qu'un membre qui lui correspond; chaque région cervicale ne produit qu'une série de nerfs cervicaux correspondant au côté où se trouve le membre. Quoique la moelle épinière du côté interne de chaque col soit régulièrement conformée, on ne trouve aucun vestige des nerfs cervicaux, parce que le membre qui leur correspond ne s'est développé ni de l'un ni de l'autre côté. Si les nerfs prenaient leur origine sur la moelle épinière, pourquoi ne se seraient-ils pas développés? rien ne s'opposait à leur formation; rien ne s'opposait à leur distribution entre les deux têtes. Cette absence tient donc à une loi primordiale de l'organisation; et cette loi, c'est celle que je déduis des faits. *Les nerfs ne naissent point de l'axe cérébrospinal du système nerveux; ils ont leur origine dans les organes; ils se mettent ensuite en communication avec la moelle épinière et l'encéphale.* J'ai vérifié ces faits sur deux monstres bicéphales humains, sur des oiseaux et des reptiles; car dans toutes les classes, ces êtres sont la répétition les uns des autres, avec les seules différences organiques qui appartiennent à chaque classe.

Suivons cette proposition sur des monstres d'un autre genre. Appliquons-la aux mono-céphales octo-pèdes, c'est-à-dire aux êtres qui ont deux corps surmontés par une tête unique. Nous trouvons chez ces monstres quatre nerfs pneumo-gastriques dans le thorax, allant s'insérer à la moelle allongée par un cordon unique de chaque côté, comme cela a lieu dans les êtres réguliers. Nous trouvons une région cervicale de la moelle épinière unique donnant naissance à des doubles cordons cervicaux, destinés à la double paire de membres supérieurs. Nous trouvons des nerfs laryngés uniques de chaque côté, parce qu'il n'existe qu'un larynx, et de doubles nerfs diaphragmatiques, parce que chaque tronc a son diaphragme distinct.

Généralisons ces faits : dans toutes les hypergénésies on trouvera des nerfs surnuméraires, correspondans aux organes surajoutés à l'organisation régulière, et des nerfs simples en rapport avec les parties qui n'auront éprouvé aucun changement.

La conclusion de ces faits, relativement au nerf pneumo - gastrique, est je pense, que ce nerf a son origine dans les organes auxquels on dit qu'il se distribue, et sa terminaison à la moelle allongée, d'où on le faisait provenir jusqu'à ce jour.

On a fait naître ce nerf du sillon qui sépare l'olive du corps restiforme. Cela est exact chez l'homme, et inexact chez les autres mammifères.

Chez ces derniers, l'insertion de ce nerf se porte de plus en plus en dehors, à mesure qu'on descend des familles supérieures aux inférieures. Il abandonne ainsi la place qu'il occupe chez l'homme pour se porter sur le corps restiforme.

Quelle est la cause de cette transposition? on la trouve dans le balancement comparatif du développement des olives et des pédoncules inférieurs du cervelet. Chez l'homme, le volume considérable des olives coïncide avec l'atrophie du corps restiforme; les faisceaux du nerf pneumogastrique se rapprochent des premières. Chez les mammifères, l'inverse a lieu; le corps restiforme se développe à mesure que les olives s'affaissent. Le nerf s'insère de plus en plus sur le pédoncule inférieur du cervelet en s'éloignant des corps olivaires.

Cette transposition, et la cause dont elle dépend, est très-curieuse à suivre chez le drill (1), le mandrill (2), le phoque (3), le dauphin (4), le lion (5), la loutre (6), la marte (7), l'ours (8), le raton (9), le cheval (10), le pécari (11), le chameau (12), le lama (13), le bouc de la Haute-Égypte (14), le castor (15), le porc-épic (16), le kanguroo (17), l'agouti (18) et la marmotte (19).

(1) Pl. VIII, fig. 197, n° 8.
(2) Pl. VIII, fig. 194, n° 8.
(3) Pl. IX, fig. 208, n° 8.
(4) Pl. XII, fig. 234, n° 9.
(5) Pl. XIV, fig. 266, n° 8.
(6) Pl. X, fig. 233, n° 8.
(7) Pl. XV, fig. 290, n° 8.
(8) Pl. XI, fig. 231, n° 8.
(9) Pl. VIII, fig. 200, n° 8 et 8 bis.
(10) Pl. XV, fig. 275, n° 8.
(11) Pl. XVI, fig. 300, n° 8.
(12) Pl. XIII, fig. 249, n° 8.
(13) Pl. XVI, fig. 295, n° 8.
(14) Pl. XIV, fig. 262, n° 8.
(15) Pl. XIV, fig. 258, n° 8.
(16) Pl. XIII, fig. 251, n° 8 bis.
(17) Pl. XVI, fig. 299, n° 8 et 10.
(18) Pl. IX, fig. 211, n° 8.
(19) Pl. IX, fig 203, n° 8.

Je n'ai jamais rencontré chez les mammifères les faisceaux que Sanctorini, Malacarne et Sœmmering faisaient provenir du quatrième ventricule. Haller ne les avait jamais aperçus; MM. Cuvier, Gall et Rolando ne les ont également jamais rencontrés.

Chez les oiseaux l'insertion de la huitième paire est déjetée plus en dehors encore que chez les mammifères; ce qui est produit par la persévérance de la même cause, par l'atrophie toujours croissante des olives, par le développement toujours permanent des corps restiformes et le déjettement de tous les nerfs en arrière par la courbure de la moelle allongée. Cela se voit chez la bondrée (1), l'hirondelle (2), le roitelet (3), l'autruche (4) et la cigogne blanche (5). Cela s'aperçoit surtout si on considère la moelle allongée par la partie latérale (6), chez la cigogne (7), l'autruche (8) et la bondrée (9).

Chez les reptiles et les poissons, ces causes cessant d'agir, l'insertion du nerf pneumo-gastri-

---

(1) Pl. IV, fig. 88, n° 10.
(2) Pl. IV, fig. 92, n° 2 et 9.
(3) Pl. IV, fig. 94, n° 2 et 9.
(4) Pl. IV, fig. 98, n° 13 bis, n° 3.
(5) Pl. IV, fig. 102, n° 15.
(6) Pl. IV, fig. 96, 97 et 104.
(7) Pl. IV, fig. 104, n° 14.
(8) Pl. IV, fig. 97, n° 3.
(9) Pl. IV, fig. 96, n° 11.

que devient plus antérieure, comme on le remarque chez le caméléon (1), les crocodiles (2),
les vipères (3), la grenouille (4), les tortues (5),
la morue (6), le congre (7), le barbeau (8), le
turbot (9), le brochet (10), l'aiguillat (11),
l'ange (12), l'esturgeon (13), le requin (14), la
raie ronce (15) et la raie bouclée (16).

Quant au volume du nerf pneumo-gastrique
et au nombre de faisceaux qui le composent à son
insertion, je n'ai rien aperçu de général chez les
mammifères; je n'ai pu rapporter son développement à aucune cause. Chez l'homme, il est composé de sept ou de huit faisceaux (17); chez le

(1) Pl. V, fig. 112, n° 1.
(2) Pl. V, fig. 118, n° 1 bis.
(3) Pl. V, fig. 130, n° 3.
(4) Pl. V, fig. 131, n° 7.
(5) Pl. V, fig. 122, n° 2.
(6) Pl. VII, fig. 164, n° 5.
(7) Pl. VII, fig. 168, n° 10.
(8) Pl. VII, fig. 178, n° 10.
(9) Pl. VII, fig. 191, n° 11 et 12.
(10) Pl. X, fig. 217, n° 8.
(11) Pl. X, fig. 222, n° 8.
(12) Pl. XII, fig. 237, n° 9.
(13) Pl. XII, fig. 235, n° 8.
(14) Pl. VI, fig. 142, n° 2.
(15) Pl. VI, fig. 138, n° 8 bis.
(16) Pl. VI, fig. 148, n° 19 et 18.
(17) Pl. XIII, fig. 247, n° 11.

drill (1) et le mandrill (2) j'en ai compté six; le nerf est développé comme chez l'homme; chez les carnassiers, le lion (3), la loutre (4), la marte (5), l'ours (6), le raton (7), il m'a paru plus faible que chez les singes.

Chez les ruminans et les rongeurs, il est au contraire beaucoup plus développé que dans les familles précédentes, ainsi qu'on le voit chez le cheval (8), le chameau (9), le lama (10), le bouc de la Haute-Égypte (11), le castor (12) et le porc-épic (13).

Chez l'agouti (14), la marmotte (15), la taupe (16), la musaraigne, le rat-taupe du Cap, la chrysochlore, le zemni, il est, toutes choses

---

(1) Pl. VIII, fig. 197, n° 8.

(2) Pl. VIII, fig. 194, n° 8.

(3) Pl. XIV, fig. 266, n° 8.

(4) Pl. X, fig. 223, n° 8.

(5) Pl. XV, fig. 290, n° 8.

(6) Pl. XI, fig. 231, n° 8.

(7) Pl. VIII, fig. 200, n° 8.

(8) Pl. XV, fig. 275, n° 8.

(9) Pl. XIII, fig. 249, n° 8.

(10) Pl. XVI, fig. 295, n° 8

(11) Pl. XIV, fig. 262, n° 8.

(12) Pl. XIV., fig. 258, n° 8.

(13) Pl. XIII, fig. 251, n° 8.

(14) Pl. IX, fig. 211, n° 8.

(15) Pl. IX, fig. 203, n° 8.

(16) Pl. XIV, fig. 260, n° 8.

d'ailleurs égales, moins développé que chez les animaux précédens.

Chez le phoque (1) et les cétacés (2), son volume proportionnel dépasse toutes les dimensions que nous lui avons observées chez les mammifères. Ce volume du nerf pneumo-gastrique coïncide, chez ces derniers animaux, avec le développement considérable du nerf acoustique.

Chez les oiseaux, je n'ai pas trouvé qu'il fût développé proportionnellement à l'étendue de leur respiration, ainsi qu'on peut le remarquer chez la bondrée (3), l'autruche (4) et la cigogne (5). Ce défaut d'harmonie entre la fonction et le nerf tiendrait-il à la différence des puissances mécaniques de la respiration? Tiendrait-il à l'atrophie considérable du diaphragme? à l'anéantissement presque complet de ce muscle (6)? Chez les

---

(1) Pl. IX, fig. 208, n° 8.

(2) Pl. XII, fig. 234, n° 8.

(3) Pl. IV, fig. 88, n° 2 et 10.

(4) Pl. IV, fig. 98, n° 13 bis.

(5) Pl. IV, fig. 104, n° 14.

(6) On a dit que le diaphragme manque chez les oiseaux, ce qui n'est pas rigoureusement vrai. Dans toute cette classe, on voit en dedans des dernières côtes, un, deux ou trois petits faisceaux musculaires, se dirigeant obliquement de dehors en dedans. Ces faisceaux sont les premiers rudimens du diaphragme des mammifères. Chez les très-jeunes embryons des mammifères et de l'homme, le diaphragme se forme de dehors en dedans, conformément à la loi générale

reptiles, l'atrophie de ce nerf coïncide avec la faiblesse des organes respiratoires, comme on l'observe chez la grenouille (1), le caméléon (2), les

---

forme de dehors en dedans, conformément à la loi générale et primitive de zoogénie. Il est d'abord de même que chez les oiseaux, qui, sous ce rapport, sont des embryons permanens de la classe supérieure. La moitié droite ne communique pas avec la moitié gauche. Il n'y a point de cloison qui sépare le thorax de l'abdomen, ni chez l'homme, ni chez les autres mammifères; les faisceaux musculaires du diaphragme se développent comme les os, comme les nerfs de dehors en dedans; en se joignant sur la ligne médiane, les faisceaux musculaires et aponévrotiques de ce muscle enveloppent les canaux qui le traversent; de telle sorte que les trous dont ce muscle est perforé, sont comme dans le système osseux des trous de conjugaison. Si le diaphragme des mammifères s'arrête dans son développement, il tombe plus ou moins dans la condition de celui des oiseaux. Il y a alors hernie, ou transposition des viscères pectoraux et abdominaux.

Chez les oiseaux, le nerf diaphragmatique manque complètement, ainsi que l'artère diaphragmatique supérieure. J'ai en vain cherché l'un et l'autre chez la poule, le dindon, l'oie, le pigeon, la cigogne, le héron et l'autruche. Ce fait constant est une des meilleures preuves de notre loi de névrogénie, et de la loi d'harmonie du système sanguin et du système nerveux. Le diaphragme rudimentaire des oiseaux reçoit une petite artère qui me paraît correspondre à la diaphragmatique inférieure des mammifères, et un très-petit nerf qui lui vient de la branche dorsale qui va rejoindre le grand sympathique.

(1) Pl. V, fig. 131, n° 7.
(2) Pl. V, fig. 112, n° 1.

I.   32

crocodiles (1), les vipères (2) et les tortues (3).

Chez les poissons, mais notamment chez les cartilagineux, le volume de ce nerf est hors de toute proportion avec celui des autres classes. La carpe chez les poissons osseux, l'aiguillat (4), le requin (5), l'ange (6), et surtout l'esturgeon (7), chez les cartilagineux, sont particulièrement remarquables par l'étendue de leur nerf pneumogastrique : une de ses branches constitue le long rameau dorsal que l'on remarque sur le flanc des poissons. Cette branche concourt-elle à la respiration ? la peau chez les poissons serait-elle un organe supplémentaire de la respiration, comme l'ont établi pour certains reptiles les belles recherches de M. le docteur Edwards ? Le milieu dans lequel vivent les poissons, aurait-il exigé un appareil respiratoire plus puissant pour l'oxygénation du sang ? Le volume du nerf pneumo-gastrique du phoque et des cétacés dépendrait-il de cette cause, de ce rapport qu'ils ont en partie avec les poissons ? Serait-ce la raison pour laquelle les tortues aquatiques ont ce nerf beaucoup plus développé que les tortues terrestres ?

---

(1) Pl. V, fig. 118, n° 1 bis.
(2) Pl. V, fig. 130, n° 3.
(3) Pl. V, fig. 122, n° 2.
(4) Pl. XII, fig. 236, n° 8.
(5) Pl. VI, fig. 142, n° 2.
(6) Pl. XII, fig. 237, n° 9.
(7) Pl. XII, fig. 235, n° 8.

Les réflexions que nous venons de présenter sur l'origine du nerf de la huitième paire, sont applicables à la neuvième, ou au nerf hypoglosse.

Chez les mammifères, la neuvième paire m'a paru développée d'une manière générale, en raison directe du volume de la cinquième, comme on peut l'observer chez le drill (1), le mandrill (2), le phoque (3), le dauphin (4), la loutre (5), la marte (6), le lion (7), le cheval (8), le chameau (9), le lama (10), le bouc de la Haute-Égypte (11), le pécari (12), le kanguroo (13), le castor (14) et le porc-épic (15).

Chez les oiseaux, les reptiles et les poissons, ce rapport reste à peu près le même, ainsi qu'on

---

(1) Pl. VIII, fig. 197, n° 9.
(2) Pl. VIII, fig. 194, n° 9.
(3) Pl. IX, fig. 208, n° 9.
(4) Pl. XII, fig. 234, n° 9.
(5) Pl. X, fig. 223, n° 9.
(6) Pl. XV, fig. 290, n° 9.
(7) Pl. XIV, fig. 266, n° 9.
(8) Pl. XV, fig. 275, n° 9.
(9) Pl. XIII, fig. 249, n° 9.
(10) Pl. XVI, fig. 295, n° 9.
(11) Pl. XIV, fig. 262, n° 9.
(12) Pl. XVI, fig. 300, n° 9.
(13) Pl. XVI, fig. 299, n° 9.
(14) Pl. XIV, fig. 258, n° 9.
(15) Pl. XIII, fig. 251, n° 9.

peut le voir chez la bondrée (1), l'hirondelle (2), le roitelet (3), l'autruche (4) et la cigogne (5), le caméléon (6), le crocodile (7), la tortue (8), la morue (9), la raie bouclée (10) et l'aiguillat (11)

Quoique le nerf accessoire de Willis soit un nerf spinal proprement dit à cause de son insertion inférieure sur la moelle épinière, son entrée dans le crâne, avant de descendre dans le canal vertébral, l'a fait considérer par tous les anatomistes comme un nerf intermédiaire entre les nerfs crâniens et les nerfs spinaux.

Sa marche a beaucoup frappé les anatomistes, parce qu'elle est en effet très-singulière. Soit qu'on le considère comme prenant son origine sur la moelle épinière, ou comme venant y prendre son insertion, on ne voit pas trop la raison de son ascension ou de sa descente dans le canal vertébral, pour entrer ou pour sortir par le trou déchiré postérieur.

---

(1) Pl. IV, fig. 88, n° 13.

(2) Pl. IV, fig. 92, n° 8.

(3) Pl. IV, fig. 94, n° 8.

(4) Pl. IV, fig. 98, n° 12.

(5) Pl. IV, fig. 103, n° 14.

(6) Pl. V, fig. 112, n° 9.

(7) Pl. V, fig. 118, n° 10.

(8) Pl. V, fig. 122, n° 1.

(9) Pl. VII, fig. 164, n° 3.

(10) Pl. VI, fig. 148, n° 9.

(11) Pl. X, fig. 222, n° 9.

Quoi qu'il en soit, l'insertion de ce nerf est la même chez les mammifères et chez l'homme ; chez ce dernier, des cinq faisceaux qui le forment, les trois supérieurs se portent sur les cordons postérieurs de la moelle épinière ; les deux inférieurs s'insèrent sur les cordons antérieurs : disposition commune, comme on le sait, à tous les nerfs spinaux, et dont les belles expériences de notre illustre physiologiste M. Magendie font pressentir toute l'importance. J'ai suivi cette différence d'insertion des faisceaux supérieurs et inférieurs, chez le chevreau (1), les singes (2), les ruminans (3) et les rongeurs (4).

La marche de ce nerf le rend un des plus convenables pour apprécier notre loi de névrogénie ; je ne l'ai pas aperçu dans le canal vertébral sur de très-jeunes embryons d'homme, de veau et de brebis ; je dois toutefois avouer que je n'ai pas eu l'occasion de le suivre dans son insertion, comme je l'ai fait pour les nerfs crâniens.

Aucun anatomiste n'a encore trouvé le nerf accessoire de Willis chez les oiseaux ; Collins, Malacarne, Vicq-d'Azyr disent qu'il n'existe pas ; M. Cuvier n'en fait pas mention ; Tiedemann (5)

---

(1) Pl. XIII, fig. 243, n° 2.
(2) Pl. VIiI, fig. 194, 197.
(3) Pl. XVI, fig. 295, 300, n° 10.
(4) Pl. IX, fig. 211 ; pl. XIV, fig. 258.
(5) Anatomie comparative des oiseaux.

ne l'a point observé; j'ai moi-même long-temps douté de son existence dans cette classe, parce que je ne l'avais rencontré, ni chez nos oiseaux domestiques, ni chez les oiseaux de proie, ni chez les oiseaux nocturnes. Je l'ai enfin observé chez le casoar, l'autruche (1) et la cigogne blanche (2). Ses faisceaux tous postérieurs descendaient au niveau des branches postérieures du quatrième nerf spinal, et venaient se réunir au tronc du nerf pneumo-gastrique. Je n'ai pu suivre sa distribution, n'ayant eu que l'encéphale et une partie de la moelle épinière de ces oiseaux à ma disposition.

Chez les reptiles, je n'ai pu le distinguer; je n'ai trouvé chez les poissons aucune branche qu'on pût lui rapporter, à moins que ce ne soit la longue branche dorsale de la huitième paire.

Appliquez ces faits à l'hypothèse de l'origine des nerfs. Pourquoi l'accessoire de Willis manque-t-il chez la plupart des oiseaux, tous les reptiles et les poissons (3)? La région cervicale de la moelle épinière n'ayant éprouvé aucun changement, qu'est-ce qui s'oppose à sa formation ou à son origine? Rien, absolument rien; il faut donc que

(1) Pl. IV, fig. 97, n° 3.

(2) Pl. IV, fig. 104, n° 15.

(3) Y a-t-il quelque rapport entre l'absence du nerf accessoire de Willis et celle du nerf diaphragmatique dans les trois classes inférieures? Le nerf accessoire serait-il un nerf respirateur? Dans ce cas comment manquerait-il chez la plupart des oiseaux?

la naissance et le développement de ce nerf soient soumis à d'autres conditions organiques qu'à celle de la moelle épinière ; celle-ci ne lui sert donc point de racine.

Veut-on une nouvelle preuve de la formation primitive des nerfs dans les organes auxquels on dit qu'ils se distribuent? que l'on considère le vague et l'hésitation des anatomistes sur l'origine du grand sympathique. Les uns le font provenir du cerveau, les autres de la moelle épinière ; M. Lobstein, dans son beau travail sur ce nerf, traite de vaine cette question (1). Pourquoi vaine? parce qu'elle est insoluble dans nos hypothèses actuelles. Que de questions seraient vaines à ce prix ! Et comment les sciences avanceraient-elles, si on ne cherchait à surmonter les difficultés qu'elles présentent encore ! Étudiez les conditions diverses d'existence du grand sympathique ; voyez ce qu'éprouve ce nerf de l'absence du cerveau et de la moelle épinière, et la question de son origine tant débattue n'en sera plus une.

Qu'arrive-t-il aux anencéphales? sont-ils privés du grand sympathique? Non ; on a observé, au contraire, que ce nerf était plus développé que dans les fœtus biens conformés ; donc l'encéphale est étranger à sa formation.

Qu'arrive-t-il dans les cas d'amyélie et d'até-

---

(1) *De nervi sympathetici humani fabricâ, usu et morbis*, pag. 10.

lomyélie (1)? l'absence de la moelle épinière dans les premiers, et son défaut de formation dans les seconds, entraînent-ils l'absence ou l'atrophie du nerf intercostal? Non, sans doute : comme dans les anencéphales, le grand sympathique semble s'accroître en raison de la diminution ou de la privation complète de la moelle épinière ; donc cette dernière est étrangère à sa formation.

Qu'arrive-t-il dans les hypogénies et les hypergénies? Dans les premières monstruosités, on rencontre toujours le grand sympathique dans les fragmens des fœtus qui se sont développés. Dans les secondes, aux organes surnuméraires, correspond constamment la partie sur-ajoutée du nerf intercostal qui lui correspond. Donc le grand sympathique suit le développement des organes, disparaît avec eux dans les monstres par défaut, et croît dans les monstres par excès dans une proportion qui est rigoureusement déterminée par le nombre des parties ajoutées au développement régulier des êtres.

Ainsi, d'une part, le grand sympathique se développe dans les anencéphales, hors de l'influence du cerveau ; de l'autre, l'absence de la moelle épinière n'influe en aucune manière sur sa forma-

(1) Ces deux noms très-heureux sont dus à M. le professeur Béclard ; ils manquaient à la science. Ils expriment trop bien le caractère distinctif des êtres monstrueux auxquels ils s'appliquent, pour qu'on ne s'empresse pas de les adopter.

tion; en troisième lieu, il suit constamment toutes
les modifications organiques des parties auxquelles il se distribue. Donc il puise son origine
dans les organes; il se met en relation, comme
tous les autres nerfs, avec la moelle épinière et
l'encéphale, quoique ces masses nerveuses soient
étrangères à sa formation.

Mais d'où vient ce rapport? Quelle est la cause
de ce développement proportionnel des organes
et du grand sympathique dans les anormogénies?
Ouvrez les monstres : étudiez avec soin leur organisation insolite, et vous la trouverez dans la loi
d'harmonie du développement du système sanguin et du système nerveux.

Dans un ouvrage où nous avons si souvent in-
voqué cette loi, qu'il nous soit permis de confirmer toutes les applications partielles que nous
en avons faites au développement régulier des organes, par une application plus générale à leur
développement irrégulier. Nous montrerons de
cette manière que les mêmes principes président
à la formation des êtres et à leur déformation, et
que la nature procède d'une·manière constante
et uniforme dans ses créations (1).

Considérez tous les monstres par défaut, vous

---

(1) Ces propositions générales sont extraites d'un ouvrage que je publierai sur cette partie sous le titre suivant :
Anomogénie comparative, ou *Essai sur l'anatomie comparative
des monstres, appliquée à l'étude de leur formation.*

trouverez leur cause dans le développement imparfait du système sanguin.

Considérez tous les monstres par excès : vous trouverez la raison de la surabondance d'organisation qu'ils présentent, dans une surabondance primitive du même système.

Si la tête manque, l'aorte ascendante manque. Le dernier de ces effets est la cause du premier.

Si les extrémités supérieures manquent, vous verrez le fœtus privé des artères axillaires.

Si ce sont les extrémités inférieures, vous n'aurez nul vestige des artères fémorales.

Si ce sont les reins, la vessie, la matrice, vous ne trouverez ni artères rénales, ni vésicales, ni utérines.

Si vous avez deux têtes adossées, vous trouverez quatre troncs carotidiens à la bifurcation des carotides primitives.

Si le monstre présente deux cols distincts, vous aurez une double aorte ascendante s'élevant du même cœur.

S'il a quatre extrémités supérieures ou scapulaires, vous rencontrerez quatre artères axillaires.

S'il offre quatre extrémités pelviennes, le monstre vous offrira quatre artères fémorales ou une double aorte abdominale.

S'il a deux corps surmontés par une tête unique, vous lui observerez une double aorte descendante avec une aorte ascendante unique.

Quelles que soient enfin les bizarreries que ces

êtres vous présentent, vous trouverez toujours la raison de leur formation dans les anomalies de leur système sanguin. Vous verrez constamment le système nerveux suivre toutes les variétés du système sanguin, et toutes les modifications organiques qui en dépendent. De là découle la loi d'harmonie de ces deux systèmes fondamentaux de l'organisation des animaux.

Faisons l'application de cette loi au développement régulier du nerf grand sympathique dans les quatre classes des animaux vertébrés, et chez les invertébrés.

On sait depuis M. Cuvier que le grand sympathique décroit des mammifères aux oiseaux, aux reptiles et aux poissons (1). Ces deux dernières classes ont ce nerf à un état presque rudimentaire.

Or la cause de cette décroissance réside fondamentalement dans la décroissance du système sanguin, qui s'atrophie de plus en plus à mesure qu'on descend des mammifères et des oiseaux aux reptiles et aux poissons.

Les crustacés qui nous présentent les derniers

_____

(1) Weber a pensé que le grand sympathique chez les poissons était remplacé par le nerf pneumo-gastrique, notamment par la grande branche dorsale. Je ne partage pas cet avis, à cause de la liaison indiquée du système sanguin et du grand sympathique. Cette branche est peut-être l'analogue du nerf accessoire de Willis, porté dans cette classe au maximum de son volume, à cause du développement nécessaire des puissances de la respiration.

linéamens du système sanguin , nous offrent aussi
les derniers vestiges inaperçus jusqu'à ce jour
du grand sympathique. On n'en trouve plus de
traces chez les insectes et les mollusques , parce
que le système sanguin a presque complètement
disparu.

De ces rapports généraux dérivent d'une part
la loi de décroissement du grand sympathique
dans le règne animal ; ils justifient de l'autre les
déterminations que nous avons données du système nerveux des invertébrés. Nous avons déjà
prouvé que la chaîne des ganglions qui le constitue ne saurait être rapportée ni à la moelle épinière, ni à l'encéphale des classes supérieures ;
le rapport que nous venons d'établir entre le système sanguin et le grand sympathique prouve
qu'elle ne saurait être assimilée à ce nerf , ainsi
que l'ont pensé plusieurs anatomistes (1).

_____

(1) Voyez à ce sujet le dernier travail de M. le professeur
Lobstein, pag. 103 et 104.

TABLEAU COMPARATIF

Des Dimensions des Nerfs glosso-pharyngien, pneumo-gastrique, de la 9ᵉ paire, et spinal, chez les Mammifères.

	NERF glosso-pharyngien.	NERF pneumo-gastrique.	NERF de la 9ᵉ paire.	NERF spinal.
	mètre.	mètre.	mètre.	mètre.
Homme.	0,00100	0,00375	0,00200	0,00050
NOMS DES ANIMAUX.	mètre.	mètre.	mètre.	mètre.
Patas (*Simia rubra*). .	0,00100	0,00200	0,00133	0,00100
Magot (*S. sylvanus*). .	0,00067	0,00150	0,00150	0,00100
Macaque (*S. cynocephalus*).	0,00100	0,00200	0,00133	0,00125
Papion (*S. sphynx*). .	0,00050	0,00200	0,00200	0,00125
Mandrill (*S. maimon*).	0,00067	0,00225	0,00200	0,00125
Sajou noir (*S. apella*).	0,00100	0,00150	0,00100	0,00100
Maki (*Lemur macaco*). .	0,00025	0,00100	0,00100	0,00067
Ours brun (*Ursus arctos*).	0,00100	0,00300	0,00167	0,00167
Ours noir d'Amérique (*U. americanus.*). . .	0,00100	0,00300	0,00267	0,00150
Raton (*U. lotor*). . . .	0,00100	0,00175	0,00100	0,00133
Blaireau (*U. meles*). . .	0,00100	0,00150	0,00133	0,00150
Coati brun (*Viverra narica*).	0,00075	0,00125	0,00100	0,00125
Fouine (*Mustela foina*).	0,00025	0,00100	0,00125	0,00075
Loutre (*M. lutra*). . .	0,00050	0,00150	0,00100	0,00133
Chien (*Canis familiaris*).	0,00025	0,00150	0,00150	0,00100
Renard (*C. vulpes*). . .	»	0,00150	»	0,00075
Hyène rayée (*C. hyæna*).	0,00025	0,00175	0,00200	0,00150
Mangouste du Cap (*Viverra cafra*).	»	0,00133	»	»
Lion (*Felis leo*)	0,00050	0,00175	0,00125	»
Tigre royal (*F. tigris*).	0,00100	000,225	0,00200	0,00175
Jaguar (*F. onça*) . . .	0,00075	0,00150	0,00125	0,00175
Panthère (*F. pardus*). .	0,00100	0,00200	0,00150	0,00200
Lynx (*F. lynx*)	0,00075	»	0,00150	0,00100
Phoque commun *Phoca vitulina*).	0,00150	0,00233	0,00200	0,00200
Kanguroo géant (*Macr. maj.*, G. C.).	0,00050	»	0,00125	0,00100
Castor (*Castor fiber*). .	0,00033	0,00125	0.00067	0,00075
Marmotte (*M. alpinus*).	0,00033	0,00075	0,00075	0,00033
Porc-épic (*Hystrix cristata*)..	0,00033	0,00075	0,00050	0,00050
Ecureuil (*Sciurus vulgaris*).	0,00033	0,00075	0,00050	0,00033

Suite du Tableau comparatif des Dimensions des Nerfs glosso-pharyngien, pneumo-gastrique, de la 9ᵉ paire, et spinal, chez les Mammifères.

NOMS DES ANIMAUX.	NERF glosso-pharyngien.	NERF pneumo-gastrique.	NERF de la 9ᵉ paire.	NERF spinal.
	mètre.	mètre.	mètre.	mètre.
Tatou à six bandes (*Dasypus sexcinctus*). . .	0,00033	0,00100	0,00050	0,00050
Pécari (*Sus tajassu*). .	0,00050	0,00150	0,00100	0,00100
Daman (*Hyrax capensis*)	0,00100	0,00075	0,00125	0,00100
Cheval (*Equus caballus*).	0,00100	0,00250	0,00175	0,00100
Chameau à une bosse (*Camelus dromedarius*)	0,00100	0,00333	0,00250	0,00150
Lama (*C. llacma*) . . .	»	0,00200	0,00150	0,00125
Mouton ordinaire.. . .	0,00050	0,00050	0,00150	0,00125
Marsouin (*D. phocœna*).	0,00100	»	0,00200	0,00200
Dauphin (*Delphinus delphis*).	0,00075	0,00250	0,00150	0,00150

TABLEAU COMPARATIF

Des Dimensions des Nerfs pneumo-gastrique et de la 9ᵉ paire, chez les Oiseaux.

NOMS DES ANIMAUX.	NERF pneumo-gas-trique.	NERF de la 9ᵉ PAIRE.
	mètre.	mètre.
Aigle roy. (*Falco chrysaëtos*).	0,00100	0,00133
Pygargue (*F. ossifragus*).	0,00100	0,00133
Buse commune (*F. buteo*).	0,00075	0,00025
Bondrée comm. (*F. apivor.*)	0,00067	0,00025
Roitelet (*Motacilla regulus*).	0,00033	0,00017
Hirondelle (*Hirundo urbica*).	0,00033	0,00020
Alouette (*Alauda arvensis*).	0,00033	0,00020
Moineau (*Fring. domestica*).	0,00033	0,00020
Pinçon (*F. cœlebs*).	0,00033	0,00020
Serin (*F. canaria*).	0,00033	0,00017
Chardonneret (*F. carduelis*).	0,00033	0,00017
Linotte (*F. linaria*).	0,00033	0,00017
Verdier (*Loxia chloris*).	0,00033	0,00020
Corbeau (*Corvus corax*).	0,00075	0,00025
Pie (*C. pica*).	0,00050	0,00025
Perroquet d'Afrique.	0,00075	0,00025
Perroquet amazône.	0,00075	0,00025
Poule (*Phasianus gallus*).	0,00100	0,00033
Faisan arg. (*P. nycthemerus*).	0,00075	0,00025
Faisan doré (*P. pictus*).	0,00075	0,00025
Pigeon (*Columba palumbus*).	0,00075	0,00025
Perdrix (*Tetrao cinereus*).	0,00075	0,00025
Autruche de l'ancien conti-nent (*Struthio camelus.*)	»	0,00067
Cigogne noire (*A. nigra*).	0,00125	0,00033
Fou de Bass. (*Pelec. bassan.*)	0,00150	0,00033
Canard musq. (*A. moschata*).	0,00100	0,00133

TABLEAU COMPARATIF

Des Dimensions des Nerfs pneumo-gastrique et de la 9ᵉ paire, chez les Reptiles.

NOMS DES ANIMAUX.	NERF pneumo-gas-trique.	NERF de la 9ᵉ PAIRE.
	mètre.	mètre.
Tortue couï (*T. radiata*). .	0,00125	0,00075
Tortue franche (*T. mydas*).	0,00133	0,00075
Crocodile vulgaire (*Croco-dilus niloticus*. G. S. H.).	0,00100	0,00050
Crocodile à deux arêtes (*C. biporcatus*).	0,00100	0,00050
Caïman à lunet.(*C. sclerops*).	0,00050	0,00033
Caïman.	0,00075	0,00033
Monitor à taches vertes (*Tu-pinambis maculatus*). . . .	»	0,00033
Lézard vert (*Lacerta viridis*).	0,00033	0,00033
Lézard gris (*L. agilis*). . . .	0,00033	0,00033
Caméléon vulgaire (*L. afri-cana*).	0,00075	0,00033
Orvet (*Anguis fragilis*). . .	0,00025	0,00025
Couleuvre à collier (*Coluber natrix*).	6,00033	0,00033
Vipère hajé (*C. haje*). . . .	0,00033	0,00033
Vipère à raies parallèles. . .	0,00033	0,00033
Grenouille (*Rana esculenta*).	0,00075	0,00050

TABLEAU COMPARATIF

Des Dimensions des Nerfs pneumo-gastrique et de la 9ᵉ paire, chez les Poissons.

NOMS DES ANIMAUX.	NERF pneumo-gas-trique.	NERF de la 9ᵉ PAIRE.
	mètre.	mètre.
Lamproye de rivière (*Petro-myson fluvialis*). . . .	0,00100	0,00050
Requin (*Squalus carcharias*).	0,00300	0,00133
Aiguillat (*S. acanthias*). . .	»	0,00100
Ange (*S. squatina*).	0,00250	0,00133
Raie bouclée (*Raya clavata*).	»	0,00100
Raie ronce (*R. rubus*). . .	0,00400	0,00100
Esturgeon(*Acipenser sturio*).	0,00400	0,00150
Brochet (*Esox lucius*). . .	0,00175	0,00075
Carpe (*Cyprinus carpio*). .	0,00333	0,00100
Tanche (*G. tinca*).	0,00050	0,00025
Morue (*Gadus morrhua*). .	0,00200	0,00050
Egrefin (*G. eglefinus*). . .	0,00075	0,00025
Merlan (*G. merlangus*). . .	0,00133	0,00050
Turbot (*Pleuronectes maxi-mus*).	0,00200	0,00075
Anguille (*Muræna anguilla*).	0,00075	0,00025
Congre (*M. conger*).	0,00150	0,00075
Gronau (*Trigla lyra*). . .	0,00100	0,00050
Baudroye (*Lophius piscato-rius*.	0,00133	0,00050

TABLEAU COMPARATIF des Rapports du Nerf glosso-pharyngien avec les sept premières paires, chez les Mammifères.

NOMS DES ANIMAUX.	OLFACTIF.	OPTIQUE.	De la 3ᵉ PAIRE.	De la 4ᵉ PAIRE.	TRIJUMEAU.	De la 6ᵉ PAIRE.	AUDITIF.	FACIAL.
			RAPPORTS AVEC LES NERFS					
Homme.........	:: 1 : 2 1/4	:: 1 : 5	:: 1 : 3	:: 1 : 1	:: 1 : 5 1/4	:: 1 : 1 1/2	:: 1 : 2	:: 1 : 1 1/3
Patas....	:: 1 : 5	:: 1 : 4	:: 1 : 2	:: 1 : 1	:: 1 : 4	:: 1 : 1 2/3	:: 1 : 2 1/2	:: 1 : 1 1/3
Magot. ...	:: 1 : 2	:: 1 : 6	:: 1 : 3	:: 1 : 1	:: 1 : 5 3/4	:: 1 : 1 1/2	:: 1 : 3	:: 1 : 1 1/4
Macaque..	:: 1 : 2 1/3	:: 1 : 5	:: 1 : 2	:: 1 : 1 1/2	:: 1 : 3	:: 1 : 1 2/3	:: 1 : 2	:: 1 : 1 1/2
Papion..	:: 1 : 4 2/3	:: 1 : 8 1/2	:: 1 : 6	:: 1 : 1	:: 1 : 12	:: 1 : 4	:: 1 : 5	:: 1 : 3
Mandrill..	:: 1 : 5 1/2	:: 1 : 6 1/4	:: 1 : 4 1/2	:: 1 : 1 1/2	:: 1 : 8 1/2	:: 1 : 3	:: 1 : 3 3/4	:: 1 : 4 1/2
Sajou noir.	:: 1 : 2	:: 1 : 6	:: 1 : 5 2/3	:: 1 : 1 2/3	:: 1 : 3	:: 1 : 3 1/3	:: 1 : 2 1/4	:: 1 : 1
Maki....	:: 1 : 20	:: 1 : 3	:: 1 : 2 1/3	:: 1 : 1 1/3	:: 1 : 6 2/3	:: 1 : 4	:: 1 : 8	:: 1 : 5
Ours brun..	:: 1 : 12		:: 1 : 2	:: 1 : 1	:: 1 : 6	:: 1 : 1	:: 1 : 3 3/4	:: 1 : 2 1/2
Ours noir d'Améri-que.								
Raton..	:: 1 : 9	:: 1 : 4 1/2	:: 1 : 2 1/4	:: 1 : 1	:: 1 : 4 1/2	:: 1 : 4 1/4	:: 1 : 2	:: 1 : 1
Blaireau.	:: 1 : 6	:: 1 : 3 1/2	:: 1 : 3 3/5	:: 1 : 1	:: 1 : 3	:: 1 : 1 1/4	:: 1 : 1 3/4	:: 1 : 1 3/4
Coati brun.	:: 1 : 6	:: 1 : 8 1/3	:: 1 : 4 7/9	:: 1 : 1 4/9	:: 1 : 5	:: 1 : 2 2/3	:: 1 : 2 3/4	:: 1 : 2
Fouine..	:: 1 : 9	:: 1 : 8	:: 1 : 4	:: 1 : 1	:: 1 : 3 1/9	:: 1 : 1 1/3	:: 1 : 9 2/3	:: 1 : 7
Loutre..	:: 1 : 24	:: 1 : 3 1/3	:: 1 : 6 2/3	:: 1 : 1 1/5	:: 1 : 12	:: 1 : 5 2/3	:: 1 : 3	:: 1 : 2 1/2
Chien...	:: 1 : 6	:: 1 : 8	:: 1 : 6	:: 1 : 2	:: 1 : 4 2/3	:: 1 : 14	:: 1 : 14	:: 1 : 6
Hyène rayée.	:: 1 : 28	:: 1 : 16	:: 1 : 6	:: 1 : 2	:: 1 : 12	:: 1 : 3	:: 1 : 4 2/3	:: 1 : 6 2/3
Lion....	:: 1 : 40	:: 1 : 10 1/2	:: 1 : 5	:: 1 : 2 1/3	:: 1 : 19	:: 1 : 1 2/3	:: 1 : 3	:: 1 : 6
Tigre royal.	:: 1 : 17 1/2	:: 1 : 4 3/4	:: 1 : 3 1/4	:: 1 : 1	:: 1 : 3 1/2	:: 1 : 1 1/2	:: 1 : 4 1/3	:: 1 : 1
Jaguar.	:: 1 : 11 2/3	:: 1 : 6 1/3	:: 1 : 5 1/5	:: 1 : 1 8/9	:: 1 : 6 1/10	:: 1 : 2	:: 1 : 5 1/3	:: 1 : 4

Tableau comparatif des Rapports du Nerf glosso-pharyngien avec les sept premières paires, chez les Mammifères.

| | RAPPORTS AVEC LES NERFS | | | | | | | |
	OLFACTIF.	OPTIQUE.	De la 3e PAIRE.	De la 4e PAIRE.	TRIJUMEAU.	De la 6e PAIRE.	AUDITIF.	FACIAL.
Homme	:: 1 : 2 1/4	:: 1 : 5	:: 1 : 2	:: 1 : 1	:: 1 : 5 1/4	:: 1 : 1 1/2	:: 1 : 2	:: 1 : 1 1/3
NOMS DES ANIMAUX.								
Patas	:: 1 : 3	:: 1 : 4	:: 1 : 2	:: 1 : 1	:: 1 : 4	:: 1 : 1 2/3	:: 1 : 2 1/2	:: 1 : 1 1/3
Magot	:: 1 : 2	:: 1 : 6	:: 1 : 3	:: 1 : 1 1/2	:: 1 : 3 3/4	:: 1 : 2 1/2	:: 1 : 3 1/2	:: 1 : 2 1/4
Macaque	:: 1 : 2 1/3	:: 1 : 5	:: 1 : 2 1/2	:: 1 : 1	:: 1 : 3	:: 1 : 1 2/3	:: 1 : 1	:: 1 : 1 1/2
Papion	:: 1 : 4 1/2	:: 1 : 8	:: 1 : 6	:: 1 : 2	:: 1 : 12	:: 1 : 4	:: 1 : 5	:: 1 : 3
Mandrill	:: 1 : 5 1/4	:: 1 : 6	:: 1 : 4 1/2	:: 1 : 1 1/2	:: 1 : 8 1/2	:: 1 : 3	:: 1 : 3 3/4	:: 1 : 4 1/2
Sajou noir	:: 1 : 2	:: 1 : 2 1/2	:: 1 : 1 2/3	:: 1 : 2/3	:: 1 : 3	:: 1 : 1 1/3	:: 1 : 2 1/4	:: 1 : 1
Maki	:: 1 : 20	:: 1 : 6	:: 1 : 5 1/3	:: 1 : 1 1/3	:: 1 : 6 2/3	:: 1 : 4	:: 1 : 8	:: 1 : 5
Ours brun	:: 1 : 12	:: 1 : 3 1/3	:: 1 : 2	:: 1 : 1	:: 1 : 6	:: 1 : 1 1/4	:: 1 : 3 3/4	:: 1 : 2 1/2
Ours noir d'Amérique	:: 1 : 9	:: 1 : 4 1/2	:: 1 : 2	:: 1 : 1/2	:: 1 : 4 1/2	:: 1 : 1 1/4	:: 1 : 2	:: 1 : 1 1/3
Raton	:: 1 : 8	:: 1 : 1 1/2	:: 1 : 1 1/3	:: 1 : 1	:: 1 : 3	:: 1 : 1/4	:: 1 : 1 3/4	:: 1 : 2
Blaireau	:: 1 : 6	:: 1 : 3 1/3	:: 1 : 1 1/3	:: 1 : 1 1/4	:: 1 : 5	:: 1 : 1/4	:: 1 : 1	:: 1 : 1 3/4
Coati brun	:: 1 : 9 1/3	:: 1 : 2	:: 1 : 1 7/9	:: 1 : 4/9	:: 1 : 3 1/9	:: 1 : 2/3	:: 1 : 2 2/3	:: 1 : 2 1/3
Fouine	:: 1 : 24	:: 1 : 8	:: 1 : 4	»	:: 1 : 12	:: 1 : 1 1/3	:: 1 : 9	:: 1 : 7
Loutre	:: 1 : 6	:: 1 : 3 1/3	:: 1 : 2 2/3	:: 1 : 1 1/3	:: 1 : 4 2/3	:: 1 : 2	:: 1 : 3 1/2	:: 1 : 2 1/2
Chien	:: 1 : 28	:: 1 : 8	:: 1 : 6	:: 1 : 2	:: 1 : 12	:: 1 : 5 1/3	:: 1 : 14	:: 1 : 6
Hyène rayée	:: 1 : 40	:: 1 : 16	:: 1 : 6	:: 1 : 1 1/3	:: 1 : 19	:: 1 : 5		
Lion	:: 1 : 17	:: 1 : 10 1/2	:: 1 : 5	:: 1 : 2	:: 1 : 12	:: 1 : 3	:: 1 : 4 2/3	:: 1 : 6
Tigre royal	:: 1 : 11 1/2	:: 1 : 4 3/4	:: 1 : 2 1/4	:: 1 : 1	:: 1 : 3 1/2	:: 1 : 1 1/2	:: 1 : 3	:: 1 : 1 2/3
Jaguar	:: 1 : 12 2/3	:: 1 : 6 1/3	:: 1 : 3 1/3	:: 1 : 1 8/9	:: 1 : 6 1/10	:: 1 : 2	:: 1 : 5 1/3	:: 1 : 4
Panthère	:: 1 : 9	:: 1 : 4 1/2	:: 1 : 2	:: 1 : 3/4	:: 1 : 4	:: 1 : 1 1/2	:: 1 : 4	:: 1 : 2
Lynx	:: 1 : 10 2/3	:: 1 : 3 1/3	:: 1 : 2	:: 1 : 8/9	:: 1 : 5 1/3	:: 1 : 1 2/3	:: 1 : 4	:: 1 : 2
Phoque commun	:: 1 : 5 1/3	:: 1 : 2	:: 1 : 1	:: 1 : 5/6	:: 1 : 4 2/3	:: 1 : 8/9	:: 1 : 2 1/3	:: 1 : 1
Kanguroo géant	:: 1 : 14	:: 1 : 7	:: 1 : 4	:: 1 : 1	:: 1 : 6 1/2	:: 1 : 4	:: 1 : 1	:: 1 : 1 1/3
Castor	:: 1 : 15	:: 1 : 4 1/2	:: 1 : 3 3/4	:: 1 : 1 1/2	:: 1 : 18	:: 1 : 3	:: 1 : 4 1/2	:: 1 : 3
Marmotte	:: 1 : 10 1/2	:: 1 : 6	:: 1 : 3 3/4	:: 1 : 1 1/2	:: 1 : 9	:: 1 : 3	:: 1 : 4 3/4	:: 1 : 3
Porc-épic	»	:: 1 : 5 1/4	:: 1 : 2 1/4	:: 1 : 2	:: 1 : 9	:: 1 : 3	:: 1 : 3 3/4	:: 1 : 2
Ecureuil	:: 1 : 12	:: 1 : 6	:: 1 : 3	:: 1 : 2	:: 1 : 12	:: 1 : 1 1/2	:: 1 : 6	:: 1 : 6
Tatou à six bandes	:: 1 : 7 1/2	:: 1 : 1	:: 1 : 3/4	:: 1 : 3	:: 1 : 9	:: 1 : 1 1/4	:: 1 : 4 1/3	:: 1 : 3
Pécari	:: 1 : 18	:: 1 : 7	:: 1 : 4	:: 1 : 1	:: 1 : 9	:: 1 : 2 1/4	:: 1 : 5 1/4	:: 1 : 3 3/5
Daman	:: 1 : 2	:: 1 : 7 1/2	:: 1 : 1	:: 1 : 1	:: 1 : 8	:: 1 : 2	:: 1 : 3 1/2	:: 1 : 3 1/2
Cheval	:: 1 : 14	:: 1 : 5 1/2	:: 1 : 2 1/2	:: 1 : 1 3/4	:: 1 : 10	:: 1 : 2	:: 1 : 3/4	:: 1 : 1/2
Chameau	:: 1 : 10	:: 1 : 6	:: 1 : 3 1/4	:: 1 : 2	:: 1 : 9	:: 1 : 2	:: 1 : 3 3/4	:: 1 : 3 1/2
Mouton	:: 1 : 12	»	:: 1 : 1	:: 1 : 1	:: 1 : 11	:: 1 : 3	:: 1 : 3 1/2	:: 1 : 5 1/3
Marsouin	»	:: 1 : 4	:: 1 : 1 1/2	:: 1 : 1	:: 1 : 11		:: 1 : 3	
Dauphin	»	:: 1 : 5 1/3	:: 1 : 2	:: 1 : 1 1/5	:: 1 : 7	:: 1 : 1 1/3	:: 1 : 7 1/3	:: 1 : 2 2/3

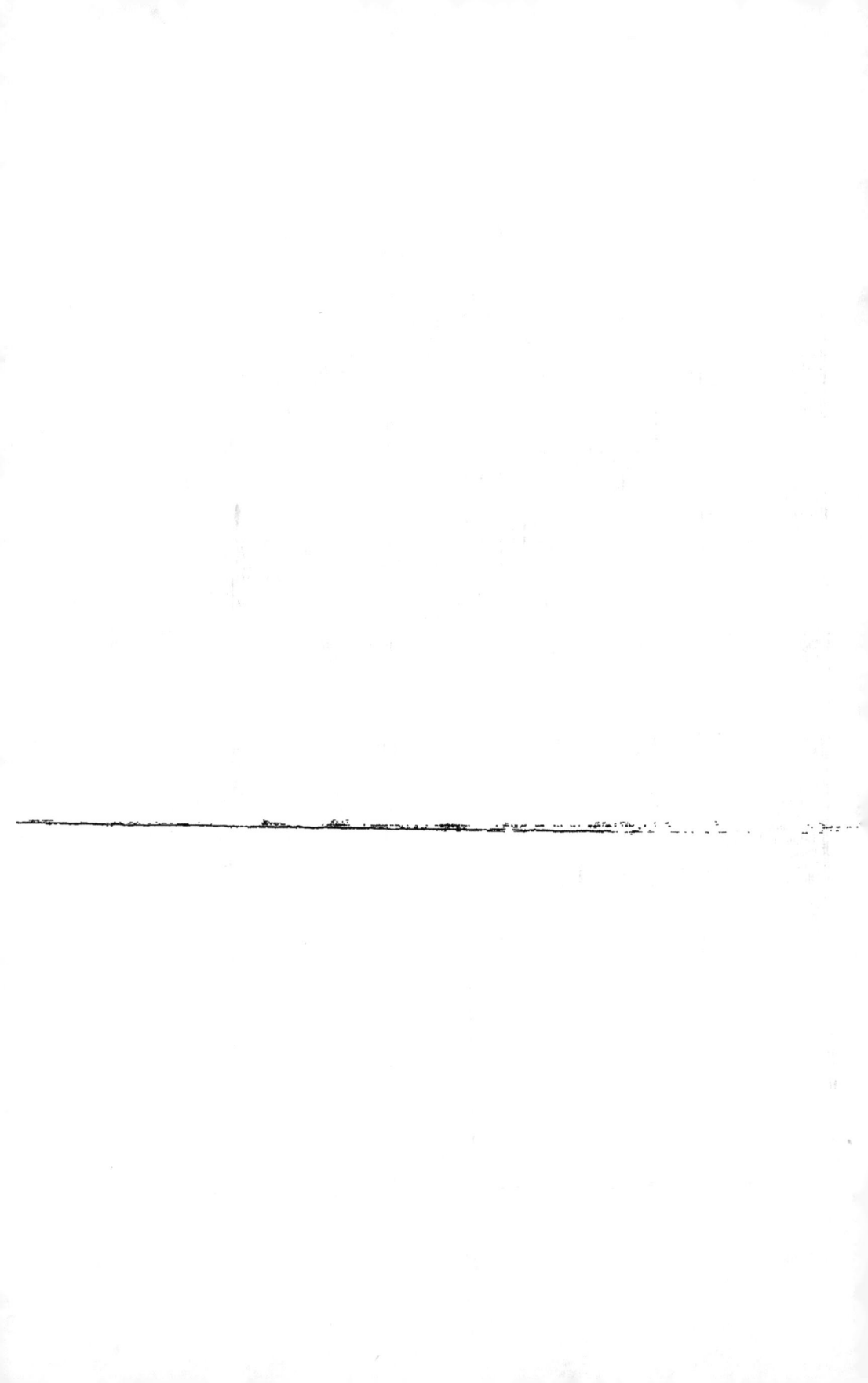

Panthère.
Lynx.
Phoque commun.
Kanguroo géant.
Castor.
Marmotte.
Porc-épic.
Ecureuil.
Tatou à six bandes.
Pécari.
Daman.
Cheval.
Chameau.
Mouton.
Marsouin.
Dauphin.

TABLEAU COMPARATIF des Rapports du Nerf pneumo-gastrique avec les sept premières paires, chez les Mammifères.

	OLFACTIF	OPTIQUE	De la 3ᵉ PAIRE	De la 4ᵉ PAIRE	TRIJUMEAU	De la 6ᵉ PAIRE	AUDITIF	FACIAL
	RAPPORTS AVEC LES NERFS							
Homme	1 : 5/5	1 : 1 1/3	1 : 8/15	1 : 4/15	1 : 1 2/5	1 : 2/5	1 : 8/15	1 : 16/45
NOMS DES ANIMAUX.								
Patas	1 : 1/2	1 : 2	1 : 1	1 : 1/2	1 : 2	1 : 5/6	1 : 1 1/4	1 : 2/3
Magot	1 : 8/9	1 : 2 2/3	1 : 1 1/3	1 : 2/3	1 : 1 2/3	1 : 1/10	1 : 1 2/3	1 : 5/4
Macaque	1 : 1/6	1 : 1/2	1 : 1/4	1 : 1/2	1 : 1/2	1 : 5/6	1 : 1 1/4	1 : 3/4
Papion	1 : 1/8	1 : 7/9	1 : 1/2	1 : 4/9	1 : 3	1 : 8/9	1 : 1 1/9	1 : 1/3
Mandrill	1 : 4/9	1 : 1/2	1 : 1/3	1 : 1/3	1 : 2 14/27	1 : 8/9	1 : 2	1 : 1/4
Maki	1 : 5	1 : 1/2	1 : 1/3	1 : 1/5	1 : 2/3	1 : 5/12	1 : 1 1/4	1 : 5/6
Ours brun								
Ours noir d'Améri-que	1 : 3	1 : 1/2	1 : 2/3	1 : 1/6	1 : 1/2	1 : 5/12	1 : 2/3	1 : 4/9
Raton	1 : 3 3/7	1 : 6/7	1 : 16/21	1 : 4/7	1 : 5 1/12	1 : 1/7	1 : 1	1 : 1/7
Blaireau	1 : 4 5 3/5	1 : 2 2/9	1 : 8/9	1 : 2/3	1 : 3 1/3	1 : 1/6	1 : 1 1/6	1 : 1/6
Coati brun	1 : 6	1 : 1/5	1 : 1/15	1 : 4/15	1 : 1 13/15	1 : 2/5	1 : 2 2/3	1 : 2/5
Fouine	1 : 2	1 : 1/9	1 : 8/9	1 : 4/9	1 : 3	1 : 1/3	1 : 2 1/6	1 : 7/9
Loutre	1 : 4 2/3	1 : 1/3		1 : 4/9	1 : 5/9	1 : 8/9	1 : 1 1/6	
Chien		1 : 2/3	1 : 2/3	1 : 1/3	1 : 1/2	1 : 1/2	1 : 1	
Renard	1 : 5 5/7	1 : 2 2/7	1 : 6/7	1 : 4/21	1 : 5/7	1 : 5/7	1 : 2 1/3	1 : 4/9
Hyène rayée	1 : 2 1/9	1 : 1 1/4	1 : 6/7	1 : 5/8	1 : 1/2	1 : 9/16	1 : 9/10	1 : 9/16
Mangouste du Cap	1 : 4 6/7	1 : 3	1 : 9/16	1 : 4/7	1 : 3 3/7	1 : 6/7	1 : 1 1/3	1 : 5/12
Lion	1 : 5 1 1/46	1 : 2 1/9	1 : 3/7	1 : 4/9	1 : 3 5/7	1 : 2/3	1 : 1 1/3	1 : 20/27
Tigre royal					1 : 5/9			

Tableau comparatif des *Rapports du Nerf pneumo-gastrique avec les sept premières paires, chez les Mammifères.*

NOMS DES ANIMAUX.		RAPPORTS AVEC LES NERFS						
	OLFACTIF.	OPTIQUE.	De la 3e PAIRE.	De la 4e PAIRE.	TRIJUMEAU.	De la 6e PAIRE.	AUDITIF.	FACIAL.
Homme......	:: 1 : 3/5	:: 1 : 1 1/3	:: 1 : 8/15	:: 1 : 4/15	:: 1 : 1 2/5	:: 1 : 2/5	:: 1 : 8/15	:: 1 : 16/45
Patas........	:: 1 : 1 1/2	:: 1 : 2	:: 1 : 1	:: 1 : 1/2	:: 1 : 2	:: 1 : 5/6	:: 1 : 1 1/4	:: 1 : 2/3
Magot.......	:: 1 : 8/9	:: 1 : 2 2/3	:: 1 : 1 1/3	:: 1 : 2/3	:: 1 : 1 2/3	:: 1 : 1 1/10	:: 1 : 2/3	:: 1 : 1
Macaque......	:: 1 : 1 1/6	:: 1 : 1 1/2	:: 1 : 1 1/4	:: 1 : 1/2	:: 1 : 1 1/2	:: 1 : 5/6	:: 1 : 1	:: 1 : 3/4
Papion.......	:: 1 : 1 1/8	:: 1 : 2	:: 1 : 1 1/2	:: 1 : 1/2	:: 1 : 3	:: 1 : 1	:: 1 : 1 1/4	:: 1 : 3/4
Mandrill......	:: 1 : 1 4/9	:: 1 : 1 7/9	:: 1 : 1 1/3	:: 1 : 4/9	:: 1 : 2 14/27	:: 1 : 8/9	:: 1 : 1 1/9	:: 1 : 1 1/3
Maki........	:: 1 : 5	:: 1 : 1 1/2	:: 1 : 1 1/3	:: 1 : 1/3	:: 1 : 1 2/3	:: 1 : 1	:: 1 : 2	:: 1 : 1 1/4
Ours brun.....	:: 1 : 4	:: 1 : 1 1/9	:: 1 : 2/3	:: 1 : 1/3	:: 1 : 2	:: 1 : 5/12	:: 1 : 1 1/4	:: 1 : 5/6
Ours noir d'Amérique.	:: 1 : 3	:: 1 : 1 1/2	:: 1 : 2/3	:: 1 : 1/6	:: 1 : 1 1/2	:: 1 : 5/12	:: 1 : 2/3	:: 1 : 4/9
Raton........	:: 1 : 3 3/7	:: 1 : 6/7	:: 1 : 16/21	:: 1 : 4/7	:: 1 : 1 5/12	:: 1 : 1/7	:: 1 : 1	:: 1 : 1 1/7
Blaireau......	:: 1 : 4	:: 1 : 2 2/9	:: 1 : 8/9	:: 1 : 2/3	:: 1 : 3 1/3	:: 1 : 1/6	:: 1 : 1 1/6	:: 1 : 1 1/6
Coati brun.....	:: 1 : 5 3/5	:: 1 : 1 1/5	:: 1 : 1 1/15	:: 1 : 4/15	:: 1 : 1 13/15	:: 1 : 2/5	:: 1 : 2 2/3	:: 1 : 1 2/5
Fouine.......	:: 1 : 6	:: 1 : 2	:: 1 : 1		:: 1 : 3	:: 1 : 1/3	:: 1 : 2 1/4	:: 1 : 3/4
Loutre.......	:: 1 : 2	:: 1 : 1 1/9	:: 1 : 8/9	:: 1 : 4/9	:: 1 : 1 5/9	:: 1 : 2/3	:: 1 : 1 1/6	:: 1 : 7/9
Chien.......	:: 1 : 4 2/3	:: 1 : 1 1/3	:: 1 : 1	:: 1 : 1/3	:: 1 : 2	:: 1 : 8/9	:: 1 : 2 1/3	:: 1 : 1
Renard.......	:: 1 : 2	:: 1 : 1 1/3	:: 1 : 2/3	:: 1 : 1/3	:: 1 : 1 1/2	:: 1 : 1/2		
Hyène rayée....	:: 1 : 2	:: 1 : 2 2/7	:: 1 : 6/7	:: 1 : 4/21	:: 1 : 2 5/7	:: 1 : 5/7		
Mangouste du Cap.	:: 1 : 2 1/9	:: 1 : 1 1/4	:: 1 : 9/16	:: 1 : 3/8	:: 1 : 2 5/7	:: 1 : 9/16	:: 1 : 9/10	:: 1 : 9/16
Lion........	:: 1 : 4 6/7	:: 1 : 3	:: 1 : 3/7	:: 1 : 4/7	:: 1 : 3 3/7	:: 1 : 6/7	:: 1 : 1 1/3	:: 1 : 1 5/12
Tigre royal.....	:: 1 : 5 1/16	:: 1 : 2 1/9	:: 1 : 1	:: 1 : 4/9	:: 1 : 1 5/9	:: 1 : 2/3	:: 1 : 1 1/3	:: 1 : 20/27
Jaguar........	:: 1 : 6 1/3	:: 1 : 3 1/6	:: 1 : 1 2/3	:: 1 : 4/9	:: 1 : 3 1/20	:: 1 : 1	:: 1 : 2 2/3	:: 1 : 2
Panthère......	:: 1 : 4 1/2	:: 1 : 2 1/4	:: 1 : 1	:: 1 : 3/8	:: 1 : 2	:: 1 : 3/4	:: 1 : 1	:: 1 : 1
Phoque commun...	:: 1 : 3 3/7	:: 1 : 1 2/7	:: 1 : 6/7	:: 1 : 1 23/51	:: 1 : 3	:: 1 : 4/7	:: 1 : 1 1/2	:: 1 : 6/7
Castor.......	:: 1 : 4	:: 1 : 1 1/5	:: 1 : 3/5	:: 1 : 3/5	:: 1 : 2 4/5	:: 1 : 4/5	:: 1 : 1 1/5	:: 1 : 4/5
Marmotte......	:: 1 : 4 2/3	:: 1 : 2 2/3	:: 1 : 1 2/3	:: 1 : 2/3	:: 1 : 4	:: 1 : 1 1/3	:: 1 : 2 1/3	:: 1 : 8/9
Porc-épic.....		:: 1 : 1 2/3	:: 1 : 1	:: 1 : 2/3	:: 1 : 5 1/3	:: 1 : 1	:: 1 : 2 2/3	:: 1 : 2 2/3
Écureuil......	:: 1 : 5 1/3	:: 1 : 2 2/3	:: 1 : 1 2/3	:: 1 : 8/9	:: 1 : 4	:: 1 : 2/3	:: 1 : 2 2/3	:: 1 : 1 1/3
Tatou à six bandes.	:: 1 : 2 1/2	:: 1 : 1 1/4	:: 1 : 1	:: 1 : 1/2	:: 1 : 3	:: 1 : 3/4	:: 1 : 1 3/4	:: 1 : 1 1/5
Pécari.......	:: 1 : 6	:: 1 : 2 1/2	:: 1 : 1 1/3	:: 1 : 1/3	:: 1 : 2 2/3	:: 1 : 2/3	:: 1 : 1 1/6	:: 1 : 1 1/6
Daman.......	:: 1 : 2 2/3	:: 1 : 2 1/3	:: 1 : 1 1/3	:: 1 : 1	:: 1 : 2 2/3	:: 1 : 4/9	:: 1 : 1	:: 1 : 1 2/5
Cheval.......	:: 1 : 5 3/5	:: 1 : 2 1/5	:: 1 : 1	:: 1 : 1 7/9	:: 1 : 4	:: 1 : 4/5	:: 1 : 1 1/2	:: 1 : 1 2/5
Chameau......	:: 1 : 3	:: 1 : 1 4/5	:: 1 : 3/5	:: 1 : 39/40	:: 1 : 2 7/10	:: 1 : 9/10	:: 1 : 1 1/20	:: 1 : 1 3/5
Lama........	:: 1 : 3	:: 1 : 2 1/2	:: 1 : 1/2	:: 1 : 1/2	:: 1 : 2 1/2	:: 1 : 1	:: 1 : 2 1/5	:: 1 : 1 5/8
Mouton.......	:: 1 : 12				:: 1 : 11			
Dauphin......		:: 1 : 1 3/5	:: 1 : 3/5	:: 1 : 2/5	:: 1 : 2 1/10	:: 1 : 2/5	:: 1 : 2 1/5	:: 1 : 4/5

Jaguar.	:: 1 : 2 6/7	:: 1 : 2 2/3	:: 1 : 2 3/4	:: 1 : 3 1/20	:: 1 : 1 4/9	:: 1 : 1 2/3	:: 1 : 3 1/6	:: 1 : 6 1/3
Panthère. . . .	:: 1 : 1 4/5	:: 1 : 2	:: 1 : 1 4/7	:: 1 : 3	:: 1 : 1 5/8	:: 1 : 1 6/7	:: 1 : 2 1/4	:: 1 : 4 1/2
Phoque commun. .	:: 1 : 1 8/9	:: 1 : 1 1/2	:: 1 : 1 4/5	:: 1 : 3 4/5	:: 1 : 1 23/51	:: 1 : 2 5/5	:: 1 : 1 2/7	:: 1 : 3 3/7
Castor.	:: 1 : 2 2/3	:: 1 : 1 1/5	:: 1 : 1 1/3	:: 1 : 4 4/5	:: 1 : 1 3/5	:: 1 : 2 5/5	:: 1 : 2 2/3	:: 1 : 4
Marmotte. . . .	:: 1 : 1 1/5	:: 1 : 2 2/5	:: 1 : 1	:: 1 : 5 1/3	:: 1 : 1 2/3	:: 1 : 1	:: 1 : 1 2/5	:: 1 : 4 2/3
Porc-épic. . . .	:: 1 : 1 1/5	:: 1 : 2 2/3	:: 1 : 1 2/3	:: 1 : 4	:: 1 : 1 8/9	:: 1 : 1 2/3	:: 1 : 1 1/3	
Écureuil. . . .	:: 1 : 1 1/6	:: 1 : 1 3/4	:: 1 : 1 5/4	:: 1 : 5 1/5	:: 1 : 1 1/2	:: 1 : 1 2/3	:: 1 : 2 2/3	:: 1 : 5 1/3
Tatou à six bandes.		:: 1 : 1 1/6	:: 1 : 1 2/3	:: 1 : 4	:: 1 : 1 1/3	:: 1 : 1 1/4	:: 1 : 1 1/4	:: 1 : 2 1/2
Pécari.	:: 1 : 3 2/5		:: 1 : 1 2/3	:: 1 : 2 2/3	:: 1 : 1 1/3	:: 1 : 1 1/3	:: 1 : 2 2/3	:: 1 : 6
Daman.	:: 1 : 1 3/5	:: 1 : 1 1/2	:: 1 : 1 4/9	:: 1 : 2 2/3	:: 1 : 1 7/9	:: 1 : 1 3/5	:: 1 : 2 1/5	
Cheval.	:: 1 : 1 5/8	:: 1 : 1 1/20	:: 1 : 1 4/5	:: 1 : 4 7/10	:: 1 : 1 39/40	:: 1 : 1 5/5	:: 1 : 2 1/5	:: 1 : 5 2/3
Chameau. . . .		:: 1 : 1 2/5	:: 1 : 1 9/10	:: 1 : 2 1/2	:: 1 : 1 1/2	:: 1 : 1 1/2	:: 1 : 4 4/5	:: 1 : 3 3/5
Lama.				:: 1 : 11			:: 1 : 2 1/2	:: 1 : 3
Mouton.							:: 1 : 1	:: 1 : 3
Dauphin. . . .	:: 1 : 4/5	:: 1 : 2 1/5	:: 1 : 1 2/5	:: 1 : 2 1/10	:: 1 : 2/5	:: 1 : 3/5	:: 1 : 1 3/5	:: 1 : 12

TABLEAU COMPARATIF des Rapports du Nerf pneumo-gastrique avec les sept premières paires, chez les Oiseaux.

NOMS DES ANIMAUX.	OLFACTIF.	OPTIQUE.	RAPPORTS AVEC LES NERFS				AUDITIF.	FACIAL.
			De la 3e PAIRE.	De la 4e PAIRE.	TRIJUMEAU.	De la 5e PAIRE.		
Aigle royal	1 : 2 1/2	1 : 4 1/5	1 : 1 1/5	1 : 1	1 : 2 1/4	1 : 1	1 : 3/4	1 : 1 1/3
Pygargue	1 : 2 1/5	1 : 3	1 : 1 1/5	1 : 1	1 : 2 1/5	1 : 1	1 : 2/5	1 : 1/2
Buse commune	1 : 2	1 : 3 1/3	1 : 1 1/2	1 : 1	1 : 1 7/9	1 : 1 3/4	1 : 1/5	1 : 2/5
Bondrée commune	1 : 4 1/2	1 : 3	1 : 1	1 : 1	1 : 2 5/8	1 : 1 1/8	1 : 1/2	1 : 1/2
Roitelet	1 : 2 1/2	1 : 2 1/4	1 : 3/4	1 : 3/4	1 : 2 1/4	1 : 3/4	1 :	1 : 3/4
Hirondelle	1 : 1/4	1 : 4	1 : 1/2	1 : 1/2	1 : 3	1 : 1/2	1 :	1 :
Alouette	1 : 3	1 : 4	1 : 1/2	1 : 1/2	1 : 3 3/4	1 : 1/2	1 :	1 : 1/5
Moineau	1 : 2 1/4	1 : 4	1 : 1/2	1 : 1/2	1 : 3	1 : 1/2	1 :	1 : 1/5
Pinçon	1 : 3	1 : 3	1 : 1/2	1 : 1/2	1 : 3	1 : 1/2	1 :	1 :
Serin	1 : 2	1 : 4	1 : 1/2	1 : 1/2	1 : 2 1/4	1 : 1/2	1 : 1/5	1 : 1/5
Chardonneret	1 : 2 1/4	1 : 4	1 : 1/2	1 : 1/2	1 : 2 1/4	1 : 1/2	1 :	1 :
Linotte	1 : 2 1/4	1 : 4	1 : 1/2	1 : 1/2	1 : 2 1/4	1 : 1/2	1 :	1 : 1/5
Verdier	1 : 3	1 : 4	1 : 1/2	1 : 1/2	1 : 3	1 : 1/2	1 :	1 : 1/5
Corbeau	1 : 2	1 : 3	1 : 1/2	1 : 1/2	1 : 3	1 : 1/2	1 :	1 :
Pie	1 : 2 2/3	1 : 3	1 : 1 1/5	1 : 1 1/2	1 : 2 1/4	1 : 1 1/5	1 : 1	1 : 8,9
Perroquet d'Afrique	1 : 4	1 : 3	1 : 1	1 : 1 1/2	1 : 2 2/5	1 : 2/3	1 : 2	1 : 8,9
Perroquet amazône	1 : 4	1 : 3 1/5	1 : 2/5	1 : 1 1/2	1 : 2 1/5	1 : 1	1 : 1	1 : 2/5
Poule	1 : 2 1/4	1 : 2 1/4	1 : 2/5	1 : 1/2	1 : 1 1/2	1 : 1/2	1 : 1/15	1 : 1/15
Faisan argenté	1 : 2	1 : 2 2/9	1 : 1 1/3	1 : 8/9	1 : 7/9	1 : 1	1 : 3/4	1 : 8,9
Faisan doré	1 : 1	1 : 1 7/9	1 : 1	1 : 2/3	1 : 2/3	1 : 1	1 : 1 1/15	1 : 8,9

TABLEAU COMPARATIF des *Rapports du Nerf pneumo-gastrique avec les sept premières paires, chez les Oiseaux.*

NOMS DES ANIMAUX.	RAPPORTS AVEC LES NERFS.							
	OLFACTIF.	OPTIQUE.	De la 3e PAIRE.	De la 4e PAIRE.	TRIJUMEAU.	De la 5e PAIRE.	AUDITIF.	FACIAL.
Aigle royal	:: 1 : 2 1/2	:: 1 : 4 1/5	:: 1 : 1 1/3	:: 1 : 1	:: 1 : 2 1/4	:: 1 : 1	:: 1 : 1 3/4	:: 1 : 1 1/3
Pygargue	:: 1 : 2 1/3	:: 1 : 3	:: 1 : 1 1/5	:: 1 : 3/4	:: 1 : 2 1/3	:: 1 : 3/4	:: 1 : 2/3	:: 1 : 1 1/2
Buse commune	:: 1 : 2	:: 1 : 3 1/3	:: 1 : 1 1/5	:: 1 : 1	:: 1 : 1 7/9	:: 1 : 1	:: 1 : 1/3	:: 1 : 2/3
Bondrée commune	:: 1 : 4 1/2	:: 1 : 3	:: 1 : 1 1/2	:: 1 : 1	:: 1 : 2 5/8	:: 1 : 1 1/8	:: 1 : 1/2	:: 1 : 1 1/2
Roitelet	:: 1 : 1 1/2	:: 1 : 2 1/4	:: 1 : 3/4	:: 1 : 3/4	:: 1 : 2 1/4	:: 1 : 3/4	:: 1 : 1 1/2	:: 1 : 3/4
Hirondelle	:: 1 : 2 1/4	:: 1 : 4	:: 1 : 1 1/2	:: 1 : 1 1/2	:: 1 : 3	:: 1 : 1 1/2	:: 1 : 1	:: 1 : 1
Alouette	:: 1 : 3	:: 1 : 4	:: 1 : 1 1/2	:: 1 : 1 1/2	:: 1 : 3 3/4	:: 1 : 1 1/2	:: 1 : 1	:: 1 : 1 1/5
Moineau	:: 1 : 2 1/4	:: 1 : 4	:: 1 : 1 1/2	:: 1 : 1 1/2	:: 1 : 3	:: 1 : 1 1/2	:: 1 : 1	:: 1 : 1 1/5
Pinçon	:: 1 : 3	:: 1 : 5	:: 1 : 1 1/2	:: 1 : 1 1/2	:: 1 : 3	:: 1 : 1 1/2	:: 1 : 1 1/5	:: 1 : 1
Serin	:: 1 : 2 1/4	:: 1 : 4	:: 1 : 1 1/2	:: 1 : 1 1/2	:: 1 : 2 1/4	:: 1 : 1 1/2	:: 1 : 1	:: 1 : 1 1/5
Chardonneret	:: 1 : 2 1/4	:: 1 : 4	:: 1 : 1 1/2	:: 1 : 1 1/2	:: 1 : 2 1/4	:: 1 : 1 1/2	:: 1 : 1	:: 1 : 1
Linotte	:: 1 : 2 1/4	:: 1 : 4	:: 1 : 1 1/2	:: 1 : 1 1/2	:: 1 : 2 1/4	:: 1 : 1 1/2	:: 1 : 1	:: 1 : 1 1/5
Verdier	:: 1 : 3	:: 1 : 4	:: 1 : 1 1/2	:: 1 : 1 1/2	:: 1 : 3	:: 1 : 1 1/2	:: 1 : 1	:: 1 : 1 1/5
Corbeau	:: 1 : 2 2/3	»	»	»	:: 1 : 2	»	»	»
Pie	:: 1 : 2 2/3	:: 1 : 3	:: 1 : 1 1/3	:: 1 : 1	:: 1 : 2 1/4	:: 1 : 1 1/3	:: 1 : 1 1/2	:: 1 : 1
Perroquet d'Afrique	:: 1 : 4	:: 1 : 2	:: 1 : 1	:: 1 : 2/3	:: 1 : 2 2/3	:: 1 : 2/3	:: 1 : 2	:: 1 : 8/9
Perroquet amazône	:: 1 : 4	:: 1 : 2 1/3	:: 1 : 1 1/3	:: 1 : 1	:: 1 : 2 1/3	:: 1 : 1	:: 1 : 1 1/15	:: 1 : 2/3
Poule	:: 1 : 2	:: 1 : 2 1/4	:: 1 : 1	:: 1 : 1/2	:: 1 : 1 1/2	:: 1 : 1/2	:: 1 : 3/4	:: 1 : 1
Faisan argenté	:: 1 : 2	:: 1 : 2 2/9	:: 1 : 1 1/3	:: 1 : 8/9	:: 1 : 1 7/9	:: 1 : 1	:: 1 : 1 1/15	:: 1 : 8/9
Faisan doré	:: 1 : 2	:: 1 : 1 7/9	:: 1 : 1 1/3	:: 1 : 2/3	:: 1 : 2 2/5	:: 1 : 1	:: 1 : 1 1/15	:: 1 : 8/9
Pigeon	:: 1 : 2	:: 1 : 2	:: 1 : 8/9	:: 1 : 2/3	:: 1 : 1 2/3	:: 1 : 2/3	:: 1 : 2/3	:: 1 : 2/5
Perdrix	:: 1 : 1 7/9	:: 1 : 2	:: 1 : 8/9	:: 1 : 2/3	:: 1 : 1 1/3	:: 1 : 2/3	:: 1 : 2/3	:: 1 : 2/5
Cigogne noire	:: 1 : 2	:: 1 : 2	:: 1 : 1 1/15	:: 1 : 2/5	:: 1 : 2 1/5	:: 1 : 3/5	:: 1 : 1	:: 1 : 4/5
Fou de bassan	:: 1 : 1 1/3	:: 1 : 2 4/5	:: 1 : 2/9	:: 1 : 1/2	:: 1 : 1 5/9	:: 1 : 2/3	:: 1 : 1	:: 1 : 2/3
Canard musqué	:: 1 : 2	:: 1 : 2 1/2	:: 1 : 1 1/3	:: 1 : 3/4	:: 1 : 2	:: 1 : 1	:: 1 : 1 1/5	:: 1 : 2/3

ANATOMIE COMPARÉE DU CERVEAU,

NERF PNEUMO-GASTRIQUE.

Pigeon. . . . .
Perdrix. . . . .
Cigogne noire. . . .
Fou de bassan. . . .
Canard musqué. . .

TABLEAU COMPARATIF des Rapports du Nerf pneumo-gastrique avec les sept premières paires, chez les Reptiles.

| NOMS DES ANIMAUX. | OLFACTIF. | OPTIQUE. | RAPPORTS AVEC LES NERFS | | TRIJUMEAU. | De la 6e PAIRE. | AUDITIF. | FACIAL. |
			De la 3e PAIRE.	De la 4e PAIRE.				
Tortue couï....	:: 1 : 2/5	:: 1 : 4/5	:: 1 : 2/5	:: 1 : 1/5	:: 1 : 2 3/5	:: 1 : 4/15	:: 1 : 3/5	:: 1 : 8/15
Tortue franche...	:: 1 : 5/16	:: 1 : 2 1/16	:: 1 : 3/4	:: 1 : 3/4	:: 1 : 3/4	:: 1 : 9/10	:: 1 : 3/8	:: 1 : 9/16
Crocodile vulgaire.	:: 1 : 2/3	:: 1 : 1/4	:: 1 : 2/5	:: 1 : 1/4	:: 1 : 2/3	:: 1 : 1/4	:: 1 : 1/2	:: 1 : 2 2/3
Crocodile à 2 arêtes.	:: 1 : 5/4	:: 1 : 1/3	:: 1 : 2/5	:: 1 : 1/4	:: 1 : 3/4	:: 1 : 1/4	:: 1 : 2/5	:: 1 : 2/3
Caïman.....	:: 1 : 1				:: 1 : 2 8/9			
Lézard vert....	:: 1 : 2 1/4	:: 1 : 2	:: 1 : 3/4	:: 1 : 3/4	:: 1 : 2	:: 1 : 3/4	:: 1 : 1	:: 1 : 1
Lézard gris....	:: 1 : 2	:: 1 : 2	:: 1 : 3/4	:: 1 : 3/4	:: 1 : 2	:: 1 : 3/4	:: 1 : 1	:: 1 : 1
Caméléon....	:: 1 : 2/3 3/5	:: 1 : 2	:: 1 : 8/15	:: 1 : 1/5	:: 1 : 8/9	:: 1 : 1/3	:: 1 : 2/5	:: 1 : 2/3
Orvet.....	:: 1 : 1 5/5	:: 1 : 1 1/3						
Couleuvre à collier.	:: 1 : 3	:: 1 : 2 1/4	:: 1 : 3/4	:: 1 : 3/4	:: 1 : 2 1/4	:: 1 : 3/4	:: 1 : 1/6	:: 1 : 1
Vipère hajé....	:: 1 : 2	:: 1 : 2 1/4	:: 1 : 3/4	:: 1 : 1	:: 1 : 2 1/4	:: 1 : 3/4	:: 1 : 1/6	:: 1 : 1
Vipère à raies parallèles.	:: 1 : 2 1/4	:: 1 : 2 1/4	:: 1 : 3/4	:: 1 : 3/4	:: 1 : 2 1/4	:: 1 : 3/4	:: 1 : 1/6	:: 1 : 1
Grenouille coïnm.	:: 1 : 1	:: 1 : 2 1/4 / 1/3	:: 1 : 3/4 / 4/9	:: 1 : 3/4 / 4/9	:: 1 : 2 / 1 1/3	:: 1 : 3/4 / 4/9	:: 1 : 1/6 / 1/3	:: 1 : 1 / 2/3

TABLEAU COMPARATIF des Rapports du Nerf pneumo-gastrique avec les sept premières paires, chez les Poissons.

NOMS DES ANIMAUX.	OLFACTIF.	OPTIQUE.	De la 3ᵉ PAIRE.	De la 4ᵉ PAIRE.	TRIJUMEAU.	De la 6ᵉ PAIRE.	AUDITIF.	FACIAL.
Lamproye de rivière.	1 : 1	1 : 1						1 : 1/5
Requin.	1 : 2/5	1 : 1/9	1 : 1/3	1 : 1/3	1 : 3/4	1 : 1/3	1 : 1/2	1 : 1/2
Aiguillat.	1 : 3/4	1 : 7/8	1 : 1/2	1 : 1/3	1 : 1/3	1 : 1/3	1 : 2/5	1 : 3/4
Ange.	1 : 3/5	1 : 1/10	1 : 3/8	1 : 3/8	1 : 3/4	1 : 1/4	1 : 27/52	1 : 3/10
Raie ronce.	1 : 9/16	1 : 5/4	1 : 3/10	1 : 2/5	1 : 3/5	1 : 4/15	1 : 7/10	1 : 1/2
Esturgeon.	1 : 5/8	1 : 7/16	1 : 1/4	1 : 1/4	1 : 7/16	1 : 1/4	1 : 5/8	1 : 1/2
Brochet.	1 : 16/21	1 : 2/7	1 : 3/16	1 : 3/8	1 : 7/16	1 : 1/8	1 : 3/8	1 : 16/21
Carpe.	1 : 2/5	1 : 3/4	1 : 4/7	1 : 3/7	1 : 11/21	1 : 4/7	1 : 3/7	1 : 9/40
Morue.	1 : 2/3	1 : 1/2	1 : 11/111	1 : 22/111	1 : 9/20	1 : 22/111	1 : 9/40	1 : 7/8
Egrefin.	1 : 1/3	1 : 5/9	1 : 1/2	1 : 5/8	1 : 1	1 : 3/8	1 : 1/2	1 : 1/5
Merlan.	1 : 9/16	1 : 1/8	1 : 3/8	1 : 2/3	1 : 7/9	1 : 2/5	1 : 3/4	1 : 3/4
Turbot.	1 : 1/2	1 : 1	1 : 1/5	1 : 1/4	1 : 3/4	1 : 1/4	1 : 3/8	1 : 1/2
Anguille vulgaire.	1 : 4/9	1 : 1/3	1 : 1/5	1 : 1/4	1 : 1/4	1 : 1/5	1 : 2/5	1 : 8/9
Congre.	1 : 2/3	1 : 1/6	1 : 2/3	1 : 1/5	1 : 1/3	1 : 1/3	1 : 2/5	1 : 5/6
Gronau.	1 : 2/3			1 : 1/2		1 : 2/3	1 : 3/4	
Baudroye.	1 : 1/2	1 : 1/8	1 : 5/8	1 : 3/8	1 : 1	1 : 3/8	1 : 9/16	1 : 15/16

TABLEAU COMPARATIF des Rapports du Nerf de la neuvième paire avec les sept premières paires de Nerfs, chez les Mammifères.

NOMS DES ANIMAUX.	OLFACTIF.	OPTIQUE.	De la 5ᵉ PAIRE.	De la 4ᵉ PAIRE.	TRIJUMEAU.	De la 6ᵉ PAIRE.	AUDITIF.	FACIAL.
Homme.	:: 1 : 1 1/8	:: 1 : 2 1/2	:: 1 : 1	:: 1 : 1/2	:: 1 : 2 5/8	:: 1 : 3/4	:: 1 : 1	:: 1 : 2/3
Patas.	:: 1 : 2 1/4	:: 1 : 3	:: 1 : 1 1/2	:: 1 : 3/4	:: 1 : 3	:: 1 : 1 1/4	:: 1 : 7/8	:: 1 : 1
Magot.	:: 1 : 8/9	:: 1 : 2 2/3	:: 1 : 1 1/3	:: 1 : 2/3	:: 1 : 3	:: 1 : 1 7/10	:: 1 : 2/3	:: 1 : 1
Macaque.	:: 1 : 3/4	:: 1 : 2 1/4	:: 1 : 7/8	:: 1 : 3/4	:: 1 : 2 2/3	:: 1 : 1 1/4	:: 1 : 1/2	:: 1 : 1 1/8
Papion.	:: 1 : 1 1/8	:: 1 : 2	:: 1 : 1 1/2	:: 1 : 1/2	:: 1 : 1	:: 1 : 1	:: 1 : 1 1/4	:: 1 : 3/4
Mandrill.	:: 1 : 1 3/4	:: 1 : 2	:: 1 : 1	:: 1 : 1	:: 1 : 3	:: 1 : 1	:: 1 : 1 1/4	:: 1 : 1/2
Sajou noir.	:: 1 : 2	:: 1 : 2 1/2	:: 1 : 2 2/3	:: 1 : 2/3	:: 1 : 2 5/6	:: 1 : 1 1/3	:: 1 : 2 1/4	:: 1 : 1
Maki.	:: 1 : 5	:: 1 : 2 1/2	:: 1 : 1 2/5	:: 1 : 1/3	:: 1 : 3	:: 1 : 1	:: 1 : 2	:: 1 : 1 1/4
Ours brun.	:: 1 : 7 1/5	:: 1 : 1/2	:: 1 : 1 1/5	:: 1 : 5/5	:: 1 : 1 2/3	:: 1 : 1	:: 1 : 2	:: 1 : 1 1/2
Ours noir d'Améri-que.	:: 1 : 3 3/8				:: 1 : 3 3/5	:: 1 : 3/4	:: 1 : 3 1/4	
Raton.	:: 1 : 6	:: 1 : 1 1/2	:: 1 : 1 1/3	:: 1 : 3/4	:: 1 : 1 1/3	:: 1 : 1/4	:: 1 : 1	:: 1 : 1 1/2
Blaireau.	:: 1 : 4 1/2	:: 1 : 1	:: 1 : 1	:: 1 : 1	:: 1 : 3 3/4	:: 1 : 3 3/16	:: 1 : 1 5/16	:: 1 : 2 5/16
Coati brun.	:: 1 : 7	:: 1 : 1 1/2	:: 1 : 1 1/3	:: 1 : 1	:: 1 : 2 2/3	:: 1 : 1/2	:: 1 : 3/4	:: 1 : 3/4
Fouine.	:: 1 : 4 4/5	:: 1 : 3 3/5	:: 1 : 1 4/5	:: 1 : 1	:: 1 : 2 2/5	:: 1 : 4/5	:: 1 : 4/5	:: 1 : 2/5
Loutre.	:: 1 : 3	:: 1 : 2 2/5	:: 1 : 1 1/3	:: 1 : 2/3	:: 1 : 2 1/3	:: 1 : 4 1/5	:: 1 : 5/4	:: 1 : 1 1/4
Chien.	:: 1 : 4 2/3	:: 1 : 1 1/5	:: 1 : 1	:: 1 : 1/5	:: 1 : 2 1/3	:: 1 : 8/9	:: 1 : 1 3/5	:: 1 : 1
Hyène rayée.	:: 1 : 5			:: 1 : 3/4	:: 1 : 2 3/8	:: 1 : 5/8		
Lion.	:: 1 : 6 4/5	:: 1 : 4 1/5	:: 1 : 1 1/6	:: 1 : 4/5	:: 1 : 4 4/5	:: 1 : 1/5	:: 1 : 1 13/15	:: 1 : 2 2/5
Tigre royal.	:: 1 : 5 3/4	:: 1 : 3 5/8	:: 1 : 1 1/2	:: 1 : 1/2	:: 1 : 3 3/4	:: 1 : 5/4	:: 1 : 1 1/2	:: 1 : 5/6
Jaguar.	:: 1 : 7 3/5	:: 1 : 3 4/5	:: 1 : 2 1/8	:: 1 : 8 7/15	:: 1 : 2 6/7	:: 1 : 1/5	:: 1 : 3 1/5	:: 1 : 2 2/5

TABLEAU COMPARATIF *des Rapports du Nerf de la neuvième paire avec les sept premières paires de Nerfs, chez les Mammifères.*

	RAPPORTS AVEC LES NERFS							
	OLFACTIF.	OPTIQUE.	De la 5e PAIRE.	De la 4e PAIRE.	TRIJUMEAU.	De la 6e PAIRE.	AUDITIF.	FACIAL.
Homme	:: 1 : 1 1/8	:: 1 : 2 1/2	:: 1 : 1	:: 1 : 1/2	:: 1 : 2 5/8	:: 1 : 3/4	:: 1 : 1	:: 1 : 2/3
NOMS DES ANIMAUX.								
Patas	:: 1 : 2 1/4	:: 1 : 3	:: 1 : 1 1/2	:: 1 : 3/4	:: 1 : 3	:: 1 : 1 1/4	:: 1 : 1 7/8	:: 1 : 1
Magot	:: 1 : 8/9	:: 1 : 2 2/3	:: 1 : 1 1/3	:: 1 : 2/3	:: 1 : 1 2/3	:: 1 : 1 1/10	:: 1 : 1 2/3	:: 1 : 1
Macaque	:: 1 : 1 3/4	:: 1 : 2 1/4	:: 1 : 1 7/8	:: 1 : 3/4	:: 1 : 2 1/4	:: 1 : 1 1/4	:: 1 : 1 1/2	:: 1 : 1 1/8
Papion	:: 1 : 1 1/8	:: 1 : 2	:: 1 : 1 1/2	:: 1 : 1/2	:: 1 : 3	:: 1 : 1	:: 1 : 1 1/4	:: 1 : 3/4
Mandrill	:: 1 : 1 3/4	:: 1 : 2	:: 1 : 1 1/2	:: 1 : 1/2	:: 1 : 2 5/6	:: 1 : 1	:: 1 : 1 1/2	:: 1 : 1 1/2
Sajou noir	:: 1 : 2	:: 1 : 2 1/2	:: 1 : 2 2/3	:: 1 : 2/3	:: 1 : 3	:: 1 : 1 1/3	:: 1 : 2 1/4	:: 1 : 1
Maki	:: 1 : 5	:: 1 : 1 1/2	:: 1 : 1 2/3	:: 1 : 1/3	:: 1 : 1 2/3	:: 1 : 1	:: 1 : 2	:: 1 : 1 1/4
Ours brun	:: 1 : 7 1/5	:: 1 : 2	:: 1 : 1 1/5	:: 1 : 3/5	:: 1 : 3 3/5	:: 1 : 3/4	:: 1 : 2 1/4	:: 1 : 1 1/2
Ours noir d'Amérique	:: 1 : 3 3/8	»	»	»	:: 1 : 1 13/16	»	:: 1 : 3/4	:: 1 : 1/2
Raton	:: 1 : 6	:: 1 : 1 1/2	:: 1 : 1 1/3	:: 1 : 1	:: 1 : 3	:: 1 : 1/4	:: 1 : 1 3/4	:: 1 : 2
Blaireau	:: 1 : 4 1/2	:: 1 : 2 1/2	:: 1 : 1	:: 1 : 3/4	:: 1 : 3 3/4	:: 1 : 3/16	:: 1 : 1 5/16	:: 1 : 1 5/16
Coati brun	:: 1 : 7	:: 1 : 1 1/2	:: 1 : 1 1/3	:: 1 : 1/3	:: 1 : 2 1/3	:: 1 : 1/2	:: 1 : 2	:: 1 : 1 3/4
Fouine	:: 1 : 4 4/5	:: 1 : 1 3/5	:: 1 : 4/5		:: 1 : 2 2/5	:: 1 : 4/15	:: 1 : 1 4/5	:: 1 : 1 2/5
Loutre	:: 1 : 3	:: 1 : 2 1/3	:: 1 : 1 1/2	:: 1 : 2/3	:: 1 : 2 1/3	:: 1 : 1	:: 1 : 1 3/4	:: 1 : 1 1/4
Chien	:: 1 : 4 2/3	:: 1 : 1 1/3	:: 1 : 1	:: 1 : 1/3	:: 1 : 2	:: 1 : 8/9	:: 1 : 2 1/3	:: 1 : 1
Hyène rayée	:: 1 : 5	:: 1 : 2	:: 1 : 3/4	:: 1 : 1/6	:: 1 : 2 3/8	:: 1 : 5/8		
Lion	:: 1 : 6 4/5	:: 1 : 4 1/5	:: 1 : 2	:: 1 : 4/5	:: 1 : 4 4/5	:: 1 : 1/5	:: 1 : 1 13/15	:: 1 : 2 2/5
Tigre royal	:: 1 : 5 3/4	:: 1 : 2 3/8	:: 1 : 1 1/8	:: 1 : 1/2	:: 1 : 1 3/4	:: 1 : 3/4	:: 1 : 1 1/2	:: 1 : 5/6
Jaguar	:: 1 : 7 3/5	:: 1 : 3 4/5	:: 1 : 2	:: 1 : 8/15	:: 1 : 2 6/7	:: 1 : 1 1/5	:: 1 : 3 1/5	:: 1 : 2 2/5

	OLFACTIF.	OPTIQUE.	De la 5e PAIRE.	De la 4e PAIRE.	TRIJUMEAU.	De la 6e PAIRE.	AUDITIF.	FACIAL.
Panthère	:: 1 : 6	:: 1 : 3	:: 1 : 1 1/3	:: 1 : 1 1/2	:: 1 : 2 2/3	:: 1 : 1	:: 1 : 2 1/4	:: 1 : 1 1/8
Lynx	:: 1 : 5 1/3	:: 1 : 1 2/3	:: 1 : 1	:: 1 : 4/9	:: 1 : 2 2/3	:: 1 : 5/6	:: 1 : 2	:: 1 : 1
Phoque commun	:: 1 : 4	:: 1 : 1 1/2	:: 1 : 1	:: 1 : 1 1/8	:: 1 : 3 1/2	:: 1 : 2/3	:: 1 : 1 3/4	:: 1 : 2
Kanguroo	:: 1 : 5 3/5	:: 1 : 2 4/5	:: 1 : 1 3/5	:: 1 : 2/5	:: 1 : 2 3/5	:: 1 : 3/5	:: 1 : 2 4/5	:: 1 : 1 3/5
Castor	:: 1 : 7 1/2	:: 1 : 2 1/4	:: 1 : 1 7/8	:: 1 : 3/4	:: 1 : 9	:: 1 : 1 1/2	:: 1 : 2 1/4	:: 1 : 1 1/2
Marmotte	:: 1 : 4 2/3	:: 1 : 2 2/3	:: 1 : 1 2/3	:: 1 : 2/3	:: 1 : 4	:: 1 : 1 1/3	:: 1 : 2 2/3	:: 1 : 8/9
Porc-épic	»	:: 1 : 3 1/2	:: 1 : 1 1/2	:: 1 : 1	:: 1 : 8	:: 1 : 1 1/2	:: 1 : 4	:: 1 : 4
Écureuil	:: 1 : 8	:: 1 : 4	:: 1 : 2 1/2	:: 1 : 1 1/3	:: 1 : 6	:: 1 : 1	:: 1 : 3	:: 1 : 2
Tatou à six bandes	:: 1 : 5	:: 1 : 2 1/2	:: 1 : 2	:: 1 : 1	:: 1 : 6	:: 1 : 1 1/2	:: 1 : 3 1/2	:: 1 : 2 2/5
Pécari	:: 1 : 9	:: 1 : 3 3/4	:: 1 : 2	:: 1 : 1/2	:: 1 : 4	:: 1 : 1	:: 1 : 3 3/4	:: 1 : 1 3/4
Daman	:: 1 : 1 3/5	:: 1 : 2 2/5	:: 1 : 4/5	:: 1 : 3/5	:: 1 : 1 3/5	:: 1 : 4/15	:: 1 : 3/5	:: 1 : 2/5
Cheval	:: 1 : 8	:: 1 : 3 1/7	:: 1 : 1 3/7	:: 1 : 16/21	:: 1 : 5 5/7	:: 1 : 1 1/7	:: 1 : 2 1/7	:: 1 : 2/5
Chameau	:: 1 : 4	:: 1 : 2 2/5	:: 1 : 2	:: 1 : 4/5	:: 1 : 3 3/5	:: 1 : 1 2/5	:: 1 : 1 2/5	:: 1 : 2 2/15
Lama	:: 1 : 4	:: 1 : 3 1/5	:: 1 : 2	:: 1 : 1 1/2	:: 1 : 3 1/3	:: 1 : 1 1/3	:: 1 : 1 15/15	:: 1 : 2 1/6
Mouton	:: 1 : 4	»	»	»	:: 1 : 3 2/3	»	»	»
Marsouin	»	:: 1 : 2	:: 1 : 3/4	:: 1 : 1/2	:: 1 : 2	:: 1 : 1/2	:: 1 : 1 1/2	:: 1 : 7/8
Dauphin	»	:: 1 : 2 2/3	:: 1 : 1	:: 1 : 2/3	:: 1 : 3 1/2	:: 1 : 2/3	:: 1 : 3 2/3	:: 1 : 1 1/3

Panthère							1 : 1 1/8
Lynx							1 : 1 3/5
Phoque commun							1 : 1 1/2
Kanguroo							1 : 4 8/9
Castor							
Marmotte							
Porc-épic							1 : 2 2/5
Écureuil							1 : 2 3/4
Tatou à six bandes							1 : 2 2/5
Pécari							
Daman							1 : 2 2/5
Cheval							1 : 2 1/6
Chameau							
Lama							1 : 1 7/8
Mouton							1 : 1 1/3
Marsouin							
Dauphin							

TABLEAU COMPARATIF des Rapports du Nerf de la neuvième paire avec les sept premières paires de Nerfs, chez les Oiseaux.

NOMS DES ANIMAUX.	RAPPORTS AVEC LES NERFS							
	OLFACTIF.	OPTIQUE.	De la 3e PAIRE.	De la 4e PAIRE.	TRIJUMEAU.	De la 6e PAIRE.	AUDITIF.	FACIAL.
Aigle royal	1 : 1 7/8	1 : 3 5/20	1 : 1	1 : 1	1 : 1 11/16	1 : 3/4	1 : 1 5/16	1 : 1
Fygargue	1 : 1 3/4	1 : 2 1/4	9/10	1 : 1	1 : 1 3/4	9/16	1 : 1 1/4	1 : 1 1/8
Buse commune	1 : 6	1 : 10	1 : 4	1 : 3	1 : 5 1/3	1 : 3	1 : 4	1 : 1
Bondrée commune	1 : 12	1 : 8	1 : 4	1 : 3	1 : 7	1 : 3	1 : 3	1 : 4
Roitelet	1 : 3	1 : 4 1/2	1 : 2	1 : 2	1 : 4 1/2	1 : 2 1/2	1 : 2	1 : 1
Hirondelle	1 : 3 3/4	1 : 6 2/3	1 : 2 1/2	1 : 2	1 : 5	1 : 2	1 : 2 2/3	1 : 1 1/2
Aloëtte	2 : 5	1 : 6 2/3	1 : 2 2/3	1 : 2 1/2	1 : 6 1/4	1 : 2	1 : 2 2/3	1 : 2 2/3
Moineau	1 : 5	1 : 6 2/3	1 : 2 1/2	1 : 2	1 : 5	1 : 2 1/2	1 : 2 1/2	1 : 2
Pinçon	1 : 5	1 : 5	1 : 3	1 : 3	1 : 5	1 : 3	1 : 2	1 : 2 2/5
Serin	1 : 4 1/2	1 : 8	1 : 3	1 : 3	1 : 4 1/2	1 : 3	1 : 2	1 : 2 2/5
Chardonneret	1 : 4 1/2	1 : 8	1 : 3	1 : 3	1 : 4 1/2	1 : 3	1 : 2	1 : 2
Linotte	1 : 4 1/2	1 : 8	1 : 3	1 : 3	1 : 4 1/2	1 : 3	1 : 2	1 : 2 2/5
Verdier	1 : 8	1 : 6 2/3	1 : 1/2	1 : 1/2	1 : 5	1 : 1/2	1 : 2	1 : 2
Corbeau	1 : 5 1/3		1 : 2 2/3	1 : 2 2/3	1 : 6	1 : 2 2/3	1 : 3	1 : 2
Pie		1 : 6	1 : 3	1 : 2	1 : 4 1/2	1 : 2	1 : 6	1 : 2 2/3
Perroquet d'Afrique	1 : 12	1 : 6	1 : 4	1 : 3	1 : 8	1 : 3	1 : 3 1/5	1 : 2
Perroquet amazône	1 : 12	1 : 7 3/4	1 : 4	1 : 2	1 : 7	1 : 2 1/2	1 : 2 1/4	1 : 1/2
Poule	1 : 6	1 : 6 2/3	1 : 4	1 : 2	1 : 5 1/3	1 : 3 1/2	1 : 3 1/3	1 : 2 2/3
Faisan argenté	1 : 6	1 : 5 1/3	1 : 4	1 : 2	1 : 5	1 : 3	1 : 3 1/5	1 : 2 2/3
Faisan doré	1 : 6	1 : 6	1 : 4	1 : 2	1 : 5	1 : 3	1 : 3 1/5	1 : 1 1/5
Pigeon	1 : 6	1 : 6	1 : 2 2/3	1 : 2	1 : 5	1 : 1	1 : 2	1 : 1

Tableau comparatif *des Rapports du Nerf de la neuvième paire avec les sept premières paires de Nerfs, chez les Oiseaux.*

NOMS DES ANIMAUX.	RAPPORTS AVEC LES NERFS							
	OLFACTIF.	OPTIQUE.	De la 3e PAIRE.	De la 4e PAIRE.	TRIJUMEAU.	De la 6e PAIRE.	AUDITIF.	FACIAL.
Aigle royal	1 : 1 7/8	1 : 3 3/20	1 : 1	1 : 3/4	1 : 1 1 1/16	1 : 3/4	1 : 1 5/16	1 : 1
Pygargue	1 : 1 3/4	1 : 2 1/4	1 : 1 9/10	1 : 1 9/16	1 : 1 3/4	1 : 1 9/16	1 : 1 1/4	1 : 1 1 1/8
Buse commune	1 : 6	1 : 10	1 : 4	1 : 3	1 : 5 1/3	1 : 3	1 : 4	1 : 2
Bondrée commune	1 : 12	1 : 8	1 : 4	1 : 4	1 : 7	1 : 3	1 : 4	1 : 2
Roitelet	1 : 3	1 : 4 1/2	1 : 1 1/2	1 : 2 2/3	1 : 7	1 : 3	1 : 4	1 : 4
Hirondelle	1 : 3 3/4	1 : 6 2/3	1 : 2 1/2	1 : 1 1/2	1 : 4 1/2	1 : 1 1/2	1 : 3	1 : 1 1/2
Alouette	1 : 5	1 : 6 2/3	1 : 2 1/2	1 : 2 1/2	1 : 6 1/4	1 : 2 1/2	1 : 1 2/3	1 : 1 2/3
Moineau	1 : 3 3/4	1 : 6 2/3	1 : 2 1/2	1 : 2 1/2	1 : 5	1 : 2 1/2	1 : 1 2/3	1 : 2
Pinçon	1 : 5	1 : 5	1 : 2 1/2	1 : 2 1/2	1 : 5	1 : 2 1/2	1 : 1 2/3	1 : 2
Serin	1 : 4 1/2	1 : 8	1 : 3	1 : 3	1 : 4 1/2	1 : 3	1 : 2	1 : 2 1/3
Chardonneret	1 : 4 1/2	1 : 8	1 : 3	1 : 3	1 : 4 1/2	1 : 3	1 : 2	1 : 2 2/5
Linotte	1 : 4 1/2	1 : 8	1 : 3	1 : 3	1 : 4 1/2	1 : 3	1 : 2	1 : 2
Verdier	1 : 5	1 : 6 2/3	1 : 2 1/2	1 : 2 1/2	1 : 5	1 : 2 1/2	1 : 2	1 : 2 2/5
Corbeau	1 : 8	»	»	»	1 : 6	»		
Pie	1 : 5 1/3	1 : 6	1 : 2 2/3	1 : 2	1 : 4 1/2	1 : 2 2/3	1 : 3	1 : 2
Perroquet d'Afrique	1 : 12	1 : 6	1 : 3	1 : 2	1 : 8	1 : 2	1 : 6	1 : 2 2/3
Perroquet amazone	1 : 12	1 : 7	1 : 4	1 : 3	1 : 7	1 : 3	1 : 5 1/5	1 : 2
Poule	1 : 6 3/4	1 : 6 3/4	1 : 2	1 : 1 1/2	1 : 4 1/2	1 : 1 1/2	1 : 2 1/4	1 : 1 1/2
Faisan argenté	1 : 6	1 : 6 2/3	1 : 4	1 : 2 2/3	1 : 5 1/3	1 : 3	1 : 3 1/5	1 : 2 2/3
Faisan doré	1 : 6	1 : 5 1/3	1 : 4	1 : 2	1 : 5	1 : 3	1 : 3 1/5	1 : 2 2/3
Pigeon	1 : 6	1 : 6	1 : 2 2/3	1 : 2	1 : 5	1 : 3	1 : 2	1 : 1 1/5
Perdrix	1 : 5 1/3	1 : 6	1 : 2 2/3	1 : 2	1 : 5	1 : 2	1 : 2	1 : 1 1/5
Cigogne noire	1 : 5 1/4	1 : 7 1/2	1 : 2 5/21	1 : 3/4	1 : 3	1 : 1 1/2	1 : 2 1/4	1 : 1 1/2
Autruche	1 : 7 1/2	1 : 7 1/2	1 : 4	1 : 1 1/2	1 : 8 1/4	1 : 2 1/4	1 : 3 3/4	1 : 3
Fou de Bassan	1 : 6	1 : 12 3/5	1 : 1	1 : 2 1/4	1 : 7	1 : 3	1 : 4 1/2	1 : 3
Canard musqué	1 : 1 1/2	1 : 2	1 : 15/16	1 : 3/8	1 : 1 1/2	1 : 9/16	1 : 9/10	1 : 1/2

Perdrix.	1 : 5 1/3	1 : 6	1 : 2 2/3	1 : 2 3/4	1 : 5	1 : 2 1/2	1 : 2 1/4	1 : 1 1/5
Cigogne noire. . .	1 : 5 1/4	1 : 7 1/2	1 : 2 5/21	1 : 1 1/2	1 : 3	1 : 2 1/4	1 : 3 3/4	1 : 2 1/2
Autruche. . . .	1 : 7 1/2	1 : 7 1/2	1 : 4	1 : 2 1/4	1 : 8 1/4	1 : 3	1 : 4 1/2	1 : 3
Fou de Bassan. . .	1 : 6	1 : 12 5/5	1 : 1	1 : 1 3/8	1 : 7			1 : 3
Canard musqué. . .	1 : 1 1/2	1 : 2	1 : 15/16		1 : 1 1/2	1 : 9/16	1 : 9/10	1 : 1/2

TABLEAU COMPARATIF des Rapports du Nerf de la neuvième paire avec les sept premières paires de Nerfs, chez les Reptiles.

NOMS DES ANIMAUX.	OLFACTIF.	OPTIQUE.	RAPPORTS AVEC LES NERFS				AUDITIF.	FACIAL.
			De la 3e PAIRE.	De la 4e PAIRE.	TRIJUMEAU.	De la 6e PAIRE.		
Tortue couï	1 : 1 2/5	1 : 1 1/3	1 : 1 2/5	1 : 1 1/3	1 : 2 2/3	1 : 1 4/9	1 : 1	1 : 1 8/9
Tortue franche. . .	1 : 2 1/5	1 : 3 2/5	1 : 1 1/5	1 : 1 1/5	1 : 3 1/9	1 : 1 5/5	1 : 1 2/5	1 : 1
Crocodile vulgaire. .	1 : 2 1/5	1 : 2	1 : 4/5	1 : 1 1/2	1 : 1 1/3	1 : 1 1/2	1 : 1	1 : 5 1/3
Crocodile à 2 arêtes.	1 : 1 1/2	1 : 2 2/5	1 : 4/5	1 : 1 1/2	1 : 1 1/2	1 : 1 1/2	1 : 1 1/3	1 : 1 1/3
Monitor à taches vertes.	1 : 1 1/2	1 : 4 1/2	1 : 1 1/5	1 : 1 3/4	1 : 2	1 : 1 3/4	1 : 1 1/2	1 : 1 1/2
Lézard vert. . . .	1 : 2 1/4	1 : 2	1 : 1 3/4	1 : 1 3/4	1 : 2	1 : 1 3/4	1 : 1	1 : 1
Lézard gris. . . .	1 : 2	1 : 4 1/2	1 : 1 3/4	1 : 1 3/4	1 : 2	1 : 1 3/4	1 : 1	1 : 1
Caméléon. . . .	1 : 1 1/2	1 : 1 3/5	1 : 1 1/5	1 : 1 3/4	1 : 2	1 : 1 3/4	1 : 1 1/2	1 : 1 1/2
Orvet.	1 : 1 3/5	1 : 2 1/2	1 : 1	1 : 1	1 : 2	1 : 1	1 : 1	1 : 1
Couleuvre à collier.	1 : 3	1 : 2 1/4	1 : 1 3/4	1 : 1 3/4	1 : 2 1/4	1 : 1 3/4	1 : 1 1/6	1 : 1
Vipère hajé. . . .	1 : 2	1 : 1 1/4	1 : 1 3/4	1 : 1 3/4	1 : 2 1/4	1 : 1 3/4	1 : 1 1/6	1 : 1
Vipère à raies paral-lèles.	1 : 2 1/4	1 : 2 1/4	1 : 1 3/4	1 : 1 3/4	1 : 2	1 : 1 3/4	1 : 1 1/6	1 : 1
Grenouille comm. .	1 : 1 1/2	1 : 2	1 : 1 2/3	1 : 1 2/5	1 : 2	1 : 1 2/3	1 : 2	1 : 1

TABLEAU COMPARATIF des Rapports du Nerf de la neuvième paire avec les sept premières paires de Nerfs, chez les Oiseaux.

RAPPORTS AVEC LES NERFS

NOMS DES ANIMAUX.	OLFACTIF.	OPTIQUE.	De la 3e PAIRE.	De la 4e PAIRE.	TRIJUMEAU.	De la 6e PAIRE.	AUDITIF.	FACIAL.
Lamproie de rivière.	1 : 2	1 : 2 2/5	1 : 1 2/5	1 : 1 2/5	1 : 1 1/2	1 : 1 2/5	1 : 1	1 : 1 2/5
Requin.	1 : 3 3/4	1 : 2 1/2	1 : 1 1/8	1 : 1 3/4	1 : 3	1 : 1 5/4	1 : 1	1 : 1 1/8
Aiguillat.	1 : 2	1 : 2 1/5	1 : 1	1 : 1	1 : 1	1 : 1 5/4	1 : 2 1/4	1 : 2 7/16
Ange.	1 : 3 1/8	1 : 2 1/16	1 : 1 9/16	1 : 1 3/4	1 : 1 1/8	1 : 1 1/2	1 : 1 5/16	1 : 1
Raie bouclée.	1 : 3 1/5	1 : 3 1/5	1 : 1	1 : 1	1 : 4	1 : 1	1 : 3	1 : 1
Raie ronce.	1 : 3 1/4	1 : 3	1 : 1 1/2	1 : 1	1 : 3	1 : 1	1 : 1 1/4	1 : 1 1/5
Esturgeon.	1 : 1 1/5	1 : 3 1/6	1 : 1 1/3	1 : 1 1/3	1 : 5 1/6	1 : 1 1/3	1 : 1	1 : 1 7/9
Brochet.	1 : 3 7/9	1 : 3	1 : 1 1/5	1 : 1	1 : 5 5/9	1 : 1	1 : 3/4	1 : 3/4
Carpe.	1 : 3 1/5	1 : 1	1 : 1 1/5	1 : 1 1/2	1 : 1 1/2	1 : 1 1/2	1 : 1 1/8	1 : 1 1/2
Morue.	1 : 3 2/5	1 : 6	1 : 5	1 : 2	1 : 4	1 : 1	1 : 3	1 : 4
Egrefin.	1 : 4	1 : 10 2/5	1 : 1 5/8	1 : 1 1/4	1 : 5	1 : 1 1/4	1 : 2	1 : 1
Merlan.	1 : 1 1/2	1 : 1 1/8	1 : 1 8/8	1 : 2 1/5	1 : 3	1 : 8/9	1 : 1	1 : 1 7/9
Turbot.	1 : 1 1/5	1 : 1 2/5	1 : 1	1 : 4	1 : 5	1 : 1	1 : 1	1 : 3/4
Anguille.	1 : 1 1/5	1 : 4	1 : 1 1/5	1 : 4	1 : 3	1 : 1	1 : 1/5	1 : 2 2/5
Congre.	1 : 1 1/5	1 : 1 1/5	1 : 1	1 : 2/5	1 : 2/5	1 : 1	1 : 1/2	1 : 2 1/5
Gronau.	1 : 1 1/5	1 : 4	1 : 1	1 : 1	1 : 4	1 : 1	1 : 1/2	1 : 9
Baudroie.	1 : 1 2/5	1 : 5	1 : 1	1 : 1	1 : 2 2/5	1 : 1	1 : 1/2	1 : 2 1/2

TABLEAU COMPARATIF des Rapports du Nerf spinal avec les sept premières paires, chez les Mammifères.

NOMS DES ANIMAUX.	OLFACTIF.	OPTIQUE.	De la 5ᵉ PAIRE.	De la 4ᵉ PAIRE.	TRIJUMEAU.	De la 6ᵉ PAIRE.	AUDITIF.	FACIAL.
			RAPPORTS AVEC LES NERFS					
Homme.	:: 1 : 4 1/2	:: 1 : 10	:: 1 : 4	:: 1 : 2	:: 1 : 10 1/2	:: 1 : 3	:: 1 : 4	:: 1 : 2 2/5
NOMS DES ANIMAUX.								
Paqas.	:: 1 : 3	:: 1 : 4	:: 1 : 2	:: 1 : 1	:: 1 : 4	:: 1 : 1 2/3	:: 1 : 2 1/2	:: 1 : 1 1/5
Magot. . . .	:: 1 : 4	:: 1 : 4	:: 1 : 2	:: 1 : 1	:: 1 : 2	:: 1 : 1 2/3	:: 1 : 2 1/2	:: 1 : 1 1/2
Macaque. . . .	:: 1 : 1 15/15	:: 1 : 3/5	:: 1 : 1	:: 1 : 1	:: 1 : 2 1/2	:: 1 : 1 1/3	:: 1 : 5/5	:: 1 : 1 1/5
Papion. . . .	:: 1 : 4/5	:: 1 : 3 1/5	:: 1 : 2 2/5	:: 1 : 4/5	:: 1 : 2 2/5	:: 1 : 5/5	:: 1 : 5/5	:: 1 : 1 1/5
Mandrill. . .	:: 1 : 2	:: 1 : 2 1/2	:: 1 : 2 2/5	:: 1 : 4/5	:: 1 : 4 4/5	:: 1 : 5/5	:: 1 : 5/5	:: 1 : 2/5
Sajou noir. .	:: 1 : 2	:: 1 : 2 2/3	:: 1 : 2 2/3	:: 1 : 3	:: 1 : 4 8/15	:: 1 : 1 1/3	:: 1 : 2	:: 1 : 2/5
Maki.	:: 1 : 7 1/2	:: 1 : 7 1/2	:: 1 : 1	:: 1 : 1 1/2	:: 1 : 2 1/2	:: 1 : 1 1/2	:: 1 : 2 1/4	:: 1 : 7/8
Ours brun. .	:: 1 : 7 2/5	:: 1 : 1 1/4	:: 1 : 1 1/5	:: 1 : 3/5	:: 1 : 2 1/2	:: 1 : 1 1/2	:: 1 : 2/5	:: 1 : 7/8
Ours noir d'Améri-								
que.	:: 1 : 6	:: 1 : 5	:: 1 : 1 1/3	:: 1 : 1/3	:: 1 : 3	:: 1 : 5/6	:: 1 : 1 1/3	:: 1 : 8/9
Raton. . . .	:: 1 : 4 1/2	:: 1 : 1 8/9	:: 1 : 1	:: 1 : 3/4	:: 1 : 2 1/4	:: 1 : 3/16	:: 1 : 5/16	:: 1 : 1
Blaireau. . .	:: 1 : 5	:: 1 : 2 2/9	:: 1 : 8/9	:: 1 : 2/3	:: 1 : 3 1/3	:: 1 : 1/6	:: 1 : 1/6	:: 1 : 1/6
Coati brun. .	:: 1 : 5 3/5	:: 1 : 3 5/5	:: 1 : 1 1/15	:: 1 : 4/15	:: 1 : 1 15/15	:: 1 : 2/5	:: 1 : 2/3	:: 1 : 2/5
Fouine. . . .	:: 1 : 8	:: 1 : 2 2/3	:: 1 : 1/3		:: 1 : 4	:: 1 : 2/5	:: 1 : 5	:: 1 : 2/3
Loutre. . . .	:: 1 : 1/4	:: 1 : 1 1/4	:: 1 : 1	:: 1 : 1	:: 1 : 4	:: 1 : 4/9	:: 1 : 3/4	:: 1 : 15/16
Chien. . . .	:: 1 : 7 1/2	:: 1 : 2	:: 1 : 1 1/2	:: 1 : 1/2	:: 1 : 1 5/4	:: 1 : 3/4	:: 1 : 1 5/16	:: 1 : 15/16
Renard. . . .	:: 1 : 4	:: 1 : 2 2/5	:: 1 : 1/3	:: 1 : 1 2/3	:: 1 : 3	:: 1 : 1/3	:: 1 : 3 1/2	:: 1 : 1 1/2
Hyène rayée.	:: 1 : 6 2/3	:: 1 : 2/5	:: 1 : 1/2	:: 1 : 2/9	:: 1 : 5 1/3	:: 1 : 5/6	:: 1 : 5/7	:: 1 : 20/21
Tigre royal. .	:: 1 : 6 4/7	:: 1 : 2 5/7	:: 1 : 2 7/7	:: 1 : 4/7	:: 1 : 2	:: 1 : 6/7	:: 1 : 1 5/7	:: 1 : 1
Jaguar. . . .	:: 1 : 5 3/7	:: 1 : 2 5/7	:: 1 : 3/7	:: 1 : 8/21	:: 1 : 4	:: 1 : 6/7	:: 1 : 2 2/7	:: 1 : 1 3/7

TABLEAU COMPARATIF des *Rapports du Nerf spinal avec les sept premières paires*, chez les Mammifères.

	OLFACTIF.	OPTIQUE.	De la 3e PAIRE.	De la 4e PAIRE.	TRIJUMEAU.	De la 6e PAIRE.	AUDITIF.	FACIAL.
					RAPPORTS AVEC LES NERFS			
Homme	:: 1 : 4 1/2	:: 1 : 10	:: 1 : 4	:: 1 : 2	:: 1 : 10 1/2	:: 1 : 3	:: 1 : 4	:: 1 : 2 2/3
NOMS DES ANIMAUX.								
Patas	:: 1 : 3	:: 1 : 4	:: 1 : 2	:: 1 : 1	:: 1 : 4	:: 1 : 1 2/3	:: 1 : 2 1/2	:: 1 : 1 1/3
Magot	:: 1 : 1 1/3	:: 1 : 4	:: 1 : 2	:: 1 : 1	:: 1 : 2 1/2	:: 1 : 2 1/3	:: 1 : 2 1/2	:: 1 : 1 1/2
Macaque	:: 1 : 13/15	:: 1 : 2 3/5	:: 1 : 2	:: 1 : 4/5	:: 1 : 2 2/5	:: 1 : 1/3	:: 1 : 1 3/5	:: 1 : 1 1/5
Papion	:: 1 : 1 4/5	:: 1 : 3 1/5	:: 1 : 2 2/5	:: 1 : 4/5	:: 1 : 4 4/5	:: 1 : 1 3/5	:: 1 : 1 3/5	:: 1 : 1 1/5
Mandrill	:: 1 : 2 4/5	:: 1 : 3 1/5	:: 1 : 2 2/5	:: 1 : 4/5	:: 1 : 4 8/15	:: 1 : 1 3/5	:: 1 : 2	:: 1 : 2 2/5
Sajou noir	:: 1 : 2	:: 1 : 2 1/2	:: 1 : 2 2/3	:: 1 : 3	:: 1 : 1 1/3	:: 1 : 1 1/3	:: 1 : 2 1/4	:: 1 : 1
Maki	:: 1 : 7 1/2	:: 1 : 2 1/4	:: 1 : 2 1/4	:: 1 : 1/2	:: 1 : 2 1/2	:: 1 : 1 1/2	:: 1 : 2 2/3	:: 1 : 1 7/8
Ours brun	:: 1 : 7 1/5	:: 1 : 2	:: 1 : 1 1/5	:: 1 : 3/5	:: 1 : 3 3/5	:: 1 : 3/4	:: 1 : 2 1/4	:: 1 : 1 1/2
Ours noir d'Amérique	:: 1 : 6	:: 1 : 3	:: 1 : 1 1/3	:: 1 : 1/5	:: 1 : 3	:: 1 : 5/6	:: 1 : 1 1/3	:: 1 : 8/9
Raton	:: 1 : 4 1/2	:: 1 : 1 1/8	:: 1 : 1 1/3	:: 1 : 3/4	:: 1 : 2 1/4	:: 1 : 3/16	:: 1 : 1 5/16	:: 1 : 1 1/2
Blaireau	:: 1 : 4	:: 1 : 2 2/9	:: 1 : 8/9	:: 1 : 2/3	:: 1 : 3 1/3	:: 1 : 1/6	:: 1 : 1 1/6	:: 1 : 1 1/6
Coati brun	:: 1 : 5 3/5	:: 1 : 1 1/5	:: 1 : 1 1/15	:: 1 : 4/15	:: 1 : 1 13/15	:: 1 : 2/5	:: 1 : 2 2/3	:: 1 : 2/5
Fouine	:: 1 : 8	:: 1 : 2 2/3	:: 1 : 1 1/3	:: »	:: 1 : 4	:: 1 : 4/9	:: 1 : 3	:: 1 : 2 1/3
Loutre	:: 1 : 2 1/4	:: 1 : 1 1/4	:: 1 : 1	:: 1 : 1/2	:: 1 : 1 3/4	:: 1 : 3/4	:: 1 : 1 5/16	:: 1 : 15/16
Chien	:: 1 : 7	:: 1 : 2	:: 1 : 1 1/2	:: 1 : 1/2	:: 1 : 3	:: 1 : 1 1/3	:: 1 : 3 1/2	:: 1 : 1 1/2
Renard	:: 1 : 4	:: 1 : 2 2/3	:: 1 : 1 1/3	:: 1 : 2/3	:: 1 : 3	:: 1 : 1		
Hyène rayée	:: 1 : 6 2/3	:: 1 : 2 2/3	:: »	:: 1 : 2/9	:: 1 : 3 1/6	:: 1 : 5/6		
Tigre royal	:: 1 : 6 4/7	:: 1 : 2 5/7	:: 1 : 1 2/7	:: 1 : 4/7	:: 1 : 2	:: 1 : 6/7	:: 1 : 1 5/7	:: 1 : 20/21
Jaguar	:: 1 : 5 3/7	:: 1 : 2 5/7	:: 1 : 1 3/7	:: 1 : 8/21	:: 1 : 4	:: 1 : 6/7	:: 1 : 2 2/7	:: 1 : 1 3/7
Panthère	:: 1 : 4 1/2	:: 1 : 2 1/4	:: 1 : 1	:: 1 : 3/8	:: 1 : 2	:: 1 : 3/4	:: 1 : 2	:: 1 : 1
Lynx	:: 1 : 8	:: 1 : 2 1/2	:: 1 : 1 1/2	:: 1 : 2/3	:: 1 : 4	:: 1 : 1 1/4	:: 1 : 3	:: 1 : 1 1/2
Phoque commun	:: 1 : 4	:: 1 : 1 1/2	:: 1 : 1 1/8	:: 1 : 3 1/2	:: 1 : 2/3	:: 1 : 3/4	:: 1 : 1	
Kanguroo géant	:: 1 : 7	:: 1 : 3 1/2	:: 1 : 2	:: 1/ : 1	:: 1 : 3 1/4	:: 1 : 3/4	:: 1 : 2	:: 1 : 1 1/2
Castor	:: 1 : 6 2/3	:: 1 : 2	:: 1 : 1	:: 1 : 1	:: 1 : 8	:: 1 : 1 1/3	:: 1 : 2	:: 1 : 1 1/3
Marmotte	:: 1 : 10 1/2	:: 1 : 6	:: 1 : 3 3/4	:: 1 : 1 1/2	:: 1 : 9	:: 1 : 3	:: 1 : 3 3/4	:: 1 : 2
Porc-épic	:: »	:: 1 : 3 1/2	:: 1 : 1 1/2	:: 1 : 3 3/4	:: 1 : 8	:: 1 : 1 1/2	:: 1 : 4	:: 1 : 4
Ecureuil	:: 1 : 12	:: 1 : 6	:: 1 : 3 3/4	:: 1 : 1	:: 1 : 9	:: 1 : 1 1/2	:: 1 : 4 1/2	:: 1 : 3
Tatou à six bandes	:: 1 : 5	:: 1 : 2 1/2	:: 1 : 2	:: 1 : 1	:: 1 : 4	:: 1 : 1 1/2	:: 1 : 3 1/2	:: 1 : 2 2/5
Pécari	:: 1 : 9	:: 1 : 3 3/4	:: 1 : 2	:: 1 : 1/2	:: 1 : 4		:: 1 : 3/4	:: 1 : 1 3/4
Daman	:: 1 : 2	:: 1 : 1 3/4	:: 1 : 1	:: 1 : 3/4		:: 1 : 1/3	:: 1 : 3/4	:: 1 : 1/2
Cheval	:: 1 : 14	:: 1 : 5 1/2	:: 1 : 2 1/2	:: 1 : 1 1/3	:: 1 : 10	:: 1 : 2	:: 1 : 3 3/4	:: 1 : 3 1/2
Chameau	:: 1 : 6 2/3	:: 1 : 4	:: 1 : 2 1/6	:: 1 : 1 1/3	:: 1 : 6	:: 1 : 2	:: 1 : 2 1/3	:: 1 : 3 5/9
Lama	:: 1 : 4 4/5	:: 1 : 4	:: 1 : 2 2/5	:: 1 : 4/5	:: 1 : 4	:: 1 : 1 3/5	:: 1 : 2 6/25	:: 1 : 3 1/2
Mouton	:: 1 : 4 4/5	:: »	:: »	:: »	:: 1 : 4 2/5		:: »	:: »
Marsouin	:: »	:: 1 : 2		:: 1 : 3/4	:: 1 : 1/2	:: 1 : 2	:: 1 : 1 1/2	:: 1 : 7/8
Dauphin	:: »	:: 1 : 2 2/3	:: 1 : 1		:: 1 : 2/3	:: 1 : 3 1/2	:: 1 : 3 2/3	:: 1 : 1 1/3

| Panthère |
| Lynx |
| Phoque commun |
| Kanguroo géant |
| Castor |
| Marmotte |
| Porc-épic |
| Ecureuil |
| Tatou à six bandes |
| Pécari |
| Daman |
| Cheval |
| Chameau |
| Lama |
| Mouton |
| Marsouin |
| Dauphin |

CHAPITRE VI.

Des Lois du système nerveux, appliquées à sa forma-
tion, à sa structure, à sa détermination et à ses
rapports.

§. Iᵉʳ. LOIS DE FORMATION DU SYSTÈME NERVEUX.

DANS les sciences qui ont pour base l'observation, les faits se multipliant à l'infini, l'esprit a
besoin de les coordonner, de les rattacher les uns
aux autres pour saisir leur ensemble et leur
liaison ; la comparaison est le procédé qu'il emploie pour saisir leurs rapports.

Lorsqu'un rapport général et constant a été
observé entre plusieurs faits de même ordre, ce
rapport devient ce que l'on nomme principe, ou
loi de manifestation des faits qui ont servi à le
former. Ces principes et ces lois ne sont donc que
des formules abrégées des faits.

Un fait est expliqué dans ces sciences, quand
on a ramené sa manifestation à la manifestation
générale du principe dont il dépend, comme une
proposition est démontrée en mathématique lorsque l'œil de l'esprit voit cette trace de lumière qui
joint le principe aux conséquences.

La science de l'organogénie avait été abandonnée, parce que l'on avait cru qu'il était impossible de découvrir ses lois. La difficulté d'observer les êtres à leur sortie du néant, la multitude des procédés que cette observation exige, les entraves multipliées que l'observateur rencontre à chaque pas, tout s'était réuni pour décourager les anatomistes et leur faire délaisser une partie dont ils pressentaient néanmoins toute l'importance.

D'une autre part, les conséquences prématurées que les Harvey, les Malpighi et les Haller avaient déduites de leurs travaux, en érigeant en principe le développement central des animaux, avaient élevé un obstacle insurmontable aux progrès de cette partie fondamentale de la science de l'organisation.

Il fallait donc un ordre de faits nouveaux pour saisir leurs véritables rapports et établir leurs lois ou leurs principes.

J'ai présenté cet ordre de faits pour le système osseux, et j'en ai déduit ses principes de formation, ou les lois de l'ostéogénie (1). Je viens d'exposer dans cet ouvrage les faits particuliers sur lesquels repose l'anatomie comparative du système nerveux; je vais présentement, en procédant comme je l'ai fait pour le système osseux, extraire les rapports constants de ces faits, pour

---

(1) *Des Lois de l'Ostéogénie*, 1 vol. avec 140 figures, couronné en 1819 par l'Acad. Roy. des Sciences.

en composer les principes généraux et les lois.

Nous venons de présenter dans tous ses détails la loi fondamentale du développement du système nerveux. Nous avons vu toutes les parties de ce système se formant de dehors en dedans , marchant de la circonférence au centre de l'animal , pour se réunir et se confondre sur la ligne médiane.

De cette loi première dérivent les lois secondaires de formation de cet important système. Ces lois sont au nombre de deux : *la loi de symétrie*, et *la loi de conjugaison.*

D'après la loi de symétrie toutes les parties du système nerveux doivent être doubles ; d'après la loi de conjugaison , elles doivent toutes se réunir, s'engrener et se confondre sur l'axe central de ce système , pour donner naissance aux parties uniques que l'on y rencontre chez les animaux vertébrés. Nous allons rattacher à ces deux principes généraux tous les faits particuliers contenus dans ce volume; ces faits confirmeront l'exactitude de ces lois ; ces lois donneront la raison ou l'explication de tous ces faits. Nous aurons de cette manière la preuve et la contre-preuve de tout ce que nous avons avancé jusqu'à présent.

Je ne reviendrai pas sur l'explication du système nerveux des invertébrés, elle découle de la loi du développement excentrique de ce système : j'ai consacré plusieurs passages de la seconde partie à cette importante détermination; je ne la rapporte en ce moment que pour la rattacher à son principe.

Pareillement je ne m'arrêterai pas long-temps à établir que les nerfs proprement dits sont symétriques et doubles chez les vertébrés et les invertébrés. Qui ne sait que tous les animaux, sans exception, ont un double appareil nerveux, l'un droit, l'autre gauche? Qui ne sait que tous les nerfs du côté droit sont la répétition de ceux du côté gauche; que les nerfs des membres sont toujours doubles; qu'il y a de doubles nerfs des sens, des nerfs symétriques pour tous les organes de la tête, de même que pour ceux des extrémités et du tronc? La loi de symétrie ne trouve donc aucune exception dans la névrologie, et pour en reconnaître la généralité, il suffisait seulement de l'indiquer.

Il n'en est pas de même pour les parties centrales du système nerveux, surtout lorsqu'on le considère chez les animaux vertébrés.

La moelle épinière et diverses parties de l'encéphale formant des parties uniques, il était indispensable d'établir leur double développement pour les ramener à la loi de symétrie.

Si, conformément à la loi primitive du développement excentrique des organes, la moelle épinière se forme de la circonférence au centre, elle doit donc être double primitivement; il doit y avoir d'abord une demi-moelle épinière à droite, et une demi-moelle épinière à gauche.

Or c'est ce que nous avons vu exister chez les oiseaux, chez les reptiles et chez les mammifères, aux époques primitives de leur formation.

Il en est de même de la moelle allongée, des lobes optiques et des tubercules quadrijumeaux : un double cordon latéral les forme et doit les former primitivement. C'est ce que nous avons constamment observé chez les jeunes embryons des oiseaux, des reptiles et des mammifères.

Le cervelet est un organe impair chez les mammifères, les oiseaux, les reptiles et beaucoup de poissons. Comment sera-t-il ramené à la loi du double développement des organes ? Chez certains poissons cartilagineux, il est double : deux feuillets roulés latéralement le constituent. Chez tous les embryons sans exception, il commence à se développer par deux lames latérales, une à droite, l'autre à gauche. Le cervelet se forme donc, comme la moelle épinière, comme la moelle allongée, de même que les tubercules quadrijumeaux ou les lobes optiques.

Les pédoncules cérébraux sont doubles ; les épiphyses qui les surmontent supérieurement sont pareillement symétriques. En arrière, ce sont les couches optiques ; en avant, ce sont les corps striés ; les renflemens de l'un des côtés sont exactement la répétition de ceux du côté opposé.

La glande pinéale, organe unique et central chez les animaux parfaits, est divisée, chez les très-jeunes embryons, en deux parties : l'une appartenant au demi-cerveau de droite ; l'autre au demi-cerveau de gauche ; chacune de ses moitiés est le point de convergence de ses doubles pédoncules.

Certaines tortues de terre ont ce corps constamment divisé par un raphé médian, comme cela existe à un certain âge chez tous les embryons des mammifères, des reptiles et des oiseaux.

Les lobules olfactifs sont toujours doubles dans toutes les classes, toujours isolés l'un de l'autre, quelle que soit leur petitesse ou leur volume.

Il y a constamment aussi deux hémisphères cérébraux : ces hémisphères sont isolés chez les poissons osseux, réunis chez les cartilagineux, mais divisés sur la ligne médiane par une scissure profonde. Chez les reptiles, les oiseaux et les mammifères, ils sont liés l'un à l'autre par des faisceaux transverses que l'on a désignés généralement sous le nom de commissures.

Toutes ces commissures, organes uniques chez les animaux parfaits, sont primitivement doubles chez les jeunes embryons.

Ainsi la commissure des lobes optiques ou tubercules quadrijumeaux, si développée chez les oiseaux, est double dans son état primitif, et isolée de sa congénère ; il y a une demi-commissure d'un côté, une demi-commissure de l'autre.

La commissure des épiphyses postérieures des pédoncules est double en premier lieu, de même que la précédente.

La commissure antérieure est aussi divisée chez

les jeunes embryons; il y a une demi-commissure
à droite, une demi-commissure à gauche.

La commissure moyenne des couches optiques
est constamment dans le même cas que les deux
précédentes.

Le trapèze de la moelle allongée, qui, chez les
mammifères, sert de commissure à une partie du
cervelet, est d'abord double, de même que les
autres commissures.

Constamment aussi on observe chez les embryons de cette classe un double pont de varole.

Le corps calleux, qui est la plus grande de toutes
les commissures, rentre dans cette loi commune
de développement ; chez tous les embryons de
mammifères, chaque hémisphère a d'abord son
demi-corps calleux isolé du demi-corps calleux
de l'hémisphère opposé.

La voûte, dont le développement est si compliqué, est rigoureusement assujétie à ce principe
général de formation. Il y a constamment une
demi-voûte de chaque côté chez tous les embryons de la classe supérieure.

Il en est de même de la cloison désignée sous le
nom de *septum lucidum*. Quelque mince que soit
cet organe, il est toujours formé en deux lames,
l'une droite, l'autre gauche.

Cette cloison est au système nerveux ce que le
vomer, ce que la lame perpendiculaire de l'ethmoïde sont au système osseux ; et comme je l'ai
démontré pour ces os dans les lois de l'ostéogénie,

elle est et doit être formée de deux lames primitives, pour être en harmonie avec la loi de symétrie du système nerveux.

Toutes les parties de ce dernier système se développent donc de la circonférence au centre.

Toutes sont primitivement doubles et assujéties au principe général de formation, que j'ai nommé *loi de symétrie*.

La loi du développement excentrique des organes et la loi de symétrie viennent de nous donner l'explication de l'état primitif du système nerveux des vertébrés et des invertébrés; la loi de conjugaison va nous montrer la marche constante que suivent toutes les parties pour parvenir à leur complète formation.

De même que la loi de symétrie, la loi de conjugaison est une conséquence du principe du développement excentrique des organes.

En marchant de la circonférence au centre, les organes sont d'abord binaires; mais en continuant ce mouvement, les parties symétriques se portent à la rencontre l'une de l'autre, s'envoyent réciproquement des prolongemens qui se rencontrent sur la ligne médiane, s'engrènent et s'unissent. Un organe double devient unique à la suite de ce mécanisme. C'est ce rapport général de formation que j'ai nommé *loi de conjugaison*.

Chez les larves des insectes, les ganglions, d'abord isolés les uns des autres sur la ligne médiane, se rapprochent en se concentrant, se touchent et quelquefois s'unissent si intimement, que le double ganglion résultant de leur jonction paraît unique. Le plus souvent, néanmoins, ou bien ils restent distincts après s'être adossés, ou bien un raphé médian rappelle leur isolement primitif.

Chez les animaux vertébrés, les deux lames de la moelle épinière se rapprochent d'abord en avant, en s'engrenant par des prolongemens transverses réciproques, qui, observés au microscope, rappellent les engrenures de certains os du crâne.

Après s'être réunies en avant, ces lames convergent l'une vers l'autre en arrière; parvenues au point de contact, leurs petits prolongemens chevauchent les uns sur les autres et finissent par se confondre, en formant une espèce de suture.

Chez tous les embryons des mammifères, des oiseaux et des reptiles, la moelle épinière offre deux sutures, l'une antérieure, l'autre postérieure.

Elle présente aussi un canal au milieu : canal résultant de la conjugaison des deux lames primitives, comme cela arrive dans la formation de tous les canaux osseux, du canal intestinal, du canal aortique, et en général de tous les canaux que nous présente l'organisation des animaux.

La moelle allongée se réunit en avant comme la moelle épinière; en arrière ses lames de réunion sont représentées par le cervelet.

Les lames du cervelet restent disjointes chez la plupart des poissons cartilagineux, et, dans une petite partie de leur étendue, chez les tortues terrestres.

Chez tous les autres animaux, les lames primitives du cervelet se réunissent de manière à former l'organe impair qui le constitue chez les poissons osseux, les reptiles, les oiseaux et les mammifères.

En se réunissant, ces lames s'engrènent les unes dans les autres, comme les lames postérieures de la moelle épinière, mais de manière à former néanmoins des mailles croisées que l'on ne remarque pas dans ces dernières.

Les tubercules quadrijumeaux, ou lobes optiques, suivent le même mode de conjugaison que la moelle épinière, dont ils sont la terminaison. Leurs feuillets postérieurs, en convergeant l'un vers l'autre, présentent des dentelures à leur bord libre; ces dentelures s'enchâssent les unes dans les autres de manière à former une lame unique, qui joint les deux lobes.

Une cavité assez vaste occupe leur intérieur chez les mammifères, les oiseaux, les reptiles et les poissons; c'est une cavité de conjugaison, comme le quatrième ventricule, comme le canal qui occupe l'axe de la moelle épinière. Sa formation est due au même mécanisme; son développement est, comme toutes les cavités, le résultat de la loi de conjugaison.

Les pédoncules cérébraux ne restent pas toujours parallèles comme les cordons de la moelle épinière.

Chez les poissons et les reptiles, leur divergence est à peine sensible, leur parallélisme n'est pas interrompu; ils conservent la même disposition que les cordons épiniens.

Chez les oiseaux leur divergence est très-marquée.

Chez les mammifères inférieurs leur degré d'écartement se rapproche de celui qu'on leur observe chez les oiseaux. A mesure que l'on s'élève des rongeurs aux ruminans, aux carnassiers, aux cétacés, au phoque, aux singes et à l'homme, l'angle de leur écartement devient de plus en plus ouvert.

A mesure que les pédoncules s'écartent l'un de l'autre, il se forme entre eux supérieurement un vide; ce vide est le fond du troisième ventricule.

D'après ce que nous venons de dire sur les pédoncules, on voit que cette cavité sera d'autant plus grande, que les pédoncules seront plus divergens, et qu'elle se rétrécira à mesure que ceux-ci se rapprocheront du parallélisme.

Chez les poissons, cette cavité n'existe pas; chez les reptiles, elle est à peine prononcée; chez les oiseaux, elle est déjà très-manifeste.

Chez les mammifères, elle va en augmentant des rongeurs aux ruminans, aux carnassiers digitigrades et plantigrades, aux phoques, aux cétacés, aux singes et à l'homme.

D'après ce mécanisme, on voit que la formation de cette cavité est la même que celle du plancher du quatrième ventricule et du plancher des tubercules quadrijumeaux, connu sous le nom de *scissure de Sylvius*. C'est une cavité de conjugaison.

La conjugaison des pédoncules nous offre des particularités très-remarquables. En avant, leur réunion s'opère dans toutes les classes de la même manière que les lames antérieures de la moelle allongée et de la moelle épinière.

Au milieu, leur réunion s'effectue par une commissure composée de matière grise. Cette commissure est d'abord double ; c'est un très-petit tubercule faisant une saillie légère sur la face interne de chaque pédoncule ; en s'allongeant, ce tubercule rencontre son congénère, s'unit à lui et forme la lame unique qui constitue la commissure grise.

Cette commissure ne se trouve pas chez les poissons, on en voit là raison ; elle n'existe que dans les trois classes supérieures.

Dans le quatrième ventricule de certains poissons, on rencontre de semblables commissures grises.

Les épiphyses postérieures des pédoncules, ou les couches optiques, se conjuguent entre elles par un ou deux faisceaux médullaires, connus sous le nom de *commissure postérieure*.

Cette commissure n'existe que chez les oiseaux et les mammifères ; sa formation est analogue à la commissure molle ; un petit faisceau blanchâtre se détache primitivement de la partie interne de chaque couche optique, marche transversalement à la rencontre de celui du côté opposé, et s'unit avec lui en croisant ses fibres, de manière à ne former qu'une bandelette unique.

Lorsque la commissure postérieure est double, on observe de doubles faisceaux, dont la réunion s'opère comme nous venons de l'indiquer. J'ai particulièrement suivi cette double formation chez les oiseaux, chez certains rongeurs et chez les ruminans.

La formation de la commissure antérieure s'opère constamment de la même manière que celle de la postérieure : ses doubles faisceaux marchent de la circonférence au centre, se rencontrent sur la ligne médiane, et s'unissent en s'engrenant comme toutes les commissures de conjugaison.

En se dirigeant ainsi transversalement, ces commissures donnent naissance, chez les mammifères, à deux petites ouvertures que l'on a si improprement nommées *anus* et *vulve*.

Que sont ces ouvertures? on le voit; ce sont des trous de conjugaison, dont le mécanisme de formation est analogue aux trous de conjugaison de la colonne vertébrale, aux trous de conjugaison de la base du crâne, à toutes les ouvertures du système osseux, à toutes les ouvertures que nous offrent les différens organes, à quelque système qu'ils appartiennent, quels que soient les tissus qui les forment.

Plus antérieurement encore les pédoncules sont unis par un plateau de matière grise, postérieur à la jonction des nerfs optiques. Ce corps est d'abord double comme la commissure molle des couches optiques ; il y a un demi-tubercule gris sur chaque pédoncule.

Du milieu de ce tubercule part, chez les très-jeunes embryons, une lame grisâtre, qui se dirige sur le corps sus-sphénoïdal (glande pituitaire ou hypophyse cérébrale.)

L'hypophyse cérébrale est primitivement double comme toutes les autres parties de l'axe cérébro-spinal du système nerveux.

Chaque moitié de l'hypophyse est en rapport supérieurement avec la petite lame qui le joint au demi-tubercule gris, postérieur au nerf optique.

En se rapprochant, les deux parties de l'hypophyse forment l'organe unique que nous connaissons.

En se rapprochant, les deux moitiés de la tige de l'hypophyse forment un petit canal, qui s'étend du fond du troisième ventricule dans l'intérieur de l'hypophyse, qui souvent est creusée d'une petite cavité au milieu. Chez les embryons hydro-céphales, cette cavité est plus prononcée, le canal de la tige est plus développé. Le troisième ventricule communique par son intermède avec le ventricule de l'hypophyse.

Le canal de la tige de l'hypophyse est donc aussi un canal de conjugaison, de même que le canal de la moelle épinière, de même que le canal du pédicule du nerf olfactif de certains mammifères, de même que le canal de l'urètre, que les uretères, que les canaux biliaires. C'est toujours le même mécanisme, c'est toujours le même rapport de formation. Ces faits rentrent tous dans le principe général de la loi de conjugaison.

Les commissures du cervelet, les grandes commissures des hémisphères suivent invariablement la même marche. Leur développement a lieu de la circonférence au centre, de dehors en dedans.

Le trapèze de la moelle allongée, d'abord visible sur les côtés de cet organe, s'avance graduellement vers son centre, et se joint, sur la ligne médiane, à celui du côté opposé.

Les fibres qui composent le pont suivent la même direction ; elles viennent des parties latérales, et se réunissent, au centre, aux fibres du côté opposé, par une espèce de suture croisée ; les fibres de droite passent à gauche, celles de gauche à droite ; disposition aperçue et très-bien représentée par Ruysch, reproduite par Sanctorini, et qui n'est jamais aussi distincte que chez les embryons.

Les faisceaux qui composent le corps calleux partent, comme les commissures de la partie interne, des hémisphères, se dirigent transversalement les uns vers les autres, se rencontrent sur la ligne médiane, et s'unissent en croisant leurs fibres, de même que les faisceaux médullaires du pont de Varole.

Enfin, après que les piliers antérieurs et postérieurs de la voûte se sont confondus sur la partie supérieure des épiphyses des pédoncules, on aperçoit des fibres transversales se dirigeant de dehors en dedans, se réunissant sur la ligne médiane, de manière à former le plafond qui complète le troisième ventricule chez les mammifères.

Les piliers postérieurs étant beaucoup plus écartés que les antérieurs, les fibres transverses sont beaucoup plus apparentes en arrière que partout ailleurs.

Les deux lames du *septum lucidum*, que déjà Galien avait nommé le diaphragme du cerveau, en se dirigeant de haut en bas et de bas en haut, circonscrivent une petite cavité, cavité de conjugaison, comme tous les ventricules de l'encéphale.

Chez les oiseaux, la commissure si développée des lobes optiques se développe aussi de dehors en dedans, et forme une espèce de voûte striée sur l'aqueduc de Sylvius.

La lame rayonnante des hémisphères, qui caractérise ces organes dans cette classe, se développe comme la voûte des mammifères.

Ses faisceaux antérieurs viennent du devant des hémisphères; les postérieurs partent de leur partie postérieure; ils convergent tous vers le pédoncule auquel ils se réunissent.

L. 35

Chez plusieurs oiseaux on rencontre quelques faisceaux transverses qui unissent une lame rayonnante à l'autre. C'est le premier rudiment des faisceaux transverses de la voûte des mammifères.

Certaines maladies rendent très-évident ce rapport général de formation.

Si un liquide s'épanche dans le canal de la moelle épinière, ce canal est dilaté outre mesure: les sutures antérieures et postérieures sont beaucoup plus apparentes que dans l'état normal.

Si l'accumulation du liquide a lieu avant la jonction postérieure des lames de la moelle épinière, leur réunion n'a point lieu, les lames se déjettent à droite et à gauche, la moelle épinière représente une longue gouttière, ouverte en arrière dans toute son étendue; il est rare que cet effet soit partiel.

Chez les oiseaux, les lames postérieures ne se réunissent pas dans l'étendue de leur renflement inférieur. Cette disposition devient le caractère classique de leur moelle épinière.

Chez les poissons et les reptiles, la réunion en arrière ne s'effectue pas dans le haut de leur région dorsale. La terminaison du quatrième ventricule se prolonge plus inférieurement que dans les deux classes supérieures. Le *calamus scriptorius* descend beaucoup plus bas que chez les mammifères et les oiseaux.

Si l'accumulation du liquide se prolonge jusque dans le quatrième ventricule, les lames cérébel-

leuses, qui représentent les lames postérieures de
la moelle épinière, se trouvent écartées comme
celles-ci. Leur réunion ne s'effectue pas, le cervelet reste divisé sur la ligne médiane, comme
chez certains poissons cartilagineux. Stenon a
observé cet effet chez un veau ; je l'ai trouvé,
comme cet anatomiste, sur deux embryons de
l'homme.

Par la même cause et par la même raison, le
liquide s'accumulant dans le ventricule des tubercules quadrijumeaux, ce ventricule ne s'oblitère
pas chez les mammifères ; leurs tubercules restent
globuleux comme dans les trois classes inférieures.
Les deux embryons précédens, dont l'un était à
terme, me présentèrent cette disposition. Chez
un embryon d'oiseau, leur commissure ne s'était
pas formée ; les lames de leurs lobes optiques
(tubercules quadrijumeaux) étaient renversées
sur les côtés, comme celles de la moelle épinière
dans les cas d'hydro-myelitis.

L'hydropisie du troisième ventricule écarte les
unes des autres les épiphyses des pédoncules ; les
demi-commissures restent alors flottantes sur le
liquide ; elles n'arrivent pas au point de contact
et ne se réunissent pas.

Il en est de même de la voûte chez les mamm-
mifères : ses parties latérales se forment comme
à l'ordinaire ; mais les faisceaux transverses ne
peuvent se joindre. On aperçoit leurs fibres sur-
nageant sur le liquide.

Il en est de même du corps calleux : l'accumulation du liquide disjoint toutes ces commissures, ou plutôt les empêche de se réunir ; ces embryons nous offrent dans ce cas la preuve manifeste de la marche excentrique de tous ces faisceaux, et la confirmation de leur développement de la circonférence au centre.

Dans ce dernier cas, toute la partie interne des hémisphères est tapissée par une lame médullaire, formée par la demi-voûte, le demi-septum et le demi-corps calleux qui se sont confondus; cette disposition m'a rappelé celle de la lame rayonnante des hémisphères des oiseaux.

N'oublions pas de faire remarquer que le système sanguin joue un rôle important dans la manifestation de la loi de conjugaison.

Les engrenures de la moelle épinière sont précédées par celles du réseau vasculaire qui pénètre de chaque côté de ses lames.

La réunion du cervelet n'a lieu qu'après la jonction de ses vaisseaux en arrière.

La voûte se forme transversalement le long des mailles que présente le plexus choroïde des grands ventricules.

§. II. Structure du système nerveux, appliqué a sa détermination.

L'axe cérébro-spinal du système nerveux des vertébrés est composé de deux substances, l'une grise, l'autre blanche. Aussi long-temps que cette observation est restée purement anatomique, on s'est borné à considérer leur position, leurs rapports et leurs connexions respectives.

Plus tard on admit des esprits animaux intermédiaires entre l'âme et la matière, et à l'aide desquels on expliquait toutes les fonctions du système nerveux.

Personne ne doutait, il y a un demi-siècle, de l'existence de ces esprits. Personne n'y croit plus de nos jours. Il serait donc inutile de rappeler cette erreur tombée dans l'oubli, si son histoire ne se rattachait aux principales découvertes qui ont été faites dans la structure de l'encéphale.

On s'occupa d'abord de loger ces esprits, et de leur trouver dans l'encéphale un réservoir commun, d'où l'âme pût les diriger à volonté. Galien plaça ce réservoir dans le quatrième ventricule; Wepfer et Riolan, dans les hémisphères; Willis, dans les corps striés; Vieussens, dans le demi-centre ovale; Lancisi, dans le corps calleux; quelque autre dans le troisième ventricule. Descartes partagea cette dernière opinion, et trouva dans la glande pinéale le point central que l'âme lui parut devoir occuper dans l'encéphale.

Quoique les esprits animaux ne fussent doués par leurs inventeurs d'aucune des qualités de la matière; qu'ils fussent invisibles, inodores, sans couleur, sans consistance, néanmoins on voulut les faire provenir de quelque source que l'on rechercha dans l'encéphale.

La matière grise parut très-propre à cet effet ; Willis la trouva en abondance dans les corps striés ; Malpighi pensa que la substance corticale était un composé de petites glandes ; il fondait cette opinion sur ce que, lorsqu'on fait macérer un cerveau, sa substance s'élève en molécules d'apparence glanduleuse ; il retrouvait ces molécules en examinant cette substance au microscope. Wepfer et Manget donnèrent une grande consistance à cette opinion, en remarquant que chez un hydrocéphale ils avaient observé l'un et l'autre la substance corticale, formée par de petits follicules creux, du centre desquels se détachait un faisceau de matière blanche.

Comme Malpighi ne retrouvait plus cette disposition dans la matière grise des corps striés, il s'éleva avec force contre la découverte de Willis, qui fut aussi vigoureusement combattue par Stenon. Aussi les anatomistes ne furent pas peu surpris, lorsque Vieussens vint leur annoncer que la découverte de Willis était inattaquable, et qu'il y avait, de plus, dans la masse de l'encéphale, plusieurs autres processus de matière grise, analogues aux corps striés. Il distingua la couche optique, les corps géniculés, les tubercules quadrijumeaux, le corps rhomboïdal, la matière grise du pont de Varole, le corps frangé des olives et plusieurs autres amas isolés, moins distincts. C'était autant de sources différentes des esprits animaux, qui toutes versaient ce fluide dans le démi-centre ovale.

Ces opinions, surtout celle de Malpighi, furent combattues par le célèbre Ruisch, qui, par l'art étonnant de ses injections, était parvenu à ne trouver dans tous les organes que des vaisseaux ramifiés à l'infini, dont l'extrême division fatiguait l'esprit sans l'éclairer. Il crut que toutes les masses grises que le crâne renferme, n'étaient qu'une continuation des artères, dont les extrémités, dépourvues de sang, versaient les esprits animaux invisibles dans les cordons médullaires; qui les transportaient dans toutes les parties du corps. Il s'éleva contre l'opinion de Leuvenhoek, qui avait reconnu au microscope que la substance grise et la substance blanche étaient formées des mêmes globules différemment disposés dans l'une et dans l'autre : de telle sorte que leur coloration n'était, selon lui, qu'un effet de la réfraction de la lumière. Rien ne prouvant ni que la substance grise fût un amas de petites glandes, ni qu'elle fût un composé de petits vaisseaux, Fouquet et Bordeu l'assimilèrent au tissu muqueux de la peau, tissu muqueux auquel l'ont comparée de nos jours MM. Gall et Spurzheim, sans connaître vraisemblablement les idées des médecins de Montpellier.

On ne vit nulle part les esprits animaux; on ne crut pas moins à leur existence; mais si ces recherches furent vaines sous ce rapport, elles dévoilèrent des vérités très-importantes relatives aux rapports de la substance grise et de la substance blanche de l'encéphale. Cet organe parut à Willis et à Vieussens un composé de plusieurs organes, concourant tous au même but et aux mêmes actions.

La substance blanche fut elle-même mieux connue : puisqu'on faisait sécréter des esprits, puisqu'on leur supposait un réservoir commun, puisqu'on les faisait circuler ensuite dans toutes les parties du corps, il fallait nécessairement qu'ils fussent renfermés quelque part, soit pour les contenir, soit pour éviter leur épanchement. La substance blanche remplit cette seconde fonction.

Willis la supposa creuse, de-là le nom de corps cannelés qu'il donna aux corps striés. Malpighi la compara aux tuyaux qui composent une orgue. Vieussens découvrit tout exprès des vaisseaux particuliers, qu'il nomma *névro-lymphatiques* ; vaisseaux tout aussi invisibles que les esprits qu'ils devaient renfermer, puisque depuis lui nul anatomiste ne les a aperçus.

Ces suppositions admises, la disposition fibreuse de la matière blanche fut dévoilée avec un art étonnant. Willis montra des faisceaux descendans du corps strié et de la couche optique aux pédoncules cérébraux ; il suivit la liaison de ces faisceaux, des corps striés dont il faisait le *sensorium commune*, avec les différentes parties des hémisphères cérébraux : il les fit recourber ensuite pour former la voûte et le corps calleux.

Vieussens fit pour le demi-centre ovale des hémisphères, ce que Willis avait tenté pour les corps striés; il y fit rendre, ou en fit partir les différentes stries médullaires, pour se porter, soit dans les pédoncules, la couche optique et les tubercules quadrijumeaux, soit pour aller, en se réfléchissant, former la corne d'Ammon, les piliers de la voûte, le septum et le corps calleux.

L'homme, les mammifères et les oiseaux avaient servi de base aux observations de Willis et de Vieussens, pour montrer la disposition fibreuse de la matière blanche. Malpighi puisa les siennes dans l'encéphale des poissons. Regardant leurs lobes optiques comme les analogues des hémisphères cérébraux, et partant de son idée favorite, que la moelle épinière était le centre de toutes les radiations du système nerveux, il la suivit jusque dans ces lobes, montra d'abord la divergence de ses rayons dans leur périphérie, qu'il compara tantôt aux divisions d'un éventail, tantôt aux tuyaux des orgues des églises; d'autres fois, enfin, aux dentelures d'un peigne. Parvenus à la périphérie de ces lobes, il dit que les faisceaux divergens devenaient convergens, pour se porter transversalement les uns à la rencontre des autres, et former leur commissure, qu'il croyait être le corps calleux. On ne pouvait mieux choisir son exemple pour montrer la disposition fibreuse de la matière blanche.

Enfin Lancisi fit pour le corps calleux ce que Willis avait fait pour le corps strié, Vieussens pour le demi-centre ovale, Malpighi pour les lobes optiques des poissons ; il montra leur relation avec toutes les parties des hémisphères, et avec les pédoncules cérébraux, par deux faisceaux particuliers, dont personne n'a parlé depuis, et que j'ai moi-même cherché en vain chez l'homme et les mammifères. Sanctorini, Valsalva, Mistichelli, Pourfour-Petit, Duverney, Saucerotte, Sabouraut, marchèrent d'après l'hypothèse de Willis et de Vieussens, et ajoutèrent à leurs travaux une découverte importante, celle de l'entre-croisement des faisceaux pyramidaux.

Un fait occupait les pathologistes depuis Arétée. Une altération de l'un des hémisphères du cerveau produit la perte des mouvemens dans la partie du corps qui lui est opposée. Une lésion de l'hémisphère droit produit la paralysie à gauche, *et vice versâ*. La circulation des esprits animaux ne pouvait en rendre compte ; la découverte de l'entre-croisement des pyramides, que Mistichelli et Pourfour-Petit annoncèrent en même temps, fit cesser cette incertitude. On vit par l'effet de cet entre-croisement la liaison de l'hémisphère droit avec la partie gauche de la moelle épinière, et le rapport de l'hémisphère gauche avec la moitié droite de cette moelle.

Le cervelet, dans toutes ces recherches, était considéré comme un organe à part. Depuis Willis, on le regardait comme le foyer des esprits qui présidaient aux fonctions vitales, telles que la circulation et la nutrition.

Les immortels travaux de Haller et de son école, sur l'irritabilité, anéantirent pour jamais les esprits vitaux et les esprits animaux, et donnèrent à l'étude des fonctions du système nerveux une nouvelle direction. Il n'est pas de mon sujet de la suivre; qu'il nous suffise de dire que de cette mémorable époque datent les notions positives sur la physiologie de ce système.

Un fait que nous ne saurions trop faire remarquer, c'est que la chute des esprits animaux entraîna l'oubli des découvertes anatomiques qui avaient été faites sous leur influence. On parut croire que les découvertes sur la disposition fibreuse de la matière blanche et sur la direction de ses faisceaux, n'étaient, comme cette hypothèse célèbre, que le fruit de l'imagination. On se borna à considérer l'encéphale comme une masse demi-solide, dont une partie était blanche, l'autre grise; et par une inconséquence que rien ne peut expliquer, on continua d'admettre que les nerfs étaient creux.

La science avait donc rétrogradé sur ce point, lorsque MM. Gall et Spurzheim, animés de tout le zèle qu'inspire un nouveau système à faire prévaloir, nous ramenèrent aux faits anciennement connus, et nous y ramenèrent par des hypothèses tout aussi peu vraisemblables que celle des esprits animaux.

Je ne considère ici que la partie anatomique; je remarque d'abord que dans le système des physiologistes allemands, la matière grise est supposée la matrice, ou la matière nutritive de la matière blanche, ce qui revient à l'hypothèse de la sécrétion des esprits, par la substance grise, dont la matière fibreuse n'était que les conduits excréteurs.

Ces deux hypothèses supposent une communication directe entre ces deux substances, ce qui se rencontre bien aux hémisphères cérébraux et au cervelet des animaux adultes, mais nullement à la moelle épinière et aux corps striés; car chez les mammifères et les oiseaux, on peut enlever toute la couche de la matière grise de la moelle épinière sans intéresser en aucune manière la substance blanche. Chez les mammifères, on enlève également les amas de matière grise des corps striés, sans que la matière fibreuse offre ni déchirure, ni altération.

Dans l'état primitif des jeunes embryons, la lame qui forme la substance corticale des hémisphères cérébraux, n'est que juxta-posée sur les lames de la matière blanche; ces deux parties ne sont même pas adhérentes. Ruisch a enlevé chez un enfant toute la lame corticale des hémisphères sans intéresser leur substance blanche. Si on suppose une nutrition, comment s'opère-t-elle? Y a-t-il des canaux de communication de l'une à l'autre substance, comme l'admettait l'hypothèse des esprits animaux? quel est le fluide nutritif, et comment circule-t-il? quelle est la matière de *renforcement*? on ne l'explique pas.

En second lieu, une conséquence de cette hypothèse, c'est que la matière grise doit toujours être proportionnée à la matière blanche. Or, dans la moelle épinière, ce rapport, loin d'être constant, est au contraire dans une raison inverse. Ainsi à mesure que l'on descend chez les mammifères, des singes aux rongeurs, et de ceux-ci aux oiseaux, la matière blanche va en augmentant, et la grise en diminuant.

Chez tous les poissons, la prédominance de la matière blanche est plus prononcée encore, et sur plusieurs à peine trouve-t-on dans la moelle épinière les vestiges de la matière grise. Cette hypothèse, en opposition manifeste avec les faits, n'est donc pas admissible.

La moelle épinière offre-t-elle un renflement formé par la matière grise à l'insertion des nerfs spinaux? MM. Gall et Spurzheim ont été conduits à cette conséquence par leurs idées sur les fonctions de la matière grise, et par une fausse application de ce que l'on observe chez les insectes parfaits. Chez ces derniers, les nerfs latéraux du tronc naissent en effet d'un renflement très-distinct, dont l'ensemble constitue leur chaîne

ganglionaire qui occupe le centre de l'animal.
Mais cette chaîne de ganglions est-elle l'analogue
de la moelle épinière? nous avons prouvé le contraire. Cette comparaison est donc erronée.

La disposition que l'on suppose le long de la
moelle épinière des vertébrés n'est pas plus exacte.
Dans aucune classe, on ne voit uue série de renflemens correspondre à la série d'insertion des
nerfs spinaux; la moelle épinière des poissons est
surtout remarquable à considérer sous ce rapport.
On n'y remarque aucun renflement, quoique les
nerfs spinaux soient très-développés, notamment
chez les poissons cartilagineux.

La question n'est plus aussi tranchée dans la
masse nerveuse que renferme le crâne. Il est certain que la moelle allongée et sa gouttière, le
plancher du quatrième ventricule, offrent, comme
nous l'avons déjà vu, et comme nous le verrons
plus bas encore, des renflemens de matière grise
en rapport avec l'insertion de certains nerfs.

Il est certain que la matière grise du pont est
proportionnelle dans sa quantité au nombre et au
volume des faisceaux médullaires qui le constituent. Il est également certain que la matière grise
qui forme la couche optique, et celle qui donne
naissance au corps strié, sont en rapport, dans les
différentes classes, avec le volume et le nombre
des faisceaux médullaires qui les traversent.

Mais cela prouve-t-il, comme le pensait Ruysch,
que les vaisseaux qui sillonnent de toutes parts la

matière grise, donnent naissance à la matière blanche? Cela prouve-t-il, comme l'ont avancé Willis, Gall et Spurzheim, que la matière blanche y puise ses racines?

L'anatomie résout négativement ces questions; car, d'une part, Ruysch n'a jamais pu rougir la matière blanche dans ses injections; ce qui lui fit dire que les artères se transformaient en vaisseaux blancs. De l'autre, Willis n'a jamais pu montrer les fibrilles sortant de la matière grise pour aller former les faisceaux. Malpighi a échoué dans ses tentatives pour faire sortir les faisceaux blancs des follicules glanduleux dont il formait la matière grise. MM. Gall et Spurzheim ont-ils été plus heureux? Je n'en trouve aucune preuve dans leurs ouvrages. Les fonctions qu'ils attribuent à la matière grise, d'être la matrice de la matière blanche, de lui servir d'organe de nutrition ou de matière de *renforcement*, ce qui revient toujours à la même idée, sont avancées partout, et ne se trouvent prouvées nulle part. Aussi tous les anatomistes modernes ont-ils sanctionné sous ce rapport l'opinion de M. le baron Cuvier. Les célèbres Rolando, Tiedemann, Treviranus, se sont tous accordés à ranger l'opinion de Gall au nombre des hypothèses dont nul système ne peut se passer.

L'anatomie démontre un rapport de proportion de ces deux substances, dans les diverses parties que nous avons mentionnées. En quoi consiste ce rapport? Nous l'ignorons encore, et pour servir utilement les sciences, il faut savoir faire ces aveux.

Ce rapport de proportion varie beaucoup, comme nous l'avons vu, dans les différentes classes; mais les lobes cérébraux étant pris en masse, le rapport devrait être toujours proportionnel entre la substance grise et la substance blanche. Or l'anatomie comparative des quatre classes est loin d'offrir ce résultat.

A la moelle épinière, la substance blanche l'emporte tellement sur la grise, qu'on ne peut raisonnablement supposer que la première soit l'origine de la seconde. L'inverse se remarque dans les lobes cérébraux, considérés dans les trois classes inférieures.

Chez les oiseaux, la masse entière des hémisphères est formée par un bloc de matière grise que sillonnent çà et là quelques faisceaux à peine visibles de matière blanche.

Chez les ophidiens, la masse des hémisphères est entièrement composée par la matière grise; chez les sauriens, un seul faisceau de matière blanche se remarque dans ces parties; chez les tortues de mer, reptiles chez lesquels les hémisphères sont les plus développés, la pyramide ne produit dans l'hémisphère qu'un petit faisceau rayonnant de matière blanche; les dix-neuf vingt-tièmes de l hémisphère sont formés par la matière grise.

Enfin, chez les poissons, à peine peut-on apercevoir le petit faisceau de matière blanche qui
entre dans la structure de ces lobes ; toute leur
masse est formée par la matière grise, chez les
poissons osseux et cartilagineux.

Si on ne peut admettre que dans la moelle épinière la petite quantité de matière grise serve de
matrice à la matière blanche ; si chez certains
poissons l'absence de la première n'en permet pas
même la supposition, vous trouverez une difficulté d'un autre genre dans les lobes cérébraux
des trois classes inférieures. Comment supposer
ici qu'une si grande quantité de matière grise
donne naissance à de si petits faisceaux de matière blanche? Quel rapport y aurait-il entre l'organe nutritif et l'organe nourri? entre la matière
de renforcement et l'organe renforcé? entre les
follicules sécrétans et la partie sécrétée? entre les
innombrables vaisseaux répandus dans la masse
grise des hémisphères et leur petit faisceau de
terminaison, selon Ruysch? Toutes ces opinions
sont donc encore contradictoires avec les faits.

Appliquées aux animaux invertébrés, ces hypothèses sont encore moins vraisemblables ; car chez
le plus grand nombre il n'existe pas de matière
grise, la matière blanche forme seule leur système
nerveux ; et chez ceux où l'on rencontre la matière
grise, elle est hors de toute proportion avec la
matière blanche ou fibreuse.

A quoi tient cette persévérance continue des

anatomistes à faire naître la matière blanche de
la matière grise? à une erreur fondamentale éri-
gée en principe; à l'idée préconçue que le système nerveux se développe du centre à la circonférence, et que la matière grise est formée avant
la blanche.

En conséquence, Willis et Vieussens supposent
que la substance corticale des hémisphères cérébraux et du cervelet, et la matière grise des corps
striés et des couches optiques donnent naissance
à toute la matière blanche de ces parties, qui se
réunit au tronc commun, la moelle épinière, d'où
partent des nerfs en rameaux et ramuscules.
Willis ajoute que sur leur trajet les nerfs sont
renforcés par les amas grisâtres des ganglions.

Malpighi, qui se montre si souvent opposé à
Willis, regarde la moelle épinière comme le centre
du rayonnement de toute la matière blanche et
des nerfs.

MM. Gall et Spurzheim adoptent l'opinion de
Malpighi, et font toujours développer le système
nerveux du centre à la circonférence.

Les nerfs n'étaient alors qu'une émanation de
la substance de l'axe cérébro-spinal du système
nerveux. On les supposa creux quand les esprits
animaux devaient y circuler. Diemerbroek, comparant cette circulation à celle du sang, dit qu'un
ordre de nerfs doit avoir des valvules dans l'intérieur de la cavité, comme les veines, et qu'un
autre doit en être dépourvu comme les artères.

Les premiers devaient transmettre les impressions de la circonférence au centre, et les seconds, les transporter du centre à la circonférence.

Plus tard, on remplit cette cavité de la substance blanche et de la substance grise du cerveau ; depuis Reil et Bichat, on n'y suppose plus que la matière blanche. Je suis étonné que depuis M. Gall on n'ait pas rempli cette cavité imaginaire par la substance grise seulement.

La loi du développement excentrique du système nerveux renverse toutes ces suppositions ; elle nous montre, chez les vertébrés et les invertébrés, les nerfs latéraux du tronc et de la tête formés avant leurs ganglions ; donc ceux-ci ne peuvent leur donner naissance, ni leur servir de matrice, ni devenir leur organe nutritif.

M. Cuvier a constaté le premier que dans le genre astérie le système nerveux est composé de matière blanche sans matière grise. Où trouver chez ces animaux la matrice de leur système nerveux ou leurs follicules sécréteurs?

Le système nerveux marchant de la circonférence au centre, quelle sera la première partie formée? On voit que ce ne peut être que la matière blanche, qui forme les couches excentriques de cet organe.

Chez tous les embryons, sans exception, la matière blanche se forme avant la grise dans la moelle épinière.

Dans les olives, la matière blanche est déve-

36*

loppée avant la grise : souvent même celle-ci ne se forme pas, comme chez les oiseaux, les poissons et les reptiles.

Les faisceaux blancs, qui constituent le trapèze, sont développés avant le renflement grisâtre des frères Wenzel, que l'on regarde comme leur ganglion.

Les faisceaux médullaires du pont de Varole apparaissent avant la matière grise qui les entrecoupe.

Les faisceaux blancs des nerfs optiques, qui se dirigent sur les corps géniculés, existent longtemps avant la matière grise, qui constitue ces derniers.

Les pédoncules de la glande pinéale sont formés avant ce corps : donc ce corps n'est pas leur ganglion ou leur matrice.

Toutes les hypothèses qui supposent la formation de la matière grise avant la blanche sont donc renversées par cette loi générale de formation du système nerveux (1).

L'anatomie pathologique confirme cette assertion. Avant mes travaux, on regardait comme

---

(1) D'après cette loi, je crois inutile de faire remarquer combien est vicieuse l'idée qui assimile les ganglions nerveux, ou les ganglions que l'on observe chez les invertébrés, à la matière grise de l'axe cérébro-spinal des vertébrés. Les ganglions sont des organes durs; la substance grise est molle, pulpeuse, et comme gélatineuse, chez certains poissons. Cette différence suffit pour apprécier cette analogie.

incurables toutes les paralysies dépendantes d'une altération organique de l'encéphale. J'ai le premier constaté leur guérison, et j'ai établi, d'après un grand nombre de faits, qu'elle s'opérait par la formation d'une cicatrice, qui réunissait la solution de continuité qu'avait éprouvé cet organe (1).

J'ai remarqué que la formation de la cicatrice est d'autant plus prompte, qu'elle est plus rapprochée du demi-centre ovale des hémisphères, ou des principaux amas de matière blanche de l'encéphale.

J'ai observé, au contraire, que la cicatrisation est plus lente lorsqu'elle se forme aux environs de la matière grise.

J'ai observé, enfin, que la cicatrisation n'a point lieu lorsque la solution de continuité n'intéresse que la matière grise dans le corps strié, la couche optique, ou la substance corticale du cervelet ou du cerveau.

La cicatrice se forme dans le demi-centre ovale des hémisphères par le développement de faisceaux blancs, qui des parois de la déchirure se portent vers le centre, où ils s'engrènent et se

(1) *Anatomie pathologique* de M. le docteur Cruveilhier, 1816. *Journal général de Médecine*, de M. le docteur Regnault, 1818. Ces faits ont si souvent été constatés depuis, que la cicatrisation du cerveau est devenue, en peu d'années, un des principes généraux les mieux établis de l'anatomie pathologique.

confondent. Or cette partie est dépourvue de matière grise : donc celle-ci est étrangère à leur formation.

Si la matière grise était la racine de la matière blanche, les cicatrices devraient s'y former plus promptement et plus complètement que dans la matière blanche. Non-seulement l'inverse a lieu, mais le plus souvent même les solutions de continuité de la matière grise ne se cicatrisent pas.

L'anatomie comparative et l'anatomie pathologique prouvent donc que la matière grise n'est ni la matrice ni l'organe de nutrition de la matière blanche. Tous les faits établissent que chez les vertébrés et les invertébrés la matière blanche se forme la première ; dans les formations accidentelles des cicatrices, la matière blanche qui les forme se développe seule. Si on voulait exprimer cette succession dans l'apparition des deux substances, il serait plus juste de dire que la matière blanche est la matrice de la grise ; mais cette manière d'interpréter les faits est trop vicieuse pour que nous nous servions de ce langage. Je me borne à exposer un fait général d'encéphalogénie ; celui de la formation de la matière blanche avant la matière grise, fait sans lequel il m'eût été impossible d'expliquer la cicatrisation du cerveau (1).

---

(1) Je dois faire remarquer que j'ai été conduit à la découverte de ce fait anatomique par l'étude de la formation des cicatrices de l'encéphale, en 1812, 1813 et 1814.

L'axe cérébro-spinal forme un organe unique; les deux substances qui le composent se continuent de la colonne vertébrale dans le crâne, chez tous les animaux vertébrés. Cette continuation n'est pas un simple rapport de contiguité. Les faisceaux médullaires qui composent l'une et l'autre partie, se correspondent de l'encéphale à la partie supérieure de la moelle épinière, ou de celle-ci à l'encéphale d'une manière admirable.

Cette correspondance va compléter toutes les preuves que nous avons données de l'identité des principaux élémens de l'encéphale dans les quatre classes.

Si vous considérez les pyramides, vous les voyez se mettre en rapport dans toutes les classes avec les hémisphères cérébraux. Quelle que soit la différence de forme et de volume de ces derniers, ils sont toujours en connexion avec le faisceau antérieur de la moelle épinière, ainsi que l'on peut le voir chez les poissons (1), les reptiles (2), les oiseaux (3) et les mammifères (4).

Si vous considérez le cervelet, vous observerez constamment ses rapports avec le cordon postérieur de la moelle épinière, chez les mammi-

---

(1) Pl. VII, fig. 166, n° 1, 7, 3 et 4; pl. VI, fig. 147, n° 7, 3 et 5.

(2) Pl. XIV, fig. 288, n° 7, 9 et 10.

(3) Pl. III, fig. 82, n° 8 et 6.

(4) Pl. XIV, fig. 289, n° 1, 11, 15 et 19

fères (1), les oiseaux (2), les reptiles (3) et les poissons (4).

Si vous examinez enfin les tubercules quadri-jumeaux ou les lobes optiques, vous suivez cons-tamment leurs connexions avec les faisceaux moyens de la moelle épinière, ou les corps oli-vaires. Ce dernier rapport est très-important à considérer chez les poissons (5), les reptiles (6), les mammifères (7) et les oiseaux (8), parce qu'il complète tout ce que nous avons dit sur les ana-logies de ces parties fondamentales de l'encéphale dans toutes les classes des vertébrés.

§. III. DE L'INFLUENCE DU SYSTÈME SANGUIN SUR LE DÉVELOPPEMENT DU SYSTÈME NERVEUX.

Mais ce rapport prouve-t-il que la moelle épi-nière naisse de l'encéphale, ou ce dernier de la moelle épinière? Cette question a été décidée en sens inverse, selon le point de vue sous lequel on a envisagé le système nerveux.

---

(1) Pl. XIV, fig. 289, n° 6 et 8.

(2) Pl. III, fig. 86, n° 1 et 2; fig. 87, n° 3.

(3) Pl. XIV, fig. 288, n° 1, 3 et 5.

(4) Pl. VII, fig. 174, n° 7, 4 et 5; pl. VI, fig. 147, n° 10 et 1.

(5) Pl. VII, fig. 156, n° 9, 2 et 5; fig. 172, n° 2 et 4; pl. VI, fig. 147, n° 8 et 9.

(6) Pl. XIV, fig. 288, n° 2 et 6.

(7) Pl. XIV, fig. 289, n° 3 et 14.

(8) Pl. III, fig. 82, n° 2 et 5.

Les anciens philosophes faisaient provenir l'encéphale de la moelle épinière, sans que l'on puisse entrevoir les raisons qui les portaient à cette idée. Les physiologistes et les médecins, considérant au contraire que le centre d'action du système nerveux résidait dans l'encéphale, firent dériver la moelle épinière de celui-ci. Enfin Malpighi, partant toujours de l'idée que les animaux se développent du centre à la circonférence, fit dériver l'encéphale et tous les nerfs de la moelle épinière. MM. Gall et Spurzheim ont fait prévaloir cette dernière opinion dans ces derniers temps. Je n'entrerai pas pour le moment dans la discussion des raisons qu'ils en apportent; je vais m'attacher à prouver que ni l'une ni l'autre de ces opinions ne sont exactes.

Je remarque d'abord que dans l'examen de cette haute question, on a toujours considéré l'axe cérébro-spinal comme générateur de lui-même; le système sanguin, système producteur des organes, en a toujours été écarté depuis Ruysch, parce que cet anatomiste en avait véritablement défiguré la valeur.

Pour décider une question d'organogénie, il est donc indispensable d'y faire entrer le point fondamental de cette partie de la science. C'est ce que nous allons essayer de tenter.

La moelle épinière se développe sur l'influence des artères intercostales; le cervelet, par l'intermède des vertébrales, et le cerveau, par les carotides. Pour que l'axe cérébro-spinal fût formé d'un seul jet, comme on le suppose, il faudrait nécessairement que toutes ces artères fussent réunies en un seul tronc, et que ce tronc projetât ses branches du point central, par lequel on ferait commencer le développement de l'axe cérébro-spinal du système nerveux.

Mais il n'en est pas ainsi. Ces artères ont chacune des conditions d'existence distinctes; elles ont des origines différentes et très-éloignées, et des distributions limitées; or, si nous admettons que le système sanguin est pour quelque chose dans la formation des organes, il faudra nécessairement admettre aussi des origines distinctes pour chacune des parties auxquelles ces artères se distribuent principalement.

Cela posé, la question de préexistence des diverses parties du système nerveux est renfermée dans celle de la préexistence de ses diverses artères. L'ordre de leur formation nous mettra sur la voie de la marche du développement de l'encéphale et de la moelle épinière.

Des trois ordres d'artères qui environnent la moelle épinière et l'encéphale, quel est le premier apparent chez les embryons? C'est toujours celui des artères de la moelle épinière. Les linéamens de cet organe sont aussi les premiers formés.

En second lieu, on voit apparaître les carotides primitives, et la carotide interne, qui projette d'abord l'artère de l'œil, dont le développement est si précoce chez tous les embryons, et qui se recourbe ensuite pour aller se répandre sur les pédoncules cérébraux et les tubercules quadrijumeaux.

Les pédoncules et les tubercules suivent aussi la formation de la moelle épinière, dont la région cervicale est primitivement formée par la branche de l'intercostale supérieure, qui pénètre dans le canal vertébral.

Enfin, la vertébrale arrive la dernière dans le crâne; le cervelet est aussi le dernier organe apparent dans l'encéphalogénie de toutes les classes.

Voilà donc trois foyers distincts de formation; trois sources différentes de développement de la partie centrale du système nerveux.

Si on adopte l'idée de Willis, on fait marcher successivement le système nerveux de la périphérie des hémisphères cérébraux et du cervelet vers la moelle épinière.

Si l'on suit celle de Malpighi et de Gall, on fait rayonner l'encéphale de la moelle épinière, comme les branches d'un arbre rayonnent de son tronc.

Mais est-ce ainsi que se forme cet organe? Non sans doute; on a vu dans le cours de cet ouvrage que les principales parties avaient des directions très-différentes, des directions même opposées. On a vu que le cervelet se formait d'arrière en avant, et les hémisphères cérébraux, au contraire, d'avant en arrière.

A quoi tient cette direction opposée? Pourquoi le cervelet et le cerveau marchent-ils en sens inverse? Pourquoi ne se développent-ils pas dans le même sens? On n'en trouve la raison, ni dans la disposition des faisceaux fibreux de la matière blanche, ni dans celle des amas de la matière grise, ni dans les explications ordinaires sur l'encéphalogénie. Peut-on en entrevoir la cause dans la formation et dans la distribution du système sanguin?

Quand on considère l'ensemble des artères qui embrassent l'encéphale et concourent à son développement, on voit que l'artère vertébrale pénètre par la partie postérieure, et se dirige d'arrière en avant, selon le mode de formation du cervelet.

Si on suit, au contraire, la direction de la carotide interne, on remarque qu'après avoir fait ses doubles contours le long des sinus caverneux, elle vient rejoindre l'encéphale par sa partie antérieure, et qu'elle se dirige ensuite en sens inverse de l'artère vertébrale, puisqu'elle marche d'avant en arrière, selon le mode constant du développement des hémisphères cérébraux.

Ainsi, le développement du cervelet suit la direction de l'artère vertébrale, et celui du cerveau la marche de la carotide interne.

De là vient que le corps calleux se développe d'arrière en avant, selon l'apparition graduelle de l'artère calleuse.

De là vient que la partie antérieure de la voûte suit la même direction, tandis que la partie postérieure, qui se développe dans l'influence de la cérébrale postérieure qui provient de la vertébrale, se dirige au contraire, dans sa formation, d'arrière en avant.

De cette union de l'artère vertébrale et de la carotide, résulte le rapport général que l'on observe chez les vertébrés, entre le développement du cervelet et celui des hémisphères cérébraux.

Un des faits généraux les plus importans de l'anatomie comparative du système nerveux, c'est l'antagonisme que l'on remarque entre le développement de ses diverses parties.

La moelle épinière et l'encéphale considéré en masse, suivent un rapport inverse de développement, ainsi que l'avaient entrevu Haller, Sœmmering, et que l'a établi M. Cuvier.

Quelle est la cause de cet antagonisme? on ne peut la chercher dans la proportion des substances qui composent l'axe cérébro-spinal du système nerveux, puisque la matière grise de la moelle épinière décroît en raison directe de son développement.

Il y a donc une autre raison de ce développement opposé? Je l'ai aperçue dans le balancement respectif du calibre des artères qui forment l'une et l'autre partie.

Plus les artères spinales, provenant des intercostales, sont volumineuses, plus la moelle épinière est développée, plus le tronc lui-même est volumineux.

Plus ces artères sont considérables, plus les vertébrales, plus les carotides internes sont atrophiées, plus, par conséquent, le cervelet et le cerveau sont réduits dans leur développement.

Au contraire, plus les vertébrales, plus la carotide interne s'accroissent en volume, plus les artères spinales sont réduites dans le leur, plus, par conséquent, l'encéphale accroît, tandis que le volume de la moelle épinière diminue.

Ce principe général d'organogénie est applicable à toutes les parties du système nerveux, conséquemment à toutes les parties de l'animal.

Nous avons déjà vu le grand sympathique décroître en raison directe de la décroissance du système sanguin.

Nous avons vu le prolongement caudal des animaux, être rigoureusement assujéti, dans son volume, au volume du calibre de l'artère sacrée moyenne.

Nous avons vu l'embryon humain perdre sa queue, à mesure que l'artère sacrée moyenne s'atrophie.

Nous avons vu dans la métamorphose du têtard des batraciens, et chez les embryons des chauve-souris sans queue, qu'ils perdaient leur longue queue avec leur artère sacrée moyenne.

Pareillement, nous avons observé que l'apparition des membres et de leur nerf coïncidait avec l'apparition de leurs artères, et que le volume de celle-ci donnait rigoureusement le volume des nerfs et des membres.

Nous avons observé que les reptiles bimanes,

et les cétacés qui sont les bimanes chez les mammifères, n'avaient que des artères axillaires, et point de fémorales.

Lorsque les monstres tombent dans leurs conditions, nous avons remarqué que cela dépendait de la non-formation de l'artère fémorale, qui, chez eux, manquait accidentellement.

Les reptiles bipèdes sont, sous ce rapport, l'inverse des bimanes; et chez les monstres très-rares qui répètent leur organisation, on trouve, comme chez eux, l'absence de l'artère axillaire; tandis que la fémorale n'a point souffert dans son développement.

Dans l'application de ce principe à la tête, nous avons trouvé que l'artère carotide externe et la carotide interne sont développées dans des proportions inverses. Nous avons déduit de là les causes de l'antagonisme que présentent le développement de la face et celui de l'encéphale.

Nous avons remarqué que plus l'artère carotide externe est volumineuse, plus la charpente de la face est prononcée, plus les nerfs des sens sont volumineux; plus la carotide interne est faible, plus l'encéphale est réduit dans ses dimensions.

Nous avons remarqué que le développement de la carotide externe est proportionnel à celui des intercostales et des spinales, ce qui explique chez les animaux le développement proportionnel du tronc, de la moelle épinière, de la face et des nerfs des sens.

Nous avons observé, au contraire, que plus la carotide interne s'accroît en volume, plus la carotide externe diminue, plus la face, plus les nerfs des sens s'atrophient, plus le cerveau se développe.

L'artère ophthalmique ne suit cependant pas ce rapport; elle est toujours en harmonie avec le développement de la carotide externe; de là vient que le volume de l'œil est toujours proportionné au volume de la face et à l'étendue des organes de l'odorat et du goût.

Enfin, nous avons établi que la formation des monstres était soumise aux mêmes principes que le développement des êtres réguliers, et que, quelles que fussent les anomalies qu'ils nous offrent, on en trouvait toujours la cause dans les anomalies de leur système sanguin.

Tels sont les principes fondamentaux du développement du système nerveux; leur application à ses différentes parties dans toutes les classes explique leur mode de formation, l'ordre successif de leur apparition, leurs rapports réciproques et leurs principales connexions avec les diverses parties de l'organisation des animaux.

FIN DU PREMIER VOLUME.

www.ingramcontent.com/pod-product-compliance
Lightning Source LLC
Chambersburg PA
CBHW061955220326
41599CB00015BA/1872